普通高等教育"十一五"国家级规划教材

现代医学电子仪器原理与设计

（第四版）

主　编　余学飞　叶继伦
副主编　张　宁　吴　凯　卢广文

华南理工大学出版社
SOUTH CHINA UNIVERSITY OF TECHNOLOGY PRESS
·广州·

内容简介

本书是普通高等教育"十一五"国家级规划教材，2000年第一版，本版为第四版。本次编写保持了前三版的体系和特点，针对新时期生物医学工程教学的改革需要和医学电子仪器快速发展的现实，对内容进行了较大幅度的补充和修改，使全书更加符合本科教学的特点。

本书着重阐述常见的医学电子仪器的原理、结构和设计原则。全书共分8章，分别介绍了生理系统建模在仪器设计中的应用、医学电子仪器结构及技术指标、设计原则以及产品转化流程；生物信号测量中的干扰和噪声；信号放大电路及抗干扰和隔离技术；生物电（包括心电、脑电和肌电）测量仪器；血压测量（重点介绍无创血压测量）技术；医用监护系统设计；治疗类医学电子仪器设计；医学仪器的电气安全和电磁兼容。每章附有习题。

本书可作为高等院校生物医学工程本科的专业课教材，也可供从事医学电子仪器设计、使用和维修的工程技术人员参考。

图书在版编目(CIP)数据

现代医学电子仪器原理与设计/余学飞,叶继伦主编.—4版.—广州:华南理工大学出版社,2018.8(2025.1重印)

普通高等教育"十一五"国家级规划教材

ISBN 978-7-5623-5774-2

Ⅰ.①现… Ⅱ.①余… ②叶… Ⅲ.①医疗器械-电子仪器-高等学校-教材 Ⅳ.①TH772

中国版本图书馆CIP数据核字(2018)第193576号

现代医学电子仪器原理与设计（第四版）

余学飞　叶继伦　主编

出 版 人：房俊东
出版发行：华南理工大学出版社
（广州五山华南理工大学17号楼，邮编510640）
http://hg.cb.scut.edu.cn　E-mail:scutc13@scut.edu.cn
营销部电话：020-87113487　87111048（传真）
责任编辑：詹志青
印 刷 者：广州小明数码印刷有限公司
开　　本：787mm×1092mm　1/16　印张：21.75　插页：3　字数：552千
版　　次：2018年8月第4版　2025年1月第25次印刷
定　　价：48.00元

版权所有　盗版必究　　印装差错　负责调换

《现代医学电子仪器原理与设计》（第四版）
编 委 会

主　编：余学飞　叶继伦
副主编：张　宁　吴　凯　卢广文
编　委：（以姓氏笔画为序）
　　　　马　将（四川理工学院）
　　　　卢广文（南方医科大学）
　　　　叶继伦（深圳大学）
　　　　阮　萍（广东药科大学）
　　　　李　喆（南方医科大学）
　　　　吴　凯（华南理工大学）
　　　　邱力军（空军军医大学）
　　　　余学飞（南方医科大学）
　　　　宋盟春（广东省医疗器械质量监督检验所）
　　　　张　宁（南方医科大学）
　　　　张　旭（深圳大学）
　　　　陈　军（广东省医疗器械研究所）
　　　　陈月明（安徽医科大学）
　　　　陈仲本（中山大学）

第四版前言

本书第 1 版于 2000 年出版，2006 年教育部将本书列为普通高等教育"十一五"国家级规划教材。在广泛听取选用该教材的众多院校意见和建议的基础上，我们邀请了部分使用单位的专家教授参与本教材的修订工作，并于 2007 年出版了第 2 版；医学电子仪器随着电子技术、计算机技术、网络技术的快速发展不断更新换代，为保证教材内容的先进性，教材编委会决定每隔 5 年对教材修订一次，2013 年出版本教材第 3 版。经过 5 年的使用，教材编委会于 2018 年 4 月完成了第 4 版的修订工作。修订的原则是：①理论体系更完整，并充分体现医学电子仪器设计中的最新技术和成果。②理论与实际紧密结合，适应新时期卓越工程师培养目标。邀请医学电子仪器设计、检测一线的专家教授参与修订，书中所有实例均为医学临床和医学科研中常用仪器或编者的科研成果。③充分体现专业课特色，方便教学实践的开展。

全书共分 8 章，第 1 章删除了第 3 版中与本版后续内容关系不紧密的生理系统建模的部分内容，将医疗仪器的注册审批和监管等内容融合到医学电子仪器的设计过程中。第 2 章和第 3 章为生物医学电子学的内容，是医学电子仪器教学的预备知识，增加了可穿戴式医疗电子设备关键技术等内容。第 4 章系统介绍了生物电（包括心电、脑电和肌电）测量仪器的基本原理、基本结构和基本电路，并以心电图机为重点详细介绍了这类仪器的设计原理。考虑到目前临床上使用的基本都是数字式心电图机，因此本次修订将模拟心电图机的内容全部删除，并完善了数字心电图机的相关内容。第 5 章系统介绍了血压测量（重点介绍无创血压测量）技术。第 6 章以床边多参数监护和中央集中监护为体系全面介绍了医用监护仪器的原理和结构，以及动态监护和远程监护等最新技术。第 7 章在原心脏治疗类设备和高频电刀的基础上，增加了中低频治疗仪器设计的相关内容。第 8 章进行了大幅度的修改，完善了医用电气设备电磁兼容测试内容。

参加修订的编委来自生物医学工程领域科研和教学一线，对医学仪器的研究和教学有着丰富的经验。深圳大学生物医学工程学院叶继伦教授作为修订主编之一，曾在深圳迈瑞医疗电子有限公司担任监护仪部的技术总监；编委宋盟春高级工程师长期在广东省医疗器械质量监督检验所从事电气安全和电磁兼容检测工作；编委陈军教授级高级工程师来自广东省医疗器械研究所，长期从事医学仪器的研发工作。他们都有着丰富的医疗电子仪器研究、开发和检测的实际经验，使本次修订在保持理论体系完整的基础上，更加密切联系实际。第1章由空军军医大学生物医学工程系邱力军教授主笔编写，深圳大学张旭负责编写了医学仪器设计原则部分，宋盟春负责医疗仪器监管部分内容；中山大学陈仲本教授使用本教材开展教学多年，对全书的修订提出了很多具体的方案，并参与了本书第4章的修订；华南理工大学吴凯副教授参与了本书第3章、第7章的修订；宋盟春完成了第8章电磁兼容检测测试相关内容的编写工作，张宁、陈军完成了第7章内容的修订工作；四川理工学院的马将老师参加了第2章的修订工作；余学飞负责全书的统稿并参与编写第1、2、4、5、8章。阮萍教授、陈仲本教授和卢广文教授仔细审阅了全部书稿，提出了许多修改意见。

修订工作得到了教育部高等学校生物医学工程专业教学指导委员会委员、南方医科大学生物医学工程学院院长冯前进教授的悉心指导和大力支持，许多院校师生对本次修订给予了特别的关心和支持；华南理工大学吴效明教授、原总后勤部药品仪器检验所吴建刚高级工程师等为本教材前几版的修订作出了特别贡献；中山大学唐承佩副教授、湖北科技学院叶华山副教授等都对本次修订提出了许多宝贵的意见和建议；南方医科大学教务处和生物医学工程学院、深圳大学生物医学工程学院等给予了大力支持。在此一并致以衷心的感谢！

为充分体现内容的先进性，本书在编写过程中参阅了大量的著作和期刊论文，其成果丰富了本书的内容，在此谨向参考文献的作者们致以诚挚的谢意！非常感谢华南理工大学出版社，他们为本书的编辑出版倾注了大量心血。

由于编者水平有限，书中难免有不成熟和错误的地方，恳请读者批评指正。读者反馈发现的问题或索取相关资料，可发信至邮箱：xuefeiyu@smu.edu.cn，也可直接致信南方医科大学生物医学工程学院余学飞收（广州，510515）。

余学飞
2018年7月6日

目　录

1 医学电子仪器概述 ··· 1
　1.1 生物信号知识简介 ·· 1
　　1.1.1 人体系统的特征 ··· 1
　　1.1.2 人体控制功能的特点 ··· 2
　　1.1.3 生物信号的基本特性 ··· 2
　　1.1.4 生物信号的检测与处理 ·· 2
　1.2 医学电子仪器的结构和工作方式 ·· 3
　　1.2.1 医学电子仪器的基本构成 ··· 3
　　1.2.2 医学仪器的工作方式 ··· 6
　1.3 医学仪器的特性与分类 ··· 6
　　1.3.1 医学仪器的主要技术特性 ··· 6
　　1.3.2 医学仪器的特殊性 ·· 9
　　1.3.3 典型医学参数 ··· 10
　　1.3.4 医学仪器的分类 ·· 10
　1.4 生理系统的建模与仪器设计 ·· 11
　　1.4.1 系统模型与建模关系 ·· 11
　　1.4.2 建立生理系统模型的基本方法 ·· 12
　　1.4.3 构建生理模型的常用方法与实例 ····································· 13
　1.5 生物医学仪器的设计原则与步骤 ··· 22
　　1.5.1 医学电子仪器设计原则 ··· 23
　　1.5.2 医学电子仪器设计过程 ··· 23
　　1.5.3 产品转化流程 ··· 24
　习题 1 ·· 26

2 生物信息测量中的噪声和干扰 ·· 27
　2.1 人体电子测量中的电磁干扰 ·· 27
　　2.1.1 干扰的引入 ·· 27
　　2.1.2 合理接地与屏蔽 ·· 34
　　2.1.3 其它抑制干扰的措施 ·· 40
　2.2 测试系统的噪声 ··· 43
　　2.2.1 噪声的一般性质 ·· 43
　　2.2.2 生物医学测量系统中的主要噪声类型 ······························· 44
　　2.2.3 描述放大器噪声性能的参数 ··· 46
　　2.2.4 器件的噪声 ·· 50
　2.3 低噪声放大器设计 ·· 54

2.3.1 噪声性能指标 ………………………………………………………………… 55
2.3.2 放大电路的低噪声设计 ………………………………………………… 56
习题 2 …………………………………………………………………………………… 58

3 信号处理

3.1 生物电放大器前置级原理 ………………………………………………………… 59
　3.1.1 基本要求 ……………………………………………………………………… 59
　3.1.2 差动放大电路分析方法 …………………………………………………… 62
　3.1.3 差动放大应用电路 ………………………………………………………… 66
　3.1.4 前置级共模抑制能力的提高 …………………………………………… 75
3.2 隔离级设计 …………………………………………………………………………… 77
　3.2.1 光电耦合 ……………………………………………………………………… 78
　3.2.2 电磁耦合 ……………………………………………………………………… 83
3.3 生理放大器滤波电路设计 ………………………………………………………… 84
　3.3.1 有源滤波器的设计方法 …………………………………………………… 84
　3.3.2 有源带阻滤波器的设计 …………………………………………………… 85
3.4 可穿戴式医疗电子设备关键技术 ……………………………………………… 86
　3.4.1 可穿戴传感器 ………………………………………………………………… 87
　3.4.2 低功耗器件 …………………………………………………………………… 88
　3.4.3 一体化设计与集成 ………………………………………………………… 89
习题 3 …………………………………………………………………………………… 91

4 生物电测量仪器

4.1 生物电位的基础知识 ……………………………………………………………… 92
　4.1.1 静息电位 ……………………………………………………………………… 92
　4.1.2 动作电位 ……………………………………………………………………… 92
　4.1.3 生物电信号测量的生理学基础 ………………………………………… 94
　4.1.4 人体电阻抗 …………………………………………………………………… 95
4.2 生物医学电极 ………………………………………………………………………… 96
　4.2.1 生物医学电极的概念 ……………………………………………………… 97
　4.2.2 电极的极化 …………………………………………………………………… 97
　4.2.3 常用的生物医学电极 ……………………………………………………… 98
4.3 心电图机 ……………………………………………………………………………… 103
　4.3.1 心电图基础知识 …………………………………………………………… 104
　4.3.2 心电图导联 …………………………………………………………………… 106
　4.3.3 心电图机的结构 …………………………………………………………… 110
　4.3.4 心电图机的主要性能参数 ……………………………………………… 114
　4.3.5 数字式心电图机关键技术 ……………………………………………… 118
4.4 脑电图机 ……………………………………………………………………………… 148
　4.4.1 脑电图基础知识 …………………………………………………………… 149
　4.4.2 脑电图机的导联 …………………………………………………………… 150

  4.4.3 脑电图机的工作原理 ……………………………………………………… 153
 4.5 肌电图机 ……………………………………………………………………… 165
  4.5.1 肌电图基础知识 …………………………………………………………… 165
  4.5.2 典型肌电诱发电位仪工作原理 …………………………………………… 171
 习题 4 ……………………………………………………………………………… 172

5 血压测量 …………………………………………………………………………… 173
 5.1 概述 …………………………………………………………………………… 173
  5.1.1 常见的血压参数 …………………………………………………………… 174
  5.1.2 血压测量的参考点 ………………………………………………………… 176
 5.2 血压直接测量法：导管术 …………………………………………………… 177
  5.2.1 血管外传感器（传感器置于体外的测量） ……………………………… 177
  5.2.2 血管内传感器（传感器置于体内的测量） ……………………………… 178
  5.2.3 血压测量误差 ……………………………………………………………… 179
  5.2.4 血压测量所需的带宽 ……………………………………………………… 182
  5.2.5 静脉血压测量系统 ………………………………………………………… 182
  5.2.6 血压直接测量系统设计 …………………………………………………… 183
 5.3 血压间接测量 ………………………………………………………………… 188
  5.3.1 柯氏音法 …………………………………………………………………… 188
  5.3.2 超声法 ……………………………………………………………………… 189
  5.3.3 测振法 ……………………………………………………………………… 191
 5.4 血压的自动测量 ……………………………………………………………… 194
  5.4.1 概述 ………………………………………………………………………… 194
  5.4.2 工作原理 …………………………………………………………………… 194
  5.4.3 硬件电路 …………………………………………………………………… 195
  5.4.4 气动部分 …………………………………………………………………… 195
  5.4.5 系统软件 …………………………………………………………………… 196
  5.4.6 电路概述 …………………………………………………………………… 197
  5.4.7 校准 ………………………………………………………………………… 199
  5.4.8 未来发展 …………………………………………………………………… 200
 5.5 血压连续无创测量 …………………………………………………………… 200
 习题 5 ……………………………………………………………………………… 203

6 监护仪与中央监护系统 …………………………………………………………… 204
 6.1 监护仪 ………………………………………………………………………… 204
  6.1.1 基本原理 …………………………………………………………………… 204
  6.1.2 基本组成 …………………………………………………………………… 204
  6.1.3 主要监测参数及指标 ……………………………………………………… 206
  6.1.4 主要功能 …………………………………………………………………… 208
  6.1.5 关键组件与实现 …………………………………………………………… 210
  6.1.6 系统软件 …………………………………………………………………… 225

  6.1.7 新技术发展及应用 ·· 226
 6.2 中央监护系统 ··· 230
  6.2.1 基本原理 ·· 230
  6.2.2 基本组成 ·· 230
  6.2.3 主要参数 ·· 231
  6.2.4 关键组成部件 ·· 232
  6.2.5 新技术发展及应用 ·· 233
 6.3 动态监护和远程监护 ·· 233
  6.3.1 基本原理 ·· 233
  6.3.2 基本组成 ·· 233
  6.3.3 主要参数 ·· 234
  6.3.4 关键部分与实现 ··· 235
  6.3.5 新技术发展及应用 ·· 235
习题 6 ··· 235

7 心脏治疗仪器与高频电刀 ·· 236
 7.1 电刺激治疗类仪器设计原理 ··· 236
  7.1.1 刺激方式与效应 ··· 237
  7.1.2 植入式电刺激器的基本要求 ··· 241
 7.2 心脏起搏器简介 ·· 245
  7.2.1 人工心脏电起搏器的作用 ·· 245
  7.2.2 心脏起搏器临床应用的适应症 ·· 246
  7.2.3 心脏起搏器的分类及临床应用的起搏器简介 ······································· 246
  7.2.4 心脏起搏器的几个参数 ··· 250
 7.3 心脏起搏器的工作原理 ··· 251
  7.3.1 固定型心脏起搏器电路分析 ··· 252
  7.3.2 R 波抑制型心脏起搏器的一般结构原理 ··· 253
  7.3.3 DDD 型心脏起搏器的工作原理 ·· 259
 7.4 心脏起搏器的能源和电极 ·· 261
  7.4.1 心脏起搏器的能源 ·· 261
  7.4.2 心脏起搏器的电极 ·· 261
 7.5 心脏除颤器 ··· 264
  7.5.1 心脏除颤器的作用 ·· 264
  7.5.2 心脏除颤器的一般设计原理 ··· 265
  7.5.3 心脏除颤器的类型 ·· 269
  7.5.4 心脏除颤器的主要性能指标 ··· 269
 7.6 典型心脏除颤器 ·· 270
  7.6.1 一种电路比较简单的同步心脏除颤器电路分析 ··································· 270
  7.6.2 双相波除颤放电电路 ··· 272
  7.6.3 除颤监护仪 ·· 273

7.7 高频电刀 ·· 274
7.7.1 电刀切割止血的机制 ··· 275
7.7.2 高频电刀的设计原理 ··· 275
7.7.3 高频电刀主要的工作模式 ·· 277
7.7.4 高频电刀的波形设计 ··· 277
7.7.5 氩气高频电刀 ··· 279
7.7.6 高频电刀的安全保障体系设计 ·· 280
7.7.7 高频电外科手术设备发展趋势 ·· 281
7.8 中低频治疗仪器 ·· 282
7.8.1 中低频治疗仪基本原理 ·· 282
7.8.2 中低频治疗仪基本结构 ·· 283
7.8.3 新技术发展及应用 ·· 284
习题 7 ·· 284

8 医用电子仪器的电气安全及电磁兼容 ·· 285
8.1 医用电子仪器电气安全概述 ··· 285
8.1.1 医用电子仪器电气安全的概念 ·· 285
8.1.2 电流的生理效应 ··· 285
8.1.3 人体的导电特性 ··· 286
8.2 电击 ·· 287
8.2.1 电击的种类 ·· 287
8.2.2 影响电击的因素 ··· 288
8.2.3 产生电击的因素 ··· 289
8.2.4 预防电击的措施 ··· 291
8.3 医用电子仪器的接地 ·· 295
8.3.1 医院配电方式 ··· 295
8.3.2 安全接地 ··· 296
8.3.3 多台仪器接地 ··· 297
8.4 医用电子仪器的安全标准 ·· 298
8.4.1 按防电击类型分（Ⅰ类设备、Ⅱ类设备和Ⅲ类设备） ································· 298
8.4.2 按防电击的程度分（B型设备、BF型设备和CF型设备） ···························· 299
8.5 医用电子仪器的安全指标及其测试 ·· 300
8.5.1 漏电流检测 ·· 300
8.5.2 接地电阻检测 ··· 306
8.5.3 电介质强度检测 ··· 307
8.5.4 试验电压的施加 ··· 312
8.6 医用电气设备电磁兼容测试 ··· 313
8.6.1 电磁干扰的三要素 ·· 313
8.6.2 医用电气设备电磁兼容测试 ··· 314
习题 8 ·· 335

参考文献 ·· 336

1 医学电子仪器概述

医学仪器主要用于对人的疾病进行诊断和治疗,其作用对象是条件复杂的人体,所以医学仪器与其它仪器相比有其特殊性。作为医学仪器最传统、最成熟的分支之一,以心电图机临床应用为标志性起源的现代医学电子仪器,经历了近百年的发展历程,为人类与疾病斗争做出了重大贡献。

医学电子仪器是针对人体疾病进行诊断和治疗的电子设备,是集医学、生物医学工程、电子工程、计算机技术、机械工程等学科为一体,以电子和计算机技术为核心技术手段的应用型医疗设备。

本章主要介绍与医学仪器密切相关的生物信号知识,包括人体系统的特征及其控制功能的特点;生物信号的基本特征、类型以及检测与处理;医学仪器的基本构成和工作方式;医学仪器的主要技术特性、特殊性、分类及一些典型医学参数;医学仪器设计中涉及的数学物理方法以及医学仪器设计的一般原则。

1.1 生物信号知识简介

1.1.1 人体系统的特征

在医学仪器没有大量出现之前,医生主要凭经验通过手和五官来获取诊断信息。现在,医学仪器可以将人体的各种信息提供给医生观察和诊断。因此,以人体为应用对象的各种医学仪器是与人体系统特征密切相关的。

人体是一个复杂的自然系统,它由神经系统、运动系统、循环系统、呼吸系统等分系统组成,分系统间既相互独立,又保持有机的联系,共同维持生命。运用现代理论分析研究人体,可将人体系统分为器官自控制系统、神经控制系统、内分泌系统和免疫系统等。

1. 器官自控制系统

器官自控制系统具有不受神经系统和内分泌系统控制的机制。例如,舒张期心脏的容积越大,血流入量就越多,则心脏收缩期血搏出量亦越多,这是由心脏本身特性所决定的,不受神经或激素的影响。

2. 神经控制系统

在神经系统中,由神经脉冲以 $1\sim100\,\text{m/s}$ 的速度传递信息,是一种由神经进行快速反应的控制调节机制。以运动系统为例,从各级神经发出的控制信号到达被称为最终公共通路的传出路径,在运动神经元处叠加起来,最终表现为运动。

3. 内分泌系统

通过循环系统的路径将信息传到全身细胞进行控制,与神经快速反应的控制调节相比,内分泌系统的传导速度较慢。由内分泌腺分泌出来的各种激素,沿循环系统路径到达相应器官,极微量的激素就可使其功能亢进或抑制。

4. 免疫系统

免疫的作用是识别异物,并将这种非自体的异物加以抑杀和排除。对人体来说,人体内的非自体识别及其处理形式是最基本的控制机制,许多病态都可用免疫机制加以说明。

1.1.2 人体控制功能的特点

与我们所熟悉的工程控制相比,人体控制系统的控制功能具有以下特点:

(1)负反馈机制。人体控制系统对任意的外界干扰是稳定的,对系统内参数变化的灵敏度也较低,原因是系统存在着负反馈机制。

(2)双重支配性。生物体很少以一个变量的正负值来单独控制,往往是各自存在着促进器官和抑制器官的控制,并以两者的协调工作来支配一个系统,构成负反馈控制机制。

(3)多重层次性。生物体内常见的控制功能是上一级环路对下一级负反馈环路进行高级控制,这种多重层次性控制,使人体系统控制功能有高可靠性。如心脏搏动节律的形成,不仅有窦房结的控制作用,还有心房、心室协调同步的控制作用。

(4)适应性。人体系统具有能根据外界的刺激改变控制系统本身控制特性的适应性。如人从明亮处刚进入暗处时什么都看不见,要过一会儿才能看见东西,这就是人体视觉系统控制功能的适应性表现。

(5)非线性。人体系统控制功能表现为非线性的本质,虽然有时可以将非线性现象近似当作线性控制处理。

1.1.3 生物信号的基本特性

1. 不稳定性

生物体是一个与外界有密切联系的开放系统,有些节律由于适应性而受到调控。另外,生物体的发育、老化及意识状况的变化都会使生物信号不稳定。长时间保持一定的意识状态而不影响神经系统的活动是困难的,所以,生物信号不存在静态的稳定性。因此,我们在检测和处理生物信号时,就有选择时机的问题。有时为了分析问题的方便,在一定的条件下,亦可将这种不稳定近似作为稳定来处理。

2. 非线性

因生物体内充满非线性现象,反映生物体机能的生物信号必然是非线性的。用非线性描述生物体显示出的生物特性才比较准确。但在检测和处理生物信号时,在一定的条件下,仍可用线性理论和方法。

3. 概率性

生物体是一个极其复杂的多输入端系统,各种输入会随着在自然界中所能遇到的任何变化而变化,并会在生物体内相互影响。对于任意一个被测的确定现象来说,这些变化就会被看作噪声。生物噪声与生物机能有关,使生物信号表现出概率变化的特性。

1.1.4 生物信号的检测与处理

为了分析研究人体(生物体)的结构与机能,给诊断提供依据,现在可以用医学仪器来检测和处理生物信号。当然,由于医学仪器的不断发展更新,检测与处理生物信号的方法和手段也在不断更新。

1. 生物信号检测

生物信号检测,必须考虑到生物信号的特点,针对不同生理参量采用不同的方式。检测一些十分微弱的信息,必须用高灵敏度的传感器或电极;对一些变化极为缓慢的生物信号,则要求检测系统有很好的频率响应特性。一般实际检测到的信息,只是生物体系统信息中的一部分,我们在根据这些信息分析生物体的机能状态时,就应注意观察检测以后生物体状态的变化。

2. 生物信号处理

现在能检测到的生物信号十分丰富,到了不用计算机就很难处理的地步。但计算机只能处理离散信息,计算机对模拟信息的处理,必须先将其采样并作模数转换。另外,对不同特性的生物信号的处理,还要用到一些数学方法,如对非线性的生物信号,可通过拉普拉斯变换的方法,将其按线性处理;又如欲将检测到的以时间域表示的生物信号转换到频率域上,就得采用傅里叶变换的方法。在生物信号的处理过程中,当需作信号波形分析时,又要用到模拟式频谱分析法(即滤波法)和数字式频谱分析法(即快速傅里叶变换法),等等。

总之,生物信号的检测与处理对医学仪器来说十分重要,任何一台医学仪器离开生物信号的检测与处理,该仪器就将失去其存在的价值。

1.2 医学电子仪器的结构和工作方式

1.2.1 医学电子仪器的基本构成

医学电子仪器从功能上来说主要有生理信号检测和治疗两大类,结构主要由信号采集、信号预处理、信号处理、记录与显示、数据存储、数据传输、反馈/控制和刺激/激励等系统构成,检测系统一般还应包括信号校准部分,如图 1-1 所示,图中虚线表示的部分不是必需的。

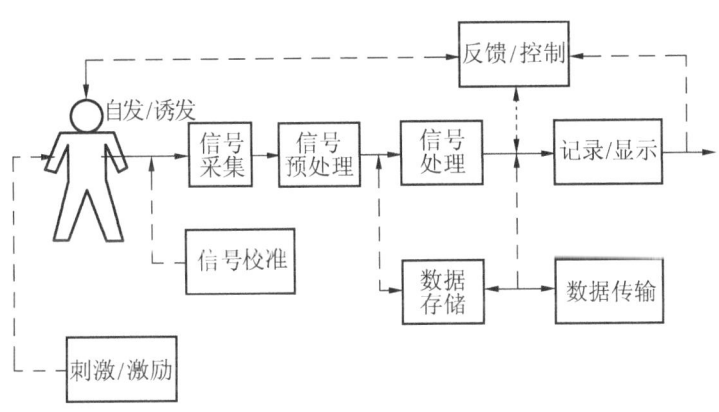

图 1-1 医学电子仪器结构框图

1. 生物信号采集系统

生物信号采集系统主要包括被测对象、传感器或电极，它是医学仪器的信号源。

在生物体中，将需用仪器测量的物理（化学）量、特性和状态等称为被测对象，如生物电、生物磁、压力、流量、位移（速度、加速度和力）、阻抗、温度（热辐射）、器官结构等。这些量有的可直接测得，有的需间接测得，但它们都需通过传感器或电极来检测。

传感器的作用是将反映人体机能状态信息的物理量或化学量转变为电（或电磁）信号；电极的作用是直接从生物（人）体上提取电信号。

传感器和电极的性能好坏直接影响到医学仪器的整机性能，应该十分重视。

一般来说，对于生物信号的拾取，传感器需要根据信号本身的特点来选择，与传感器配套的信号提取电路应根据传感器的类型和特点进行设计，一般这种电路是定型的，设计中主要注重参量的设置和调整元件的设置等；仪器的前置放大器在仪器的性能方面起着决定性作用，设计时要重点考虑与传感器电路信号的接口问题。主要有信号电压大小和接口电阻两个因素，这两个参数决定了前置放大器能从传感器中耦合多少功率信号。考虑到噪声影响，一般前置放大器增益都不高，以免噪声在被滤除之前被放大到使放大器饱和的电压水平，这是由生物信号的高噪声水平决定的。在中间放大阶段，主要放大信号的幅值，一般放大倍数较大，以达到后级处理（一般为 A/D）所需幅值，这时的放大器选用通用放大器即可，一般单级放大倍数不大于 100 倍。以上部分是医学电子仪器的模拟电路部分。模拟电路的性能在仪器结构体系中起着至关重要的作用。完成信号提取之后要进行 A/D 转换，转换的精度和速度是转换的关键参数，如果转换精度不高，则可直接选用片内带 A/D 转换器的微处理器以简化电路。转换后的信号为数字信号，使用微处理器进一步处理，微处理器还是仪器的控制核心。

2. 生物信号处理和控制系统

传感器给出的电信号往往不是所需要的理想状态，因此需要对信号进行调整。信号调理电路的内容是极其丰富的各种电路的综合，其作用如下：

（1）将信号调整到符合 A/D 转换器工作所需要的数值。例如，传感器输出的信号幅度一般是毫伏数量级，而 A/D 转换器满量程输入电压是 2.5V、5V、10V 等，为了充分发挥 A/D 转换器的分辨率（即转换器输出的数字位数），就要把传感器输出的模拟信号放大到与 A/D 转换器满量程相应的电平值。

（2）滤除信号中不需要的成分。例如，传感器电桥电路的输出中含有不需要的共模分量；在恶劣电磁环境中远距离传输时传输线上除了有用的电信号外，还感应出电噪声；信号中含有不需要的高频噪声等。为了滤除它们，信号调理电路往往含有测量放大器、隔离放大器、滤波器等。

（3）把信号调理到便于进一步处理的需要。例如，传感器电桥输出/输入关系具有非线性性质，电桥输出线性化调整可使系统反馈控制大为简化；"相加平均"电路可使淹没在噪声中的信号的信噪比大为改善。

（4）减轻对后续电路性能指标的过高要求。例如，对大动态范围信号的对数压缩，可以避免对 A/D 转换器的分辨率提出不切实际的要求。

信号处理部分是系统的核心部分，一般通过 A/D 转换将放大后的模拟信号转换为数字信号送入计算机或微处理器进行处理，完成包括信号的运算、分析、诊断、存储等。之所以说信号处理系统是医学仪器的核心,是因为仪器性能的优劣、精度的高低、功能的多少主要取决于它。可以说医学仪器自动化、智能化的发展取决于信息处理系统技术进步的程度。

这部分是仪器的控制核心,各种控制按键、显示、打印等功能都要通过控制核心完成。随着技术的发展和自动诊断功能的加强以及显示内容的丰富和逼真,对控制器功能的要求不断提高,现在通用的控制器是32位。

3. 生物信号的记录与显示系统

生物信号的记录与显示系统的作用是将处理后的生物信号变为可供人们直接观察的形式。医学仪器对记录与显示系统的要求是记录显示的效果明显、清晰,便于观察和分析,正确反映输入信号的变化情况,故障少,寿命长,与其它部分有较好的匹配连接。

1) 存储记录器

现在的存储芯片主要是闪存,存储设备是以闪存为核心存储器的 TF 卡、U 盘等。闪存又称 Flash 存储器,是一种可在线进行电擦写、掉电后信息不丢失的存储器,具有低功耗、大容量、擦写速度快,可整片或分扇区在线编程或擦除等特点。并且可由内部嵌入的算法完成对芯片的操作,因而在各种嵌入式系统中得到了广泛的应用。Flash 存储器还具有体积小、抗震性强等优点,是嵌入式系统首选存储设备。一般 Flash 存储器和闪存控制器一同工作。闪存控制器的作用一般有两个,一是完成闪存与计算机的通信,二是完成对闪存的控制,优化闪存利用率,完成写平衡。大量的数据经存储装置保留后,既方便诊断和研究,又可重复使用。

2) 数字式显示器

数字式显示器是一种将信号以数字的形式显示以供观察的器件。医学电子仪器中常用的显示器有发光二极管(LED)、LCD 显示屏、OLED 显示屏。其中 LCD 显示屏根据工艺可以分为 TN 类液晶显示器、STN 类液晶显示器、TFT 类液晶显示器。根据显示内容可以分为笔段式和图形点阵式,其中图形点阵式显示内容丰富,是现在使用最多的显示器。图形点阵式液晶模块都集成有控制器,完成数据到显示点的转换,液晶模块和微处理器之间只有显示命令和数据的传输。微处理器与图形点阵式液晶模块之间的接口方式有并行接口和串行接口。

4. 电源管理系统

电源系统给整个仪器提供电源。如果电源不稳定,有可能在处理信息时发生错误;如果电源不被管理,则系统有可能损坏。保证电源稳定供电,设计一个稳定的电源管理系统是系统正常工作的保证。设计中首先要提供所需要的电压类型,MPU 以及外围部件(主要包括 Flash、SDRAM、LCD、触摸屏等)都需要供电。LCD 供电电路比较复杂,需要专用的驱动芯片为其供电。现在常用的电压有单片机的 3.3V 和数字电路的 5V,以及有些运算放大器需要负电压。其次保证电源功率足够,对于每条支路都要保证电源芯片功率是足够的。对于交流系统来说,节省能源不是主要任务,但对于便携式仪器,减小仪器功耗是一个主要任务。

5. 辅助系统

辅助系统的配置、复杂程度及结构均随医学仪器的用途和性能而变化。对仪器的功能、精度和自动化程度要求越高,辅助系统应越齐备。辅助系统一般包括控制和反馈、数据存储和传输、标准信号产生和外加能量源等部分。

在医学仪器里控制和反馈的应用分为开环和闭环两种调节控制系统。手动控制、时间程序控制均属开环控制;通过反馈回路对控制对象进行调节的自动控制系统为闭环控制系统。反馈控制在测量和治疗类设备中都得到了充分的利用。例如,利用测量到的脑电等生理参数去激励刺激信号,再将刺激信号反馈到人体,进行睡眠等治疗的反馈治疗仪;按需式心脏起搏器根据检测到的心电 R 波是否存在决定是否产生刺激脉冲作用到心脏,是一种典型的同时具备测量和治疗功能的闭环反馈控制系统。

为了远距离也能调用存储记录器中的数据,还需要有数据传输设备,这可以设专用线路,也可利用其它传输线路兼顾。无线传输和网络传输技术在医学电子仪器中得到了广泛的使用。

医学仪器都备有标准信号源(校准信号),以便适时校正仪器的自身特性,确保检测结果准确无误。外加能量源是指仪器向人体施加的能量(如 X 射线、超声波等),用其对生物做信息检测,而不是靠活组织自身的能量。在治疗类仪器中都备有外加能量源。

1.2.2 医学仪器的工作方式

医学仪器的工作方式是指因其检测和处理生物信号方法的不同而采用的直接的和间接的、实时的和延时的、间断的和连续的、模拟的和数字的各种工作方式。

仪器的直接和间接工作方式,其区别在于:直接工作方式是指仪器的检测对象容易接触或有可靠的探测方法,其传感器或电极能用检测对象本身的能量产生输出信号;而间接工作方式是指仪器的传感器或电极与被测对象不能或无法直接接触,需通过测量其它关系量间接获取欲测对象的量值。

仪器的实时和延时工作方式,是指在假设人体被测参数基本稳定不变的情况下,若能在一个极短的时间内输出、显示检测信号,则为实时的工作方式;若需经过一段时间才能输出所检测的信号,则为延时工作方式。

另外,由于人体系统内,有些生理参数变化缓慢,有些生理参数变化迅速,这就要求医学仪器选择与之变化相适应的工作方式,即检测变化缓慢的信息时采用间断的工作方式,而检测变化迅速的信息时采用连续的工作方式。

由此可见,若测量体温的变化时,可以采用直接的、实时的、间断的工作方式,而检测心电、脑电、肌电时,则需用直接的、实时的、连续的工作方式才能测出完整的波形图。

由于计算机在处理生物信号方面有突出的优点,使得医学仪器检测与处理生物信号的方式从模拟发展为模拟和数字两种。目前,传感器和电极均属模拟的工作方式,将模拟量进行 A/D 转换后再由计算机进行信息处理,然后再经 D/A 转换,输出所测信号,这样的仪器是数字的工作方式。数字的工作方式具有精度高、重复性好、稳定可靠、抗干扰能力强等特点。当然,模拟的工作方式因不需要进行两次变换而显得简单、方便。

1.3 医学仪器的特性与分类

1.3.1 医学仪器的主要技术特性

1. 准确度(accuracy)

准确度是衡量仪器测量系统误差的一个尺度。仪器的准确度越高,说明它的测量值与理论值(或实际值、固有值)间的偏离越小。准确度可理解为测量值与理论值之间的接近程

度,所以,准确度定义为

$$\text{准确度} = \frac{\text{理论值} - \text{测量值}}{\text{理论值}} \times 100\% \text{。} \quad (1-1)$$

准确度可用读数的百分数或满度的百分数表示,它通常在被测参数的额定范围内变化。

影响准确度的系统总误差一般是指元件的误差、指示或记录系统的机械误差、系统频响欠佳引起的误差、因非线性转换引起的误差、来自被测对象和测试方法的误差等。减小这些误差即减小系统总误差,可以提高准确度。在理想情况下,测量值等于理论值,则准确度最高为零,这是任何仪器都难以做到的。所以,不存在准确度为零的仪器。准确度有时也称为精度。

2. 精密度(precision)

精密度是指仪器对测量结果区分程度的一种度量。用它可以表示出在相同条件下用同一种方法多次测量所得数值的重复性或离散程度。它不同于准确度,精密度高的仪器其准确度未必高。若两台仪器在相同条件下使用,就容易比较出准确度与精密度的不同。

有些场合,将精密度和准确度合称为精确度(精密准确度),作为一个特性来考虑时,其含义不变,仍包括上述两个方面。

3. 输入阻抗(input impedance)

医学仪器的输入阻抗与被测对象的阻抗特性、所用电极或传感器的类型及生物体接触界面有关。通常称外加输入变量(如电压、力、压强等)与相应因变量(如电流、速度、流量等)之比为仪器的输入阻抗。

若仪器使用传感器作非电参数测量,对于一个压力传感器而言,其输入阻抗 Z 为被测量的输入变量 X_1 和另一固有变量 X_2 的比值,即

$$Z = \frac{X_1}{X_2}, \quad (1-2)$$

其功率 P 为

$$P = X_1 \times X_2 = \frac{X_1^2}{Z} = Z \times X_2^2 \text{。} \quad (1-3)$$

由于生物体能提供的能量有限,即为了减少功率 P,应尽可能地提高输入阻抗 Z,从而使被测参数不发生畸变。

应用体表电极的仪器,要考虑到体电阻、电极-皮肤接触电阻、皮肤分泌液电阻、皮肤分泌液和角质层下低阻组织的电容、引线电阻、放大器保护电阻以及电极极化电位等的影响。

一般信号输入回路的阻抗主要取决于电极-皮肤接触电阻。接触电阻因人而异,与汗腺的分泌情况及皮肤的清洁程度等有关,一般在 2～150 kΩ 之间。引线和保护电阻一般为 10～30 kΩ 之间。在低频情况下,忽略电容的影响,则体表电极等效电阻可达 10～150 kΩ。因此,生物电放大器的输入电阻应比它大 100 倍以上才能满足要求,一般为 1 MΩ、5.1 MΩ 或 10 MΩ。若用微电极测量细胞内电位,微电极阻抗高达数十兆欧至 200 MΩ,因此要求微电极放大器的输入阻抗应在 10^9 Ω 以上才能满足要求。

4. 灵敏度(sensitivity)

仪器的灵敏度是指输出变化量与引起它变化的输入变化量之比。当输入为单位输入量时,输出量的大小即为灵敏度的量值。所以,灵敏度与被测参数的绝对水平无关,当输出变

化一定时,灵敏度愈高的仪器对微弱输入信号反应的能力愈强。考虑到医学仪器的记录特点,灵敏度的计量单位分别为:生物电位用 μV(或 mV、V)/cm;压力用 mmHg*/刻度;心率计数用每分钟心搏数/刻度;心率间隔用 μs(或 ms、s)/cm。

仪器的输出跟随输入变化的程度,即输出响应的波形与输入信号相同,而幅度随输入量同样倍数变化时称为线性。在线性系统(仪器)中,灵敏度对所有输入的绝对电平都是相同的,并可以应用叠加原理。

实际的医学仪器不可能是一个理想的线性系统,有时为了满足一定的需要常引入非线性环节,在具体仪器中经常会遇到这种情况。

5. 频率响应(frequency response)

频率响应是指仪器保持线性输出时允许其输入频率变化的范围,它是衡量系统增益随频率变化的一个尺度。放大生物电信号时,总希望仪器能对信号中的一切频率成分快速均匀放大,而实际上做不到。仪器的频率响应受放大器和记录器频率响应的限制,一般要求在通频带内应有平坦的响应。

6. 信噪比(signal to noise ratio)

除被测信号之外的任何干扰都可称为噪声。这些噪声有来自仪器外部的,也有电路本身所固有的。外部噪声主要来自电磁场的干扰。内部噪声主要来自电子器件的热噪声、散粒噪声和 $1/f$ 噪声。

仪器中的噪声和信号是相对存在的。在具体讨论放大电路放大微弱信号的能力时,常用信噪比来描述在弱信号工作时的情况。信噪比定义为信号功率 P_S 与噪声功率 P_N 之比,即

$$\frac{S}{N} = \frac{P_S}{P_N} \text{。} \tag{1-4}$$

检测生物信号的仪器,要求有较高的信噪比。为了便于对信噪比作定量比较,常以输入端短路时的内部噪声电压作为衡量信噪比的指标,即

$$U_{Ni} = \frac{U_{No}}{A_U}, \tag{1-5}$$

式中,U_{Ni} 为输入端短路时的内部噪声电压;U_{No} 为输出端噪声电压;A_U 为电压增益。常用对数形式来表示:

$$U_{Ni} = 20\lg\frac{U_{No}}{A_U}(\text{dB}) \text{。} \tag{1-6}$$

由于放大器不仅放大信号源带来的噪声,也放大自身的固有噪声,这样输出端的信噪比就会小于输入端的信噪比。

7. 零点漂移(zero drift)

仪器的输入量在恒定不变(或无输入信号)时,输出量偏离原来起始值而上下漂动、缓慢变化的现象称为零点漂移。这是由环境温度及湿度的变化、滞后现象、振动、冲击和不希望的对外力的敏感性、制造上的误差等原因造成的,其中温度影响尤为突出。

---

* mmHg 为非法定计量单位,法定单位是 Pa,1 mmHg ≈ 133.32 Pa。

8. 共模抑制比(common mode rejection ratio,CMRR)

共模抑制比是衡量诸如心电、脑电、肌电等生物电放大器对共模干扰抑制能力的一个重要指标,因此,定义衡量放大差模信号和抑制共模信号的能力为共模抑制比,用下式表示:

$$\mathrm{CMRR} = \frac{A_d}{A_c}, \qquad (1-7)$$

式中,A_d 为差模增益,A_c 为共模增益。

共模抑制比主要由电路的对称程度决定,也是克服温度漂移的重要因素。在医学仪器中,我们经常将共模抑制比分为两部分考虑,即输入回路的共模抑制比和差分放大电路的共模抑制比。各种提高共模抑制比的方法,将在述及具体仪器时作详细介绍。

医学仪器的主要技术特性有以上八项。还有一些特性,对某些仪器是重要的,如时间常数、阻尼等,这些将结合具体仪器讨论。

另外,若将医学仪器视为一个连续的线性系统,而传输的信号又是时间的函数,则可用微分方程来描述其输入和输出间的关系,即用传递函数来表示。这样,又可将医学仪器依其传递函数的形式是零阶、一阶、二阶的,来定性为零阶仪器、一阶仪器、二阶仪器。我们在遇到这种情况时,知道是在讨论医学仪器的动态特性就可以了。

1.3.2 医学仪器的特殊性

用医学仪器作生物检测一般分为标本化验检查和活体检测两大类。生物系统不同于物理系统,在检测过程中,它不能停止运转,也不能拆去某些部分。因此,人体检测的特殊性和生物信号的特殊性构成了医学仪器的特殊性。

1. 噪声特性

从人体拾取的生物信号不仅幅度微小,而且频率也低。因此,对各种噪声及漂移特性的限制和要求就十分严格。常见的交流感应噪声和电磁感应噪声危害较大,必须采取各种抑制措施,使噪声影响减至最小。一般来说,限制噪声比放大信号更有意义。

2. 个体差异与系统性

人体个体差异相当大,用医学仪器作检测时,应从适应人体的差异性出发,对检测数据随时间变化的情况,要有相应的记录手段。

人体又是一个复杂的系统,测定人体某部分的机能状态时,必须考虑与之相关因素的影响。要选择适当的检测方法,消除相互影响,保持人体的系统性相对稳定。

3. 生理机能的自然性

在检测时,应防止仪器(探头)因接触而造成被测对象生理机能的变化,因为只有保证人体机能处于自然状态下,所测得的信息才是可靠的、准确的。当把传感器置于血管内测量血流信息时,若传感器体积较大,会使血管中流阻变大,这样测得的血流信号就不准确,不可靠。同样,若作长时间的测量,就必须充分考虑生物体的节律、内环境稳定性、适应性和新陈代谢过程的影响;若在麻醉状态下测量,还需要注意麻醉的深浅度对生理机能的影响。

为了防止人体机能的人为改变,可对人体作无损测量。一般是进行体表的间接测量或从体外输入载波信号,从体内对信号进行调制来取得信息。所以,无损测量可以较好地保持人体生理机能的自然性。

4. 接触界面的多样性

为了能测得人体的生物信号,必须使传感器(或电极)与被测对象间有一个合适的、接触良好的接触界面。但是,往往因传感器的实际尺寸较大、被测对象的部位太小而不能形成合适的界面;或者因人体出汗而引起皮肤与导引电极之间的接触不良。接触不良、接触面积不好等构成接触界面的多样性对检测非常不利,于是人们想出各种办法来保证仪器与人体有一个合适稳定的接触界面。

5. 操作与安全性

在医学仪器的临床应用中,操作者为医生或医辅人员,因此要求医学仪器的操作必须简单、方便、适用和可靠。

另外,医学仪器的检测对象是人体,应确保电气安全、辐射安全、热安全和机械安全,使得操作者和受检者均处于绝对安全的条件下。有时因误操作而危害检测对象也是不允许的,所以安全性与操作有内在关系。

1.3.3 典型医学参数

医学仪器主要用于检测各种医学参数,在使用和维修医学仪器时,很有必要了解一些典型的医学和生理学参数,如表 1-1 所示。

表 1-1 典型医学和生理学参数

典型参数	幅度范围	频率范围	使用传感器(电极)类型
心电(ECG)	0.01～5 mV	0.05～100 Hz	表面电极
脑电(EEG)	2～200 μV	0.1～100 Hz	帽状、表面或针状电极
肌电(EMG)	0.02～5 mV	5～2000 Hz	表面电极
胃电(EGG)	0.01～1 mV	DC～1 Hz	表面电极
心音(PCG)		0.05～2000 Hz	心音传感器
血流(主动脉)	1～300 mL/s	DC～20 Hz	电磁超声血流计
输出量	4～25 L/min	DC～20 Hz	染料稀释法
心阻抗	15～500 Ω	DC～60 Hz	表面电极、针电极
体温	32～40°C	DC～0.1 Hz	温度传感器

1.3.4 医学仪器的分类

医学仪器发展非常迅速,各种新的医学仪器不断出现。因此,对医学仪器的分类比较复杂,目前还难以统一,存在着从不同角度对医学仪器进行分类的问题。

1.3.4.1 基本分类方法

根据检测的生理参数来对医学仪器分类,其优点是能够对任一参数的各种测试方法进行比较;根据转换原理的不同进行分类,有利于对各种传感器(电极)进行比较,推广应用;根据生理系统中的应用来分类、根据临床的专业分类及根据用途分类,各有方便之处。

根据仪器在医学、医疗中的用途进行分类,简单明了,对医务人员和仪器管理人员均比较方便。

1.3.4.2 医学仪器按用途分类

医学仪器按用途可分为两大类：诊断用仪器和理疗用仪器。

1. 诊断用仪器

(1) 生物电诊断与监护仪器。如心电图机、脑电图机、肌电图机等。

(2) 生理功能诊断与监护仪器。如血压计、血流图仪、呼吸机，以及检测脉搏、听力、肺功能参数的仪器等。

(3) 人体组织成分的电子分析检验仪器。如血球计数器、生化分析仪、血液气体分析仪等。

(4) 人体组织结构形态的影像诊断仪器。如超声仪器、X 线计算机层析(断层)摄影、核磁共振计算机断层摄影(NMR-CT)及电子内窥镜等。

2. 理疗用仪器

(1) 电疗机。包括静电治疗机，低、中、高频治疗机。

(2) 光疗机。包括红外线治疗机、紫外线治疗机、激光治疗机等。

(3) 磁疗机。包括旋磁治疗机、中频交变治疗机等。

(4) 超声波治疗机。包括超声雾化吸入器、超声波治疗机等。

本书主要介绍生物电和生理功能的诊断与监护仪器，通常称为医用电子仪器。其它内容分别在本专业其它系列教材中介绍。

1.4 生理系统的建模与仪器设计

生理系统建模是对系统整体各个层次的行为、参数及其关系建立数学模型的工作，最终希望用数学的形式表达出来。建模的目的是为了更好地了解生物系统的行为及规律，为生物控制奠定基础。生理系统建模与仿真可以将生物系统简化为数学模型并对此模型进行计算机分析，从而代替实际的复杂、长期、昂贵及至无法实现的实验，大大提高研究效率和定量性，并可人为施加控制条件以影响生物系统运行过程。因此，所建生理系统模型不仅为研制医学仪器提供理论基础，还可用于人体疾病诊断、预报、相关参数的自适应控制等，并且为生物学、生理学、仿生学等学科的研究提供了一种新的研究手段和方法。

建模是医学仪器设计的第一步，也是最为关键的一步，它是我们对所关注的生命对象进行科学定量描述(常采用一定形式化的数学语言)的产物。但由于生命系统是一个复杂系统，所以模型反映的仅是我们认识过程中通过适当的简化、抽象和近似所获得的一个较为理想化的人为系统，因此需要不断改进和完善。尽管如此，它毕竟在满足医学临床与研究的前提下，为医学仪器设计提供了可参照的理论依据。

本节先阐述模型的分类和建模的基本过程，再着重分析建模的三种基本方法，即理论分析法、类比分析法和数据分析法，并以应用实例阐述建模对仪器设计的指导意义。

1.4.1 系统模型与建模关系

由一个实际系统构造一个模型的任务，一般包括两方面的内容：第一是建立模型结构，第二是提供数据。

在建立模型结构时,要确定系统的边界,还要鉴别系统的实体、属性和活动。而提供数据则要求能够使包含在活动中的各个属性之间有确定的关系。在选择模型结构时,要满足两个前提条件:一是要细化模型研究的目的,二是要了解有关特定的建模目标与系统结构性质之间的关系。

一般来说,系统模型的结构具有以下一些性质:

(1) 相似性。模型与所研究系统在属性上具有相似的特性和变化规律。这就是说,真实系统的"原型"与"替身"之间具有相似的物理属性或数学描述。

(2) 简单性。从实用的观点来看,由于在模型的建立过程中忽略了一些次要因素和某些非可测变量的影响,因此实际的模型已是一个被简化了的近似模型。一般而言,在实用的前提下,模型越简单越好。

(3) 多面性。对于由许多实体组成的系统来说,其不同的研究目的决定了所要收集的与系统有关的信息是不同的,因此用来表示系统的模型并不是唯一的。由于不同的分析者所关心的是系统的不同方面,或者由于同一分析者要了解系统的各种变化关系,因此对同一个系统可以产生相应于不同层次的多种模型。

在建模关系中,建模者最关注的是模型的有效性,它反映了建模关系正确与否,即模型如何充分地表示实际系统。模型的有效性可用实际系统数据和模型产生的数据之间的符合程度来度量,可用等式象征性地描述,即"实际系统数据 = 模型产生的数据"。

模型的有效性用符合程度来度量,它可分为以下三个不同级别的模型有效:

(1) 复制有效(replicative valid)。建模者把实际系统看作一个黑箱,仅在输入输出行为水平上认识系统。这样,只要模型产生的输入输出数据与从实际系统所得到的输入输出数据是相匹配的,就认为模型是复制有效。实际上,这类有效的建模只能描述实际系统过去的行为或试验,不能说明实际系统将来的行为,这是低水平的有效。

(2) 预测有效(predictively valid)。建模者对实际系统的内部运行情况了解清楚,也就是掌握了实际系统的内部状态及其总体结构,可预测实际系统的将来的状态和行为变化,但对实际系统内部的分解结构尚不明了。在实际系统取得数据之前,能够由模型看出相应的数据,这就认为模型是预测有效。

(3) 结构有效(structurally valid)。建模者不但搞清了实际系统内部之间的工作关系,且了解了实际系统的内部分解结构,可把实际系统描述为由许多子系统相互连接起来而构成的一个整体。结构有效是模型有效的最高级别,它不但能重复被观察的实际系统的行为,且能反映实际系统产生这个行为的操作过程。

1.4.2 建立生理系统模型的基本方法

建模,即要建立一个在某一特定方面与真实系统具有相似性的系统。真实系统称为原型,而这种相似性的系统就称为该原型系统的模型。对于生理系统,原型一般为真实的活体系统,而模型则为与这些活体系统在某些方面相似的系统。广义而言,生理系统的模型不仅仅包括人造的物理或数学的模型,也应包括动物模型。但我们在这里所讨论的模型概念仅限于狭义的人造模型。根据一般的分类方法,可把模型分为三类,即物理模型、数学模型和描述模型,如图1-2所示。

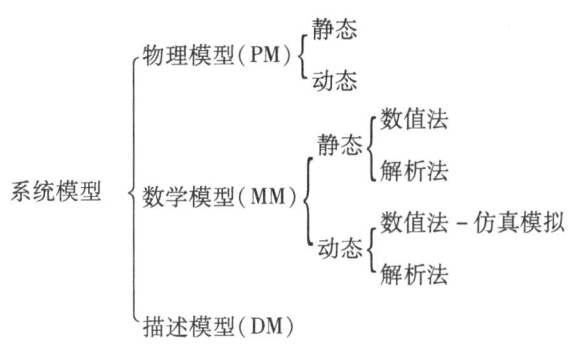

图 1-2 系统模型的分类

随着电子技术的发展,建立模型的方法已由最初的静态发展为动态,由形态相似的实体模型发展为性质和功能相似的电路模型,由用简单数学公式描述的模型发展为用计算机程序语言描述的复杂运算模型。然而,尽管模型的概念是建立在与其原型具有某种相似性的基础之上的,但是,相似并不是等同。尤其是对生理系统的模型而言,到目前为止,还无法构造一个与其原型完全一样的模型。当然,那也不是建立模型的目标。

一个模型的建立往往蕴含着三层意思:①理想化;②抽象化;③简单化。

这三点精辟地指出了建模与仿真方法的特色。从某种意义上说,在建立模型时并不苛求与其原型的等同性;相反,往往依所研究的目的将实际条件理想化,将具体事物抽象化,同时还常常对一个复杂的系统进行一系列的简化以适应解决问题的需要。例如,对循环系统的研究,实际的血液循环网是个大的闭合回路,同时又与全身各个器官和系统相耦合和作用,但根据建模的目的,可以有形形色色的模型。例如,当研究心肌的力学特性时,可建立心肌的力学模型,而忽略其它因素的作用;而当研究血管的输运作用时,则可将心脏简化为一个泵。

正是由于在建立模型过程中所采用的理想化、抽象化、简化等手段,一般而言,模型是难以全面地反映其所描述的客观事物的,而仅仅能在有限的角度反映事物的某些特征。鉴于这一基本事实,把通过模型的方法对事物的表述称为模型空间。同时,由于模型是基于某一真实系统而构造的,因此,在模型空间所得出的问题的解就与真实空间同一问题的解有必然的联系,如图 1-3 所示。

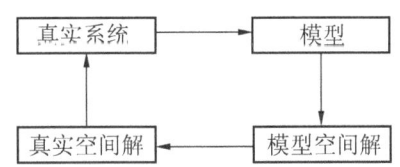

图 1-3 生理系统建模的基本方法

1.4.3 构建生理模型的常用方法与实例

构建生理模型的方法很多,在此结合现代医学仪器设计,主要阐述最常用的三种方法,即理论分析法、类比分析法和数据分析法,并以医学仪器设计的相关实例加以说明。

1.4.3.1 理论分析法建模

理论分析是构建生理模型中广泛使用的方法。理论分析是指应用自然科学中已被证明的正确的理论、原理和定律,对被研究系统的有关要素进行分析、演绎、归纳,从而建立系统的数学模型。

建模案例:无创血氧饱和度检测

人体血液中的氧含量是生命体征的重要参数之一,在手术麻醉过程中尤为重要。因此,血氧饱和度(SpO_2)作为常规监测指标之所以重要并被广泛采用,是由于它能连续、无创、实时提供病人体内氧合状况。

血氧饱和度用以表示血液中血氧的浓度,它是被氧结合的氧合血红蛋白(oxygenated hemoglobin,HbO_2)的容量占全部血红蛋白(hemoglobin,Hb)的容量的百分比,即

$$SpO_2 = \frac{HbO_2}{Hb} = \frac{HbO_2}{HbO_2 + HbR} \times 100\%, \quad (1-8)$$

式中,HbR 称为脱氧的或还原的血红蛋白(reduced or deoxyenated hemoglobin,HbR)。Hb 由 HbO_2 与 HbR 两部分组成。

对血氧饱和度的测量分有创和无创两种。有创测量是对血液抽样后进行血气分析,无创测量则是利用分光光度测定原理。由于血液中不同成分对同一种光线的吸收率各不相同,通过测量穿过血液中不同光线的衰减程度,可换算出血液中不同成分的含量。这就是无创血氧饱和度的测量原理,下面遵循图1-3所示的步骤来进行模型构建。

1. 实验观察

要想测量血液中多种物质的含量,所使用的光线波长种类数必须至少等于物质的种类数。由于血氧饱和度主要由血液中氧合血红蛋白和还原血红蛋白的含量决定,使用两种光线便可以测量血氧饱和度。当我们用光垂直照射透过人体手指末端时,若在另一端用光电管接收(光电管输出的电流与光强成正比),则发现光的强度明显减弱,用滤波器滤波后的电流可分为直流(DC)和交流(AC)两部分。在光穿过手指透射后,观察发现血液中氧合血红蛋白(HbO_2)与还原血红蛋白(HbR)对特定不同波长光的吸收率相差很大,如图1-4所示。

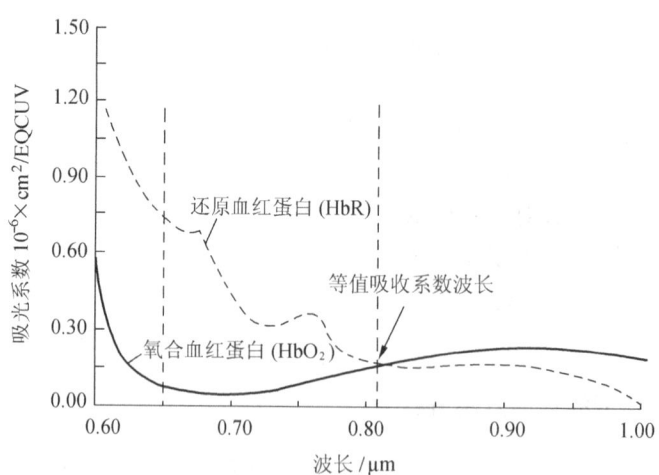

图1-4 血红蛋白对红光和近红外光的吸光系数曲线

进一步观察发现,交流成分的波峰与波谷对应的是心血管系统的收缩与舒张,因此它对应的是动脉血液中脉动的部分。这是一个与时间相关的量,而其余部分与时间无关,即出现光容积脉搏波,如图1-5所示,图中假定组织的脉动仅仅是由动脉血液而引起,其结果导致

光程的改变,使输出光强信号被调制而改变。

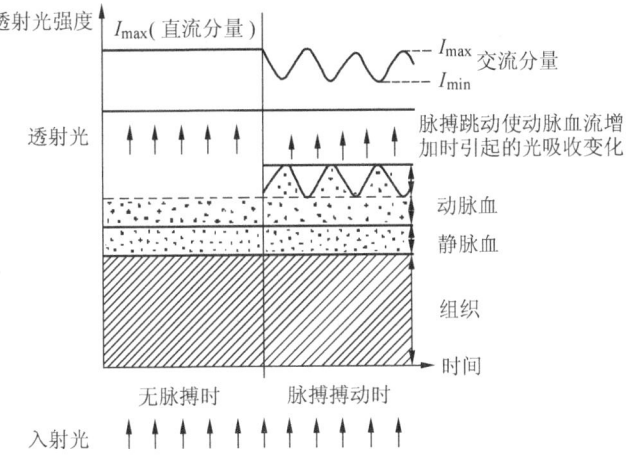

图 1-5 手指各组织对光的吸收情况

脉搏血氧测定法假设组织模型由两部分组成:无血组织(皮肤、骨骼、静脉血、其它组织等)表现为固定的光吸收,为图中的直流成分;而动脉血管(由氧合血红蛋白和还原血红蛋白组成的动脉血液)则为脉动变化的光吸收,即为图中的交流变化的信号。因此,采用光学的方法就能够实现对血氧饱和度的无创检测。

2. 理论分析

根据比尔(Beer-Lambert)定律,波长为 λ 的单色光在吸收物质媒体中传播距离 d 后,其光强为

$$I(\lambda) = I_0(\lambda)\exp(-\varepsilon Cd),$$

或

$$D = \ln(I_0(\lambda)/I(\lambda)) = \varepsilon Cd。 \qquad (1-9)$$

式中,I_0 和 I 分别为入射光和透射光的强度;C 为光所穿过的物质浓度;d 为所穿过的路径;ε 为吸收系数,是常数,与吸光物质的种类有关,同时还与入射光的波长 λ 有关;D 为吸光度(absorbance),反映光通过吸收物质时被吸收的程度。显然,只要测出入射光强 I_0 和透射光强 I 就能方便地得出物质浓度 C。

若物质中存在两种或两种以上的成分,要确定其成分含量及浓度,就要采用双波长或多波长的比尔定律。为简单起见,只考虑两种成分的情况,即将波长的比尔定律写成

$$\left.\begin{array}{l}\ln(I_0(\lambda_1)/I(\lambda_1)) = D_1 = \varepsilon_{11}C_1 d + \varepsilon_{12}C_2 d,\\ \ln(I_0(\lambda_2)/I(\lambda_2)) = D_2 = \varepsilon_{21}C_1 d + \varepsilon_{22}C_2 d。\end{array}\right\} \qquad (1-10)$$

式中,D_1、D_2 分别为波长为 λ_1、λ_2 的光通过物质时测得的吸光度;C_j 为物质 $j(j=1,2)$ 的浓度;ε_{ij} 为物质 j 对于 λ_i 的吸收系数。从式(1-10)联立方程解出 C_1 和 C_2,这样动脉血液中的血氧饱和度可由下式得出:

$$\mathrm{SpO}_2 = \frac{C_1}{C_1 + C_2} = \frac{\varepsilon_{22}\dfrac{D_1}{D_2} - \varepsilon_{12}}{(\varepsilon_{22} - \varepsilon_{21})\dfrac{D_1}{D_2} + (\varepsilon_{11} - \varepsilon_{12})}。 \qquad (1-11)$$

从上式可以看出，对 λ_1 和 λ_2 两者的合理选取至关重要，为此首先必须知道所测物质中所含成分的吸光系数随波长的变化。

为提高检测灵敏度，一般应选用吸光系数差异较大的两个波长光。由于在红光谱区（600～700 nm），HbO_2 和 Hb 的吸收差别很大，因而血液的光吸收程度极大地依赖于血氧饱和度的大小。而在近红外光谱区（800～1000 nm），则其吸收差别较小，因此不同血氧饱和度的血液光吸收程度主要与两种血红蛋白含量的比例有关。从氧合血红蛋白 HbO_2 与还原血红蛋白 HbR 对红光与红外光的吸光系数曲线（见图 1-4）分析，可选定两光波长，即红光波长为 $\lambda_1 = 650$ nm 和红外光波长为 $\lambda_2 = 805$ nm。因此，只要测定两路透射光强以及由于脉搏搏动而引起的透射光强变化量，并根据相关吸光系数 ε_{ij}，代入式（1-11）就可以算出动脉血液的血氧饱和度。

脉搏波传感器接收的信号中包含着两种成分，分别以直流（DC）和交流（AC）的形式存在，可用电路的方法加以区分，以便获得动脉波动的血液信号和参考直流信号。当动脉搏动、血管舒张、动脉血的容积发生变化时，假设导致动脉血的光程由 d 增加了 Δd，而舒张期的吸收作为背景吸收保持不变光程 d，这时相应的透射光强由 $I(\lambda)$ 变化到 $I(\lambda) - \Delta I(\lambda)$，则式（1-9）可写成

$$\Delta D = \ln(I(\lambda)/I_0(\lambda)) - \ln[(I(\lambda) - \Delta I(\lambda))/I_0(\lambda)]$$
$$= \ln[I(\lambda)/(I(\lambda) - \Delta I(\lambda))] = -\ln(1 - \Delta I(\lambda)/I(\lambda)) = \varepsilon C \Delta d。 \quad (1-12)$$

考虑到透射光中交流成分占直流量的百分比为远小于 1 的数值，则

$$\Delta D = -\ln(1 - \Delta I(\lambda)/I(\lambda)) \approx \Delta I(\lambda)/I(\lambda) \approx AC(\lambda)/DC(\lambda)。 \quad (1-13)$$

参照式（1-10）推导过程可知：

$$\Delta D_1 = \ln(I(\lambda_1)/I_0(\lambda_1)) - \ln[(I(\lambda_1) - \Delta I(\lambda_1))/I_0(\lambda_1)] = \varepsilon_{11} C_1 \Delta d + \varepsilon_{12} C_2 \Delta d,$$
$$\Delta D_2 = \ln(I(\lambda_2)/I_0(\lambda_2)) - \ln[(I(\lambda_2) - \Delta I(\lambda_2))/I_0(\lambda_2)] = \varepsilon_{21} C_1 \Delta d + \varepsilon_{22} C_2 \Delta d,$$

由此可以得到动脉血中血氧饱和度的另外一种表达式：

$$SpO_2 = \frac{C_1}{C_1 + C_2} = \frac{\varepsilon_{22} \dfrac{\Delta D_1}{\Delta D_2} - \varepsilon_{12}}{(\varepsilon_{22} - \varepsilon_{21}) \dfrac{\Delta D_1}{\Delta D_2} + (\varepsilon_{11} - \varepsilon_{12})}。$$

当波长 λ_2 选为氧合血红蛋白 HbO_2 和还原血红蛋白 HbR 吸光系数曲线交点（805 nm）附近时，即 $\varepsilon_{22} = \varepsilon_{21}$，并将其代入式（1-11），可求动脉血液中 HbO_2 浓度和全部 Hb 浓度的比值即 SpO_2：

$$SpO_2 = \frac{\varepsilon_{22} \dfrac{\Delta D_1}{\Delta D_2} - \varepsilon_{12}}{\varepsilon_{11} - \varepsilon_{12}} = \frac{\varepsilon_{22}}{\varepsilon_{11} - \varepsilon_{12}} \times \frac{\Delta D_1}{\Delta D_2} - \frac{\varepsilon_{12}}{\varepsilon_{11} - \varepsilon_{12}}$$
$$= A \times \frac{\Delta D_1}{\Delta D_2} - B。 \quad (1-14)$$

将式（1-13）代入式（1-14）：

$$SpO_2 = A \times \frac{\Delta D_1}{\Delta D_2} - B = A \times \frac{AC(\lambda_1)/DC(\lambda_1)}{AC(\lambda_2)/DC(\lambda_2)} - B = A \times R - B,$$

$$R = \frac{\mathrm{AC}(\lambda_1)/\mathrm{DC}(\lambda_1)}{\mathrm{AC}(\lambda_2)/\mathrm{DC}(\lambda_2)} \text{。} \tag{1-15}$$

其中，A、B 是与动脉血液中 HbO_2 和 HbR 光吸收系数有关的常数，原则上可以由计算得到，但考虑到光源发光二极管的个体差别，一般根据实验测量来确定。为了增大检测灵敏度，要求 B 尽可能小，因此选 $\lambda_1 = 650\,\mathrm{nm}$，此时 ε_{11}、ε_{12} 的差值最大。

1.4.3.2　仪器设计

根据上述理论分析所得到的数学模型式(1-11)，可知仪器设计只要能够测定相关参量，运用式(1-11)，就可以计算出动脉血液中的血氧饱和度。

设计中采用双波长二极管、光电检测器以及检测电路组成的电路，原理框图如图 1-6 所示。其工作原理如下：

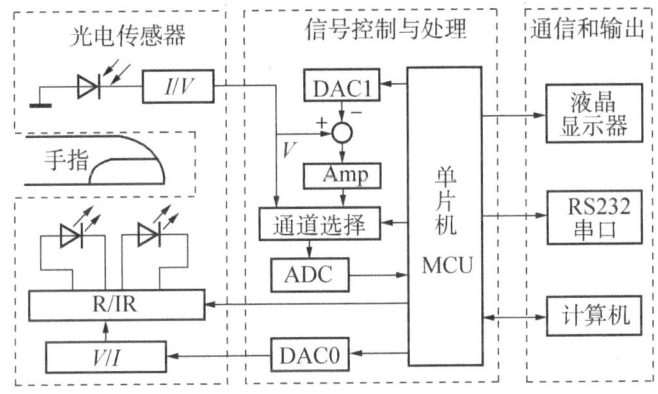

图 1-6　血氧饱和度检测原理框图

由微处理器 MPU 产生对红光(650 nm)和红外光(805 nm)双波长 LED 的控制信号，控制信号由 D/A 转换器将数字信号转换为模拟信号。模拟信号由运算放大器放大和缓冲输出，依次驱动红光和红外光双波长发光二极管。

光电传感器电路包括红光和红外光发射及接收电路、发光二极管 LED 驱动电路、电流电压(I/V)转换电路。交替发出的红光或红外光透过手指被光电二极管接收，经 I/V 电路转换为电压信号 v 输出到后继信号控制与处理电路。为提高信噪比，由单片机 MCU 通过数模转换端口 DAC0 自动调节红光或红外发光二极管的发射光强，使对应的 PIN 光电二极管电流转换的电压信号 v 达到最大，而且不失真。由于动脉血的脉动作用，该电压信号 v 是由较大的直流分量 V 和较小的交流分量 ΔV 组成的。对于直流分量 V，单片机在数据处理时只需将 v 通过 ADC(数模转换)获取的数据取平均值即可；对于交流分量 ΔV，为保证精度，由单片机将 v 与通过数模转换端口 DAC1 送出的直流分量 V 相减，将得到的交流分量 ΔV 经适当放大再送入 ADC 转换，然后由单片机进行有效值计算。

通过测量直流、交流信号，就可获得透射光强以及由于脉搏搏动而引起的透射光强的变化量。按照定义，搏动吸光度之比为

$$R = \frac{(\mathrm{AC}650)/(\mathrm{DC}650)}{(\mathrm{AC}805)/(\mathrm{DC}805)} \text{。} \tag{1-16}$$

模型中的有关系数，理论上可通过动脉血中的 HbO_2 和 HbR 对红光和红外光的吸光系数来计算，但考虑到光电传感器特性的离散性，一般要通过实验定标来确定。由血氧饱和度

的定义和临床实验结果可得出血氧饱和度(SpO_2)和 R 成负相关的经验曲线,从而得到血氧饱和度值。

(二) 类比分析法建模

若两个不同的系统可以用同一形式的数学模型来描述,则这两个系统就可以互相类比。即是说,类比分析法是根据两个(或两类)系统某些属性或关系的相似,去推论两者的其它属性或者关系也可能相似的一种方法。类比方法在生理系统分析中应用很广。

建模案例:无创连续血压测量

血压是反映人体循环系统机能的重要参数。通常所说的血压都指动脉血压,即由心脏泵血活动造成的血液对单位面积血管壁的侧压力,它和心脏功能及外周血管的状况有密切联系,通常所说的血压是指动脉内壁的压强与大气压强之差。

无论是临床医学还是基础医学,实现血压的无创连续测量都是非常重要的。实验结果表明,当动脉血管随心脏周期性地收缩和舒张,血管内的血液容积随之发生变化,表明血管内外两侧的压强差与血液的容积变化有密切关系,因此可利用血液容积变化来对血压进行无创连续测量。利用脉搏波速度测量血压是另一种无创连续测量方法,即脉搏波传导速度(pulse wave transit velocity,PWTV)或传导时间(pulse wave transit time,PWTT)和动脉血压值有关,也同血管容积和血管壁弹性量有关。

1. 血管中血流的流体动力学模型

因为血液是流体,可以应用流体力学理论来研究血液在血管中的流动机理。若假设血液为不可压缩的牛顿液体,且血管截面为圆形,则血液在血管中的流动过程可以用流体力学中的纳维-斯托克思方程来描述:

$$\rho \frac{dv}{dt} + v(\nabla \cdot v) = \nabla p + \mu \nabla^2 v + \rho g 。 \qquad (1-17)$$

式中,ρ 为血液的重力密度;v 为血流速度;t 为时间;p 为血压;μ 为血液黏滞系数;g 为重力加速度。

2. 电学类比模型

经过一系列简化和推导后,可以得出以下结论:血管中的血压和血流的关系类似于电路中的电压和电流之间的关系,因此,可以用一个等效电路(见图 1-7)来模拟血流在血管中的流动状态。

图中电阻表示等效流阻,电感表示等效流感,电容表示血管顺应性,电压表示血压,电流表示血流。相应的血流的电学方程为

$$\left. \begin{array}{l} L \dfrac{di_{in}}{dt} + R \cdot i_{in} = u_{in} - u_{out}, \\ C \dfrac{du_{out}}{dt} = i_{in} - i_{out} 。 \end{array} \right\} \qquad (1-18)$$

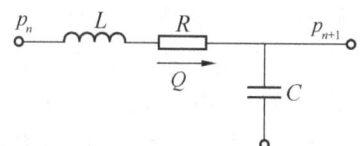

图 1-7 血管中血压和血流关系的等效电路

有了这样一个模型,对于给定的血管和血液参数,就可计算当血压变化时的血流变化,或当血流变化时的血压变化,以及各参量的改变引起的变化,如血管硬化时的情况等。

3. 仪器设计

根据上述理论分析所得到的数学模型(式(1-18)),可知仪器设计只要能够测定相关参量,运用式(1-18),就可以实现血压的无创连续测量。

本设计采用脉搏速度测量法实现无创连续血压测量。根据上述心血管模型,当血压增高时,将使动脉管变僵直,血管的顺应性减小,反映在电路模型中是电感量 L 和电容量 C 变小,由图1-7中 R、L、C 决定的时间常数变小,从而使信号(脉搏波)传递加快,因此在脉搏波速度与血压之间可建立一定的函数关系,通过测量脉搏波的传导速度,即可实现对人体血压进行无创连续测量。其结构如图1-8所示。

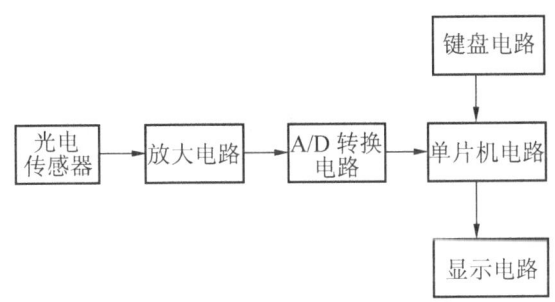

图1-8 无创连续血压测量原理框图

工作原理如下:

光电传感器采集测量信号,经放大电路滤波和放大后,输入 A/D 转换电路,转换以后的数字信号进入单片机进行相应的运算,最后以 mmHg 的单位显示被测血压值。单片机系统可以满足被测电量数据与血压数据换算功能的要求。

考虑到动脉壁的弹性因人而异,在利用脉搏波传递时间估算特定个体的血压之前,应该首先获得被测个体的特征参数。因此,仪器初始化时应对其进行定标。

1.4.3.3 数据分析法建模

数据分析法也是在医学仪器设计中最常用的建模方法之一。

由于生命系统是复杂系统,对于其表象,有时难以用理论分析直接推导其规律,加之对系统结构的性质不清楚,亦不便于类比分析。但是,若有一定量的能表征系统规律、描述系统状态的实验数据可以使用,则往往可用回归分析等方法,建立系统的数学模型。此外,对模型的验证往往也可借助数据分析法。

建模案例:心率变异性分析

心率变异性(heart rate variability, HRV)是指逐次心动周期之间的微小时间变异数。HRV 一般用 R-R 间期来描述,也可以用瞬时心率描述。健康人在静息状态下呈现出 R-R 间期的周期性变化是由于交感神经和迷走神经随呼吸和血压等因素发生改变所致。心率微小的涨落在某种意义下反映产生 HRV 的生理系统的状态。当患某些疾病时,会出现新陈代谢异常,神经系统及体液的内在平衡调节机制被打破,导致 HRV 发生一定的改变。HRV 分析就是通过对心率微小涨落的变换和处理以获取心血管系统、自主神经系统等有关信息的信号的分析过程,它对于大多数心血管疾病及其它相关疾病的早期诊断、治疗及预后评价等都有着重要意义。

1. 心率变异性常见分析方法

目前,对 HRV 的分析有很多种方法,总体而言,可以分为两大类:一种是线性分析法,另一种是非线性分析法。其中,线性分析法又可分为统计学方法(时域分析法)、谱分析法(频域分析法)和传递函数分析法;非线性分析法又可分为 Poincare 映射图法、分数维法、复杂度分析法和非线性动力学分析法等。

1)时域分析方法

HRV 的时域分析方法主要建立在统计学方法和几何学方法的基础上。对于短时分析,主要采用了如下指标。

时域分析指标:平均心率、平均 R-R 间期、极差、标准差(SDNN)、相邻间期差的标准差(SDSD)、相邻间期差的均方根(rMSSD)、相邻间期差大于 50 ms 的个数(NN50)、NN50 占总的间期数的百分比(PNN50)。

几何学分析指标:R-R 间期直方图、三角指数(triangle index)。

HRV 的时域分析方法由于计算简单、指标意义直观而被临床医学广泛接受。

2)频域分析方法

HRV 的频域分析法可以把复杂的心率波动信号按不同频段来描述其能量的分布情况,把各种生理因素的作用适量分离开进行分析,因而比时域分析法具有更高的准确性和灵敏度。频域分析法主要有 Welch 法和自回归(AR)模型等方法。用频域分析方法计算的参数有总功率(TP)、低频功率(LF)、高频功率(HF)、两个频率范围内总功率的比值(LF/HF)、归一化的 LF 和 HF。

3)非线性分析方法

HRV 的非线性分析方法主要有关联维数(correlation dimension)D、近似熵(approximate entropy)E、Lyapunov 指数(Lyapunov exponent)L 等 3 个相互独立的非线性动力学方法;此外,还有 R-R 间期散点图和 R-R 间期差值散点图,便于定性直观地分析 HRV 信号。

散点图方法采用 $\Delta RR(n+1)$ 和 $\Delta RR(n)$ 图形,代表 3 个连续的 R-R 间期变异性之间的关联,主要用于分析外界因素对窦性节律的影响。D 主要反映了产生 HRV 信号的非线性心脏系统的复杂性,表示用多少过去值可以预测信号的未来值,维数高说明需要较多过去值或随机影响起作用。E 表示了 HRV 信号的可预测性,即在已给过去值的条件下能较好地预测信号的未来值。对规则信号,$E=0$;对随机信号,$E=\infty$;对于确定性混沌信号,$E>0$;E 越大,信号越难预测。L 是与 HRV 信号的混沌程度相关的,指数越大,混沌程度越大。

由于影响 HRV 的各种生理和病理因素常常具有突变性,对 HRV 的分析应该采用非线性动力学分析法。然而,为进一步寻找 HRV 的非线性动力学参数,就必须深入分析相空间状态点的分布结构,并具有描述反映系统动力学演变的相空间状态点运动统计学等知识,这些都严重地制约了其实际应用水平,但不能否认非线性动力学分析法的巨大潜力。而线性分析法拥有其完善健全的数学分析体系,具备了强大的理论支持;而且由于在采集心率的过程中,患者所处的内外环境大多是相当稳定的,HRV 发生突变的可能性并不是很大,因此线性分析法仍不失为当前 HRV 分析的有效手段之一。

2. HRV 的自回归(AR)模型方法

AR 模型是一种参数分析方法,与其它模型相比具有计算上的优点:可用于短数据谱分析,有较高的谱分辨率,谱峰识别准,可得出平滑的谱估计曲线。AR 模型实际上是一个系

数按最小均方误差原则估计出的模型,它是个全极点模型,其传递函数为

$$H(z) = \frac{1}{1 + \sum_{k=1}^{p} a_k z^{-k}}。 \quad (1-19)$$

随机序列 $x(n)$ 的 AR 模型是

$$x(n) = -\sum_{k=1}^{p} a_k x(n-k) + u(n)。 \quad (1-20)$$

式中,$u(n)$ 为一个方差为 σ^2 的白噪声序列。AR 模型待求的参数为激励白噪声的方差 σ^2、系数 $a_1, a_2, \cdots, a_p$ 和阶次 p。

AR 模型估计的功率谱为

$$S_{AR}(e^{j\omega}) = \frac{E_p}{\left|1 + \sum_{k=1}^{p} a_k e^{-j\omega k}\right|^2}。 \quad (1-21)$$

计算 AR 模型的参数有几种方法,其中 Marple 算法不受 L-D 算法的约束,是严格意义上的最小二乘法。

AR 模型分析法的基本步骤如下:

(1) 记录心电信号。

(2) 用斜率阈值法进行 R 波识别,计算逐次心跳的 R-R 间期,以心跳次数为横坐标、心电图中 R-R 间期的大小为纵坐标,得到心率图。

(3) 心率图中 R-R 间期随心跳次数的变化可看作一种随机信号,对这种随机信号进行谱分析,可得 HRV 谱。

(4) 进行谱分解,分组归类计算出各组分的功率(高频组分 HF:0.4~0.15 Hz,低频组分 LF:0.15~0.03 Hz,甚低频组分 VLF:0.03 Hz 以下,以及 LF/HF 比值),对各组分进行比较,并作临床意义分析。

同样,可根据得到的心率图进行时域分析。其统计学方法指标如下:

$$SDNN = \sqrt{\frac{1}{N} \sum_{i=1}^{N} (RR_i - \overline{RR})^2}。 \quad (1-22)$$

式中,SDNN 为正常 R-R 间期的标准差,ms;N 为指定时间内心搏总数;RR_i 为第 i 个 R-R 间期;$\overline{RR}$ 为指定时间内正常 R-R 间期的平均值。

$$rMSSD = \sqrt{\frac{1}{N-1} \sum_{i=1}^{N-1} (RR_{i+1} - RR_i)^2}。 \quad (1-23)$$

式中,rMSSD 为相邻两个 R-R 间期差值的均方根,ms。同样可以得到 SDSD、NN50 和 PNN50。

3. 分析系统设计

根据上述时域分析(统计学)方法和频域分析(自回归模型)方法,可知 HRV 分析系统设计只要能够完成相关参量计算,就可以实现心率变异性分析。

本设计采用线性分析方法实现 HRV 分析,其系统组成框图如图 1-9 所示。工作原理如下:采集心电信号(ECG),形成、记录数字化心电信号;对原始心电信号进行滤波;检测已滤波除噪后心电信号的 R 波,获得 R-R 间期序列;对 R-R 间期序列即心率变异信号进行

时域、频域线性分析；显示输出结果。

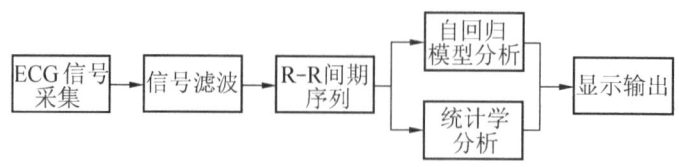

图 1-9 HRV 分析系统组成框图

下面对采集的 6 个成人的 HRV 数据进行线性分析，表 1-2 列出了 LF、HF、LF/HF、SDNN、rMSSD 几个频域、时域指标的结果。该结果包含有丰富的生理信息，对于临床病理、生理分析有重大的意义。

表 1-2 HRV 数据分析表

ID	性别	年龄	R-R 间期总数/个	$\dfrac{LF}{ms^2}$	$\dfrac{HF}{ms^2}$	LF/HF	$\dfrac{SDNN}{ms}$	$\dfrac{rMSSD}{ms}$
1	男	43	2 471	202.13	195.11	1.036	38.698	17.41
2	男	31	2 048	213.60	226.51	0.943	44.068	25.82
3	女	44	1 897	195.73	201.37	0.972	44.101	23.07
4	男	54	2 028	166.57	168.42	0.989	33.187	15.51
5	女	52	1 919	161.75	174.68	0.926	29.737	20.19
6	男	63	2 674	146.19	129.14	1.132	21.989	9.436

甚低频(VLF)：它们可以用来解释与热量调节相关机制，还有血管紧张酶以及其它体液调节机制。

低频(LF)：这个节律通常以 0.1 Hz 为中心，交感神经和副交感神经都涉及这一活动。功率的增长通常被认为是交感神经活动的结果(精神紧张、脑出血、冠状动脉堵塞等)，因此低频功率的增加通常是交感神经兴奋的标志。

高频(HF)：这一频段与呼吸频率相一致，与胸内压的变化和呼吸运动引起的机械变动相关，一般认为由心脏上的迷走神经调节，通常被认为是副交感神经兴奋的标志。

rMSSD：反映副交感神经活动。

SDNN：反映总自主神经活动。

一般情况下甚低频成分比较复杂，临床机制还没有充分了解，因此通常比较 LF 和 HF 频率成分。当低频成分增加，高频成分减少，两者成负相关关系，而两者的变动与交感-副交感神经平衡相一致，因此，可以通过单独调节低频功率或高频功率，找到一个合适的 LF/HF 值，从而定量地调节交感神经和副交感神经的平衡，为临床保健和治疗提供理论依据。

1.5 生物医学仪器的设计原则与步骤

医学仪器设计是一项复杂的系统工程。一般地，设计者是按照预期目标和确定的原理进行设计与实现的；如果没有确定原理可用，就要按照上节所述的生理系统的建模方法进行建模仿真和预实现,在此基础上再进行后续设计。由于设计生物医学仪器时会受到许多因素的影响,有些因素来自主观要求,有些因素是客观存在,因而在设计时要遵循一些设计原则和设计步骤。

1.5.1 医学电子仪器设计原则

1. 市场需求原则

任何医学电子仪器设计必须有市场需求。这个市场需求可以是当前迫切的,也可以是潜在的。市场调研是医学电子仪器立项开发的最初阶段,是设计立项的源头,只有充分的市场调研,获得真实的市场需求,后续的产品开发才有目标,产品定位才清楚,市场策略才清晰。这是迈向产品研发成功的关键因素之一。

2. 技术可行性原则

技术可行性分析是针对要开发的医学电子仪器而进行关键技术的可实现性分析。任何医学电子仪器的开发需要明确整个开发过程的受控,其中的关键技术可行与否是影响"受控"的最大因素,必须在正式启动这个产品项目之前明确这些关键技术的可行性,从而降低产品开发的技术风险,确保整个开发过程的完全受控。

3. 预期应用原则

医学电子仪器的预期应用必须是明确的,是治疗产品、诊断产品还是兼有治疗与诊断功能的综合产品,是针对成人、小儿或新生儿还是针对上述的全部对象,是针对中国国内市场、欧洲市场或北美市场还是针对上述的全部市场等,从而更加明确产品的市场定位。

4. 标准与法规符合原则

医学电子仪器的设计一定是针对预期应用和预期目标市场需求,因而需要满足所预期市场的标准与法规要求。任何医疗器械的应用市场及区域都会受到当地政府的监督和管理,而标准与法规则是监管的手段,也是相关产品进入相应市场的基本需求来源,需要在产品立项时明确。

5. 设计过程管理原则

医学电子仪器设计是一个分阶段的过程设计,每个阶段都应有设计的输入、输出和里程碑节点,以及完成的里程碑,要求有明确的设计文档和审核记录,确保整个设计过程受控。

6. 投入、产出的赢利原则

医学电子仪器的开发是需要投入的,赢利是确保投资方获得收益的基本要求。在市场的分析中必须给出充分的理由说明产出,以及在预见的时间内产出与投入的效益率,计算出预期的可能赢利。

1.5.2 医学电子仪器设计过程

1. 策划阶段

定义产品,主要进行市场调研、技术可行性分析、立项说明、产品规格定义、产品方案设计以及开发计划等的说明。里程碑输出产品规格定义书、技术可行性分析书、商业计划书以及立项说明书等。

2. 详细设计阶段

详细设计产品,主要进行风险分析、硬件详细设计、软件详细设计、机械详细设计、计算与控制方法的详细设计以及相关详细设计的测量方案设计,可以根据项目的大小进行进一步的分解,进行逐个子板的上述设计,里程碑输出风险分析报告、系统设计方案、硬件设计方案、软件设计方案、机械设计方案以及对应的详细设计说明和相关设计的测试等。

3. 集成与验证阶段

产品的分层集成以及整机集成与验证,主要是进行各级的集成测试、整机验证方案设计、整机验证报告、标准符合性测试以及产品的风险评估等。里程碑输出产品的验证方案、验证报告、标准符合性报告、产品使用说明和风险管理报告等。

图1-10说明可靠设计的三阶段设计原则以及相互的关联性,主要工作是由研发承担的。实际上,后面介绍的工程化和维护阶段也属于验证阶段的拓展,研发需要继续介入,并对其中的问题及更改需求反馈给承担设计的人员进行更改,同样也适合上述的三阶段设计原则。

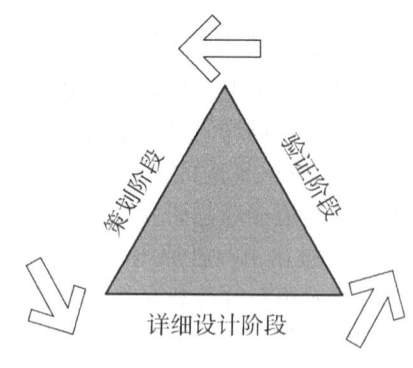

图1-10 主要的研发过程框图

4. 工程化及小批量制造阶段

进行工程样机和小批量制作,由制造部门根据研发所提供的技术文件组织工程样机及小批量制造,对于原材料的可采购性、自动化测试工装易用性、各类板卡的可制造性、整机的可制造性进行评估,完成最终的产品制造工艺的确认,正式转入批量生产。里程碑输出工程化制造文件、小批量制造说明等。

5. 销售与维护阶段

产品进入市场,销售与客服部门将对客户进行完整的培训,紧密跟踪产品在客户端的使用情况并及时通报,总结需求规律,提出进一步的改进建议,维护产品的生命周期。

1.5.3 新产品转化流程

现代医学电子仪器设计是理、工、医多学科知识高度综合和交叉运用的过程,同时由于其作用对象是人这一特殊性,从产品设计到最终上市使用需要经过监管部门的审批,因此,在充分考虑上述基本设计原则和过程的基础上,一般应按下列步骤进行设计并向药品监督管理部门申报产品注册证。

1.5.3.1 生理模型的构建

这是医学仪器设计的第一步,也是最关键的一步,它决定了医学仪器的工作原理。在充分分析所要设计的仪器需要完成的功能的基础上(即对生理、病理、生化、解剖等相关知识分析),根据物理、化学、数学和生物医学的基本理论,或对实验所获得数据的统计分析,构建设计目标的数学模型(或物理模型,或描述模型),并提出应达到的技术参数指标。

1.5.3.2 系统设计

根据构建的生理模型和技术指标,在充分考虑设计原则的基础上,进行产品的结构设计,包括系统的总体结构框图、各部分的结构图及软件设计流程图设计。

1.5.3.3 实验样机设计

实验样机设计包括了仪器的软硬件设计、工艺设计、电气安全设计、电磁兼容性设计、生物相容性设计。在完成以上设计的基础上制作实验样机,并对样机进行技术参数和安全性能的测试。各项指标应满足设计要求,如果样机性能指标达不到设计要求,应对样机进行改进和完善,直至满足设计指标要求。

1.5.3.4 动物实验研究

一般地,在样机(最少两台)制作完成后,在进入临床实验前应进行充分的动物实验。动物实验的目的有两个方面,一是检验样机的安全性(包括样机本身的技术指标、电气安全、生物安全、可靠性和操作性能等),另一个是有效性检验(包括临床疗效、生理参数测量的准确性等),并将实验结果反馈到1.5.3.1～1.5.3.3步骤中。

1.5.3.5 产品注册

1. 医疗器械分类管理

医疗器械按照风险程度由低到高,管理类别依次分为第一类、第二类和第三类。第一类医疗器械实行备案管理。第二类、第三类医疗器械实行注册管理。境内第一类医疗器械备案,备案人向设区的市级药品监督管理部门提交备案资料。境内第二类医疗器械由省、自治区、直辖市药品监督管理部门审查、批准后发给医疗器械注册证。境内第三类医疗器械由国家药品监督管理局审查、批准后发给医疗器械注册证。进口第一类医疗器械备案,备案人向国家药品监督管理局提交备案资料。进口第二类、第三类医疗器械由国家药品监督管理局审查、批准后发给医疗器械注册证。香港、澳门、台湾地区医疗器械的注册、备案,参照进口医疗器械办理。医疗器械产品可根据国家药品监督管理局公布的分类目录确定分类,对于分类目录中没有的新产品,应向食品药品监管部门申请分类界定,确定所属管理类别。

2. 型式试验

根据《医疗器械注册管理办法》要求,申请人或者备案人应当编制拟注册或者备案医疗器械的产品技术要求,产品技术要求可根据医疗器械相关标准要求进行编写。第一类医疗器械的产品技术要求由备案人办理备案时提交药品监督管理部门。第二类、第三类医疗器械的产品技术要求由药品监督管理部门在批准注册时予以核准。产品技术要求主要包括医疗器械成品的性能指标和检验方法,其中性能指标是指可进行客观判定的成品的功能性、安全性指标以及与质量控制相关的其它指标。在中国上市的医疗器械应当符合经注册核准或者备案的产品技术要求。申请第二类、第三类医疗器械注册,应当提供产品检测报告,产品注册申请资料中的产品检验报告可以是注册申请人的自检报告或者委托有资质的医疗器械检验机构出具的检验报告。办理第一类医疗器械备案的,备案人可以提交产品自检报告。型式试验检测根据产品技术要求进行,主要包括产品性能、电气安全、电磁兼容、生物相容性等方面的检测,其主要目的是确保产品的安全可靠性。

3. 临床评价

注册检验样品的生产应当符合医疗器械质量管理体系的相关要求,注册检验合格的方可进行临床试验或者申请注册。根据《医疗器械临床试验质量管理规范》开展临床试验。医疗器械临床评价是指申请人或者备案人通过临床文献资料、临床经验数据、临床试验等信息对产品是否满足使用要求或者适用范围进行确认的过程。需要进行临床试验的,提交的临床评价资料应当包括临床试验方案和临床试验报告。办理第一类医疗器械备案,不需进行临床试验。申请第二类、第三类医疗器械注册,应当进行临床试验。

有下列情形之一的,可以免于临床试验:

①工作机理明确、设计定型,生产工艺成熟,已上市的同品种医疗器械临床应用多年且无严重不良事件记录,不改变常规用途的;

②通过非临床评价能够证明该医疗器械安全、有效的;

③通过对同品种医疗器械临床试验或者临床使用获得的数据进行分析评价,能够证明该医疗器械安全、有效的。

免于临床试验的医疗器械目录由国家药品监督管理局制定、调整并公布。未列入免于临床试验的医疗器械目录的产品,通过对同品种医疗器械临床试验或者临床使用获得的数据进行分析评价,能够证明该医疗器械安全、有效的,申请人可以在申报注册时予以说明,并提交相关证明资料。

4. 产品注册

申请医疗器械注册,申请人应当按照相关要求向药品监督管理部门报送申报资料。申报资料主要包括:注册申请表、产品说明书和标签样稿、产品检验报告、临床评价资料(若需要进行临床试验)、产品风险分析资料、产品技术要求等。受理注册申请的药品监督管理部门应当自受理之日起3个工作日内将申报资料转交技术审评机构。境内第二类、第三类医疗器械注册质量管理体系核查,由省、自治区、直辖市药品监督管理部门开展,其中境内第三类医疗器械注册质量管理体系核查,由国家药品监督管理局技术审评机构通知相应省、自治区、直辖市药品监督管理部门开展核查,必要时参与核查。受理注册申请的药品监督管理部门应当在技术审评结束后20个工作日内作出决定。对符合安全、有效要求的,准予注册,自作出审批决定之日起10个工作日内发给医疗器械注册证,经过核准的产品技术要求以附件形式发给申请人。对不予注册的,应当书面说明理由,并同时告知申请人享有申请复审和依法申请行政复议或者提起行政诉讼的权利。医疗器械注册证有效期为5年。

习题 1

1-1 用框图说明医学仪器的基本结构并简要说明各部分功能。

1-2 医学仪器的主要技术特性是什么?

1-3 医学仪器有哪些特殊性?

1-4 数学模型、物理模型和描述模型三种模型在医学仪器设计中均起重要作用。试举一种常用医学仪器并指出其设计所基于的模型类别。

1-5 简述医学电子仪器的设计原则与步骤。

1-6 我国医疗器械是如何进行分类管理的?

1-7 简述我国医疗器械注册流程。

1-8 文献调研:医学仪器发展的最新进展。

2 生物信息测量中的噪声和干扰

通过第1章关于被测系统和生物信号特征的描述,可见人体的生物信号测量的条件是很复杂的。在测量某一种生理参数的同时,存在着其它生理信号的噪声背景,并且对来自测量系统(包括人体)之外的干扰还十分敏感,这是因为:

(1) 被测信号是微弱信号,测试系统具有较高的灵敏度。而灵敏度越高,对干扰也就越敏感,极易把干扰引入测试系统。

(2) 工频50 Hz干扰几乎落在所有生物电信号的频带范围之内,而50 Hz干扰又是普遍存在的。

(3) 生物体本身属于电的良导体,而且"目标"大,难以屏蔽并很容易受到外部干扰。尤其是工频50 Hz干扰为所有生物体所携带,完全淹没了微弱的生物电信号。

除了外界环境对被测信号的干扰之外,微弱信号还常常被深埋在测试系统内部的噪声中。抗干扰和低噪声,构成生物信号测量的两个基本条件。本章的目的是,在分析的基础上得到生物信号测量系统的强抗干扰能力和低噪声电子设计方法,在讨论人体电子测量的各种检测技术之前,本章内容是十分必要的。我们把抗干扰和低噪声作为人体测量的基本条件,不只是由于人体电子测量是处于强电磁场环境中,成为无法回避的客观现实,而且还由于抗干扰和低噪声本来就是电子设计开

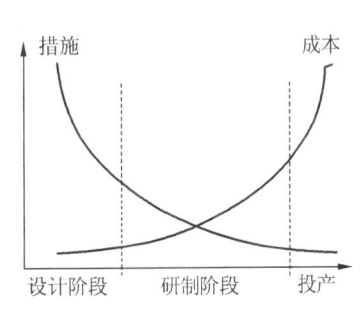

图 2-1 干扰问题示意图

始时必须予以考虑的环节。图2-1的曲线表示,随着设计、研制过程的推进,抗干扰和低噪声的措施无论是在难度上还是在造价上都将不断地增加。在设计阶段的每一级或每一分系统中考虑这些措施,可以解决80%～90%的问题,而且措施本身简单易行。

2.1 人体电子测量中的电磁干扰

2.1.1 干扰的引入

图2-2为干扰的引入示意图。干扰的形成包括三个条件:干扰源,耦合通道(即引入方式)与敏感电路(即接受电路)。抑制干扰也就可以从这三个方面找到相应的措施。

图 2-2 干扰的引入示意图

2.1.1.1 干扰源

能产生一定的电磁能量而影响周围电路正常工作的物体或设备称为干扰源。自然界的宇宙射线、太阳辐射、太阳黑子产生的周期电扰动等是一类干扰源;由周围电气、电子设备产生的各种放电现象是另一类干扰源,如发动机点火、继电器触点的开闭引起火花或电弧、旋转电机的电刷火花以及照明电灯管的辉光放电、弧光放电等。电容电感的过渡过程的瞬变电压、瞬变电流等,以及工业上的大功率电路、各种变压器、广播、电视、雷达、导航等所传播的电磁能,周围的 220 V 交流电源是最直接的 50 Hz 干扰源。由图 2-3 可以看出,造成生物电信号提取过程的主要干扰,是近场 50 Hz 干扰源,因为各种生物电信号中大都包含有 50 Hz 的频率成分,而且生物电信号的强度远远小于 50 Hz 的干扰。一般来说,干扰形成危害的严重程度,主要取决于抑制方法的难易。近场 50 Hz 干扰源不仅直接影响多种生物电信号的提取,而且它存在于所有的测量环境中,其抑制方法远比能量很高的各种电磁辐射干扰困难。

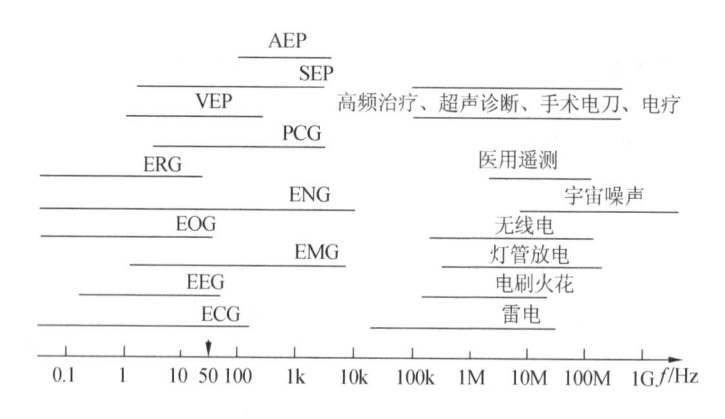

图 2-3 生物信号及干扰源的频率分布

值得注意的是,测量系统不仅受到外界干扰源的干扰,而且测量系统本身也产生对内部、对外界其它电子设备的电磁干扰,造成互相干扰的电磁环境。在电子系统之间实现不互相干扰、协调混同工作的考虑,称为电磁兼容性设计(electro-magnetic compatibility,EMC)。它包括抑制来自外部的干扰(有时还有系统内部生成的干扰)和抑制系统本身对外界其它设备产生的干扰两个方面。这一设计原则,是提高测试系统可靠性的一个重要方面。电磁兼容性设计的具体内容参见第 8 章。

2.1.1.2 干扰耦合途径

1. 传导耦合

经导线传播把干扰引入测试系统,称为传导耦合。交流电源线、测试系统中的长线都能引起传导耦合,它们都具有天线的效果,能够广泛拾取空间的干扰引入测试系统。交流供电线路的大功率负载,如马达、高频炉等,它们所产生的干扰波动,如启动、故障过渡过程、三相不同时投入等等,通过电网可以传播到测试系统。另外,长的信号线还能拾取附近的设备或空间电磁场的干扰波。在测试系统中对交流电源线或信号长线不采取措施,则往往形成干扰。

2. 经公共阻抗耦合

在测试系统内部各单元电路之间,或两种测试系统之间存在公共阻抗。图 2-4 所示

R_{ce} 为公共接地阻抗，R_{cs} 为电源内阻及电源线的阻抗，电流流经公共阻抗形成的压降造成的干扰。

3. 电场和磁场耦合

场的特性取决于"场源"的性质、场源周围的介质以及观察点与源之间的距离等。在场源附近，场的特性主要决定于场源的性质；在远离场源的地方，场的性质主要决定于场传播时所通过的介质。设 λ 为电磁波的波长，到场源的距离大于 $\lambda/(2\pi)$ 处（约 1/6 波长），称为远场或辐射场；到场源的距离小于 $\lambda/(2\pi)$ 处，称为近场。电场 E 对磁场 H 的比为波阻抗。在远场，比值 E/H 等于介质特性阻抗（即空气或自由空间，此时 $E/H = \sqrt{\frac{\mu_0}{\varepsilon_0}} = \sqrt{\frac{4\pi \times 10^{-7}}{8.85 \times 10^{-12}}} = 377(\Omega)$，$\mu_0 = 4\pi \times 10^{-7}$ H/m 为真空中的磁导率，$\varepsilon_0 = 8.85 \times 10^{-12}$ F/m 为真空中的介电常数）；在近场，其比值决定于源的特性和从场源到观察点的距离，若源为大电流低电压（$E/H < 377\ \Omega$），则近场为磁场；反之，若场源为小电流高电压（$E/H > 377\ \Omega$），则近场主要为电场。近场内 E/H 不是常数，在研究电磁场耦合形成干扰时，应把以电场为主和以磁场为主的两种情况分开，前者通过电容性耦合引入干扰，后者以电感性耦合引入干扰。

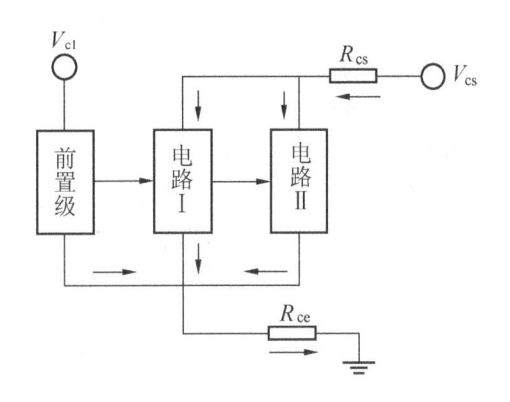

图 2-4 经公共阻抗耦合

在远场内，呈现出阻抗为 377 Ω 的平面波，当讨论平面波时，均假定是在远场内；当分开讨论电场和磁场时，则是假定在近场内。不难看出，当频率低于 1 MHz 时，测试系统内的耦合大多数由近场造成，因为在这些频率上的近场可展延到 300 m。当频率为 30 kHz 时，近场展延到 10^4 m。一般由附近设备造成的干扰均可视为由近场耦合形成。

图 2-5 所示为场的波阻抗描述。对一根拉杆式天线或垂直天线来说，其场源阻抗为高阻抗，天线附近的波阻抗主要为电场——也是高阻抗。随着距离 r 的增加，电场以 $(1/r)^3$ 的速率逐渐衰减，天线的波阻抗则随距离增加而减小，并渐近于远场的自由空间的阻抗。对一个环形天线来说，天线附近的波阻抗为低阻抗，主要产生磁场。当与场源的距离增加时，磁场以 $(1/r)^3$ 的速率衰减，波阻抗随着距离的增加而增加，在距离为 $\lambda/(2\pi)$ 处，渐近于自由空间的波阻抗；在远场内，电场和磁场都以 $1/r$ 的速率衰减。

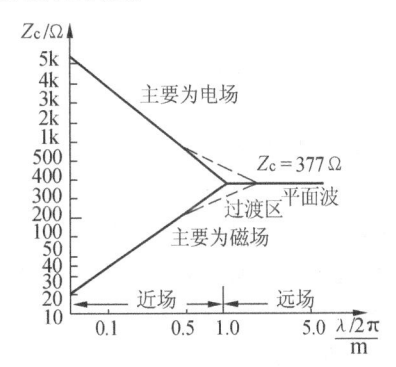

图 2-5 场的波阻抗描述

远场干扰通过电源线、生物电位电极引线（它们的作用相当于天线）引入测试系统。远场中各种电磁波辐射、通信系统的射频干扰、工业设备甚至医疗设备本身，都是一种随机的干扰，其能量遍布整个空间，形成生物信号测量中的干扰。

4. 近场感应耦合

由于电荷运动产生电磁场，因此凡带电的元件、导线、结构件等都能形成电磁场。分析近场耦合过程，一般可把电场和磁场分别进行处理，引起干扰的回路称为场源，受干扰的回路称为接受电路。

1) 电容性耦合

在电子系统内部元件和元件之间,导线和导线之间以及导线与元件之间,导线、元件与结构件之间都存在着分布电容。一个导体上的电压或干扰成分通过分布电容使其它导体上的电位受到影响,这种现象称为电容性耦合。图2-6表示带有干扰(U_{1s},ω)的导线对另一根导线通过容性耦合造成的影响。C为两导线之间的分布电容,两导线对地的分布电容分别为C_1和C_2,若导线2为信号端,与放大器输入端相连,那么便构成敏感电路。

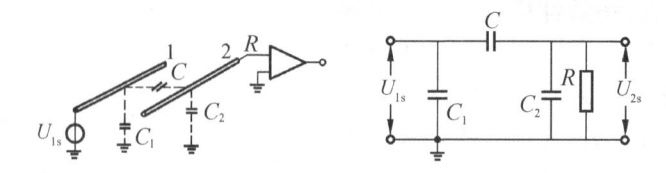

图2-6 平行导线电容性耦合

由电容性耦合形成的对敏感电路的干扰,在不考虑C_1时为

$$U_{2s} = \left| \frac{j\omega C}{\frac{1}{R} + j\omega(C + C_2)} \right| U_{1s}。 \quad (2-1)$$

在下述两种实际情况下,可将式(2-1)简化:

① 若$R \gg \dfrac{1}{\omega(C+C_2)}$,则

$$U_{2s} \approx \frac{C}{C + C_2} U_{1s}, \quad (2-2)$$

这时对敏感电路的影响与干扰源的频率基本无关,而正比于C和C_2的电容分压比,只要使$C_2 \gg C$,就能抑制干扰。

② 若$R \ll \dfrac{1}{\omega(C+C_2)}$,则

$$U_{2s} \approx |j\omega RC| U_{1s}, \quad (2-3)$$

这时干扰的大小正比于C、R,且与干扰源频率有关。

图2-7所示为敏感电路的干扰电压与角频率的关系。由式(2-2)和式(2-3)所表示的两条直线,得到对应最大干扰电压的角频率ω_m,大于ω_m时,干扰电压不变。实际上,大多数情况下角频率低于ω_m(如典型生物电放大器输入级,R为几兆欧,C、C_2均为几十皮法,则ω_m为kHz量级),所以可以用式(2-3)估算干扰电压。从抗干扰考虑,输入阻抗高并不利,而增大两导线之间的距离、尽量避免两导线平行以减小分布电容C则是必要的措施。图2-7中给出的两平行线间的耦合电容,可供参考。

减小电容性耦合常用的有效方法,是采用屏蔽导线。如导线2用接地良好的优质屏蔽线,原则上能够完全抑制耦合干扰电压。实际上,屏蔽线

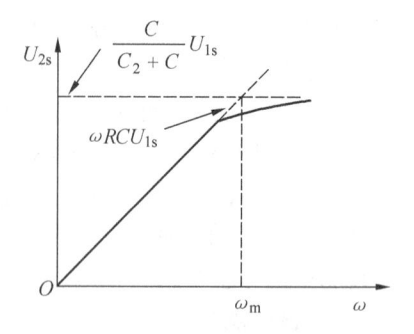

图2-7 敏感电路的干扰电压与角频率的关系

的中心导线一般引出屏蔽体以外,存在分布电容 C 以及中心导线对屏蔽层之间的电容 C_{2s}、中心导线对地电容 C_{2G}。当屏蔽层良好接地时,等效电路如图 2-8 所示,耦合到导线 2 的干扰电压为

$$U_{2s} = \left| \frac{j\omega C}{\frac{1}{R} + j\omega(C + C_{2G} + C_{2s})} \right| U_{1s} \text{。} \tag{2-4}$$

当 $R \ll \dfrac{1}{\omega(C + C_{2G} + C_{2s})}$ 时,

$$U_{2s} = |j\omega RC| U_{1s} \text{。} \tag{2-5}$$

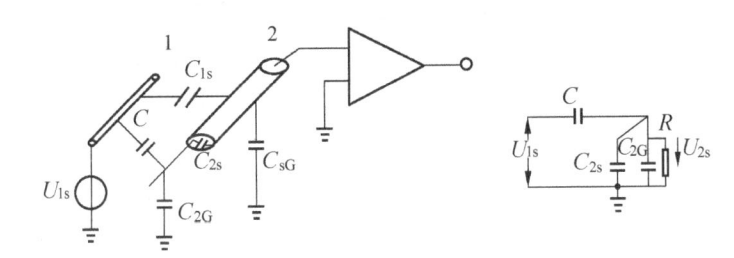

图 2-8 导线屏蔽时电容性耦合

由式(2-5)可见,如果尽量缩短导线 2 的信号线伸出屏蔽层的长度,并使屏蔽层可靠接地,则 C 值较小,U_{2s} 可以很小。但如果屏蔽层网编织不十分紧密或接地不良,使 C 值增大,则不如不使用屏蔽导线。

2) 电感性耦合

干扰电流产生的磁通随时间变化而形成干扰电压。在系统内部,线圈或变压器的漏磁是形成干扰电压的主要原因;在系统外面,多数是由于两根导线在长距离平行架设中产生干扰电压。当电流 I 在一个闭合回路中流动时,将产生与电流成正比的磁通 Φ,其比例系数为电感 L,即 $L = \Phi/I$。L 的大小取决于回路的几何形状及周围介质的磁导率。若同时存在 I 和 II 两个闭合回路,如图 2-9a 所示,那么,当一个电路里的电流所产生的磁通穿过另一个电路时,这两个电路之间就存在一个互感 M_{12},$M_{12} = \Phi_{12}/I_1$,Φ_{12} 表示电路 I 中的电流为 I_1 时在电路 II 中产生的磁通。若这磁通随时间而变化,则在电路中就会感应出电压来。当这两个电路的形状及相对位置固定不变,而磁通随时间作正弦变化时,感应电压 u_s 为

$$u_s = \omega BA\cos\theta \text{。} \tag{2-6}$$

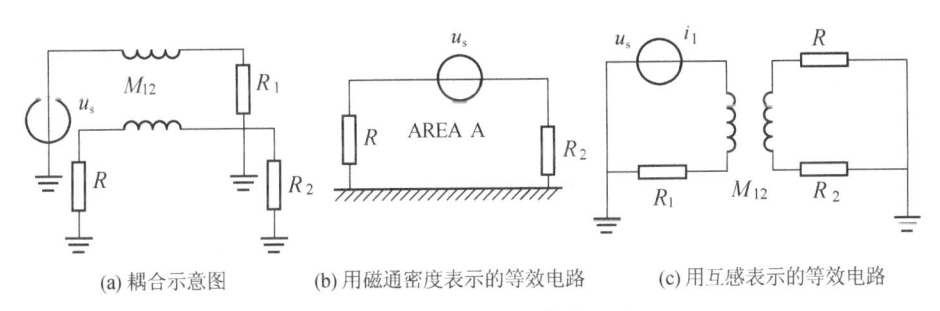

(a) 耦合示意图　　(b) 用磁通密度表示的等效电路　　(c) 用互感表示的等效电路

图 2-9 电感性耦合等效电路

式中，A 为闭合回路 II 所包围的面积，m^2；B 为正弦变化磁通密度的均方根值，Wb/m^2；ω 为角频率，rad/s；θ 为 $\boldsymbol{B}$ 与面积 A 法线的夹角，如图 2-9b 所示。

用互感形式表示式(2-6)，则如图 2-9c 所示，即

$$u_s = \omega M_{12} i_1 \big|_{i_2=0} \text{。} \tag{2-7}$$

两个回路之间的电感性耦合，又称为磁耦合。

为了减小 u_s，可采取下述方法：

(1) 远离干扰源，削弱干扰源的影响。不过有时这是不能实现的。

(2) 采用绞合线的走线方式。每个绞合结的微小面积所引起的感应电压大体相等，由于相邻的绞合结方向相反，而使局部的感应电压相互抵消，如图 2-10 所示。从绞合的效果来看，不论是感应侧还是被感应侧，所获得的结果基本相同。感应侧箭头表示其电流的方向，被感应侧箭头表示导线间感应电压的方向。在图 2-10 中分别画出了受干扰侧和干扰侧进行绞合的情况。

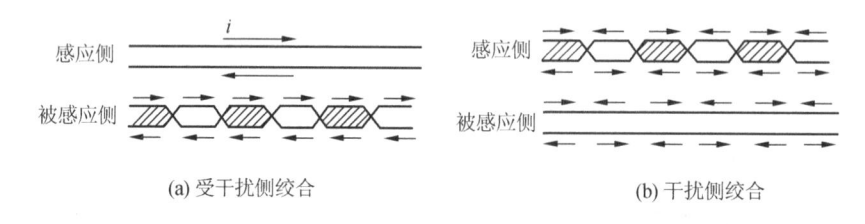

(a) 受干扰侧绞合　　　　　　(b) 干扰侧绞合

图 2-10　绞合线效果

(3) 尽量减小耦合通路，即减小面积 A 和 $\cos\theta$ 值。为此可采取诸如尽量使信号回路平面与干扰回路平面垂直，并使信号线贴近地平面布线，以减小回路的闭合面积等。值得注意的是，在电感性耦合中，干扰电压的等效电压源是串联在信号回路中的，所以它的大小与信号回路的阻抗无关。因此，抑制电感性耦合的关键在于减小回路的面积，单纯依靠接地并不能抑制磁场的干扰。

5. 生物电测量中电场的电容性耦合

在电磁环境中，通过电场干扰源与人体之间的分布电容，使人体本身携带干扰电压。实际上测试系统所用为市电，病房和手术中照明等主要干扰为工频 50 Hz 电磁场。在人体某处放置电极并接地时，干扰电流就会集中在那里，形成电极端的干扰电压。用手触摸示波器输入端，便观察到人体上耦合的 50 Hz 电压波。如图 2-11 所示，C_{d1} 为人体与 50 Hz、220 V 馈电线之间的分布电容，C_{d2} 为人体与大地之间的分布电容，通常 $C_{d1} \ll C_{d2}$，如果取 $C_{d2} = 10 C_{d1}$，则耦合到人体的 50 Hz 电压 U_{CM} 可达

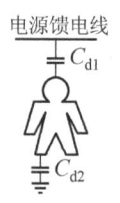

图 2-11　电场电容性耦合

$$U_{CM} = \frac{C_{d1}}{C_{d1} + C_{d2}} \times 220 \approx 20(\text{V})\text{。}$$

可见，人体随时携带 50 Hz 干扰电压，并将完全淹没生物电信号。即使采用差动放大器，50 Hz 干扰电压作为共模电压，也会超出放大器输入端的动态范围。实际上生物电信号测量都要对 50 Hz 干扰作单独的处理。例如，测量心电时，用右腿接地的办法消除人体的 50 Hz

干扰电压,当测量脑电、肌电时,用滤波器消除 50 Hz 电压,等等。

体表心电信号拾取过程中所受到的 50 Hz 工频干扰,可以作为近场电容性耦合形成干扰的一个典型实例。分析如下:

1)导联线形成电容性耦合

从肢体或胸部提取体表心电信号所用的导联线,通常约 1 m。在强电磁场环境中,通过长的导联线与其它带电体之间的分布电容,足以引入周围环境中的各种干扰。图 2-12a 所示为标准导联时导联线与电源馈电线之间的电容性耦合。C_1、C_2 表示各导联线与电源馈电线之间的分布电容,右腿通过 Z_G 接地,导联线本身的分布电容被忽略。图中各阻值范围为:放大器输入阻抗约 10 MΩ、Z_1、Z_2 为几千欧姆至几百千欧姆,人体手指到肩的电阻400Ω,躯干电阻约 20 Ω。所以导联线分布电容中的位移电流 I_{d1}、I_{d2} 不会流入放大器,而是经过电极与皮肤的接触阻抗 Z_1、Z_2 进入人体。忽略体电阻的等效电路如图 2-12b 所示。如果有 $Z_1 = Z_2$,$C_1 = C_2$,即导联条件完全对称,则位移电流形成的电压互相抵消,不形成干扰。但是,实际上总存在不平衡,即使位移电流是相等的,电极接触阻抗通常都有几千欧姆的不平衡。取一组典型数值:设 $I_{d1} = I_{d2} = 6$ nA,Z_1、Z_2 有 5 kΩ 的不平衡,则放大器输入端有差动电压 $V_{AB} = I_d(Z_1 - Z_2) = 30$ μV,约为心电信号的 3%。单是导联线,就可能引入占心电信号 3% 的干扰。

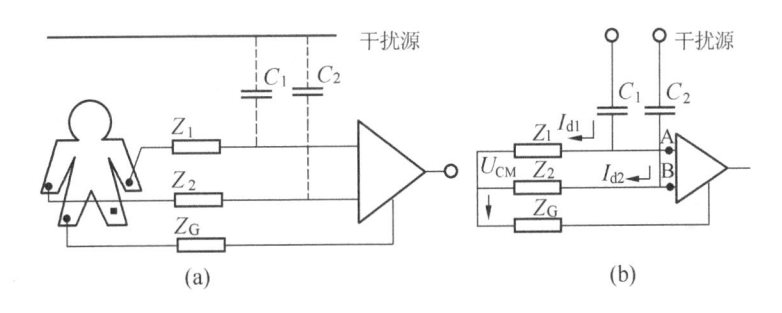

图 2-12 标准导联时导联线与电源馈电线之间的电容性耦合

2)人体表面形成电容性耦合

前面已经提到,人体与 50 Hz 的电源馈电线之间存在分布电容,实际上是体表各部分的分布电容的总和。可以粗略测出人体通过电容性耦合携带的总的位移电流 $I_d = \sum_i I_{di}$,一般 $I_d < 1$ μA。图 2-13 中,如取 $I_d = 0.2$ μA,在标准肢体 I 导联的心电信号上,将叠加两臂间的位移电流造成电压:0.2 μA $\times 400$ Ω $\times 2 = 160$ μV,它相当于心电信号的 16%。缩短两个电极之间的距离,减小体电阻,可以降低位移电流形成的干扰电压。为此,有时在记录心电波形时,往往把三个电极同时放置在人体的胸板上。一般说来,这种干扰是不容易消除的。除了尽量使人体远离干扰源或对人体采用昂贵的屏蔽措施外,并没有比较有效的办法。人体内位移电流通过右腿接地电阻 Z_G 产生共模干扰,在理想情况下,共模干扰通过系统的高共模抑制比而被克服。

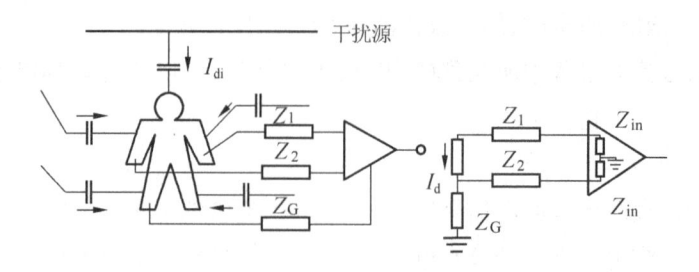

图 2-13 人体表面电容性耦合

6. 生物电测量中磁场的电感性耦合

图 2-14 为体表心电测量时电感性耦合形成干扰的示意图。在人体和测试系统输入回路构成环路时,将在环路中感应出干扰电压,其幅度为 $\omega AB\cos\theta$,A 为环路面积(图中阴影部分),θ 是磁场 B 与环路平面法线的夹角。一般病室中,$B\cos\theta$ 约为 3.2×10^{-7} Wb/m^2,则 50 Hz 磁场的感应电压约为 $100A\mu V$。回路面积须限定在 $0.1\ m^2$ 以下,方可使电感性耦合干扰电压小于 $10\mu V$。在脑电的测量中,这还远远不够,在无屏蔽的条件下已无法进行测量。

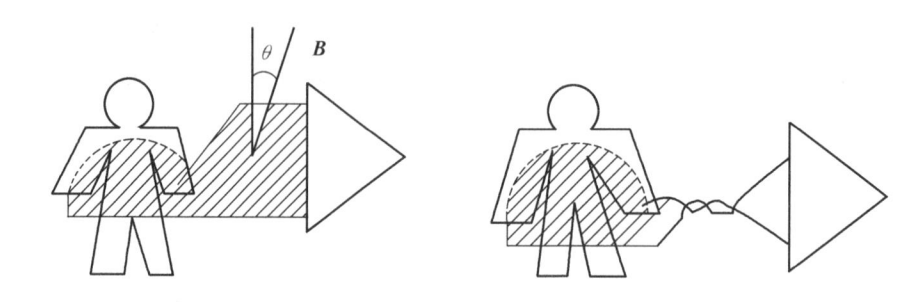

图 2-14 体表心电测量时电感性耦合形成干扰示意图

原则上已知干扰源来自哪里及其引入测量系统的各种途径之后,相应的抑制干扰的措施也就找到了,实际上完全消除系统存在的干扰是相当困难的事。各种各样电子设备造成的电磁环境,使干扰变得错综复杂,很难找到确定的干扰源和引入途径。为了防止干扰,在系统设计时,首先应严格遵守电磁兼容性设计,尽可能全面地考虑各种抗干扰的设计方案,而且仅一种简单的方法往往难以奏效,要用几种不同的方法组合起来使用。下面介绍的几种措施是生物信号测量中经常用的。

2.1.2 合理接地与屏蔽

合理接地是抑制干扰的主要方法,把接地和屏蔽正确地结合使用能解决大部分干扰问题。接地指印制板上的局部电路中和测试系统整机中地线的布置。另一方面,在生物医学测量中,从安全的角度考虑,合理的良好接地也是十分重要的。在此,两方面一并予以讨论。

2.1.2.1 合理接地

系统中的接地线分为两类,一类是安全接地,称为保护接地;一类是工作接地,即对信号电压设立基准电位。保护地线必须是大地电位,而工作地线可以设计为大地电位,也可以不是大地电位。当保护地线与工作地线配合不好时,就会产生干扰。安全接地部分的内容将在第 8.3 节中详细介绍,本节主要介绍工作接地的内容。

1. 工作接地

接地设计应考虑到所有导线都具有一定的阻抗,高频时导线地表面呈现一定电抗,其值甚至超过导线电阻;两个分开的接地点不是等电位的;交流电源的地线不能用作信号地线,一段电源地线两点间会达到数百毫伏甚至几伏的电压,对低电平电路(如生物信号放大器的前置级)来说,这已是非常大的干扰。为了安全,电源线接地线一般采用一点接地方式。

工作接地方式有两种:一点接地和多点接地。图 2-15a 和 b 所示分别为一点接地的串联形式和并联形式。从抗干扰角度出发,图 2-15a 的共用地线方式是最不适用的,R_1、R_2、R_3 为地线的等效电阻,I_1、I_2、I_3 是电路 1～电路 3 的电流,则 A 点电位并不是零。

$$V_A = (I_1 + I_2 + I_3)R_1, \quad V_C = (I_1 + I_2 + I_3)R_1 + (I_2 + I_3)R_2 + I_3R_3.$$

这种串联接地方式虽然不合理,但由于简单、方便,在电路电平相差不多时仍可使用。应注意低电平电路(如电路1)放在距离接地点最近处,如图中 A 点,使之最接近地电位。在生物信号测量中,由于是低频信号,最适用的是图 2-15b 所示的并联接地方式。A、B、C 各点电位只与本电路的地电流、地线电阻有关。

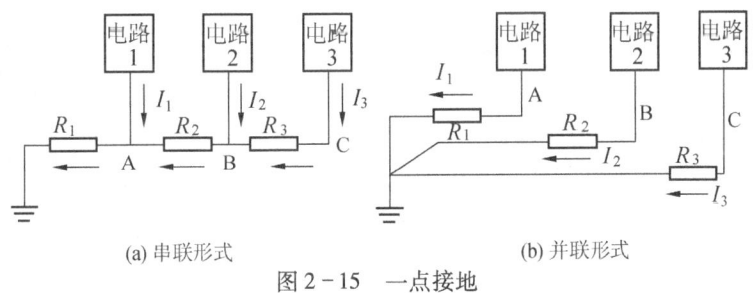

(a) 串联形式　　　　(b) 并联形式

图 2-15　一点接地

并联方式的一点接地,由于各电路之间形成耦合而不适用于高频。高频时要考虑地线的感抗和各地线之间的电感耦合,以及地线之间的分布电容在地线相互间形成耦合。当频率升高,尤其当地线长度是 $\frac{1}{4}\lambda$(波长)的奇数倍时,地线阻抗会变得很高,这时地线就变成了天线,可以向外辐射干扰,所以这时地线长度应短于信号波长的 1/10,以防止辐射,并降低地线阻抗。

多点接地方式如图 2-16 所示,电路中所用的地线分别连到最近的低阻抗地线排上,地线排一般用大面积的镀银铜皮。但要注意,由于高频时的集肤效应,增加铜皮厚度并不能减小

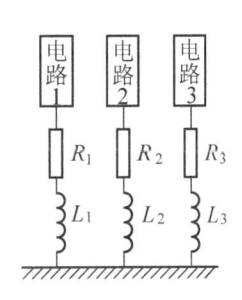

图 2-16　高频电路的多点接地

接地阻抗。由实验得到,各接地点的间距应小于 0.15λ。长电缆多点接地有利于屏蔽层更接近地电位,因为高频时屏蔽层对地分布电容和自身阻抗影响较大,多点接地后反而能减小阻抗的影响,使接地的屏蔽层保持在地电位。即使各接地点之间有电位差,电位差产生的干扰电压的变化频率远低于信号频率,在电路中容易滤除。测试系统里的数字电路部分,尤其高速逻辑电路中脉冲信号的宽度仅为几纳秒,频谱范围达几十兆赫兹,分布在印制电路板上的地线,以及板与板之间的地线,均应采用多点接地方式。

一般来说 1 MHz 以下可以采用一点接地,频率高于 10 MHz 时应采用多点接地。在 1 MHz 至 10 MHz 范围,如用一点接地,其地线长度不得超过波长的 1/20,否则应采用多点接地。

对一个低频的电子系统,如生物信号的提取及预处理过程,从通过传感器拾取生物信号,到放大、处理、记录或显示,是典型的低频测量系统。其接地设计是采用串联并联综合方式,即在符合干扰标准和简单易行的条件下,统筹兼顾。但作为系统,应首先区分低电平电路和高电平电路,以及功率相差很多、干扰电平相差很大的电路,其地线均应分别接地。即系统中至少要有三个分开的地线:低电平信号地线;功率地线,包括继电器、电动机、大电流驱动电源等大功率电路及干扰源的地,又称为干扰地;机壳地线,包括机架、箱体,又称为金属件地线,此地线与交流电源零线相接。三套地线分别自成系统,最后汇集于接地母线。显然这样三个地线分开考虑,是按照干扰电磁能量大小而把地线加以分类的,把大功率与小功率、大电流与小电流、高电压和低电压电路分开,并把信号电路配以专门的接地回路,从而避免了大功率、大电流、高电压电路通过地线回路对小信号回路的影响,同时也避免了输入敏感回路的屏蔽罩、机壳作为屏蔽体而吸收的干扰对信号回路的影响。这样三组地线的接地方法,脉络清晰,便于装配和检查。

图 2-17 所示为九通道数字磁带记录仪的接地系统,它的地线设计采用了以上三种地线分开的方法。信号地线包括三条,九个读出放大器是最灵敏的,所以用两条地线。九个写入放大器接受放大器放大后的信号,电平比读出放大器电平高,所以和接口电路、逻辑控制电路共用一条信号接地线。三个直流电动机及其控制电路、继电器等都经功率及机壳地线接地,其中磁带盘的电机控制电路最为灵敏,所以设在距离接地点最近处。图 2-17 可作为一般低频系统接地设计的参考。

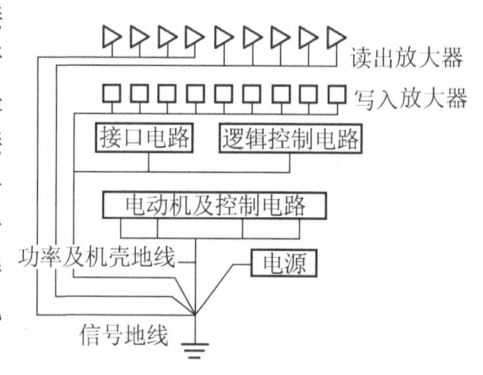

图 2-17 九通道数字磁带记录仪的接地系统

2. 敏感回路的接地设计

对干扰最敏感的是输入回路。输入回路以及用屏蔽电缆或屏蔽盒时的接地设计对系统的抗干扰能力起重要作用。在用电极拾取生物电信号时,从电极到前置放大器一般有约 1 m 的距离,因此信号侧的地和放大器的地的电位不可能完全相等。如果用多点接地,则有两地之间电位差 U_G 叠加在信号电压 U_s 上面,如图 2-18a 所示。R_1、R_2 为导联线电阻。R_G、U_G 为两地之间电阻和电位差(即干扰电压),等效电路如图 2-18b 所示。

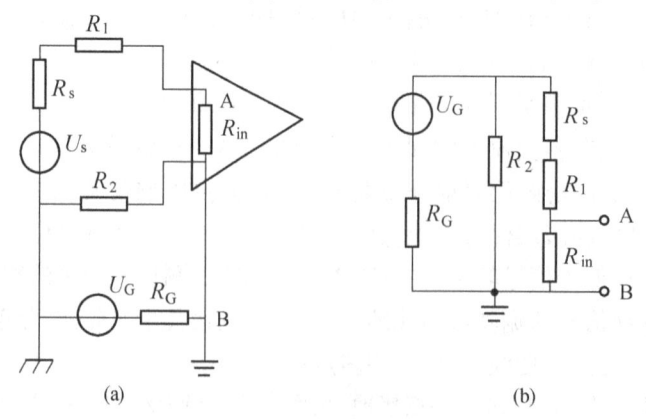

图 2-18 输入回路两点接地形成干扰

实际上有 $R_2 \ll R_s + R_1 + R_{in}$，则放大器输入端干扰电压 U_N 为

$$U_N = \frac{R_{in}}{R_{in} + R_1 + R_s} \cdot \frac{R_2}{R_2 + R_G} U_G \circ$$

如典型值 $R_G = 0.01\,\Omega$，$U_G = 100\,\text{mV}$，$R_s = 500\,\Omega$，$R_1 = R_2 = 1\,\Omega$，$U_N = 95\,\text{mV}$，即 100 mV 的地电位差几乎全部都加到放大器上。另外，A、B 两点接地显然还能造成由地环路形成的面积所接受的电磁场的电感性耦合，加重干扰。

若增加阻抗 Z_{SG}，如图 2-19 所示，相当于把信号源与地隔离起来，由于漏阻和分布电容的存在，Z_{SG} 为一较大数值，理想时可视为无穷大，实际上仍然有 $R_2 \ll R_s + R_1 + R_{in}$ 和 $Z_{SG} \gg R_2 + R_G$，则放大器输入干扰电压为

$$U_N = \frac{R_{in}}{R_{in} + R_1 + R_s} \cdot \frac{R_2}{Z_{SG}} U_G \circ$$

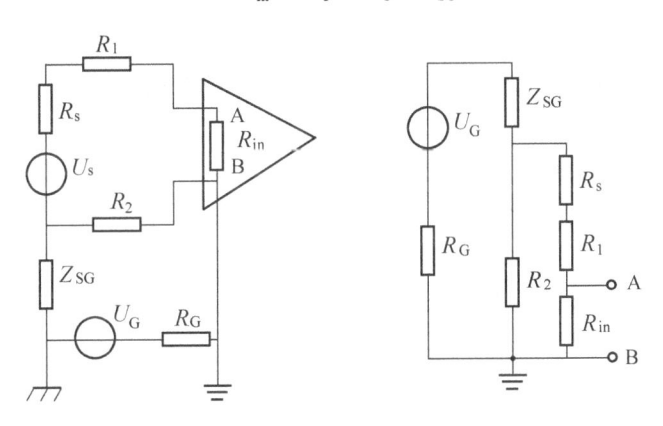

图 2-19 源-地之间高阻抗消除干扰

如果 $Z_{SG} = 1\,\text{M}\Omega$，则用上述典型值，$U_N$ 降为 $0.095\,\mu\text{V}$，比信号源接地时改善了 100 dB，这说明增加是有成效的，故在实际中要设法增大 Z_{SG}。在体表心电测量中，虽然右腿已经接地（放大器侧的地），但如果人体不悬浮，则干扰非常大，无法测量，就是由于 Z_{SG} 太小的原因。

生物信号本身频率远小于 1 MHz，所以用屏蔽线时，屏蔽层也应一点接地。当屏蔽层有一个以上接地点时将产生干扰电流。而且，通过屏蔽层还将对地形成一个地环路，产生电感性耦合，在屏蔽层中产生干扰电流，经过导线与屏蔽层之间的分布电容、分布电感耦合到放大器输入回路形成干扰电压。因此，屏蔽层应对地绝缘，仅保持一点可靠接地。这一点甚为重要，不可忽视。

在磁场干扰不严重或出于其它考虑的情况下，电路采用两点接地，这时导线屏蔽层也应两点接地。

2.1.2.2 屏蔽效果

所谓屏蔽，泛指在两个空间区域加以金属隔离，用以控制从一个区域到另一个区域电场或磁场的传播。用屏蔽体把干扰源包围起来，使电磁场不向外扩散，称为主动屏蔽，如图 2-20a 所示。屏蔽体用以防止外界电磁辐射，称为被动屏蔽，如图 2-20b 所示，各部件或整个系统都可以进行屏蔽。图 2-20c 为脑电测量示意图，人体、电极连接箱及转换器置于屏蔽室内，信号放大、处理、记录、电源等放置在屏蔽室外。这样，在脑电信号提取过程中，可免受外界干扰源的干扰（包括脑电图机本身所用的电源造成的工频干扰）。

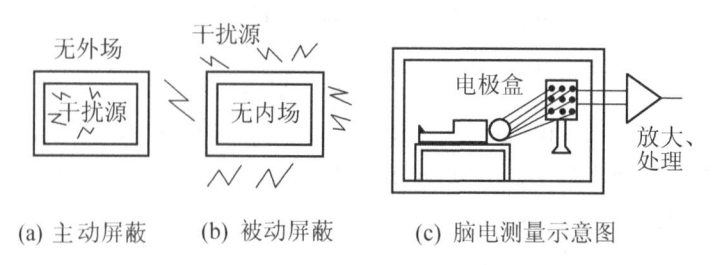

(a) 主动屏蔽 (b) 被动屏蔽 (c) 脑电测量示意图

图 2-21　屏蔽方式及脑电测量示意图

通常所用的金属板、金属网作为屏蔽体的屏蔽效果用屏蔽后场强被衰减的程度来描述。电磁波入射到金属表面时所产生的损耗有两种：入射波的一部分从金属表面反射回，称之为反射损耗；另一部分穿过金属板并被衰减，称为吸收损耗。吸收损耗对远场、近场、电场或磁场都是一样的，而反射损耗取决于场的形式和波阻抗。一种材料的总屏蔽效果等于吸收损耗、反射损耗以及有关在薄层屏蔽体上多次反射的修正的总和。电磁波通过介质时，其幅度以指数方式衰减，如图 2-21 所示。产生这种衰减是由于介质中感应的电流造成欧姆损耗，变为热能而耗散。这种衰减表示为

$$E = E_0 e^{-l/\delta}, \tag{2-8}$$

$$H = H_0 e^{-l/\delta}。 \tag{2-9}$$

式中，E、H 为入射波在介质内 l 距离处的场强；δ 为集肤深度，m，是电磁波衰减到原来入射波值的 $1/e$（或 37%）时的距离。

$$\delta = \sqrt{\frac{2}{\omega\mu\sigma}}。$$

式中，μ 为磁导率；σ 为电导率。

通常以 dB 表示场强的衰减。若以 $A(\mathrm{dB})$ 表示吸收损耗，则

$$A = 20\left(\frac{l}{\delta}\right)\lg e = 8.69(l/\delta)。 \tag{2-10}$$

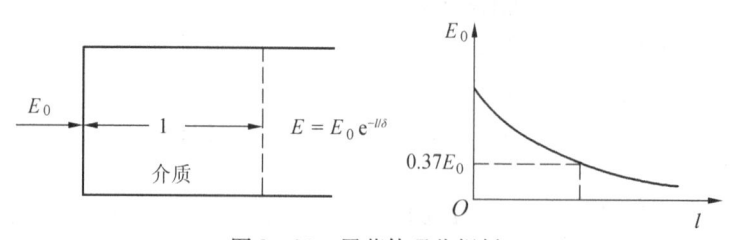

图 2-21　屏蔽体吸收损耗

可见，与屏蔽壳体的厚度为一个集肤深度时，吸收损耗为 9 dB，吸收损耗随屏蔽体厚度和电磁场频率的增加而增加。图 2-22 所示为吸收损耗与 l/δ 的关系曲线和铜、钢的两个厚度的吸收损耗与频率的关系。可以看出，在提供吸收损耗方面，钢比铜优越，但是对于 1 kHz 频率吸收损耗，即使用钢板，也必须达到一定的厚度。

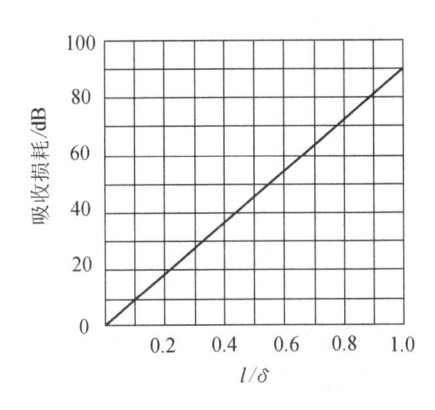

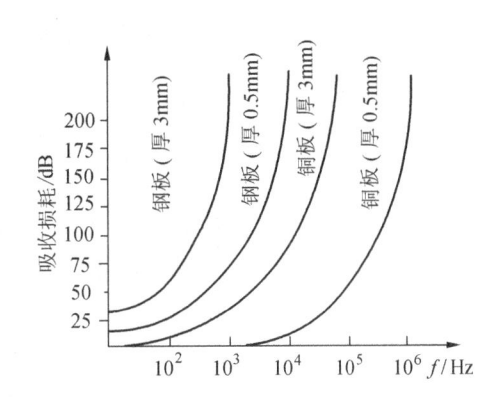

图 2-22 吸收损耗与 l/δ 和频率的关系

反射损耗取决于介质的阻抗特性和场的具体形式。如图 2-23 所示，从阻抗 Z_1 的介质到阻抗 Z_2 的介质，场强度变化为

$$E_1 = \frac{2Z_2}{Z_1 + Z_2}E_0, \tag{2-11}$$

$$H_1 = \frac{2Z_1}{Z_1 + Z_2}H_0。 \tag{2-12}$$

当电磁波通过屏蔽壳体时，经过两个界面，在第二个界面后场强变为

$$E_2 = \frac{2Z_1}{Z_1 + Z_3}E_1 = \frac{4Z_1Z_2}{(Z_1 + Z_2)^2}E_0, \tag{2-13}$$

$$H_2 = \frac{4Z_1Z_2}{(Z_1 + Z_2)^2}H_0。 \tag{2-14}$$

对于金属屏蔽壳体，$Z_1 \gg Z_2$，则上两式变为

$$E = \frac{4Z_2}{Z_1}E_0, \tag{2-15}$$

$$H = \frac{4Z_2}{Z_1}H_0。 \tag{2-16}$$

以波阻抗 Z_W 替代 Z_1，屏蔽阻抗 Z_S 替代 Z_2，以 R 表示场的反射损耗，

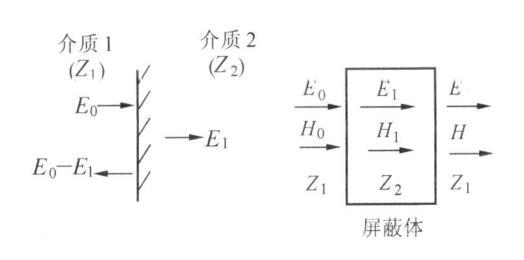

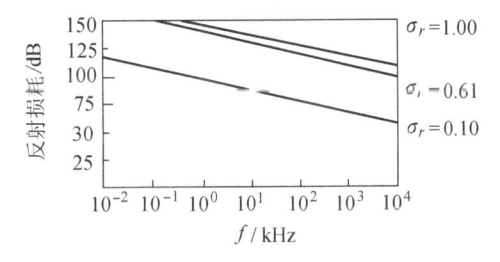

$$R = 20\lg\frac{|Z_W|}{4|Z_S|}。 \tag{2-17}$$

图 2-23 屏蔽体反射损耗

图 2-24 主要屏蔽材料的反射损耗

金属体的屏蔽阻抗 $|Z_S| = \sqrt{\dfrac{\omega\mu}{\sigma}}$。远场(平面波)波阻抗等于自由空间的特性阻抗 Z_0 (377 Ω)。这样式(2-17)变为

$$R = 20\lg\dfrac{94.25}{|Z_S|} = 39 - 10\lg\dfrac{\omega\mu}{\sigma}。 \qquad (2-18)$$

屏蔽阻抗愈低,反射损耗愈大。为增强屏蔽效果,可选用高电导率和低磁导率的材料。图2-24给出铜、铝、钢三种材料的反射损耗曲线,与图2-22比较可以看出,钢虽然比铜的吸收损耗大,但反射损耗却较小。

一块厚0.05 cm的铜板对平面波的屏蔽效果,反射损耗随频率的增加而降低,因为屏蔽阻抗 Z_S 随频率增加而增加,而吸收损耗随频率的增加而增加是由于集肤深度减小造成的,在10 kHz出现最小屏蔽效果。低频平面波的大量衰减来自反射损耗,在高频时的大量衰减是来自吸收损耗。

在近场内,电场是高阻抗场,磁场是低阻抗场。由式(2-17)可知,反射损耗是波阻抗和屏蔽阻抗之比的函数,反射损耗随着波阻抗的变化而变化。因此高阻抗的电场比平面波有更高的反射损耗,而低阻抗的磁场比平面波有较低的反射损耗。电场中反射损耗是构成屏蔽作用的主要因素。低频时,近场磁反射损耗近似等于零,这时应采用磁性材料,以增加吸收损耗。而在低频电场或平面波条件下,主要屏蔽因素是反射,这时采用磁性材料作屏蔽体,将降低屏蔽作用。所以应根据干扰源性质选择屏蔽材料。选择屏蔽体材料的原则是,屏蔽电场或远场的平面波(辐射场),宜选择铜、铝、钢等高电导率材料。低频磁场的屏蔽,宜选玻莫合金、锰合金、磁钢、铁等高磁导率材料。应注意磁导率 μ 在高频时会降低,且要注意温度、振动等对 μ 的影响。

以上屏蔽效果的计算均假定屏蔽壳体为无缝隙的,除低频磁场外,一般能获得大于90 dB的屏蔽效果。但实际上导线孔、通风孔、开关等都可能形成孔洞和缝隙,因此,实际的屏蔽效果可能主要取决于缝隙和孔洞所引起的泄漏,而不是材料本身。通常,在屏蔽壳体不连续时,磁场泄漏的影响比电场泄漏的影响大。

屏蔽体上的开口影响屏蔽体对于干扰场感应电流的流动而降低屏蔽效果。矩形槽迫使感应电流迂回造成泄漏,即使槽口变窄也没有用,而一组小孔迫使感应电流迂回的影响相对较小,产生的泄漏也小,一组更小的圆孔产生的影响比同样面积的大孔要小。因此,屏蔽体最重要的是形成缝隙的地方(如屏蔽室的门、壁之间的接缝等)应严格保证紧密接触,不形成缝隙。

2.1.3 其它抑制干扰的措施

1. 隔离

用隔离的方法使两部分电路互相独立,不成回路,从而切断从一个电路进入另一个电路的干扰的通路。通常在生物信号测量中,用光电耦合变压器耦合实现隔离,详见第3章。

2. 去耦

为了去除电源线中的干扰经传导耦合进入测量系统,用RC或RL滤波环节消除直流电源因负载变化引起的干扰。瞬变电流产生的干扰其频谱范围达数十兆赫兹,可以用RC高频去耦环节抑制(0.01~0.047 μF,5~10 Ω),由于电源内阻和电源线本身分布电容、分布

电感的存在,难以保证电源等效内阻是低阻抗,因此在电源端会出现随信号频率变化的干扰电压。这样,就可能在某一合适的频率和相位条件下,引起放大器低频振荡,尤其对高增益放大器。可以在电源端对地并联一个电容,以保证在放大器的工作频率范围内,对地形成低阻抗回路。在多级放大器中,在级间电源供电线上还应加 RC 去耦环节,如图 2-25 所示。

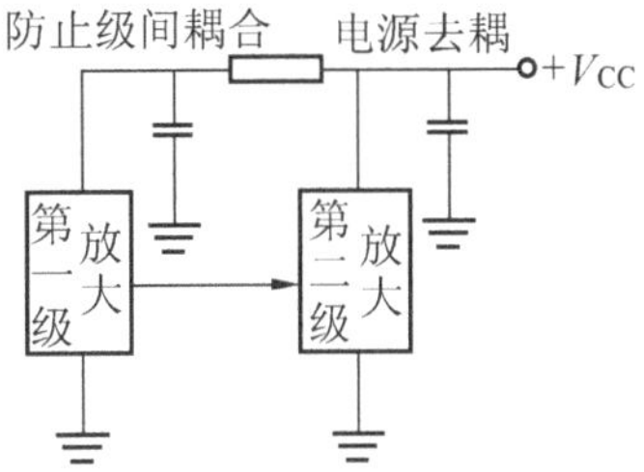

图 2-25　去耦

3. 滤波

电网中的干扰用专用的电源滤波器来抑制。它是一个低通滤波器,消除频率较高的干扰电压。这种专用的电源滤波器在安装时要确保滤波器外壳接地良好,并且使输入输出严格隔离以防止输入输出之间的耦合。

4. 系统内部干扰的抑制

医学诊疗设备内部的各种继电器、接触器、电动机等有接点的开启和闭合,产生瞬时击穿,造成高频辐射和引起电源电压、电流的冲击,如不加以抑制则形成系统内部的严重干扰,并成为外部设备的干扰源。这种干扰的抑制是电磁兼容性设计的一个重要任务。

电路中的电感性负载在瞬变过程中形成很大的感性冲击电压——$u = L\mathrm{d}i/\mathrm{d}t$,成为辐射干扰源。因此,必须为电感性负载提供另外一个回路,释放它所存储的电磁能量。常用的方法是在电感或接点两端加一个耗散瞬变过程产生的电磁能的耗能电路(又称为吸收电路)。

有时为了防止开关的接点在断开时产生辉光放电或电弧烧毁接点,在接点两端并接一个耗能电路,称之为接点保护网络,通常由电阻、电容、二极管等组成。使用三极管作为开关元件的无触点开关电路中,为防止三极管突然截止时发射极与集电极之间可能出现的瞬时过电压,也必须在三极管的发射极与集电极之间并联这种接点保护电路,以防止三极管被瞬时高压击穿。图 2-26 列举出七种耗散电磁能电路,其中图 a、b、f 三种适用于交直流电路,另外几种仅适用于直流电路。图 a 的耗能电路是 R 支路,瞬变电流流经 R 支路,按时间常数 $L/(R+R_L)$ 衰减。R 越小,电感性负载两端的瞬变电压也越小,因而可以保护三极管不致被击穿。稳态时 R 上有损耗,且 R 越小损耗越大。图 b 由于接入了电容,稳态时 R 上没有电流流过,克服了图 a 方案的缺点。接点断开的瞬间,电容器放电,电感中的电流沿 RC 的放电回路流过,适当选择 R、C 参数,可以得到较好的耗能效果。图 c 中,二极管替换电阻 R,同样无稳态损耗。由于二极管正向压降较低,在瞬变过程中可以将电感性负载上的电压抑制在较小的数值上,但是,回路中电阻较小,电流衰减时间常数较大;当负载为继电器线圈时,应注意耗能电路对释放时间的影响。二极管的接法应保证在接点断开的瞬间处于正向偏置。其耐压可取电源电压的 1.5～2 倍,流过二极管的平均电流和功耗与接点的开关动作频率有关,此二参数数值随频率的升高而加大。图 d 克服了图 c 的缺点,有较小的电流衰减时间常数。图 e 用齐纳二极管替换电阻,进一步改善了电流衰减时间常数。而在过渡过程中加在三极管两端的电压,始终不超过齐纳二极管的稳定工作电压。齐纳二极管的稳定工作电压值必须大于外加电源电压。图 f、g 耗能电路并联在接点两端,电路接通时,要求 R 值大些,以加快瞬变过程;而在电路断开时,要求 R 值小些,以减小瞬变时加到接点两端上的电压,通常 R 值取在数十欧数量级。

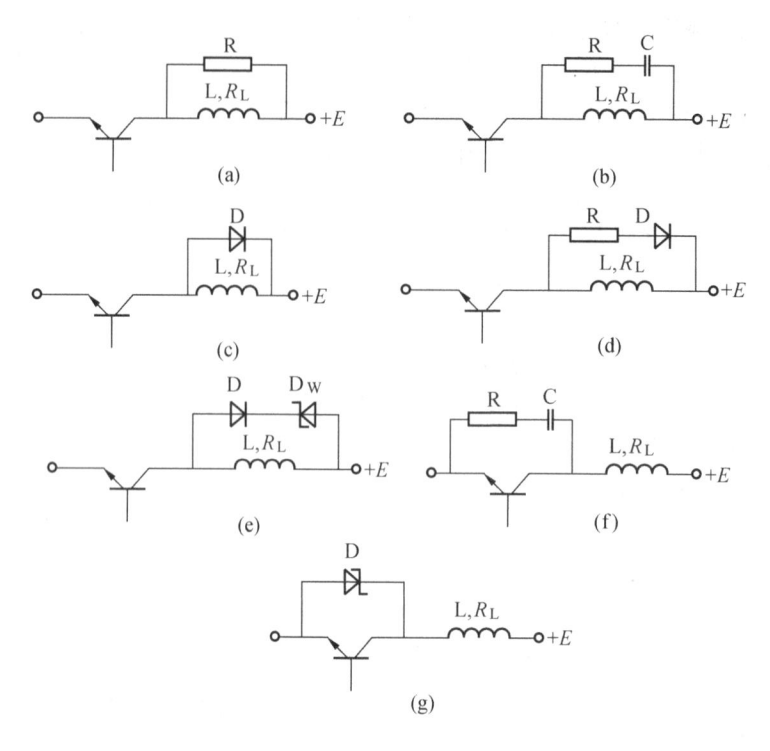

图 2-26 几种常用的耗散电磁能电路

图 2-27 所示为两个应用耗散电磁能电路的实例。

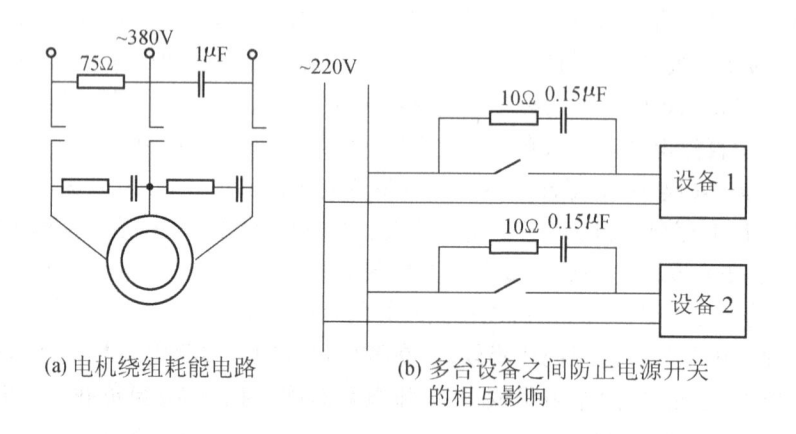

(a) 电机绕组耗能电路

(b) 多台设备之间防止电源开关的相互影响

图 2-27 耗散电磁能电路实例

生物医学测量中,有的测量设备本身就是强的电磁干扰源,如高能量的治疗机和精密的测量仪器并用时,治疗机产生很强的能量干扰,造成精密测量仪器的误动作、误输出,这种干扰的形成是能量的分流,如电刀、激光刀、放射性治疗、除颤器等。除颤时,产生患者对地电位的瞬时高压,干扰、破坏心电图机和心电监视的输入回路。手术电刀本身是干扰源,在同时进行心电监护和使用电刀时,须采取特殊的去干扰措施。心电监护一类的低频仪器,在具有输入滤波保护线路时,抗干扰能力有较大的提高。用热敏电阻和热电偶的温度测量仪器,由于受高频分量的影响,造成自身加热,使测量误差加大。对于电刀的干扰,如果增加保护性措施,可以减小。因此,与手术电刀并用的医学仪器须进行特殊的设计。作为诊疗室的安全条件,生理检查室、手术室、手术准备室和恢复室、集中监护室等,均应有电磁干扰防护措施,各类设备应合理安放。

对电磁干扰最为敏感的是埋藏型心脏起搏器。在 50 Hz 工频漏电流经过躯体或是强的交流电场加到躯体上时,起搏器的刺激电极获得的电流大到某一阈值,起搏器就变成了固定频率的振荡器,使按需机构的功能丧失;也可能在交流干扰大到某一阈值时,使起搏器停止振荡。周围的高频仪器、微波治疗机、电刀、电子透镜、产生火花的电焊机等设备均可能造成起搏器振荡停止或固定频率化。按需机构功能失灵,将诱发心室颤动。这对于频发期外收缩的患者特别危险。甚至埋藏本机处的肌肉的肌电也会使按需电路停止振荡,造成一时性的意识丧失。

2.2 测试系统的噪声

通常为与外部干扰相区别,把测量系统内部由器件、材料、部件的物理因素产生的自然扰动称为噪声(电压或电流)。可见噪声是电路内固有的,不能用诸如屏蔽、合理接地等方法予以消除。当然,如前所述混入的非本次测量所需要的人体其它生理信号,均为本次测量的噪声。不过本节所述的噪声仅指测量系统内部固有的自然扰动这一类噪声。在原始生物信号的提取、变换、处理过程中,噪声叠加在生物信号上,导致测量精度降低。对于外部干扰,通过采取适当的措施,常可以减小到次要的程度。而系统内部的噪声往往成为测量精度的限制性因素。如生物医学传感器本身的噪声决定了传感器的最终的分辨率,各种生物电放大器输入端短路噪声限制了放大器能够检测的最小生物电信号。在控制电路中,随机噪声造成误输出、增大测量误差等。

测试系统的噪声虽然不可能完全被消除,但是,通过对噪声过程的分析,进行合理的低噪声电路设计,可以使噪声降到最低限度,从而使信号在传输过程中保持较高的质量。

2.2.1 噪声的一般性质

噪声电压或噪声电流是随机的,噪声的随机过程不可能用一个确定的时间函数来描述,例如,不能准确地预测未来某时刻的噪声电压的幅度或波形。但是它服从一定的统计规律,能通过表示噪声过程的概率密度 $P(u)$ 而得知噪声电压落在某一范围内的概率。随机噪声为一平稳随机过程,概率密度与时间 t 无关,在生物医学电子学中,最常遇到的噪声源——热噪声和散粒噪声,其噪声电压以 $u(t)$ (或噪声电流)的概率密度服从高斯(正态)分布。高斯型概率密度 $P(u)$ 为

$$P(u) = \frac{1}{\sqrt{2\pi}\sigma} e^{-(u-\bar{u})^2/(2\sigma^2)}, \quad (2-19)$$

式中,$\bar{u}$ 是噪声电压的平均值,一般为零,这时方差 σ^2 为噪声电压 u 的均方值,标准差 σ 等于均方根值。在低噪声设计中,σ 是主要的实用参数。

测量噪声应用热效应定义的均方根值电压表。正弦波全波整流的平均值是峰值的 0.636 倍,而它的均方根值是峰值的 0.707 倍,所以常用的交流电压表(平均值电压表)测量

正弦波的均方根值应作修正,修正系数为 1.11。而且噪声波形并不是正弦波,是由大量尖脉冲组成的,噪声电压均方根值是峰值的 0.798 倍,均方根值与平均值之比为 1.255,所以均方根值正弦响应的电压表测到的噪声电压须乘以 1.13 修正系数才得到噪声电压的均方根值。

噪声服从一定的统计规律,无法用频谱描述,而用功率谱表示它的频域特性。噪声电压(或噪声电流)的均方值是它在 1Ω 电阻上产生的平均功率 $\bar{P}$。此功率是各频率分量功率之和,即

$$\bar{P} = \int_{-\infty}^{\infty} S(f) \mathrm{d}f \text{。} \tag{2-20}$$

式中,$S(f)$ 为功率谱密度,它表示单位频带内噪声功率随频率的变化。噪声功率谱密度曲线所覆盖的面积在数值上等于噪声的总功率。

如果在很宽的频率范围内,噪声具有恒定的功率谱密度,即 $S(f)$ 为一常数,那么这种噪声称为白噪声,如图 2-28 中 a 段所示。如果噪声的功率谱密度不是常数,则称之为有色噪声,图 2-28 中 b 段为低频($1/f$)噪声,它的谱密度随频率减小而上升,称之为粉红色噪声;图 2-28 中 c 段的噪声功率谱密度随频率升高而增加,称之为蓝噪声。这种俗称都是借用光学术语以光的颜色与波长的关系来比拟的。谱密度实际是指 $f \sim f + \mathrm{d}f$ 之间的平均功率,所以功率谱密度的单位是 W/Hz。

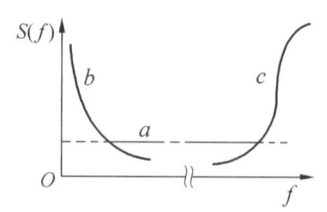

图 2-28 噪声功率谱密度

总之,噪声的基本特性可以用统计平均量来描述,均方值表示噪声的强度,概率密度表示噪声在幅度域里的分布密度,功率谱密度表示噪声在频域里的特性。当两种噪声作用于系统时,设噪声电压均方值分别为 U_1^2 和 U_2^2,总噪声均方电压 U^2 为

$$U^2 = U_1^2 + U_2^2 + 2CU_1U_2, \tag{2-21}$$

C 称为相关系数,取包括零在内的 $-1 \sim 1$ 间的任何值,当 $C = 0$ 时,两噪声源为完全不相关,噪声电压瞬时值之间没有关系,总均方电压等于各噪声源均方电压之和;当 $C = 1$ 时,两噪声源为完全相关,两相关噪声线性相加;当 $C = -1$ 时,两相关噪声相减。C 取某一数值,表示两种噪声电压之间部分相关,每种噪声源都包含一部分独立产生的噪声。C 的数值是不易确定的,实际上常假定为零。这样造成一定误差,但误差不很大,因为大量的噪声源是不相关的。如果两噪声电压相等并完全相关,相加后的均方根值为原来的两倍,而不相关相加则为 1.4 倍,认为它们是统计独立时,带来最大误差为 30%。若是部分相关,或一个远远大于另一个,则误差会更小。

2.2.2 生物医学测量系统中的主要噪声类型

从造成危害的严重程度而言,生物医学测量系统中,主要的噪声类型是:$1/f$ 噪声(又称闪烁噪声或低频噪声)、热噪声、散粒噪声。其噪声机理概述如下。

1. $1/f$ 噪声(低频噪声)

由于生物信号的频带范围大部分属于低频、超低频段,$1/f$ 噪声是造成生物信号提取过程中的主要障碍。测试系统中,$1/f$ 噪声是普遍存在的。凡两种材料之间不完全接触、形成起伏的电导率便产生 $1/f$ 噪声。它发生在两个导体连接的地方,如开关、继电器或晶体管、二极管的不良接触,以及电流流过合成碳质电阻的不连续介质等。各有源器件在制作过程

中,材料表面特性及半导体器件中结点的缺陷等,是 $1/f$ 噪声的主要成因。改善器件制作工艺,分立元件的 $1/f$ 噪声得到明显的降低,而集成运算放大器件,由于设计上的限制,$1/f$ 噪声常常远高于分立元件。不仅晶体管、运放器件和电阻中存在 $1/f$ 噪声,而且在热敏电阻、光源中也存在 $1/f$ 噪声。有报道指出,甚至生物体的膜电位的起伏过程中也有 $1/f$ 噪声存在。

关于 $1/f$ 噪声的产生机理,至今尚缺乏合适的理论和解释。

$1/f$ 噪声功率谱密度服从 $1/f^\alpha$ 规律,f 为频率,α 是取值范围为 $0.8 \sim 1.3$ 的常数,通常取 $\alpha = 1$。这种噪声,其噪声电压随频率的降低而增加。$1/f$ 噪声的功率谱密度 $S(f)$ 是频率的函数,即

$$S(f) = \frac{K}{f}。 \qquad (2-22)$$

式中,K 为 f 等于 1 Hz 时的谱密度值,是由具体器件决定的常数。由 $f_1 \sim f_2$ 带宽内噪声的平均功率得到相应此频段内噪声电压均方值为

$$U_f^2 = \int_{f_1}^{f_2} S(f) \mathrm{d}f = \int_{f_1}^{f_2} \frac{K}{f} \mathrm{d}f = K\ln\frac{f_2}{f_1}。 \qquad (2-23)$$

例 2-1 已知某 $1/f$ 噪声过程在 1 Hz 上的谱密度为 5×10^{-10} V^2/Hz,求 $100 \sim 200$ Hz 范围的 $1/f$ 噪声电压均方值 U_f^2。

解 $\qquad U_f^2 = K\ln(f_2/f_1) = 5 \times 10^{-10}\ln 2 = 3.45 \times 10^{-10}(\text{V}^2)$,

即 $\qquad\qquad\qquad U_f = 18.6\ \mu\text{V}。$

同理可知,在 $200 \sim 400$ Hz 频段的 $1/f$ 噪声电压均方根值也是 $18.6\ \mu\text{V}$。即 $1/f$ 噪声电压取决于 f_2 和 f_1 的比值,频率比值相同,则 $1/f$ 噪声电压均方根值相同。

2. 热噪声

热噪声是由导体中载流子的随机热运动引起的。任何处于绝对零度以上的导体中,电子都在做随机热运动。每个电子携带 1.59×10^{-19} C 的电荷,因此电子的随机热运动表现出导体中电流的波动。长时间看来,这些波动产生的电流平均值为零,但是,在每一瞬间,它们并不为零,而是在平均值上下取值,所以在导体两端产生压降形成噪声电压。1927 年约翰逊首先在实验中观察到导体中热噪声电压的存在,1928 年乃奎斯特进行了理论分析。热噪声又常称为约翰逊噪声或乃奎斯特噪声。已经证明,电阻 R 中的热噪声电压均方值为

$$U_t^2 = 4kTR\Delta f。 \qquad (2-24)$$

式中,k 为波尔兹曼常数,1.38×10^{-23} J/K;T 为绝对温度,K;Δf 为测量系统的频带宽度,Hz。

热噪声的谱密度 $S(f)$ 为

$$S(f) = 4kTR。 \qquad (2-25)$$

可见,热噪声的谱密度与工作频率 f 无关,属于白噪声。

式(2-24)为热噪声的基本计算公式,由此式可见,热噪声电压均方值与绝对温度 T 成正比,温度越高,导体内自由电子的热运动越激烈,噪声电压就越高,温度降低,可以削弱热噪声。在微弱信号检测的低噪声电子设备中,常利用超低温技术来减小噪声。热噪声电压还与工作频带成正比,与电阻阻值成正比。在保证信号不失真传递的条件下,应尽量减小系统的频带,提取信号的传感器电阻应尽可能小,避免增加额外的串联电阻。可想而知,任何一个测量系统,其分辨能力最终的限制将是热噪声,即使放大器能够实现完全没有噪声(实际上是不可能的),信号源的内阻 R_s 仍将贡献热噪声。

热噪声的机理是普遍的,无源器件除电阻外,电容的介质损耗、电感的涡流损耗都贡献热噪声,式(2-24)中的 R 不单是直流电阻,确切地说应是复阻抗的实部。有源器件如晶体管中热噪声来源于晶体管的基区电阻 $r_{bb'}$,结型场效应管多数载流子在沟道中随机热运动形成热噪声,热噪声电压均方值都可用式(2-24)计算。

3. 散粒噪声

在半导体器件中,载流子产生与消失的随机性,使得流动着的载流子数目发生波动,时多时少,由此而引起电流瞬时涨落称为散粒噪声。散粒噪声电流的均方值为

$$\overline{I^2} = 2qI_{DC}\Delta f \qquad (2-26)$$

式中,q 为电子电荷,$q = 1.59 \times 10^{-19}$ C;I_{DC} 为器件的平均直流电流;Δf 为测量系统的频带宽度。

散粒噪声属于白噪声,其谱密度为 $2qI_{DC}$。散粒噪声与流过半导体 PN 结位垒的电流有关,所以三极管、二极管中都存在散粒噪声的电流噪声机构。在简单的导体中没有位垒,因此没有散粒噪声。

2.2.3 描述放大器噪声性能的参数

对测量系统的噪声性能的要求,主要集中在信号提取放大部分。

组成放大器的每个电器元件都是一个可能的噪声电压源或噪声电流源,它们对放大器的噪声性能所造成的影响是很复杂的,通常借助于等效的噪声参数来描述放大器的噪声。

2.2.3.1 U_n、I_n 参数

放大器内部的所有噪声源,用位于输入端的噪声发生器等效,放大器(或任何二端网络)便可视为无噪声的。如图 2-29 所示,放大器内所有噪声源贡献的噪声,用与输入端串联的阻抗为零的噪声电压发生器 U_n 和与输入端并联的阻抗为无穷大的噪声电流发生器 I_n,以及二者的相关系数 C 来表示。U_{ns} 为信号源内阻 R_s 的热噪声电压均方根值,A 为放大器电压增益。

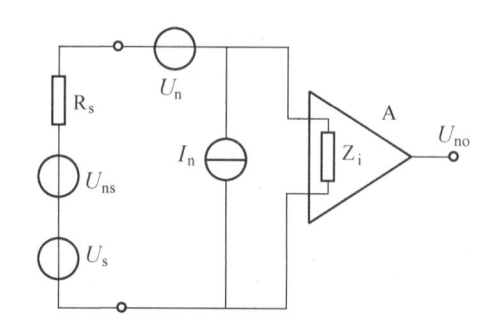

图 2-29 放大器 U_n、I_n 参数

提取放大的信号的质量,用信号幅度与噪声均方根值的比——信噪比(SNR)来描述。信噪比表示噪声对测量精度的影响。在一定的输出信噪比的要求之下,输出噪声折合到输入端,可以判断放大器可能放大多弱的信号。为此,通常把放大器的噪声等效到输入端。

设放大器输出端噪声为 U_{no},是由 U_{ns}、U_n 和 I_n 造成的(见图 2-29)。分别写出它们各自对 U_{no} 的贡献:

$$U_{ns}: \quad U_{no1} = U_{ns}\frac{Z_i}{R_s + Z_i}A;$$

$$U_n: \quad U_{no2} = U_n\frac{Z_i}{R_s + Z_i}A;$$

$$I_n: \quad U_{no3} = I_n(R_s /\!/ Z_i)A。$$

假设 U_n、I_n 不相关,$C = 0$,各噪声源的噪声电压的均方值相加,得到输出噪声电压的均

方值

$$U_{no}^2 = U_{no1}^2 + U_{no2}^2 + U_{no3}^2$$
$$= (U_{ns}^2 + U_n^2)\left(\frac{Z_i}{R_s + Z_i}A\right)^2 + I_n^2\left(\frac{R_s Z_i}{R_s + Z_i}A\right)^2 。 \quad (2-27)$$

放大器对信号 U_s 的电压增益 A' 为

$$A' = \frac{Z_i}{R_s + Z_i}A 。 \quad (2-28)$$

放大器的等效输入噪声 U_{ni} 为

$$U_{ni}^2 = U_{no}^2/A'^2 = U_{ns}^2 + U_n^2 + I_n^2 R_s^2 。 \quad (2-29)$$

式(2-29)表示放大等效输入噪声为三个噪声电压发生器的均方值的和,用位于 U_s 处的一个噪声源来等效系统中的所有噪声源。此方程式适用于任何有源器件的系统,是分析噪声问题中的重要公式。

采用 U_n、I_n 参数描述放大器的噪声的另一个优点是容易实现 U_n、I_n 参数值的测量。由式(2-29)可见,当 $R_s = 0$ 时,等效输入噪声只有 U_n 一项,因此,在 $R_s = 0$ 的条件下测量总输出噪声,得到的是 AU_n,总输出噪声除以放大器电压增益即得到 U_n 参数值。如果设置的 R_s 值很大,由于源热噪声的贡献正比于源电阻的平方根,而 $I_n R_s$ 项正比于源电阻的一次方,所以在源电阻足够大时,$I_n R_s$ 项将占优势。因此,为了确定 I_n,将在设置大的源电阻条件下测量的总输出噪声,除以输入端串联该源电阻时测得的电压增益,得到 U_{ni},它近似为 $I_n R_s$,再除以 R_s 得到 I_n 分量。

U_{ni} 表示某一特定频段的等效输入噪声,U_n、I_n 随工作频率而变化。总 U_{ni} 应在被考虑的频段上进行积分。

场效应管和运算放大器的噪声一般用 U_n、I_n 参数的形式给出,某些双极型晶体管的噪声特性也开始用 U_n、I_n 参数取代噪声系数而给予描述。

2.2.3.2 噪声系数

噪声系数的概念是在20世纪40年代计算真空管内噪声的方法上发展起来的,尽管它有一定的局限性,但为了比较放大器的噪声性能,仍然经常采用它。噪声系数 F 的定义为

$$F = \frac{总的输出噪声功率}{源电阻产生的输出噪声功率} 。 \quad (2-30)$$

式(2-30)分子、分母同除以放大器的功率增益,得到等价定义为

$$F = \frac{总的等效输入噪声功率}{源的热噪声功率} 。 \quad (2-31)$$

用信噪比表示,S_i/N_i、S_o/N_o 分别表示输入、输出信噪比,则

$$F = \frac{输入信噪比}{输出信噪比} = \frac{S_i/N_i}{S_o/N_o} 。 \quad (2-32)$$

式(2-32)与式(2-31)是等效的。N_i 为源电阻的热噪声功率,S_i/S_o 为放大器功率增益的倒数。

用分贝表示,噪声系数的对数形式 NF 为

$$NF = 10\lg F 。 \quad (2-33)$$

噪声系数是放大器引起的信号质量(信噪比)恶化程度的量度。在理想状态下,放大器

在源热噪声的基础上不再增加噪声,即放大器本身无噪声,这时 $F=1$ 或 $NF=0$。实际上总是 $NF>0\,dB$。低噪声设计的目的是使 NF 值尽可能小。

例 2-2 已知某晶体管 $NF>6\,dB$,问输出信噪比将比输入信噪比减少多少?

解 $NF = 10\lg\dfrac{S_i/N_i}{S_o/N_o} = 6(dB)$,因此,

$$F = \frac{S_i/N_i}{S_o/N_o} \approx 4,$$

即输出信噪比为输入信噪比的 1/4。

例 2-3 某放大器噪声系数为 6 dB,其通频带为 10 kHz,若要求输出信噪比 $S_o/N_o = 10$,则此放大器的输入信号功率最小是多少?

解 由 $NF = 6\,dB$ 得 $F \approx 4$,输入信噪比为 $4 \times 10 = 40$,

输入噪声功率

$$N_i = \frac{4kTR_s\Delta f}{R_s} = 4kT\Delta f,$$

所以输入信号功率 $S_i = 40 \times 4kT\Delta f = 0.6 \times 10^{-11}\,(mW)$。

噪声系数 F 可以用 U_n、I_n 参数表示。由式(2-30)F 定义,直接得到(假设 U_n、I_n 的相关系数 $C=0$)

$$F = \frac{U_{ni}^2}{U_{ns}^2} = \frac{U_{ns}^2 + U_n^2 + I_n^2 R_s^2}{U_{ns}^2}, \qquad (2-34)$$

代入 $U_{ns}^2 = 4kTR_s\Delta f$,得到

$$F = 1 + \frac{U_n^2}{4kTR_s\Delta f} + \frac{I_n^2 R_s}{4kT\Delta f}。 \qquad (2-35)$$

由式(2-35)可知,放大器的噪声系数 F 是源电阻 R_s 的函数,在 R_s 增大或减小时,都使 F 变大。由 $\dfrac{\partial F}{\partial R_s} = 0$,可得到 F 的最小值对应的 R_s,为

$$R_{so} = \frac{U_n}{I_n}。 \qquad (2-36)$$

以式(2-36)代入式(2-35),得最小噪声系数

$$F_{min} = 1 + \frac{U_n I_n}{2kT\Delta f}。 \qquad (2-37)$$

R_{so} 称为最佳源电阻。它的意义在于:当信号源电阻等于最佳源电阻时,可以获得最小噪声系数。调整信号源电阻使噪声系数最小,称为电路的噪声匹配。不难推导出,输出信噪比

$$\frac{S_o}{N_o} = \frac{U_s^2}{U_{ns}^2 + U_n^2 + I_n^2 R_s^2} = \frac{U_s^2}{4kTR_s\Delta f + U_n^2 + I_n^2 R_s^2}。 \qquad (2-38)$$

由此可知,最大的输出信噪比发生在 $R_s = 0$ 处。所以,最小的噪声系数并不一定有最大的输出信噪比或最小噪声。参考图 2-30,这是一个典型的运算放大器的总输入噪声电压 U_{ni} 随源电阻的变化曲线。由图可知,当 $R_s = R_{so} = U_n/I_n$ 时,放大器噪声对源电阻的热噪声之比为最小;但是当 $R_s = 0$ 时,放大器总的等效输入噪声最小,在 R_s 低于 R_{so} 的一个范围内,U_{ni} 为常数,放大器以 U_n 为主要噪声源;当源电阻超过 R_{so} 较大时,$I_n R_s$ 成为主要噪声源。

噪声系数的价值是用于比较放大器的噪声,它并不适于作为放大器低噪声设计的依据。由 F 的定义,增大源电阻即可减小放大器的噪声系数;对于纯电抗性的信号源,因源噪声为

零而使噪声系数无穷大,这都是没有意义的;而且当低噪声放大器的噪声只占源的热噪声的一部分时,噪声系数表示相差不多的两个数之比,可能会导致错误结论。这都造成噪声系数应用的局限性。

2.2.3.3 多级放大器的噪声

通常为了提取放大强噪声背景下微弱的生物信号,须采用多级放大器以满足增益、频带和输入阻抗等各项要求。在依照最大信噪比和最小等效输入噪声进行了各级的最佳噪声性能设计后,对联级后的多级放大器,用噪声系数表示,以确定多级放大器的噪声源分布,获得合理的设计。

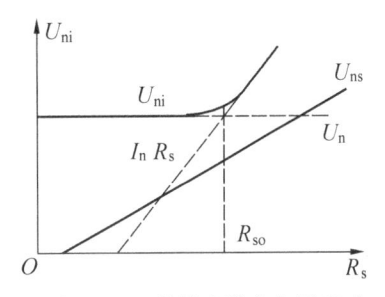

图 2-30 总输入噪声电压 U_{ni} 与源电阻 R_s 的关系

图 2-31 所示为包括两级放大的线性系统。设 A_{p1}、A_{p2} 分别为第一、二级的功率增益,F_1、F_2 分别为第一、二级的噪声系数,P_{n1}、P_{n2} 分别为第一、二级的内部噪声功率,P_{ns} 为信号源内阻的热噪声功率。式(2-32)用功率表示为

$$F = \frac{S_i/N_i}{S_o/N_o} = \frac{N_o}{A_p \cdot P_{ns}}, \quad (2-39)$$

图 2-31 两级放大的噪声

A_p 为放大器功率增益,输出噪声功率是信号源热噪声功率 P_{ns} 和放大器本身噪声功率 P_n 之和,所以 $N_o = P_{ns}A_p + P_n$,这样,

$$F = \frac{P_{ns}A_p + P_n}{A_pP_{ns}} = 1 + \frac{P_n}{A_pP_{ns}}。 \quad (2-40)$$

对应图 2-31 中第一级的噪声系数为

$$F_1 = 1 + \frac{P_{n1}}{A_{p1}P_{ns}},$$

由此得到第一级放大器的噪声功率为

$$P_{n1} = (F_1 - 1)A_{p1}P_{ns}。 \quad (2-41)$$

同理,在注意到噪声系数是对源热噪声定义时,得到第二级放大器的噪声功率为

$$P_{n2} = (F_2 - 1)A_{p2}P_{ns}。 \quad (2-42)$$

两级放大后总输出噪声功率 P_{no} 由三部分组成:
① 信号源内阻热噪声经过两级放大后为 $P_{ns}A_{p1}A_{p2}$;
② 第一级内部噪声经过第二级放大后输出为 $P_{n1}A_{p2}$;
③ 第二级本身的噪声为 P_{n2}。

总噪声功率输出为

$$P_{no} = P_{ns}A_{p1}A_{p2} + P_{n1}A_{p2} + P_{n2}。 \quad (2-43)$$

以 F_1、F_2 表达式代入式(2-43),

$$P_{no} = P_{ns}A_{p1}A_{p2} + (F_1 - 1)P_{ns}A_{p1}A_{p2} + (F_2 - 1)P_{ns}A_{p2}$$
$$= P_{ns}A_p + (F_1 - 1)P_{ns}A_p + (F_2 - 1)P_{ns}(A_p/A_{p1}),$$

其中 $A_p = A_{p1}A_{p2}$ 为两级放大器的总功率增益。两级放大器的总噪声系数

$$F = \frac{P_{no}}{A_p P_{ns}} = F_1 + \frac{F_2 - 1}{A_{p1}}。 \quad (2-44)$$

同理,多级放大器的总噪声系数

$$F = F_1 + \frac{F_2 - 1}{A_{p1}} + \frac{F_3 - 1}{A_{p1} A_{p2}} + \cdots \quad (2-45)$$

式中,$F_1, F_2, \cdots$ 为各级单独存在的噪声系数;$A_{p1}, A_{p2}, \cdots$ 为各级功率增益。

例 2-4 两级放大器 $F_1 = 3\,\text{dB}, F_2 = 10\,\text{dB}$,功率增益分别为 4、5,计算总噪声系数 F。

解 $F_1 = 3\,\text{dB} = 2$, $F_2 = 10\,\text{dB} = 10$,

$$F = F_1 + (F_2 - 1)/A_{p1} = 4.25,$$

即 F 等于 6 dB。

由式(2-45)可知,第一级放大的噪声系数对总噪声系数的贡献最大,努力降低第一级噪声,是实现低噪声设计的原则。其次,如果第一级功率增益足够大,则第二级的噪声影响可忽略,故总的噪声系数主要取决于第一级的噪声系数。

2.2.4 器件的噪声

生物医学信号测试系统中各种器件(如电极、二极管、晶体管、运放及电阻等)都会产生噪声。它们对于信号噪声比或测量精度的影响与它们在系统中的具体位置(或它们的功能)有关系。一般前置级的有源器件和无源器件的噪声与提取的信号一同放大,获得最大的放大倍数,相对而言,比信号传输过程中器件的噪声造成的危害严重;在放大器前置级设计中,器件的选择应格外予以注意。

2.2.4.1 电阻的噪声

电阻中都存在热噪声,电路中的电阻元件 R 可等效成一个无噪声电阻 R 和一个噪声电压源 $U_n = \sqrt{4kTR\Delta f}$ 相串联,或无噪声电阻 R 和一个噪声电流源 $I_n = \sqrt{4kT\Delta f/R}$ 相并联,如图 2-32 所示。用这种等效方法,能够很方便地简化任何复杂电阻网络的噪声。

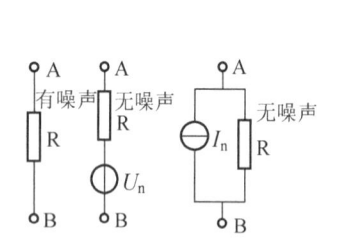

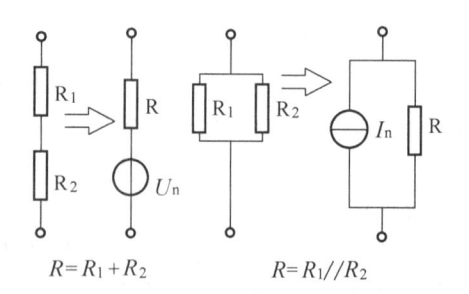

图 2-32 电阻热噪声等效电路

图 2-33 电阻网络的噪声等效电路

各个电阻的噪声源是互不相关的,所以电阻网络的总噪声电压均方值应等于各个电阻的噪声电压均方值之和。串联电阻网络用噪声电压源等效电路比较方便,而并联电阻网络用噪声电流源等效电路比较方便。由此不难得到结论:在所有电阻温度相同的情况下,串联电阻($R_1, R_2, \cdots, R_n$)网络的总噪声电压等于电阻值为 $R = \sum_{i=1}^{n} R_i$ 的电阻所产生的噪声电压。同样,若干个温度相同的电阻并联,其噪声电压等于总并联电阻产生的噪声电压,如图

2-33 所示。有的电阻除热噪声外还存在较大 $1/f$ 噪声,其均方根噪声电压随频率下降而增加,在生物医学信号提取放大系统中是不适用的。如前所述,$1/f$ 噪声在电流流过不连续导体时表现明显。合成碳质电阻是碳粒同黏合剂的混合物压制而成的,由于电导率的不均匀而产生电流脉冲,形成 $1/f$ 噪声。合成碳质电阻器 $1/f$ 噪声最大,金属膜、线绕电阻 $1/f$ 噪声较小。

2.2.4.2 电容器的噪声

电容器实际存在的介质损耗,即电容器的漏电,相当于理想电容器两端并联一个电阻 R_p,所以实际构成电容器的阻抗的实数分量,成为电容器的热噪声源。电容器在工作时还存在 $1/f$ 噪声,远比热噪声的影响大,在生物电信号提取的低频放大器中,电容器的阻抗不能有效地旁路电容器本身的噪声。作为耦合电容,低频电路中的大容量电容,其噪声的危害是比较突出的。电容器的质量通常用损耗角 δ 表示:

$$\delta = \arctan \frac{1}{\omega C R_p} \text{。} \tag{2-46}$$

漏电小的电容器 R_p 很大,δ 值小,旁路噪声的能力强。一般电容器的 δ 为 $10^{-3} \sim 10^{-2}$ 数量级,云母和瓷片电容器的 δ 可达 10^{-4} 数量级,铝电解电容器漏电大,生物电信号提取电路的大容量电容应选择钽电解电容。

2.2.4.3 耦合变压器的噪声效应

用作输入耦合、隔离、阻抗匹配的变压器,其噪声性能至关重要。在外磁场作用下,变压器的磁性材料磁化的不连续性,呈现出磁起伏噪声,并且变压器可能把外界干扰耦合到电路里。所以,除了提高变压器本身的工艺质量外,外加良好的磁屏蔽是很重要的。

2.2.4.4 场效应管的噪声

场效应管的噪声来源基本有下述三种。

1. 沟道热噪声

沟道热噪声由场效应管沟道中多数载流子的随机热运动导致,与沟道电阻有关。用与沟道并联的噪声电流源表示为

$$I_{nt}^2 \approx 4kT\left(\frac{2}{3}g_m\right)\Delta f, \tag{2-47}$$

式中,g_m 为场效应管的跨导,系数 $2/3$ 为一近似值。跨导越大,沟道中多数载流子数目愈多,噪声电流变大。此式在饱和区和非饱和区都适用。

沟道热噪声等效为噪声电压源,有

$$U_{nt}^2 = 4kT\left(\frac{2}{3} \cdot \frac{1}{g_m}\right)\Delta f \text{。} \tag{2-48}$$

2. 栅极散粒噪声

栅极散粒噪声由栅极泄漏电流或耗尽层电子、空穴的运动等各种因素造成。等效为散粒噪声电流源为

$$I_{ng}^2 = 2qI_G\Delta f, \tag{2-49}$$

式中,q 为电子电荷;I_G 为栅极漏电流。

由式(2-47)和式(2-49)可见,场效应管的热噪声和栅极散粒噪声都具有常数谱密度特点,都属于白噪声。

3. $1/f$ 噪声

在低频段(如 100 Hz 以下),场效应管的 $1/f$ 噪声将成为主要危害。由空间电荷层内电荷的产生与复合造成沟道电流的波动而产生噪声,其谱密度遵守 $1/f$ 规律,有

$$I_{nf}^2 = K \frac{1}{f} \Delta f, \quad (2-50)$$

式中,K 为实验常数,在 $10^{-15} \sim 10^{-12}$ 范围内。

由此可见,在场效应管的栅极存在栅极散粒噪声,在沟道内存在沟道热噪声和 $1/f$ 噪声。因为沟道热噪声和 $1/f$ 噪声直接调制了沟道电流的变化,故可等效地认为它们发生在漏极。将上述三种噪声源分别在栅极和漏极上标出,并认为它们是互不相关的,则得到图 2-34 所示的场效应管的噪声等效电路。

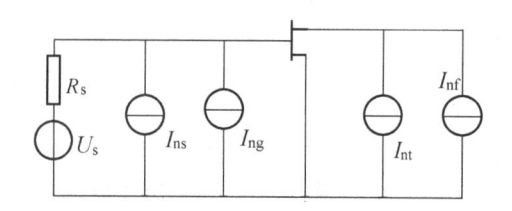

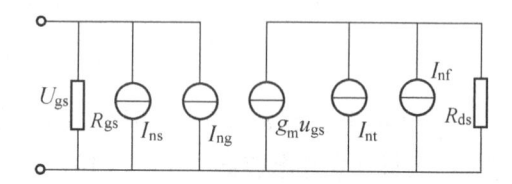

图 2-34 场效应管的噪声等效电路　　图 2-35 场效应管的低频噪声等效电路

画出场效应管的低频等效电路,并在等效电路中标出上述各噪声源,得到其低频噪声等效电路,由此便可求出场效应晶体管的 U_n、I_n 参数。场效应管的低频噪声等效电路如图 2-35 所示。场效应晶体管的诸噪声源中,沟道热噪声和 $1/f$ 噪声是主要的,忽略栅极散粒噪声 I_{ng},并用 $R_s \to 0$ 和 $R_s \to \infty$ 的近似方法,便分别得到 U_n 和 I_n 参数的表达式为

$$\left. \begin{array}{l} U_n \approx (1/g_m)(I_{nt}^2 + I_{nf}^2)^{1/2}, \\ I_n \approx \left(\dfrac{1}{g_m R_{gs}}\right)(I_{nt}^2 + I_{nf}^2)^{1/2}。 \end{array} \right\} \quad (2-51)$$

式(2-51)的具体推导参见参考文献 1。由式(2-51)可得 $(U_n/I_n) = R_{gs}$,当信号源内阻等于 R_{gs} 时,有最小的噪声系数

$$F_{min} = 1 + \frac{1}{kTR_{gs}g_m^2 \Delta f}(I_{nt}^2 + I_{nf}^2), \quad (2-52)$$

$$g_m = \frac{2I_{DSS}}{U_p}\left(\frac{U_{gs}}{U_p} - 1\right)。 \quad (2-53)$$

式中,I_{DSS} 为漏极饱和电流;U_p 为夹断电压。可见,低夹断电压、高跨导的场效应管,工作在 I_{DSS} 邻域,具有低的噪声系数。一般场效应管 $R_{gs} \geq 10^7 \Omega$,最佳源电阻 $R_{so} = R_{gs}$ 具有很大的数值,表明当源电阻高时,场效应管能具有比低源电阻好的噪声特性,所以应用于高内阻源生物电信号的提取是较理想的。

2.2.4.5　双极晶体管的噪声

双极晶体管的噪声源为:

(1)基区扩散电阻 $r_{bb'}$ 的热噪声

$$U_{nb}^2 = 4kTr_{bb'}\Delta f。$$

(2)基极电流 I_B 和集电极电流 I_C 起伏产生散粒噪声

$$I_{nb}^2 = 2qI_B\Delta f, \quad I_{nc}^2 = 2qI_C\Delta f。$$

(3) 基极电流 I_B 流经基极-发射极耗尽区,产生 $1/f$ 噪声

$$I_{nf}^2 = \frac{KI_B^\gamma}{f}\Delta f, \quad U_{nf}^2 = \frac{KI_B^\gamma r_b}{f}\Delta f。$$

式中,指数 γ 的数值在 $1\sim 2$ 之间,通常取 1;r_b 是 $1/f$ 噪声的等效旁路电阻,实验数据为 $r_{bb'}/2$,$1/f$ 噪声受晶体管硅芯片表面特征的强烈影响,通常在集电极电流小而电流增益 β 值很高的晶体管,具有低 $1/f$ 噪声特性。

与场效应晶体管的噪声分析方法类似,在晶体管的小信号等效电路上标出上述各噪声源,得到晶体管的噪声等效电路,如图 2-36 所示,由等效电路先计算输出端总噪声电压 U_{no},折合到输入端,求出总等效输入噪声电压 U_{ni},再利用近似方法得到晶体管的 U_n、I_n 噪声参数。

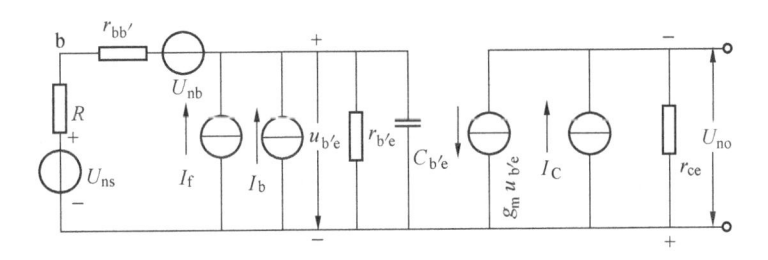

图 2-36 晶体管混合 π 型小信号的噪声等效电路

图 2-36 为晶体管混合 π 型小信号的噪声等效电路,其中 $r_{b'c}$ 表示输出电压对输入回路的反馈作用,$C_{b'c}$ 表示集电结的等效电容,在实际的低频工作状态下,两参数均可忽略,故在噪声等效电路中未出现。

如果只突出低频时 $1/f$ 噪声源的作用,即只考虑 U_n、I_n 中的 $1/f$ 噪声源,则

$$\left.\begin{aligned} U_{nf}^2 &= \frac{KI_B}{f}r_b^2, \\ I_{nf}^2 &= \frac{KI_B}{f}。 \end{aligned}\right\} \tag{2-54}$$

由式(2-54)可见,最佳源电阻 $R_o = r_b$,在 R_o 下的最小噪声系数为

$$F_{min} = 1 + \frac{U_n I_n}{2kT\Delta f} = 1 + \frac{KI_B r_b}{2kTf\Delta f}, \tag{2-55}$$

式中,$r_b = \frac{1}{2}r_{bb'}$。因此,为了减小 $1/f$ 噪声,应相应减小基区电阻并选择尽可能低的静态工作状态。

2.2.4.6 运算放大器的噪声

集成器件的噪声是组成它的各元件噪声的综合,通常以其输入端噪声参数 U_n、I_n 表示。运算放大器的输入级是确定其噪声性能的关键。大多数运放器件的输入级采用差动输入,它们是用两个(或四个)输入晶体管,这样其等效输入噪声电压就约为单一晶体管的 $\sqrt{2}$ 倍。此外,运算放大器中的单晶硅晶体管的电流增益比分立晶体管的电流增益低,因而增加了噪声。图 2-37 所示为典型的低噪声双极型晶体管、结型场效应晶体管和集成运算放大器的

等效噪声电压曲线。由图可见,低源电阻时,双极型晶体管比场效应晶体管的噪声略低,在大多数情况下,集成运算放大器比其它两种分立器件的噪声大。

运算器件的噪声一般用每个输入端 U_n、I_n 参数表示,如图 2-38a 所示。由于输入电路的对称性,在每个输入端的噪声电压和噪声电流是相等的;或以一个输入端上的噪声电压 U'_n 和噪声电流 I'_n 表示,如图 2-38b 所示。若假定连接到两个输入端的运算放大器等效输入噪声电阻是相等的,有

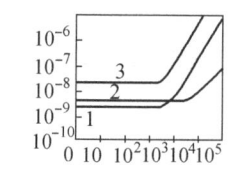

图 2-37 三种器件的等效噪声电压曲线
1—双极型晶体管;
2—结型场效应晶体管;
3—集成运算放大器

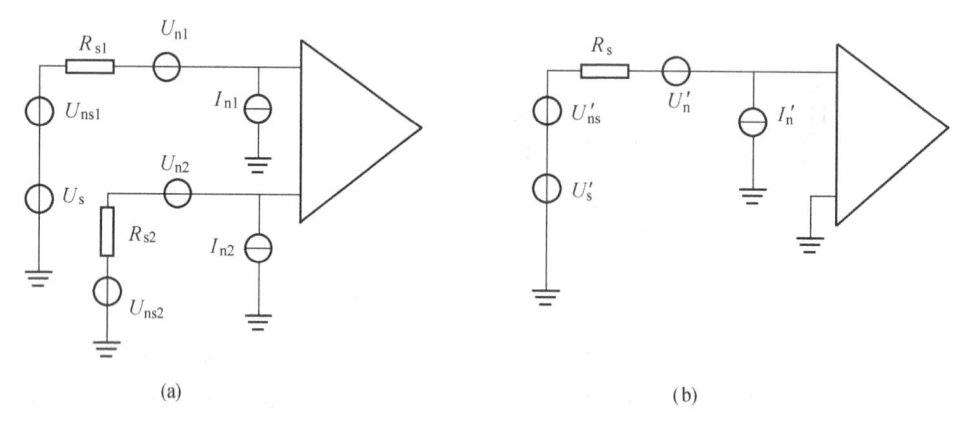

$$U'_n = \sqrt{2} U_n, \quad I'_n = \sqrt{2} I_n。$$

图 2-38 运算放大器等效输入噪声

2.3 低噪声放大器设计

为了使放大器具有良好的低噪声特性,除了严格选择组成放大器的各有源、无源器件外,尚需按照低噪声设计方法进行周密的设计,这样才能充分发挥优良的低噪声器件的应有作用。换言之,如果选用了昂贵的低噪声器件,而设计不尽合理,则仍然不能获得低噪声性能的放大器。

与普通放大器设计相比,低噪声放大器的设计特点是以低噪声为关键指标进行分析、计算和设计电路的,放大器的增益、频率响应等非噪声质量的指标,则可以在满足噪声要求的基础上进行调整。低噪声放大器设计的一般程序归纳为:首先根据噪声要求、源阻抗特性确定输入级电路(包括输入耦合网络)。设计内容包括选择电路结构形式,选用器件、确定低噪声工作点和进行噪声匹配等工作。然后,根据放大器要求的总增益、频率响应、动态范围、稳定性等指标设计后续电路,决定放大级数及电路结构等,这些设计与一般多级放大器的设计原则相同,但应注意使后续电路不破坏总的噪声性能。

2.3.1 噪声性能指标

我们已经知道,放大器噪声性能的优劣不能单用它输出的噪声功率来衡量,噪声的有害影响是相对于信号而言的。为了得到最大的输出信噪比(S_o/N_o),由公式(2-38)可知,相当于

$$S_o/N_o = U_s^2/U_{ni}^2, \tag{2-56}$$

所以低噪声设计的目的是把总输入噪声减小到最低程度。通常为了统一,用输入端对地短路时放大器的固有噪声 U_{ni} 作为放大器的噪声性能指标。以下为各种生理信号测量用放大器在相应带宽的噪声指标(U_{ni} 值):

体表心电图	<10 μV	(0~250 Hz)
体表希氏束电图	<0.5 μV	(80~300 Hz)
头皮电极脑电图	<1 μV	(0~100 Hz)
针电极肌电图	<1 μV	(2~1000 Hz)
脑诱发电位	<0.7 μV	(0~10 kHz)
眼电生理信号	<0.5 μV	(0~1 kHz)

在各种描述放大器的噪声参数中,以 U_{ni} 作为设计依据是合理的。在低噪声设计中应认真遵循以下的几个环节。

由图 2-30 可知总等效输入噪声 U_{ni} 对信号源内阻 R_s 的依赖关系。在 R_{so} 附近,总输入噪声略大于源内阻热噪声。使源电阻为 R_{so},是理想的低噪声设计方案。调整 R_s 或使 U_n/I_n 比值在已知的 R_s 附近,称之为噪声匹配。

首先,根据噪声匹配的要求,进行有源器件的选择。通过各种传感器提取生物信号时,传感器与前置放大器直接连接。由于各种传感器的阻抗不同,为了实现噪声匹配,应选择适当的器件作为前置放大器的输入级。图 2-39 所示为输入级有源器件选用参考。由此图可实现放大器的初步噪声匹配。当源电阻很小时,输入级须通过变压器耦合,达到低源电阻的噪声匹配。在几十欧姆至 1 兆欧姆范围,晶体管作为输入级是适宜的。PNP 管的基区电阻较小,热噪声电压小,更适用于源电阻小的场合;NPN 管在源电阻稍大时更为合适。在源电阻更高时,例如,通过电极提取生物电信号时,结型场效应管是理想的输入级器件。I_n 值极小的绝缘栅场效应管虽然在高内阻源时有突出的优点,但是它的 $1/f$ 噪声比结型场效应管至少高一个数量级,不适于作为低噪声要求的前置级器件。集成运算放大器的噪声虽然相对较高,但其体积小,价格便宜,电路设计简单。图 2-39 所示的输入级有源器件选用参考实现高共模抑制比,如果严格挑选 U_n、I_n 参数,也是较理想的输入级器件。

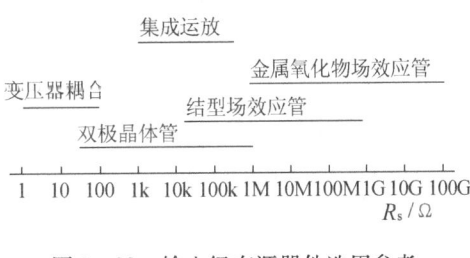

图 2-39 输入级有源器件选用参考

分析晶体管和场效应管的噪声特性可知,通过调整静态工作参数值,能使 U_n/I_n 符合已确定的信号源内阻的噪声匹配条件。固定的源电阻对应一个所谓最佳的集电极电流,设计某一源电阻放大器时,可以通过调节静态工作参数实现噪声匹配。实际上,当 U_n 等于 $I_n R_s$ 时,有最小的噪声系数。当信号源内阻小于最佳源电阻时,尽管源的噪声减小,放大器的 U_n 是不变的。当信号源内阻大于最佳源电阻时,$I_n R_s$ 噪声的增长比热噪声快。这两种情况都使总噪声与热噪声之比增大,因而噪声系数有最小值。

只调整静态参数,往往不能获得最小噪声系数。利用有源器件的 U_n、I_n 参数,参考其噪声系数等值图,才可能得到最佳工作电流和最小噪声系数。对所设计的低噪声放大器,通过绘制其噪声等值图,根据源内阻及工作频率范围,可以检查设计,从而进一步调整。

2.3.2 放大电路的低噪声设计

图 2-40 所示为多级放大电路。每一级的噪声用 U_{ni}、I_{ni} 表示,增益用 A_i 表示,放大系统的反馈传递函数用 β 表示。图 2-40 所示的多级放大虽然在多级放大系统中是第一级的,噪声是主要的,但后面各级也都贡献噪声。在进行多级放大系统设计时,必须严格考虑各级的噪声,包括偏置元件的噪声。

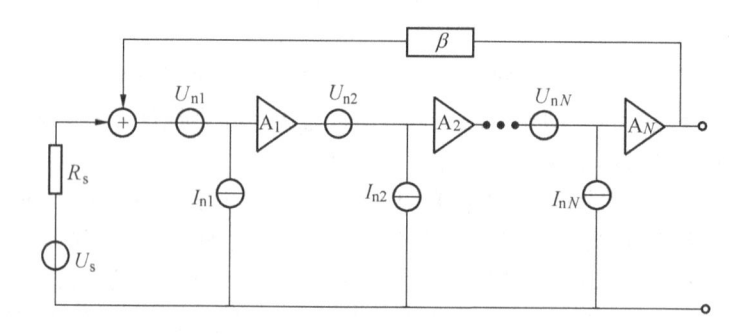

图 2-40 多级放大电路

负反馈并不改变各级的等效输入噪声,但负反馈网络的电阻要额外贡献热噪声和 $1/f$ 噪声。

第一级的等效输入噪声为 $U_{ns}^2 + U_{n1}^2 + I_{n1}^2 R_s^2$,其它各级的等效噪声用同样的方法确定,各级的有效源电阻等于前级的输出电阻 R_{oi}。设计时把负反馈考虑在内,算出输出端总噪声 U_{no},设放大系统正向总增益为 A,则总等效输入噪声为

$$\frac{U_{no}}{U_{ni}} = \frac{A}{1 + A\beta}。$$

不论有无反馈,都可以表明

$$U_{ni}^2 = U_{ns}^2 + U_{n1}^2 + I_{n1}^2 R_s^2 + \frac{U_{n2}^2 + I_{n2}^2 R_{o1}^2}{A_1} + \frac{U_{n3}^2 + I_{n3}^2 R_{o2}^2}{A_1^2 A_2^2} + \cdots \qquad (2-57)$$

显然,如果是两级放大,则低噪声设计的原则是:应使第二级的等效输入噪声与第一级的噪声相比很小,即对于小的源电阻值来说,要求

$$U_{ni2}^2 \ll U_{n1}^2。 \qquad (2-58)$$

由多级放大电路的噪声等效电路,用网络理论逐步推导,借助于计算机进行噪声分析计

算,是放大器噪声分析的一般方法。对于复杂的放大系统,这种分析方法无疑是十分复杂的。实际上,常可以用实验的手段实现对放大系统噪声性能的了解。例如,为了估算系统内某一点的噪声源的作用,可以在这一点插入一确定的噪声电压(或电流),加重其噪声影响,计算出发生器单独作用时的输出,从而估算出该点的噪声源的作用程度。

在生物信号测量系统中,广泛应用差动放大电路结构,其噪声等效电路的一般形式如图 2-41 所示。其中图 a 和图 b 分别表示接地源和浮地源两种情况。两臂上串联的噪声互不相关,等效输入噪声为两臂部分等效噪声之和,对于图 2-41a 有

$$U_{ni}^2 = U_{ns1}^2 + U_{ns2}^2 + U_{n1}^2 + U_{n2}^2 + I_{n1}^2 R_{s1}^2 + I_{n2}^2 R_{s2}^2 ; \qquad (2-59)$$

对于图 2-41b 有

$$U_{ni}^2 = U_{ns}^2 + U_{n1}^2 + U_{n2}^2 + \left(\frac{I_{n1}R_s}{2}\right)^2 + \left(\frac{I_{n2}R_s}{2}\right)^2 。 \qquad (2-60)$$

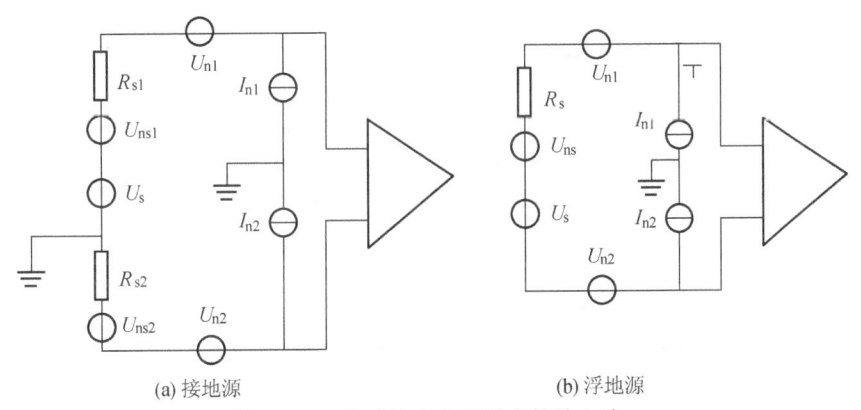

图 2-41 差动放大电路噪声等效电路

(a) 接地源 (b) 浮地源

如果放大器两臂具有相同的噪声机理,则式(2-60)可简化为

$$U_{ni}^2 = U_{ns}^2 + 2U_{n1}^2 + \frac{I_{n1}^2 R_s^2}{2} 。$$

图 2-42 为生物放大器前置级经常采用的三运放差动放大电路,A_1、A_2 组成高差动输入阻抗的同相并联输入级,A_3 为差动放大级。利用叠加原理,不难推导出 A_1、A_2、A_3 输入端短路噪声的表达式。除有源器件以外,各外回路电阻均贡献噪声。电阻的噪声贡献与其在电路中的位置有关。与 A_1、A_2 输入端相连接的 R_F、R_W 的噪声相对影响最大。在低噪声设计中,除了认真选择低噪声类的电阻外,在有源器件负载允许的条件下,尽量选择低阻值的外回路电阻(尤其是输入级)成为一条基本原则。图 2-42 中,前置级总等效输入噪声电压与 $(1 + 2R_F/R_W)$ 成反比,适当加大 R_F/R_W 值,有利于降低噪声。实验表明,当 $(R_F/R_W) < 5$ 时,噪声有明显的增加。

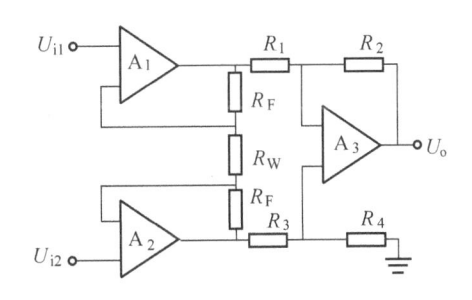

图 2-42 ECG 前置级电路

多级放大器各级增益的分配是低噪声设计中一个重要考虑因素。一般来说,在满足其它低噪声条件下,第一级增益设计应尽可能高。可以通过实验进行最后增益分配的调整。

习题 2

2-1 如题 2-1 图所示。RC 低通滤波器的接入是为了减小公共阻抗产生的干扰。说明其抑制干扰的原理。

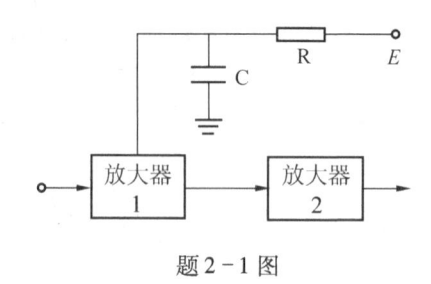

题 2-1 图

2-2 一个测量系统中,信号已被完全淹没,如何判断是由于外界存在的干扰还是系统内部的固有噪声?

2-3 散粒噪声与热噪声的区别是什么?

2-4 带宽加倍,对于白噪声来说其噪声功率如何变化?粉红色噪声又将如何?

2-5 $1/f$ 噪声过程的谱密度为 8×10^{-9} V^2/Hz,问 $600 \sim 2400\,Hz$ 频段上输出噪声均方根电压是多少?

2-6 设某白噪声过程的谱密度为 2×10^{-8} V^2/Hz,如果系统的带宽为 $100\,kHz$,其输出的噪声均方根电压是多少?

2-7 某热噪声过程中,噪声电压有效值的平方等于 15×10^{-6} V^2,带宽为 5×10^4 Hz,求谱密度。

2-8 电阻值为 $2\,M\Omega$,温度为 $27\,℃$,所考察的带宽为 $1\,MHz$,求谱密度。

2-9 系统的噪声系数是 13,若输入信噪比是 65,输出信噪比是多少?

2-10 分析图 2-26 所示耗散电磁能电路的工作原理。

3 信号处理

从第1章生物信号特征的描述、分析中可知,各种生物信号都属于低频的微弱信号。因此,必须首先把信号放大到所要求的强度,才能对之进行各种处理、记录、显示。信号处理主要包括信号放大、滤波和信号隔离等。信号放大技术是人体电子测量系统中最基本最重要的环节。生物电是反映人体各种生理状态的一种重要信息,是人体电子测量中的主要信息源。各种生物电放大器的结构、性能等都成为生物医学电子学中的主要研究内容。各种生理参数(如血压、心音、呼吸等)的测量放大器也都具有各自独特的设计方法。放大器的核心是前置放大,所以前置级的设计是本章的重点。

3.1 生物电放大器前置级原理

对人体电现象测量时,通常要求在若干个测量点中对任意两点间的电位差作多种组合测量,即对两点间的电位差进行放大。因此,生物电放大器前置级通常采用差动电路结构。

3.1.1 基本要求

根据生物电信号的特点以及通过生物电极的提取方式,对生物电放大器前置级提出下述性能指标要求。各项要求的实际数值范围,由所测量的参数确定。

1. 高输入阻抗

生物电信号源本身是高内阻的微弱信号源,通过电极提取又呈现出不稳定的高内阻源性质。信号源阻抗不仅因人及生理状态而异,而且在测量时,与电极的安放位置、电极本身的物理状态都有密切关系。源阻抗的不稳定性,将使放大器电压增益不稳定,从而造成难以修正的测量误差。理论上源阻抗是信号频率的函数,电极阻抗也是频率的函数,变化规律都是随频率的增加而下降。若放大器输入阻抗不够高(与源阻抗相比),则会造成信号低频分量的幅度减小,产生低频失真。电极阻抗还随电极中电流密度的大小而变化。小面积电极(如脑电测量的头皮电极、眼电的接触电极)在信号幅度变化时,电极电流密度变化比较明显,相应电极阻抗会随信号幅度的变化而不同,即低幅度信号的电流密度小,电极阻抗大。在人体运动的情况下,电极和皮肤接触压力有变化,并使人体组织液和导电膏中的离子浓度发生变化,导致电极阻抗产生很大的变化,同时造成电极极化电压的不等。这种变化相对于微弱的生物电信号来说,在放大器输出端产生极大的干扰。即使不是动态测量,这种变化也是存在的,但影响程度相对较小。

图3-1a表示包括电极系统的信号源和差动放大器输入回路的等效电路。图中各符号定义和数值范围如下:

U_s	生物信号电压。
R_{T1}、R_{T2}	人体电阻,数十欧姆至数百欧姆。
R_{s1}、R_{s2}	电极与皮肤接触电阻,数千欧姆至150 kΩ。与皮肤的干湿、清洁程度以及皮肤角质层的厚薄有关。
E_1、E_2	电极极化电位,数毫伏至数百毫伏。
C_{s1}、C_{s2}	电极与皮肤之间的分布电容,数皮法至数十皮法。
C_1、C_2	信号线对地电容,长1m的电缆线数十皮法。
R_{L1}、R_{L2}	信号线和放大器输入保护电阻,通常小于30 kΩ。
R_i	放大器输入电阻。

图3-1a进一步简化为图3-1b,其中,

$$Z_{s1} = R_{T1} + \frac{R_{s1}}{1+j\omega R_{s1}C_{s1}} + R_{L1} \approx R_{T1} + R_{s1} + R_{L1}, \quad (3-1)$$

$$Z_{s2} = R_{T2} + \frac{R_{s2}}{1+j\omega R_{s2}C_{s2}} + R_{L2} \approx R_{T2} + R_{s2} + R_{L2}。 \quad (3-2)$$

粗略估计,与放大器输入端相连接的信号源内阻高达约100 kΩ。这样,放大器的输入阻抗应至少大于1 MΩ。如果设计的放大器输入阻抗为10 MΩ,信号源内阻与放大器输入阻抗相比为1/100,上述各种因素造成的失真和误差均可减小到忽略不计。

例如,设放大器差模增益为A_d,输出电压为U_o,由图3-1b得到

$$U_o = U_s \frac{2Z_i}{Z_{s1}+Z_{s2}+2Z_i} A_d。 \quad (3-3)$$

假设$Z_{s1} = Z_{s2} = Z_s$,且$Z_s \ll Z_i$,并令$A_d' = U_o/U_s$,A_d'表示对生物信号U_s的电压增益,则

$$A_d' = A_d \frac{Z_i}{Z_s + Z_i}。 \quad (3-4)$$

如果Z_s的值从2~150 kΩ变化,在$Z_i = 1$ MΩ时,由式(3-4)得到A_d'的不稳定性变动为$\Delta A_d'/A_d' = 12.8\%$;而在$Z_i = 5$ MΩ时,A_d'的不稳定性变动下降为2.8%。

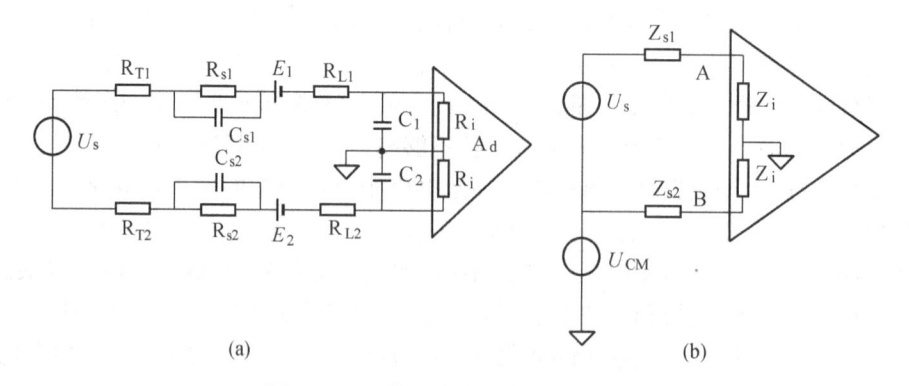

图3-1 生物电放大器的输入回路

通常用于心电、自发脑电、肌电等体表电位测量的放大器输入阻抗指标如表3-1所示。

表 3-1

参　　数	放　大　器			
	ECG-Amp	EEG-Amp	VEP-Amp	EMG-Amp
输入阻抗/MΩ	>1	>5	>200	>100
输入端短路噪声(p-p)/μV	≤10	≤3	≤0.7	≤8
共模抑制比/dB	≥60	≥80	≥100	≥80
频带/Hz	0.05～250	0.5～70	0.5～3 000	2～10 000
电极	板电极←―――		―――片状或针电极――→	

用于细胞电位测量的微电极放大器的输入阻抗高达 10^9 Ω 数量级。高输入阻抗同时也是放大器高共模抑制比的必要条件,这将在下面的分析中说明。

2. 高共模抑制比

为了抑制人体所携带的工频干扰以及所测量的参数外的其它生理作用的干扰,须选用差动放大形式。因此,CMRR 值是放大器的主要技术指标。生物电放大器的 CMRR 值一般要求为 60～80 dB,高性能放大器的 CMRR 达 100 dB,这说明对于 10 mV 的共模干扰和 0.1 μV 的差模信号具有相同的输出。例如,在进行诱发脑电和体表希氏束电图的测量时,这一指标是必要的。

值得注意的是,放大器的实际共模抑制能力受电极系统的影响。通过两个电极提取生物电位时,等效源阻抗 Z_{s1} 和 Z_{s2} 一般不完全相等,其数值大小与人体汗腺分泌情况、皮肤清洁程度有关。各个电极处的皮肤接触电阻是不平衡的,而且因人而异,加之两个电极本身的物理状态不可能完全对称,这样使得与差动放大器两个输入端相连的源阻抗 Z_{s1} 和 Z_{s2} 实际变得十分复杂,其不平衡是绝对的。这种不平衡造成的危害,是共模干扰向差模干扰的转化,从而造成共模干扰输出。对已经发生的这种转化,放大器本身的共模抑制能力再高也将无济于事。但是,提高放大器的输入阻抗,则会减小这一转化。如图 3-1b 所示,设 U_{CM} 为共模干扰电压,则放大器输入端 A、B 两点的电压分别为

$$U_A = U_{CM} \frac{Z_i}{Z_i + Z_{s1}}, \quad U_B = U_{CM} \frac{Z_i}{Z_i + Z_{s2}}, \quad (3-5)$$

共模电压转化为差模电压 $U_A - U_B$:

$$U_A - U_B = U_{CM} Z_i \left(\frac{1}{Z_i + Z_{s1}} - \frac{1}{Z_i + Z_{s2}} \right)。 \quad (3-6)$$

通常 $Z_i \gg Z_{s1}(Z_{s2})$,所以

$$U_A - U_B \approx U_{CM} \frac{Z_{s2} - Z_{s1}}{Z_i}。 \quad (3-7)$$

如果 Z_{s1} 和 Z_{s2} 相差 5 kΩ(典型值),对于 10 mV 的共模干扰电压,若打算限制在 10 μV 以下,则放大器输入阻抗应在 5 MΩ 以上。对于体表心电测量,这一信噪比的要求是能够满足的;而对自发脑电的测量则是不够的,必须设法进一步提高生物电前置放大器的输入阻抗,或降低 U_{CM} 数值。

3. 低噪声、低漂移

相对于幅度仅在微伏、毫伏数量级的低频生物电信号而言,低噪声、低漂移是生物电前置放大器的重要要求。高阻抗源本身就带来相当可观的热噪声,输入信号的质量较差。所以,为了获得一定信噪比的输出信号,对放大器的低噪声性能有严格的要求。理想的生物电放大器,能够抑制外界干扰使其减弱到和放大器的固有噪声为同一数量级,这样,放大器内部噪声实际上使放大器能够放大的信号具有一个下限,也就是说,放大器的噪声电平成为放大器设计的限制性条件。在第 2 章已经述及,放大器的低噪声性能主要取决于前置级,正确设计放大器的增益分配,在前置级的噪声系数较小时,可以获得良好的低噪声性能。前置级的低噪声设计,是整个放大器设计的主要任务,除了按照低噪声设计的原则正确进行设计以外,常采用严格的装配工艺,对前置级电路加以特殊的保护。

除了肌电和神经动作电位外,绝大多数的生物电信号都具有十分低的频率成分,如心电、自发脑电、胃电、眼电、细胞内(外)电位等都具有 1 Hz 以下的分量。但通常采用的直流放大器的零点漂移现象限制了直流放大器的输入范围,使得微弱的缓变信号无法被放大,尤其在进行较长时间的记录、观察、监护时,基线漂移对测量带来严重的影响,常使测量不能正常进行。因此,对放大器的零点漂移的限制措施应认真加以研究。采用差动输入电路形式,利用了电路的对称结构并对元器件参数进行严格挑选,所以能有效地抑制放大器的温度变化造成的零点漂移。

为了放大微伏数量级的直流信号,还用到调制式直流放大器,它把直流信号转变成交流信号,利用交流放大电路各级零点漂移不会逐级放大的基本思路进行设计,便能够有效地改善直流放大器的低漂移性能。

在生物电实际测量中,为了能够在一接通电源就进入正常的工作状态,或者在当放大器转换导联时发生瞬时过载的情况下,能够把输出显示的基线迅速归零,还须在前置级设置复零电路,以保持测量连续进行。

4. 设置保护电路

作为生物医学测量的生物电放大器,应在前置级设置保护电路,包括人体安全保护电路和放大器输入保护电路。任何出现在放大器输入端的电流或电压,都可能影响生物电位,使人体遭受电击。保护电路使通过电流保持在安全水平。在进行人体生物电测量时,应考虑到同时作用于人体的其它医学测量设备或可能存在的某种干扰对放大器的破坏作用。在前置级的输入回路设置保护电路,以保证放大器的正常工作。另外,应设有快速校准电路,以便及时地指示出被测信号的幅度。

3.1.2 差动放大电路分析方法

生物放大器的前置级通常都采用差动放大电路结构,那么,能否用现成的集成运算放大器(即一个基本的差动放大器)构成生物电放大器的前置级?能否达到生物电放大器所要求的指标?

下面从一个简单的基本差动放大电路的共模抑制能力、输入阻抗的分析入手,研究差动放大电路共模抑制比的诸影响因素,以及如何提高放大电路的输入阻抗。

图 3-2 所示为用线性集成器件构成的差动放大电路。两输入端信号 u_{i1} 和 u_{i2} 由共模电压 u_{ic} 和差模信号 u_{id} 组成,其中,

$$u_{ic} = \frac{1}{2}(u_{i1} + u_{i2}), \quad (3-8)$$

$$u_{id} = u_{i1} - u_{i2}, \quad (3-9)$$

因此,

$$u_{i1} = u_{ic} + \frac{1}{2}u_{id}, \quad (3-10)$$

$$u_{i2} = u_{ic} - \frac{1}{2}u_{id}。 \quad (3-11)$$

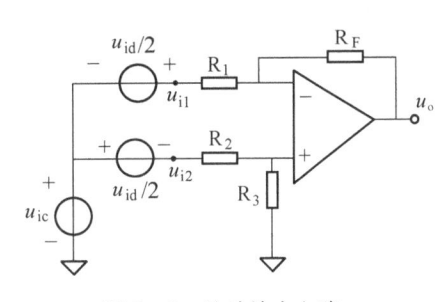

图 3-2 差动放大电路

应用理想运算放大器的条件,得到输出电压和输入电压之间的关系。

由 $u_+ = u_-$, $i_+ = i_- = 0$,R_1 和 R_F 中电流相等,所以

$$\frac{u_{i1} - \frac{R_3}{R_2 + R_3}u_{i2}}{R_1} = \frac{\frac{R_3}{R_2 + R_3}u_{i2} - u_o}{R_F}, \quad (3-12)$$

得到

$$\begin{aligned} u_o &= \left(1 + \frac{R_F}{R_1}\right)\frac{R_3}{R_2 + R_3}u_{i2} - \frac{R_F}{R_1}u_{i1} \\ &= \left[\left(1 + \frac{R_F}{R_1}\right)\frac{R_3}{R_2 + R_3} - \frac{R_F}{R_1}\right]u_{ic} - \left[\left(1 + \frac{R_F}{R_1}\right)\frac{R_3}{R_2 + R_3} + \frac{R_F}{R_1}\right]\frac{u_{id}}{2} \\ &= u_{oc} + u_{od}。 \end{aligned} \quad (3-13)$$

其中,u_{oc} 是共模输出;u_{od} 是差模输出。它们的数值均由外回路电阻决定。如果选择外回路的各电阻参数,使得

$$\left(1 + \frac{R_F}{R_1}\right)\frac{R_3}{R_2 + R_3} - \frac{R_F}{R_1} = 0, \quad (3-14)$$

则无共模输出,即共模输入 u_{ic} 完全被抑制,不产生共模误差。

此外,为了补偿放大器输入平均偏置电流及其漂移的影响,外部回路电阻还应满足平衡对称要求,即

$$R_1 /\!/ R_F = R_2 /\!/ R_3。 \quad (3-15)$$

由式(3-14)和式(3-15)两项要求,得到外回路电阻的匹配条件为

$$R_1 = R_2, \quad R_F = R_3。 \quad (3-16)$$

在满足式(3-16)的电阻匹配条件下,无共模输出。由式(3-13)得到理想闭环差模增益

$$A_d = \frac{u_o}{u_{id}} = \frac{u_o}{u_{i1} - u_{i2}} = -\frac{R_F}{R_1}。 \quad (3-17)$$

由于共模增益 $A_{c1} = 0$,所以放大器的 CMRR $= \infty$。

以上是理想情况。实际上,绝对地满足式(3-16)的条件是不可能的。各个外回路电阻必然存在阻值误差,外回路不可能达到完全的对称平衡。在精确匹配电阻之后,可以使 u_{oc} 很小,然而绝对不是零。所以,放大器的 CMRR 实际上不能达到 ∞;另一方面,共模输入电压加到放大器的(-)端和(+)端,由于放大器所用的集成器件本身的共模抑制比是有限的,也会影响整个放大器的共模抑制能力。定义由外回路电阻匹配精度所限定的放大器的

共模抑制比为 $CMRR_R$，所用的集成器件本身的共模抑制比为 $CMRR_D$，那么整个放大器的共模抑制比 CMRR 将取决于 $CMRR_R$ 和 $CMRR_D$。

先分析外回路电阻匹配精度形成的共模输出 u_{oc}，由式(3-13)可知，放大器的共模增益为

$$A_{c1} = \frac{u_{oc}}{u_{ic}} = \left(1 + \frac{R_F}{R_1}\right)\frac{R_3}{R_2 + R_3} - \frac{R_F}{R_1} \tag{3-18}$$

设各电阻的匹配误差分别为

$R_1 = R_1(1 \pm \delta_1)$，$R_2 = R_2(1 \pm \delta_2)$，$R_3 = R_3(1 \pm \delta_3)$，$R_F = R_F(1 \pm \delta_F)$。

将上列各式代入式(3-18)，整理后得到

$$A_{c1} = \frac{\pm \delta_1 \mp \delta_F \mp \delta_2 \pm \delta_3 \pm \delta_1\delta_2 \mp \delta_2\delta_F}{(1 \pm \delta_1)(1 \pm \delta_3) + \frac{R_1}{R_F}(1 \pm \delta_1)(1 \pm \delta_2)}$$

因为各项误差 δ_1、δ_2、δ_3、δ_F 通常均远小于 1，所以上式可近似为

$$A_{c1} \approx \frac{\delta_1 + \delta_2 + \delta_3 + \delta_F}{1 + R_1/R_F}$$

设各误差是相等的，即 $\delta_1 = \delta_2 = \delta_3 = \delta_F = \delta$，得到

$$A_{c1} \approx \frac{4\delta}{1 + 1/A_d} \tag{3-19}$$

这样，由外电路电阻失配限定的放大器的共模抑制比为

$$CMRR_R = \frac{A_d}{A_{c1}} = \frac{1 + A_d}{4\delta} \tag{3-20}$$

式(3-20)表明，由电阻失配所造成的 $CMRR_R$ 与电阻匹配误差 δ 有关，且与放大器的闭环差模增益 A_d 有关。电阻匹配误差越小，闭环差模增益越大，放大器的共模抑制能力越大。

为了研究器件本身的共模抑制比 $CMRR_D$ 对整个放大器的 CMRR 的影响，须首先推导出由于 $CMRR_D$ 的存在所产生的共模输出电压。

由共模抑制比的定义可知，$CMRR_D$ 即放大器开环差动增益 A'_d 与共模增益 A'_c 之比，

$$CMRR_D = \frac{A'_d}{A'_c} \tag{3-21}$$

共模增益 A'_c 为共模输出电压与共模输入电压之比，即

$$A'_c = \frac{u'_{oc}}{u_{ic}}, \tag{3-22}$$

而共模输出电压 u'_{oc} 折合到放大器输入端的共模误差电压，即 u'_{ic}，为

$$u'_{ic} = \frac{u'_{oc}}{A'_d} \tag{3-23}$$

由式(3-21)、式(3-22)、式(3-23)得到

$$u'_{ic} = \frac{u_{ic}}{CMRR_D} \tag{3-24}$$

这说明共模输入电压因为转化成差模电压而形成共模干扰电压。而造成这种转化的原因，是放大器的运算放大器件本身的 $CMRR_D \neq \infty$。因此，共模输出 u_{oc} 实际上是由 $CMRR_D$ 有限

而产生的共模误差电压,折合到输入端,相当于一差模电压 u'_{ic},它与差动信号一起被放大 A_d 倍。

这样,由外回路电阻失配和器件本身的 $CMRR_D$ 有限,在放大电路输出端产生的共模误差电压总共为

$$u_{oc} = A_{c1} u_{ic} + \frac{u_{ic}}{CMRR_D} A_d \text{。} \tag{3-25}$$

其中 A_{c1} 为式(3-18)所示,A_d 为式(3-17)所示。由此放大电路的总的共模增益可表述为

$$A_c = \frac{u_{oc}}{u_{ic}} = A_{c1} + \frac{1}{CMRR_D} A_d \text{。}$$

整个放大电路的总共模抑制比

$$CMRR = \frac{A_d}{A_c} = \frac{CMRR_D \cdot CMRR_R}{CMRR_D + CMRR_R} \text{。} \tag{3-26}$$

式(3-26)表明,在同时考虑电阻失配和器件本身的 $CMRR_D$ 的影响时,放大器的总的 CMRR 将进一步下降。

例如,差动放大电路所用的 IC 器件的共模抑制比 $CMRR_D = 100\,dB$,放大电路闭环差动增益 $A_d = 20$,电阻误差 $\delta = \pm 0.1\%$。因电阻失配造成的放大器的共模抑制比

$$CMRR_R = \frac{1 + A_d}{4\delta} = 5250 = 74.4(\text{dB})\text{,}$$

放大器的总共模抑制比

$$CMRR = \frac{CMRR_D \cdot CMRR_R}{CMRR_D + CMRR_R} \approx 4.99 \times 10^3 \approx 74(\text{dB})\text{,}$$

比 IC 器件的共模抑制比小 26 dB。而当 $A_d = 1$ 时,放大电路的共模抑制比进而下降为 53.9 dB。

理论上,为了提高放大器的 CMRR,可以使外电路电阻失配造成的共模误差电压与集成器件本身产生的共模误差电压互相抵消,以使 A_c 趋近于零。但实际上,外回路电阻的阻值随温度、时间而漂移,加之 $CMRR_D$ 的非线性影响,这种补偿方法的效果是很有限的。经过精心的调整,可以获得 CMRR 比 $CMRR_R$ 高一个数量级的改进。

综上所述,差动放大电路的共模抑制能力受到放大电路的闭环增益、外电路电阻匹配精度以及放大器件本身的 $CMRR_D$ 等诸多因素的影响。在设计过程中,为实现一定的 CMRR 值,应根据被放大的信号、所采用的电路结构,予以综合考虑。

差动放大电路是生物电放大器前置级设计中通常采用的基本结构,为了提高放大器的共模抑制能力,应掌握限制共模抑制比提高的各种因素的分析方法。

作为生物电放大器前置级,必须具有高输入阻抗,图 3-2 所示的基本差动放大电路的输入阻抗是否满足生物电放大器前置级的要求?在符合匹配条件下(见式(3~16)),由 $u_+ = u_-$ 的理想状态可知,输入阻抗

$$r_i \approx 2R_1 \text{。} \tag{3-27}$$

这样,为了提高输入电阻,必须加大 R_1。但是加大 R_1,失调电流及其漂移的影响必将加剧。如果选用具有场效应输入级的运放器件来组成放大电路,由于它的失调电流及其漂移会小

些,可以采用较大的 R_1,但是这样做的结果,至少会增加输入级的噪声,降低信号质量,进而遇到高阻问题,这在低噪声设计中是不允许的。

例如 $A_d = 20$,为了满足生物电信号高阻抗特性,最低应取 $R_1 = 1\,\text{M}\Omega$(比如体表心电放大器),那么 R_F 应为 $20\,\text{M}\Omega$,呈高阻,为放大器的设计带来困难。所以 R_1 的加大是有限的。一般设计中,输入电阻只能限定在 $100\,\text{k}\Omega$ 以内。所以,这种基本差动放大电路的输入阻抗不能满足生物电放大器前置级的要求,应在电路结构上加以改进。

3.1.3 差动放大应用电路

3.1.3.1 同相并联结构的前置放大电路

上述基本差动放大电路输入电阻不够高的根本原因在于差动输入电压是从放大器同相端和反相端两侧同时加入的。如果把差动输入信号都从同相侧送入,则能大大提高电路的输入阻抗。采用如图 3-3 所示的同相输入结构,输入阻抗可高达 $10\,\text{M}\Omega$ 以上。另一种方案是,在差动放大电路前面增加一级缓冲级(同相电压跟随器),实现阻抗变换。这两种结构形式,是生物电放大器前置级经常采用的设计方案。

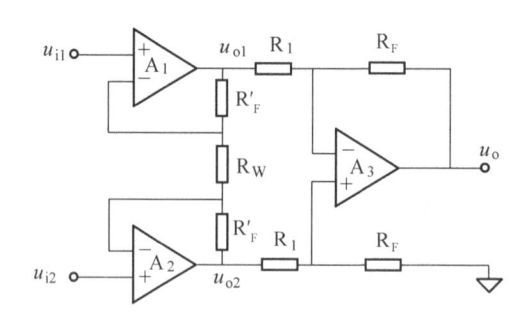

图 3-3 同相并联结构前置放大电路

A_1、A_2 组成同相并联输入第一级放大,以提高放大器的输入阻抗。A_3 为差动放大,作为放大器第二级。

设差动输入 $u_{id} = u_{i2} - u_{i1}$,第一级输出分别为 u_{o1}、u_{o2},根据 A_1、A_2、A_3 的理想特性,R'_F、R_W 中的电流相等,得到

$$\frac{u_{o2} - u_{i2}}{R'_F} = \frac{u_{i2} - u_{i1}}{R_W} = \frac{u_{i1} - u_{o1}}{R'_F},$$

从而导出

$$u_{o2} = \left(1 + \frac{R'_F}{R_W}\right)u_{i2} - \frac{R'_F}{R_W}u_{i1},$$

$$-u_{o1} = \frac{R'_F}{R_W}u_{i2} - \left(1 + \frac{R'_F}{R_W}\right)u_{i1}。$$

以上两式相加,得到第一级放大的输出电压

$$u'_o = u_{o2} - u_{o1} = \left(1 + \frac{2R'_F}{R_W}\right)(u_{i2} - u_{i1})。 \tag{3-28}$$

第一级电压增益

$$A_{d1} = 1 + \frac{2R'_F}{R_W}. \tag{3-29}$$

在第一级电压输出的表达式(3-28)中,并没有共模电压成分。与基本差动放大电路的输出电压表达式(3-13)相比,同相并联的第一级电路并不要求外回路电阻有任何形式的匹配来保证共模抑制能力,因此也就避免了电阻精确匹配的麻烦。实质上,第一级的输出回路里不产生共模电流,加在电位器 R_W 上的差动电压决定了整个电路的工作电流均如此,所以电路的共模抑制能力与外回路电阻是否匹配完全无关。与图 3-2 所示的差动放大电路相比,这种并联结构的电路能方便地实现增益的调节,大大方便了使用。第一级电路具有完全对称形式,这种对称结构有利于克服失调、漂移的影响。选择 A_1、A_2 的性能参数,使之彼此精确匹配,就可以充分发挥对称电路误差电压互相抵消的优点。利用电路结构对称、失调互补的原理,就能获得低漂移的基本方法。

进一步的分析可以看到,A_1、A_2 本身各自对共模电压的抑制能力上的差异,将造成第一级电路的 $CMRR_1$ 的降低。设 A_1、A_2 器件的共模抑制比 $CMRR_1$、$CMRR_2$ 均为有限值,则共模输入电压 u_{ic} 使 A_1 在它的输入端存在共模误差电压 $u_{ic}/CMRR_1$,使 A_2 在它的输入端存在共模误差电压 $u_{ic}/CMRR_2$,因而在第一级输出端存在共模误差的输出电压

$$u_{oc} = \left(\frac{u_{ic}}{CMRR_2} - \frac{u_{ic}}{CMRR_1}\right)A_{d1}.$$

而

$$A_{c1} = \frac{u_{oc}}{u_{ic}} = \left(\frac{1}{CMRR_2} - \frac{1}{CMRR_1}\right)A_{d1},$$

若定义第一级电路的共模抑制比为 $CMRR_{12}$,则

$$CMRR_{12} = \frac{A_{d1}}{A_{c1}} = \frac{1}{\dfrac{1}{CMRR_2} - \dfrac{1}{CMRR_1}} = \frac{CMRR_1 \cdot CMRR_2}{CMRR_1 - CMRR_2}. \tag{3-30}$$

由此可见,第一级放大电路的共模抑制能力取决于运放器件 A_1 和 A_2 本身的共模抑制比的差异。为了使第一级放大电路获得高共模抑制比,A_1、A_2 器件本身的 $CMRR_1$ 和 $CMRR_2$ 的数值是否高并不重要,重要的是它们的对称性。举两组数为例,设 $CMRR_1$ 和 $CMRR_2$ 分别为 80 dB、90 dB,则第一级放大电路的 $CMRR_{12}$ 只有 83 dB。而如果严格挑选 A_1 和 A_2,使其共模抑制比分别为 80 dB 和 80.5 dB,则第一级放大电路的 $CMRR_{12}$ 可高达160 dB。因此,实现第一级放大电路的高共模抑制比并不困难,通常可达到 100 dB 以上。

仅仅用 A_1、A_2 构成前置级是不足的。因为,不考虑这一级共模电压向差模电压的转化,A_1、A_2 的输出端就存在与输入端相同的共模电压。这样,共模电压在输出端占用了一定的工作范围,致使差动信号的有效工作范围变小。为了割断共模电压在电路中的传递,最简单、最有效的方法是在 A_1、A_2 并联电路的后面接入一级差动放大,构成如图 3-3 所示的两级放大电路。

显然,图 3-3 两级放大电路的差动增益为

$$A_d = A_{d1}A_{d2} = \left(1 + \frac{2R'_F}{R_W}\right)\frac{R_F}{R_1}. \tag{3-31}$$

不难预料,两级放大电路的总的共模抑制能力与两级单独时的共模抑制能力相比将下

降。两级放大电路的共模抑制比,由两级产生的共模误差决定。用和前面相同的分析方法,首先第一、二级各自由于共模抑制比有限,共同造成了整个放大电路的共模输出电压,应用叠加原理,放大器的总的共模输出为

$$u_{oc} = \frac{u_{ic}}{\text{CMRR}_{12}} A_d + \frac{u_{ic}}{\text{CMRR}_3} A_{d2} \circ \quad (3-32)$$

由此得到共模增益

$$A_c = \frac{u_{oc}}{u_{ic}} = A_d \left(\frac{1}{\text{CMRR}_{12}} + \frac{1}{\text{CMRR}_3} \cdot \frac{1}{A_{d1}} \right) \circ$$

这样,两级放大电路的总共模抑制比为

$$\text{CMRR} = \frac{A_d}{A_c} = \frac{A_{d1} \cdot \text{CMRR}_{12} \cdot \text{CMRR}_3}{A_{d1} \text{CMRR}_3 + \text{CMRR}_{12}} \circ \quad (3-33)$$

其中,CMRR_3仍然由式(3-20)和式(3-26)确定,CMRR_{12}由式(3-30)确定。

由式(3-33)可见,图3-3所示的同相并联差动放大电路构成生物电前置级时,其共模抑制能力取决于:A_1、A_2运放器件的CMRR_1和CMRR_2的对称程度,A_3运放器件的共模抑制比,差动放大级的闭环增益以及R_F、R_1电阻的匹配精度,同相并联的第一级差动增益等诸多因素。在严格挑选A_1和A_2器件的CMRR_1和CMRR_2参数时,第一级具有较好的对称性,因而

$$\text{CMRR}_{12} \gg A_{d1} \cdot \text{CMRR}_3, \quad (3-34)$$

这样式(3-33)近似为

$$\text{CMRR} \approx A_{d1} \cdot \text{CMRR}_3, \quad (3-35)$$

即两级放大电路的共模抑制比主要取决于第一级的差动增益和第二级的共模抑制能力。

例3-1 图3-4所示为同相并联结构的ECG前置级电路,所用器件的共模抑制比均为100dB。输入回路中两电极阻抗分别为20kΩ、23kΩ。放大器输入阻抗实际有80MΩ。放大器中所用电阻的精度$\delta = 0.1\%$,其它参数如图所示。求包括电极系统在内的放大电路的总共模抑制比。

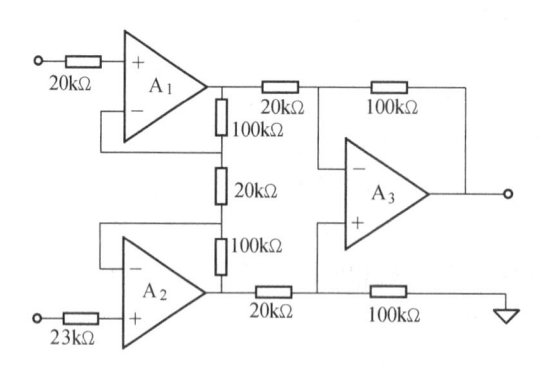

图3-4 同相并联结构的ECG前置级电路

解 电极阻抗不平衡,造成共模电压向差模电压的转化,因此共模误差电压是由输入回路、第一级、第二级放大电路共同产生的。这是一个ECG测量中的实际情况。如果严格选择所用器件,A_1、A_2的共模抑制比精密对称,则第一级的共模抑制比CMRR_{12}可视为∞,它不在输出端产生共模误差。这样,只需计算电极阻抗不平衡引起的共模输出u'_{oc}和A_3组成的

第二级共模抑制比有限产生的共模输出 u''_{oc}。

由电路图不难看出

$$u'_{oc} = \frac{\Delta Z_s}{Z_i} u_{ic} A_d, \quad u''_{oc} = \frac{u_{ic}}{\text{CMRR}_3} A_{d2},$$

其中，$A_d = A_{d1} A_{d2} = 55$。

$$\text{CMRR}_R = \frac{1 + A_{d2}}{4\delta} = \frac{1 + 5}{4 \times 10^{-3}} = 1500,$$

$$\text{CMRR}_D = 100 \text{ dB} = 10^5,$$

$$\text{CMRR}_3 = \frac{\text{CMRR}_D \cdot \text{CMRR}_R}{\text{CMRR}_D + \text{CMRR}_R} = 1478,$$

因此，

$$u_{oc} = u'_{oc} + u''_{oc} = \left(\frac{\Delta Z}{Z_i} A_d + \frac{A_{d2}}{\text{CMRR}_3}\right) u_{ic}。$$

整个电路的共模增益为

$$A_c = \frac{U_{oc}}{U_{ic}} = \frac{\Delta Z}{Z_i} A_d + \frac{A_{d2}}{\text{CMRR}_3},$$

总共模抑制比为

$$\text{CMRR} = \frac{A_d}{A_c} = \frac{1}{\frac{\Delta Z_s}{Z_i} + \frac{1}{A_{d1} \cdot \text{CMRR}_3}} \approx 10^4 = 80 \text{ dB}。$$

由于电极阻抗不平衡造成总共模抑制比下降了 4 dB。通过以上对同相并联差动电路共模抑制能力的诸限制因素的分析，得到这种结构电路作为生物电放大器前置级的设计步骤为：

(1) 器件选择。通过测量，确定共模抑制比严格对称的 A_1、A_2（通常相差不应超过 0.5 dB）和高共模抑制比参数的 A_3（通常大于 100 dB）。这样进行挑选之后，器件本身将不成为放大电路的共模抑制比的限制因素。

(2) 在影响共模抑制能力的诸因素中，第二级差动放大电路中电阻的匹配精度是主要的。典型设计中，电阻精度 δ 从 0.2% 提高到 0.1% 时，对于两级差模增益的各种不同分配，总共模抑制比都有 6 dB 的改善。（参考上题给出的参数）通常用精密电桥选择高精度、高稳定性电阻，先确定 R_1、R_2，再由 A_{d2} 的设计值确定 R'_F。最后，通过 R'_F 的调整，进一步提高精度的匹配。

(3) 前置级增益以及组成前置级的两级放大电路的增益分配，都影响总的 CMRR 值。在前置级增益确定之后，A_{d1}、A_{d2} 互相制约。但是，A_{d1} 值取得较高一些是有利于总的共模抑制能力的提高的。而 A_{d2} 相应减小，虽然会造成 CMRR_R 的下降，但对总的共模抑制比的影响相对比较小。在总的电压增益为 20 或 30 时，A_{d1} 和 A_{d2} 的不同分配，总的 CMRR 大约有 2 dB 的差异。现在已有系列集成仪器放大器 AD620、AD623 等，这种器件将三运放电路集成在一起，只需外接一个电阻，即可设置各种增益（1～1 000），CMRR 大于 90 dB，省去了三运放电路设计中烦琐的器件选择工作。

放大器各级增益的设计，实际受到低噪声性能的限制，从第 2.2 节可知，多级放大器的噪声系数 F，在第一级增益较高时，后边各级的噪声系数的影响相对减小，放大器总的噪声系数主要取决于第一级。提高第一级增益使信号质量改善,提高了信噪比。实验证明,尽可能提高第一级电压增益,有利于实现低噪声性能(参考第 3.3 节中实用生物电放大器设计)。

通过对前置级共模抑制比的实验研究可以发现,在 A_{d1} 足够大时,总的共模抑制比随 A_{d1} 的增加将十分缓慢,共模抑制比并无明显的改善。

3.1.3.2 同相串联结构的前置放大电路

为了获得高输入阻抗,并达到少用运放器件的目的,还可以采用同相串联结构形式的前置级设计。电路结构如图 3-5 所示,与同相并联差动放大电路结构相比,少用了一个运放器件。差动信号均由同相端进入,A_1 的输出 u_{o1} 和 u_{i2} 一起送入,从 A_2 获得单端输出,故称之为串联结构。

差动信号从两个运算放大器的同相端送入,从而获得很高的输入电阻。差动输入电阻近似为两个运算放大器的共模输入电阻之和。如果两个运算放大器共模输入电阻 r_c 相等,则此串联电路的差动输入电阻近似为 $r_c/2$,通常可高达几十兆欧姆,能完全满足生物电放大器的要求。

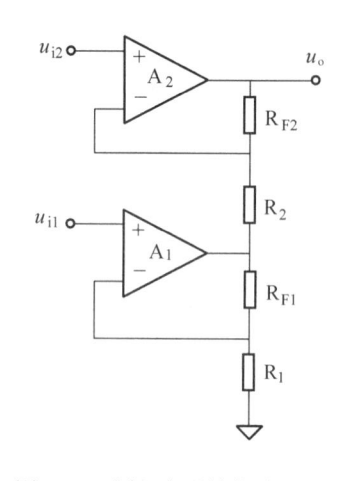

图 3-5 同相串联结构前置级

由图 3-5 所示电路可知,A_1 构成同相放大电路,它的输出电压

$$u_{o1} = \left(1 + \frac{R_{F1}}{R_1}\right)u_{i1}, \qquad (3-36)$$

又

$$\frac{u_{o1} - u_{i2}}{R_2} = \frac{u_{i2} - u_o}{R_{F2}}, \qquad (3-37)$$

合并式(3-36)和式(3-37),得到

$$u_o = \left(1 + \frac{R_{F2}}{R_2}\right)u_{i2} - \left(1 + \frac{R_{F1}}{R_1}\right)\frac{R_{F2}}{R_2}u_{i1}。$$

因为 $u_{ic} = \frac{1}{2}(u_{i1} + u_{i2})$,$u_{id} = u_{i1} - u_{i2}$,所以

$$u_o = \left(1 - \frac{R_{F1}R_{F2}}{R_1R_2}\right)u_{ic} + \frac{1}{2}\left(1 + \frac{2R_{F2}}{R_2} + \frac{R_{F1}R_{F2}}{R_1R_2}\right)u_{id}。 \qquad (3-38)$$

为了使共模增益 $\left(1 - \frac{R_{F1}R_{F2}}{R_1R_2}\right)$ 为零,外电路电阻应按下式匹配,即

$$\frac{R_1}{R_{F1}} = \frac{R_{F2}}{R_2} = \frac{R_F}{R}。 \qquad (3-39)$$

当满足上列匹配条件时,放大电路的差动闭环增益为

$$A_d = 1 + \frac{R_F}{R}。 \qquad (3-40)$$

用前面所述计算放大电路的共模抑制比的方法,分析图 3-5 所示电路的共模抑制比。

电路的共模抑制比由式(3-39)要求的匹配精度和 A_1、A_2 两运算放大器本身的共模抑制比(CMRR)决定。

设两对电阻的匹配误差分别为

$$\frac{R_1}{R_{F1}} = \frac{R_F}{R}(1 \pm \delta_1), \quad \frac{R_{F2}}{R_2} = \frac{R_F}{R}(1 \pm \delta_2)。$$

代入式(3-38),得到共模增益

$$A_c = 1 - \frac{R_{F1}}{R_1} \cdot \frac{R_{F2}}{R_2} = \frac{\pm \delta_1 \mu \delta_2}{1 \pm \delta_1}。$$

由于电阻失配误差所限定的共模抑制比为

$$\text{CMRR}_R = \frac{A_d}{A_c} = \frac{\left(1 + \frac{R_F}{R}\right)(1 \pm \delta_1)}{\pm \delta_1 \mu \delta_2}。$$

因为 $\delta_1 \ll 1$,并取 $\delta_1 = \delta_2$,得到

$$\text{CMRR}_R \approx \frac{A_d}{2\delta}。 \tag{3-41}$$

和同相并联结构类似,为了减小电阻失配引起的共模误差,提高闭环增益是十分有意义的。

电路的总的共模抑制能力,类似地也是由运放器件 A_1、A_2 的共模抑制比 CMRR_1、CMRR_2 与外回路电阻匹配误差形成的 CMRR_R 共同决定的。仔细考查电路的结构,可以看到,共模电压同时加在两个运放 A_1、A_2 的同相端,由于 A_2 的反相作用,运放 A_1 同相端的共模电压经放大后,在输出端形成的误差电压的极性,恰与 A_2 同相端的共模电压经放大后在输出端形成的误差电压的极性相反,两者可以抵消。理论上可以证明,若 $\text{CMRR}_1 = \text{CMRR}_2$,且满足式(3-39),则两运放共模增益产生的误差电压可完全抵消。

应用前面所述计算共模抑制比的方法,分别列出 A_1、A_2 本身的共模抑制比有限和电阻失配共同造成的共模输出电压,A_1 的 CMRR_1 有限产生的共模输出,经过同相放大,在 A_1 的输出端形成的共模电压为

$$\frac{u_{ic}}{\text{CMRR}_1}\left(1 + \frac{R_{F1}}{R_1}\right)。$$

A_2 将此共模电压进一步放大 $\left(-\frac{R_{F2}}{R_2}\right)$ 倍,A_2 的输出(即放大电路的共模输出)为

$$\frac{u_{ic}}{\text{CMRR}_1}\left(1 + \frac{R_{F1}}{R_1}\right)\left(-\frac{R_{F2}}{R_2}\right)。$$

用式(3-39)代入上式,得

$$\frac{u_{ic}}{\text{CMRR}_1}\left(-\frac{R_F}{R} - 1\right) = \frac{u_{ic}}{\text{CMRR}_1}(-A_d)。 \tag{3-42}$$

同理,A_2 在其输出端产生的共模电压

$$\frac{u_{ic}}{\text{CMRR}_2}\left(1 + \frac{R_{F2}}{R_2}\right) = \frac{u_{ic}}{\text{CMRR}_2}A_d。 \tag{3-43}$$

电阻失配产生的共模输出为

$$\frac{u_{ic}}{\text{CMRR}_R}A_d \text{。} \tag{3-44}$$

把式(3-42)~式(3-44)项输出端的共模电压叠加,整理之后得到共模增益

$$A_c = \frac{u_{oc}}{u_{ic}} = A_d\left(\frac{1}{\text{CMRR}_2} - \frac{1}{\text{CMRR}_1} + \frac{1}{\text{CMRR}_R}\right)\text{。} \tag{3-45}$$

由此,放大电路的总共模抑制比为

$$\text{CMRR} = \frac{A_d}{A_c} = \frac{\text{CMRR}_1 \cdot \text{CMRR}_2 \cdot \text{CMRR}_R}{\text{CMRR}_1 \cdot \text{CMRR}_2 + \text{CMRR}_R(\text{CMRR}_2 - \text{CMRR}_1)}\text{。} \tag{3-46}$$

由式(3-46)可知,同相串联结构的放大电路共模抑制能力的提高,取决于所用的器件 A_1、A_2 本身的共模抑制比是否相等,并且受外回路电阻的匹配精度的影响。前者只要注意,是容易实现的,所以实际上放大电路的 CMRR 将最终取决于电阻的匹配精度。

在人体所携带的共模电压得到较好的抑制时,采用缓冲级与差动放大相串接,也是经常被选用的前置级设计方案。如图 3-6 所示,差动放大器 A_3 的两输入端设置 A_1、A_2 缓冲级的前置级。因为是同相输入,前置级的输入阻抗能满足生物信号源的要求。设 A_1、A_2 的共模抑制比分别为 CMRR_1、CMRR_2,差动级的共模抑制比为 CMRR_3,则不难导出前置级的总共模抑制比

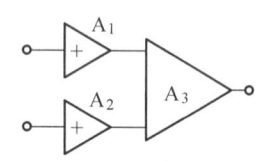

图 3-6 缓冲级与差动放大构成前置级

$$\text{CMRR} = \frac{A_d}{A_c} = \frac{\text{CMRR}_1 \cdot \text{CMRR}_2 \cdot \text{CMRR}_3}{\text{CMRR}_1 \cdot \text{CMRR}_2 + \text{CMRR}_3(\text{CMRR}_1 - \text{CMRR}_2)}\text{。} \tag{3-47}$$

提高放大电路的共模抑制能力的常规措施仍然是使 A_1、A_2 的共模抑制比相等,并尽可能提高差动级的电阻匹配精度。通常,在严格挑选 A_1、A_2 器件的参数对称相等的条件下,主要工作就是尽可能地提高差动放大级的共模抑制能力。如前所述,一方面选择高共模抑制比的 A_3 器件,另一方面精确匹配差动放大器的外回路电阻,以提高 CMRR_R,前置级增益只由差动放大级提供,适当提高差动级的闭环增益,有利于提高差动级的共模抑制比,同时,根据低噪声设计原则,有利于改善信号质量,以获得较好的低噪声性能。

3.1.3.3 由专用仪器放大器构成的前置放大器

从前面所述内容可以看出,三运放结构的前置放大器的性能参数与构成三运放结构的运放本身性能参数匹配以及外围电阻的匹配精度等有直接关系,因此器件的挑选很繁杂,现在由于模拟集成技术的飞速发展,大规模专用仪表放大器应运而生。在生理前置放大电路的前端,几乎都可直接采用专用仪用运算放大器(如 INA118、AD620 等)。下面以 AD 公司的 AD620 为例介绍仪器放大器的基本知识。

AD620 为一个低成本、高精度的单片仪器放大器,为 8 脚 SOIC 塑封或者 DIP 封装,外形如图 3-7 所示。AD620 是一种只用一个外部电阻就能设置放大倍数为 1~1 000 的低功耗、高精度仪表放大器。尽管 AD620 由传统的三运算放大器发展而成,但一些主要性能却优于三运算放大器构成的仪表放大器,如电源范围宽(±2.3~±18 V),设计体积小,功耗非常低(最大供电电流仅

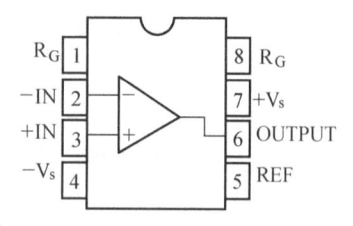

图 3-7 AD620 外形图

1.3 mA),因而适用于低电压、低功耗的应用场合。

AD620 内部结构见图 3-8,它的单片结构和激光晶体调整,允许电路元件紧密匹配和跟踪,从而保证电路固有的高性能。AD620 为三运放集成的仪表放大器结构,为保护增益控制的高精度,其输入端的三极管提供简单的差分双极输入,并采用超 β 工艺获得更低的输入偏置电流,通过输入级内部 $V_1-A_1-R_1$ 和 $V_2-A_2-R_2$ 环路的反馈,保持输入三极管的集电极电流恒定,所以输入电压相当于加到外部增益控制电阻 R_G 两端上。AD620 的两个内部增益电阻 R_1、R_2 被精确确定为 24.7 kΩ,因而增益方程式为

$$G = \frac{49.4\,\text{k}\Omega}{R_G} + 1。$$

对于所需的增益,则外部控制电阻值为

$$R_G = \frac{49.4}{G-1}\text{k}\Omega。$$

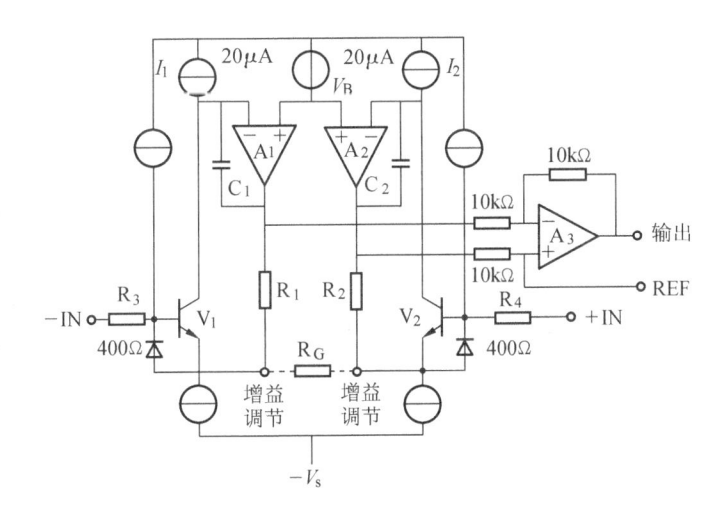

图 3-8 AD620 内部结构

集成仪器放大器的技术参数选择在前置放大电路设计中起着决定性的作用。在这些参数中关键的几个是:输入阻抗、共模抑制比、偏置电流、输入失调电压及输入噪声。

1. 输入阻抗

输入阻抗有差分输入阻抗和共模输入阻抗之分,通常多指前者。AD620 的输入阻抗通常是在室温 25℃时仅用运算放大器两输入端之间的阻抗,一般指的都是动态情况,应说明在两个输入端间并联的电容值。该参数为 10 GΩ∥2 pF。

2. 共模抑制比

仪用运算放大器在对共模抑制比 CMRR 的定义中通常是取平均值,若考虑温度变化等因素会有变异发生,另外,通常标明的是低频条件。随着频率的增高,CMRR 会有所减小。如 AD620 定义的条件是:频率 DC 至 60 Hz,信号源阻抗为 1 kΩ,CMRR 在不同放大增益时的值也不相同,如表 3-2 所示。

表 3-2　AD620 的共模抑制比

增益 G	CMRR/dB
$G = 1$	90
$G = 10$	110
$G = 100$	130
$G = 1000$	130

3. 偏置电流

从仪用运算放大器的两个输入端到地有一个小的偏置电流（直流）。在分立元件组成的运算放大器中，双结型晶体管的输入偏置电流与基极电流相同，约为 0.01 μA；而场效应管输入级的偏置电流要小得多，通常低于 0.01 pA。对于高输入阻抗、低幅度生理信号，仪用运算放大器的偏置电流参数值的选择十分重要，常易被设计者所忽略。仪用运算放大器 AD620 该参数为 0.5 nA，最大为 2 nA。

4. 输入失调电压

一般仪用运算放大器两个输入端电压差为零（两输入端短接并接地）时，其输出都不为零。如果在任意一个输入端加上一个大小和方向合适的直流电压，便可人为地使输出为零。这个外加的直流电压，便是仪用运放的失调电压。在环境等因素影响下，该参数并非一个固定值。AD620 该参数最大值可达 125 μV。

5. 输入噪声

输入噪声分电压噪声和电流噪声两种，在低频范围（生理信号在此范围）发生的 $1/f$ 噪声，常常引起运放工作点的长期漂移；电阻、半导体结间噪声除受温度影响外，还随工作频率变化而变化。通常对于 0.01～1 Hz（或 0.1～10 Hz）的噪声按峰-峰值定义，而一般频带噪声按均方根定义，也有用功率谱密度图或针对具体频率的"点噪声"，单位为 $nV/\sqrt{Hz}$、$pA/\sqrt{Hz}$。仪用运算放大器 AD620 工作频率 1 kHz 时输入电压噪声为 $9 nV/\sqrt{Hz}$；在 0.1～10 Hz 工作频段输入电流噪声的峰-峰值为 10 pA。

3.1.3.4　AD620 构成的常用生理参数前置放大电路

AD620 由于具有体积小、功耗低、噪声小及供电电源范围广等特点，特别适宜应用到诸如传感器接口、心电图监测仪、精密电压电流转换等场合。

1. 压力传感器电路

AD620 特别适用于较高电阻值、较低电源电压的压力传感器电路设计。AD620 的体积小、功耗低成为压力传感器的重要因素，图 3-9 所示为由 AD620 构成的压力检测电路，其中压力传感器电桥的桥臂电阻为 3 kΩ，激励源电压为 +5 V。在这样一个电路中，电桥功耗仅为 1.7 mA，AD620 和 AD705 缓冲电压驱动器对信号进行调节，使总供电电流仅为 3.8 mA，同时该电路产生的噪声和漂移也极低。

2. 心电监测电路

心电监测电路是心电放大和右腿驱动的综合运用，请参见本节后面"右腿驱动技术"部分。

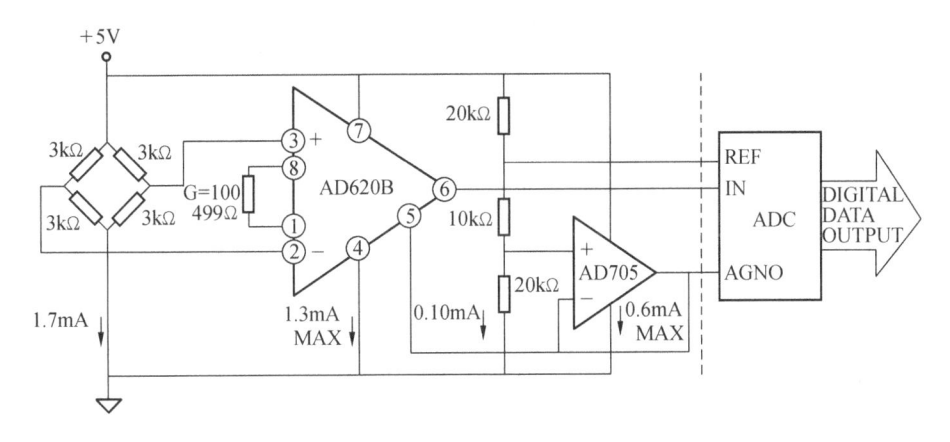

图 3-9 由 AD620 构成的压力检测电路

3.1.4 前置级共模抑制能力的提高

除了上述正确设计电路参数以提高共模抑制比以外,还可以通过电路技术,使放大器获得更高的共模抑制能力,这样也相对降低了对器件参数的苛刻要求。

3.1.4.1 屏蔽驱动

从与人体相接触的电极到测量系统,通常有大于 1m 的距离。例如 ECG、EEG 体表电极到前置放大器之间有数根约 1m 的导联引线。导联引线用屏蔽电缆,这样,信号通过电缆传输时,在信号线(芯线)和电缆屏蔽层之间将存在可观的分布电容。屏蔽层接地时,分布电容变为放大器输入端对地的寄生电容 C_1、C_2,如图 3-10 所示。实际上,两根导联线的分布电容不可能完全相等,加之电极阻抗 R_s 的不平衡,则 $R_{s1}C_1 \neq R_{s2}C_2$,从而造成共模电压的不等量的衰减,使放大器的 CMRR 下降。

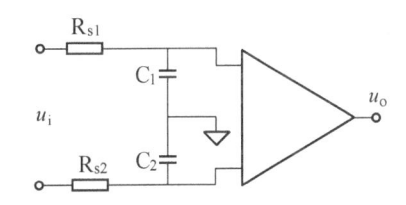

图 3-10 导联线分布电容的影响

我们已经知道,对于共模电压在输入端造成的差模转化,即使放大器的共模抑制比为无穷大,也必将产生共模误差输出。实质上,是由于这种阻抗的不对称,导致了包括输入回路在内的整个放大系统的共模抑制能力降低。

消除屏蔽层电容的不良影响其实是很容易设想的。使屏蔽层电容不起衰减作用的措施就能够消除屏蔽层电容的影响。例如,导联线的屏蔽层不予接地,而接到与共模输入信号相等的电位点上,则共模电压就能不衰减地传送到差动放大

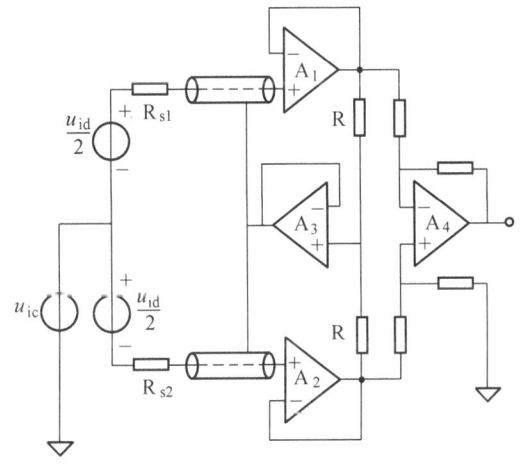

图 3-11 屏蔽驱动电路

器输入端,从而不会产生共模量不等量衰减形成的共模误差。从这个观点出发,取出放大电路的共模电压用以驱动屏蔽层,使分布电容 C_1、C_2 的端电压保持不变,即 C_1、C_2 对共模电压不产生分流,产生在共模电压作用下电缆屏蔽层分布电容不复存在的等效效果。图 3 – 11 所示为共模电压驱动电线引线屏蔽层的一种电路设计。A_1、A_2 构成缓冲级,其输出分别为 $\left(u_{ic}+\frac{1}{2}u_{id}\right)$、$\left(u_{ic}-\frac{1}{2}u_{id}\right)$。用一个简单的电阻网络 R – R 接在 A_1、A_2 的输出端,在此网络的中点取出 A_1、A_2 输出电压的平均值,这一平均电压即等于 u_{ic},经过缓冲放大器 A_3 驱动屏蔽层,从而消除共模电压由 C_1、C_2 引起的不均衡衰减。

屏蔽驱动电路的目的是使引线屏蔽层分布电容的两端电压保持相等。为达到这一目的,实际有各种电路设计方案。

3.1.4.2 右腿驱动技术

减少位移电流的干扰也可采用右腿驱动电路,如图 3 – 12 所示。从图中可以看到右腿这时不直接接地,而是接到辅助放大器 A_3 的输出。从两只 R_a 电阻结点检出共模电压,它经辅助的反相放大器放大后,再通过 R_0 电阻反馈到右腿。人体的位移电流这时不再流入地,而是流向 R_0 和辅助放大器的输出。R_0 在这里起安全保护作用,当病人和地之间出现很高电压时,辅助放大器 A_3 饱和,右腿驱动电路不起作用,A_3 等效于接地,因此 R_0 电阻这时就起限流保护作用,其值一般取 5 MΩ。

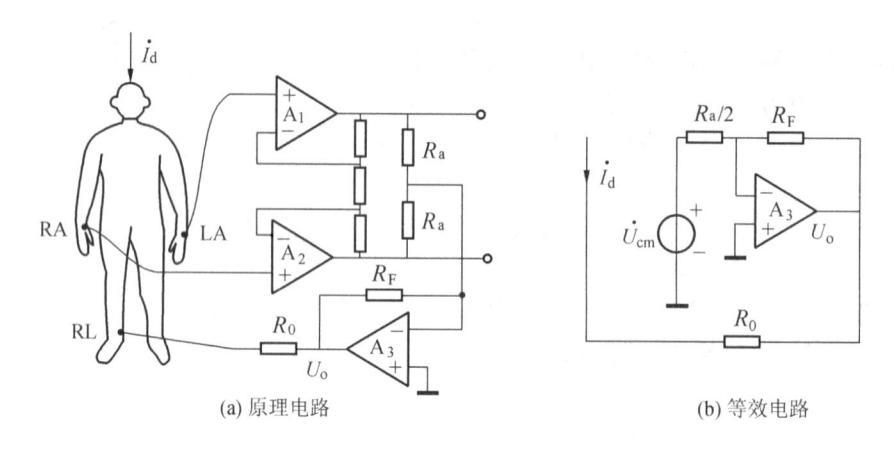

(a) 原理电路   (b) 等效电路

图 3 – 12 右腿驱动电路

从图 3 – 12b 所示等效电路可以求出辅助放大器不饱和时的共模电压。高阻输入级的共模增益为 1,故辅助放大器 A_3 的反相端输入为

$$\frac{2U_{cm}}{R_a} + \frac{U_o}{R_F} = 0,$$

由此得

$$U_o = -\frac{2R_F}{R_a}U_{cm}。$$

因为 $U_{cm} = R_0 I_d + U_o$,将上式代入,得 $U_{cm} = \dfrac{R_0 I_d}{1+\dfrac{2R_F}{R_a}}$。

由此可见,若要使$|U_{cm}|$尽可能小,即I_d在等效电阻$R_0/(1+2R_F/R_a)$上压降小,可以增大$2R_F/R_a$值。由于R_0在U_{cm}大时,必须起保护作用,所以其值较大。这样就要求辅助放大器必须具有在微电流下工作的能力,R_F可选较大值。如果选$R_F=R_0=5\text{M}\Omega$,R_a典型值为$25\text{k}\Omega$,则等效电阻为$12.5\text{k}\Omega$。若位移电流$|I_d|=0.2\mu\text{A}$,共模电压为

$$|U_{cm}|=0.2\times10^{-6}\text{A}\times12.5\text{k}\Omega=2.5\text{mV}。$$

由 AD620 构成的带右腿驱动电路的实际心电监测电路如图 3-13 所示。

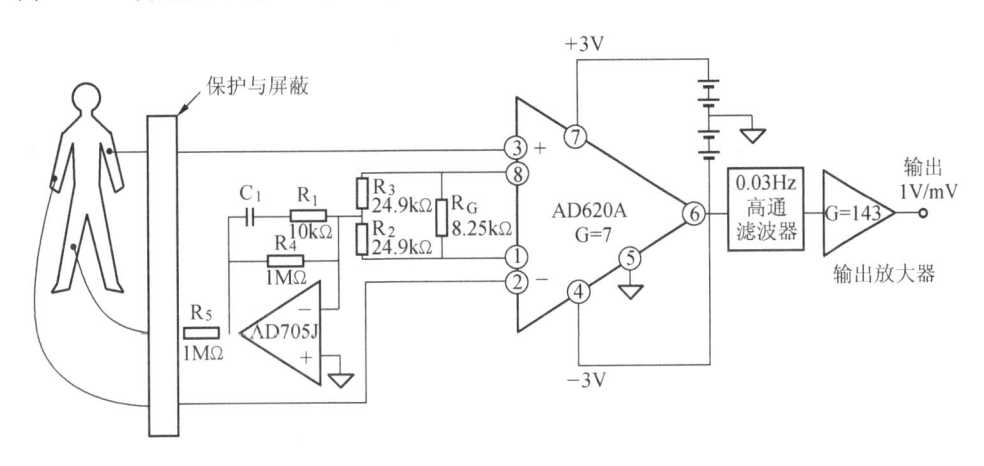

图 3-13 AD620 构成的带右腿驱动电路的实际心电监测电路

3.2 隔离级设计

为了人体安全,通常的生物电信号测量技术采用浮地形式,以便实现人体与电气的隔离。所谓浮地(或浮置),即信号在传递的过程中,不是利用一个公共的接地点逐级地往下面传送,如我们所熟知的阻容耦合、直接耦合等,而是利用诸如电磁耦合或光电耦合等隔离技术。信号从浮地部分传递到接地部分,两部分之间没有电路上的直接联系,通过地线构成的漏电流完全被抑制。因此,不但保障了人体的绝对安全,而且消除了地线中的干扰电流。

浮地为浮置部分电路的等电位点,用符号"▽"表示,以便和接地部分的地符号"⊥"相区别。浮置部分由浮置电源供电,接地部分由工频市电供电(接地电源),构成两个独立的供电系统,如图 3-14 所示。在第 3.3 节中将看到,浮置放大器使其共模抑制比进一步提高。

实现电气隔离,即隔离级设计,有两种方案。一是通过电磁耦合,经变压器传递信号;一是通过光电耦合,用光电器件传递信号。后者是目前采用最多的方案,具有广阔的发展前途。本节主要介绍光电耦合隔离级设计。

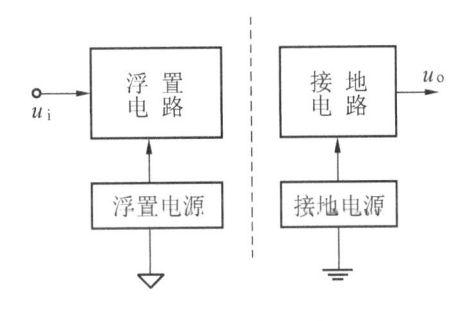

图 3-14 电气隔离

3.2.1 光电耦合

光电耦合器件具有重量轻、应用电路结构简单、成本低廉等突出的优点,在生物医学电子技术中得到广泛的应用。它具有良好的线性和一定的转换速度,既可以作为模拟信号的转换,也可以作为数字信号的转换。光电器件受到欢迎的另一个原因是它能实现与TTL电路的兼容性设计。双列直插封装的光电耦合器件可以由TTL集成电路直接驱动,反过来也可以直接驱动TTL集成电路。接口电路简单、方便。

由PN结构成的光电耦合器件含有一个作为发送辐射部件的发光二极管和一个作为辐射探测器的光电二极管或光电晶体管(包括达林顿晶体管),如图3-15所示,分别称为光电二极管耦合和光电晶体管耦合。器件的电流转移系数或电流变换比可以从有关的资料中查阅。光电晶体管按照晶体管的电流增益来放大光电二极管的电流,具有0.1~0.5的电流转移系数。为了提高电流转移系数,改用达林顿晶体管形式,构成达林顿光电晶体管,可以获得1~10的电流转移系数。光电耦合器件的工作频率,受光电晶体管基极和集电极之间的电容的影响,不加补偿改进的简单应用电路的频率上限为100 kHz,而光电二极管耦合器可以获得1 MHz的工作频率。

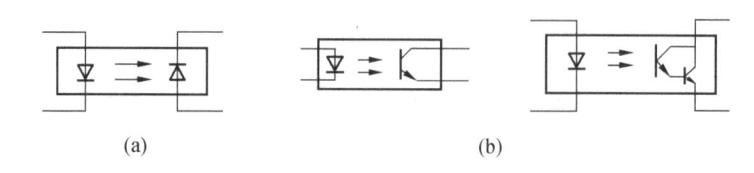

图3-15 光电耦合器件

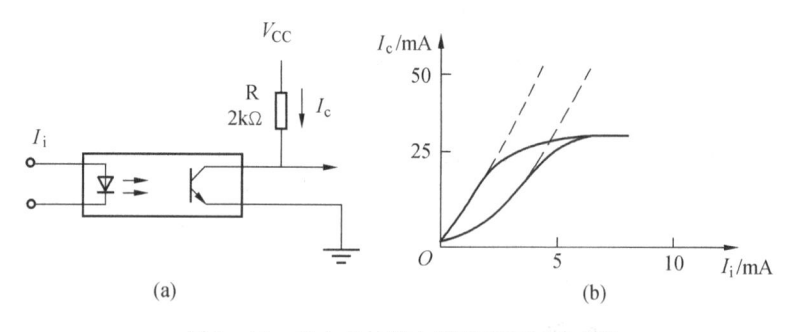

图3-16 光电晶体管电路及转移特性曲线

用于模拟信号的耦合转换,首先要求光电耦合器件具有很好的线性特性,图3-16b所示为某光电晶体管的转移特性曲线。图中虚线表示不加负载时的输入、输出电流特性。光电耦合器件种类繁多,不同的光电耦合器件有各种不同结构的应用电路。图3-17所示为日本生产的ECG-6511前置放大光电耦合级电路,所用的光电耦合器件为光电池二极管耦合器,其中D_B和D_C为光电池。光电池在短路时其短路电流和光照近似为正比例关系。在发光二极管D_A有电流通过而发光时,D_B、D_C中产生反向电流。光电器件实际是电流控制器件,为了使其工作在线性动态范围,须首先提供合适的静态参数。如图3-17所示,A_1为耦合驱动级,在输入信号为零的初始状态,$I_i=0$,A点为虚地点,B点呈负电位,有

$$U_B = -6.9 \times \frac{47 /\!/ 3.9}{12 + 47 /\!/ 3.9} = -1.58(\text{V})。$$

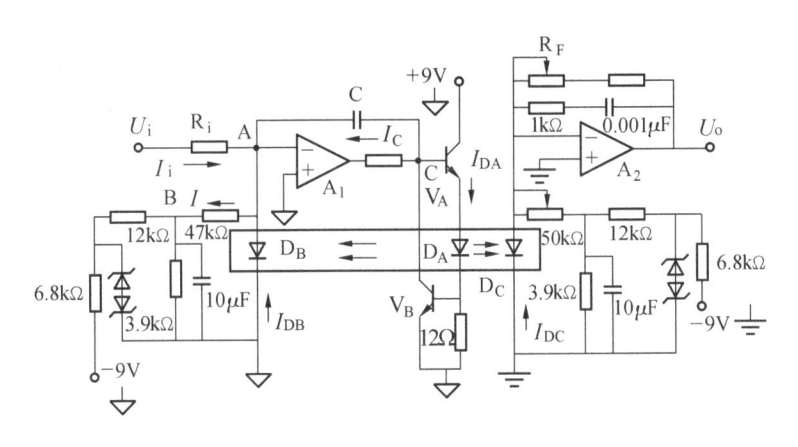

图 3-17 ECG-6511 前置放大光电耦合级电路

流过 47 kΩ 电阻上的电流 I 为一恒定电流,从 A 点流出,电容 C 以电流 I_C 充电,使 C 点电位升高,从而导致三极管 V_A 导通,产生 I_{DA},发光二极管 D_A 发光,光电池 D_B 受光照后,产生反向电流 I_{DB} 流入 A 点,当 $I_{DB} = I$ 时,电容 C 的充电电流为 0,C 点电位保持恒定,发光二极管 D_A 和光电池 D_B 中的电流达一稳定值 I_{DA0}、I_{DB0},即光电器件的静态值。与上述过程相同,I_{DA0} 导致的 I_{DC0} 亦有 $I_{DC0} = I$,调整 50 kΩ 电位器,使 $U_o = 0$,至此静态工作参数被确定。

当传输信号到来时,假设 A_1 的输入为 $U_i > 0$,则有 I_i 注入 A 点,从而导致 U_C 下降,使 I_{DA} 减小,发光二极管 D_A 发光强度变弱,继而 $|I_{DB}|$ 减低。当 $\Delta I_i = |\Delta I_{DB}|$ 时,$I_C = 0$(电容 C 的反充电电流),达到某一动态的平衡稳定状态。与此过程同时,$|\Delta I_{DC}| = |\Delta I_{DB}| = \Delta I_i$,耦合输出级的输出为

$$\Delta U_o = \Delta I_{DC} R_F = \Delta I_i R_F,$$

而
$$\Delta U_i = \Delta I_i R_i,$$

所以通过光电耦合的电压转换比率为

$$\frac{\Delta U_o}{\Delta U_i} = \frac{R_F}{R_i}。 \tag{3-48}$$

转移过程的线性度取决于光电器件 D_A、D_B、D_C 的特性,尤其是 D_B 和 D_C 的对称性。为了提高线性度,D_B 和 D_C 的偏置电路参数也应保持对称。

电路中 A_2 的负反馈支路的 1 kΩ 电阻和 0.001 μF 电容构成高频负反馈网络。经过光电耦合后的生物电信号中,由于光的频谱很宽而增加的大量的高频干扰成分在高频负反馈网络作用下即可被滤除干净。

晶体管 V_B 和 12 Ω 电阻组成光电耦合器的过流保护电路。驱动电流过大使 12 Ω 电阻上的压降超过 0.7 V 时,V_B 导通,将 V_A 基极电流对地短路,从而使流过发光二极管 D_A 的电流不超过其额定值。这种电路,具有良好的过流保护作用。

上述为一种实用的耦合级电路,但是它所用的光电耦合器件在国内不易获得,而且晶体管 V_A 本身的非线性特性更增加了整个耦合级的非线性。下面推荐一种更加实用、合理的耦合级电路。

图 3-18 所示为互补方式光电耦合电路，选用国内市场广泛出售的光电晶体管耦合器 T117。它利用两个光电器件特性的对称性提高耦合级电路的线性度。PH_1 和 PH_2 是经过严格挑选的特性对称的两个光电耦合器，运放 A_1 和运放 A_2 工作在线性状态。A_1 通过 PH_1 形成负反馈。PH_1、PH_2 的电流转移系数分别是 β_1 和 β_2，在静态时，根据运算放大器的理想特性及电路的结构可知，$\Delta I_i = \Delta I_1$，电容 C 中的电流为 0。当信号 u_i 到达平衡时（$\Delta I_c = 0$）不难导出

$$\Delta I_1 = \Delta I_i = U_i / R_i, \quad \Delta I_1 = \beta_1 \Delta I_D。$$

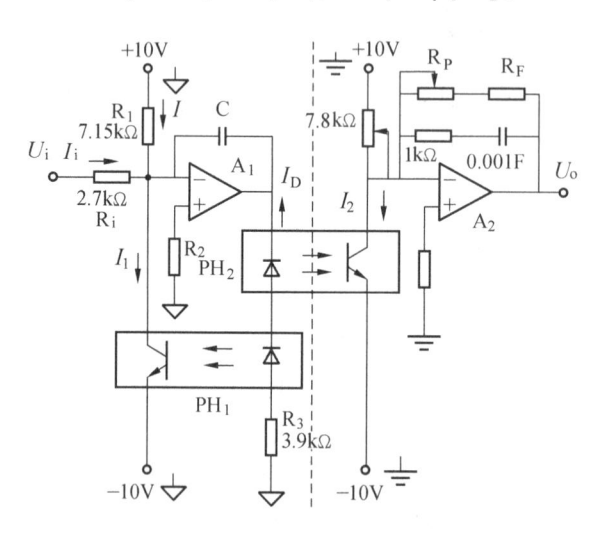

图 3-18 互补方式光电耦合电路

相应地，耦合输出级 A_2 有 $\Delta I_2 = \beta_2 \Delta I_D = \Delta I_F$，输出

$$\Delta U_o = R_F \Delta I_F。$$

由于 PH_1 和 PH_2 特性对称，对应某确定的 I_D 值，$\beta_1 = \beta_2$，所以

$$\Delta U_o = \frac{R_F}{R_i} \Delta U_i。$$

R_F / R_i 为电路的电压转换比率。

在电路设计中，R_3 和 C 的设置是重要的，其作用是改善电路的稳定性和频率特性。光电耦合器件的工作速度远远低于运放器件的工作速度，在 A_1 进入工作的瞬间，A_1 由光电耦合形成的负反馈环路是断开的，负反馈过程来不及建立，造成 A_1 输出端电压的过冲。在负反馈环内引入 R_3 之后，反馈系数变小，从而增加了电路的稳定性。电容 C 的引入，为 A_1 提供了一个快速反馈环节。

这样，A_1 组成的浮地部分通过电容 C 和光电耦合器件 PH_1 构成两条反馈支路。假定 PH_1 在选定的静态电流下具有良好的线性，且 PH_1、PH_2 均具有 β 的电流增益。用 $\tau_p = R_p C_p$ 表示 PH_1 实际存在的时间常数，A_1 的输出 U_A 通过 R_3 变为电流，用变换系数为 β / R_3 的电压电流变换表示，则等效电路如图 3-19a 所示。对阶跃信号的响应分析如下：

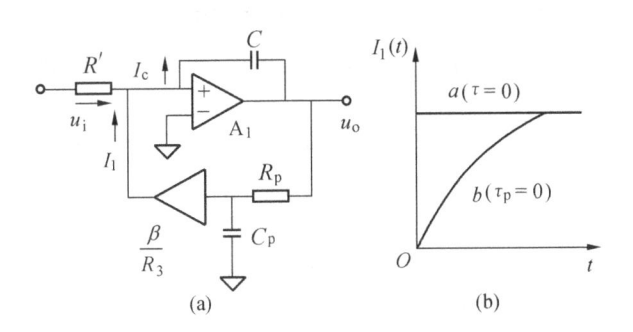

图 3-19 光电耦合级等效电路及转移速度

由图 3-19a 的等效电路,用 s 参数计算:

$$I_C(s) = \frac{U_i(s)}{R'} + I_1(s), \quad R' = R_1 /\!/ R_i,$$

$$U_A(s) = -I_c(s)\frac{1}{sC}, \quad I_1(s) = \frac{-1}{s\tau_p + 1} \cdot \frac{\beta U_A(s)}{R_3}。$$

由此联立方程,解出 $I_1(s)$

$$I_1(s) = \frac{U_i(s)}{s^2\tau_p\tau R'_3 + sR'_3\tau - R'} = \frac{U_i(s)}{(s-s_1)(s-s_2)}。$$

其中 $\tau = R'C$,$R'_3 = R_3/\beta$,

$$s_{1,2} = \frac{-R_3\tau \pm \sqrt{(R'_3\tau)^2 - 4\tau_p\tau R'_3 R'}}{2\tau_p\tau R'_3}。$$

由 $I_1(s)$ 表示式可粗略看出,若 $\tau \ll \tau_p$,例如设 $C=0$,则 $I_1(s) = U_i(s)/(-R')$,如图 3-19b 中曲线 a,呈现阶跃响应。若 $\tau \gg \tau_p$,例如假设 $\tau_p = 0$,则

$$I_1(s) = \frac{U_i(s)}{R_3\tau(s - R'/R_3\tau)}。$$

即 $I_1(t)$ 呈现指数上升的图 3-19b 中曲线 b 的形式。适当选择参数 C、R_3,$I_1(t)$ 在曲线 a、曲线 b 之间。

R_3 和 C 的设计对电路的性能有很大影响,$R_3 C$ 值过大,则电路的频带上限降低;$R_3 C$ 值过小,则电路的稳定性变差,图 3-18 所示互补方式光电耦合电路的参数设计(PH_1、PH_2 为 T117)如下:

①静态工作电流 I_1 的设计值取 $1 \sim 2\,\text{mA}$,在其动态范围之内,I_1 值较大时,噪声明显增加;

②R_3 取值应满足

$$\frac{I_{1\max}}{\beta}R_3 + 2U_D < U_C,$$

式中,U_D 为发光二极管导通电压;

在最大输入信号下,R_3 的值应符合运放 A_1 的动态范围;

③$R_i \approx \frac{1}{2}U_{i\max}/(I_1 - 0.5\,\text{mA})$;

④C 通常取 $1500\,\text{pF}$ 左右;

⑤ R_F 由 R_i 和所要求的电压转换比确定,见式(3-48)。

图 3-18 互补方式光电耦合电路的频带平坦区可达 $0\sim40\text{kHz}$,能完全满足生物电信号的模拟量耦合的要求,线性度可达到 0.1% 以上。

互补方式光电耦合电路的优点在于,它能够通过选择芯片的对称性提高电路的线性度。

实现隔离的另一种可取的方案是在经过 A/D 变换之后,对量化的数字信号进行光电耦合,如图 3-20 所示。对耦合级的要求,主要是提高转换速度,展宽光电耦合级的频带;而相应线性度方面的要求已不是主要的矛盾。这种方案所带来的问题是隔离级之前的浮地电源的负载加重,并且所用的光电耦合器件数随 A/D 的精度提高而增加。如对 12 位的 A/D,需设置 12 个光电耦合器件,电路结构较复杂,用的器件多。

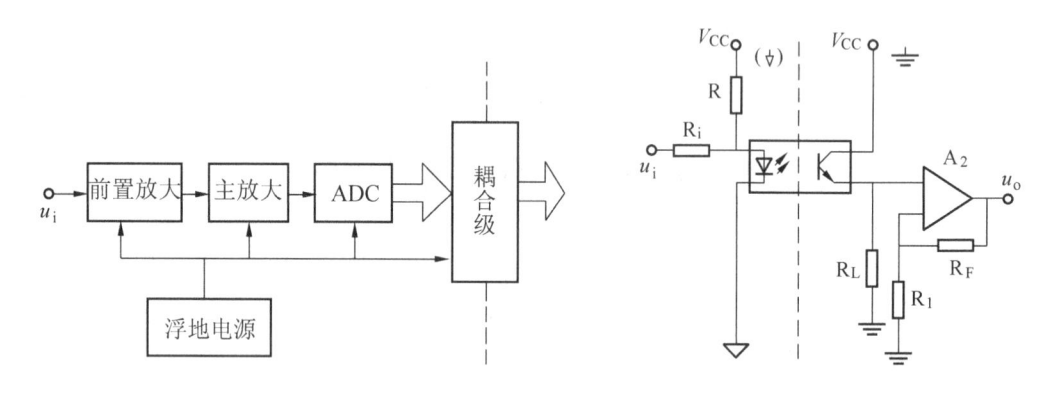

图 3-20　数字信号光电耦合　　　　图 3-21　单级光电耦合

数字信号的光电耦合级可以采用简单的单级耦合电路,如图 3-21 所示。浮地电源通过 R 为发光二极管提供静态工作电流,使光电耦合器工作在线性区。光电三极管中的信号电流经 R_L 送入同相放大器 A_2,作为耦合输出。R_L 与光电耦合器件的结电容形成的时间常数 τ_p,将影响耦合级的工作速度。当 R_L 增大时,频率响应变差。R_L 的阻值为几百欧姆,用光电晶体管 4N38 或 T117 可以获得 $70\sim80\text{kHz}$ 的高频(-3 dB)截止频率。如果尚不能满足要求,可以由频率补偿的方法,通过 A_2 实现高频提升。

在前置级隔离设计中也可直接采用内部带有光电隔离的仪用放大器(如 BURR-BROWN 3650/3652),有关原理见图 3-22,图中使用了匹配的光敏二极管 D_3(输入端)和 D_2(输出端),这样可以大大减小非线性和时间-温度的漂移。运放 A_1、发光二极管 D_1 和光

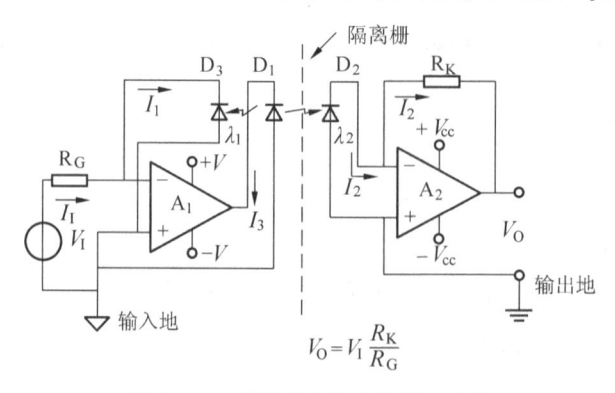

图 3-22　线性隔离放大器等效电路

敏二极管 D_3 用来形成负反馈，使得 $I_1 = I_1'$，图中 R_G 用来调整增益。因为 D_2 和 D_3 严格匹配，它们从发光二极管 D_1 接收到的光量是完全相等的（假设 $\lambda_1 = \lambda_2$），$I_2 = I_1 = I_1'$，放大器 A_2 用来完成电流-电压转换，则 $V_O = I_2 R_K$，R_K 是内部校准好的 $1\,M\Omega$ 电阻，因此总的传输函数为

$$V_O = V_I \frac{10^6}{R_G} \quad (R_G \text{ 的单位为 } \Omega)。$$

集成光电隔离仪用放大器在生理参数测量中的应用见图 3-23，电源采用 DC/DC 隔离。在图 3-23 中描述隔离特性的参数是隔离耐压值，其中 3 kV 表示放大器每一个输入端和输入地之间应能经受幅度 3 kV、宽度为 10 ms 的脉冲电压的测试，在两个输入端之间能经受幅度 6 kV、宽度为 10 ms 的脉冲电压的测试。隔离栅应能经受峰-峰值 5 000 V 连续高压的测试。

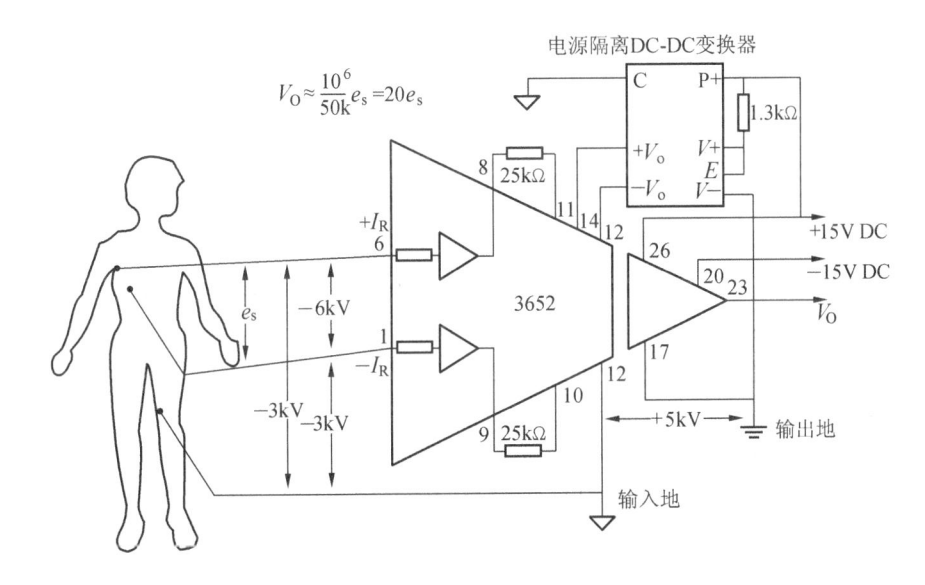

图 3-23　集成光电隔离仪用放大器在生理参数测量中的应用（ECG、EMG 前置放大器）

3.2.2　电磁耦合

实现隔离的另外一种方法是采用电磁耦合，即变压器耦合。这是发展较早、技术较成熟的耦合技术。但是，与光电耦合方式相比较，它工艺复杂，成本高，体积大，应用不便。

信号的电磁耦合原理框图如图 3-24 所示。因为变压器不可能传递低频、直流信号，所以必须首先通过调制电路，把低频信号调制在高频载波上，经过变压器耦合，再解调，恢复生物信号。

浮地放大器的直流电源由载波发生器（几十千赫至 100 kHz）、隔离变压器隔离，通过整流滤波获得，调制器的激励源亦经隔离变压器从载波发生器得到。

变压器的隔离效果主要取决于变压器匝间的分布电容。由于振荡频率较高，变压器的体积较小，一次侧、二次侧线圈的匝数很少，分布电容能够小于 100 pF。

从已有的隔离器件可以看到，变压器隔离方式的线性度、共模抑制比都比光电耦合方式高，但是变压器耦合的频率响应不及光电耦合高。随着频率响应的改善、提高，变压器耦合

器件的成本将增加很多。变压器耦合的噪声性能相对较好。

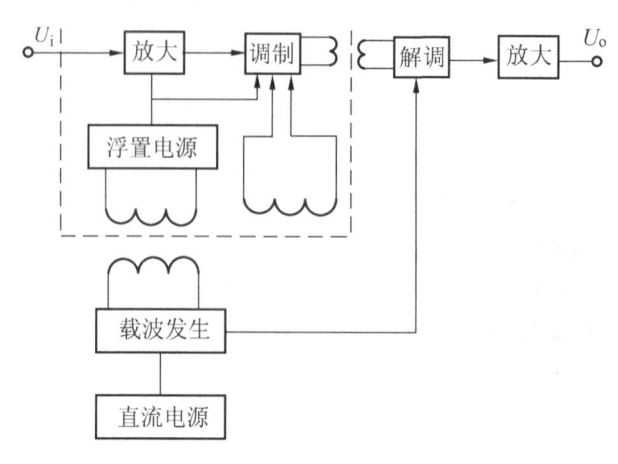

图 3-24 电磁耦合原理框图

3.3 生理放大器滤波电路设计

在生物医学测量中存在着各类干扰和噪声,信号滤波是消除干扰和噪声的最主要方法。在生物医学信号的提取、处理过程中,滤波器和放大器一样占有十分重要的地位。模拟滤波器在各种预处理电路中几乎是必不可少的,已成为生物医学仪器中的基本单元电路。

模拟电子滤波器分为有源滤波器和无源滤波器。在生物医学信号处理中,滤波电路最常采用由集成运算放大器和 RC 网络组成的有源滤波器,其实质是有源选频电路,它的功能是允许指定频段的信号通过,而将其余频段上的信号加以抑制或使其急剧衰减。由于运算放大器具有增益高、输入阻抗高与输出阻抗低等特点,由它来组成有源滤波器,比较容易实现滤波器间的阻抗匹配,便于用简单的单元滤波电路组成复杂的高阶滤波电路。

3.3.1 有源滤波器的设计方法

有源滤波器常用的设计方法有公式法、图表法和计算机辅助设计法。公式法的设计过程为:首先,根据实际需要(滤波精度等),确定滤波器所能达到的滤波特性与理想特性之间的允许的误差范围,即通带内允许的最大衰减,或阻带内允许的最小衰减和通带阻带之间的过渡区域。其次,在确定上述误差范围之后,寻求一个合适的、可实现的传递函数公式,该函数的特性应该符合所提出的要求。然后,选择合适的电路结构来实现所选定的传递函数。最后,根据传递函数公式计算电路中各器件的参数并选择合适的运算放大器。图表法设计步骤为:首先根据实际需要选定滤波电路形式,然后根据有关有源滤波器设计图表查找有关参数完成设计过程。

计算机辅助设计法主要包括滤波软件设计法和网络在线设计工具。目前,常用的有源滤波器设计软件和滤波器在线设计工具为 Microchip Technology Inc 公司的 FilterLab 和美国国家半导体公司(National Semiconductor Corporation)推出的一套功能齐备的网上设计工具 WEBENCH Active Filter Designer。FilterLab 软件工具可简化有源滤波器的设计,它提供了完整的滤波器电路示意图,并在图上标注各元器件的参数值,还显示频率响应。Microchip 提供的 SPICE 宏模型则使工程师们能够利用多套精心设计的程序库进行模拟仿真和建模。WEBENCH Active Filter Designer 为一套全新的网上设计工具,其优点是非常容易使用。系统设计工程师只要采用这套工具,便能轻易设计各种先进而又能满足客户特殊要求的滤波器,其中包括低通、高通、带通及带阻等标准滤波器。

3.3.2 有源带阻滤波器的设计

在生理信号的放大电路设计中,较适合生理信号特征的有源滤波器有巴特沃兹(Butterworth)滤波器、贝塞尔(Bessel)滤波器、带通滤波器和带阻滤波器等。其中巴特沃兹滤波器、贝塞尔滤波器等是模拟滤波器中最常见的滤波器形式,在很多电子学教材中都作了详细的介绍,因此本节不再重复介绍,只针对生物医学信号处理电路中较常应用的带阻滤波器进行介绍。

带阻滤波器又称陷波器(notch filter),用于滤除通带中某一频段的频率成分,通常用 B 表示阻带宽度,用 Q 表示品质因数,分别用来表征带阻滤波器的频率抑制或选频特性。B 越小表示阻带越窄,即陷波器对阻带外的信号衰减越小;Q 越高,频率的选择性越好,但是 Q 值太高,滤波器的性能不稳定。

在生物电信号的提取、处理过程中,为了去除人体或测试系统中耦合的工频(我国为 50 Hz)干扰,在常规滤波电路无能为力的情况下,常用工频陷波器予以抑制。在生物电信号调理电路中,工频陷波器滤除 50 Hz 干扰的同时,会使生物信号中 50 Hz 频率成分也被滤除,使所检测的生理信号失真。因此,一般采用模拟开关切换,在干扰不严重或干扰消失以后,则可将陷波器从电路中切除,以确保生理信号的完整性。

生物医学信号测量中,工频干扰的抑制常采用的陷波器结构有双 T 有源陷波器和文氏桥式陷波器。

1. 双 T 有源陷波器

双 T 网络具有选频作用,原则上可以作为某一固定频率的陷波电路,但其陷波特性很差,必须由低阻信号源驱动,且没有带负载的能力。为实现一定的陷波特性,双 T 网络之前需加一级缓冲电路,双 T 网络之后需接一级运算放大器,从而构成双 T 有源陷波器。该滤波器的基本电路和频率响应如图 3-25 所示。双 T 有源陷波器的带阻特性主要取决于两支路的 R、C 对称程度,它决定双 T 陷波器的陷波点所能衰减到的最低限度。只有保持 R、R 和

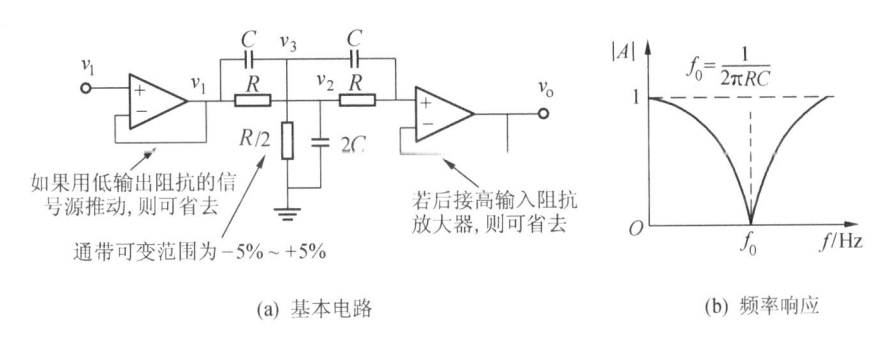

(a) 基本电路   (b) 频率响应

图 3-25 双 T 型有源陷波器

$R/2$ 之间以及 C、C 和 $2C$ 之间的严格对称关系,才能使陷波点频率 f_0 处的信号相互抵消,衰减到零。

2. 文氏桥式陷波器

文氏桥式陷波器电路如图 3-26 所示,电桥的元件参数关系为:$R_1 = 2R_2$,$C_1 = C_2 = C$,$R_3 = R_4 = R$,此时电桥的抑制频率为 $f_0 = \dfrac{1}{2\pi RC}$,因为 $R_1 = 2R_2$,对任一频率信号,$u_{AD} = u_i/3$,当输入信号频率 $f = f_0$ 时,$u_{BD} = u_i/3$,则 $u_{AB} = 0$,此时电桥处于平衡状态,输出为零。当输入信号频率偏离 f_0 时,电桥失去平衡,电桥有电压输出。但文氏桥无源滤波器的频率选择性很差,为此需要采用文氏电桥电路加接运算放大器电路来实现有源陷波器(见图 3-27)。在陷波频率 f_0 处,串联阻抗等于(数值和相位)并联分支阻抗的两倍,于是 $v_2 = v_i/3$。在反相端的电阻应该这样选择:使得反相端与同相端的增益(在 f_0)配合适当,使输出电压 v_o 为零。元件的精度要高,但数值并不要求太精确,因为在 RC 臂中加了个电阻,可以对陷波频率进行辅助性调整。改变接在反相端上的任一电阻,可以使在陷波频率上的输出非常接近零。

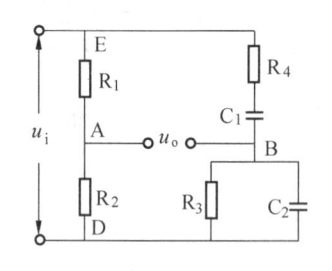

图 3-26 文氏桥式陷波器电路

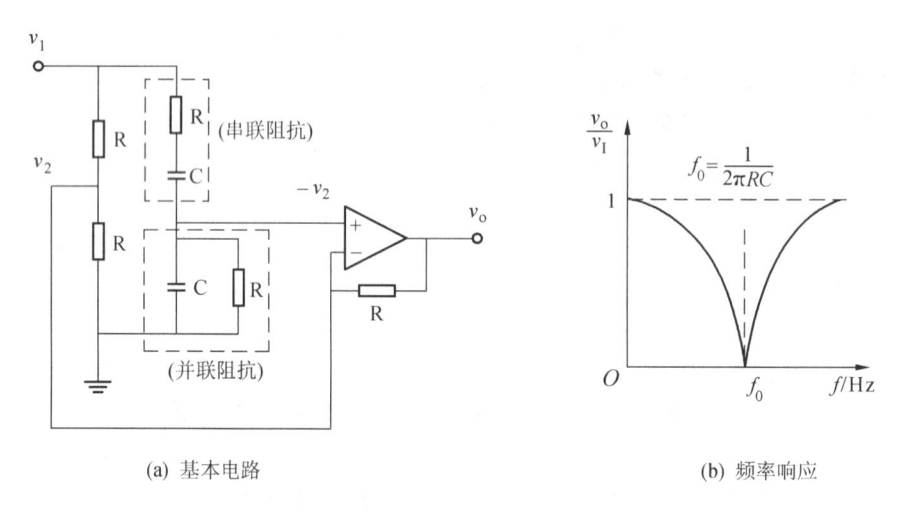

(a) 基本电路

(b) 频率响应

图 3-27 文氏桥式有源陷波器

对各种具体生物电放大器及压力放大器的设计,将在后续各章中结合具体仪器进行分析。本章只对各种放大器的共性电路进行分析。

3.4 可穿戴式医疗电子设备关键技术

近年来,可穿戴式医疗电子设备表现出多维度快速发展的趋势,监测信号从生理拓展到生化,传感材料从固体发展到柔性,处理电路从分立元件过渡到集成系统,功能实现从单一到丰富,设备形式从独立器件到可穿戴网络。随着对可穿戴式医疗电子设备要求的不断提高,尤其在慢性疾病的长时连续与实时监测方面,可穿戴式医疗电子设备在性能要求上应具有安全性、无扰性、个体性、节能性和鲁棒性。可穿戴式医疗电子设备的网络化需要实现对个人健康信息的安全传输,长期实时监测需要尽量不干扰佩戴者的正常活动,需根据使用者的特点进行个性化设计,需要具备低功耗特性,并且在复杂的使用环境下具备良好的鲁棒性,从而保证设备的稳定性与准确性。

可穿戴式医疗电子设备一般由传感器层、处理层和应用层构成。传感器层通常与身体表面接触,其中皮肤–传感器层接口用于实时连续监测用户生理信号;处理层收集不同的传感器信号,提取信号特征,并对信号进行分类,为应用层提供高级别的结果;应用层可以根据具体应用和用户需求向用户和/或专业人员提供反馈。

3.4.1 可穿戴传感器

可穿戴传感器可对多种物理量进行测量,获得包括生物电、加速度、心率、温度、湿度、血氧和呼吸频率等多种参数。传感器使用了微机电系统(MEMS)传感器、平面电极、薄膜电极和光电传感器等多种形式。可穿戴传感器依据与人体接触形式可分为直接接触式、非接触式和植入式。其中,直接接触式传感器主要用于测量皮肤表面的物理参数及部分可以通过人体体液如汗液、泪液和组织液等测量的化学参数;非接触测量主要用于测量与周围环境有关的参数和人体运动参数;而植入式测量主要用于测量人体内的化学成分和重要器官(如心脏和大脑)的物理性质和工作状态。可穿戴式医疗电子设备因其面向对象和应用场景的不同,需要不同类型的传感器来实现感知的功能。从功能方面可以分为运动传感器、生物传感器和环境传感器。随着传感技术由嵌入式技术向微机电系统技术发展,传感材料逐渐由半导体材料向纳米、纳米硅材料过渡,传感器逐渐趋于微型化和智能化。

直接接触式传感器主要用于采集人体生理信号,实现用户身体状况、病情的监测并及时报警,通过早期预警与早期干预降低用户患病的概率,为医生的诊断提供长时连续的监测数据,提高诊断的准确性,同时也能使用户及时了解身体健康状况。典型的直接接触式生物电测量传感器可用于表皮肌电、心电和脑电信号的采集,通常采用湿式或干式两种电极形式。湿电极使用导电凝胶作为媒介实现皮肤和传感器间的导电连接,然而导电凝胶不支持长时间测量,并且每次测量都需要涂覆,严重影响了用户体验;而干电极可以直接作用于皮肤而无须凝胶耦合,可实现长时间测量。这使得干式电极在可穿戴传感器中具有很大的应用价值。在测量信号较大时,甚至可以采用电容式干电极进行非接触式测量。干电极与皮肤的接触电阻较大,但可以采用输入阻抗较高的测量电路来补偿,或通过改变电极表面材料和结构的方式获得较小接触电阻。通常皮肤接触式的可穿戴传感器需使用外部固定装置,如绷带、腕带或腹带等,从而实现更加紧密的皮肤接触。

非接触式传感器可以通过织物或其它可穿戴配件与人体结合,实现非直接接触测量,主要有运动传感器和环境传感器。运动传感器用于记录身体运动和姿态等信息,可用于检测与特定病理有关的运动障碍,且有助于了解特定生理活动中的生理信息。加速度传感器、陀螺仪、地磁传感器等测定姿态、位置以及测定运动相关传感信息的传感器都可以称为运动传感器。较为常见的六轴传感器即包括了陀螺仪和加速度的传感器,集成磁力计后称为九轴传感器。可穿戴加速度传感器是使用MEMS工艺制成的、包含机械运动部件(如悬臂梁和薄膜等)的微型传感器,通过测量电阻、电容和反射光等实现对部件位移或振动的监测。这些传感器可以用一片芯片实现,具有成本低、微型化等优势,通常用于日常生活活动的监测。

例如,能量消耗估算,身体震颤功能使用,运动控制的评估,以及使用逆动力学技术估计负荷,或人工感官反馈来控制电神经肌肉刺激等。在康复、健身等应用中具有重要的价值。另外,测量周围环境参数的可穿戴传感器也无需与人体皮肤直接接触,环境传感器用于监测环境的温度、湿度、紫外线强度、pH 值、气压、颗粒大小等参数,以实现环境监控、健康提醒,减少环境对用户健康的影响。

植入式传感器作为可穿戴传感器中的一种特殊形式,通过植入或经消化系统进入人体,实现对人体内部情况的测量。一些代表性器件包括用于进行内窥的智能胶囊和用于进行连续葡萄糖测量的全植入或半植入式葡萄糖传感器。这些传感器能够在人体内进行数天甚至数年的测量。一些植入式柔性可延展传感器的机械属性与人体器官和组织相似,因此能够帖服于器官表面,形成紧密的接触。目前,这类传感器主要用途是进行脑部、神经和心脏外表面的测量。植入式传感器可通过导管、手术和注射等形式进入人体内部。这些传感器具有很高的生物兼容性,以适应人体体内环境。

3.4.2 低功耗器件

可穿戴式医疗电子设备的应用场合对芯片器件的功耗、体积、佩戴舒适度等方面要求严格。因此,应用于可穿戴医疗环境中的芯片器件,无论用于何种生理信号的检测,都有着低功耗、全集成化和低噪声的设计要求。为了不影响使用者的日常生活,可穿戴式医疗电子设备需要降低更换电池的频率,缩小电池的体积,减少散热,这些对芯片器件的功耗提出了严格的要求。针对可穿戴式医疗电子设备不同功能模块的芯片器件,可分为低功耗模拟前端芯片、低功耗控制器芯片和低功耗无线通信芯片。产品示例如图 3 - 28 所示。

(a) 集成模拟前端ADS1293　　　(b) 控制器MSP430FR5739　　　(c) 无线通信BLE CC2541

图 3 - 28　低功耗器件

低功耗模拟前端芯片应用于微弱信号的采集,主要应用领域是个人健康信息的采集。模拟前端芯片的低功耗设计非常重要,低频率、低噪声、低功耗的集成模拟前端芯片及系统级集成,可实现高共模、强干扰环境下的信号采集处理,达到系统噪声的最小化,可有效减少设备的几何尺寸,延长可穿戴式医疗电子设备的连续工作时间,是实现低负荷、高精度的个人健康信息系统的关键技术之一。例如 TI 德州仪器公司生产的集成模拟前端芯片 ADS1293,主要用于心电信号的前端采集,包含了心电图应用中通常所需要的全部特性,器件大小为 5mm×5mm,每通道功耗为 0.3mW,具有非常低的功耗。

低功耗控制器芯片是可穿戴式医疗电子设备中非常重要的低功耗器件,所有的外部设备与控制器进行连接,控制器通过接口技术与外围设备进行功能配置与数据通信,从而控制外部设备实现特定的功能。传感器的管理、数据的传输都要通过控制器来实现。目前 TI 德州仪器公司生产的超低功耗 MSP430FR 系列单片机控制器,采用非易失性铁电存储 FRAM 技术,支持快速与低功耗读写,且具有丰富的内部资源,可满足常见穿戴式设备对于低功耗的要求。

低功耗无线通信芯片除了主控芯片外,低功耗蓝牙芯片、Zigbee 芯片及基带芯片都是可穿戴设备应用于不同场景中的基本配置。不同的目标产品和应用场景也可以将各种功能芯片进行重新组合,单一类型的芯片往往应用于功能单一的设备及物联网领域中。低功耗蓝牙 4.0 采用 GFSK 调制,拥有极低的运行和待机功耗,且传输距离比传统蓝牙版本增加至 100ft*,使用一粒纽扣电池即可连续工作数年。TI 生产的 CC2541 芯片支持 SPP 蓝牙串口协议,具有低成本、体积小、功耗低、收发灵敏性高等优点,遵循 V4.0 BLE 蓝牙规范。

3.4.3 一体化设计与集成

可穿戴式医疗电子设备的关键技术之一是能否实现一体化设计与集成,将可穿戴式医疗电子设备的传感器层、处理层和应用层结合在一个设备上。这种技术将微机电系统(MEMS)与先进的电子封装技术相结合,使复杂的电子系统和机械结构在单个半导体芯片中联合制造,达到可穿戴式医疗电子设备小型化与低功耗的要求。产品示例如图 3-29、图 3-30 和图 3-31 所示。

图 3-29 穿戴式心电贴　　　　　　　图 3-30 穿戴式手环

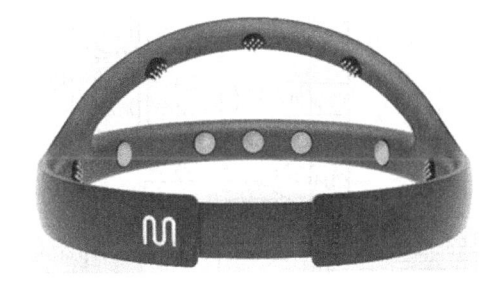

图 3-31 穿戴式脑电设备

集成模拟前端芯片在可穿戴式医疗电子设备中的应用,贯穿于生理信号的采集与前端处理、模数转换、数字信号处理等各个过程,具体包括与传感器接口电路、放大器、滤波器、模数转换器、系统芯片等的设计与实现。降低功耗、减小体积以及引入 MEMS 技术实现传感器、信号处理器等越来越多的模块集成于一块硅片上,真正实现片上系统(SOC),这也使得

---

* ft(英尺)为非法定计量单位,1ft≈0.3048m。

医疗仪器全部功能可以用单一芯片实现。

以心电信号集成模拟前端芯片 ADS1293 为例，ADS1293 是美国德州仪器公司用于生物电势测量的一款具有超低功耗与低噪声以及高精度集成型的 3 通道集成模拟前端，ADS1293 内部主要集成了以下九大电路部分：导联路由电路部分、右腿驱动电路（RLD）部分、仪表放大器（INA）电路部分、Σ-Δ ADC 模数转换器电路部分、数字控制器电路部分、威尔逊/戈登伯格中心点电路部分、电压监测与导联脱落检测电路部分、时钟振荡电路部分。ADS1293 功能结构框图如图 3-32 所示，内置仪表放大器，只需要 4～5 倍的适度增益即可达到心电采集的要求。不需要进行二级放大，通过一体化设计与集成，集成模拟前端芯片 ADS1293 的器件大小为 5mm×5mm×0.8mm，每通道功耗低至 0.3mW，实现了面积与成本上的整体缩减。Σ-Δ ADC 方法还将保留信号的整个频率内容，并为数据后期处理提供充分的灵活性。借助同步采样方法可将专用 ADC 用于每个通道，因此通道之间不存在前面提及的偏移。ADS1293 能够针对特定的采样率和带宽对每个通道进行设定，使用户能够针对性能和功耗来优化配置。它还具电极脱落检测（Lead_off Detect）、电池电量监控和自我诊断报警以及灵活的导联路由等功能，内置有 ECG 应用所需的右腿驱动电路和 Wilson/Goldberger 终端。ADS1293 共有 6 个差分信号输入引脚 IN1～IN6，单芯片系统最多可拓展成 5 导联心电采集系统。ADS1293 集成模拟前端只需通过两片芯片级联的方式，即可扩展为 8 导联甚至 12 导联的心电采集系统，极大地满足了不同导联系统的要求。

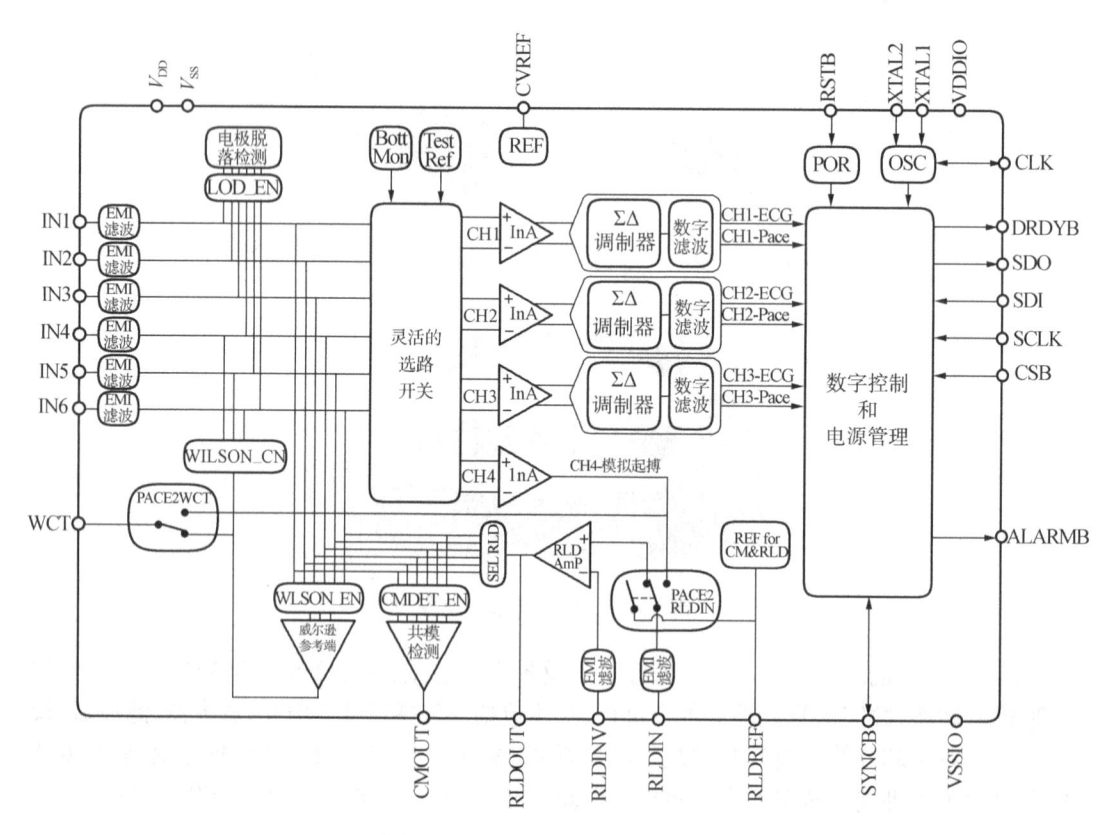

图 3-32 ADS1293 功能结构框图

柔性集成方面,基于仿生微纳加工、低功耗集成电路(IC)设计与高密度封装技术,开发高可靠性的硬件系统。首先,结合自主 IC 和其它功能部件的物理尺寸和空间布局的实际情况,研究高柔性基板/高精密布线的计算机辅助设计技术,研究根据柔性衬底和柔性基板的运动学分析进行优化布局布线的方法;同时,为降低电路系统中数字电路部分噪声和热噪声对模拟电路的干扰,研究减少噪声传播的布局布线多级隔离结构,将干扰尽可能降低。其次,探究柔性衬底和柔性基板的匹配设计,融合 MEMS 技术与电子技术,实现全柔性的微系统集成。再基于对这些信号的采集和处理,监测与其相关的重要参数或指标,达到随时了解健康状况、预防重大疾病或突发病症的目的。

习题 3

3-1 设计一个差动增益 $A_d = 20$、差动输入电阻大于 $20\,k\Omega$ 的基本差动放大器,并按照 $CMRR_R = 80\,dB$ 确定各电阻的公差。

3-2 题 3-2 图所示为脑电图机中前置放大器电路图,其参数如图所示。已知当输入端加入 $1\,mV$ 共模电压时,测得输出为 $0.05\,mV$。当输入端短路接地时,测得输出端信号峰-峰值为 $1.5\,mV$。① 推导并计算该放大器的 CMRR,并简要说明提高该电路共模抑制比的措施。② 计算该电路的等效输入噪声 U_{in}。③ 计算该电路的低频截止频率 f_L。

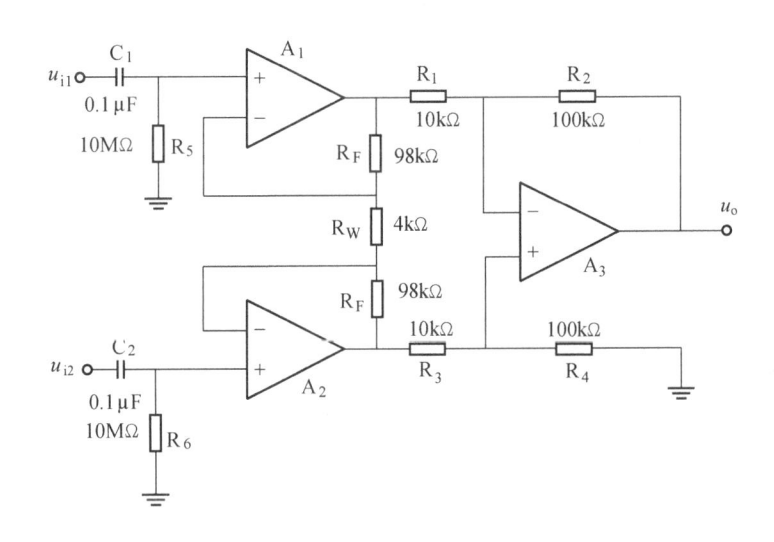

题 3-2 图

3-3 如图 3-13 所示右腿驱动电路中,各电路参数如图所示,设人体上的位移电流 $I_d = 0.2\,\mu A$,试画出该右腿驱动的等效电路并求人体上的共模电压 V_{cm},并简述图中 R_5 的作用。

3-4 图 3-11 是屏蔽驱动电路,请问屏蔽驱动电路的主要作用是什么?并分析该电路是如何实现其功能的。

3-5 文献调研:高共模抑制比(CMRR > 100 dB)和低噪声(输入短路噪声 $U_N < 1\,\mu V$)的生物电放大器的电路设计。

3-6 利用 FilterLab(Microchip Technology Inc 网站免费下载)软件设计高通、低通、带通有源高阶滤波器,学习用 FilterLab 软件进行有源滤波器设计的方法。

4 生物电测量仪器

4.1 生物电位的基础知识

兴奋通常是活组织在刺激作用下发生的一种可以传播的、伴有特殊电现象并能引起某种效应的反应过程。研究各种组织器官活动过程中产生的电现象就能了解该组织器官活动的情况。人们根据这个思路研究了心电、脑电、肌电、眼电、胃电等各种生物电信号,并应用于疾病的诊断治疗。

人体各种生物电信号的生理基础就是所谓的生物电位,生物电位分为静息电位和动作电位两种。下面介绍这两种电位的相关知识。

4.1.1 静息电位

神经和肌肉细胞在静息情况下细胞膜内侧的电位较外侧为负,细胞在静息状态下膜内外两侧的电位差称为静息电位,有时也叫膜电位。此时细胞膜内外两侧分布着极性不同的电荷,因此也称为处于极化状态。

造成静息电位产生的直接原因有两个:一是细胞膜内外离子浓度的不同,二是细胞膜对不同离子的选择通透性。

在静息状态下,细胞膜内的 K^+ 离子和有机负离子浓度高于细胞膜外,细胞膜外的 Na^+ 离子浓度高于细胞膜内。而在静息状态下,细胞膜对 K^+ 离子的通透性较高,而对 Na^+ 离子及细胞内有机负离子的通透性很低。因此,由细胞内扩散到细胞外的 K^+ 离子数量将超过由细胞外进入细胞内的 Na^+ 离子及由细胞内扩散到细胞外的有机负离子数量,这样就形成了细胞带正电的状况,这就是静息电位的来源。

已扩散出细胞外的 K^+ 离子建立了膜外侧的正电位,细胞膜内外形成的电场力是排斥 K^+ 离子外流的,而细胞内、外的 K^+ 离子浓度梯度形成的扩散力则是促使 K^+ 离子外流的。若电场力小于扩散力,则 K^+ 离子继续外流;若电场力大于扩散力,则驱使 K^+ 离子内流;若两者相等,则 K^+ 离子的净流动等于零,处于动态平衡,此时膜内外的电位就是静息电位。从物理化学的角度来看,静息电位就是 K^+ 离子的平衡电位。

静息状态下细胞膜对 Cl^- 也有一定的通透性,但通常认为 Cl^- 的平衡电位与静息电位相等,它是在已建立膜电位的基础上 Cl^- 在细胞膜内、外被动分布的结果。

4.1.2 动作电位

1. 动作电位产生的 Na^+ 离子机制

神经或肌肉兴奋时发生的可传播的电变化称为动作电位,包括迅速的去极化和复极化过程。如前所述，细胞处于静息状态时，细胞膜外电位大于细胞膜内电位，称为极化状态。当给细胞一个刺激时，膜内电位迅速升高，并很快超过膜外电位，这个过程称为去极化。事实上去极化不仅把原来的极化状态加以取消，而且还暂时建立起一种相反的极化状态，即细胞膜外为负，细胞膜内为正，这个过程称为超射。经过短暂的超射后，细胞膜又很快恢复到原来的极化状态，这一过程称为复极化。动作电位的幅度为静息电位加超射部分，图4-1为枪乌贼巨大神经纤维静息电位和动作电位示意图。

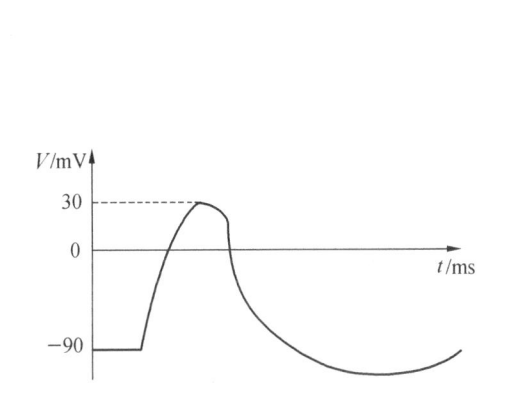

图4-1 枪乌贼巨大神经纤维静息电位和动作电位示意图

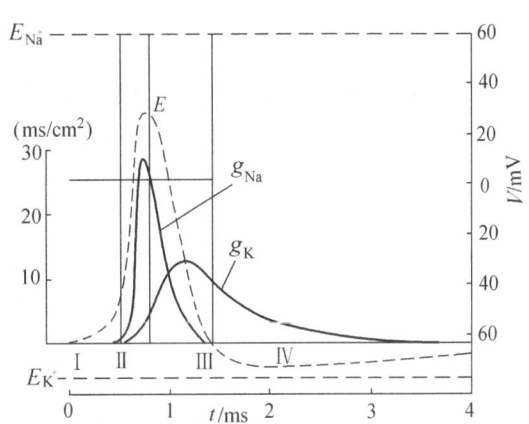

图4-2 细胞膜对Na^+离子和K^+离子通透性的变化示意图

动作电位既然是细胞膜的迅速去极化和超射，那就只能由细胞膜外的正离子迅速内流引起。实验证明，神经纤维兴奋时细胞膜对Na^+离子的通透性突然增大，当其通透性超过K^+离子的通透性时，即产生去极化过程。在动作电位的上升支，Na^+离子通透性迅速增加，大量Na^+离子内流，细胞膜内的电位升高，造成去极化过程，而且进一步形成超射，肌细胞膜外负内正。由于细胞膜外面的Na^+离子浓度高于细胞膜内部的Na^+离子浓度，因此必须达到Na^+离子平衡电位时，Na^+离子内流才会停止，所以超射的电位值就是Na^+离子的平衡电位。图4-2为细胞膜对Na^+离子和K^+离子通透性的变化示意图。

由于Na^+离子通透性的增加是暂时的，随着时间的推移，Na^+离子通透性降低，K^+离子通透性增加，K^+离子外流增加，抵消了Na^+离子内流形成的去极化势头，这就是复极化过程。当K^+离子通透性大大超过Na^+离子通透性时，细胞膜就恢复原来的极化状态。

2. 钠泵的作用

每次动作电位过后，都会有一些Na^+离子流入细胞膜内，一些K^+离子流到细胞膜外。这种Na^+离子、K^+离子交换的总量，与原来细胞外的Na^+离子、K^+离子的总量相比是非常小的，但是，在动作电位发生过后的恢复期，这种离子数量的变动也要恢复过来，这就需要钠泵的作用。

钠泵能够把流入细胞膜内的Na^+离子逆着浓度差泵出细胞膜外，同时把流出的K^+离子带进细胞膜内，这个过程需要消耗能量，这些能量由普通的细胞能源（三磷酸腺苷）提供。正是由于钠泵的存在，才能够建立并维持细胞膜内外的离子浓度差；而这个离子浓度差与细胞膜特定的选择通透性结合，建立了静息电位；静息电位的存在，则为动作电位的产生提供了基础。

3. 动作电位的传输

动作电位沿单一神经纤维传输（扩展）的情形如图 4-3 所示。在已兴奋部分的前端，细胞膜呈极化状态，与静息状态时一样。在已兴奋区域，由于膜的去极化，膜电位复变为外负内正，极性反转。已兴奋区后部的细胞膜是复极化膜。由图还可以清楚地看到，在已兴奋区的前部，即在未兴奋与已兴奋区交接处，由于螺线形电流（钠电流）在未兴奋区由内向外透过膜，使这部分膜电位值下降而去极化。当此部位膜电位降到阈值时，在此新部位就出现动作电位，而成为新兴奋区。然而，在已兴奋区的后部，螺线形电流（此时为钾电流）使此部分膜复极化。上述这种从原兴奋区发出的电流，使新一处细胞膜达到阈值而兴奋，出现动作电位，这种过程的性质即所谓自身兴奋。动作电位就是以这种使膜沿途逐点出现兴奋——复极化的方式，使动作电位不衰减地扩展到纤维的全长。

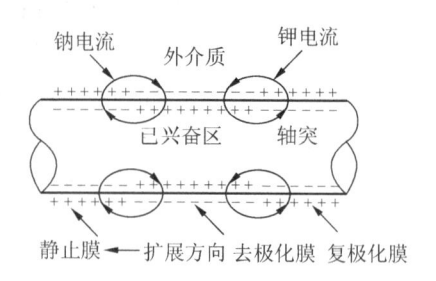

图 4-3 动作电位沿单一神经纤维传输（扩展的情形）

根据电网络理论，对于整条神经轴突膜的分布，可等效成图 4-3 所示基本电路形式的链形结构。应用电路知识，亦可在该等效电路上做动作电位的产生与传输的模拟分析。

不难看出，动作电位在传导过程中具有两个特点：一是动作电位的大小不会因为传导距离的增大而减弱，即所谓兴奋的"全或无"现象；二是神经纤维若在中间段受到刺激，将有动作电位同时传向纤维两端，即兴奋在细胞上的传导不一定限于单方向。

4.1.3 生物电信号测量的生理学基础

为了能方便地直接解释在人体表面所记录的生物电现象，常用容积导体电场来模拟，这里包括生物电信号源的形成及其浸溶的周围介质。

在一个盛满稀释食盐溶液的容器中放入一对由等值而异号的电荷组成的电偶极子，则容器内各处都会有一定的电位。在电偶极子的位置、方向和强度都不变的情况下，电场的分布是恒定的，电流充满整个溶液，我们将这种导电的方式称为容积导电，容器中的食盐溶液称为容积导体，其间分布的电场称为容积导体电场。

人体组织内存在大量体液可视为电解质溶液，因此人体就是一个容积导体。而人体的细胞、纤维等就浸溶在这些体液中，兴奋细胞相对一对电偶极子而构成生物电信号源，这样就可视人体内为一个容积导体电场。

若电偶极子的方向和强度作有规律的变化，则整个容积导体内的电场分布也将作相应的变化。对比细胞膜因除极和复极过程形成的膜表面电荷变化，恰可看成这样一对电偶极子。因此，我们在分析生物电（如心电、脑电、肌电等）信号时，就可以将其归结为讨论容积导体电场问题。

可以说兴奋细胞就是生物电信号源，其作用近似于一个恒流信号源将其电流输送给浸溶介质。假设生物电信号源是单一的兴奋神经纤维，容积导体是无限大的范围（即比神经纤维周围的电场范围大得多），则发源于兴奋纤维的电流，进入电阻系数为 ρ 的浸溶介质中，其电流流动的形式与电荷分布相一致。

设想动作电位在神经纤维中是以等速传导方式传导,则其瞬时波形 $V(t)$ 可以很方便地变换为立体分布 $V(z)$(z 是沿神经纤维的轴距)。单一纤维细胞外介质的电位,随离开纤维的径向距离增加而降低。如果其电阻系数 ρ 增大,则电场各点的电位就增加。若用有活动性的神经干作为信号源,则神经干的成千条组合神经纤维同时激活后,在一个巨大的均匀浸溶介质中所显示出的细胞外电场,与一个单一纤维所显示的完全一样。细胞外电场的电位是由神经干内组合信号源的叠加电场所形成的信号。同样,如果增大浸溶介质的电阻系数 ρ,或减小容积导体,或者两者都改变,必将产生较大的细胞外电位。

人体的实际情况要比理想模型复杂得多,因为人体组织导电性能的不均匀,人体几何形状的不规则,都会导致人体电位分布的复杂化。尽管如此,运用容积导体电场来分析人体生物电产生机理,还是比较直观的,易被人们接受。图 4-4 所示为人体心电电偶容积导体所建立的导电场模型,与物理学中的导电场相似,心电信号源导电场的电位图中,电力线和等电位面交叉成直角。值得注意的是,从图上可见,任何两点测得的信号电压的大小都与被测系统的几何形状有关。

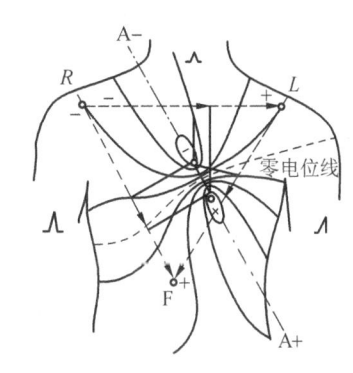

图 4-4 人体心电电偶容积导体所建立的电场模型

4.1.4 人体电阻抗

1. 生物电阻抗

人体组织呈现一定的电阻抗特性,这是由于细胞内外液中电解质离子在电场中移动时通过黏滞的介质和狭小的管道等引起的。由实验证实,在低频电流下,生物结构具有更复杂的电阻性质。从电压-电流关系分析可知,细胞膜的变阻作用可等效为非线性的对称元件;细胞膜的整流作用可等效为非线性的非对称元件。

另外,细胞膜还具有电容性质,它不仅起储存能量的静态电容的作用,还具有极化电容的性质。细胞膜电容在充放电(极化、除极化)的过程中,消耗能量(变为热能),而且频率不同,细胞膜的耗散也不同。

生物电阻抗,除存在电容、电阻成分外,现在已证实,还有电感特性。离体的神经细胞在改变细胞外液中的离子成分(即改变钙离子浓度)时,发现有正性电抗成分。所以,生物结构呈现出电阻、电容、电感的复合电路特性,即生物电阻抗可以等效为复杂的阻抗组件。

2. 人体电阻抗

人体组织和器官的电阻抗差异较大。表 4-1 所示为几种组织的电阻率和电导率。通过比较可以看出,血清的电阻率最低,肌肉次之,肝、脑等组织的电阻率较高,脂肪和骨骼的电阻率最高。因此,当高频电流通过身体时,不会像均匀介质导体那样产生集肤效应。活动组织的阻抗与离体组织的阻抗不同,其值不仅取决于它本身的电性质,还取决于血液的含量。随着心脏的舒缩,组织中的血液量有规律地变化着,则各组织阻抗亦将有规律地变化着。

表 4-1 几种组织的电阻率和电导率

组织名称		电阻率 Ω·m	电导率 S/m	组织名称		电阻率 Ω·m	电导率 S/m
心肌	有血	207～224	—	脑	灰质	480	—
	无血	—	50～107		白质	750	
肺	呼气	401	5～55	肝		500～672	6～90
	吸气	744～766	—	脾		630	—
乳房	正常	430	—	骨骼肌		470～711	58～90
	乳癌	170	—	全血		160～230	56～85
肾	髓质	400	—	血清		70～78	105
	皮质	610					
脂肪		1808～2205	—	0.9%氯化钠		50	140

不仅各种组织和器官有不同的阻抗,即便是同一组织,在不同频率下,其阻抗也不相同,如表 4-2 所示。若通以直流电流,则组织中的容抗为无穷大,电流全部流过电阻;若通以高频电流,则组织中的容抗较小,电流多数流过电容。因此,不同频率的电流流过细胞的分量各不相同。在实际测量组织的阻抗或设计治疗性仪器时,必须考虑这一因素。

表 4-2 组织的介电常数和阻抗随频率的变化

组织名称	$\varepsilon/1000$			$\omega RC/\Omega$		
	0.1 kHz	1 kHz	10 kHz	0.1 kHz	1 kHz	10 kHz
肺	450	90	30	0.02	0.05	0.13
肝	900	150	50	0.04	0.05	0.17
肌肉	800	130	50	0.04	0.06	0.21
心肌	800	300	100	0.04	0.15	0.32
脂肪	150	50	20	0.01	0.03	0.15

人体组织的阻抗值,表征着人体各组织和器官的机能状态。例如,人体乳房在正常情况下的电阻率与癌变情况下的电阻率相差很大。而疼痛的皮肤电阻比正常时的皮肤电阻低。所以,根据人体生物阻抗的变化情况,可以获得有价值的生物信息。

4.2 生物医学电极

在进行生物电位测量或者给生物体施加电刺激时,电极是必不可少的器件。在实际测量生物电位或电刺激过程中,总要有一定的电流通过电极进入生物体和仪器回路,即使在测量生物电位时,也要有很小的电流通过电极。通过 4.1 节可知,电流在生物体中是通过离子传导的,在医用电子仪器中是依靠电子传导的,而在电极和皮肤接触界面上是将离子电流转换成为电子电流或将电子电流转换成为离子电流,从而使生物体和仪器构成了回路,因此电极在整个系统中起着传感器的作用。

4.2.1 生物医学电极的概念

生物医学电极一般是经过一定处理的金属板或金属丝、金属网等。用电极引导生物电信号时,与电极直接接触的是电解质溶液,如导电膏、人体汗液或组织液等,因而形成一个金属-电解液界面。由电化学知识可知,当金属放入水溶液中时,因极性水分子作用,金属离子离开金属进入溶液,在金属上留下相应数量的自由电子,金属呈负电。进入溶液中的金属正离子和带负电的金属互相吸引的结果,使大多数金属离子分布在靠近金属片的溶液层中,从而使金属进一步水化的趋势受到抑制。最终当金属片上离子的溶解速度和水中金属离子向金属片沉积的速度相等时,达到相对稳定。此时金属与溶液之间形成电荷分布——双电层,产生一定的电位差。金属片浸在其盐溶液中也会发生这种现象。

4.2.2 电极的极化

1. 电极与电极电位

由金属浸在含有该金属离子的溶液中所构成的体系称为电极,金属与溶液之间的界面的电位差称为电极电位。

2. 电极的极化

电极的极化指的是,电极与电解质溶液界面形成双电层,在有电流流过时,界面电位发生变化的现象。有些电极是高度极化的,而有一类电极如银-氯化银电极只有微小的极化,称之为不极化电极。

用两个电极检测生物体两点之间的电位时,生物电信号是两点的电位差。若两个电极本身的电位不同,则会造成测量的伪差。

3. 极化电极

在给电极施加电压或通入电流时,在电极-电解溶液界面上无电荷通过而有位移电流通过的电极称为极化电极。

4. 非极化电极

不需要能量,电流能自动通过电极-电解溶液界面的电极称为非极化电极。

实际上完全不需要能量而电流能自动通过电极-电解溶液界面的电极是不存在的,但接近这种电极性能的电极还是有的,如银-氯化银电极。

银-氯化银电极通常用符号 Ag|AgCl|Cl$^-$ 表示。它采用纯银(即电解法提炼出的高纯银)作为电极的极片,在极片的表面上镀覆一层氯化银。一般银表面氯化银的厚度为所用银芯(形状为片或丝)厚度的 10%～25%,镀覆氯化银所需要的时间因银料的几何尺寸而不同,一般在几分钟至几十分钟,银材料越薄(或细),所需时间越短。

氯化银在水中的溶解度极小,当电极和电解质交界面上的电流保持为很小的量值时,电极与其周围电解质的作用处于一个稳定状态,此时极化电位较小,并且为一恒定值。也可以通过在氯化银中加入复合惰性材料来降低电阻率和光敏效应,以克服老化分解现象。因此,这种带氯化银镀覆层的材料可以用来制作多种实用的测量电极。

AgCl 对光敏感,尤其对红外光更敏感,通常应该保存在暗处,另外,由于 Ag/AgCl 材料对生物组织有害,因此只能用于体外测量。

5. 电极阻抗

通常将电极-电解液界面的系统阻抗称为电极阻抗。

电极阻抗与电流密度、电极面积及温度基本成反比,而与电极阻抗关系最大的是频率。当频率增大时,电极阻抗明显减小;在低频时,电极阻抗较大且比较稳定,如图4-5所示。

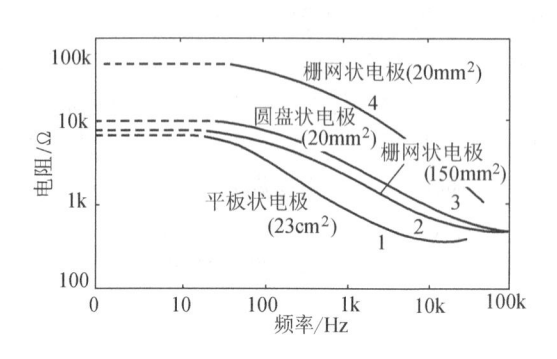

图4-5 电极的阻抗-频率关系曲线

电极阻抗不够大或随频率变化而减小时,会引起信号衰减。为此要在放大器之前加缓冲放大器,以使输入阻抗尽量大;当电极之间直接用平均电阻相连时,电极阻抗之间的差异会引起测量误差和放大器有效共模抑制比的减小。一般采用威尔逊网络来加以平衡,这样可以克服共模抑制比的减小。

在应用时我们可以认为电极阻抗比较稳定,从电极的选材和制作上可以保证使电极阻抗不因不同受检者和不同体位而发生变化。因此,只有当出现电极阻抗对生物电测量的精度有影响时,我们才会注意它。

4.2.3 常用的生物医学电极

1. 体表电极

因为体内的各种生物电信号都能传导到人体的表面,因此在体表的适当部位安放相应电极,便可检测出各种生物电信号。这种安放在体表的电极称为体表电极。

为保证体表电极与皮肤接触良好,常用以氯离子(Cl^-)作为主要负离子的导电膏涂在电极与皮肤之间。而皮肤又分为真皮、皮下层及汗腺、汗管等,所以其等效电路如图4-6所示,其中,

E_{hc}　　　　电极的半电池电势;
R_d、C_d　　　电极的等效电阻、电容;
R_s　　　　　导电膏电阻;
E_{se}　　　　导电膏与皮肤界面间的接触电位;
R_e、C_e　　　表皮的等效电阻、电容;
R_m　　　　　真皮等效电阻;
E_p、R_p、C_p　分别为汗腺、汗管及其分泌液的等效电势、电阻和电容。

因为表皮处于皮肤的最外层,所以它在电极-皮肤界面中起着主要作用。表皮的表面为角化层,角化层中含有活的和死亡的细胞。死亡的细胞不断脱落,它的电性质与活组织的

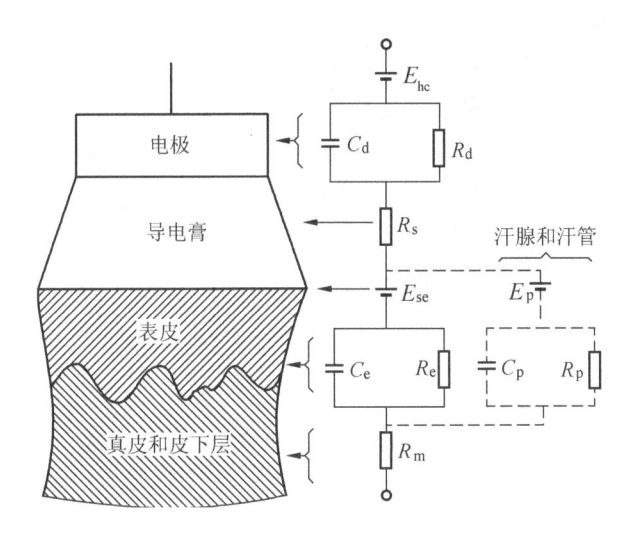

图 4-6 电极与皮肤的等效电路

特性完全不同。角化层相当于导电膏与皮肤之间的离子半透膜,当膜两边的离子浓度不同时,则产生浓度差电势,即导电膏与皮肤界面的接触电位 E_{se}。因 E_p、R_p、C_p 的影响可以忽略,故由于导电膏干燥、电极的移动等原因的影响,使 E_{hc} 和 E_{se} 发生波动,引起伪差(亦称伪迹),混杂在有用生物电信号中被一起记录下来,构成干扰。它影响生物电的正常记录,尤其长时间检测生物电信号时,由于前后记录不一致,会误认为人体生物电信号发生了变化。因此,在实际检测前,应尽量去掉皮肤表面的角质层,保证电极位置不发生移动,这样才可以有效地消除干扰。

2. 传导型电极

人体组织内的生物电信号,经皮肤、导电膏直接传递给金属电极,因此又称为金属板电极。根据构造不同,可分为吸附电极、悬浮电极和软性电极等。图 4-7 所示为几种金属板(盘)状电极。图 a 所示为由一块弓形镍银合金制成的金属板电极,其上的两个金属圆柱,用于连接引线和固定。图 b 和 c 所示为金属圆盘电极,在其与皮肤接触的一面镀有一层氯化银。上述三种电极均可重复使用,但每次使用均需消毒、涂导电膏、绑带固定等,用久了电极表面还需重新镀氯化银,耗时又不方便。图 d 所示为圆盘薄膜电极,它是在较大的泡沫塑料圆盘的一面镶装一个很薄的小银圆片作为电极,银片背面与一按扣形接线柱相连,由此输出电极获取生物电信号。制造时即在银片

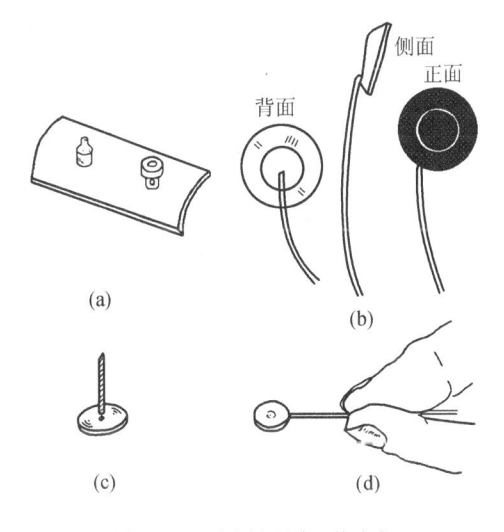

图 4-7 金属板(盘)状电极

上涂一层导电膏,在泡沫塑料上涂有适用于皮肤的粘贴剂,用一层保护纸将其覆盖,不使导电膏和粘贴剂干涸。使用时,剥去保护纸,就可将电极贴到体表任一部位上。该电极使用方

便,但只能一次性使用。

图 4-8 所示为吸附电极。它是用一个镀银金属筒或镀银金属盘作为与皮肤直接接触的电极,上面套一个吸气橡皮球。使用时在电极与皮肤接触的表面上涂上导电膏,挤压气球并把电极置于体表待测部位,然后放松气球,电极便吸附在体表面上。该电极对皮肤有较大的吸力和压力,只能短时间使用,否则会刺激皮肤。

图 4-9 所示为悬浮电极。此电极的结构是把镀有氯化银或烧结的 Ag-AgCl 电极安置在凹槽内,与皮肤有一空隙,下面垫有橡皮膏环,如图 4-9a 和 b 所示。

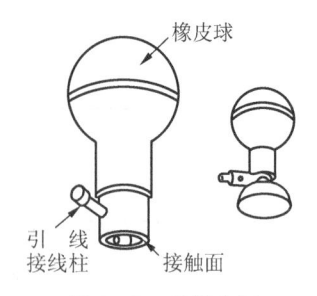

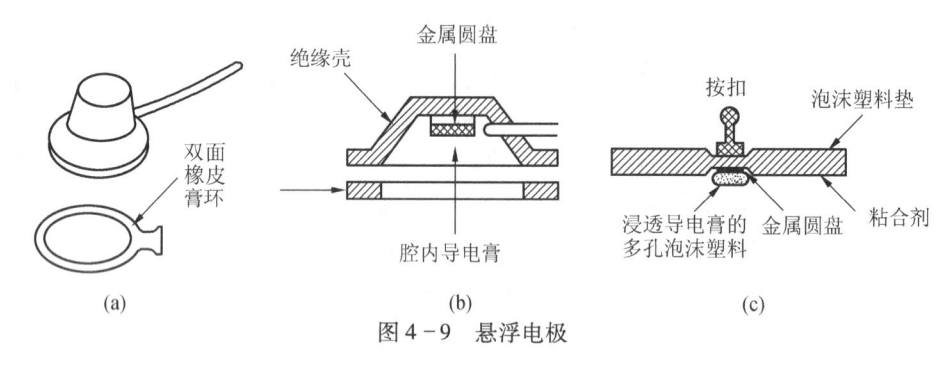

图 4-8 吸附电极

图 4-9 悬浮电极

使用时,把导电膏涂满凹槽,使电极与皮肤之间有一较厚的导电膏层,并通过双面橡皮膏环将电极与皮肤表面固定。这样,当发生肌肉颤动时不易使界面发生变化,亦不会受运动伪迹的干扰。图 4-9c 所示是另一种悬浮电极,它把镀银的电极固定在泡沫垫上,电极面上有一块充满导电膏的多孔塑料盘。使用时在电极与皮肤之间存在一层较厚的导电膏,同样可以减小因肌肉颤动引起的运动伪迹的干扰。

图 4-10 所示为软性电极。图 a 所示是常见的软性电极,它是在橡皮膏上放一小块银丝网,在网上连引线即成。图 b 所示的结构是在 13 μm 厚的聚酯薄膜上沉积一层 Ag-AgCl 膜。图 c 为其剖面图。软性电极容易适应体表外形的各种曲率的变化,其柔软性好,定位牢固,受干扰小,非常适合用作新生儿的胸部电极。图 c 中有银薄膜,使用该种电极时作 X 线透视可以不去掉电极。

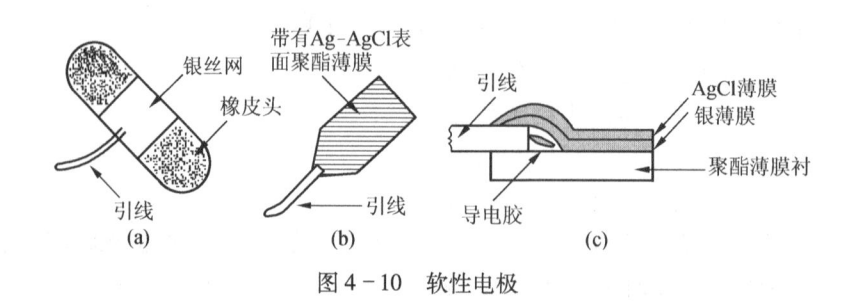

图 4-10 软性电极

3. 静电耦合型电极

传导型电极长时间使用,不仅导电膏和粘贴剂容易干燥,还使皮肤受到不良刺激,伪迹干扰随时可能出现。为了克服传导型电极的缺点,新研制出静电耦合型电极,又称干电极。它是利用绝缘膜层的电容作为交流静电耦合而获取生物电信号的,如图 4-11 所示。图 a 所示的电极结构是用一个不锈钢圆盘作为电极,圆盘背面装有超小型集成放大器,用环氧树脂封装,有信号引出线和电源线。使用时,电极和真皮相当于一对金属板,中间的角质层相当于介质,这样就构成一个电容,即交流静电耦合电容。其放大电路如图 4-11b 所示。

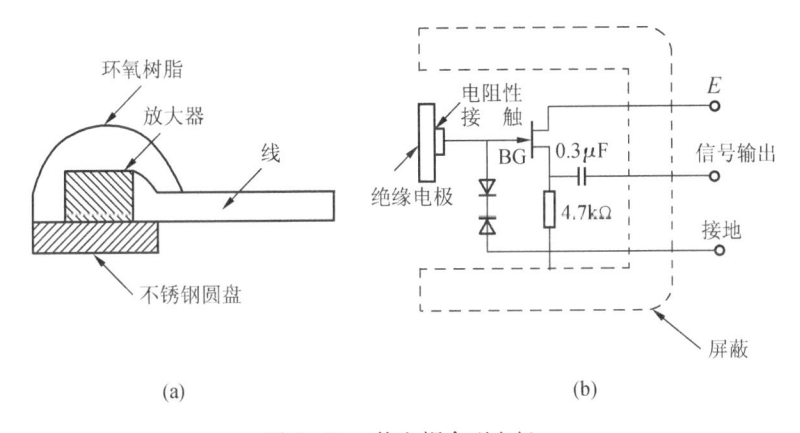

图 4-11 静电耦合型电极

该电极的优点是使用方便,不用导电膏。缺点是:因采用电容耦合,对频率很低的生物电信号的灵敏度比较低;因要求放大器输入阻抗很高($0.1 \sim 1 \text{G}\Omega$),噪声也容易通过静电耦合串入。

4. 体内电极

用于体内检测生物电信号的电极称为体内电极。它分为两类:电极穿过皮肤达到测量部位的为经皮电极;电极通过手术埋在体内,发射机同时埋入或附在体外的为埋藏电极。体内电极均不需导电膏,电极直接与细胞外液接触,形成电极-电解液界面。

1) 针电极

图 4-12 所示为常用的针电极。图 a 所示为基本针电极,用注射针、针灸银针或不锈钢丝制成。其结构简单,针尖为电极端,针身涂一层绝缘漆,针的另一端焊接一根导线引出。常把该电极插到待测肌肉内,用来检测该部位的肌电图。图 b 所示为同轴针电极。它是将针管内填满绝缘材料(如环氧树脂),在针管中心穿一根金属细丝,露出的金属丝尖端为电极触点,细丝另一端与同轴电缆芯线相接,针管接到同轴电缆的屏蔽线上。由于该电极有屏蔽作用,又称为屏蔽针电极。对正在做外科手术的病人作心电监护,就将这种电极插入病人四肢的皮下。图 c 所示为双针电极。它是在一支针管内穿过互相绝缘的两根金属丝。还可以多穿几根金属丝,成单管多电极。这种电极只对针尖相邻空间的生物电感应灵敏。

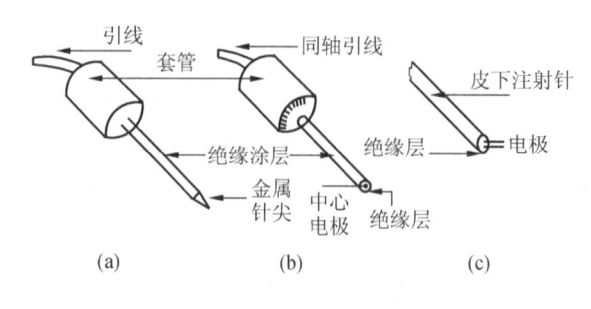

图 4-12 针电极

2）金属丝电极

由于针电极的硬度和尺寸的影响，使它不能长时间植入人体内，且容易脱落，被测者亦感不舒适。采用更细的金属丝制成的丝电极又称线电极。这种电极是用直径为 25～125μm 的合金丝或不锈钢丝制造，除针尖裸露外其余部位都用绝缘漆绝缘，针尖部位弯成倒钩，如图 4-13a 所示。使用时，先将丝电极放入注射针管内，借助注射针插入人体内，退出注射针后，电极弯钩将钩住所测部位而不脱落。当肌肉运动时，这种直线状的电极不够柔软，使被测者仍感不适，故将金属丝制成螺旋状，如图 4-13b 所示。螺旋直径约为150μm，可以克服直丝电极的缺点。

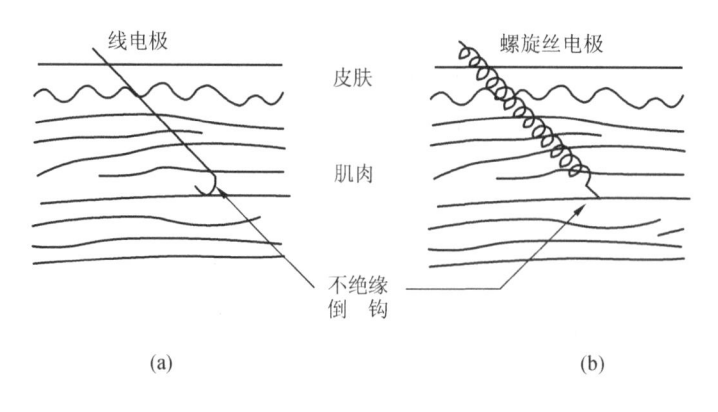

图 4-13 金属丝电极

3）胎儿电极

胎儿电极在分娩过程中用于监视胎儿的心脏搏动，可直接在子宫口胎儿先露出的头部接上电极，测得心电图。因为胎儿是泡在含有导电离子的羊水中，用一般电极无法测得心电图（相当于被羊水短路），所以必须用能穿入皮内的专用电极——胎儿电极，如图 4-14 所示。其中图 a 所示为吸附式胎儿电极。当把吸附帽放到胎儿皮肤上后，皮肤表面被吸进帽内，中心探针刺入皮下，如图 b 所示。这时主电极与参比电极间的电压信号即为检测所需的胎儿心电图，其峰值为 50～70μV。图 c 所示为螺旋胎儿电极，用不锈钢丝绕成半圈螺旋线，装在塑料圆垫上，作为主电极，在塑料圆垫背后再引接一个参比电极。其原理和用法与吸附电极相同。

4 生物电测量仪器

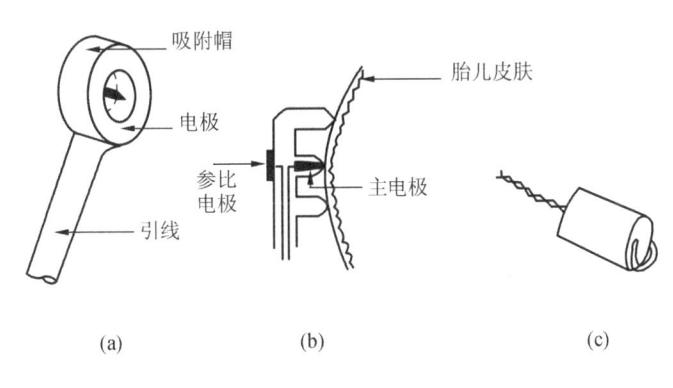

图 4-14 胎儿电极

4)埋藏电极

在正常活动(或运动)的情况下要想连续或定时观察生物电的变化,可将电极植入体内,其微型发射机可埋入体内或附在体外,称这类电极为埋藏电极。其形状依所测部位而不同,由测试者设计,故埋藏电极无统一形状规格要求。图 4-15 所示为测量脑部皮质面电势的埋藏电极。电极由一直径为 2 mm 的银球及连接线制成,银球装在塑料制的圆柱体的底部,连接线从圆柱体的中心引出。使用时在欲测部位的颅盖骨上钻一小孔,把圆柱体底部的银球放在脑皮层表面,然后用丙烯酸酯材料将电极组件固定在颅盖骨上。外引的连接线可接到微型发射机上,微型发射机可附在体外。

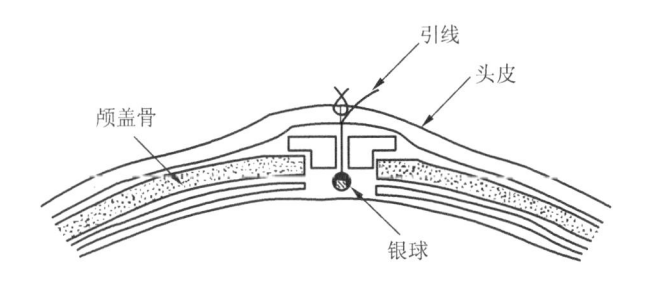

图 4-15 埋藏电极

4.3 心电图机

在正常人体内,由窦房结发出的一次兴奋,按一定的途径和时程,依次传向心房和心室,引起整个心脏的兴奋。因此,每一个心动周期中,心脏各部分兴奋过程中出现的生物电变化的方向、途径、次序和时间都有一定的规律。这种生物电变化通过心脏周围的导电组织和体液反映到身体表面上来,使身体各部位在每一心动周期中也都发生有规律的生物电变化,即为心电位。若把测量电极放置在人体表面的一定部位,记录出来的心脏电位变化曲线即为临床常规心电图(electrocardiogram,ECG)。因此,心电图可反映出心脏兴奋的产生、传导和恢复过程中的生物电变化。

1903年威廉·爱因霍文(Willam·Einthoven)应用弦线电流计,第一次将体表心电图记录在感光片上,1906年首次在临床上用于抢救心脏病人,成为世界上第一张从病人身上记录下来的心电图,轰动了当时医学界。从此人们将这台重约300公斤、需要五个人远距离共同操作的仪器称为心电图机。1924年威廉·爱因霍文被授予生理学及医学诺贝尔奖。心电图机在随后100多年的发展过程中,技术不断进步,性能不断提高,临床诊断标准也已经非常成熟,现在心电图机已经是临床诊断中必不可少的仪器,在现代医学中具有举足轻重的地位。

心电图机从模拟式发展成数字式(微机控制式),从单通道发展成多通道(一般为三通道或者十二通道),记录技术从热笔直接记录式发展成热点阵直接记录式。目前数字式和热点阵直接记录式的心电图机已成为临床应用的主流,但心电图机的核心技术——放大技术与模拟式没有根本变化,因此本节将以模拟式心电图机为例详细介绍心电图机的设计原理和应用技术,最后介绍数字式心电图机的特别电路。

4.3.1 心电图基础知识

4.3.1.1 心电图产生机理

心脏是人体血液循环系统中的重要器官,依靠心脏的节律性收缩和舒张,血液才能够在封闭的循环系统中不停地流动,将氧气输送到全身各部分组织器官,将二氧化碳排出人体,使生命活动得以维持。

为了分析心电信号产生的机理,首先需要介绍一下心脏活动的过程。心脏传导系统的模式如图4-16所示。正常人体内,窦房结发出一个兴奋,按照一定的途径和时程,依次传向心房和心室,引起整个心脏的兴奋。具体来说,窦房结发出的兴奋首先传到右心房,使右心房开始收缩,同时兴奋经过房间束传到左心房,引起左心房的收缩。兴奋随后沿着结间束传到房室结,再由房室结通过房室束及其左右分支肯氏纤维传导到心室。由于从心房到心室具有特殊传导途径,使由心房传下的兴奋能够在较短时间内到达心室各部分,引起心室的激动。因此,在每一个心动周期中,心脏各部分兴奋过程中出现的电信号变化的方向、途径、次序和时间都具有一定的规律。这种生物电变化通过心脏周围的导电组织和体液传导到身体表面,使身体各部位在每一心动周期中也都发生有规律的电变化。把测量电极放置在人体表面适当部位记录出来的心脏电变化曲线即为临床常规心电图,反映了心脏兴奋的产生、传导和恢复过程的电变化。

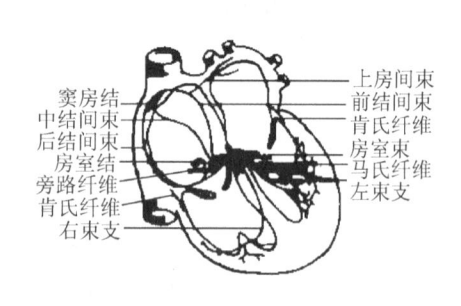

图4-16 心脏传导系统模式图

4.3.1.2 心电图的典型波形

心电图典型波形如图4-17所示。在心电图记录纸上,横轴代表时间,当走纸速度为25 mm/s时,每1 mm代表0.04 s;当走纸速度为50 mm/s时,每1 mm代表0.02 s。纵坐标代表波形电压幅度,当灵敏度为10 mm/mV时,每1 mm代表0.1 mV;当灵敏度为20 mm/mV时,每1 mm代表0.05 mV;当灵敏度为5 mm/mV时,每1 mm代表0.2 mV。

1. 心电图的典型波形

典型的心电图信号主要包括以下几个波形：

P 波：由心房的激动所产生，前一半主要由右心房产生，后一半主要由左心房产生。正常 P 波的宽度不超过 0.01 s，最高幅度不超过 2.5 mm。

QRS 复合波：反映左、右心室的电激动过程。称 QRS 波群的宽度为 QRS 时限，代表全部心室肌激动过程所需要的时间。正常人最高不超过 0.1 s。

T 波：代表心室肌复极化过程的电位变化。在 R 波为主的心电图上，T 波不应低于 R 波的 1/10。

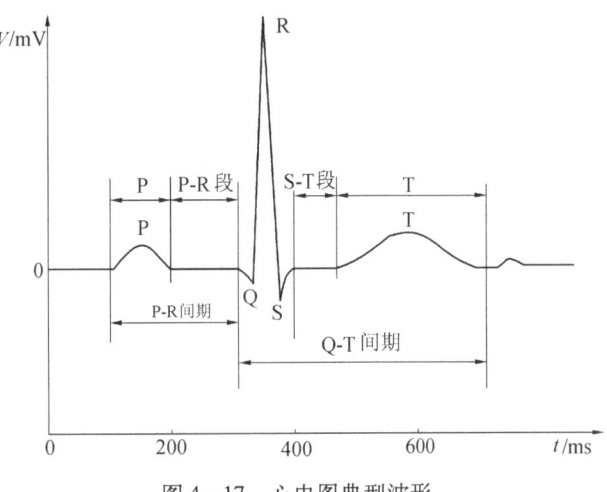

图 4-17 心电图典型波形

U 波：位于 T 波之后，可能是反映激动后电位的变化，人们对它的认识仍在探讨之中。

2. 心电图的典型间期和典型段

P-R 段：从 P 波终点到 QRS 波群起点的一段。同样，这一段正常人也是接近于基线的。

P-R 间期：是从 P 波起点到 QRS 波群起点的相隔时间。代表从心房开始兴奋到心室开始兴奋的时间，即兴奋通过心房、房室结和房室束的传导时间。这一期间随着年龄的增长而有加长的趋势。

QRS 间期：从 R(Q) 波开始到 S 波终了的时间间隔。代表两侧心室肌（包括心室间隔肌）的电激动过程。

S-T 段：从 QRS 复合波的终点到 T 波起点的一段。代表心室肌复极化缓慢进行的阶段。正常人的 S-T 段是接近基线的，与基线间的距离一般不超过 0.05 mm。

Q-T 间期：从 Q 波开始到 T 波结束的时间。代表心室去极化和复极化总共经历的时间，一般小于 0.4 s，受心率的影响较大。

3. 正常人的心电图典型值范围

表 4-3 所示为正常人心电图各个波形的时间和幅度的典型值范围。

表 4-3 心电图各个波形的时间和幅度的典型值范围

波形名称	电压幅度/mV	时间/s
P 波	0.05～0.25	0.06～0.11
Q 波	<R 波的 1/4	<0.03～0.04
R 波	0.5～2.0	
S 波		0.06～0.11
T 波	0.1～1.5	0.05～0.25
P-R 段	与基线同一水平	0.06～0.14
P-R 间期		0.12～0.20
S-T 段	水平线	0.05～0.15
Q-T 间期		<0.4

4.3.1.3 心电图的临床应用

心脏生理功能与心电图存在着密切的联系,许多心脏生理功能失常可以从心电图波形的改变中反映出来。经过100多年的发展,心电图在临床疾病的诊断中得到了广泛的应用,具有非常重要的作用。

(1)分析和鉴别各种心律失常。心电图能精确地诊查心律失常,在第一度房室传导阻滞及束支传导阻滞上,心电图是必需的诊断方法。

(2)指示部分冠状动脉循环功能障碍引起的心肌病变。这种病例心脏体征方面无明显异常,而心电图的改变可能为心脏损害的唯一明确的客观病征,并可通过心电图来观察心肌梗死部位及其发展过程。

(3)判断心脏药物治疗或其它疾病的药物治疗对心脏功能的影响。

(4)指示心脏房室肥大情况,从而协助各种心脏疾病的诊断,如高血压性和肺源性心脏病及先天性心脏病、心瓣膜病等。

(5)在心包炎、黏液性水肿、电介质紊乱、血钾过低或过高等疾病中,不仅用作诊断,而且可追随疾病发展情况,对治疗过程有极重要的参考价值。

(6)在心脏手术及心导管检查时,进行心电图的直接描记以便及时了解心律和心肌功能,指导手术的进行并提醒进行必要的药物处理;对冠心病、急性心肌梗死连续的心电图观察,可及时发现并处理心律失常。

(7)心电图与其它生理参数一起检查心脏机械功能情况。

(8)心电图还是生理和病理研究时重要的参考资料。

4.3.2 心电图导联

在人体体表记录心电图时,必须解决两个问题:一是电极的放置位置,二是电极与放大器的连接形式。临床上为了统一和便于比较所获得的心电图波形,对记录心电图时的电极位置和电极与放大器的连接方式进行了严格的规定。在心电图的专业术语中,将记录心电图时电极在人体体表的放置位置及电极与放大器的连接方式称为心电图的导联。

目前广泛应用的是国际标准十二导联体系,分别记为 Ⅰ、Ⅱ、Ⅲ、aVR、aVL、aVF、$V_1 \sim V_6$。Ⅰ、Ⅱ、Ⅲ导联为双极导联,aVR、aVL、aVF、$V_1 \sim V_6$ 为单极导联。下面详细介绍国际标准十二导联体系的具体连接方式。

1. 电极安放位置

在国际标准十二导联体系中,需要在人体放置10个电极,分别位于左臂(LA)、右臂(RA)、左腿(LL)、右腿(RL)以及胸部6个电极($V_1 \sim V_6$)。在记录心电图时,右腿电极一般为参考电极,其余9个电极作为心电电极。肢体电极采用的是平板式电极,胸电极采用吸附式电极。

2. 标准导联

标准Ⅰ、Ⅱ、Ⅲ导联由 Einthoven 于1903年发明,又称为标准肢体导联,简称标准导联。它是以两肢体间的电位差为所获取的体表心电。

1)标准导联的理论基础

标准导联的理论基础是 Einthoven 原理,其主要内容是:

(1)人体的左肩、右肩及臀部三点与心脏距离相等,构成等边三角形的三个顶点,心脏产生的电流均匀地传播于体腔,四肢仅作为导体,肢体上任何一点的电位等于该肢体与体腔连接处的电位。

(2) 等边三角形的中心为心脏,并与三角形在同一平面上。

(3) 体腔是一个均匀导电的、相对心脏来说是很大的球形容积导体。心脏的电活动过程为一对电偶,位于容积导体的中央,其偶极矩的方向斜向左下方并与水平线成一角度,称为心电轴,如图4-18所示。

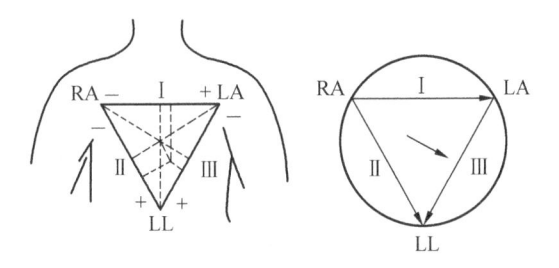

图4-18 Einthoven三角形示意图

由于人体不是一个均匀导体,因此Einthoven原理是一个近似的模拟方法。

2) 标准导联的连接方式

三种双极标准导联如图4-19所示,图中A为放大器,A_{CM}为右腿驱动电路。电极安放位置以及电极与放大器的连接为:

导联Ⅰ——左上肢(LA)接放大器正输入端,右上肢(RA)接放大器负输入端;

导联Ⅱ——左下肢(LL)接放大器正输入端,右上肢(RA)接放大器负输入端;

导联Ⅲ——左下肢(LL)接放大器正输入端,左上肢(LA)接放大器负输入端。标准导联时,右下肢(RL)始终接A_{CM}输出端,间接接地。

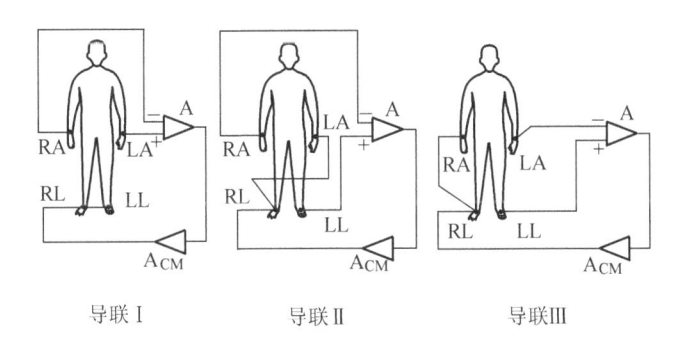

导联Ⅰ   导联Ⅱ   导联Ⅲ

图4-19 标准导联Ⅰ、Ⅱ、Ⅲ

以V_L、V_R、V_F分别表示左上肢、右上肢、左下肢的电位值,则

$$V_Ⅰ = V_L - V_R; \quad V_Ⅱ = V_F - V_R; \quad V_Ⅲ = V_F - V_L。$$

每一瞬间都有

$$V_Ⅱ = V_Ⅰ + V_Ⅲ。$$

标准导联的特点是比较广泛地反映心脏的大概情况,如后壁心肌梗死、心律失常等,在导联Ⅱ或导联Ⅲ中可记录到清晰的波形改变。但是,标准导联只能说明两肢间的电位差,不能记录到单个电极处的电位变化。

3. 单极肢体导联

单极理论由威尔逊(Wilson)于1940年提出,他认为单极导联可以更准确地反映探查电极下局部心肌的电位变化情况,因此提出了单极肢体导联的连接方式。记录单极肢体导联方式的心电图时,将一个电极安放在左臂、右臂或者左腿,称为探查电极,另一个电极放置在零电位点,称为参考电极,探查电极所在部位电位的变化即为心脏局部电位的变化。

从实验中发现,当人的皮肤涂上导电膏后,右上肢、左上肢和左下肢之间的平均电阻分别为 $1.5\,k\Omega$、$2\,k\Omega$、$2.5\,k\Omega$,如果将这三个肢体连成一点作为参考电极点,在心脏电活动过程中,这一点的电位并不正好为零。首先由威尔逊提出在三个肢体上各串联一只 $5\,k\Omega$ 的电阻(可在 $5\sim300\,k\Omega$ 之间选,称为平衡电阻),使三个肢端与心脏间的电阻数值互相接近,因而把它们连接起来获得一个接近零值的电极电位端,称为 Wilson 中心电端,中心电端电位记为 V_W,如图 4-20 所示。这样在每一个心动周期的每一瞬间,中心电端的电位都为零。将放大器的负输入端接到中心电端,正输入端分别接到左上肢 LA、右上肢 RA、左下肢 LL(或记为 F),便构成单极肢体导联的三种方式,记为 $\overline{V}_R$、$\overline{V}_L$、$\overline{V}_F$,如图 4-21 所示。

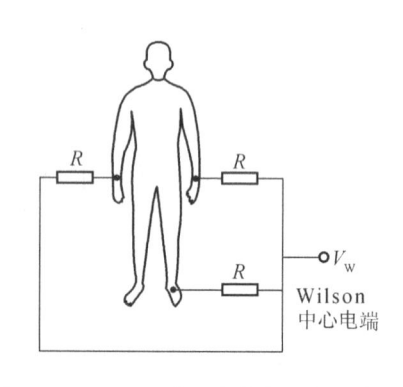

图 4-20 Wilson 中心电端的电极连接图

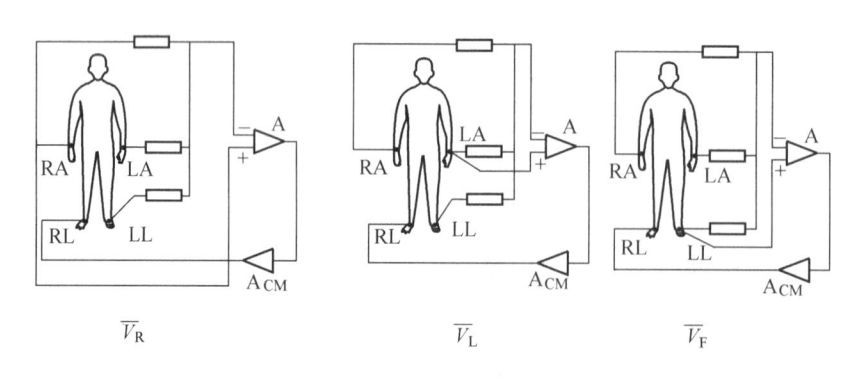

图 4-21 单极导联

4. 加压单极肢体导联

由于电阻 R 能够对探查电极所在肢体的信号进行分流,因此单极肢体导联获得的心电信号幅度较小,不便于进行测量分析。Goldberger 于 1942 年对 Wilson 提出的单极肢体导联进行了一定的改进,提出了加压单极肢体导联的概念,并得到了广泛的认可和应用。

在单极导联基础上,当记录某一肢体单极导联心电波形时,将该肢体与中心电端之间所接的平衡电阻断开,改进成增加电压幅度的导联形式,称为单极皮肤加压导联,简称加压导联,其连接方式如图 4-22 所示。

4 生物电测量仪器

aVR   aVL   aVF

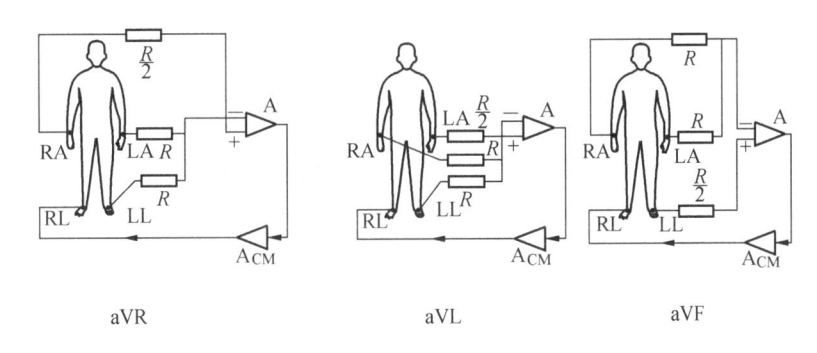

图 4-22 加压导联

加压导联获得的电压分别记为 aVR、aVL、aVF。设改进后的 Wilson 中心电端电位实际为 V_C，则 aVR、aVL、aVF 与 $\overline{V}_R、\overline{V}_L、\overline{V}_F$ 之间的关系为

$$aVR = V_R - V_C; \quad V_C = (V_F + V_L)/2; \quad \overline{V}_R = V_R - V_W。$$

因为向量和为零，即

$$\overline{V}_R + \overline{V}_L + \overline{V}_F = 0 \quad 或 \quad \overline{V}_L + \overline{V}_F = -\overline{V}_R，$$

所以

$$V_C = -\frac{1}{2}\overline{V}_R + V_W，$$

$$aVR = V_R - V_C = \overline{V}_R + V_W - \left(-\frac{1}{2}\overline{V}_R + V_W\right) = \frac{3}{2}\overline{V}_R。$$

同理

$$aVL = \frac{3}{2}\overline{V}_L, \quad aVF = \frac{3}{2}\overline{V}_F。$$

由计算结果可知，加压导联所获得的心电波形形状不变，而波形幅度增加 50%。

5. 单极胸导联

Wilson 于 1942 年提出单极胸导联的连接方式，测量心电图时，为了探测心脏某一局部区域电位变化，将探查电极安放在靠近心脏的胸壁上，参考电极置于威尔逊中心电端，探查电极所在部位电位的变化即为心脏局部电位的变化，这种导联称为单极胸导联。

探查电极安放在前胸壁上的六个固定位置（即 V_1 在右胸骨边缘第四肋间、V_2 在左胸骨边缘第四肋间、V_3 在 V_2 和 V_4 中间、V_4 在锁骨中线与第五肋间的交点、V_5 为腋下线前与 V_4 同水平、V_6 在腋下线上与 V_4 同水平），将心电信号送入放大器正输入端，放大器负输入端通过参考电极接到威尔逊中心电端，这就是所谓的单极胸导联，以 $V_1 \sim V_6$ 表示，如图 4-23 所示。

6. 双极胸导联

除了国际标准十二导联之外，还有一种双极胸导联。双极胸导联心电图是测定人体胸部特定部位与三个肢体之间的心电电位差，即探查电极放置于胸部六个特定点，参考电极分别接到三个肢体上，以 CR、CL、CF 表示。CR 为胸部与右手之

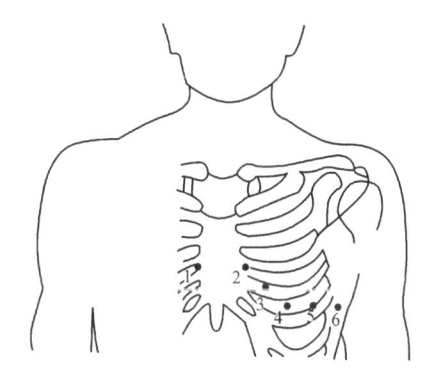

图 4-23 单极胸导联 $V_1 \sim V_6$ 电极位置

间的心电电位差,CL 为胸部与左手之间的心电电位差,CF 为胸部与左脚之间的心电电位差,其组合原理由下式来表达:

$$CR = V_{cn} - V_R, \quad CL = V_{cn} - V_L, \quad CF = V_{cn} - V_F。$$

其中 V_{cn} 为胸部电极 $V_1 \sim V_6$ 的心电电位。

双极胸导联在临床诊断上应用较少,这种导联法的临床意义还有待于医务工作者探索和研究。临床上常用的是单极胸导联。

4.3.3 心电图机的结构

心电图机从最早的弦线电流计式发展到现在的微处理器控制式,经历了电子技术飞跃变革的几个阶段。但是,不管是模拟式心电图机还是数字式心电图机,它们的基本结构基本相同,没有改变。同样,现在广泛应用的心电图机,虽然种类和型号繁多,但其基本结构仍由五大部分组成,如图 4-24a,b 所示。两类心电图机模拟信号通道完全相同,不同的是模拟心电图机没有微处理器控制,并且需要功率放大(即驱动放大),而数字式心电图机不需要功率放大,但需要 A/D 变换将模拟信号变换成数字信号,记录方式也不一样。

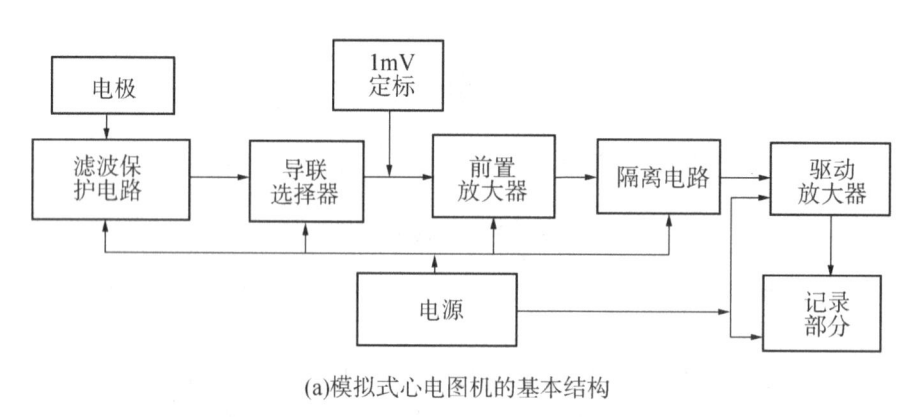

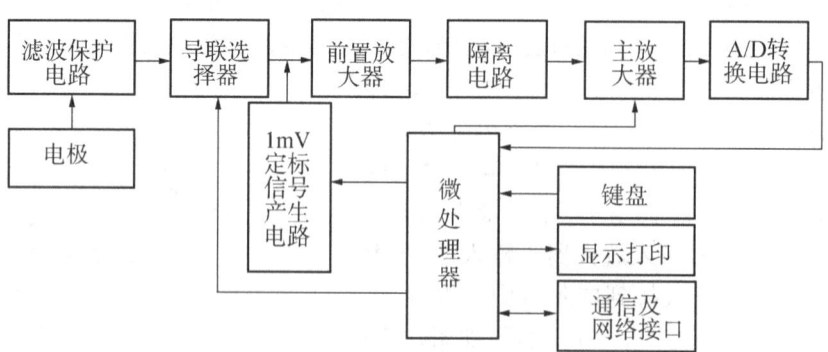

(a)模拟式心电图机的基本结构

(b)数字式心电图机的基本结构

图 4-24 心电图机的基本结构

1. 输入部分

输入部分包括电极、导联线、滤波保护电路、导联选择器等,主要作用是从人体提取心电信号,并按照要求组合导联,将选定导联的心电信号送入后级放大器,同时滤除空间电磁波的干扰,防止高电压损坏仪器。

1) 导联线

由导联线将电极上获得的心电信号送到放大器的输入端。电极部位、电极符号及相连的导联线的颜色均有统一规定,如表 4-4 所示。

表 4-4 电极部位、符号、导联线颜色的规定

电极部位	左臂	右臂	左腿	右腿	胸
符　号	LA 或 L	RA 或 R	LL 或 F	RL	CH 或 V
导联线颜色	黄	红	蓝	黑	白

4 个肢体各有一根导联线,胸部有 6 根导联线。因为电极获取的心电信号仅有几毫伏,为了消除空间电磁波对心电信号的干扰且便于使用,一般需要给导联线外加屏蔽层,屏蔽层接地。导联线的芯线和屏蔽线之间有分布电容存在(约 100 pF/m),对于 1 m 长的导联线,其分布电容的容抗可以到达兆欧级,而这些分布电容又与放大器输入阻抗并联,因此会影响心电信号的记录。为了克服导联线分布电容的影响,一般需要采用屏蔽驱动电路,在消除空间电磁波干扰的同时保证良好的记录效果。屏蔽驱动电路的原理将在下一节详述。导联线应柔软耐折,各接插头的连接牢靠。

2) 导联选择器

由于单导心电图机只能同时记录一个导联的心电信号,因此需要有一个装置对人体上放置的 10 个电极进行组合,构成需要的国际标准十二导联,这个装置就是导联选择器。

导联选择器的结构形式,已从较早的圆形波段开关或琴键开关直接式导联选择电路发展到现在的带有缓冲放大器及威尔逊网络的导联选择电路和自动导联选择电路。每切换一次导联都需按顺序进行,不能跳换。

3) 过压保护

使用心电图机记录病人心电图时,往往会通过电极和导联线窜入一些高压信号,如在记录心电图的同时进行除颤治疗,这样高电压的除颤脉冲就会进入心电图机。为了防止这些高压信号损坏心电图机,必须通过过压保护电路消除高压信号的影响。一般根据过压保护电路的限幅电压,将过压保护电路分为高压保护电路、中压保护电路和低压保护电路。

4) 高频滤波器

空间电磁场中存在大量的高频信号,同时在心电图室周围也可能存在一些大功率用电设备,这些高频的信号通过电极输入心电图机以后会直接影响心电图的描记。因此,在输入部分采用 RC 低通滤波电路组成高频滤波器,滤波器的截止频率选为 10 kHz 左右,滤去不需要的高频信号(如电器、电焊的火花发出的电磁波),以减少高频干扰而确保心电信号的通过。

5) 缓冲放大器

由电极拾取的心电信号,通过导联线首先传输到心电图机的第一级放大器即输入缓冲放大器。缓冲放大的主要目的是提高电路的输入阻抗,减少心电信号衰减和匹配失真,一般采用电压跟随器实现。心电信号由人体传导到心电图机的输入电路,其中要经过人体内阻、电极与皮肤接触电阻以及输入电路的平衡电阻等因素的衰减。如果放大器的输入阻抗很低,那么心电信号经过串联在信号通路里的上述几种电阻衰减之后,最后在放大器的输入阻

抗上得到的被放大的有效信号电压就会降低。由于人体电阻和皮肤与电极的接触电阻分散性很大,输入阻抗过低还会造成心电信号失真。如果输入阻抗较高,就会避免上述因素的不良影响。

2. 放大部分

放大部分的作用是将幅度为 mV 级、频率为 0.05～100 Hz 的心电信号放大到可以观察和记录的水平。由于从人体表面提取的心电信号混入了其它一些干扰信号,因此在放大部分不但要对心电信号进行放大,还要滤除其它干扰信号,因此心电图机的放大部分不能采用简单的单级放大电路,一般采用多级放大。心电图机放大部分主要包括前置放大器、中间放大器和功率放大器,此外还有 1 mV 定标信号发生器、起搏脉冲抑制器、时间常数电路、高频滤波电路、50 Hz 滤波电路以及其它一些辅助电路。

1) 前置放大器

前置放大器是对心电信号进行放大的第一级放大器,由于其输入的心电信号幅度非常小,且混杂了一些其它干扰信号,因此前置放大器的主要功能是滤除一些共模干扰信号,同时对心电信号进行有限度的放大。为了实现这个目的,对于前置放大器有一些特殊的要求:

(1) 高输入阻抗。由于心电信号很微弱,在体表拾取到的信号仅为 1～2 mV,而且人体作为心电信号的信号源来说,其内阻是比较大的,因此就要求前置放大器具有高输入电阻,否则所测信号会产生较大的误差,同时也降低了抗干扰能力。

(2) 高共模抑制比。因心电图机是一个高灵敏度、高输入阻抗的放大装置,容易受到外界各种电磁信号的干扰,尤其是 50 Hz 交流电的干扰,因为它的频率在心电图机放大器的频率范围之内,而且交流电引起的干扰往往比微弱的心电信号大许多。若把心电信号和交流干扰信号同时放大,心电信号将会叠加上严重的干扰。由于电磁干扰信号为共模信号,因此,前置放大器必须具有很高的共模抑制比,才能具有很强的抗干扰能力,把干扰信号抑制掉。

(3) 低零点漂移。心电图机要工作在不同的环境中,环境温度变化较大,为了得到准确的记录波形,要求心电图机各路的工作点要稳定。前置放大器的零点漂移主要由温度引起,这种漂移经中间级、功率级后会被放大,严重影响记录,因此前置放大器的零点漂移越小越好。

(4) 低噪声。噪声是由放大电路中各元器件内部带电粒子的不规则运动造成的。在多级放大器中,第一级产生的噪声在整机中的影响最大,因此要求前置放大电路的噪声要低。

(5) 宽的线性工作范围。由于存在比较大的电极电压,导致工作点产生漂移。为使其不致偏移出放大器的线性工作区,要求前置放大器有宽的线性工作范围,以使心电信号不发生波形失真。

随着新的电子器件高性能集成电路的应用,具有以上这些特性的放大器已不再成为问题。

2) 1 mV 定标信号发生器

为了衡量描记的心电图波形幅度,校准心电图机的灵敏度,通常需要给前置放大器的输入端输入 1 mV 的矩形波信号。例如,当选择心电图机的灵敏度为 10 mm/mV 时,如果给前置放大器输入 1 mV 矩形波信号,记录纸上就应该描记出 10 mm 的矩形波。如果记录纸上描记的波形幅度与 10 mm 有偏差,则说明整机的灵敏度有误差,需要调整,这个过程就称为定标。另外，1 mV 的矩形波信号还可用于时间常数的测量和阻尼的检测。

心电图机均备有 1 mV 定标信号发生器，它产生的幅度为 1 mV 的标准电压信号，作为衡量所描记的心电图波形幅度的标准。

一般在使用心电图机之前，都要对定标进行检查。通过微调，在前置放大器输入 1 mV 定标信号时，使记录器上描记出幅度为 10 mm 高的标准波形（即标准灵敏度）。这样，当有心电波形描记在记录器上时，即可对比测量出心电信号各波的幅度值。

1 mV 定标信号发生器有标准电池分压、机内稳压电源分压和自动 1 mV 定标产生器等方式。

3）时间常数电路

前置放大器输出的信号要送入中间放大器进行进一步的电压放大，由于使用的心电电极具有一定的直流极化电压，如果该极化电压直接送入中间放大器，将会使中间放大器的静态工作点发生偏移，放大器有可能偏出放大区，造成描记信号的失真。为了解决极化电压的问题，在前置放大器与中间放大器之间设计了一个 RC 滤波网络，称为时间常数电路。其原理是利用电容"隔直"的特性，将极化电压在前置放大器输出端滤除，而允许心电信号通过，这样就消除了极化电压对后级电路的影响。由于该电路利用的是 RC 阻容网络充放电的原理，其截止频率取决于充放电的时间常数，因此该电路称为时间常数电路。

4）中间放大器

中间放大器在时间常数电路之后，称为直流放大器。由于它不受极化电压的影响，增益可以较大，一般由多级直流电压放大器组成，隔离电路一般也设置在中间放大器中（隔离电路见第 3 章）。其主要作用是对心电信号进行电压放大，一般均采用差分式放大电路。

心电图机的一些辅助电路（如增益调节、闭锁电路、50 Hz 干扰和肌电干扰抑制电路等）都设置在这里。

5）功率放大器（只适用于模拟式心电图机）

功率放大器的作用是将中间放大器送来的心电信号电压进行功率放大，以便有足够的电流去推动记录器工作，把心电信号波形描记在记录纸上，获得所需的心电图。因此，功率放大器亦称驱动放大器。

功率放大器采用对称互补级输出的单端推挽电路比较多。

3. 记录部分

记录部分包括记录器、热描记器（简称热笔）及热笔温控电路。

数字式心电图机通常采用点阵式热敏打印机，由微处理器控制，并且数字式心电图机通常都带液晶显示器。

记录器是将心电信号的电流变化转换为机械（记录笔）移动的装置。

模拟式心电图机通常采用热笔直接描记。热笔固定在记录器的转轴上，随着输入的心电信号的变化而偏转，同时由热笔温控电路负责给热笔加热并控制热笔的温度。热笔记录器采用的是热敏记录纸，当热笔发热以后与记录纸接触，记录纸上的热敏材料就会变黑，从而可以描记出心电图。

记录器上的转轴随心电信号的变化而产生偏移，固定在转轴上的记录笔也随之偏移，便可在记录纸上描记下心电信号各波的幅度值。当记录纸移动后，就能呈现出心电图。现在常用的有动圈式记录器和位置反馈式记录器以及热阵打印式记录器。

4. 走纸部分

带动记录纸并使它沿着一个方向做匀速运动的机构称为走纸传动装置,它包括电机与减速装置及齿轮传动机构。它的作用是,使记录纸按规定速度随时间做匀速移动,记录笔随心电信号变化的幅度值便被"拉"开,描记出心电图。

走纸速度规定为 25 mm/s 和 50 mm/s 两种。两种速度的转换,若采用直流电机,则通过改变它的工作电流来实现;若采用交流电机,则通过倒换齿轮转向来实现。

为了准确地描记心电图,要求走纸速度稳定、速度转换迅速可靠。一般设有稳速和调速电路,需要时可随时校准速度。

5. 控制部分

目前绝大多数心电图机尤其是多导同步记录心电图机都采用微处理器控制。控制部分的核心是微处理器,负责整机各部分电路的控制,如信号采集、放大、A/D 变换、存储、分析、显示、记录等。另外,微处理器周围还配有必要的外围部件如 ROM、RAM、FPGA 等,实现整机的控制。

6. 电源部分

心电图机一般都采用交直流两用供电模式。

当采用交流电源供电时,输入的 220 V/50 Hz 交流电首先通过变压器进行降压,然后通过整流滤波电路转换成为低压直流电源,最后该低压直流电信号输入 DC-DC 变换器,得到各部分电路需要的直流稳压电源信号。

当采用直流电源供电时,心电图机一般配备蓄电池或干电池,当仪器处于待机状态时,通过交流电源对蓄电池进行充电;当交流电源断开或者没有交流电源时,仪器可以自动切换到蓄电池供电方式,保证心电图机的正常使用。为适应不同需要,电源部分还有充电及充电保护电路、蓄电池过放电保护电路、交流供电自动转换蓄电池供电电路、定时关机电路及电池电压指示等。

4.3.4 心电图机的主要性能参数

心电图机所记录的心电图,必须将心电电流的变化不失真地放大出来以供医务人员诊断心脏机能的好坏。心电图机的性能如有失常,会引起临床诊断中的差错。鉴别心电图机性能的好坏,常以其技术指标来表示。熟悉技术指标,并理解其内涵,对设计、使用、调整、维修心电图机是很必要的。下面简单介绍心电图机主要技术指标及其检测方法。

1. 输入电阻

心电图机的输入电阻即为前置放大器的输入电阻,一般要求大于 2 MΩ。输入电阻愈大,因电极接触电阻不同而引起的波形失真越小,共模抑制比就越高。

2. 灵敏度

心电图机的灵敏度是指输入 1 mV 电压时记录笔偏转的幅度,通常用 mm/mV 表示,它反映了整机放大器放大倍数的大小。一般将心电图机的灵敏度分为三挡(5 mm/mV、10 mm/mV、20 mm/mV),且分挡可调。心电图机的标准灵敏度为 10 mm/mV,规定标准灵敏度的目的是便于对各种心电图进行比较。在有的导联出现 R 波特别高或 S 波特别深时,也可以采用 5 mm/mV 灵敏度挡位。有的心电波电压比较微弱,也可采用比标准灵敏度更高的灵敏度如 20 mm/mV,以方便对心电图波形的诊断。为了能迅速准确地选择灵敏度,在仪器面板上装有灵敏度选择开关。为了使机器的灵敏度能够连续可调,在机器面板上还设有增益调节电位器。

判断心电图机的灵敏度是否正常,检测方法为:将导联选择开关置于"Test"位(有的标注"1 mV"),灵敏度选择开关置于"1"挡(10 mm/mV),工作开关置于"观察"位,利用本机内的 1 mV 标准信号,不断地打出矩形波,在走纸过程中,记录下矩形波的幅度。调节增益电位器,使描记幅度正好为 10 mm。改变灵敏度选择开关的位置,给出 1 mV 标准信号时,应能得到成比例变化的矩形波信号。

3. 噪声和漂移

噪声指的是心电图机内部元器件工作时,由于电子热运动等产生的噪声,不是因使用不当、外来干扰形成的噪声。这种噪声使心电图机在没有输入信号时仍有微小杂乱波输出。这种噪声如果过大,不但影响图形美观,而且还影响心电波的正常性,因此要求噪声越小越好,在描记的曲线中应看不出噪声波形。噪声的大小可以用折合到输入端的作用大小来计算,一般要求低于相当于输入端加入几微伏以下信号的作用,国际上规定其值不大于 15 μV。

漂移是指输出电压偏离原来起始点而上下漂动缓慢变化的现象。心电图机采用了将直流信号或变化极缓慢的信号进行放大的直流放大器,级间采用直接耦合的方式,当放大器的输入端短路时,输出端也有缓慢变化的电压产生,这种现象称为漂移,也叫零点漂移。一般情况下,放大器的级数越多,零点漂移越严重。当漂移电压的大小可以和心电信号电压相比时,就会造成分辨困难。

零点漂移主要是由晶体管参数随温度变化而产生的;放大器电源电压的波动也会引起静态工作点产生变化,以致产生漂移;电路元件老化,其参数随着使用时间的延长而改变,也会引起零点漂移。

检测方法:机器接通电源,导联选择开关置于"Test"位(1 mV 位),增益调节器置最大,有笔迹宽度调节的机器,将笔迹调到最细,走纸,观察记录笔迹应是一条很平稳光滑的直线。若笔迹有微小抖动,则是噪声所致;若基线位置缓慢移动,则是漂移所致。

4. 时间常数

若给 RC 串联电路接通直流电压 E 后,电容器的充电电流并不是一个常量,而是时间 t 的函数。表达式为

$$i_C(t) = \frac{E}{R} e^{-t/\tau}。$$

式中,τ 为时间常数;$i_C(t)$ 为 t 时刻电容两端的充电电流。

该式说明电容器的充电电流 i_C 由初始值 E/R 开始,随着时间的延长,按指数规律衰减,当 t 等于时间常数 τ 时,其值衰减到初始值的 $1/e$,即 36.8%。

基于上述原理,心电图机的时间常数 τ 的数值是指,在直流输入时,心电图机描记出的信号幅度将随时间的增加而逐渐下降,输出幅度自 100% 下降到 37% 左右所需的时间。这个指标一般要求大于 3.2 s;若过小,幅值就下降过快,甚至会使输入信号为方波信号时输出信号变成尖峰波,这就不能反映心电波形的真实情况。

检测方法:当心电图机工作在标准灵敏度时,将导联选择开关置于"Test"位(1 mV 位),将描笔基线调至记录纸中心线上,走纸,按下 1 mV 定标电压开关,直到记录笔回到记录纸中心线再松开,停止走纸。计算波幅从 10 mm 下降到 3.7 mm 时所经过的时间,就是该机的时

间常数,如图 4-25 所示。

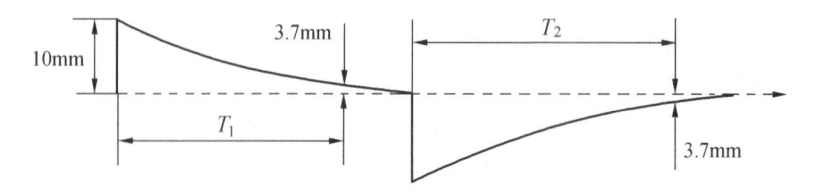

图 4-25 时间常数的测量

当走纸速度为 25 mm/s 时,心电图记录纸每一小格代表时间 0.04 s,将波幅自 10 mm 下降到 3.7 mm 所经过的格数 x 乘以 0.04 s,即得出时间常数:

$$\tau = 0.04x(\text{s})。$$

5. 线性

心电图机的线性包括移位的线性和测量电压的线性两方面。

1) 移位的线性

心电图机的记录笔在描记宽度允许的范围内,处于任何位置时,输入相同幅度的信号,记录笔偏转的幅度若相同,则此心电图机的线性良好;描笔偏转的幅度若不同,则此心电图机线性不好。线性不好的心电图机在描记心电图波形时会产生失真。

影响心电图机线性指标的因素较多。如晶体管的输入特性、输出特性、差动放大器电路的对称性,以及放大器工作点的设置,等等,都影响整机的线性。

检测方法:将机器接通电源,导联选择开关置于"Test"位(1 mV),将记录笔基线调到记录纸的下沿处,灵敏度选择开关置 10 mm/mV,走纸,并不断给出 1 mV 标压信号,同时调节基线电位器,改变记录笔在记录纸上的基线位置,这样得出如图 4-26 所示的波形。通过比较各个位置上矩形波的幅度来判断整机的线性。

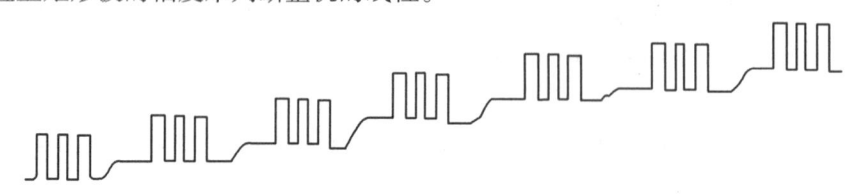

图 4-26 线性检测波形

2) 测量电压的线性

线性好的心电图机,在输入信号幅度变化时,输出信号应与输入信号成正比变化。检测方法:当心电图机处于 10 mm/mV 标准灵敏度时,给心电图机分别输入 0.1 mV,0.2 mV,0.3 mV…不同的幅值信号时,如果输出描记下来的信号幅度分别为 1 mm,2 mm,3 mm,…,则说明心电图机线性好,线性误差为零。实际上,由于心电放大器非线性失真等原因,心电图总是存在一定线性误差。线性误差越小,说明非线性失真越好。当工作频率在 0.05~100 Hz 范围内时,要求描笔记录幅度在 ±20 mm 之内,线性误差应小于 10%。

6. 极化电压

皮肤和表皮电极之间会因极化而产生极化电压。这主要是由于心动电流流过后形成电压滞留现象。极化电压对心电图测量的影响很大,会产生基线漂移等现象。极化电压最高时可达数十毫伏乃至上百毫伏。处理不好极化电压,产生的干扰将是很严重的。

尽管心电图机使用的电极已经采用了特殊材料,但是,由于温度的变化以及电场和磁场的影响,电极仍产生极化电压,一般为 200～300 mV,这样就要求心电图机有一个不受极化电压影响的放大器和记录装置。

7. 阻尼

心电图机的阻尼是指抑制记录器产生自激振荡的能力,调节适当就可防止记录器按固有频率振荡运动。当心电图机的阻尼过大时,心电图上微小的波形幅值降低,严重时甚至描记不出来;而当阻尼过小时,心电图上的尖峰波(如 R 波、S 波等)幅值会增加。因此,需将其调至适中状态,以保持不失真地记录波形。

检测方法:机器接通电源后,将导联选择开关置于"Test"位(1 mV 位),灵敏度调至 10 mm/mV,走纸,不断打出标准电压的矩形波,并观察波形。阻尼过大的波形折角处圆滑;阻尼过小的波形折角处出尖脉冲。一般用定标波形检验阻尼状况,定标波形方波不发生畸变即阻尼适中。阻尼适中、过大、过小三种情况下描记的定标波形如图 4-27 所示。

(a) 正常   (b) 过阻尼   (c) 欠阻尼

图 4-27 心电图机描记的正常、过阻尼及欠阻尼波形

8. 频率响应特性

人体心电波形并不是单一频率的,而是可以分解成不同频率、不同比例的正弦波成分,也就是说心电信号含有丰富的高次谐波。若心电图机对不同频率的信号有相同的增益,则描记出来的波形不会失真。但是,放大器对不同频率的信号的放大能力并不是完全一样的。心电图机输入相同幅值、不同频率信号时,其输出信号幅度随频率变化的关系称为频率响应。心电图机的频率响应主要取决于放大器和记录器的频率响应。频率响应越宽越好,一般心电放大器比较容易满足频宽要求,而记录器是决定频率响应的主要因素。

检测方法:选用低频信号发生器提供 1～70 Hz 的正弦波信号。通过导联线将振荡信号输入到心电图机中。导联线的左手电极(黄色线)接信号发生器的输出端,右手电极(红色线)与右腿电极(黑色线)短路后接信号发生器的接地端。心电图机工作在标准灵敏度状态,将阻尼调节正常。将导联选择开关置于标准"Ⅰ"导联。选定信号发生器的工作频率为 10 Hz,调节信号发生器的输出强度,使心电图机描记幅度达到 10 mm,走纸,记录下这个波形。固定信号发生器的输出强度(必要时,用数字电压表监视信号发生器的输出幅度,保持其不变),改变信号发生器的工作频率,观察并让心电图机分别记录下波形。以工作频率为横坐标、信号波幅值为纵坐标,将上述记录情况描绘出一条曲线,即心电图机的频率响应特性曲线。

9. 共模抑制比

心电图机一般都采用差动式电路。这种电路对于同相信号(又称共模信号,如周围电磁场所产生的干扰信号)有抑制作用,对异相信号(又称差模信号,欲描记的心电信号就是异相信号)有放大作用。共模抑制比(CMRR),指心电图机的差模信号(心电信号)放大倍数 A_d 与共模信号(干扰和噪声)放大倍数 A_c 之比,表示抗干扰能力的大小。

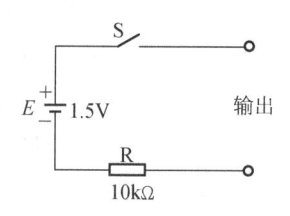

准备一个矩形波发生器,如图 4-28 所示。图中 E 是 1.5 V 电源(可用普通干电池),S 是微动开关,R 是防止电源短路的电阻,其数值没有严格限制,一般选为 10 kΩ。检测方法:将此矩形波发生器的输出一端与导联线中的右腿电极(黑色线)相接,另一端与左、右手电极(黄色线和红色线)接到一起,导联线与心电图机接好后,将心电图机置标准灵敏度,导联选择置标准"Ⅰ"导联,按下矩形波发生器的微动开关 S,记录下此时信号波形幅度。若信号波形幅度为 x,则共模抑制比

图 4-28 共模抑制比测试电路

$$\text{CMRR} = \frac{A_d}{A_c} = \frac{10\text{ mm}/1\text{ mV}}{x\text{ mm}/1.5\text{ V}} = \frac{15\ 000}{x}。$$

若测得 $x=5$ mm,那么,该机的共模抑制比为 3 000∶1。

10. 走纸速度

在心电图机记录纸上,横坐标代表时间,因此走纸速度的准确性就直接影响到所测量心电图波形的时间间隔的准确性,这就要求走纸速度均匀。常用的走纸速度有 25 mm/s 和 50 mm/s 两挡。

检测方法:将心电图机置于"Test"位(1 mV 位),通电走纸,观察秒表指针,在开始计时的瞬间记录一个 1 mV 标准矩形波,经过时间 t 后再记录一个矩形波,然后数出两个矩形波前沿(走纸记录始、终点标志)之间的小格数 x,一个小格的间距是 1 mm,所以,走纸速度

$$v = x/t$$

例如,记录时间 $t=10$ s,两个矩形波前沿间距共 250 个小格,那么记录速度就是 25 mm/s。

11. 绝缘性能

为了保证医务人员和患者的安全,心电图机应具有良好的绝缘性。绝缘性常用电源对机壳的绝缘电阻来表示,有时也用机壳的漏电流表示。一般要求电源对机壳的绝缘电阻不小于 20 MΩ,或漏电流应小于 100 μA。因此,心电图机通常采用"浮地技术"。

所谓浮地技术,是指将与患者直接相连的电路(如输入部分、前置放大部分电路)的地线悬空,与后级主放大电路、记录器驱动电路及走纸部分的地线隔离,以保证患者与大地之间绝缘,地线悬空的电路称为浮地电路。为了实现浮地电路与后级接地电路在电气上的隔离,同时又能将心电信号传到后级,一般采用光电耦合电路进行信号传递,同时在电源部分也必须通过变压器实现接地与浮地的隔离。

4.3.5 数字式心电图机关键技术

目前临床上已普遍使用数字式心电图机,下面以一种带微处理器并配有液晶显示屏幕和热线阵打印技术的普及型单道热线阵自动心电图机 ECG-6951D 为例介绍数字式心电图机的相关技术。该心电图机的主要特点如下:

- 大屏幕液晶显示工作菜单和心电波形。
- 采用 16 位微处理器、10 位 A/D 转换器。
- 采用热线阵打印技术,消除了非线性及过冲问题,并可打印记录心电波形导联名称、时标、走纸速度、增益、滤波器等数据。
- 具有手动/自动记录方式,自动方式下基线自动控制、增益自动控制、自动导联转换。手动方式下基线可手动人为控制。自动方式下,导联记录时间可设定,并可任意延长某一导

联时间。
- 选用步进电动机及高效传动系统,可靠性高,寿命长,启动特性好。
- 具有电极异常检测、指示和标记功能,缺纸检测和指示。
- 具有多种安全保护功能,如输入除颤保护、热线阵打印缺纸保护等。
- 电池充电自动控制。

4.3.5.1 原理框图

ECG-6951D 单道热线阵自动心电图机原理框图如图 4-29 所示。本机主要由心电信号放大器、控制器、电源三大部分组成。

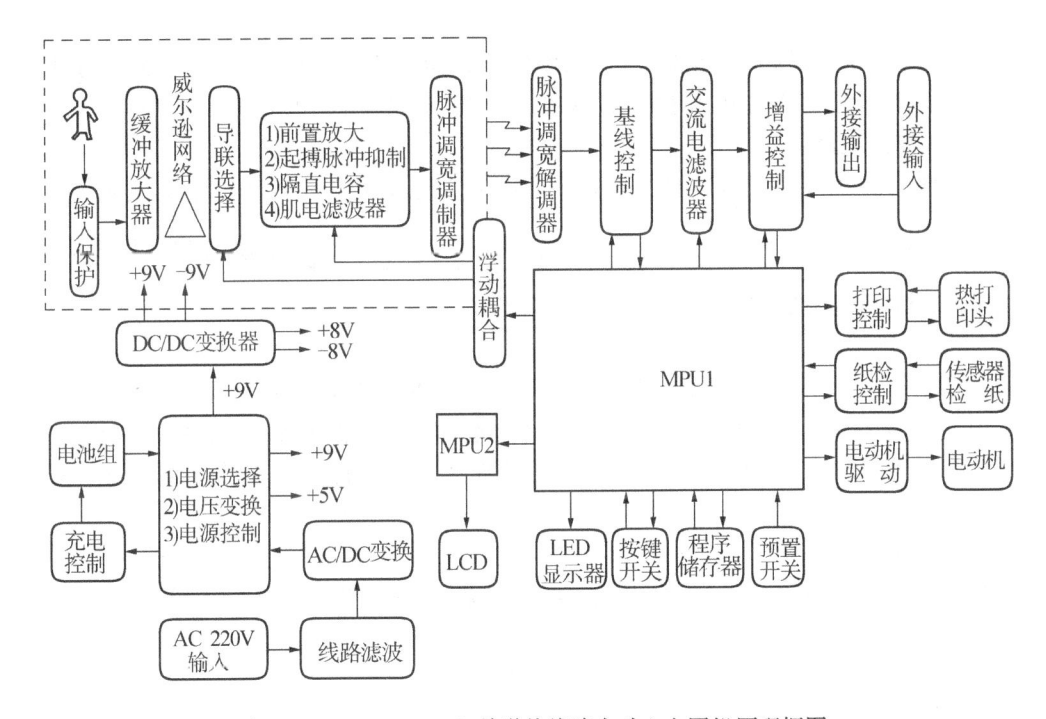

图 4-29 ECG-6951D 单道热线阵自动心电图机原理框图

心电信号放大器是 ECG-6951D 心电图机的主要组成部分,它主要由两大部分组成:一是前置放大器,二是主放大器。由于本机采用热线阵打印和液晶显示、MPU 控制,因此没有普通传统心电图机所具有的信号功率放大器部分。其前置放大器结构和技术指标要求和模拟式心电图机相同。为了提高心电图机的电安全性,ECG-6951D 心电图机采用浮置电源,心电信号由前置级到主放大器的传递采用光电耦合方式。同时,为了提高信号传输中的抗干扰能力,提高整机的信噪比,心电模拟信号在光电耦合传输前,首先进行脉宽调制,形成脉冲宽度调制信号(PWM)后再经光电传输、信号解调恢复模拟心电信号,送至主放大器进一步放大及灵敏度控制。

EGG-6951D 心电图机的控制器采用了数字控制方式,控制核心采用 16 位单片机 80C196MH,实现数据采样、滤波控制、增益控制、打印控制、定标控制、封闭控制、运行控制、模式控制等丰富的功能,并发送命令和数据到液晶显示器。

4.3.5.2 电路原理分析

1. 前置心电放大器

前置心电放大电路如图 4-30 所示。

1) 过压保护电路

心电图机正常工作信号幅度为 0～80mV，频响为 0.05～150Hz。它除了单独用于临床检查以外，往往也与其它医疗设备同时使用。例如，手术电刀的电压可达 100～1000V，抢救时使用的除颤器的输出电压可达 3000V 等，均超过其正常工作范围。为了不致损坏心电图机，应采用过压保护电路。

由 A_{101}～A_{109} 放电器件组成的高压保护电路，其保护电压为 ±70V。当高于 ±70V 的电压加到输入端时，放电管击穿，而放电管的一端是接地的，故高于 ±70V 的高压可对地短路，从而保护机器。

二极管 D_{102}～D_{110} 构成低压保护电路，限制输入电压在 ±8.6V 左右，D_{102} 跨接于 IC102 同相输入端、反相输入端间，相当于输入限幅的双向稳压管（IC102 供电电源为 ±8V）。

2) 高频滤波电路

电容器 C_{110}～C_{118} 为 220pF 的抗高频干扰电容，与电阻 R_{101}～R_{109} 构成低通滤波器：

$$高频截止频率 f_H = \frac{1}{2\pi RC} = \frac{1}{2 \times 3.14 \times 22 \times 10^3 \times 220 \times 10^{-12}} = 32(kHz),$$

即将高于 32kHz 高频成分滤掉。

3) 缓冲放大器

输入缓冲器的结构为电压跟随器，其作用是使人体与威尔逊网络高度隔离。IC102～IC110 由开环增益极高的 μPC4250 连接成闭环增益为"1"的缓冲放大器。由于保护二极管 D_{102} 与 IC102 的输出端"6"脚接成自举电路，缓冲放大器为具有高输入阻抗、低输出阻抗、增益为"1"的放大器。

4) 屏蔽驱动

屏蔽线驱动电路见图 4-31，患者输入线有屏蔽层，输入线与屏蔽层之间有分布电容：

$$I_C = \frac{\Delta U}{X_C},$$

式中，I_C 为分布电容漏泄电流；X_C 为分布电容的容抗；ΔU 为输入线与屏蔽层间电位差。

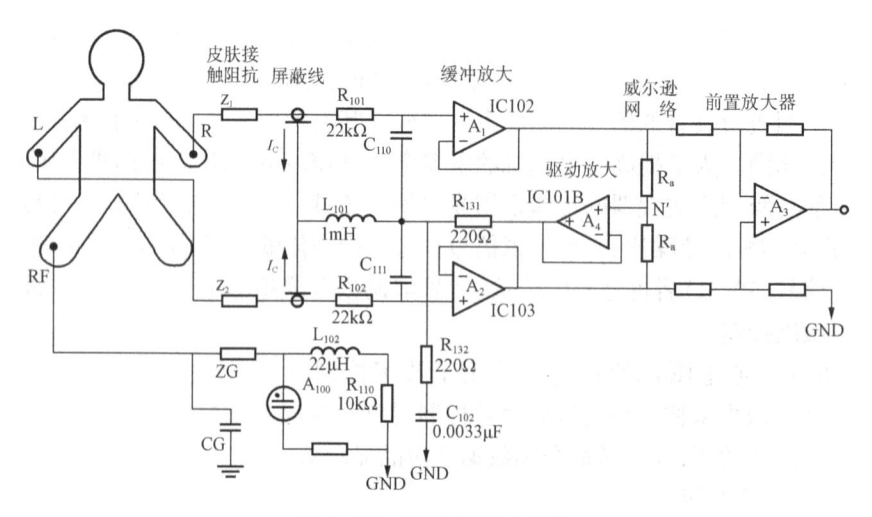

图 4-31 屏蔽线驱动电路

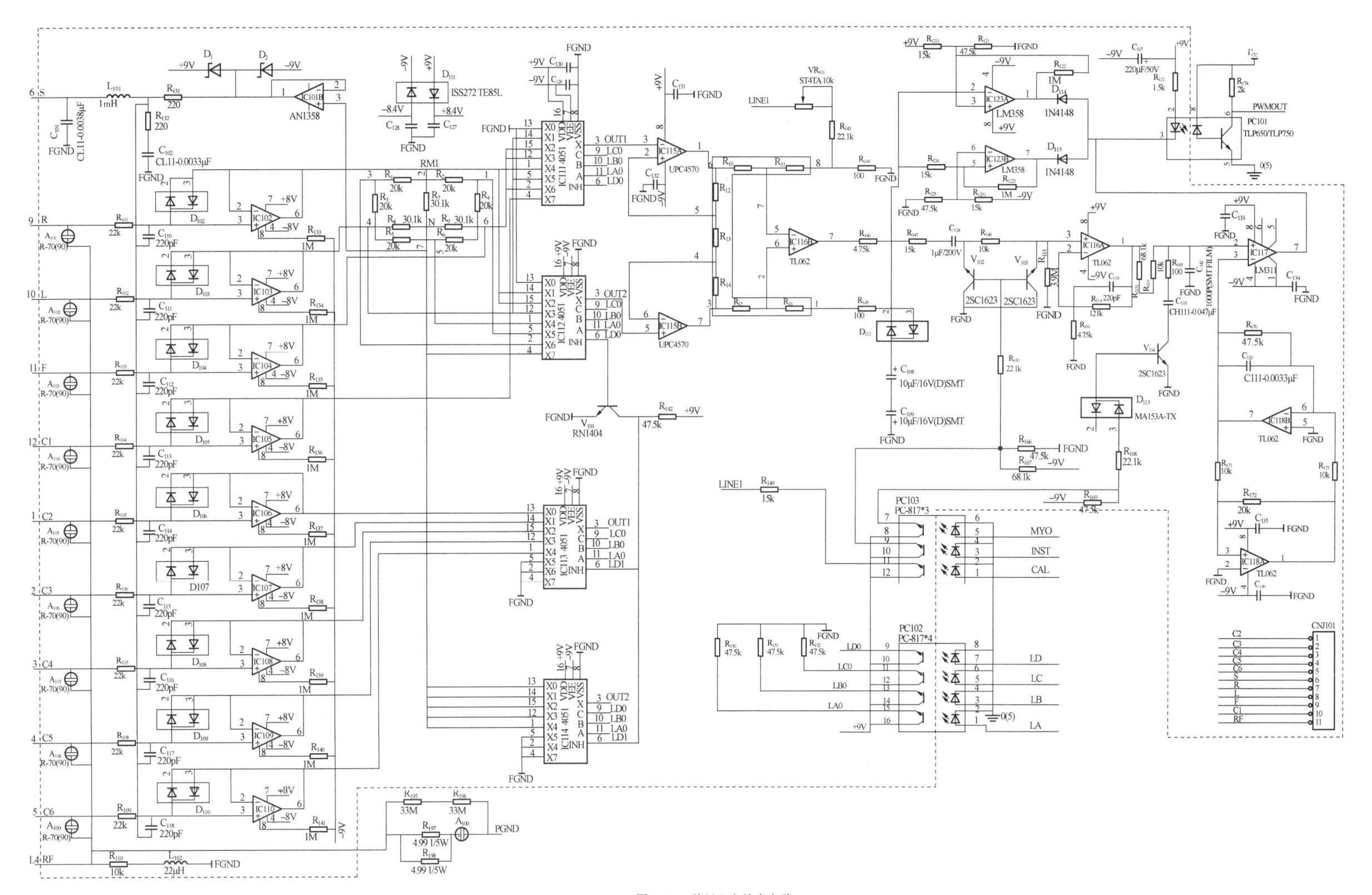

图 4-30 前置心电放大电路

患者处于电磁场中,与放大器相连的各端有较大的同相50Hz交流信号,在威尔逊网络的N'点(R_a之间)取得该同相信号,经IC101B组成的"屏蔽线驱动电路",使屏蔽层获得同值的同相信号,结果减小输入线与屏蔽线之间的共模电位差,使分布电容漏电流限制在很小的数值,改善了抗干扰性能。

5) 威尔逊网络及导联切换

9个电阻组成威尔逊网络RM1,如图4-32所示,便可取十二导联的心电信号。

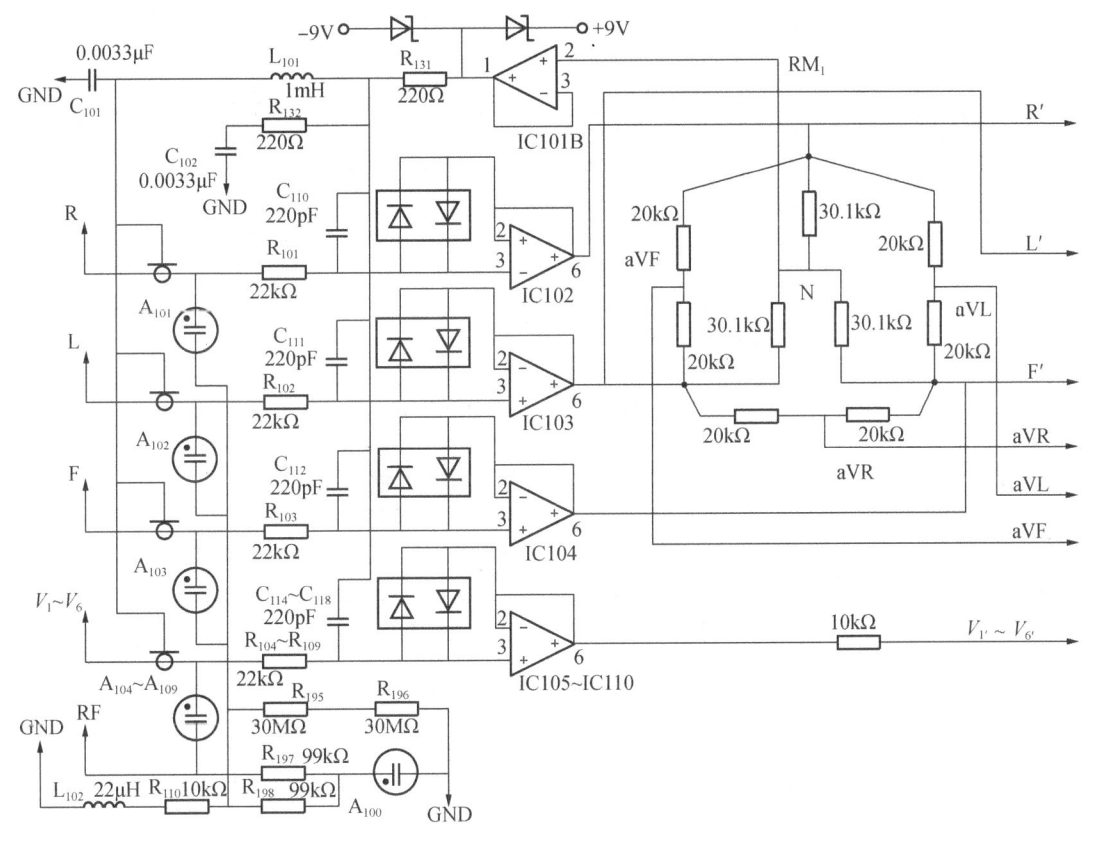

图4-32 威尔逊网络

集成电路IC111～IC114(4051B 8选1模拟开关)、光电耦合开关PC102及V_{101}(三极管RN1404)组成导联选择。4051B的示意图如图4-33所示,真值表如表4-5所示。4051是单相通道数字控制模拟开关,有3个二进制控制输入端A、B、C和INH输入。当INH为"1"时,该模拟开关处于"禁止"状态,没有一路通道接通。当INH为"0"时,3位二进制信号选通8通道中的某一通道,并连接该输入端至输出。导联选择器的作用就是在某一时刻只能让某一心电导联被选中。ECG-6951D心电图机共有13个导联,用4块4051B集成电路完成选择。在做某个导联时有2片4051工作,构成一组。其中IC111、IC112完成封闭导联、标准导联、加压导联和V_1导联的选择,IC113、IC114完成V_2～V_6导联的选择。

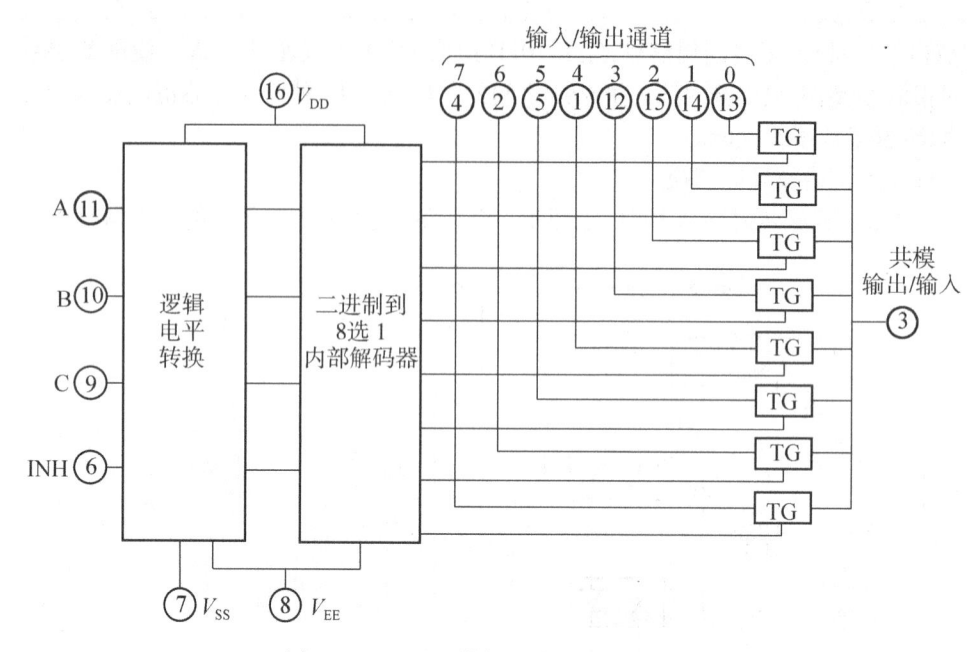

图 4-33 8 选 1 模拟开关 4051B 示意图

表 4-5 8 选 1 模拟开关 4051B 真值表

输入状态				被选通道
INH	C	B	A	
0	0	0	0	0
0	0	0	1	1
0	0	1	0	2
0	0	1	1	3
0	1	0	0	4
0	1	0	1	5
0	1	1	0	6
0	1	1	1	7
1	×	×	×	无

ECG-6951D 心电图机采用浮置电源保证患者安全,防止操作者带电危及患者,所以操作键均经光电耦合开关与相关模拟开关连接。主控 MPU 接受导联选择按键的命令,相应发出 LA、LB、LC、LD 控制信号,经过 PC102 光电耦合开关转换为 LA0、LB0、LC0 和 LD0 信号,如图 4-34 所示。LA0、LB0、LC0 分别送至 4 片 4051 的 A、B、C 端控制通道的选择,LD0 送至 IC111、IC112 的 INH 控制端选通该组 4051 芯片,配合 A、B、C 信号的组合实现测试导联、标准导联、加压导联和 V_1 导联的选择。同时 LD0 经过 V_{101} 转换为相反状态的 LD1,如照图 4-35所示,LD1 作为 IC113、IC114 的 INH 控制信号,再配合该两片 4051 的 A、B、C 信号实

现 $V_2 \sim V_6$ 导联的选择。由 LA、LB、LC、LD 信号的不同组合控制，满足表 4-6、表 4-7 的真值表，便可进行十二导联的选择。

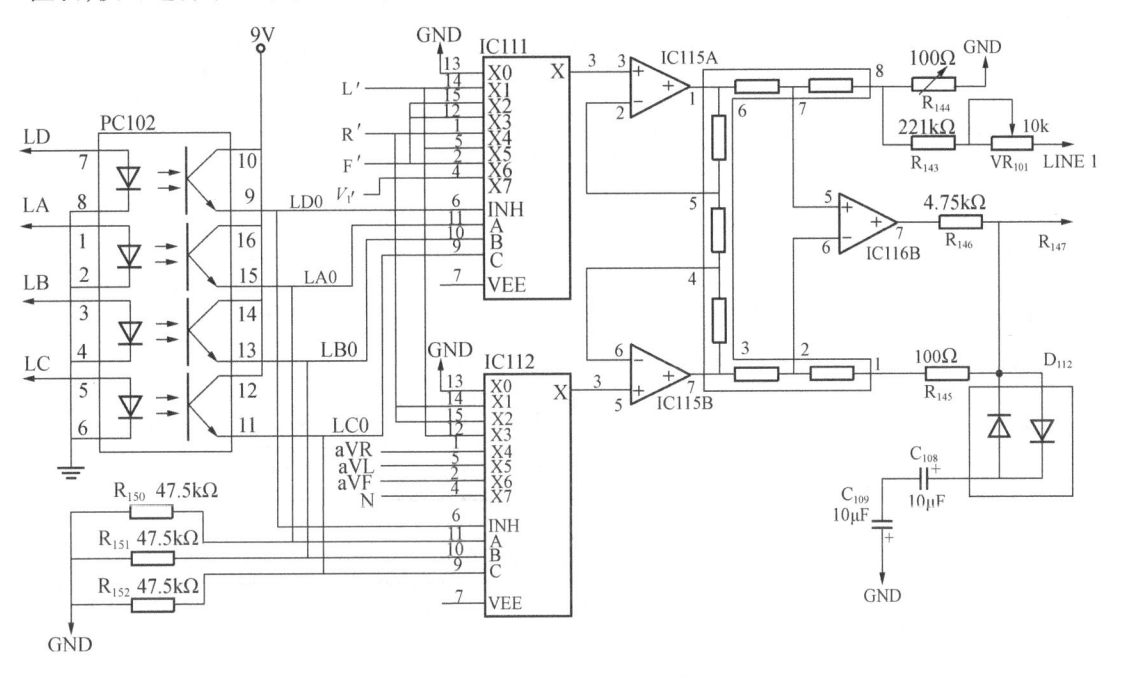

图 4-34　导联输出与前置放大器连接图

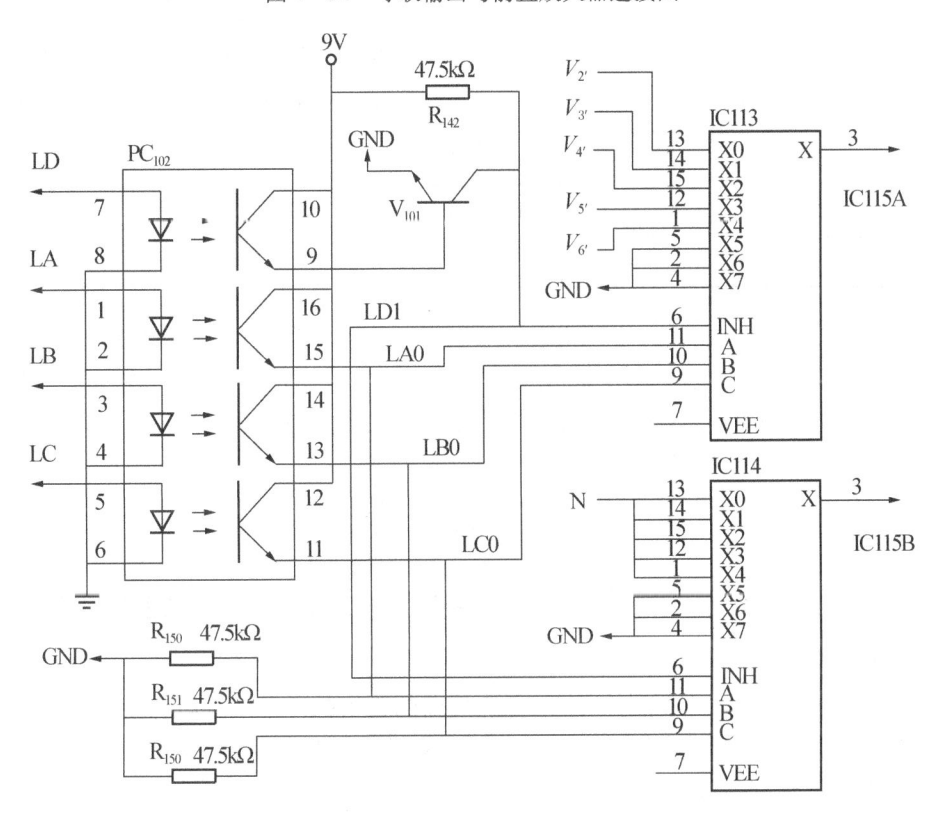

图 4-35　$V_2 \sim V_6$ 导联选择示意图

表4-6 导联选择真值表一

工作导联	耦合开关输入信号				IC111,IC112 输入				IC111(X) 接通端子	IC112(X) 接通端子
	LD	LA	LB	LC	INH	A	B	C		
封闭	0	0	0	0	0	0	0	0	X0(地)	X0(地)
Ⅰ	0	0	0	1	0	0	0	1	X1(L)	X1(R)
Ⅱ	0	0	1	0	0	0	1	0	X2(F)	X2(R)
Ⅲ	0	0	1	1	0	0	1	1	X3(F)	X3(L)
aVR	0	1	0	0	0	1	0	0	X4(R)	X4(aVR)
aVL	0	1	0	1	0	1	0	1	X5(L)	X5(aVL)
aVF	0	1	1	0	0	1	1	0	X6(F)	X6(aVF)
V_1	0	1	1	1	0	1	1	1	X7(V1)	X7(N)

表4-7 导联选择真值表二

工作导联	耦合开关输入信号				IC111,IC112 输入				IC113(X) 接通端子	IC114(X) 接通端子
	LD	LA	LB	LC	INH	A	B	C		
V_2	1	0	0	0	0	0	0	0	X0(V2)	X0(N)
V_3	1	0	0	1	0	0	0	1	X1(V3)	X1(N)
V_4	1	0	1	0	0	0	1	0	X2(V4)	X2(N)
V_5	1	0	1	1	0	0	1	1	X3(V5)	X3(N)
V_6	1	1	0	0	0	1	0	0	X4(V6)	X4(N)

6) 三运放前置放大器

心电信号经过缓冲级、威尔逊网络及导联选择,选出了某个导联后,即要进行放大。三运放组成的高输入阻抗差分放大器,是心电图机通常采用的放大器。本机前置放大由 IC115A、IC115B、IC116B 及相应电阻接成三运放形式来完成,原理如图 4-36 所示。当 $R_2 = R_3, R_4 = R_6, R_5 = R_7$ 时,其放大倍数为

$$A_V = \left(\frac{2R_2}{R_1} + 1\right) \cdot \frac{R_5}{R_4}。$$

由图 4-36 所示参数,$A_V = \left(\frac{2 \times 200}{21} + 1\right)\left(\frac{100}{100}\right) \approx 20$。调节 R_{144},可减小共模输出信号。

7) 起搏脉冲抑制

安装了起搏器的病人也要做心电图,而起搏器的输出脉冲幅度较高,有可能阻塞后级放大器,故要用起搏脉冲抑制电路。如图 4-37 所示,双向二极管 D_{112} 和电容 C_{108}、C_{109} 组成起搏脉冲抑制电路,使起搏脉冲由二极管、电容抑制掉。

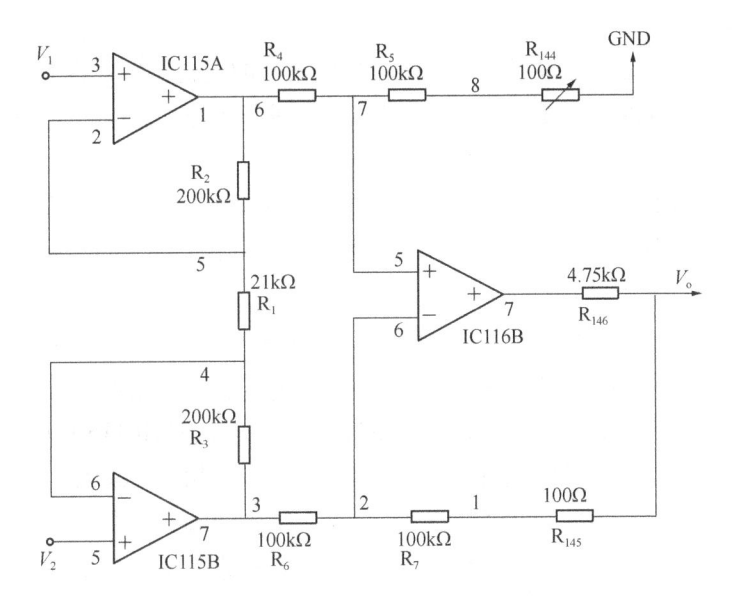

图 4-36 三运放结构前置放大电路

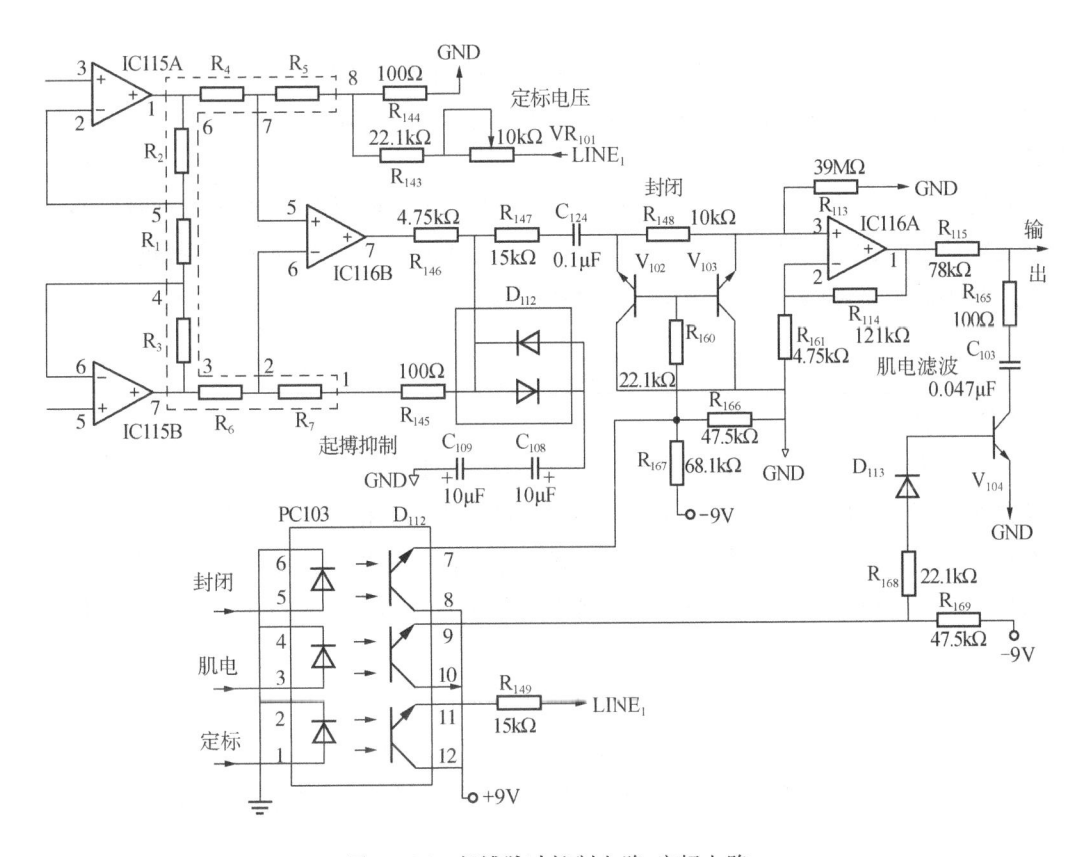

图 4-37 起搏脉冲抑制电路、定标电路

8) 定标电路

心电波形的幅值是一个诊断的指标,因此,放大器的增益必须标准化。为此,常在放大器的输入端加入标准的 1mV 信号,以便对整机增益进行校准。心电图机都带有内定标电路实现此功能。

定标的过程如下:灵敏度开关置"1"(即在 10mm/mV 条件下),导联选择于"TEST"位置,连续按动"定标"键,通过打印机描记的波形高度(即是否是 10mm 方格)来验证是否存在误差。

当主控 MPU 接受按键 1mV 定标命令后,如图 4-37 所示,光电耦合开关 PC103 的"CAL(定标)"置"1",将致 $LINE_1$ 串联 15kΩ 电阻 R_{149} 与 +9V 电源相接,并通过可变电阻 VR_{101}(10kΩ)、电阻 R_{143} 加到放大器 IC116B 同相输入端。此时,IC115A、IC115B 两个运放输出为零,两运放输出端的电阻网络和 IC116B 构成同相比例电路,放大倍数为 2。通过调整 VR_{101} 获得 1mV 内定标信号。即电阻网络 8 脚分压得到 20mV 信号,IC116B 同相输入端则输入 10mV 信号,从而使得 IC116B 输出 20mV 信号,完成内定标信号输入(相当于外输入 1mV 信号时,三运放电路放大 20 倍同样获得 20mV 输出)。

9) 肌电滤波

心电图机用于测量体表心电图需要的频响为 0.05 ~ 100Hz。因为骨骼肌信号在这范围内也比较大,所以在心电图内产生躯体的伪迹。在诊断场合要求患者在几分钟内不动是办不到的,而对长期受监护的病人则更难办到,病人的肌电干扰就不可避免。本机采用 35 ~ 45Hz 肌电滤波器。

如图 4-38 所示,由晶体管 V_{104}、电容 C_{103}、电阻 R_{115} 和 R_{165} 构成肌电干扰抑制电路。当按键选择肌电干扰抑制时,主控 MPU 置"MYO(肌电滤波)"于"1",使 V_{104} 由截止变成导通,肌电干扰抑制电路连通,滤除肌电信号。其频率为

$$f = \frac{1}{2\pi RC} = \frac{1}{2\pi(R_{115} + R_{165}) \times C_{103}} \approx 43(\text{Hz}) \text{ 。}$$

10) 封闭电路

心电图机在做心电图检查时要切换导联,导联的切换等于心电图机的输入电极在变换位置,切换后各个电极的极化电压又是不同的。这种不同的极化电压在切换导联时相当于一个跃变电压被前置放大器放大,放大后的跃变电压同样可以通过级间耦合电容送到功率放大器,使记录笔跃出正常的记录范围,然后按指数规律慢慢回到零位,这段时间大约为 5τ,即

$$5\tau = RC = 5 \times 4.0 = 20(\text{s})\text{,}$$

经过约 20s,才能使记录笔回到中位。那么,转换一次导联要等 20s 才能描记,显然是不适用的,所以要加连续描记电路,使得在切换导联时实现自身封闭。本电路如图 4-38 所示,由三极管 V_{102}、V_{103} 组成闭锁电路,完成自动封闭和连续描记(导联切换过程中的闭锁)。在连续描记切换导联或手动封闭时,主控 MPU 发出"INST(封闭)"信号,即 INST = 1,致使 V_{102}、V_{103} 由截止变成导通,IC116A 被封闭,无信号输出,记录笔回到中位。

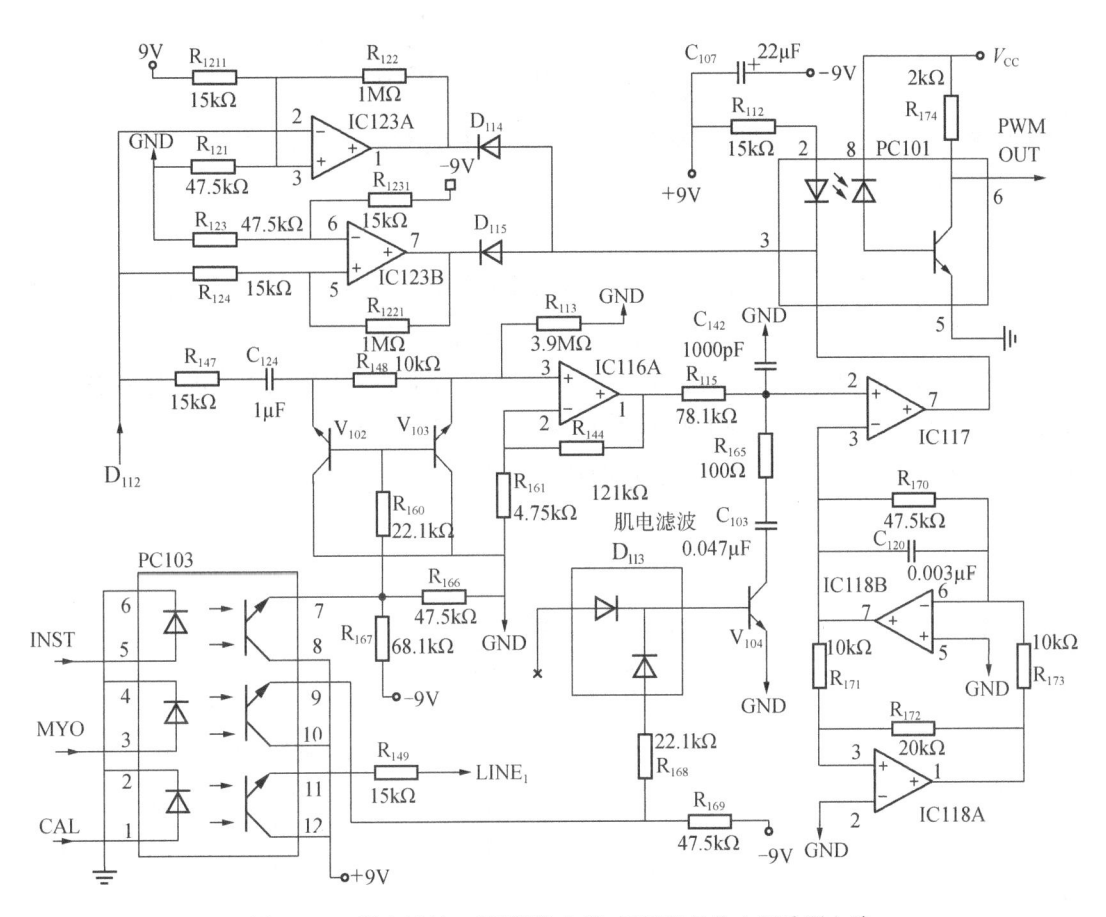

图 4-38 肌电滤波、时间常数电路、封闭及极化电压检测电路

11）电极异常检测电路

检测电路由 IC123（LM358 双运算放大器）构成，如图 4-38 所示。IC123A 和 IC123B 分别构成比较器，参考电压分别对应约 ±6.8 V。当电极接触异常时，电极耦合的电压超过 ±350 mV（考虑经前置放大约 20 倍），比较器输出负信号，导致二极管 D_{114}、D_{115} 分别导通，PC101（TLP650 光电耦合器）输入级导通，输出级导通，使输出（PMW OUT 信号）为零，即光电耦合输出零信号至主放大及后级电路，CPU 检测到长时间零信号时，判断该电极接触异常。当电极接触正常时，电极耦合的电压不超过 ±350 mV（考虑经前置放大约 20 倍），比较器输出正信号，二极管 D_{114}、D_{115} 全部截止，该检测电路断开，正常心电信号送入 PC101 输入级。

12）时间常数电路

患者的呼吸、电极偏置电位的变化、环境温度变化及身体移动都会引起基线漂移。为了消除这种伪波，一般在前置放大器和主放大器间采用 RC 耦合电路构成时间常数电路（即低频滤波器或高通滤波器）。

如图 4-38 所示，C_{124} 起隔直流作用，隔掉极化电压，C_{124}（1μF）与 R_{113}（3.9MΩ）组成了时间常数电路，时间常数决定了心电图机的低频响应。

$$\tau = RC = 1\mu F \times 3.9 M\Omega = 3.9s(T > 3.2s),$$

$$f_{下} = \frac{1}{2\pi RC} \approx 0.04 Hz < 0.05 Hz_{\circ}$$

就是说,该心电图机可描记最低频率小于 0.05Hz 的输入信号,其时间常数大于 3.2s。

2. CF 型浮置放大器组成原理

1) 电源隔离

心电图机电源采用交直流两用,并采用直流变换器提供电路所需多种供电电压。直流变换器体积小,分布电容量小,所以漏电流小,提高了抗干扰能力和安全性。

为了防止微电流电击事故,确保患者安全,前置放大器采用浮置电源供电,患者右腿不直接接地,主放大器由直接接地电源供电,如图 4-39 所示。这是当今 CF 型心电图机采用的方案,它不但安全性高而且抗干扰性能也好。

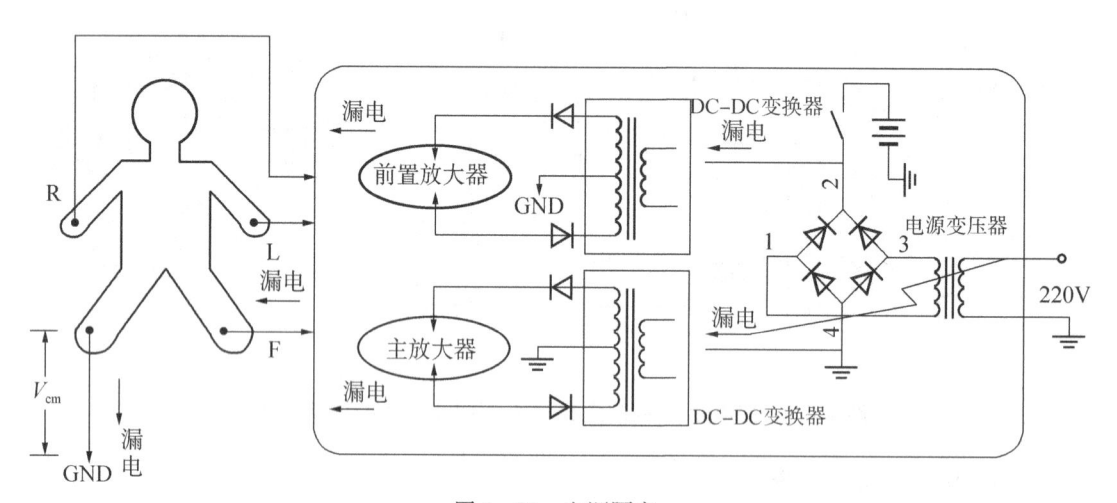

图 4-39 电源隔离

2) 心电模拟信号的隔离

前置放大器浮置,除了可以提高心电图机抗干扰能力外,还起到安全保护作用。特别在心电图用于监护手术或进行导管术的场合,病人对电击危险非常敏感。在做导管术或体内测量时,极小的 50Hz 泄漏电流也能致人死亡。前置放大器浮置后,它的信号可采用变压器或光电耦合方式传递给与地连接的主放大器。本机心电信号的传递采用光电耦合方式,即通过将心电信号转换成光强度变化,通过空间来传送心电信号。经隔离后的心电信号进入到实地的后级放大电路,如图 4-40 所示。

(1) 心电信号脉宽调制

为了提高信号传输中的抗干扰能力,提高整机的信噪比,心电模拟信号在光电耦合传输前,首先进行了脉宽调制,形成脉冲宽度调制信号(PWM)后再经光电传输、信号解调恢复模拟心电信号,送至主放大器。

信号脉冲调制是指用脉冲作为载波信号的调制方法。脉冲调制的方法有三种,即调频、调相和调宽。本机采用脉冲调宽的方式,由IC117(LM311)比较器电路和IC118(TL062)三角波发生电路构成脉冲宽度调制(PWM)电路,如图4-41所示。IC118A与IC118B组成正反馈电路,通过电容器C_{120}和电阻R_{170}使输出形成三角振荡波。输出三角波作为调制载波,加至IC117比较器反相端,心电信号输入IC117的同相端。

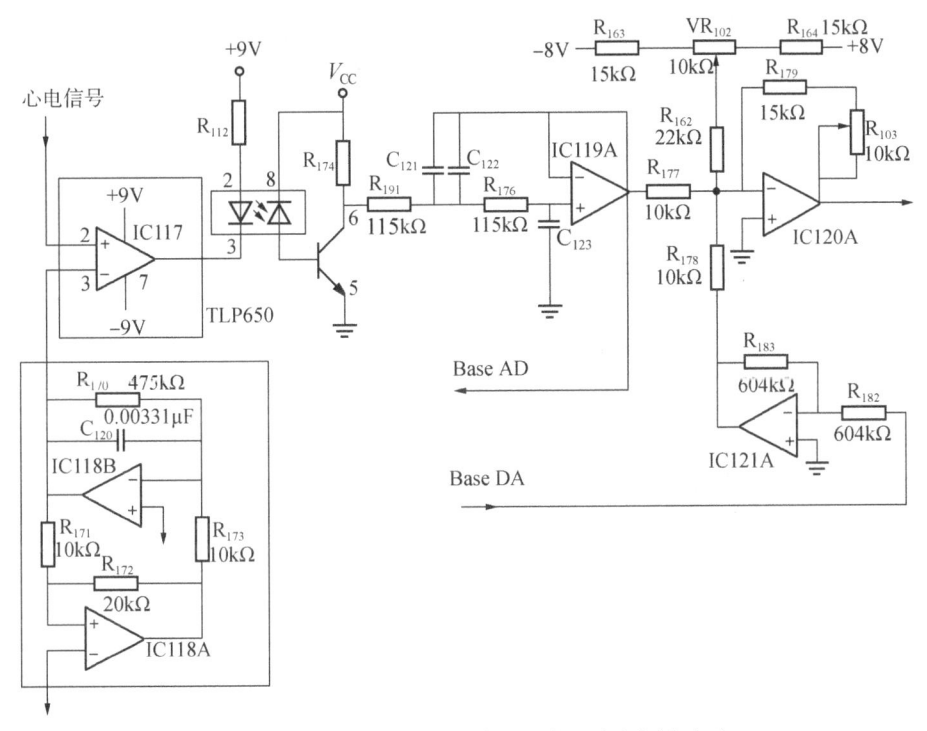

图4-41 心电模拟信号的脉宽调制及光电隔离电路

脉宽调制原理如图4-42所示。v_{o1}为三角波,加至比较器的反相端;v_{o2}为调制信号(以正弦波为例),加至比较器的同相端。调整信号与三角波信号在比较器中进行电压比较,当正弦调制信号电压比三角波电压高时,输出高电平V_{oH};相反,若正弦电压低于三角波电压,输出为低电平V_{oL}。这样就形成脉冲宽度调制信号。

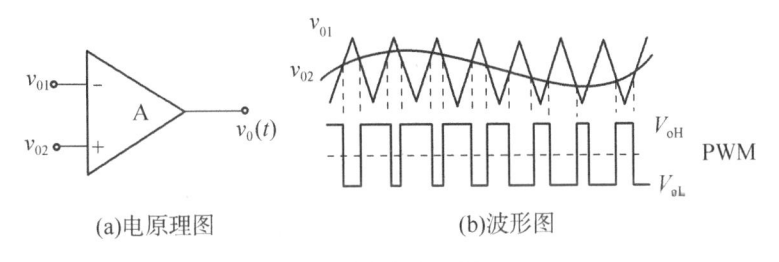

(a)电原理图 (b)波形图

图4-42 脉冲宽度调制(PWM)

以本机脉宽调制电路为例,如图4-43所示。三角波发生电路输出峰-峰值10V、周期70μs的三角波,加至比较器IC117反相输入端;心电信号加至比较器IC117同相输入端。当心电信号为"0"电平时,IC117输出峰-峰值17V方波,如图4-43b所示。当心电信号为

"正电平""负电平"和不同电平信号时,IC117 将输出具有相对不同波宽与方向的调制波,如图 4-43c～f 所示,也就形成了模拟心电信号的脉宽调制信号。

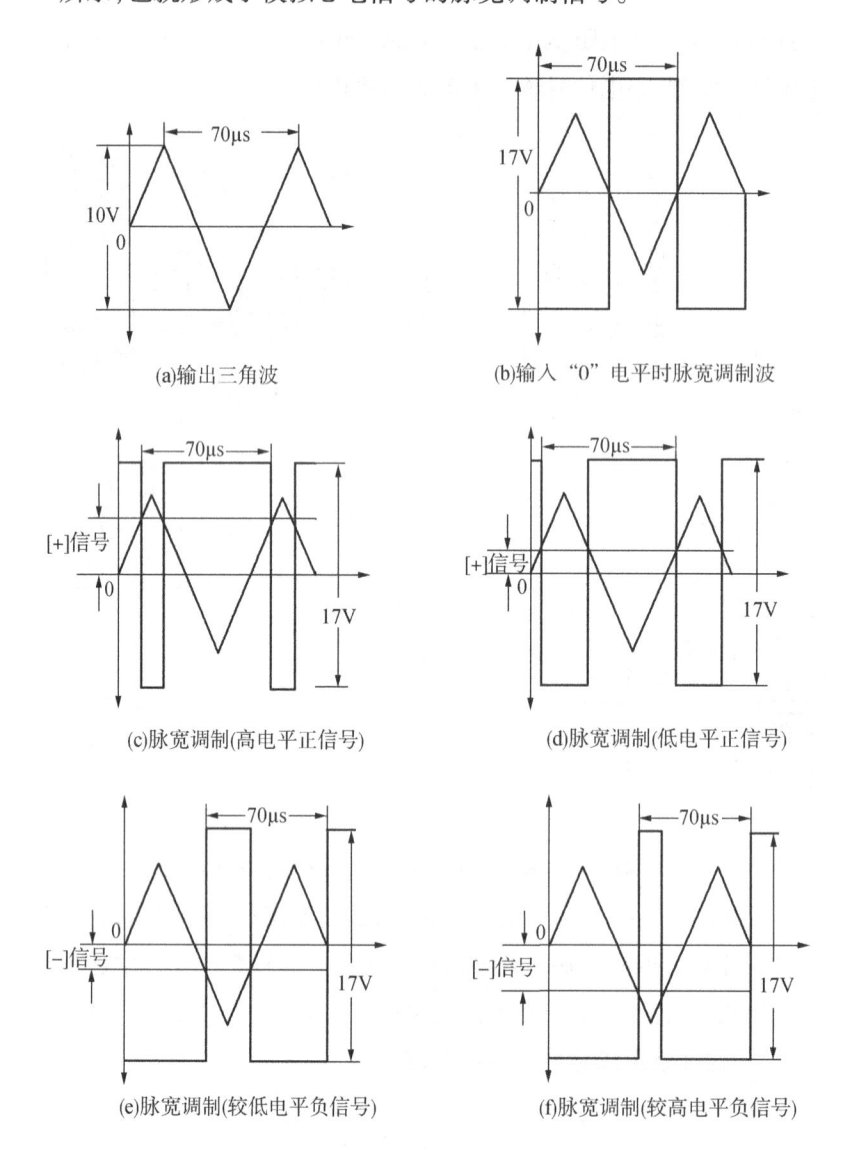

(a)输出三角波

(b)输入"0"电平时脉宽调制波

(c)脉宽调制(高电平正信号)

(d)脉宽调制(低电平正信号)

(e)脉宽调制(较低电平负信号)

(f)脉宽调制(较高电平负信号)

图 4-43　心电图机脉冲宽度调制(PWM)

(2)光电耦合

光电耦合开关采用 TLP650 高速光电耦合器。脉宽调制信号为不同宽度的高低电平信号,电平的高低控制 PC101 的输入级二极管截止与导通,使得输出级相应截止与导通,PC101 输出心电脉宽调制信号。

(3)解调及基线控制

脉冲调宽信号的解调主要有两种方式:一种是将脉宽信号送入一个低通滤波器,滤波后的输出电压幅度与脉宽成正比;另一种方法是脉宽信号用作门控信号,只有当门控信号为高电平时,时钟脉冲才能通过门电路进入计数器,这样进入计数器的脉冲数与脉宽成正比。两种方法均具有线性特性。本机采用低通滤波器的方法,如图 4-41 所示,由 IC119A (UPC4570)、R_{191}、R_{176}、C_{121}、C_{122}、C_{123} 等阻容元件组成二阶有源低通滤波器,将心电信号解调出来。

3)前置级控制信号的隔离

前置放大器浮置,其控制信号采用光电耦合方式进行隔离。前置级控制信号主要包括导联选择控制、肌电滤波控制、闭锁控制、1mV 校正控制等信号,其中导联选择由主控 MPU 发出相应控制信号,经过 PC102 光电耦合开关连至相应导联选择控制端(详见导联选择部分内容);肌电滤波控制、闭锁控制、1mV 校正控制由主控 MPU 发出经 PC103 光电耦合至相应控制端,如图 4-38 所示。

3. 后级控制

1)自动移位和自动增益控制

解调后的心电信号经 CPU 采样并反馈实现自动移位自动增益。

如图 4-41 中,心电调制信号经 IC119A 解调输出到 IC120A 的同时作为"BaseAD"信号,如图 4-44 所示,"BaseAD"信号经过分压并转换为 0~5V 的单极性信号,输入主控 MPU 的 AN2 端。将心电模拟信号转换成数字信号,由 CPU 作信号的"自动移位"和"自动增益"调整,再经数模转换变成模拟信号后由 CPU 的 DA 端输出给 BaseDA,并返回给 IC120A 构成的反相加法电路。BaseDA 信号具有 2.5V 偏置,这 2.5V 偏置由 VR_{102} 调节平衡,保证输入心电信号为"0"时 IC120A 输出为"0",从而实现基线控制。

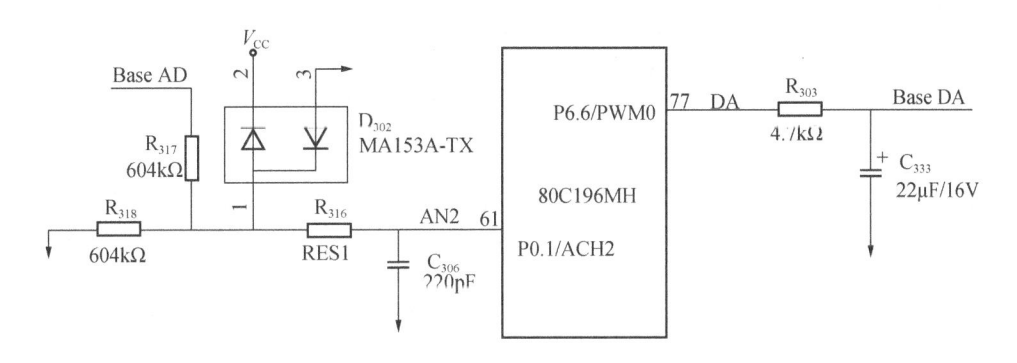

图 4-44 自动基线控制信号转换电路

2)灵敏度控制

ECG-6951D 的灵敏度控制分三挡,分别为"2"(20mm/mV)、"1"(10mm/mV)、"1/2"(5mm/mV),其中标准灵敏度为 10mm/mV。通过灵敏度选择按键,可以依次选择预定的灵敏度,选择次序为 1→2→1→1/2→1,循环。主控 MPU 接收按键值,输出控制键值 GAIN1、GAIN2 控制 V_{105}、V_{107} 的导通与截止,从而控制模拟开关 4053 实现放大器倍数的调节。

(1)三路 2 选 1 模拟开关 4053

4053 是二通道数字控制模拟开关,有三个独立的数字控制输入端 C、B、A 和 INH 输入。当 INH 为"1"时,所有通道截止;当 INH 为"0"时,实现通道选择,C、B、A 控制输入对应为高电平时"0"通道被选,反之"1"通道被选。模拟开关 4053 真值表如表 4-8 所示,逻辑如图 4-45 所示。

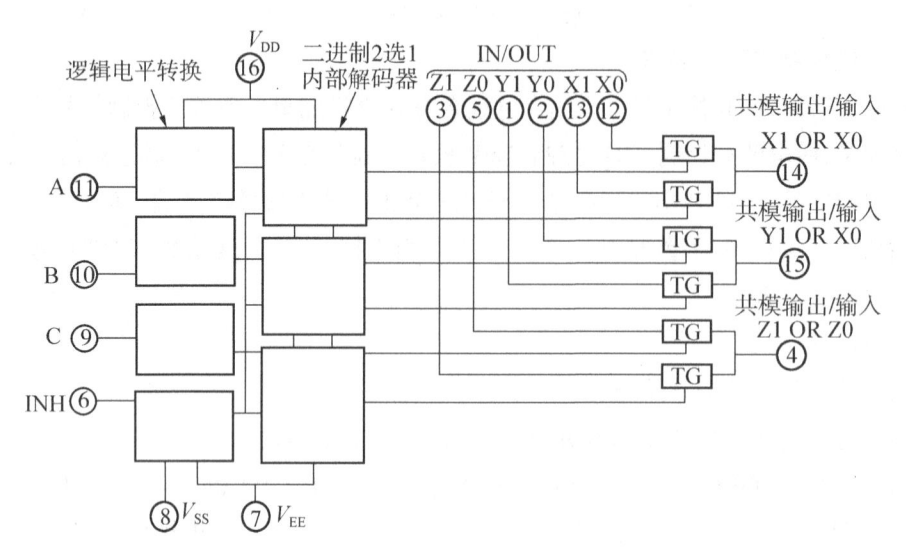

图 4-45 模拟开关 4053 逻辑图

表 4-8 模拟开关 4053 真值表

输入控制端				开关闭合接点		
INH	选 择					
	C	B	A			
0	0	0	0	Z0	Y0	X0
0	0	0	1	Z0	Y0	X1
0	0	1	0	Z0	Y1	X0
0	0	1	1	Z0	Y1	X1
0	1	0	0	Z1	Y0	X0
0	1	0	1	Z1	Y0	X1
0	1	1	0	Z1	Y1	X0
0	1	1	1	Z1	Y1	X1
1	×	×	×	无		

(2)灵敏度调节

灵敏度调节分三挡:"2"(20mm/mV)、"1"(10mm/mV)、"1/2"(5mm/mV)。灵敏度调节原理如图 4-46 所示。

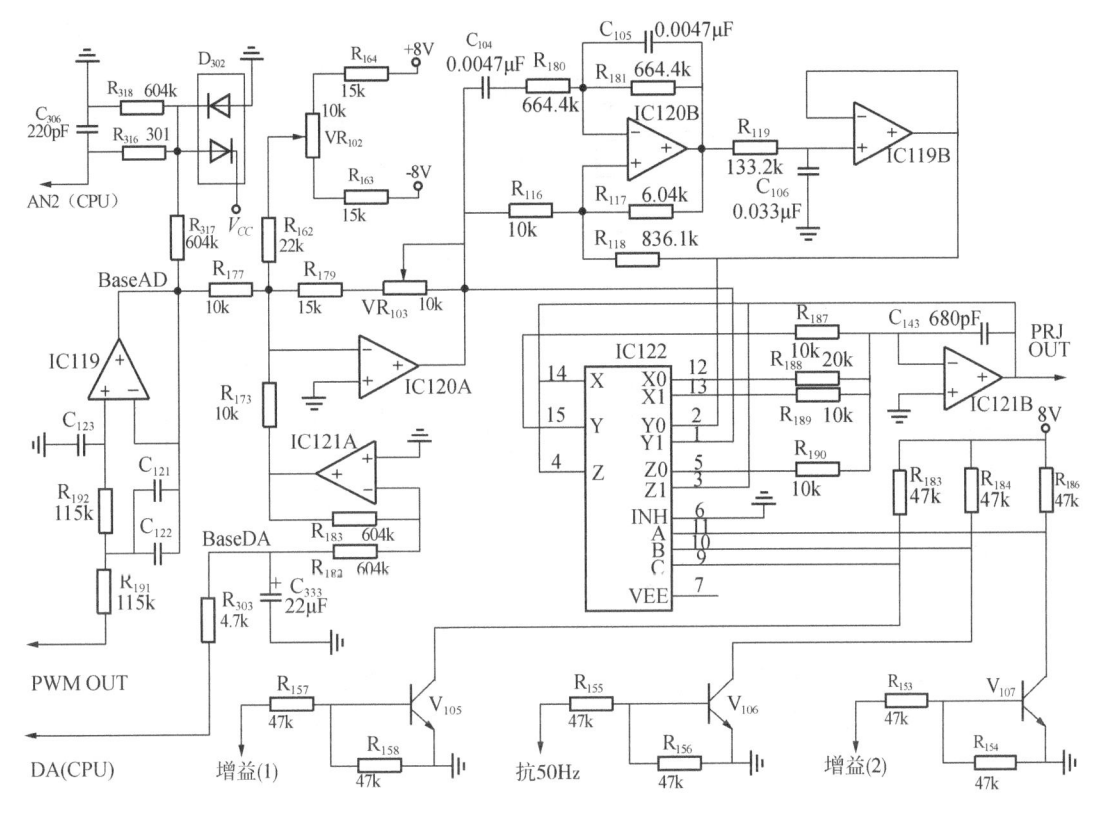

图 4-46 灵敏度调节

①选择灵敏度"1"时,主控 MPU 发出控制信号:增益 1(GAIN1)= 增益 2(GAIN2)= 抗 50Hz(HUM)= 0,对应 V_{105}、V_{106}、V_{107} 均截止,4053 控制信号 $CBA = 111$,对应模拟开关输出 Z1、Y1、X1,R_{189}(X→X1)连入 IC121B(AN1358 双运算放大器)负反馈回路,R_{187}(Y→Y1)连入 IC121B 的输入回路,IC121B 的放大倍数:$R_{189}/R_{187} = 10\text{k}\Omega/10\text{k}\Omega = 1$。

②选择灵敏度"2"时,主控 MPU 发出控制信号:增益 1 = 抗 50Hz = 0,增益 1 = 1,对应 V_{105}、V_{106} 截止,V_{107} 导通,4053 控制信号 $CBA = 110$,对应模拟开关输出 Z1、Y1、X0,R_{188}(X→X0)连入 IC121B 负反馈回路,R_{187}(Y→Y1)连入 IC121B 的输入回路,IC121B 的放大倍数:$R_{188}/R_{187} = 20\text{k}\Omega/10\text{k}\Omega = 2$。

③选择灵敏度"1/2"时,主控 MPU 发出的控制信号:增益 2 = 抗 50Hz = 0,增益 1 = 1,对应 V_{106}、V_{107} 截止,V_{105} 导通,4053 控制信号 $CBA = 011$,对应模拟开关输出 Z0、Y1、X1,R_{189}(X→X1)、R_{190}(Z→Z0)并联连入 IC121B 负反馈回路,R_{187}(Y→Y1)连入 IC121B 的输入回路,IC121B 的放大倍数:$(R_{190}/R_{189})/R_{187} = 5\text{k}\Omega/10\text{k}\Omega = 0.5$。

3)50Hz 滤波

在选定的灵敏度条件下,按下交流滤波按键,主控 MPU 发出控制信号:"抗 50Hz" (HUM) = 1,V_{106} 导通,4053 控制信号 $B = 0$,Y→Y0,信号由 IC120A 输出至 IC120B(TL062) 输入端,IC120B 构成有源带阻滤波器,实现交流干扰的去除,信号再由 IC119B 电压跟随器送至 4053 灵敏度调节电路,实现相应增益的信号放大。原理如图 4-46 和图 4-47 所示。

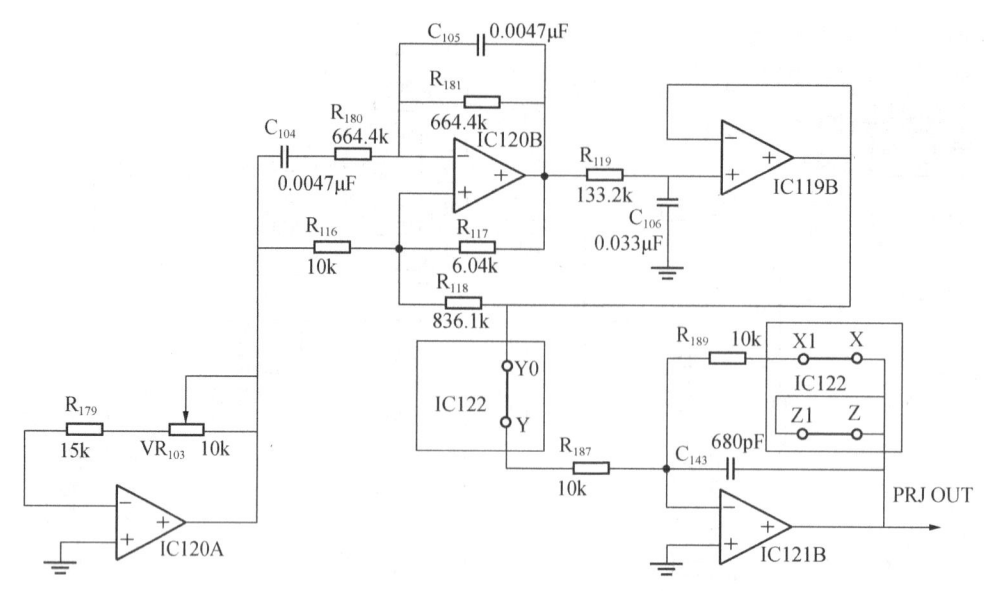

图 4-47 50Hz 滤波

4. 外接输入输出

如图 4-48 所示,经过主放大电路后的心电信号(PRJ OUT 信号)可通过 CRO 接口外接示波器;同时,心电信号经过 IC316B,输出 ECGAD 心电模拟信号至主控 MPU 的 AN1 端,由 CPU 采样供打印及液晶显示。

外接信号通过 EXT 接口输入,并断开心电信号;利用 IC316 放大器输送给热打印头进行外接信号的描记。

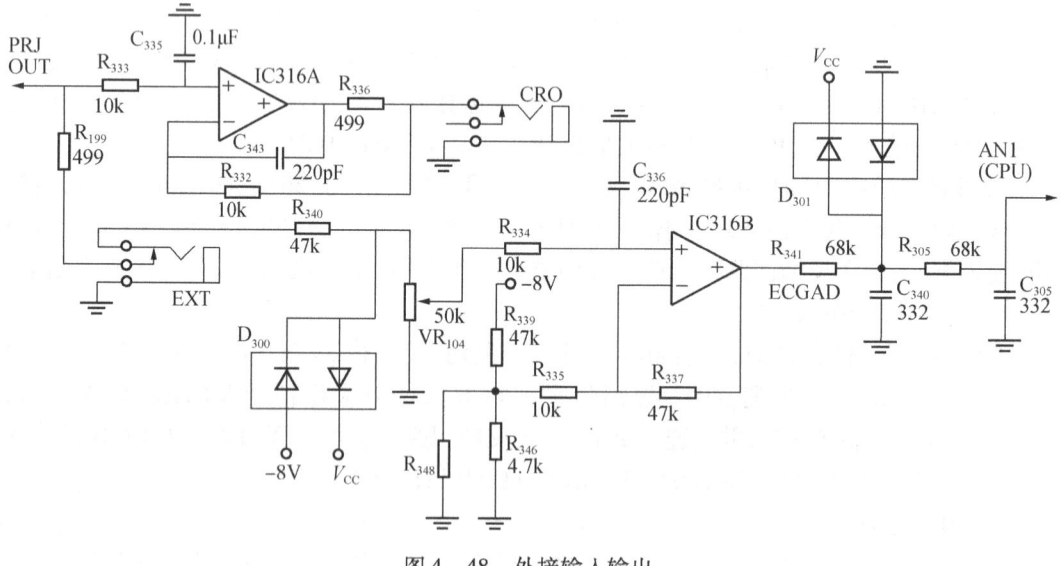

图 4-48 外接输入输出

5. 整机电源电路

整机电源电路包括交、直流电源选择,电池电压检测电路,充电电路和直流变换器。整机电源电路如图 4-49 所示。

1) 交直流工作

交流电源断电能自动投向电池供电,交流电源恢复时又能自动投向交流供电。

(1) 交流供电

交流供电原理如图 4-49 所示。电源开关置于[工作]位置→SW_{301}、SW_{302} 闭合→整流(S5VB10 整流桥)稳压电路工作,稳压管 ZD_{301} 将电压限幅在 +12V→IC301A(4025 三 3 输入或非门)的[8]脚为"1"→IC301A[9]脚输出为"0"(IC302A 输出为负,IC301B 输出"1",V_{301} 导通,使得 IC301A[1]脚输入为"0";SW_{302} 闭合,使得 IC301A[2]脚输入为"0")→V_{302} 截止,RY301 继电器不得电→RY301 常闭状态→整流后的稳压电源经过 RY301 常闭触头 1-4 供给负载(电压检测电路)。LED_{301} 点亮,显示交流电源工作状态。

(2) 交流停电投向电池供电

整流电源电压消失→IC301A 的[8]脚为"0"→[9]脚为"1"→V_{302} 导通,RY301 继电器得电→RY301 常闭触点打开,1-3 闭合→将电池电压连入电压检测电路,电池供电,LED_{301} 灭。

(3) 交流恢复

整流电源电压恢复→IC301A 的[8]脚为"1"→[9]脚为"0"→V_{302} 截止→RY301 继电器释放→负载又由常闭触头 1-4 供电。

2) 电压指示电路

电压指示电路在电池直流供电时特别有意义。电池的电量表示如表 4-9 所示,电路使用 3 个 LED 分别点亮表示电压状态。如图 4-50 所示,IC305(AN1431)用作稳压管,提供 +2.5V 电压,输入 IC303A、IC304A、IC304B 各比较器相应输入端作为参考电压。

表 4-9 电流的电量表示

电池指示灯状态	电池使用状况
3 个 LED 亮	电池容量充足
↓	
2 个 LED 亮	电池容量减少
↓	
1 个 LED 亮	电池容量已经很少
↓	
1 个 LED 闪烁	3~5 分钟之内电池将停止工作,电源将自动被切断

①三段电压指示:

第一段:IC303A(AN6561 单电源双运算放大器),IC303B 和 LED_{302};

第二段:IC304A(AN6561) 和 LED_{303};

第三段:IC304B 和 LED_{304}。

②电池正常工作时,IC301A 的[9]脚输出为"1",V_{303} 导通,3 个 LED 均导通。

③电池电压足够高时,当[F]点电位高于 2.5V(相当于电压大于 12V)→各路输出使 3 个 LED 均点亮。

第三段:[F] > 2.5V→IC304B 输出为"1"→LED_{304} 点亮;

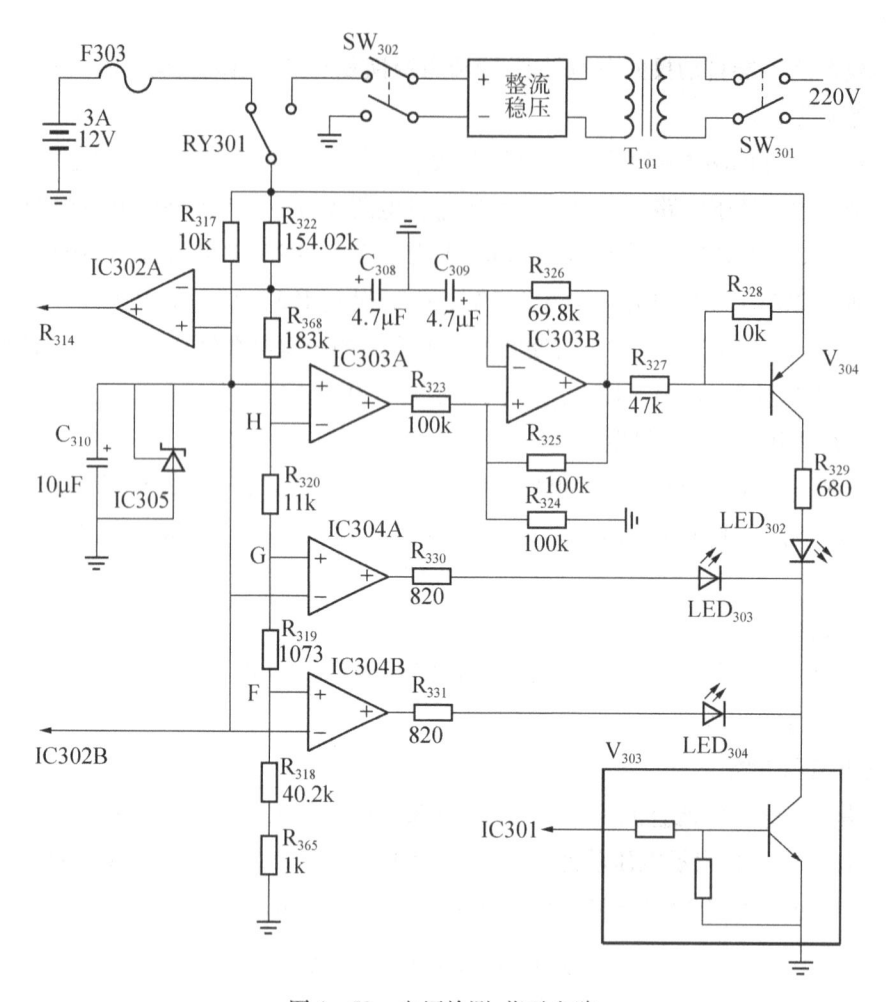

图 4-50 电压检测、指示电路

第二段：IC304A 的 [+] 脚高于 2.5V→LED_{303} 点亮；

第一段：IC303A 的 [-] 脚高于 2.5V→其输出为 "0"→IC303B 输出为 "0"→V_{304} 导通，LED_{302} 点亮。

④ [F] 点电压低于 2.5V（电池电压小于 12V 时），LED_{304} 熄灭；

[G] 点电压低于 2.5V（电池电压小于 11.7V 时），LED_{303} 熄灭；

[H] 点电压低于 2.5V（电池电压小于 10.7V 时）→IC303A 输出为 "1"→IC303B 输出为 "1"→向电容器 C_{309} 充电→当 C_{309} 的电平高于 IC303B 的同相输入端→IC303B 反转→LED_{302} 点亮→C_{309} 放电→LED_{302} 熄灭，此时 LED_{302} 处于闪烁状态。

⑤ 当工作电压低于 2.5V（电池电压小于 10V）→IC302A 输出 "1"→IC301B 的 [6] 脚为 "0"→V_{301} 截止→IC301A 的 [1] 脚为 "1"，[9] 脚为 "0"→V_{302} 截止→RY301 释放，电池切断负载。

⑥ 电池切断负载后，电池电压会稍回升，电容器 C_{222} 防止重新翻转。

3) 电池充电电路

当电池电压低时,需要对电池充电。充电电路如图 4-49 所示,具有恒压恒流、温度检测等功能。充电电路结构框图如图 4-51 所示,交流电源经 T_{101} 变压器降压,D_{302}、C_{330} 整流滤波后变为直流电压加到充电电路。

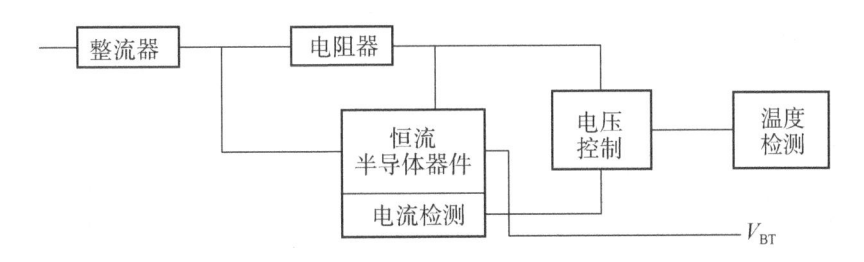

图 4-51 充电电路结构框图

电池在充电过程中,电池电压上升,充电电流下降。当充电电流下降到预置值,该电路监视充电电流以减少充电电压防止过充电。充电起始时以设定的高电压充电 2～3s,然后以受控制的充电电流的电压进行充电。充电过程检测电池温度,当电池温度上升,充电电压 VBT 下降;相反,当电池温度下降,充电电压 VBT 上升。在 25℃时,调节 VR_{301} 电位器分别设定充电电压为 14.5V,充电电流为 50mA。由于充电引起充电电流低于 50mA,充电电压减小到 3.5V ± 0.2V,充电电流继续下降,将反复停止充电和恢复充电。

4) 稳压电源

(1) 它激式逆变器

新型稳压电源中,常用功率开关和逆变器供电。逆变器供电除了可以供给电流外,还因为逆变器频率是 20kHz 左右,比交流电源频率(50Hz)高得多,所以使变压器、其它磁性元件及滤波电容器的尺寸急剧减小,屏蔽和滤除电磁干扰也可以更容易些。因此,目前广泛应用自激磁饱和铁芯式逆变器和它激式逆变器。

ECG-6951D 采用它激式逆变器。在这种逆变器中,由逻辑电路和驱动电路决定占空比或脉宽。这时,逆变器的作用实际上与功率放大器相同,而电路形式和工作状况与一般的乙类放大器相似,特别是输出变压器都不饱和这一点更相像。图 4-52 为它激式逆变器示意图。

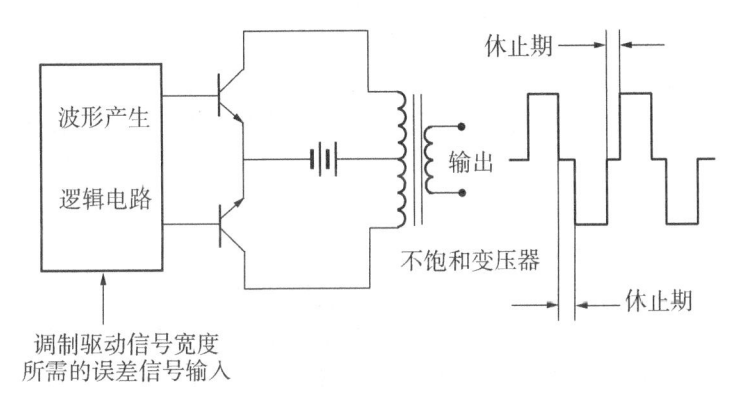

图 4-52 它激式逆变器示意图

除了工作效率高,能避免出现使晶体管损坏的尖峰外,它激式逆变器的一个重要特点是可以避免占空比最大时的两管同时导通。这是由于电路使用了如图4-52所示的分段波形工作(这种波形有足够长的休止期,这段时间大于开关管关断时的最大延迟时间)。

(2) 开关式稳压器

采用它激式逆变器开关稳压器的简化电路如图4-53所示。

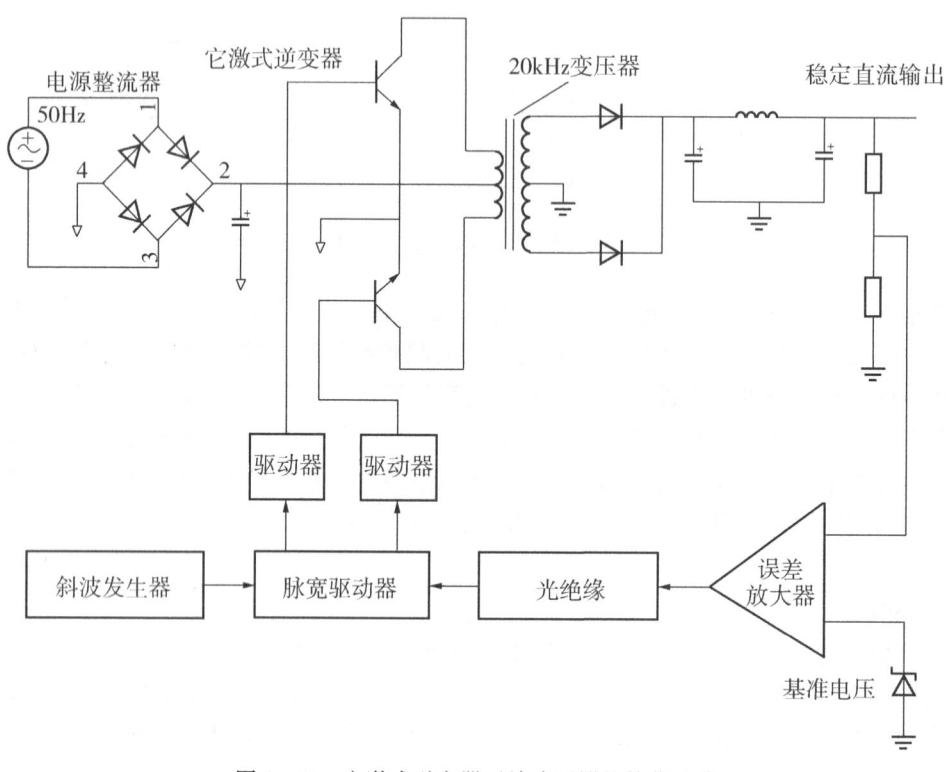

图4-53 它激式逆变器开关稳压器的简化电路

该电路具有下列特点:

① 使电源的体积很小,用于20kHz逆变器的变压器,比斩波型稳压器所需的50Hz变压器要小许多。

② 虽然没有50Hz输入变压器,但稳压直流输出电压仍能与交流市电隔离。这种隔离作用是由20kHz变压器和反馈电路中的光电隔离器提供的。

③ 它激式逆变器具有很高效率,并且不需要续流二极管。

④ 逆变器开关速率恒定,对避免供电设备中的谐波和电噪声有重要作用。

⑤ 这种电路不仅能由50Hz市电供电,而且也可由频率范围很宽(包括直流)的电源供电。

(3) TL594开关电源控制电路

TL594是开关式稳压电源用脉宽调制控制电路。其内设有振荡器、误差放大器、5.0V基准稳压源、可调节的死区控制及欠压锁定等电路。输出控制可以接成推挽方式,也可以接成单端方式。工作频率范围为$1.0 \sim 200$kHz,工作电压范围为$7.0 \leqslant V_{CC} \leqslant 40$V。TL594内部结构框图如图4-54所示,时序如图4-55所示。

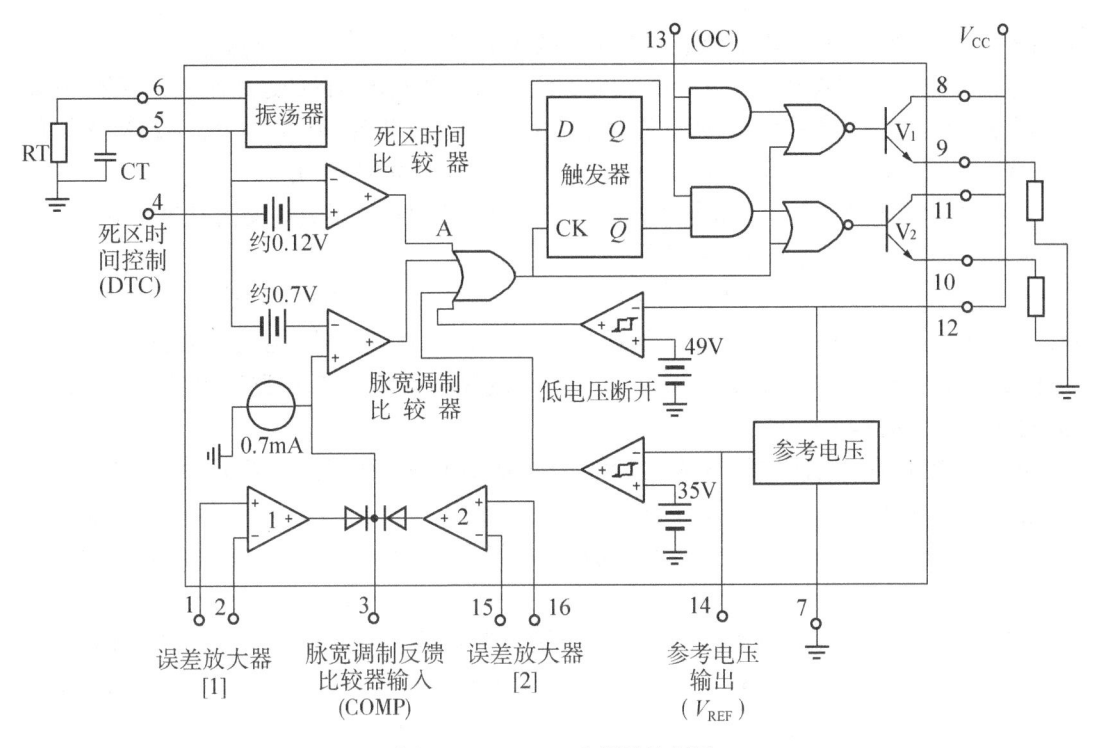

图 4-54 TL594 内部结构框图

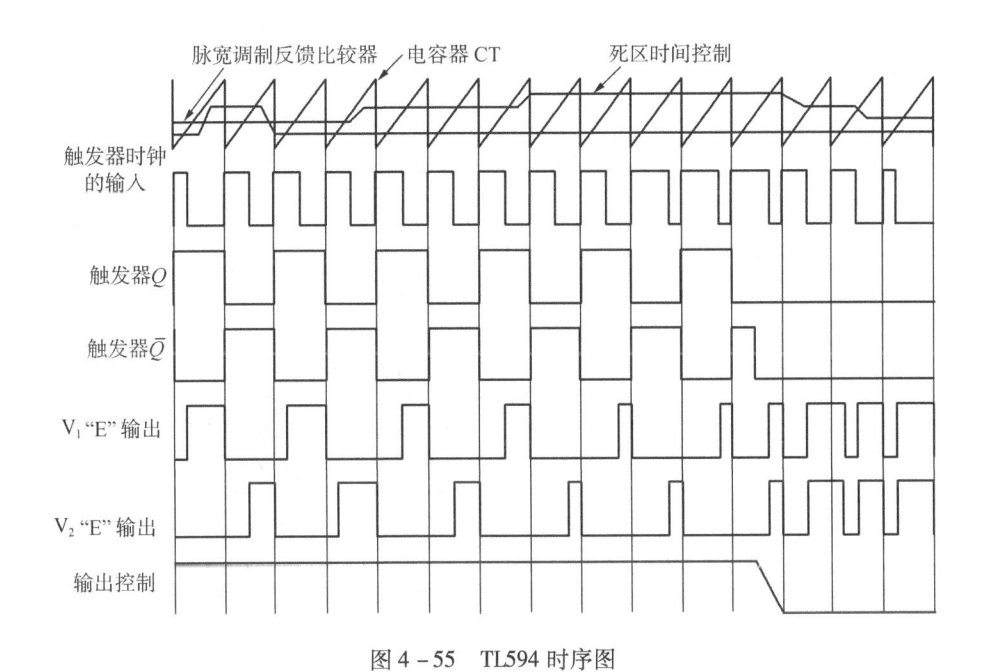

图 4-55 TL594 时序图

①振荡器。外接元件 R_T 和 C_T 决定集成块内锯齿波振荡器的频率,函数关系近似计算公式如下:

$$振荡器频率 = 1.1/(R_T C_T)。$$

② 基准电压源。芯片内部基准电压源为 5V,由 14 脚引出,对片内所有器件(除误差放大器外)供电。另外,它还用了确定限流值、控制死区范围和软启动回路的电源。

③ 误差放大器。从内部结构来看,误差放大器由两个性能相同的运放组成,采用单电源工作方式,电源由 V_{CC} 直接供给,所以其共模输入电压范围可在 $-0.3 \sim (V_{CC}-2)$V 之间任意选择。当放大器输出高电平时,脉冲方波变窄;反之,脉冲方波变宽。

④ 防误动作电路。为了防止输入电压尚未完全建立或电压瞬时跌落而引起控制器误动作,芯片内部设置了防止低输入电压产生误动作的电路。

⑤ 输出控制端。在实际电路中,往往要扩大输出电流,而该芯片具有改变输出状态的控制端——输出控制端(18 脚)。当 13 脚接地时,两路输出三极管同时导通或截止,形成单端工作状态,增加了输出电流;当 13 脚接 V_{REF} 时,形成双路工作状态,两路输出晶体管交替导通(这是常规用法)。

⑥ 死区控制端。死区控制端(4 脚)可以灵活地用于确定死区控制宽度和软启动。死区时间控制可在 4 脚加 $0 \sim 3V$ 的电压,该电压可从 V_{REF} 接入。当 CT 电压小于 4 脚电压时,输出三极管截止,限制了输出方波宽度的增加;当 4 脚对地电位为零时,输出脉冲死区时间的占空比固定为 3%。

软启动要在基准电压与死区控制端之间接入电容 C_s。其原理如下:在电源加上的瞬间,V_{REF} 通过 C_s 加到 4 脚,使输出三极管截止。电容器逐渐充电时,4 脚电位不断下降,使输出三极管的导通时间缓慢增加,输出电压逐渐上升而完成软启动。

(4) 单端稳压源

TL594 输出连接构成开关式单端稳压源电路,如图 4-56 所示,将 +12V 电压转换为 +9V 电压输出。

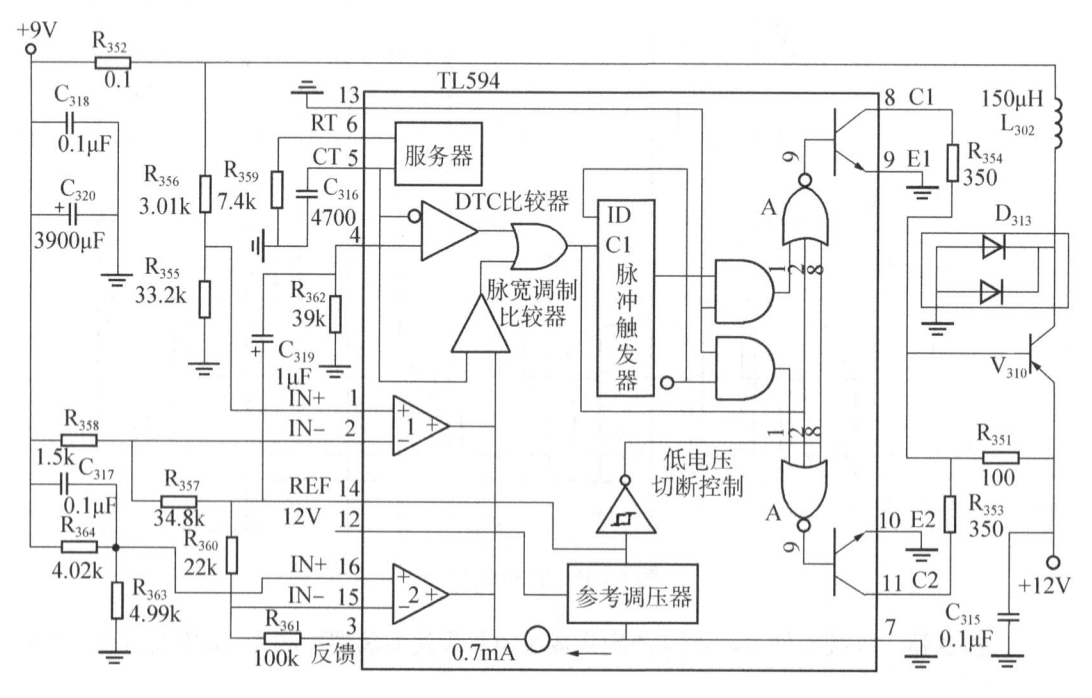

图 4-56 单端稳压源电路

(5) 推挽式稳压源

TL594 输出连接构成推挽式稳压源电路,如图 4-57 所示,输出 ±8V 电压供后级放大器。

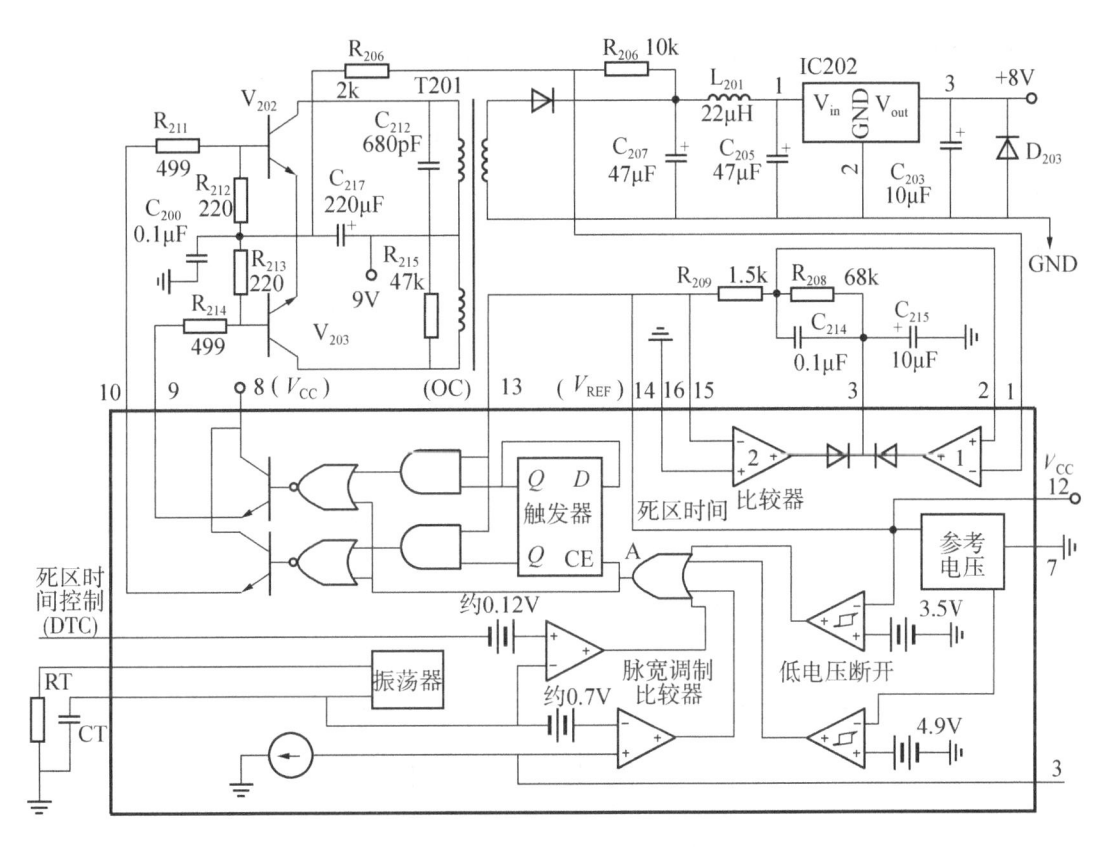

图 4-57 推挽式稳压源电路

(6) ECG-6951D 电源

由电池或 220V 交流电源经整流滤波后变换为 +12V 直流电,如图 4-58 所示,经单端稳压源电路调宽稳压成 +9V 电源,同时经 IC308(7805 三端稳压)稳压成 +5V 电源。由 +9V 供电给 DC/DC 变换器变换成 ±9V、±8V 直流电,其中 ±9V 为浮地电源供前置放大器,±8V 为接地电源供后级放大器,如图 4-59 所示。+5V 供给 MPU 使用。

(三) 整机软硬件控制分析

1. 单片机软件特点

ECG-6951D 的控制核心使用的是 16 位单片机,结合基于单片机的应用软件来完成一系列功能。与传统的模拟控制方式相比,单片机设计包含硬件设计和软件设计,硬件是基础,软件则是灵魂,相互配合,实现强大的功能。

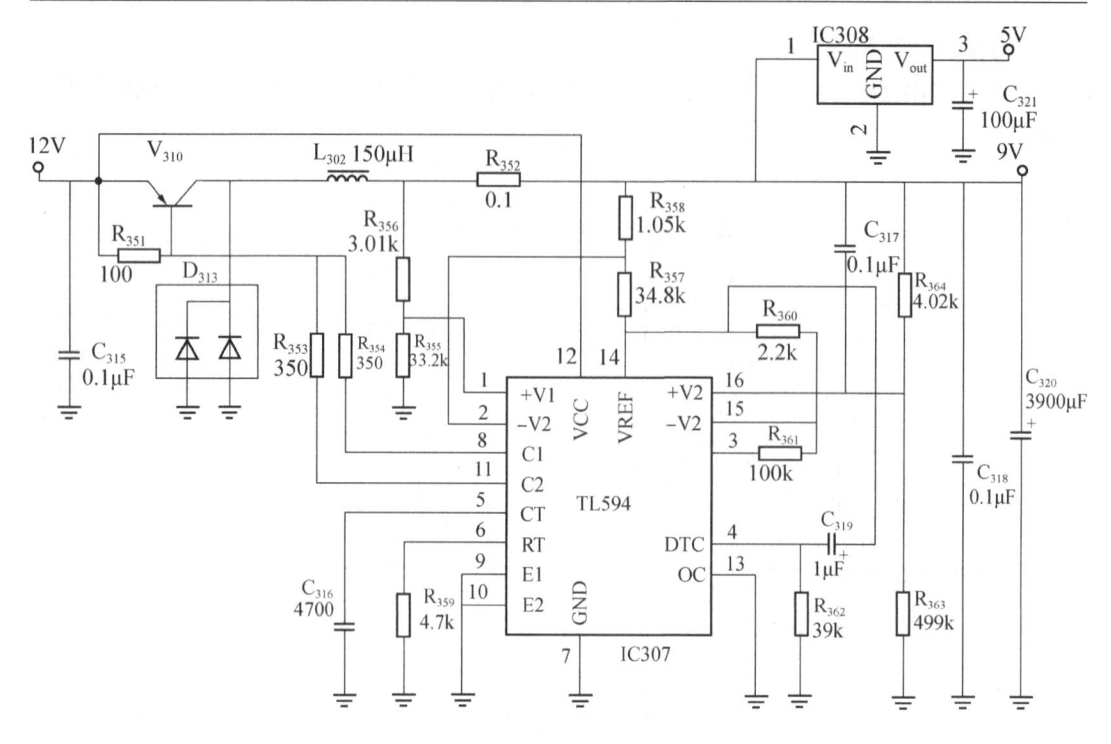

图 4-58　ECG-6951D 电源电路

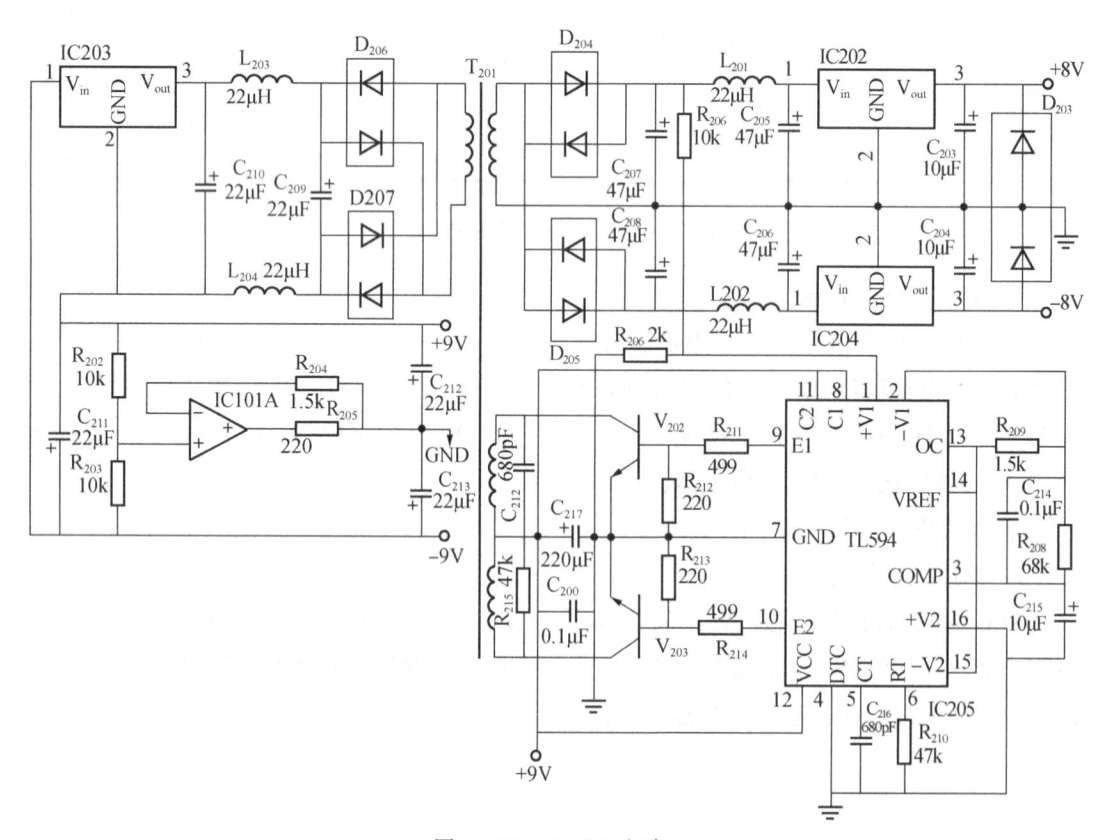

图 4-59　DC/DC 电路

2. ECG-6951D 主控 MPU 的特点

ECG-6951D 控制核心使用的是 Intel 公司生产的高性能 16 位单片机 80C196MH,其结构框图见图 4-60。

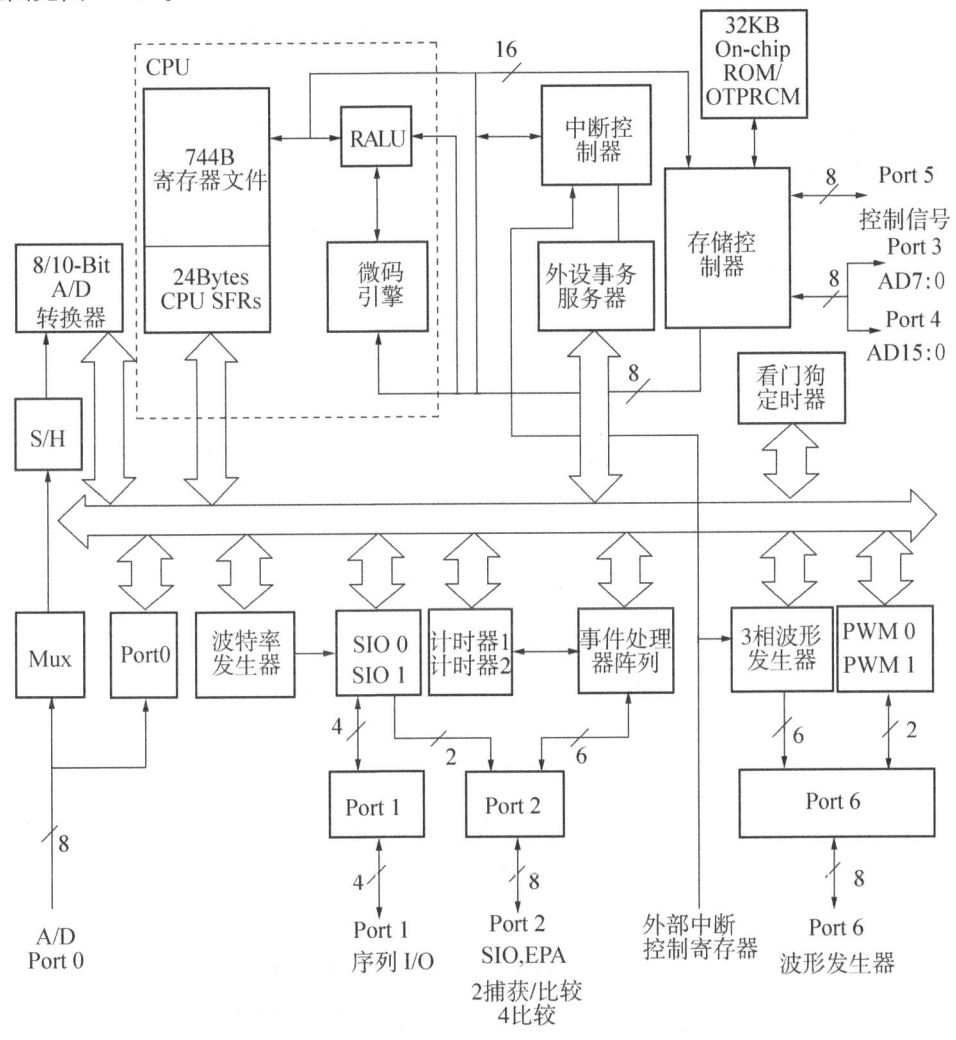

图 4-60 80C196MH 结构框图

其主要特点如下:

(1) CPU 中的算术逻辑单元不采用常规的累加器结构,改用寄存器-寄存器结构,CPU 的操作直接面向寄存器,消除了一般 CPU 结构中存在的累加器瓶颈效应,提高了操作速度和数据吞吐能力。

(2) 通用寄存器的数量远比一般 CPU 的寄存器数量多。这样就有可能为各中断服务程序中的局部变量指定专门的寄存器,免除了中断服务过程中保护寄存器现场和恢复寄存器现场所支付的软件开销,并大大方便了程序设计。

(3) 有一套效率更高、执行速度更快的指令系统。

(4) 具有外设事务服务器(peripheral transaction server,PTS),专门用于处理外设中断事务,与普通中断服务过程相比,PTS 服务大大减少了 CPU 的软件开销。PTS 是一种微代码硬件中断处理器,可以大大减少 CPU 响应中断的开销。靠若干组固定的微代码,PTS 可以对一些固定的操作实现高速的中断服务,如数据传送、启动 A/D 转换并读取转换结果等。

(5)事件处理器阵列(event proseesor array,EPA)包含若干个捕获/比较模块和若干比较模块,用来实现输入事件和输出事件发生的功能。

(6)灵活的 A/D 转换器。A/D 转换器具有转换位数(8 位和 10 位)可选择、采样和转换时间可选择的特点。

(7)波形发生器。可以输出 2 组互补的 3 相 PWM 信号,特别适合用于电机控制系统。

(8)从口(SLAVE PORT)。从口为单片机和其它微处理器之间提供一个接口,可以相互通信。

(9)同步串行口。支持若干标准同步串行传输协议。

3. 系统硬件结构

80C196MH 主控单片机系统完成按键控制、打印控制、心电采集控制、液晶显示、LED 指示灯控制及信号滤波、定标、增益、导联选择控制、基线控制、电动机控制等功能。80C196MH 主控 MPU 电原理图见图 4 – 61。

(1) +5V 电源 V_{CC}。

(2)16MHz 晶振。

(3)扩展 2 片 64KB 的 Flash 存储器(TMS28F512A)IC301、IC302,共计 128KB 存储空间,只进行读操作。使用 P3 口、P4 口作为地址线和数据线 AD0 ~ AD15,由 IC303 和 IC304 锁存器在控制信号 ALE 的下降沿把出现在地址总线上的地址锁存起来,实现 16 位地址访问,然后 P3 口、P4 口分别作为 8 位数据线读取数据存储器中的数据。

(4)P0.1、P0.2 作为 A/D 口采样不同状态的心电信号,P1.1、P6.6 输出相应信号,分别实现热阵打印和基线自动控制。

(5)P0.3 ~ P0.6(KEY R0 ~ KEY R3)、P2.0 ~ P2.2 (KEY E0 ~ KEY E2)构成键盘阵列。

(6)主控 MPU 响应按键由 AD0 ~ AD10 组合发出相应 LED 控制信号。

(7)P0、P1、P2、P5、P6 口中相关端子作为 I/O 口发出相应控制信号至电路,实现增益控制、模拟滤波、导联选择、定标、走纸控制等功能,其功能详见前面电路分析部分。

(8)P6.7(PTEST)为缺纸检测信号,P5.7 作为打印纸状态信号(PAPERSTATE)输入端,P1.3(STRB)、P1.0(CLK)作为打印控制信号。

(9)P1.2(RXD)、(RST)作为与从 CPU 通信的端口,实现液晶显示数据的传输和显示控制。

主控 MPU 要完成的主要功能如图 4 – 62 所示,80C196MH 在以下几方面均可满足心电图机的功能要求:I/O 数量、A/D 指标、波形发生器、PTS 中断、同步传输速度、异步传输协议、运算能力。

4 生物电测量仪器

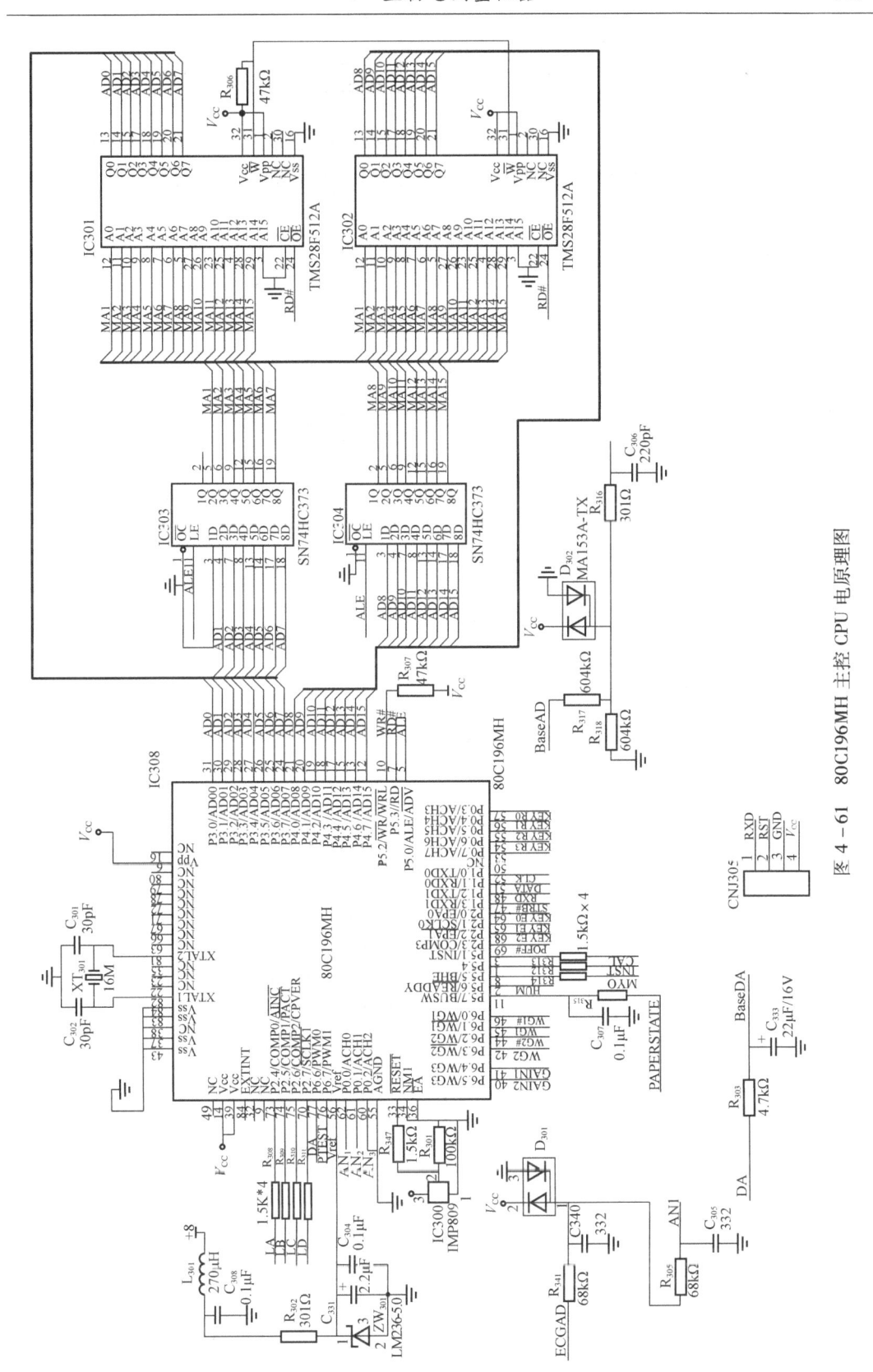

图 4-61 80C196MH 主控 CPU 电原理图

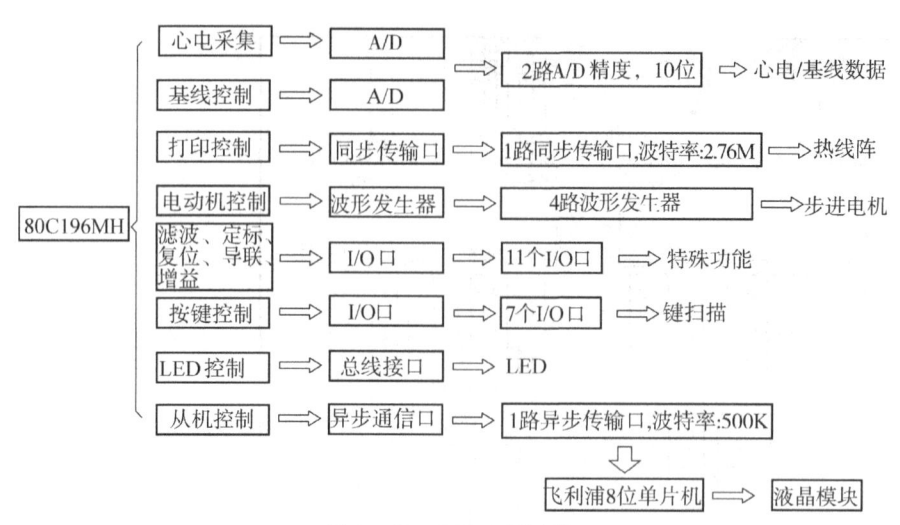

```
                 ┌─ 心电采集 ⇒ A/D ──┐
                 │                    ├⇒ 2路A/D精度，10位 ⇒ 心电/基线数据
                 ├─ 基线控制 ⇒ A/D ──┘
                 │
                 ├─ 打印控制 ⇒ 同步传输口 ⇒ 1路同步传输口,波特率:2.76M ⇒ 热线阵
                 │
                 ├─ 电动机控制 ⇒ 波形发生器 ⇒ 4路波形发生器 ⇒ 步进电机
  80C196MH ──┤
                 ├─ 滤波、定标
                 │   复位、导联 ⇒ I/O口 ⇒ 11个I/O口 ⇒ 特殊功能
                 │   增益
                 │
                 ├─ 按键控制 ⇒ I/O口 ⇒ 7个I/O口 ⇒ 键扫描
                 │
                 ├─ LED控制 ⇒ 总线接口 ⇒ LED
                 │
                 └─ 从机控制 ⇒ 异步通信口 ⇒ 1路异步传输口,波特率:500K
                                                        ⇓
                                              飞利浦8位单片机 ⇒ 液晶模块
```

图 4-62　CPU 主要功能

4. 心电图机主程序软件

1) 系统流程图 (见图 4-63)

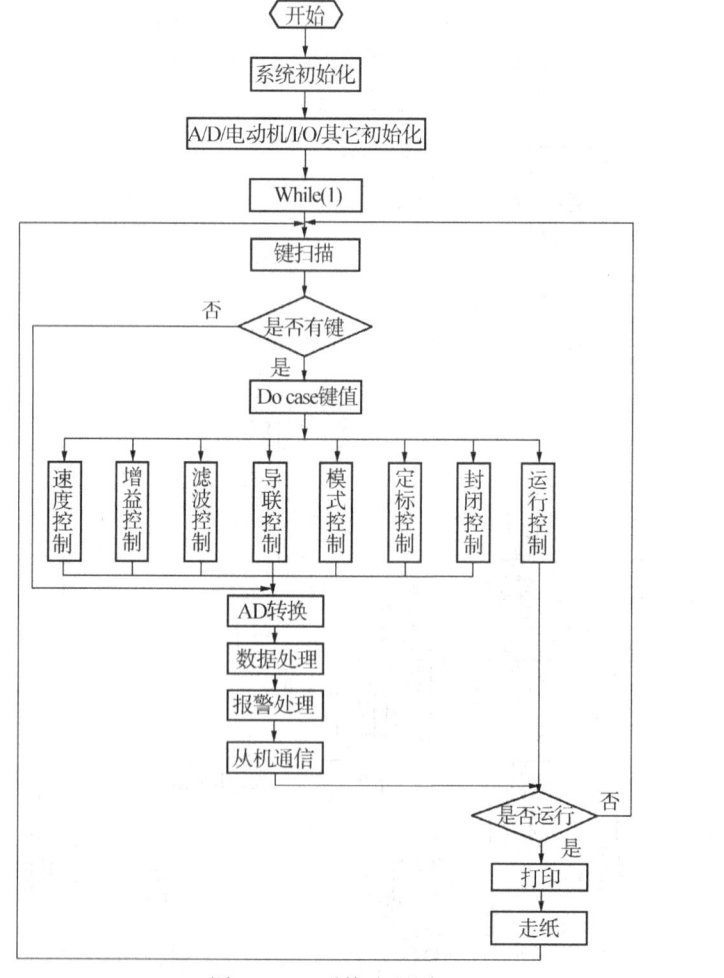

```
                    ┌─ 开始 ─┐
                    │ 系统初始化 │
                    │ A/D/电动机/I/O/其它初始化 │
                    │ While(1) │
         ┌─────────→│ 键扫描 │
         │          │ 是否有键 ─否─┘
         │           │是
         │          Do case 键值
         │  ┌──┬──┬──┬──┬──┬──┬──┐
         │ 速度 增益 滤波 导联 模式 定标 封闭 运行
         │ 控制 控制 控制 控制 控制 控制 控制 控制
         │  └──┴──┴──┴──┴──┴──┴──┘
         │          AD转换
         │          数据处理
         │          报警处理
         │          从机通信
         │          是否运行 ─否─┐
         │           │是          │
         │          打印          │
         │          走纸          │
         └────────────────────────┘
```

图 4-63　系统流程图

2) 采样频率

根据心电图机的频响要求,确定本系统采样频率为1000Hz,即1ms采样一点,处理一点,然后打印一点。这样才能不失真地实时记录一个心电波形。为此,在1ms内必须完成如图4-64所示的工作。1ms比较定时中断优先级最高,图中前4项中断必须完成,最好有多的剩余时间来处理电动机中断及其它任务,这样才能保证中断不冲突。

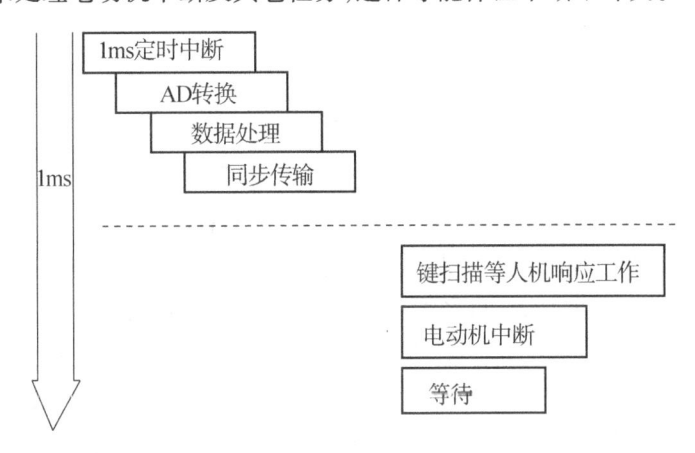

图 4-64 1ms 定时功能

程序构成分析如图4-65所示。

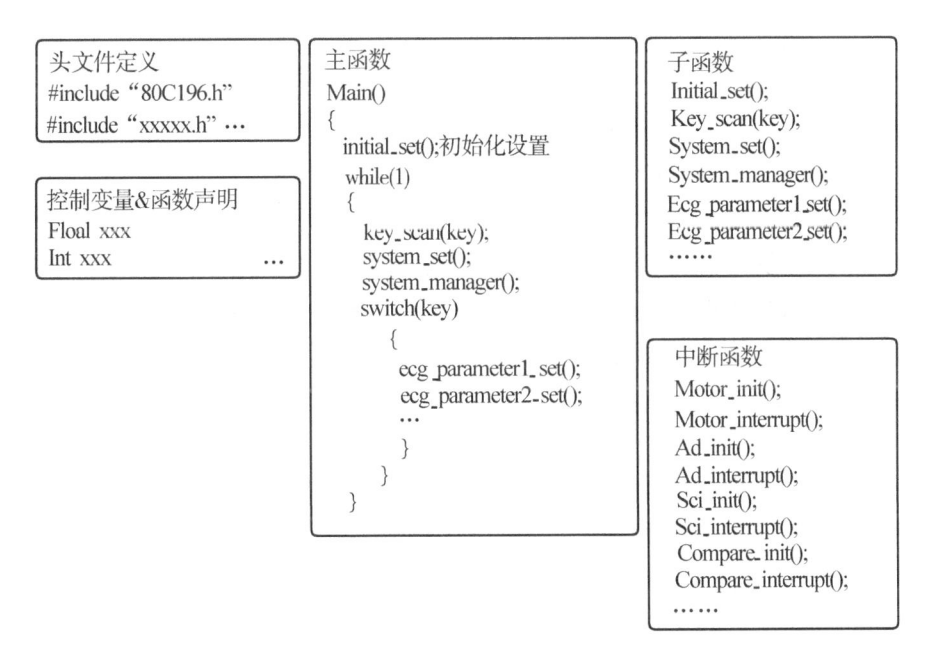

图 4-65 程序构成分析

3) 重要子函数

一般子函数只需在调用前定义、声明即可,中断函数则需要特定的语句来定义,同时必须声明中断函数的中断地址。本系统有下列主要函数:

- 1ms 定时函数及其中断函数
- A/D 转换函数及其中断函数
- 同步传输函数及其中断函数
- 数据处理函数
- 电动机中断函数
- 异步通信函数及其中断函数

4）程序各主要功能

(1) 打印控制

本机采用热线阵打印记录方式,在记录波形的同时可以记录文字。

波形打印:除基线以外的波形部分,用一点发热方式打印。

基线打印:为了模仿热笔记录方式,基线比较粗,故采用同时发热多点的方式来打印。打印过程中要注意避免打印过热,以免造成热线阵上发热点烧坏,或记录纸烧坏。

打印纸检测控制:通过检纸传感器检测打印纸状态,如图 4-61 所示,主控 MPU 发出"PTEST"信号,打印纸状态通过 CON301 光电传感器转换并送出"PAPERSTATE"信号至主控 MPU,同时取其反作为"STOPMOTOR"电动机控制信号。一旦检测到缺纸,相应引起缺纸报警及电动机中断。

(2) 自动功能的实现

自动定标:在记录每一个导联之前,系统自动在波形前加入一个定标。

自动增益:自动模式下,当信号过大时,通过软件识别自动改变系统增益,以便记录合适的波形。

自动基线:开机时系统通过基线 AD 通道采集的数据,确定基线的位置,在自动方式下,会自动根据心电图波形的特征将波形摆放在一个合适的位置。

(3) 数字滤波

为了消除干扰及排除 50Hz 工频干扰,在数据处理函数中会将 AD 采集的心电数据进行数字滤波,这也是软件的特长。但是,做大型的数字滤波对 CPU 的要求较高,尤其是对浮点乘法运算。为了提高效率,最好选用带有硬件乘法器的芯片,同时此部分的编程语言最好用汇编语言,以提高效率。

(4) 系统设置

本机可以设置自动记录每一导联的时间,从 1～12s 可选。同时通过软件可以在手动方式下实现基线的移位,在自动方式下实现特定导联的保持记录。

总之,在硬件的基础上,通过软件可以实现单片机系统强大的功能,而且升级更改十分灵活。单片机的硬件和软件相互制约,相互促进,都必须较好地理解。

4.4 脑电图机

人的一切活动都是受中枢神经系统控制和支配的,中枢神经系统是由脑和脊髓所组成的。而人脑是中枢神经中高度分化和扩大的部分。在中枢神经系统中,有上行(感觉)神经通路和下行(运动)神经通路。依靠这两条传导通路,大脑不仅能接收周围事件的信息,而且能修改由环境刺激所引起的脊髓反射的反应。脑和脊髓一样,都被浸浴在特殊的细胞外液(脑脊髓)中。与其它浸浴导体一样,这些神经的电活动可被等效为一个偶极子。如果每一小单位体积被等效为一个偶极子,整个脑的总和等效偶极子即是全部偶极子的向量和。对应着这个偶极子,必定存在着一定的脑电场分布。通过测定脑容积导体电场电位的变化,可以了解脑电的活动情况,进而了解脑的机能状态。

由于大脑皮层的神经元具有这种自发生物电活动,因此可将大脑皮层经常具有的、持续的节律性电位变化,称为自发脑电活动。临床上用双极或单极记录方法在头皮上观察大脑皮层的电位变化,记录到的脑电波称为脑电图(electroencephalogram, EEG)。目前脑电图不仅用于神经学学科,而且还应用于内科学、药理学、电生理学及运动医学等领域。

4.4.1 脑电图基础知识

4.4.1.1 脑电图的分类

现代脑电图学中,根据频率与振幅的不同将脑电波分为 α 波、β 波、θ 波和 δ 波,如图 4-66 所示。

(1) α 波。可在头颅枕部检测到,频率为 $8 \sim 13\,Hz$,振幅为 $20 \sim 100\,\mu V$,它是节律性脑电波中最明显的波,整个皮层均可产生 α 波。α 波在清醒、安静、闭眼时即可出现,波幅由小到大,再由大到小作规律性变化,呈棱状图形。

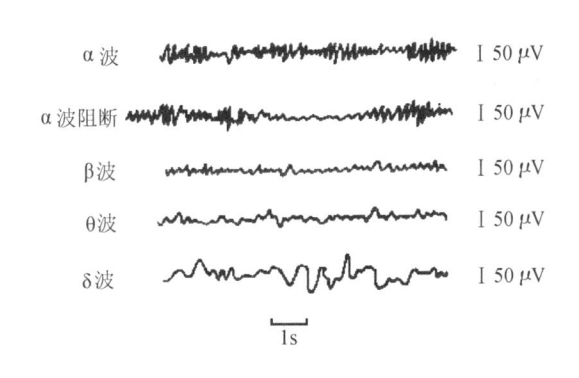

图 4-66 脑电图的四种基本波形

(2) β 波。β 波在额部和颞部最为明显,频率为 $18 \sim 30\,Hz$,振幅为 $5 \sim 20\,\mu V$,是一种快波。β 波的出现一般意味着大脑比较兴奋。

(3) θ 波。θ 波频率为 $4 \sim 7\,Hz$,振幅为 $10 \sim 50\,\mu V$,它是在困倦时,中枢神经系统处于抑制状态时所记录的波形。

(4) δ 波。在睡眠、深度麻醉、缺氧或大脑有器质性病变时出现,频率为 $1 \sim 3.5\,Hz$,振幅为 $20 \sim 200\,\mu V$。

脑电图的波形随生理情况的变化而变化,一般来说,当脑电图由高振幅的慢波变为低振幅的快波时,兴奋过程加强;反之,当低振幅快波转化为高振幅的慢波时,则意味着抑制过程进一步发展。

4.4.1.2 诱发电位及其检测技术

前面已述及,脑电图记录的是人大脑自发的电位活动,这种自发的脑电信号在临床诊断上有重要的意义。除此之外,如果给机体以某种刺激,也会导致脑电信号的改变,这种电位称为脑诱发电位。根据脑电与刺激之间的时间关系,可将电位分为特异性诱发电位和非特异性诱发电位。所谓非特异性诱发电位,是指给予不同刺激时产生的相同的反应,这是一种普通的和暂时的情况;而特异性诱发电位是指在给予刺激后经过一定的潜伏期,在脑的特定区域出现的电位反应,其特点是诱发电位与刺激信号之间有严格的时间关系。非特异性诱发电位幅度比较高,在脑电图记录中即可发现。特异性诱发电位较小,完全淹没在自发脑电信号中。从其概念可知,非特异性诱发电位没有任何特定意义,因此在临床诊断中不具有诊断价值;而特异性诱发电位的形成和出现与特定的刺激有严格的对应关系,因此通过诱发电位可以反映出神经系统的功能与病变。因此,在临床上只进行特异性诱发电位的检查,通常我们把特异性诱发电位简称为诱发电位(evoked potential, EP)。诱发电位是指中枢神经系统在感受外在或内在刺激过程中产生的生物电活动,是代表中枢神经系统在特定功能状态下的生物电活动的变化。目前临床上常用的诱发电位有模式翻转视觉诱发电位(pattern reversal visual evoked potential, PR-VEP)、脑干听觉诱发电位(brain stem auditory evoked potential, BAEP)和短潜伏期体感诱发电位(short-latency somatosensory evoked potential, SLSEP)。

1. 视觉诱发电位

视觉诱发电位是指向视网膜给予视觉刺激时,在后脑两侧所记录到的由视觉通路产生的电位变化,其刺激方式是电视机显示的黑白棋盘格翻转刺激,方格大小为 $30°$ 视角,对比度至少大于 50%,全视野大小应小于 $8°$,眼睛固定注视中心,刺激频率为 $1\sim2\,Hz$。

2. 听觉诱发电位

听觉诱发电位是指给予声音刺激,从头皮上记录到的由听觉通路产生的电位活动,因其电位源于脑干听觉通路,故又称为脑干听觉诱发电位。其刺激源为脉宽 $200\,\mu s$ 的方波电信号,经过换能器转换成短声,其极性依耳机振动膜片的方向而定,当耳机膜片靠向患者鼓膜时,该刺激为密波短声,反之为疏波短声。临床神经学研究中,常用疏波短声为刺激声,刺激频率为 $10\sim15\,Hz$,强度高于听力阈 $60\,dB$。BAEP 的神经学检查主要采用单耳刺激,这样可避免产生假阴性结果。所谓单耳刺激是指对健耳给予白噪声刺激,以消除骨传导的影响,通常给予对侧掩耳以小于同侧耳刺激声 $30\sim40\,dB$ 的白噪声刺激强度。

3. 体感诱发电位

体感诱发电位是指躯体感觉系统在受外界某一特定刺激(通常是脉冲电流)后的一种生物电活动,它能反映出躯体感觉传导通路神经结构的功能。其刺激方式有恒压器和恒流器两种,恒压刺激器的输出范围为 $0\sim1\,V$,恒流刺激器的输出范围为 $0\sim100\,mA$。刺激强度通常选用感觉阈上 4 倍或运动阈上 2 倍,方波宽度为 $100\sim500\,\mu s$。

4.4.2 脑电图机的导联

与心电图记录一样,记录脑电信号首先必须解决电极在大脑表面的放置以及电极与脑电放大器输入端的连接问题,即所谓的脑电图导联问题。由于脑电图信号较为复杂,需要采用多个电极进行检测,同时为了消除其它生物电信号的干扰,必须将数量较多的电极集中放置在大脑表面一个较小的区域内,因此脑电图的导联比心电图要复杂得多。而且由于脑电信号的复杂性以及人类对大脑活动认识的不足,目前还没有一个公认的脑电图导联标准,各个厂家都是按照自己的方案设置一些固定的脑电图导联,同时为了给医生提供较高的灵活性,各厂家的脑电图机一般都提供自选导联模式,由医生根据病人的实际情况设置导联的连接。

虽然脑电图导联还没有统一的标准,但是脑电电极的放置却有相对比较统一的方案,这就是所谓的 10-20 系统电极法。

4.4.2.1 10-20 系统电极法

目前,国际上已广泛采用 10-20 系统电极法,其前后方向的测量是以鼻根到枕骨粗隆连成的正中线为准,在此线左右等距的相应部位定出左右前额点(F_{P1},F_{P2})、额点(F_3,F_4)、中央点(C_3,C_4)、顶点(P_3,P_4)和枕点(O_1,O_2)。前额点的位置在鼻根上相当于鼻根至枕骨粗隆的 10% 处,额点在前额点之后相当于鼻根至前额点距离的 2 倍即鼻根正中线距离 20% 处,向后中央、顶、枕诸点的间隔均为 20%,10-20 系统电极的命名即源于此。

图 4-67 所示为 10-20 系统电极在一个平面上示出的所有电极和外侧裂、中央的位置。

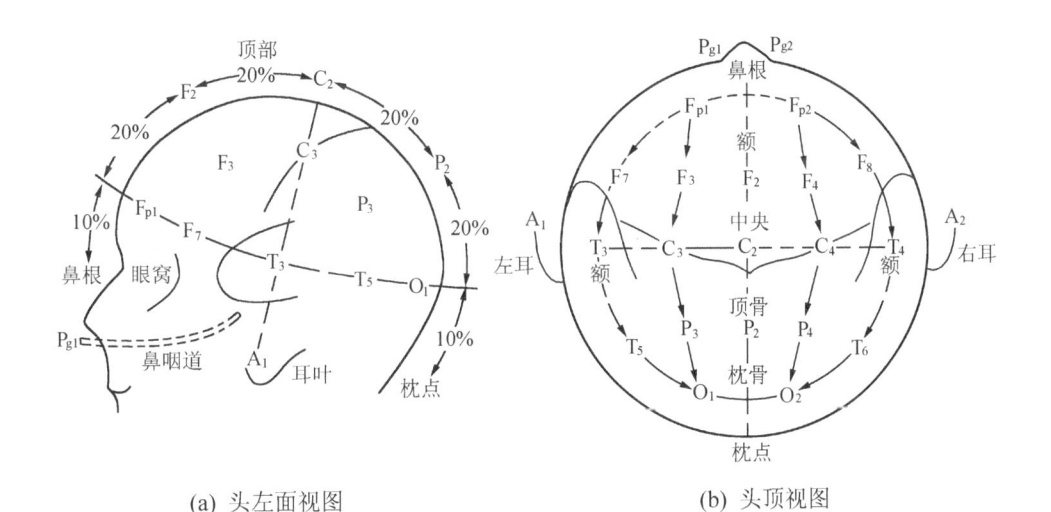

(a) 头左面视图　　　(b) 头顶视图

图 4-67　10-20 系统电极

为了区分电极和两大脑半球的关系,通常右侧用偶数,左侧用奇数。从鼻根至枕骨粗隆连一正中矢状线,再从两瞳孔向上、向后与正中矢状线等距的平行线顺延至枕骨粗隆,称左右瞳枕线,如图 4-68 所示。

(1) 从枕骨粗隆向上约 2 cm,左右旁开 3 cm 与左右瞳枕线相交处为左右枕极(9、10)。

(2) 沿瞳枕线入发际约 1 cm 处为左右额前极(1、2)。

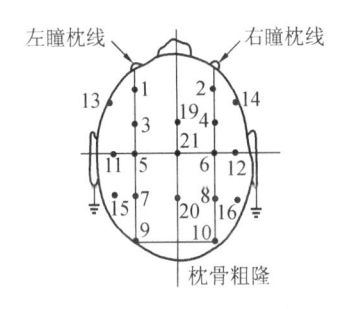

图 4-68　脑电电极安放部位

(3) 左右外耳道连线与左右瞳枕线相交处为左右中央极(5、6)。

(4) 左右额前极与中央极之中点处为左右额极(3、4)。

(5) 左右中央极与枕极之中点处为左右顶极(7、8)。

(6) 左右中央极与外耳道之中点处为左右颞中极(11、12)。

(7) 左右瞳孔与外耳道中点处为左右颞前极(13、14)。

(8) 左右乳突上发际内约 1 cm 处为左右颞后极(15、16)。

4.4.2.2 脑电图机的导联

前面提过,脑电图就是要描记头皮上两电极间电位差的波形,因此每一导联必须有两个电极,其中的一个电极连接脑电图机放大器的一个输入端,另一个电极连接放大器的另一个输入端。如果人体上存在零电位点,放在这个点上的电极和放在头皮上的另一个电极之间的电位差,就是后一个电极处电位变化的绝对值。我们把放于零电位点的电极称为参考电极或无关电极;把放于非零电位的电极称为作用电极或活动电极。因此,脑电图的导联方法分为两类:单极导联法(一个极为参考电极,另一个为作用电极)和双极导联法(两个极均为作用电极)。

人体上的零电位点的选取,理论上规定位于电解质液中的机体,以距离该机体很远处的点为零电位点。这种点是难以利用的,我们只能在人体上找一个距离脑尽可能远的点定为零电位点,合乎"远距离"标准的,首先是四肢,但是不能选用,因为那将在脑电图中混进心电图(心电图幅度一般比脑电图幅度大两个数量级),因而只能在头部选择离头应尽可能远的点为零电位点,现在临床中一般选取耳垂。

1. 单极导联法

单极导联法是将作用电极(活动电极)置于头皮上,参考电极(无关电极)置于耳垂。通过导联选择器的开关分别与前置放大器的两个输入端 G_1 和 G_2 相连。

作用电极与参考电极之间有以下三种连接形式:

(1) 一侧作用电极与同侧参考电极相连接(见图 4-69a);

(2) 两侧的参考电极连在一起再与各作用电极相连接(见图 4-69b);

(3) 左侧参考电极与右侧作用电极相连接,右侧参考电极与左侧作用电极相连接(见图 4-69c)。

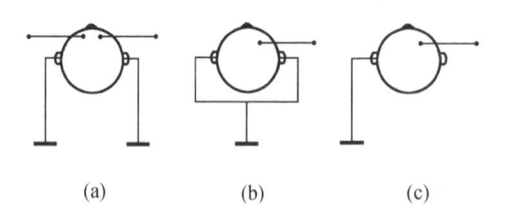

图 4-69 作用电极与参考电极的连接

2. 平均导联

平均导联实际上属于单极导联的一种。单极导联中的参考电极不能保持零电位,易混进其它生物电的干扰。为了克服这个缺点,即将头皮上多个作用电极各通过 1.5 MΩ 的电阻后连接在一起的点作为参考电极,称之为平均参考电极。将作用电极与平均参考电极之间的连接方式称为平均导联。

3. 双极导联法

双极导联法只使用头皮上的两个作用电极而不使用参考电极,所记录的波形是两个电极部位脑电变化的电位差值。双极导联法的优点就在于可以大大减少干扰,并可以排除无关电极引起的误差;但其波幅较低,也不够恒定。两作用电极间的距离不宜太近,以免电位差值互相抵消,一般应在 3～6 cm 之间。

三种电极连接方式分别如图 4-70a,b,c 所示。

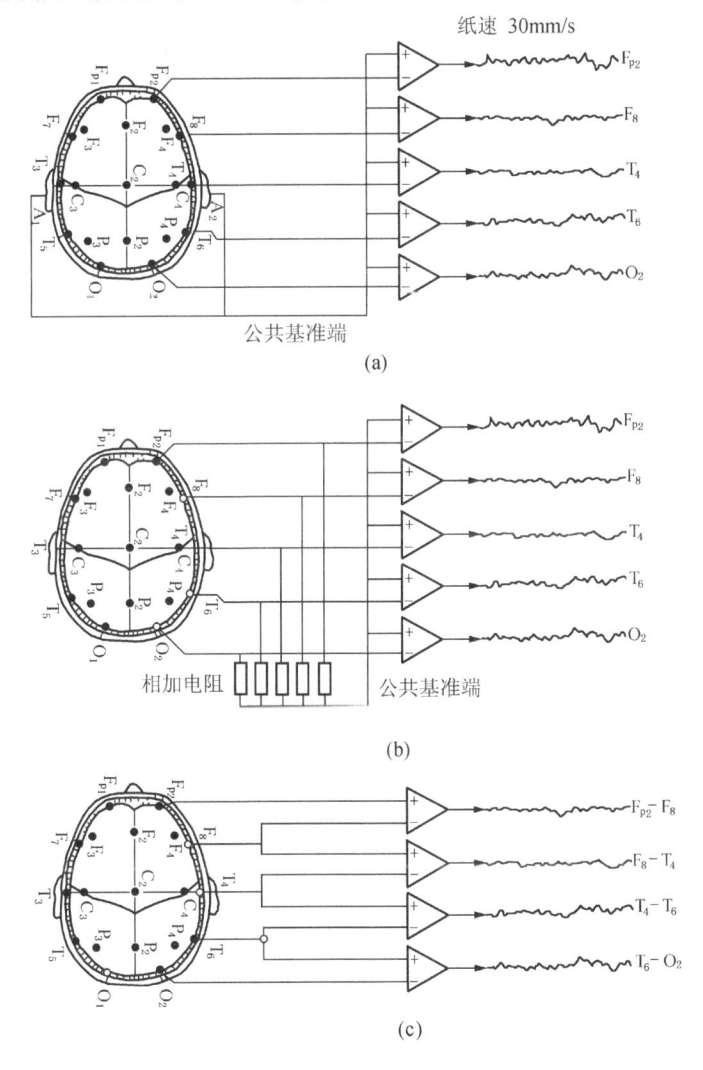

图 4-70 多道脑电图记录中电极连接方式

4.4.3 脑电图机的工作原理

脑电图机与心电图机的工作原理基本相同,都是将微弱的生物电信号通过电极拾取、放大器进行放大,然后通过记录器绘出图形。所以,脑电图机的基本结构也是由以下几部分组成:输入部分、脑电放大器、调节网络、控制部分、记录部分、传动走纸部分以及电源部分。但是,由于脑电信号与心电信号在波形、频率、幅度等性质上有较大的差异,检测部位及临床应用也不同,脑电图机在电路设计和性能参数上也有许多不同之处。因此,本节在介绍脑电图机时,在全面阐述脑电图机结构和原理的同时,重点说明脑电图机与心电图机的不同之处。

4.4.3.1 脑电图机的结构

图 4-71 所示为脑电图机的工作原理框图。

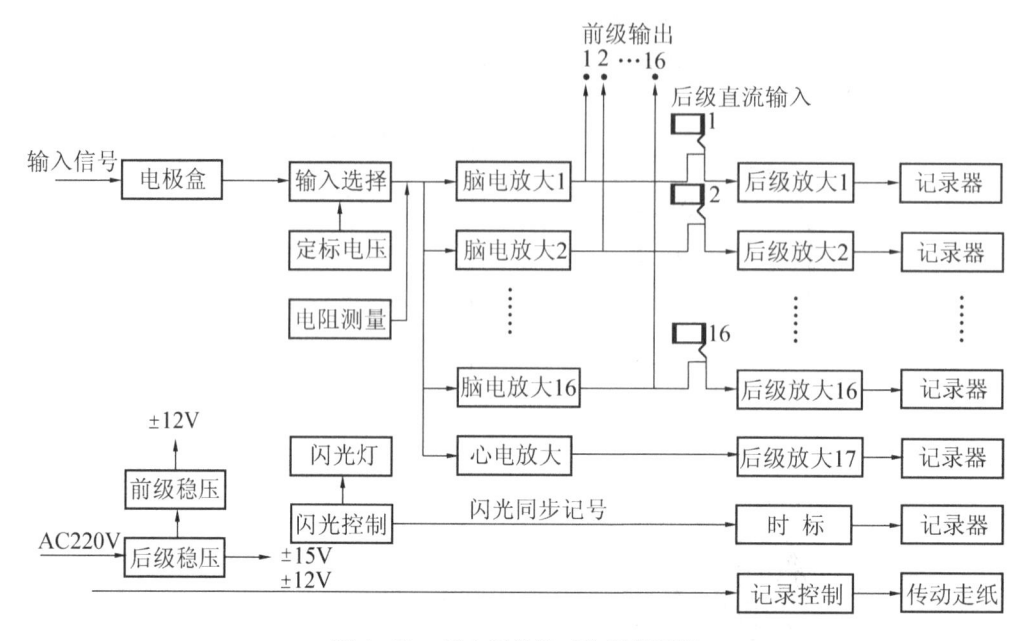

图 4-71 脑电图机的工作原理框图

1. 输入部分

1) 电极盒

电极盒也称作分线盒,它是一个金属屏蔽盒,壳体接地,盒上有许多插孔。安放在人脑部的头皮电极通过连接导线末端的插头插入电极盒相应的插孔中,插孔的号码与导联选择器(电极选择器)的号码相一致。电极盒的信号连接电缆与脑电图机的放大器相连,将头皮电极检测到的脑电信号进行传送。

2) 头皮电极电阻抗测量电路

有的电极盒还带有电极电阻测量装置,便于操作者及时了解头皮电极的接触状况。电极与头皮的接触好坏,影响着电极接触电阻的大小。电极-皮肤电阻越小,引入的交流干扰就越小,得到的波形质量就越高越稳定。当电极与头皮的接触松动时,电极与头皮的接触会随病人的呼吸或身体、面部动作而改变,将导致脑电图的伪差波形。

图 4-72 为头皮电极电阻测试电路原理图。多谐振荡器输出的脉冲电压经电阻 R_1、R_2 分压后,又由 R_3 经模拟开关与人体两电极之间电阻 Z_0 进行分压,加到比较器 A 的同相输入端。如果人体电极接触电阻较大($\geq 50\ k\Omega$),则分压后加入比较器同相输入端的脉冲电压瞬时将超过反相输入端的基准电压,此时比较器翻转,输出正向脉冲,经二极管 D_1、电阻 R_8、R_9 加到三极管 V_1 的基极上,三极管导通,发光二极管闪亮,便可知相应电极接触不良。

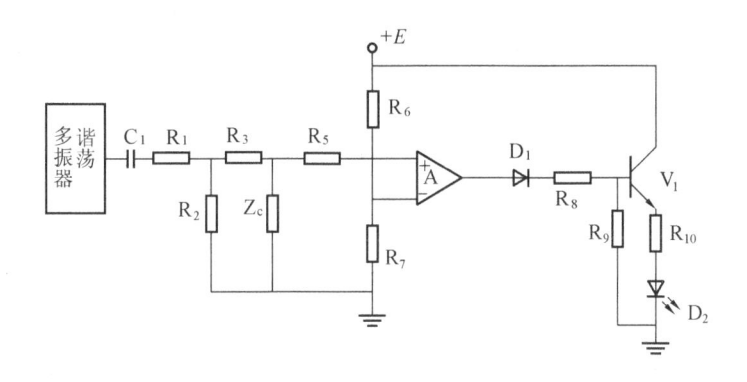

图 4-72　头皮电极电阻测试电路原理图

3）导联选择器

脑电信号由电极拾取通过电极盒送到主机以后，还需经导联选择器才能分别送入相应的各放大器进行放大。导联选择器是从与电极盒插孔有联系的多个头皮电极中任意选出一对电极连接到放大器的两个输入端。导联选择有两种导联开关：固定导联开关和自由导联开关。

固定导联是由厂家设定，一般有 4～7 种，每种导联的电极连接方式已在机器内部设定好，可以直接进行测量。

自由导联由用户自己设定，可任意选择脑电极的连接方式，组成所需要的导联输入到各放大器。

脑电图机上有时还设有耳垂电极选择器。把耳垂电极插在电极盒固定的号码插孔上，通过耳垂电极选择器，可使左右耳垂电极连接在一起，或连在一起并接地。此外，也可选择左耳接地或右耳接地方式。

4）电极电阻检测装置

电极与皮肤接触电阻的大小，直接关系到脑电图的记录质量，所以脑电图机都设有皮肤电阻检测装置。在脑电信号记录之前，首先对每个电极与头皮的接触电阻进行检测，看是否满足要求。电极与皮肤接触电阻一般在 10～50kΩ 之间。如果某一道的电极皮肤接触电阻超过了 50kΩ，就会有相应的显示指示，提示对电极进行处理。这种装置有时设在脑电图机的电极盒上，有时设在主机的放大通道上。可用直流电作为检测电极电阻的电源（干电池或交流电经过整流后提供的直流电），也可用交流电作为电源。

5）标准电压信号发生装置

脑电图机在描记脑电图之前需要进行定标，使各道描记笔的灵敏度相同，这样才能对以后所描记下来的各个部位脑电图的幅度进行测定和相互比较。因此每个脑电图机都设置标准电压信号发生装置，与心电图机的 1mV 定标电压相比，它有多个幅值和多种波形（方波和正弦波）。

标准电压信号的产生类似于心电图机的 1mV 定标电压，由输入电压经电阻分压器后，可获得 1mV，500μV，200μV，100μV，50μV，20μV 的各级电压，通过标准电压开关输送到放大器的输入端。该装置的输入电压可以由稳压电源供给,也可以由干电池供电与电阻分压器产生直流定标电压,但干电池随着时间的延长,电压会降低,所以要注意及时更换。

2. 放大电路部分

脑电波经输入部分输送到放大电路的输入端,由于脑电波属于低频(一般为 $0.5 \sim 60\,Hz$)、小幅值($5 \sim 100\,\mu V$)的生物电信号,要想用描记笔把它记录下来,就要求放大电路有足够高的电压增益。因而脑电图机的放大器应当是具有高电压增益、高共模抑制比、低漂移、低噪声的低频放大器。

1)前置放大电路

前置放大电路多采用结型场效应管构成的差分式放大器,提高了电路的输入阻抗和共模抑制比。

2)增益调节器

增益调节器是调节放大倍数的装置,也就是用来调节脑电图机灵敏度的装置,它包括三个部分:增益粗调、增益细调和总增益调节。

各道的增益粗调设置在前级放大器之后,由分压电阻网络及开关组成,通过改变后级放大器接受前级放大器输出电压的比例,实现增益的调节。

各道的增益细调设置在后级放大器的负反馈回路中,通过电位器改变后级放大器的电压放大倍数,可以实现连续调节。

总增益调节设置在后级放大器的输入端,它对各道放大器的放大倍数能够同时进行控制。总增益控制主要在两种情况下使用:整个脑电波波幅过低无法阅读,需要将各道增益同时增大;描记当中突然出现异常高波幅波,描记笔偏转受阻,需要将各道增益同时衰减。

3)时间常数调节器

脑电图机的前级放大器各级之间以及前级放大器与后级放大器之间,采用的都是阻容耦合,它不能放大直流信号,对低频信号有较大的衰减,所以要考虑这种放大器对阶跃信号的过渡特性,以及对低频正弦信号的频率特性。脑电图机的时间常数,就是用来反映放大器的过渡特性和低频响应性能的参数。其值越大,表明放大器的下限频率越低,越有利于记录慢波;其值越小,对低频信号衰减作用增强,起到了低频滤波器的作用,有利于记录快波。脑电图机时间常数一般包括 $0.1\,s$、$0.3\,s$、$1.0\,s$ 三挡,通常使用 $0.3\,s$ 挡。

4)高频滤波器

时间常数调节器是改变放大器频率响应的低频段特性曲线,关系到低频衰减,属于低频滤波器;而高频滤波器则是改变放大器频率响应的高频段特性曲线,关系到高频衰减。高频滤波器通常分 $15\,Hz$、$30\,Hz$、$60\,Hz$($75\,Hz$)和"关"四挡,记录脑电时选 $60\,Hz$($75\,Hz$);记录心电时选"关"。

5)后级电压放大器

前级放大电路的输出信号经过时间常数、高频滤波、增益调节等调节网络处理后,还需送入后级放大电路进一步增幅。前级电压放大器和后级电压放大器合称前置放大电路,它的输出电压幅度应能驱动末级功率放大器输出足够大的功率。

6)功率放大电路

脑电信号经前置放大,高、低通滤波器,最后加到功率放大器,以推动记录器偏转。有时除记录脑电信号外,还需同时记录其它生理参数,如心电信号、肌电信号等,或者是把脑电记录到磁带上,有的还可以输出到计算机进行处理后再送回主机进行记录。功率放大电路部分应设有数据输入及输出插口。

功率放大电路还可通过记录器的速率反馈线圈引入负反馈,改变记录器的阻尼,同时引进电流负反馈,用来减少记录器线圈电阻的变化对于记录灵敏度的影响。例如,当线圈发热时其电阻加大,线圈电流减少,描记笔的摆幅就要变小,由于电流负反馈的存在,随着负反馈信号的减小,功率放大器输出电压将增大,弥补一些线圈电流的损失,以至于描记笔的摆幅下降甚微。

3. 记录部分

脑电图机的记录方式与心电图机的记录相比,要丰富得多,有记录笔通过记录纸记录、磁带记录、计算机存储记录,还有较复杂的拍摄记录等。较高级的新型脑电图机可同时设有几种记录方式。目前常用的仍然是笔式记录。

笔式记录装置主要由两部分组成:记录笔和记录电流计。

1)记录笔

记录笔有墨水笔式、热笔式和喷笔式等形式。最常用的是墨水笔式。它的缺点是不能记录较高频率波形,但由于脑电信号属于低频信号,墨水笔式记录完全可以满足要求,而且这种记录方式所使用的记录纸成本较低,所以,目前临床中仍然广泛使用。热笔式记录由热笔和热敏纸组成,这种记录方式所记录的脑电图曲线清晰,不会产生波形失真,是当前心电图记录中最普遍采用的方式;但由于脑电图记录纸宽,记录笔数目多,记录时间长,这样造成脑电图记录的成本太高,限制了它的使用。喷笔式记录方式需用尖笔和复写纸,这种尖笔制造工艺复杂,尚未推广。该方式的优点是喷笔和纸之间不产生摩擦,适于记录高频波形。

2)记录电流计

记录电流计控制记录笔的动作,它也有多种形式。目前与墨水笔式和热笔式记录笔相配用的大都是动圈式电流计。动圈式电流计主要由三部分组成:永久磁铁、动铁芯(起增强磁场的作用)、线圈。永久磁铁构成固定磁场,线圈是套在动铁芯上面的,当线圈有电流通过时便产生磁场,该磁场的强弱和方向由线圈中电流的大小和方向来决定。线圈磁场与固定磁场相互作用产生力矩推动动铁芯转动,安装在动铁芯顶部的记录笔也就随之转动,便可把脑电信号描记在记录纸上。

由于导联数较多,而且为了观察脑电场分布的对称情况和瞬时变化,一般要求进行同步记录,因此必须有多通道的放大器和记录器同时工作,常见的一般有 8 导、16 导、32 导等。有的机器还附加一道心电和一道记号导联。因此,脑电图机的记录纸要宽得多,这对走纸电机提出了更高的要求,一般电机输出功率应在 1.5 W 以上,许多放大器和记录器中有一导发生故障就会使整个记录受到影响。

4. 电源部分

脑电图机的各部分电路均以稳压电源供电,以减小电网电压波动和温度变化对电子电路工作状态的影响,这是保证整机能够正常工作的基础。脑电图机一般有多组直流稳压电源,供给电路各部分。

5. 脑电图机的辅助部分

脑电图机所描绘的都是人体自发的脑神经电活动信号,临床上有时需要用刺激的方法来引起大脑皮层局部区域对外界刺激的反映产生的诱发电位。根据刺激类型不同,有视觉诱发电位、听觉诱发电位、体感诱发电位,它们分别由光刺激、声刺激、躯体感觉刺激引起。检测人体神经系统各类诱发电位的仪器称为诱发电位仪。目前,大部分脑电图机也都配有光刺激器,可进行简单的视觉诱发电位的检测。光刺激器产生的光刺激,由前面板即可调节其输出频率(一般在 1~30Hz 之间)、刺激时间(5~15s)、刺激间隔时间(5~15s)、刺激方式(手动和自动)、刺激开始与停止等。使用时,将闪光灯正对患者眼睛,距离约 30 cm,选择适当的频率和时间,然后按下启动按钮,即可发出所需要的光。在闪光的同时,时标笔会自动记下闪光同步信号,以便分析波形时进行对照。

4.4.3.2 脑电图机的原理

以下详细系统介绍脑电图机的结构与工作原理。

图 4-73 所示为一种典型的脑电图机的工作原理框图。从图中可以看出脑电图机整机分为输入盒、导联选择、EEG 前置及主放大器、记录部分、电源单元、CPU 板、生物电前置及主放大器、总控制板、闪光刺激板、编程单元等。

生理信号从输入到电极盒开始直到送到记录波形的电流计为止,需要经过导联选择电路、放大器、滤波器电路,还可以通过前置放大器送入 EXT. OUTPUT 端口。

所有用于设置这些功能的开关都是由 CPU 板送来的控制信号控制的。

然后,生理信号通过一个独立的模拟电路板输出至最后一个阶段,无须通过控制开关(例如增益、滤波器以及时间常数)控制。

电路系统能够抑制交流电源的 50Hz 工频干扰或其它噪声以得到清晰的 EEG 波形。

EEG-7300 系列脑电图机控制信号的流程如下:

键盘板主要功能是对按键进行编码,编码与按键一一对应。操作者按下某个按键后,键盘板识别所按的按键,输出一个按键编码置 CPU 板。

CPU 板接收键盘板送来的按键编码以后进行解码,识别操作者所按的按键,然后按照内部固化的程序进行相应的操作,以控制各个单元的工作。

1. 输入盒

由于脑电信号一般由若干个头部电极从统一的部位引出,引出的电极线就有若干根,因此采用电极盒将电极与脑电图机连接在一起。电极盒是一个金属屏蔽盒,壳体接地,盒上有许多插孔。安放在人脑部的头皮电极通过连接导线末端的插头插入电极盒相应的插孔中,插孔的号码与导联选择器(电极选择器)的号码相一致。电极盒的信号连接电缆与脑电图机的放大器相连,将头皮电极检测到的脑电信号进行传送。每个电极的信号通过互相独立的缓冲放大器送入主机,缓冲放大器的增益是 1。

4 生物电测量仪器

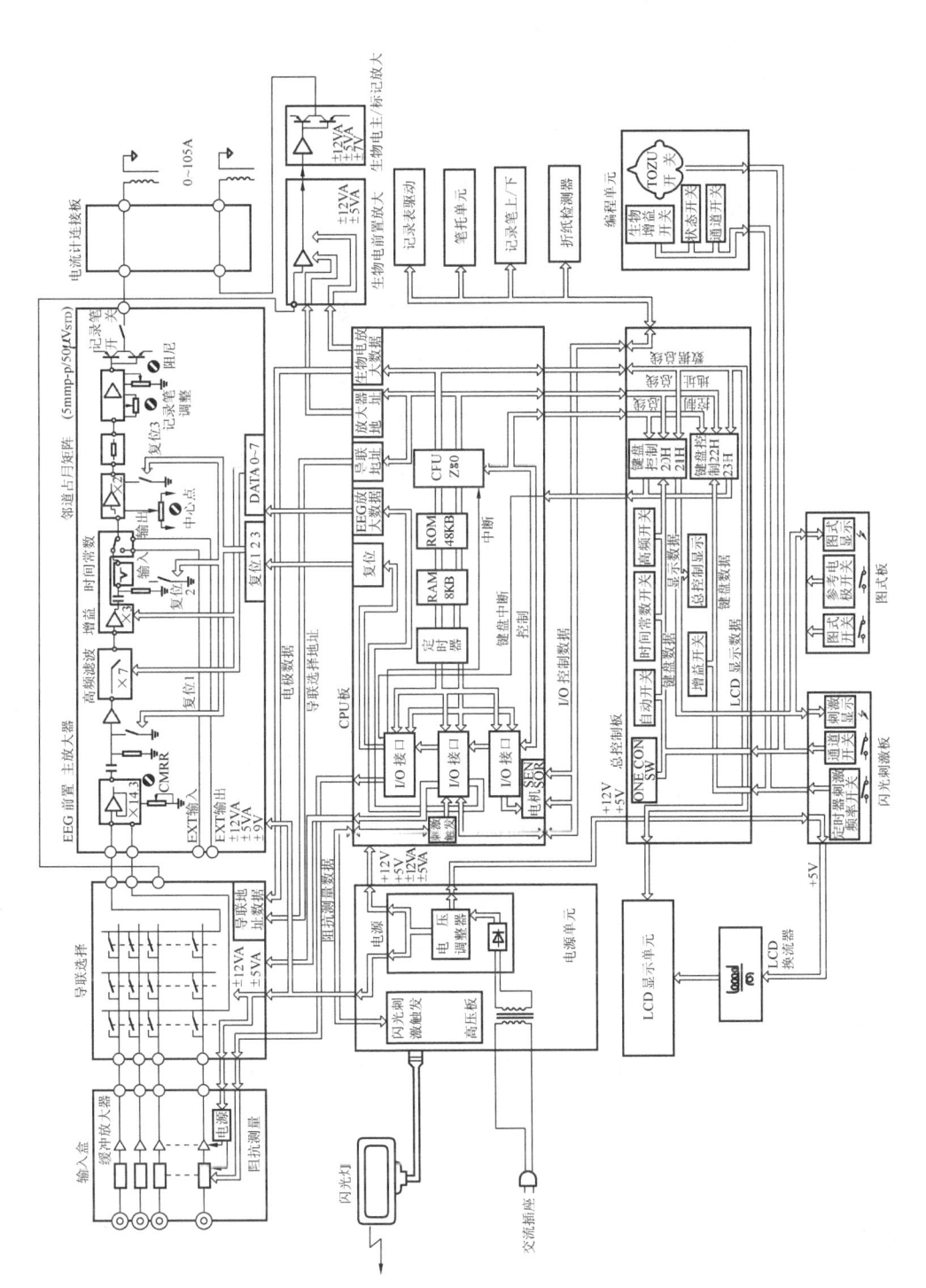

图 4-73 典型脑电图机工作原理框图

电极盒还带有电极电阻测量装置,便于操作者及时了解头皮电极的接触状况,图4-74所示为电极阻抗测量电路框图。当按下 IMP-CHECK 键测量电极阻抗时,10Hz 的正弦信号测量电流流入各个电极,10Hz 电流在各个电极上产生的信号电压通过输入盒内的缓冲放大器加到 MONT. SEL 板上。

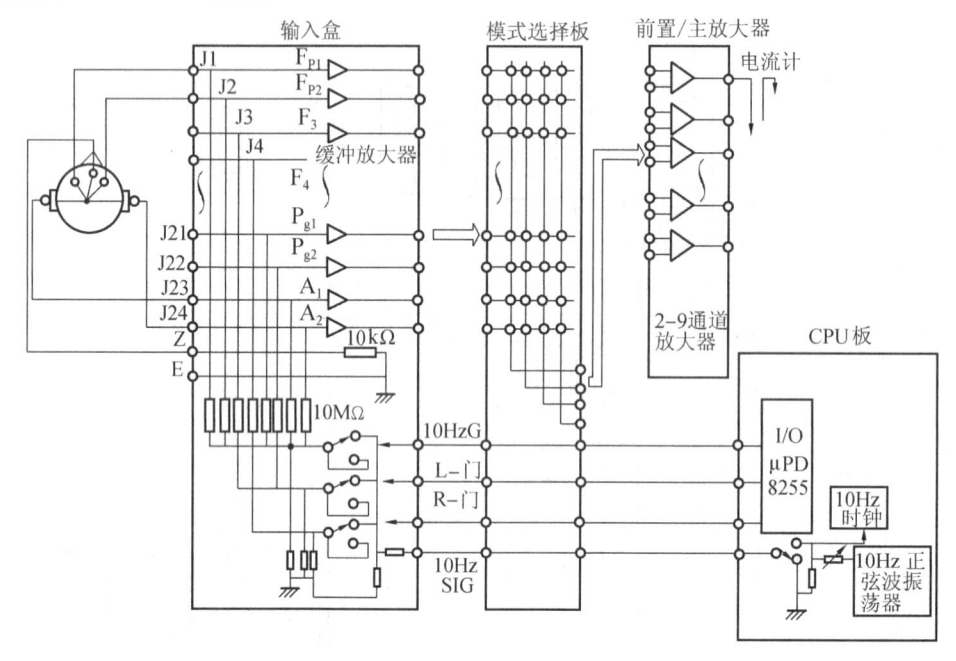

图4-74 电极阻抗测量电路框图

为了防止可能出现的基线漂移,对电极有更严格的要求,应采用银-氯化银制的极化电极,以提高极化电压的稳定性。由于脑电电极比心电电极要小得多,因此它具有较高的信号源阻抗,这就要求放大器有更高的输入阻抗(大于$10M\Omega$)。

2. 导联选择

脑电信号由电极拾取通过电极盒送到主机以后,还需经导联选择器才能分别送入相应的放大器进行放大。导联选择器是从与电极盒插孔有联系的多个头皮电极中任意选出一对连接到放大器的两个输入端。

本机最大可达$1\mu V/mm$的灵敏度,可以高精度地记录脑电信号,多达16种固定导联,外加2种自由导联,可以自由编程,导联更改也极易实现,所有这些都极大地方便了脑电图的描记。

3. EEG 前置及主放大器

脑电信号的幅度范围为$10\sim 100\mu V$,比标准心电信号小两个数量级,因此它要求的放大增益要高得多(约100dB)。另外,由于信号太微弱,同样大小的共模电压对脑电检测将会造成更为严重的影响,因此要求脑电放大器具有比心电图机更高的共模抑制比(约为10000:1),同时等效输入噪声应在$3\mu V$以下。

主放大器与前置放大器组合在一块电路板上,为了使设计更加紧凑,采用了多种混合式集成电路。

前置放大器单元由四级放大器、时间常数转换电路、高频滤波器、灵敏度转换电路以及交流干扰滤波电路组成。

4. 生物电前置及主放大器

本机提供了两个生物电通道用以放大和记录心电等其它生物电信号。生物电前置放大器及主放大器的组成电路与脑电前置放大器非常相似。生物电前置放大器使用两个通用的寄存器输出前置放大器的控制信号,取代了 CPU 的特定端口。生物电前置放大器通过两个 8 位寄存器控制,而脑电放大器通过 CPU 的 I/O 端口控制。

5. CPU 板

CPU 是整机的控制核心,其原理框图如图 4-75 所示。下面简单介绍主要模块的功能。

1) CPU

一个 8 位的 Z80 CPU 用于控制 CPU 板提供的所有功能,采用中断模式 2。

2) 振荡器电路

振荡器电路为 Z80 CPU 产生 2 MHz 的时钟信号,为电机控制产生 40 kHz 的时钟信号,为光刺激电路提供 20 kHz 的时钟信号。

3) 闭锁电路

当电源打开时,闭锁电路产生一个脉宽约为 100 ms 的低电平 RESET 信号,初始化 CPU 及其外围集成电路。

4) ROM 和 RAM

CPU 板提供 32 KB 的 ROM 集成电路(MBM27256)用于存储仪器的监控程序和 16 KB 的 ROM 集成电路(MBM27128)用于存储其余数据。

仪器配备了 8 KB 的静态 RAM 集成电路(HM6264LP),用于存储导联、光刺激自动模式、自动记录等编程数据。

5) 电池备用电路

该电路支持存储在实时时钟集成电路中的静态 RAM 数据及时钟数据。当仪器处于开机状态时,来自电源电路的 +5 V 电压加到 RAM 上,当仪器关机以后立即由电池作为备用电源为 RAM 供电,使存储的数据不会丢失。

6) 外围 I/O

(1) IC124/μPD8255AC-2。IC124 工作在方式 0,端口 A 的高四位和端口 C 作为输出端口,端口 B 的低四位和端口 C 作为输入端口。端口 A 控制记录笔托盘步进电机,端口 B 接收位开关的状态信息,端口 C 控制 CPU 板上的定时器 IC138。

(2) IC125/μPD8255AC-2。IC125 工作在方式 0,端口 A 控制 CAL 电压输出,端口 B 控制选配件 ABR 单元。端口 C 输出脑电放大器状态设置信号,如灵敏度、时间常数、滤波器等等。

(3) IC126/LH0081(Z80PIO)。IC126 工作在方式 3,LH0081 有两个端口,允许对每一位独立设置输入输出功能,由于该设备属于 Z80 系列,能够直接对 Z80 CPU 发出中断。因此,脑电功能中优先级较高的 I/O 信号分配到这个端口,GP-IB(通用接口)中断、标志、INST 闭锁信号分配到端口 A,键盘中断、记录纸条件、阻抗检查信号分配到端口 B。

7) 计数器/定时器电路

计数器/定时器电路提供四个通道的输出。通过对特定的 20 kHz 和 40 kHz 输入信号进行分频得到定时器输出信号,CPU 管理分频率。各个定时器信号的用途如下:

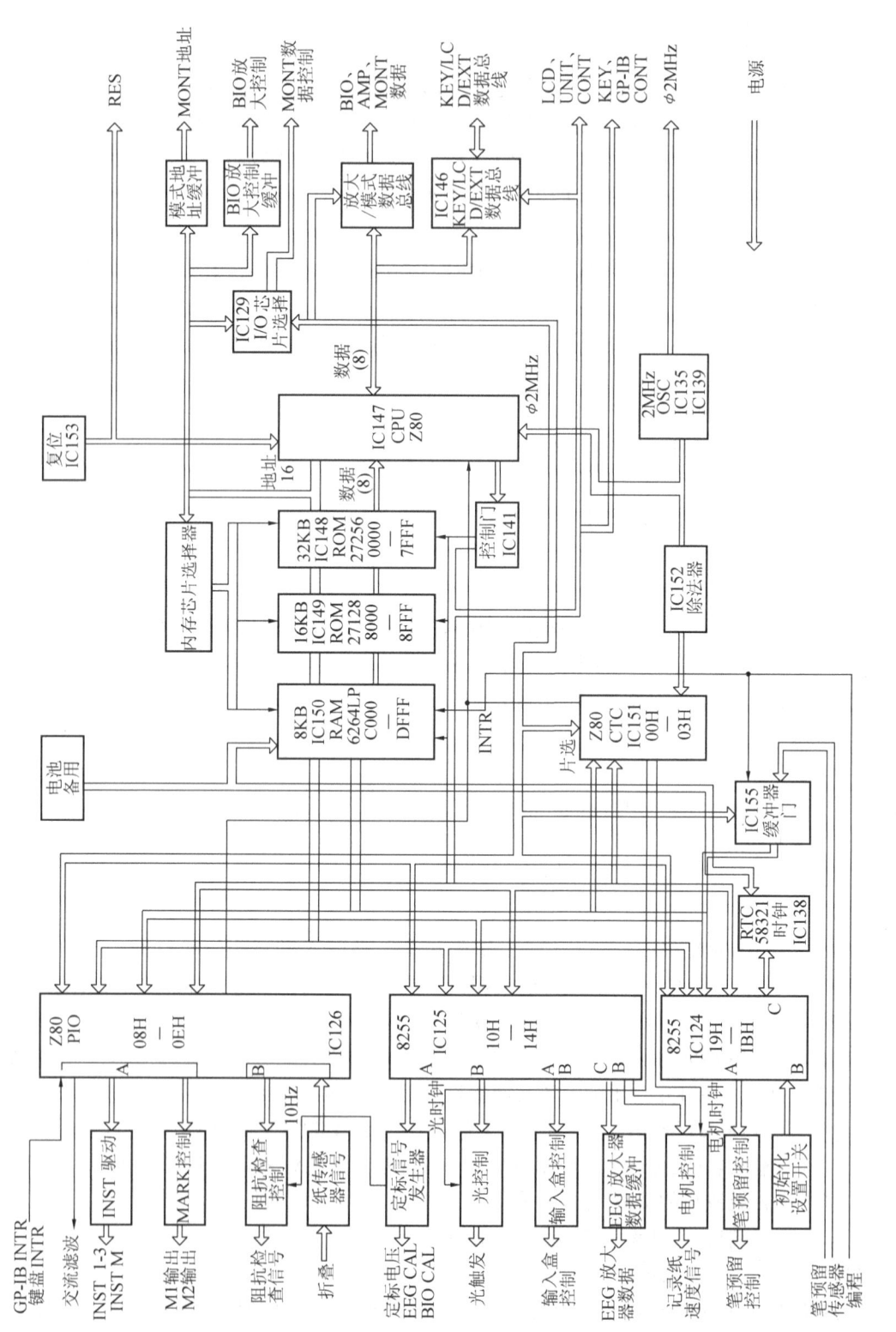

图 4-75 脑电图机 CPU 板原理框图

CH0	用作电机控制的参考时钟;
CH1、CH2	用作光刺激频率的触发信号;
CH3	用作 10 ms 中断信号。

8) 闭锁/交流滤波电路

闭锁信号包括 $RESET_1$、$RESET_2$、$RESET_3$ 和 $RESET_M$,写入可编程外围接口的数据进行电平转换得到闭锁信号,$RESET_1$ 到 $RESET_3$ 被送到脑电前置放大器和 BIO 前置放大器,$RESET_M$ 信号被送到 BIO 主放大器/标志放大器中的标志放大器单元。

9) 标志电路

为了便于医生对脑电图波形的诊断,在记录脑电图时往往需要同时记录一些标志信号。例如,在记录诱发电位时需要给病人施加一定形式的刺激,脑电图机在施加刺激的同时就会记录一个刺激标志信号,以提示医生施加刺激的时刻。一般脑电图机记录的标志信号还有时间标志、灵敏度标志、导联标志等等。

本机为通道 M_1 和 M_2 提供了多种标志信号,该电路由一个简单的电阻网络组成。分配给通道 M_1 和 M_2 的各个标志信号如下:

M_1 时间标志、实时时钟标志、灵敏度标志、手动标志;

M_2 导联标志、定标电压标志、光刺激标志、用力呼吸标志。

10) 记录纸传感器电路

记录纸光敏传感器安装在记录纸传动单元上,用于检测记录纸或传动装置不锈钢轮子反射的光线,CPU 根据反射光线的数量识别记录纸折叠或记录纸空的信息。

11) CAL 定标电路

如前所述,脑电信号的幅度范围为 $10 \sim 100\,\mu V$,频率在 $1 \sim 30\,Hz$ 之间,各种波形的幅度和频率差别较大,因此脑电图机放大电路的设置比心电图机更加复杂。而脑电图机一般都是多路放大器,因此对其进行定标的要求更加灵活。

脑电图机的定标信号共有两种波形:一个是正弦波,另一个是方波。脑电通道每次定标的输入信号电压为 $5,10,20,50,100\,\mu V$,BIO 通道的定标电压为 $1\,V$。

$5,10,20,50,100\,\mu V$ 的信号被 MONT. SEL 板上的衰减器以 $1/1000$ 的比例衰减以后作为脑电通道放大器最终的定标信号。

$100\,\mu V$ 和 $1\,mV$ 的定标电压用作生物电通道放大器的定标信号,这些定标电压的选择由外围接口 IC_{125} 输出的控制信号来决定。

12) 光刺激控制电路

光刺激控制电路有两个主要功能模块:闪光灯触发电路和光刺激标志发生器,主要用于视觉诱发电位的记录。

13) 输入盒控制电路

在 CPU 板初始化完成以后,JBXDLY 信号控制打开输入盒的电源,CPU 板上的 $A_1 + A_2$ 控制信号控制连接到 A_1 和 A_2 的模拟开关,外围接口 IC125 输出这些控制信号。

14) 脑电放大器控制信号

信号($EAD\ 0 \sim 7$)从外围接口 IC125 输出,各放大器设置代码参见表 4-10。

表4-10 前置放大器的功能代码

项目		EAD7	EAD6	EAD5	EAD4	EAD3	EAD2	EAD1	EAD0
灵敏度/(μV/mm)	75					0	0	0	0
	50					1	0	0	0
	30					0	0	0	1
	20					1	0	0	1
	15					0	0	1	0
	10					1	0	1	0
	7					1	0	1	1
	5					1	1	0	0
	3					1	1	0	1
	2					1	1	1	0
	1					1	1	1	1
时间常数/s	0.1			0	0				
	0.3			0	1				
	1.0			1	0				
高频滤波/Hz	15	0	0						
	35	0	1						
	70	1	0						
	OFF*	1	1						

15) 电机控制电路

仪器采用锁相环控制方法控制电机的工作，IC152将2 MHz的源信号分频为40 kHz作为计时器电路IC151的时钟信号以产生参考信号。

6. 电源单元

电源单元包括电源变压器、主电路及高压电路，高压板提供用于光刺激器的高压，电源板为各个电路板提供模拟电源和数字电源，主放大器的模拟电源和数字电源由开关型稳压器提供，其它所有的模拟电源由串行稳压器提供。

7. 键盘板

键盘板由总控制面板、导联面板、闪光刺激面板以及编程面板四个电路板组成。

(1) 总控制面板是键盘板的主要部分，负责接收按键代码，控制LED的点亮和熄灭，它包括带LED的按键开关，用以设置放大器启动/停止控制等。

(2) 导联面板包括用于设置16种固定导联和两个自由导联、定标CAL、参考电极的带LED的按键开关。

(3) 闪光刺激面板包括用于设置光刺激模式、纸速等功能的带LED的按键开关。

(4) 编程面板包括用于设置EXT INPUT ON/OFF、BIO通道A/B、定标、操作/编程以及电极选择的按键开关。

(5) LCD显示器显示各种脑电图条件如导联、BIO放大器放大设置、自动记录状态以及错误信息等，背光使LCD在黑暗环境下也可观察。

(6) 传动盒：电极和传动装置，用于走纸。

(7) 传感器板:记录纸检测传感器、记录笔 UP/DOWN 线圈、用于驱动记录笔托盘的步进电机的连接板,还包括记录笔托盘状态检测的传感器。

(8) 记录笔 UP/DOWN 单元:包括两对线圈,用于驱动记录笔 UP/DOWN 及控制机制。

(9) 记录笔托盘设置/闭锁单元:包括步进电机进行记录笔托盘设置/闭锁以及控制机制。

(10) 记录纸检测传感器:检测剩余记录纸及记录纸折叠。

4.5 肌电图机

肌电图(electromyography,EMG)用于检测肌肉生物电活动,判断神经肌肉系统机能及形态变化,并有助于神经肌肉系统的研究或提供临床诊断。肌电图机也因此成为医院物理诊断领域中不可缺少的组成部分。

4.5.1 肌电图基础知识

4.5.1.1 运动单位概念

肌肉是人体的重要组成部分,人体共有 434 块肌肉,每块肌肉通过神经末梢与运动神经连接在一起,肌肉的收缩是在运动神经支配下进行的。

每块肌肉都是由许多肌细胞(又称肌纤维)组成,而每一个肌细胞都有一层细胞膜,膜内侧是细胞核,外侧表面有一特殊的球状凹陷部位,称为运动终板。此处与运动神经末梢发生接触,构成神经肌肉接头,称为突触。

所谓运动单位就是表示肌肉功能的最小单位,它由一个运动神经元和由它所支配的肌纤维构成。一个运动单位所包括的肌纤维数目有多有少,一般有 10～1000 根。当运动神经兴奋时,便通过神经末梢的突触传给运动终板的肌膜,使肌细胞内外的离子平衡发生变化,产生终板电位而引起肌肉收缩,于是产生了运动单位的动作电位。

4.5.1.2 肌电位的形成机理

运动神经没有兴奋时,肌肉是静息的,此时肌肉内外的离子趋于平衡状态,无电位产生。当运动神经把兴奋传递到运动终板时,这种兴奋的总支便使肌膜对离子的通透性增加,膜外的离子先受到激发,迅速转入膜内,膜内离子剧增而引起放电,产生了动作电位。但在膜外离子大量转入膜内的同时,膜内原来的离子也要转到膜外,以便使膜内外离子达到新的平衡,这个过程就形成一个单相的肌电位。一般情况下,过程还要继续下去,膜内外离子的交换还在进行,膜外离子进入膜内,膜内的离子又转到膜外,重新回到原来静息时的平衡状态,如此使产生一个双相肌电位。也有少数人,这种离子转换过程要反复多次,形成了多相电位。这种过程是在运动终板兴奋时开始的,尔后在各种物质调节下进行的复杂变化过程。

因此,肌肉的动作电位是在运动神经末梢传递神经冲动到达突触时产生的终板电位(这种冲动可能是神经中枢传来的信息,也可能是人为给予的刺激),引起肌纤维去极化、电位扩散及一系列的生物物理和化学变化过程。运动单位为肌肉活动的最小单位,实际看到的肌肉收缩,是众多运动单位共同参加活动的结果。

4.5.1.3 肌电图

肌电图是反映肌肉－神经系统的生物电活动的波形图。从肌细胞外用电极导出肌肉运动单位的动作电位,并送入肌电图机加以记录,便可获得肌电图。其振幅为 20～50 μV,频率范围为 20～5 000 Hz。

临床肌电图检查的三态是指骨骼肌松弛状态、骨骼肌做轻度及用力收缩状态与被动牵张的肌电图。

1. 插入电位

插入电位(insertion potential)是指电极插入、移动和叩击时电极针尖对肌纤维的机械刺激所诱发之动作电位。正常肌肉此瞬间放电持续约 100 ms,不超过 1 s,即转为静息电位。

2. 静息电位

当电极插入完全松弛状态下的肌肉内时,电极下的肌纤维无动作电位出现,荧光屏上表现为一条直线,即为静息电位(silence potential)。

3. 运动单位电位

正常运动单位电位(motion unit potential,MUP)的特征:

1) 波形

分段正常肌肉的动作电位,用单极同心针电极引导由离开基线偏转的位相来决定,根据偏转次数的多少分为单相、双相、三相、四相或多相。一般单相、双相或三相多见,双相、三相者约占 80%;达四相者在 10% 以内;五相者极少;五相以上者定为病理或异常多相电位。图 4－76 所示为波形相位图。

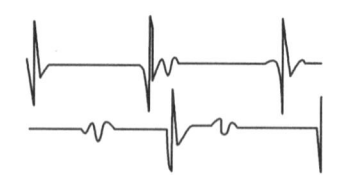

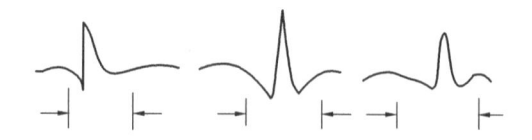

图 4－76　波形相位图　　　　　图 4－77　运动单位时限的测量

2) 时程(时限)

时程指运动单位电位从离开基线的偏转起,到返回基线所经历的时间。运动单位电位时程变动范围较大,一般在 3～15 ms 范围。运动单位时限的测量如图 4－77 所示。

3) 电压

正常肌肉运动单位电压是亚运动肌纤维兴奋时动作电位的综合电位,是正、负波最高偏转点之差,一般为 100～2 000 μV,最高电压不超过 5 mV。运动单位电压的测量如图 4－78 所示。

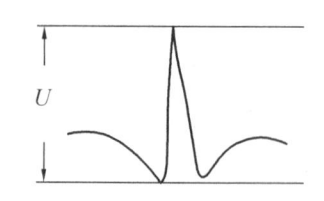

图 4－78　运动单位电压的测量

正常肌肉的运动电位波形,电压及时程变异较大,原因是不同肌肉或同一肌肉的不同点运动单位的神经支配比例不同,年龄差异、记录电极的位置都是影响变异的因素。因此,若要确定上述参数的平均值,应在一块肌肉几个点做多次检查。细心检查是非常必要的。以前的仪器由医生人工寻找 MUP,是费力费时的工作,现在很多新型的肌电图机具有自动寻找 MUP 的功能。

4. 被动牵动时的肌电变化

肌肉放松时使关节被动运动,观察运动单位电位出现的数量,了解肌张力亢进状况。

5. 不同程度随意收缩时肌电相

骨骼肌做轻度、中度或最大用力收缩时,参加活动的运动单位增多,可出现如图 4-79 所示的肌电波型,包括单纯相、混合相和干扰相。

以上为通常临床肌电检查常规。有时为了定位诊断需要检查肌肉数量较多,或对

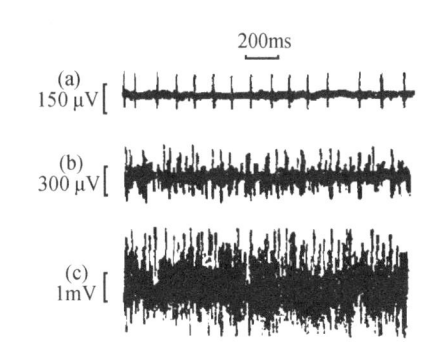

图 4-79 正常肌肉不同程度用力收缩时的肌电图
(a)单纯相;(b)混合相;(c)干扰相

肌肉不同部位多次插针检查。对这些检查,除目测和通过喇叭听肌音外,可在必要时照相、录音或直接描记。现代肌电图机通常具有先进的计算机系统,用计算机对结果进行处理,并通过打印机或绘图机给出波形及计算结果,也可以把波形存入磁盘中,以后分析时再调出来。

4.5.1.4 诱发肌电图

肌肉的活动是受周围神经直接支配的,因此可以用各种方法刺激周围神经,引起神经兴奋,神经再把这种兴奋传递给终板,使肌肉收缩,产生动作电位,可以测定神经的传导速度和各种反射以及神经兴奋性和肌肉的兴奋反应。临床上常用:①运动神经传导速度(MCV);②感觉神经传导速度(SCV);③F 波(FWV);④H 反射(H-R);⑤连续电刺激,也称重复电刺激(RS)。这些测定从广义上说,都可称为诱发肌电图,也称为神经电图(ENG)。诱发肌电图对于了解周围神经肌肉装置的机能状态,了解脊髓、脑干、大脑中枢的机能状态以及诊断周围神经疾病和中枢疾病等具有重要意义。

1. 运动神经传导速度(motor conduction velocity, MCV)

1)运动神经速度检查

神经传导速度用于研究神经在传递冲动过程中的生物电活动。利用一定强度和形态(矩形)的脉冲电刺激神经干,在该神经支配的肌肉上,用同心针电极或皮肤电极记录所诱发的动作电位(M 波),然后根据刺激点与记录电极之间的距离、发生肌收缩反应与脉冲刺激后间隔的潜伏时间来推算在该段距离内运动神经的传导速度。这是一个比较客观的定量检查神经功能的方法。神经冲动按一定方向传导,感觉神经将兴奋传向中枢,即向心传导,而运动神经则将兴奋传向远端肌肉,即离心传导。

2)运动神经传导速度的测定

某运动神经把在近端受刺激的冲动传向远端,使受控肌肉产生诱发电位所需的时间叫做潜伏期,以 ms 表示。

分别在某一运动神经的两个部分施加刺激,在同一肌肉引出诱发电位,可得两个潜伏期数值,这两值之差称为两刺激点之间的神经传导时间 T(单位:ms)。

图 4-80 为正中神经肘腕节的传导速度测定图,其中 T_1 代表刺激 A 点时的潜伏期,T_2 代表刺激 B 点时的潜伏期,BA 段正中神经的传导时间为 $T_2 - T_1$。测量 A、B 两刺激点之间

体表距离 L（单位：mm），该运动神经传导速度等于两刺激点间的体表距离除以两点间的传导时间，即

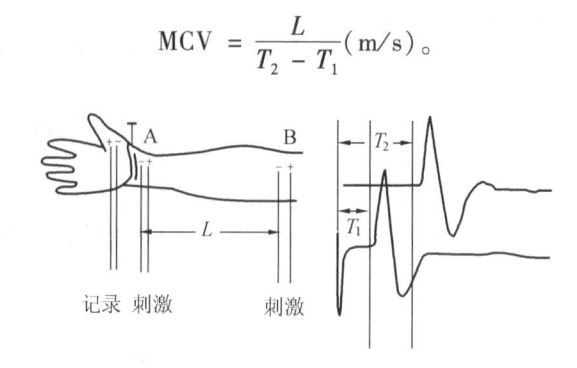

$$\text{MCV} = \frac{L}{T_2 - T_1}(\text{m/s})。$$

图 4-80　正中神经肘腕节的传导速度测定图

2. 感觉神经传导速度（sensory nerve conduction velocity, SNCV）

由于周围神经干是混合神经，包括有直径不同、传导速度不同和机能不同（运动、感觉和植物神经）的纤维，一般测定运动神经 CV 时，又是测定神经干中传导最快的运动纤维的 CV，因此只有当快传导纤维损伤时才有 CV 的改变。如果受损部位局限在远端末梢部，测定 CV 可以正常，因而掩盖病变的存在。临床发现，周围神经病变的早期，病人主诉只有感觉的障碍，而无运动的障碍和肌萎缩，这时测定感觉神经 CV 便具有重要诊断意义。

测定感觉神经传导速度有两种方法：顺行法和逆行法，或称为正流法和反流法。以正中神经为例说明如下。

1) 顺流法

将指环状电极套在食指上作为刺激电极，并在神经干一点或两点上记录神经的诱发电位。用此法测得的感觉神经的电位比较小，一般不易测得，常需用叠加法才能得到，如图 4-81 所示。

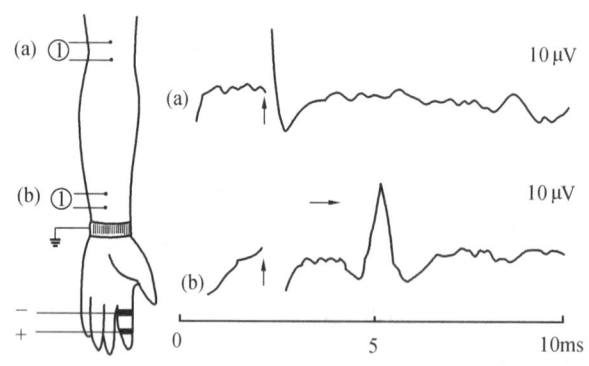

图 4-81　正中神经感觉传导速度顺流法测定图

2) 反流法

电极安放同顺流法，但以神经干上的两对电极作为刺激电极，而以食指或小指上的环状电极作为记录电极。用此法测得的感觉神经的电位较高，一般容易得到。

在这里需要说明的是：测定运动神经传导速度时，是记录肌肉的活动电位；测定感觉神经传导速度时，是记录神经的活动电位。两者相比，神经活动电位比肌肉活动电位小得多，

直接引入放大器进行测定比较困难,一般采用叠加方法来测定。

3. H反射(H reflection, H-R)

电刺激外周神经干时,在肌电波出现诱发M波之后可出现H波,该波为反射波,为刺激感觉神经后通过脊髓引起的单突触反射的肌电波。M波之后的H波为检查脊髓前角细胞兴奋的重要指标,如图4-82所示。

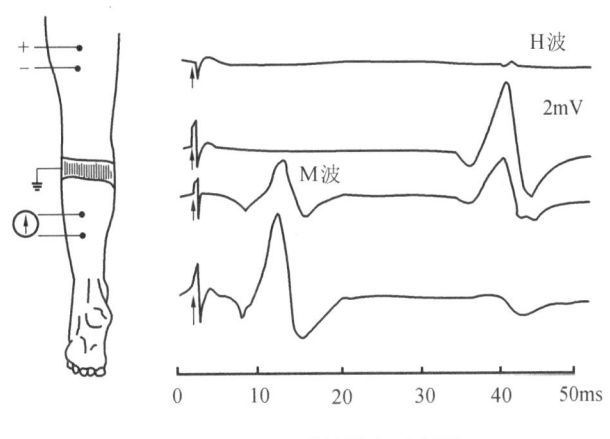

图4-82 H反射测定示意图

电刺激胫后神经引起其支配的腓肠肌、比目鱼肌的诱发电位称为M波,它是直接刺激运动神经纤维的反应。在此反应后,经过一定的潜伏期又出现第二个诱发电位,是刺激感觉神经,冲动进入脊髓后产生的反射性肌肉收缩,该反射因由Hoffmann(1918)氏首先报道,故称H反射。它是一个低阈值反射,即当用弱电流刺激胫后神经时,首先出现H波,而无M波;随着刺激的逐渐增强,H波振幅逐渐增大;达一定水平,再增加刺激强度时,H波便逐渐减小,而M波则逐渐增大;达到最强刺激时M波幅为最大,而H波消失。

4. F反射(FWV)

F波(见图4-83)是一种多突触脊髓反射。用弱电流刺激周围神经干时,常见在肘部或腕部用脉冲电刺激尺神经或正中神经引导出所支配肌的诱发动作电位M波;经20~30ms的潜伏期,又可出现第二个较M波小的诱发电位,称F波。切断脊髓后根仍有F波,所以它是由电刺激运动神经纤维产生的逆行冲动到达脊髓所引起的一种反射。在神经干远端点刺激时,诱发的M波的潜伏期比近端点刺激诱发的M波短,F波的潜伏期延长。F波的波幅不随刺激强度的改变而改变,但过强刺激时,F波消失。

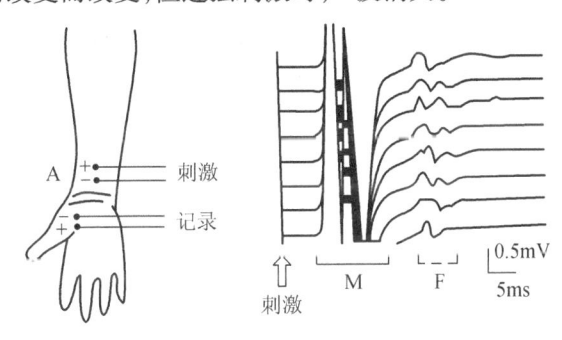

图4-83 腕部刺激正中神经诱发的F波

5. 重复电刺激(RS)

当有神经肌肉疾患时,用不同频率的电脉冲重复刺激周围神经并记录肌肉的动作电位,是最常用的方法。重复电刺激健康人的周围神经干时,随刺激频率的不同肌电反应有一定的规律性。低频刺激,诱发肌动作电位的振幅不衰减。用每秒 20 次以下频率刺激神经干,短时间不发生疲劳现象。而重症肌无力症患者,用每秒 10 次以下的频率连续刺激,则诱发肌肉的动作电位会进行性衰减。图 4 - 84 是正常大鱼肌重复电刺激波形图。

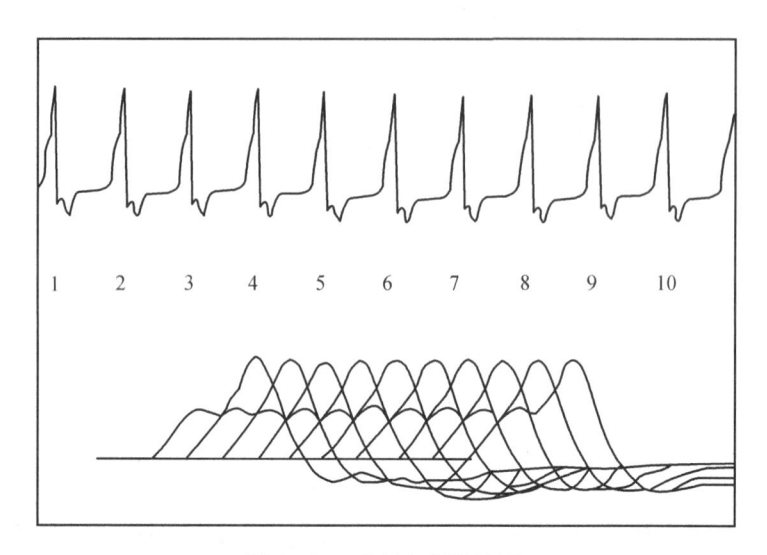

图 4 - 84 重复电刺激波形

4.5.1.5 肌电图的临床应用

肌电图检测在神经源性、肌源性疾病及结缔组织病的鉴别诊断方面,以及对神经病变的定位、损害程度和预后判断方面有重要价值。

4.5.1.6 诱发肌电图的临床应用

临床上,诱发电位可用来协助确定中枢神经系统的可疑病变,检出亚临床病灶,帮助病损定位,监护感觉系统的功能状态,尤其在儿科的应用具有重要的临床意义,包括脑干听觉诱发电位(AEP)、体感诱发电位(SEP)和视觉诱发电位(VEP),以及运动诱发电位和事件相关电位等。

(1)脑干听觉诱发电位。用于婴幼儿听力功能检查,成人听力障碍检查,听神经瘤筛选,脑干病损和机能障碍及脑死亡、进行性核上性麻痹以及各种顽固性眩晕的鉴别诊断。另外,结合耳蜗电图可对梅尼埃病和各种突发性耳聋做出鉴别。

(2)体感诱发电位。用于周围神经损伤,多发性神经炎,臂丛、腰丛、骶丛外伤病损,多发性硬化,脑干和大脑病变,以及共济失调等的检查。

(3)视觉诱发电位。用于视觉功能的测定,各种视神经和视网膜损伤、多发性硬化、视神经炎、球后视神经炎、帕金森氏病等的诊断。

(4)运动诱发电位。用于多发性硬化与脑白质营养不良、脑血管病、运动神经元病、外伤性脊髓病、周围神经病和颅神经病损、癫痫、脊髓空洞症、排尿及性功能障碍等病的诊断。

4.5.2 典型肌电诱发电位仪工作原理

图 4-85 是一典型肌电图机工作原理方框图。可在实时情况下和在刺激诱发情况下获取和测量自发肌电及诱发肌电信号。图中的电极可采用两种类型的电极：针状电极和表面电极。针状电极用于记录各运动单元的动作电位，以进行神经肌肉系统疾病的临床诊断；表面电极用于了解整个肌肉活动的运动学研究。

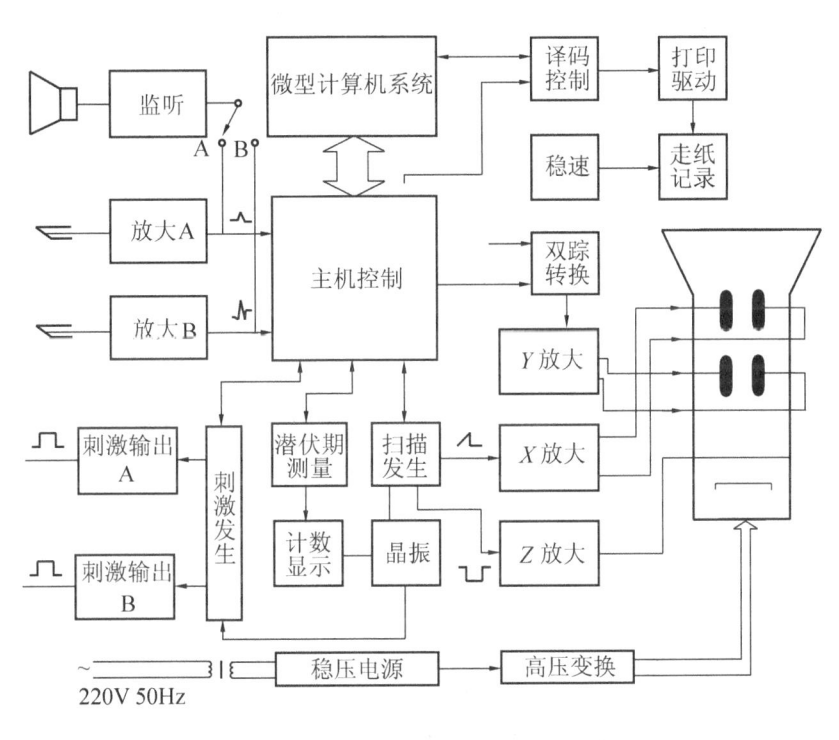

图 4-85 肌电图机工作原理方框图

在实时情况下，电极引导随意肌肉自发收缩所致的自发肌电图，经肌电信号放大器（通常采用同相输入的三运算放大器）放大后送至 Y 轴放大，推动示波器 Y 轴偏转，并同时送至监听器，通过扬声器监听。扫描发生器在同步触发信号控制下产生锯齿波扫描信号和示波器的增辉信号，锯齿波经 X 轴放大，推动示波器 X 轴水平偏转；由于同时增辉信号经 Z 轴放大后调制示波器辉度，因而在示波管上出现 X 轴扫描线。当用在刺激诱发状态时，可记录在电刺激情况下的肌电图；刺激发生器产生的刺激脉冲送至人体，同时发出同步脉冲信号去同步扫描，并使计算机系统工作。计算机系统除将模拟信号经 A/D 变换、CPU 运算、D/A 变换后送至示波管显示外，还能将数字信息通过转换接口送至打印机，打印出测量的内容和结果。该肌电图机还可根据需要在记忆、叠加、延迟等状态下工作。除 CPU 具有单独的时钟外，该机其它部分均采用晶体振荡器作为时钟信号发生器。因此，整个系统的工作可靠、测量精确。其主要技术指标如下：

- 前置放大器噪声：应小于 $5\,\mu V$。
- 灵敏度：5，10，20，50，100，200，500，1000，2000，5000，10000 $\mu V/cm$，误差为 ±10%。
- 扫描速度：1，2，5，10，20，50，100，200 ms/cm，误差为 ±5%。

- 刺激频率:0.2,0.5,1,2,5,10,20,50 Hz,误差为 ±5%。
- 刺激脉宽(持续时间):0.1,0.2,0.5,1 ms,误差为 ±10%。
- 刺激幅度:×1 时,0~50 V;×10 时,0~500 V。误差为 ±10%。
- 计算机功能:记忆,叠加,信号延迟,传导速度计算。
- 叠加次数:1,2,4,8,16,32,64,128,256,512,1024。
- 记录速度:①实时记录时为 25,50,100,250,500 mm/s,误差为 ±5%;②记忆记录时为 20 mm/s 单幅。
- 记录内容:①实时记录时,记出两线信号、时标、灵敏度、走速、病号;②单幅记录时,记出两线信号、时标、病号、灵敏度、扫描速度、刺激点距离、潜伏期、传导速度等。

由于计算机软、硬件技术的发展,近年开发的肌电测量和分析系统的功能不断扩展,而且采用软、硬件模块化结构供用户选择。以一个肌电/诱发电位测量系统为例,该系统的基本系统包括病人管理系统、解剖图谱、在屏幕上与正常值直接比较以及报告等功能。硬件包括导联数、CPU、硬盘、监视器和打印机(黑白或彩色)的选择。软件组件选择包括神经传导功能选择、肌电图测量项目(自发电位活动、多个或单个运动单元分析、募集状态分析等)。神经肌肉传递研究、H 反射、Blink 反射、心率、运动单元计量分析、单纤维肌电图(纤维密度测量、Jitter 值分析、刺激 Jitter 值分析)、体感诱发电位、听觉诱发电位(BAEP)、视觉诱发电位(VEP、ERG/EOG)、识别诱发电位(P300)、术中监护、体温测定、办公系统、正常值数据库及 P300 等丰富的专用软件,使系统功能大幅度增加。

习题 4

4-1 试证明标准导联和加压导联之间存在下述关系:$V_{\text{II}} - \frac{1}{2}V_{\text{I}} = \text{aVF}$。

4-2 试讨论选择威尔逊中心端电阻时应考虑的因素,说明电阻选得太大或太小的优缺点。

4-3 设计一个在每次记录开始时自动校准心电图机的装置。定标信号用 1 mV 的标准脉冲。

4-4 试设计一个心电图机用的电极脱落检测电路,并说明其原理。

4-5 设计一右腿驱动电路,并标出所有电阻的数值。对流经身体的 50 Hz、1 μA 的电流,要求共模电压必须减小到 2 mV。当放大器在 ±12 V 饱和时,电路流过的电流不应大于 5 μA。

4-6 设计一个心电图机导联选择电路,要求采用 4052 集成电路。

4-7 心电图机前置放大器在设计上有什么要求?

4-8 设计一个心电图机走纸电机调速和稳速电路,要求采用锁相环技术。

4-9 脑电图有什么基本特征?分别以什么方式表示?

4-10 脑电图机的放大电路与心电图机有何不同?说明造成这些差异的原因。

4-11 何谓特异性诱发电位?临床上常用的诱发电位有哪几种?

4-12 设计一个脑电图机用的电极阻抗测量电路,与心电图机中的电极脱落电路相比有何异同?为什么?

4-13 简述模拟式心电图机和数字式心电图机的主要区别。

4-14 文献调研:诱发电位提取的最新技术及实现。

5 血压测量

5.1 概 述

　　血压是反映血流动力学状态的最主要的指标之一。影响人体血压的因素很多,诸如心率、外周循环阻力、每搏输出量、循环血量及动脉管壁的弹性等。通过机体的正常调节,可使血压维持在相对稳定状态;若血压过高,则心室射血必然要对抗较大的血管阻力,使心脏负荷增大,心脏易于疲劳;若血压过低,则心室射出的血流量不能满足组织的正常代谢需要。通过测量心脏的不同房室和外围血管系统的血压值,有助于医生判断心血管系统的整体功能。本章主要介绍人体血压测量中常用的直接测量(有创)和间接测量(无创)的技术方法。

　　血液循环的功能是向身体组织输送氧和其它营养物质,并从细胞中带走代谢产物。

　　血液循环中有两个平行系统。从右心室泵出的血液通过肺动脉和吸入的氧气结合,氧合后的血液变成动脉血后进入左心房然后充盈左心室。心肌收缩使血液从左心室泵出,通过主动脉而送到全身。血液在毛细血管处进行物质交换以供应人体所必需的营养。回流的血液成为静脉血,通过静脉系统,最后从上、下腔静脉进入右心房以后周而复始地循环,如图5-1所示。

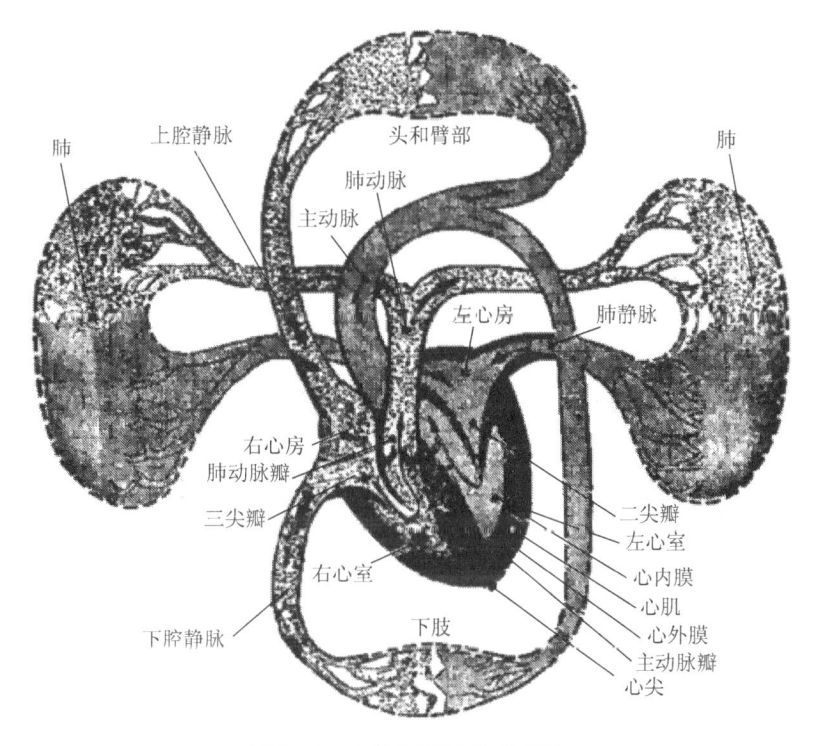

图 5-1　人体循环系统模式图

另一方面,泵本身的工作是由心脏收缩来完成的。心肌接受冠状动脉(在心脏表面)来的血液,它像花冠一样环绕着心脏。冠状动脉硬化会使心肌得不到充分的血液供应而梗死,心肌的梗死将使心脏失去泵血功能而导致死亡。心脏周期性收缩和舒张所产生的压差迫使血液在全身流通。血液由主动脉通过许多动脉权之后到达各器官、脑和肢体。动脉系统的血管横截面积逐渐减小,动脉数增加到小动脉为止。然后再进入静脉系统而返回右心房。血压的脉动性也随血管的直径减小而降低,同时血压值也逐渐减小到零。这一过程如图 5-2 所示。

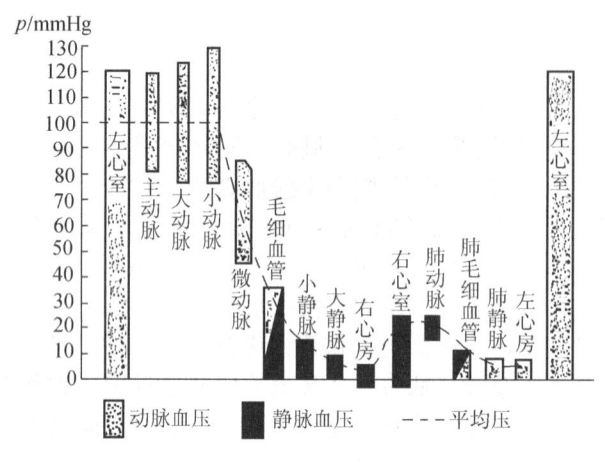

图 5-2 心血管系统血压分布图

5.1.1 常见的血压参数

血管内血液在血管壁单位面积上垂直作用的力称为血压。血压信号是随心动周期变化的动态时间函数。血液循环系统中各部位测量到的血压值是不同的,临床上通常测量的有动脉血压和心脏各腔室的压力。心脏各腔室血压的常规范围如图 5-3 所示,动脉血压波形如图 5-4 所示。

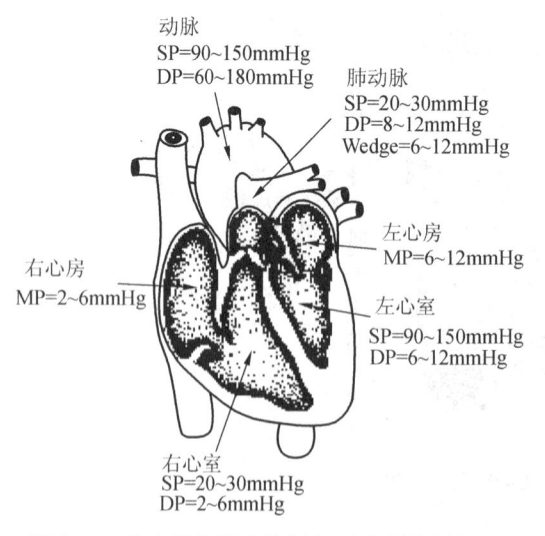

图 5-3 在心脏各处收缩压(SP)和舒张压(DP)及平均压(MP)的常规范围

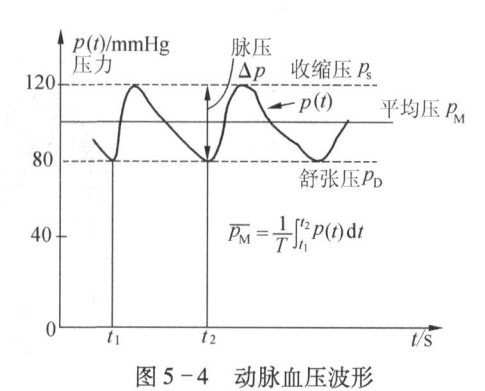

图 5-4 动脉血压波形

$$\overline{p_M} = \frac{1}{T}\int_{t_1}^{t_2} p(t)\,dt$$

心血管系统的压力测量,是人类生理压力测量中最重要的部分,其中动脉压尤为重要。

1. 收缩压(systolic pressure,SP)和舒张压(diastolic pressure,DP)

心脏收缩时所达到的最高压力称为收缩压,它把血液推进到主动脉,并维持全身循环。在心室收缩间期,心脏主动脉瓣开放,此时的动脉压通常反映的是心室的机械运动;心脏扩张时所达到的最低压力称为舒张压,它使血液能回流到右心房。而在心室舒张间期,心主动脉瓣关闭,此时动脉压反映的则是从主动脉向外周血管系统的流动能力。收缩压和舒张压的差称为脉压差,它表示血压脉动量,一定程度上反映心脏的收缩能力,是反映动脉系统特性的重要指标。

2. 平均压(mean pressure,MP)

平均压是在整个心动周期动脉压的平均值,由下式计算:

$$MP = DP + \frac{SP - DP}{3}。 \quad (5-1)$$

MP 通常用以评价整个心血管系统的状况。例如,整个心血管系统的阻力(SVR)便可用平均压(MP)、中心静脉压(CVP)和心排量(CO)求得:

$$SVR = (MP - CVP/CO) \times 80。 \quad (5-2)$$

3. 左心室压(left ventricle pressure,LVP)

左心室压反映左心室的泵作用,心室压力曲线的上升沿斜率(dp/dt)反映了心室收缩初期的力度,作为心血管系统的重要功能指征,在舒张期,左心室压一般低于 1 kPa(8 mmHg)。舒张期末端压则代表了在射血开始前对心室的灌注压力。

4. 右心室压(right ventricle pressure,RVP)和肺动脉压(pulmonary artery pressure,PAP)

右心室压和肺动脉压由右心室收缩引起,在正常血液循环中,这两种压力低于系统动脉压。因为肺动脉循环阻力一般只有系统循环阻力的 1/4,因此,当病人出现严重的肺部疾病(如肺动脉狭窄、室间隔病变等)时会出现肺动脉高压。此外,对肺楔压(pulmonary capillary wedge pressure,PCWP)的测量可评估左心房的压力,它是将导管楔入动脉的某一分支处测得的压力,代表了毛细管压与左心房压之间的压差。

5. 中心静脉压(central venous pressure,CVP)

中心静脉压一般是指右心房、上腔静脉或锁骨下静脉血液所给出的压力。静脉压正常范围:右心房 0～490 Pa(0～5 cmH$_2$O*);上腔静脉或锁骨下静脉 588～1176 Pa(6～12 cmH$_2$O)。但比本身值更为重要的是其压力的趋向性。它提供有关循环血容量、脉管情况及右心房泵功能的信息。中心静脉压的测量点靠近右心房,是静脉管的弹力与胸膜压力的总和。在胸膜腔内的绝对压力值低于 1 kPa(10 cmH$_2$O),胸膜压在正常情况下几乎与大气压相等。中心静脉压是反映静脉系统血液容量和静脉弹力的指数。当总的血容与静脉弹性不变时,静脉压随心脏功能改变而改变。当心脏功能退化时,中心静脉压升高,因此它是监视人体心脏衰竭的重要指标。

工程上相对于真空(零大气压)来测量压力,所测得的压力称为绝对压力。如果相对于大气压进行测量,所测得的压力则称为标准压力。标准压力彼此可以进行比较,两标准压力差称为压差,或叫相对压力。人体血液循环系统中是相对于大气压进行测量的,所以是标准压力。但在呼吸系统中,有时用标准压力,而在有些场合则采用相对压力来表示。

对健康的成人,在心血管系统中各不同部位的正常血压值如下:

---

* cmH$_2$O 为非法定计量单位,法定计量单位是 Pa,1cmH$_2$O = 98.06Pa。

(1) 臂动脉：收缩压一般在 95～140 mmHg(12.67～18.67 kPa)范围内，平均值为 110～120 mmHg(14.67～16 kPa)；正常舒张压为 60～90 mmHg(8～12 kPa)，平均值为 80 mmHg(10.67 kPa)。脉动血压一般用分数形式来表示：120/80，分子代表收缩压，分母代表舒张压。

(2) 主动脉压约为 130 mmHg/75 mmHg；左心室压约为 130 mmHg/5 mmHg；左心房压为 9 mmHg/5 mmHg；右心室压为 25 mmHg/0 mmHg；右心房压为 3 mmHg/0 mmHg；肺动脉压为 25 mmHg/12 mmHg。

(3) 毛细血管压为 2.6～4.0 kPa(20～30 mmHg)；静脉压为 0～2.67 kPa(0～20 mmHg)。

每个人的动脉血压与心输出量、外周血管阻力、血液的黏滞性、动脉壁的弹性、心率等因素有关。此外，年龄、气候、饮食及情绪等因素也有影响。血压能指示出高血压、低血压、中风、外伤、动脉硬化和休克等原因所引起循环状态的变化。

5.1.2 血压测量的参考点

人体除了器官和组织产生生理压力之外，还有因重力和大气压力产生的非生理压力。在有些测量中要求将生理压力与非生理压力分开。

大气压力在人体中分布是均匀的，当测量人体相对压力值时，大气压力变化不会影响测量结果。但是，当测量绝对压力时，大气压的变化就必须考虑，即在测量过程中应随时标测当时的大气压。

重力效应较为复杂，如果忽略阻力和动力等因素引起的血压下降，则血液两点之间的压差等于重力位势之差，如图 5-5 所示，大约为 $\rho g h$（其中 ρ 为两点间血液的密度，h 为两点的高度差，g 为重力加速度）。显然每点的压力会因体位的变化而变化。

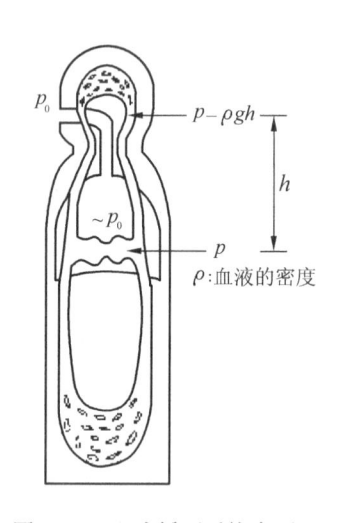

图 5-5 血液循环系统中不同体位的重力效应对压力测量的影响

在心血液系统中，右心房压最稳定，几乎不受人体姿态变化的影响，这一重要特征，对于使人体在运动中保持循环系统的稳定起了很重要的作用。

当对右心房血压进行测量时，体位引起的血压变化很小，故临床大多在上臂进行血压检查是很恰当的，因为它几乎与右心房在同一水平线上。而在别的高度上测量血压时，应根据高度差进行校正。这样，右心房可作为血压测量的参考点，如图 5-6 所示。该参考点大致

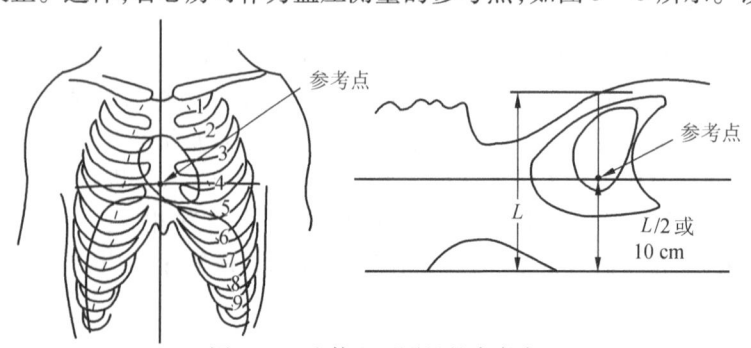

图 5-6 人体血压测量的参考点

位于胸纵轴的中央处,具体位于胸腔左右第四肋之间的空间、中央肋软骨节前,离后背约 10 cm 处。此外,也可由超声心动图确定从前胸壁到左心房之间的中间位置,得到的是一个精确的参考点。

用充满液体(一般是生理盐水)的导管测量人体内部血压时,一般是通过液体将压力引到人体外部的传感器进行测量。为反映人体内导管端部的压力,应将外部传感器置于同一水平线上,但最好的办法是将外部传感器置于上述参考点的水平线上,这样就不用考虑导管的端部在体内的位置了。然而在导管中液体(生理盐水)的密度约为 1.009 g/cm^3,这与从测试点到参考点的血管是有差异的,血液的密度约为 1.055 g/cm^3,从而带来 $\rho g h$ 值的差异,使得上述测量方法并非绝对精确。

临床上血压测量技术可以分为直接法和间接法两种。

直接(有创)测量方法是通过一个充满液体的导管将血管压力耦合到体外的传感元件进行测量。另一类是不需要液体耦合,而是将传感器放在导管的顶端然后放到血管系统中进行测量,即血管内传感器。有很多不同类型的传感器可以使用,包括应变电阻膜片、差动变压器、可变电感器、可变电容器、压电晶体、光电耦合器件以及半导体器件。

这种方法由于是直接根据压力波形进行血压的计算,因此是血压测量的金标准,并具有连续测量的特点,但它必须经皮将导管放入血管内,所以是一种创伤性的测量方法。

间接(无创)测压术是利用脉管内压力与血液阻断开通时刻所出现的血流变化间的关系,从体表测出相应的压力值。即检测脉管内血液阻断开通时刻闭塞性气袖远侧的脉搏波变化情况,在体外采用各种转换方法及信号处理技术测量血压的方法,简称无创测压法。

目前在临床监护中常采用各种自动测压方法,诸如自动听诊装置、超声多普勒法、脉搏法等,这些方法为实现血压的无创监护创造了条件。由于这种方法不需要动脉穿刺,同时测量简便,因此在临床上得到广泛的应用。其缺点是测量精度较低,不能进行连续测量,不能用以测定心脏、静脉系统的压力。

5.2 血压直接测量法:导管术

5.2.1 血管外传感器(传感器置于体外的测量)

图 5-7 所示为传感器置于体外的有创血压测量,即用血管外传感器(extravascular sensor)测量,是一种常用的血液压力测量方案。导管先连接到一个三通阀,然后再连接到传感器。导管中充满了生理盐水—肝素(抗凝药)混合液,且每隔几分钟必须外加压力,用该溶液作为冲洗液以防止导管端头(接触血液处)产生血凝。图中的三通阀用于传感器调零与采样时选择。由于生理盐水均可导电,因此对传感器电隔离等性能均有严格要求。图 5-8 是体外压力传感器的内部结构图,它采用了一种无毒透明塑料作外壳,这样,一旦溶液中有气泡出现均可观察到,生理盐水从静脉注射袋通过一个透明管和传感器到达人体的测量部位。冲洗阀用于将血液从导管端部冲掉以防止导管端产生血凝。有一个杆可以打开和关闭冲洗阀。硅片上有 4 个硅压敏电阻膜片组成的惠斯登电桥,用以测量溶液压力。根据安全隔离的要求,硅片不直接与盐溶液接触,而是通过生物相容性好的弹性硅胶与溶液接

触。这样既可以避免患者因传感器而发生电击,同时也可以避免硅片因除颤时人体流过的电流而造成的破坏。医生可以通过外科手术暴露动脉或静脉,也可以通过经皮插入一种特殊的针或者线导引技术来插入导管。

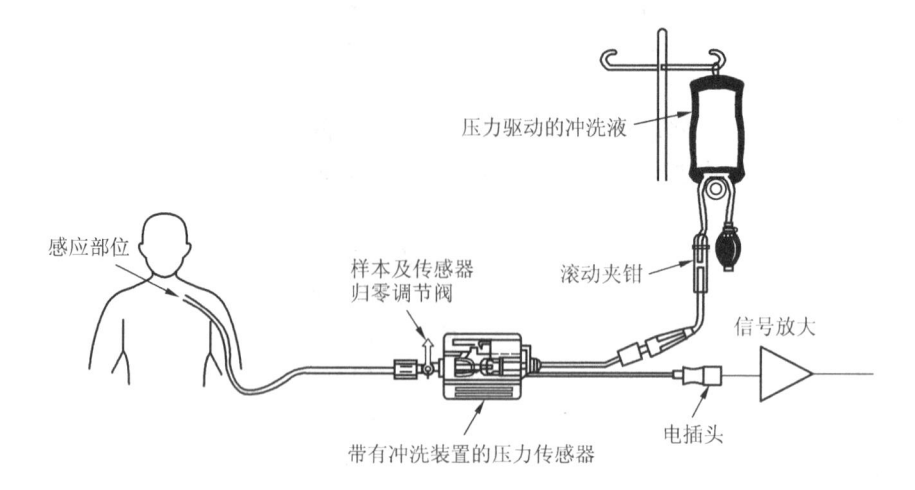

图 5-7　传感器置于体外的有创血压测量

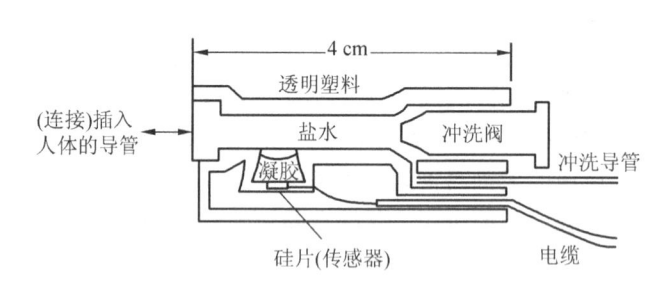

图 5-8　体外压力传感器的内部结构图

5.2.2　血管内传感器(传感器置于体内的测量)

血管内传感器(intravascular sensor)有导管顶端压力传感器、光纤压力传感器等。

血管外传感器系统中的导管传感系统的频响特性受到系统耦合液体特性的限制,而导管顶端压力传感器在压力源和传感元件之间不需要通过导管内液体的连接,因此测量压力时可以得到更高的频响和消除时延的影响。

导管顶端压力传感器有很多商品化产品可供选择,包括各种应变片,这些应变片一般固定在柔性的膜上并安装在导管的顶端。这种应变片可以安置在 F5 规格的导管(直径 1.67 mm)上,应变片的宽度约 0.33 mm,在设计中应变片大多按惠斯登电桥方式连接以解决温漂造成的影响。此外,还应满足电隔离、防脆裂的要求,以及能承受高压、高温条件下的消毒处理等。这种导管顶端压力传感器的缺点是比其它类型传感器贵,同时用过几次后容易破碎,从而造成每次使用成本增加。

光纤压力传感器可以克服上述缺点并可制成各种大小规格,并且成本低。图 5-9a 所示为一种光纤微尖端传感器(fiber-optic microtip sensor),用于在体测量人体的压力,两部分光纤束的一支连接到一个发光二极管(LED)光源,另一支连接到光电探测器。压力传感器顶端有一个薄金属膜固定在混合排放的光纤束的公共端。利用光纤束导入光线,射在导管端部的金属薄膜上。体内压力作用在金属膜上,压力改变时,膜发生形变,从而造成反射角的变化,将反射光(其光通量随反射角的改变而改变)由光纤束引出,透射到光敏器件上,可转换为相应的电信号(见图5-9a)。在小压力下,经精确设计,能使反射光强正比于膜片两边的压力差(见图5-9b)。曲线的操作部分是左边特性最陡的斜率部分。一种典型的用于血管内血压测量的光纤传感器的数据是:膜片为 6 μm 铍铜膜片,膜片与光纤束之间的空气隙相对外界密封,外径为 0.86～1.5 mm,压力范围为 -6.67～26.7 kPa,线性度为 2.5%,分辨率为 133.3 Pa,频响为 0～15 kHz。

(a) 直接用于血管内测量的光纤微尖端传感器

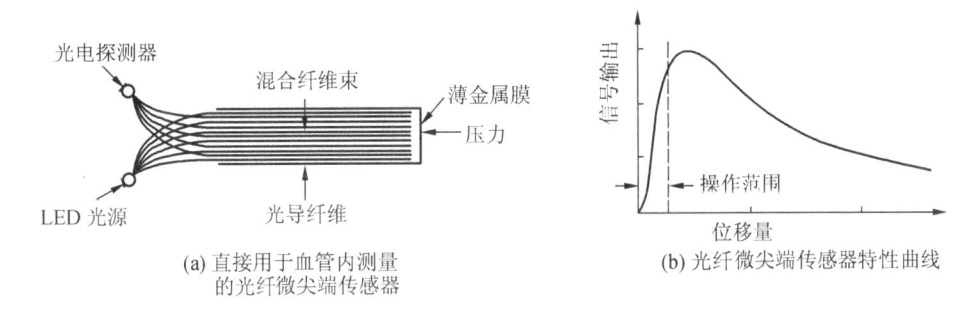

(b) 光纤微尖端传感器特性曲线

图 5-9　光纤微尖端传感器及其特性曲线

除了在血管内测量外,这类传感器还可插入心腔测量,如心内压测量。由于与人体是非电接触,因此光纤方式十分安全。

5.2.3　血压测量误差

在临床测压过程中,由于测试条件、测量方法不同以及使用方法不正确等原因,会带来许多测压误差。直接测压的目的是高精度测定人体各部位的血压波和血压值(SP、DP 和 MP),因此必须设法分析测压误差的来源,并采取相应的措施尽量排除或减少各类测压误差。临床实践证明,采用心导管测量血管及心腔各部位血压时,测压误差的主要来源有:

(1)测压导管选择不当。例如,管径和长度选择不当,致使自然频率 f_n 偏低、阻尼系数 ξ 过高或过低,造成检测的血压波形失真,测压读数不准。测压导管的管径应与测压部位的尺寸相匹配,导管过粗,不但导管难以插入所需的部位,而且可能引起血管的痉挛。当用一个欠阻尼系统测量通过狭窄心脏瓣膜的压力状况时,会造成对血压梯度的过分估计,这样可能会引起严重的后果。图 5-10 为血压波形畸变图。图 5-10a 所示是用一个带宽从直流到 100 Hz 高品质传感器记录的血压的实际波形。在欠阻尼的情况下,压力波形的高频成分幅度被放大了;相反,在过阻尼情况下,高频成分被衰减了。实际峰值压力近似 130 mmHg (17.3 kPa)(见图 5-10a);在欠阻尼情况下压力峰值大约是 165 mmHg(22 kPa)(见图 5-10b),如果这个峰值压力值被用于评估大动脉狭窄的严重程度,将会造成严重的临床误诊,最小压力也会引起误诊,因为最小压力达到 -15 mmHg(-2 kPa),但实际的压力值是 5 mmHg(0.7 kPa),同时在欠阻尼情况下血压波形还会有近 30 ms 的时延。过阻尼情况(见图 5-10c)有将近 150 ms 的时延,幅度衰减到 120 mmHg(16 kPa),而实际血压值为 130 mmHg

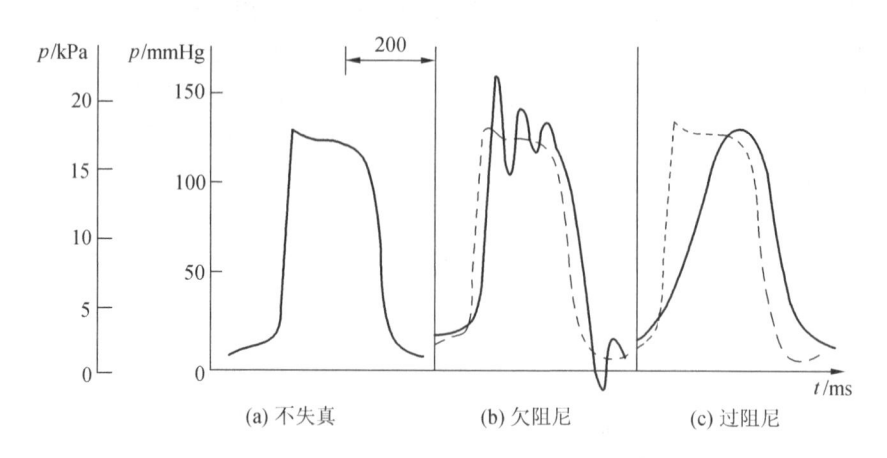

(17.3 kPa),这种情况往往发生在导管顶端有大的气泡或者血栓。

(a) 不失真　　(b) 欠阻尼　　(c) 过阻尼

图 5-10　血压波形畸变图

(2) 导管送至心脏部分的血管中或心腔内时,其测压端口方向不同,也会导致测压误差。测压端口与血液流动的方向可能存在相同、相背、垂直或倾斜等不同情况,由于存在血液流动的"动压"值问题,将会导致不同的测压结果,如图 5-11 所示,图中 v 为血流速度。

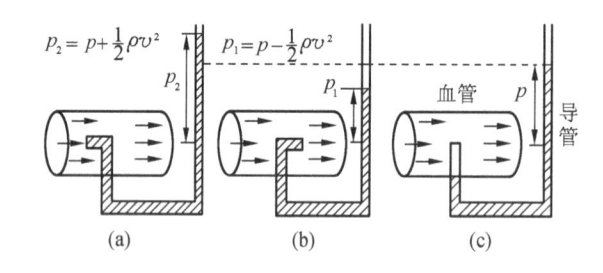

图 5-11　"动压"造成不同测压结果

根据贝努利定理(Bernoullia Theorem),对大血管中血流动力学分析,单位容积流体的总能量 E 的计算公式为

$$E = p + \rho g h + \frac{1}{2}\rho v^2 。 \quad (5-3)$$

式中,v 为流速;p 为静压力;ρ 为密度;g 为重力加速度;h 为高度,整个血液中 E 是常数。上式对于理想流体(不可压缩,黏度为0)成立。式中第一项代表静压力(要测的血压值),第二项为重力势能,第三项为动能。若高度 h 不变,则动能的改变是引起压力改变的原因。若 $h=0$,则不考虑势能影响,动能的改变与导管开口处的线速度相关。

图 5-11a 测压管口正对血流方向,所测压力为 $p_2 = p + \frac{1}{2}\rho v^2$,即实测值高于理论值。

图 5-11b 测压管口与血流方向相背,测压管中的压力值为 $p_1 = p - \frac{1}{2}\rho v^2$,即实测值低于理论值。

图 5-11c 管口与血流方向垂直,此时测压管中的压力值为 p,实测值与理论值相等。

在实际循环系统中,动能效应在血管簇系中各部位都是有差异的。在主动脉中,动能对压力的贡献约为 0.5 kPa(4 mmHg),流速大约为 100 cm/s,而收缩压为 16 kPa(120 mmHg),此间动能的贡献不到 3%。在肺动脉中,动能对压力贡献 0.4 kPa(3 mmHg),肺动脉压为 2.7 kPa(20 mmHg),可见动脉的总贡献为 15%。临床中将导管插入右心房和肺动脉时,开口是顺血流方向(如图 5-11b 所示),中心静脉血流速度通常小于 30 cm/s,动能对压力贡献不到 0.05 kPa(0.38 mmHg),故中心静压最稳定。

(3)导管进入测压部位,可能影响血液的正常流通,甚至产生堵塞现象,从而造成测压误差。

(4)传感器的感压面与插入体内的测压导管端口不是处在同一等压面上,其差值将直接导致测压误差,尤其是在测量数值较低的静脉压时,这个误差不能忽视。

(5)连接导管腔与血压传感器的管道,若采用可塑性较强的一般输液管,其管腔可能因血压的高低而舒张和收缩,也可能因外部物品挤压管道或管道扭动、弯曲或管外的振动而导致测压误差,即产生所谓的导管鞭形(catheter whip distortion)畸变,如图 5-12c 所示。当心室导管出现在高脉动血流区域时,导管弯曲或被加速血流鞭打时就会发生导管鞭形畸变。这种畸变通过使用硬质导管或小心将导管安置在低流速区域就可以减到最小。

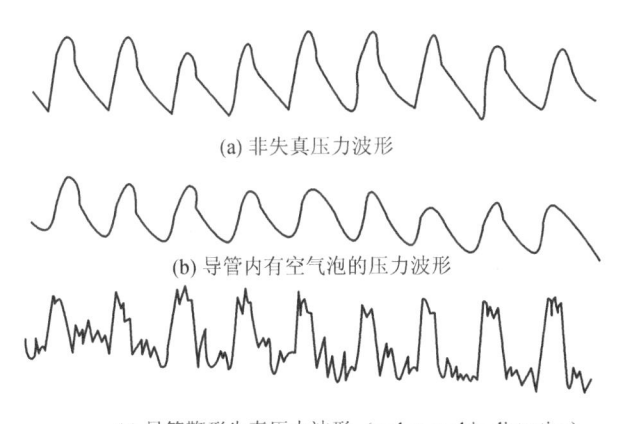

(a) 非失真压力波形

(b) 导管内有空气泡的压力波形

(c) 导管鞭形失真压力波形 (catheter whip distortion)

图 5-12 动脉血压记录期间的波形畸变

(6)在血压监护系统中,所使用的三通接头制作各异、内腔粗细不匀,导致血液流动时的局部速度改变,也会影响测压精度。

(7)系统内若存在残留气泡,该气泡对血压起缓冲作用,导致系统的有效顺应性(体积位移 $\Delta V/\Delta p$)增大,而测压系统的固有频率 f_n 降低、阻尼系数 ξ 增大,甚至导致血压波形的严重失真,如图 5-12b 所示,因而引起误差。

(8)若导管系统的接头过多,也将影响测压的准确性。这是由于导管接头在系统内相当于一个液压阻尼器,使系统的频率响应降低。

(9)在整个测压量程范围内存在不同程度的非线性,因而引起测压误差。

(10)血液压力由于需经压力管道才能在血压传感器中进行机电变换,因此血液压力波与显示的血压电信号间存在时间的滞后,从而导致延迟失真。

为了克服以上常见的测压误差,提高血压测量的精确度,在临床上应采取如下措施:①尽量缩短测压导管的长度,通常不应超过 100 cm;②尽量使用直径较大的导管(如采用 7F

导管);③尽量采用刚性或半刚性导管(如采用 Teflon 材料);④采用连续冲洗装置定时冲洗管道及持续肝素点滴,以避免和排除导管的阻塞和小气泡;⑤尽量简化测压装置,尤其不要过多使用三通阀;⑥使传感器的感压面尽量保持与导管端口处在同一等压面上;⑦将导管置于低血流速区,并防止振动和人为干扰使测压管道扭曲;⑧使测压口正对血流方向;⑨定时对传感器进行零点和灵敏度校正。采用这些措施后,可有效地实现血压的精确测量和监护。

5.2.4 血压测量所需的带宽

当我们知道了血压波形的典型谐波成分后,就可以确定仪器系统所需的带宽。任何生物医学测量系统,带宽要求都是必须首先考虑的。

例如,如果平均血压是我们关注的唯一参数,那么就没有必要去设计一个很宽的带宽,通常可以将高于 10 次的谐波忽略,这样的结果就可以接受。例如,心率为 120 次/min (2 Hz),带宽只要 20 Hz。

要更完美地恢复出原始波形,即在幅度和相位特性上都不应当有畸变。即使相位特性不理想,波的形状在特定情况下也是可以接受的。例如,如果相关的频率分量的幅度不发生畸变,仅仅是相位与频率发生了成正比的位移,那么合成的波形与原来的波的形状是相同的,只是按照相移产生了相应的时移。

血压信号导数的测量增加了带宽要求,因为正弦谐波的微分相当于乘以正比于频率的因子而增加了相应分量的幅度。血压微分信号的带宽要求可以通过微分信号的傅里叶分析来估计。任何用于测量心室压力微分的导管压力测量系统的幅频特性平坦度必须维持在 5% 内,最多保留 12 次谐波。

5.2.5 静脉血压测量系统

静脉压的测量对医生判断病人毛细管床和右心区的功能是有重要帮助的。小静脉压比毛细管压力低但能反映毛细管压力。胸内静脉压决定了舒张期右心室的充盈压力,中心静脉压(central venous pressure,CVP)一般在中心静脉或者右心房测量。当人在呼吸时,中心静脉压在大气压上下波动,但是胸外静脉压却高于大气压 $2\sim 5\,cmH_2O(0.2\sim 0.5\,kPa)$。静脉压测量的参考水平为右心房。

中心静脉压是心肌功能的重要指示器,通常是在外科手术和对于心功能紊乱、电击、血容量过低、血容量过高、循环衰竭等情况下最常见的监护参数。它通常决定了病人的输液量。

医生通常用一个大孔针经皮静脉穿刺,将导管通过针孔插入静脉并达到测量位置。然后将针拔出,一个塑料管通过旋塞阀与静脉内的导管相连,便于医生在需要的时候给药或液体。在静脉导管上连接一个高灵敏度的压力传感器就可以连续动态地测量静脉压。传感器的动态范围比动脉压测量低。当患者改变体位时要维持稳定的基线可能会出现问题,如果导管放置不对或者导管被血栓堵住或者导管紧贴静脉管壁,测量误差可能会增加。正常的中心静脉压范围是 $0\sim 12\,cmH_2O(0\sim 1.2\,kPa)$,平均静脉压是 $5\,cmH_2O(0.5\,kPa)$。

5.2.6 血压直接测量系统设计

5.2.6.1 血压直接测量系统设计原则

本节以有创动脉血压监测为例介绍血压直接测量系统的设计原理。

采用插入导管测定动脉血管内的压力变化、显示压力数字的方法称为创伤性动脉血压监护。可用于插管的动脉血管，包括桡动脉、股动脉、足背动脉、肱动脉、颞浅动脉和腋动脉等。桡动脉是创伤性动脉血压监测插管的首选动脉，因其位置表浅，有良好的平行血流灌注，从而易于护理、体外固定和直接观察。

图 5-13 所示为采用桡动脉置管的测压监护装置示意图，该装置是一个常用的液体耦合（简称"液耦"）血压监护装置，由导管、三通活栓开关、压力管道、三通活塞、冲洗装置、气塞、压力传感器、电缆、放大器、信号处理器、显示/记录等环节串接而成。导管置于桡动脉，通常采用皮下放置法，采样 #1 三通阀用来进行血液回收与分析，通常由透明的塑料制成，使气泡易被发现及移动，该阀还用来做校零处理。压力管道采用刚性或半刚性压力管，用 #2 三通阀与冲洗装置和传感器相连，压力管道的长度要尽可能短，过长的导管将造成不良的系统动态响应，而引起压力失真。传感器三通阀起隔离人体与冲洗装置和传感器的作用，通常在系统充液开始时或人体移动时使用。冲洗装置又称连续冲洗阀，此装置不仅用在开始向压力测量系统充液，而且还可以用于向系统连续充液来防止导液管凝血。有些场合可采用快速冲洗装置接入，用来对整个系统进行动态响应的测试。传感器的气塞用来将病人与有菌的传感器隔离，以保证传感器多次重复使用。但是，若气塞在传感器上放置不合理，则会引起压力传感器的压力波形失真。

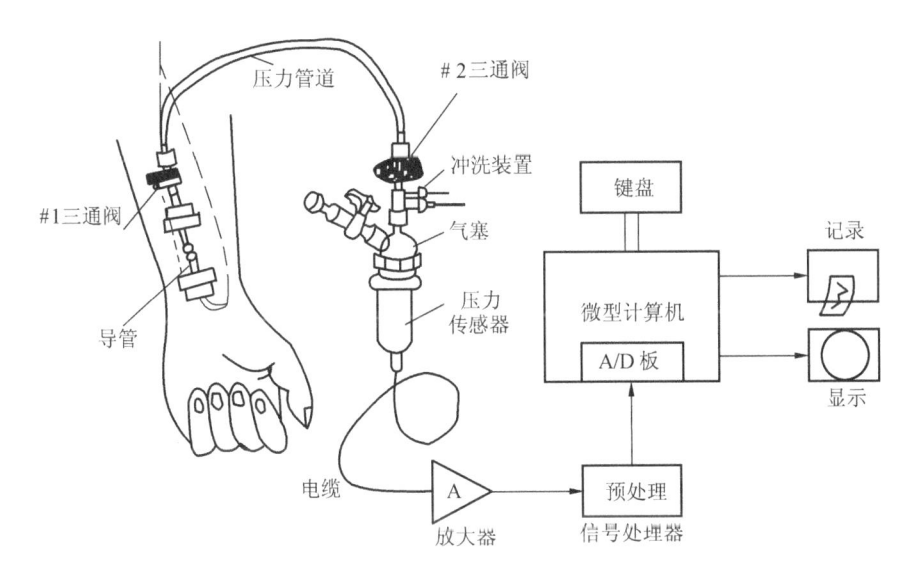

图 5-13 采用桡动脉置管的测压监护装置示意图

压力传感器种类很多。当压力引起隔膜移动时，传感器中的电桥臂上电阻发生变化（传感器的激励可以是直流，也可以是交流）。由传感器产生的微弱信号通过电缆送至床边监护仪进行放大和处理。选用压力传感器的原则是：兼顾耐用性、稳定性、可替换性、易安装、易校准及成本等因素。放大器的带宽为 0～50 Hz,具有较好的零点稳定性(±1 mmHg)和灵敏度稳定性(±1%)。

示波器用来显示压力波形,如图 5-4 所示。数字处理及指示部分是用来从动脉压力波 $p(t)$ 中分析和计算收缩压 SP、舒张压 DP 和平均压 MP 的值。监护仪中一般还含可拆卸的记录仪,记录仪用来记录压力的动态响应等。有创血压测量电路分析参见第 6 章图 6-9。

5.2.6.2 血压传感器的校准

直接血压测量中几个共性的问题需要考虑。首先是测量装置的校正问题,包括零位校正(调零)、温度漂移校正和传感器非线性校正。对于血管外传感器测量方式,因为血压是大气压的相对值,所以在血压测量前应把压力传感器上的调零开口打开,以测量外界的气压。压力传感器通常有两个开口,一个用于调零,另一个接测压导管。在调零开口通大气之前应先把测压导管的开口关闭,以防血液冲出或使空气进入患者血管内。如果仪器显示血压不为零,则应进行调零(见图 5-13)。对于血管内压力传感器测量电路,由于制作材料、工作原理、制作工艺、环境等因素的影响,导致传感器直接输出的信号中存在非线性、零点温度漂移、灵敏度温度漂移等问题,测量结果会出现较大误差,因此,对于应变测量电路,应进行温度补偿和非线性补偿。

近年来,传感器信号处理技术发展迅猛,向着集成化、小型化、智能化和数字化方向发展。下面介绍一种基于单片机 AT89C58 和 PGA309 设计的应变桥式压力传感器信号校准系统。其中,信号调理芯片 PGA309 为信号调节单元,AT89C58 为系统微控制器。PGA309 是一个全信号调节器,相比于工业和过程控制中采用热敏电阻或者其它补偿电路,PGA309 的误差小、功能更强大,而且集成度高,可对传感器信号进行放大、线性化和温度补偿等,将误差减小到接近桥式传感器所固有的重复特性,赋予了传感器产品真正的可互换性,特别适合于采用血管内压力传感器的有创血压测量场合(同一台测量设备与不同传感器配合测量),当置换传感器时需要校准放大器的灵敏度。

1. PGA309 模块介绍

PGA309 是小型可编程的模拟信号调节器,内部包含电压基准、信号放大模块、温度检测模块、可编程传感器激励及线性化模块和数据通信接口模块等。PGA309 内部结构如图 5-14 所示。

1) 传感器输入信号放大模块

PGA309 的核心是精密低漂移和无 $1/f$ 噪声的前端可编程增益放大器(PGA)。通过一个增益可调的仪表放大器和两个随温度调节的 DAC,将压力传感器桥路的信号进行放大,并驱动输出 V_{out}。仪表放大器实现输入信号的第一级放大(粗调)和噪声抑制,增益可调范围为 4～128 倍,同时利用了一个 16 位的 DAC 来进行零位温漂的补偿,零位 DAC 的输出是根据温度传感器测量到的温度值,通过查表获取相应系数计算得到的;第二级增益调整是利用另一个 16 位的 DAC 来完成,该 DAC 的输出同样根据温度值查表计算得到,其输出使增益可调范围为 0.333 3～1 倍,因为采用了 16 位的分辨率,使得这一环节的调节达到较高的精度,因此第二级也称为增益精调,同样这里也对温度漂移进行了补偿;第三级放大部分也是驱动输出通道,增益可调范围为 2～9 倍。整个放大电路的增益可调范围为 2.7～1 152 倍,并完成了对传感器输出信号的温度补偿。

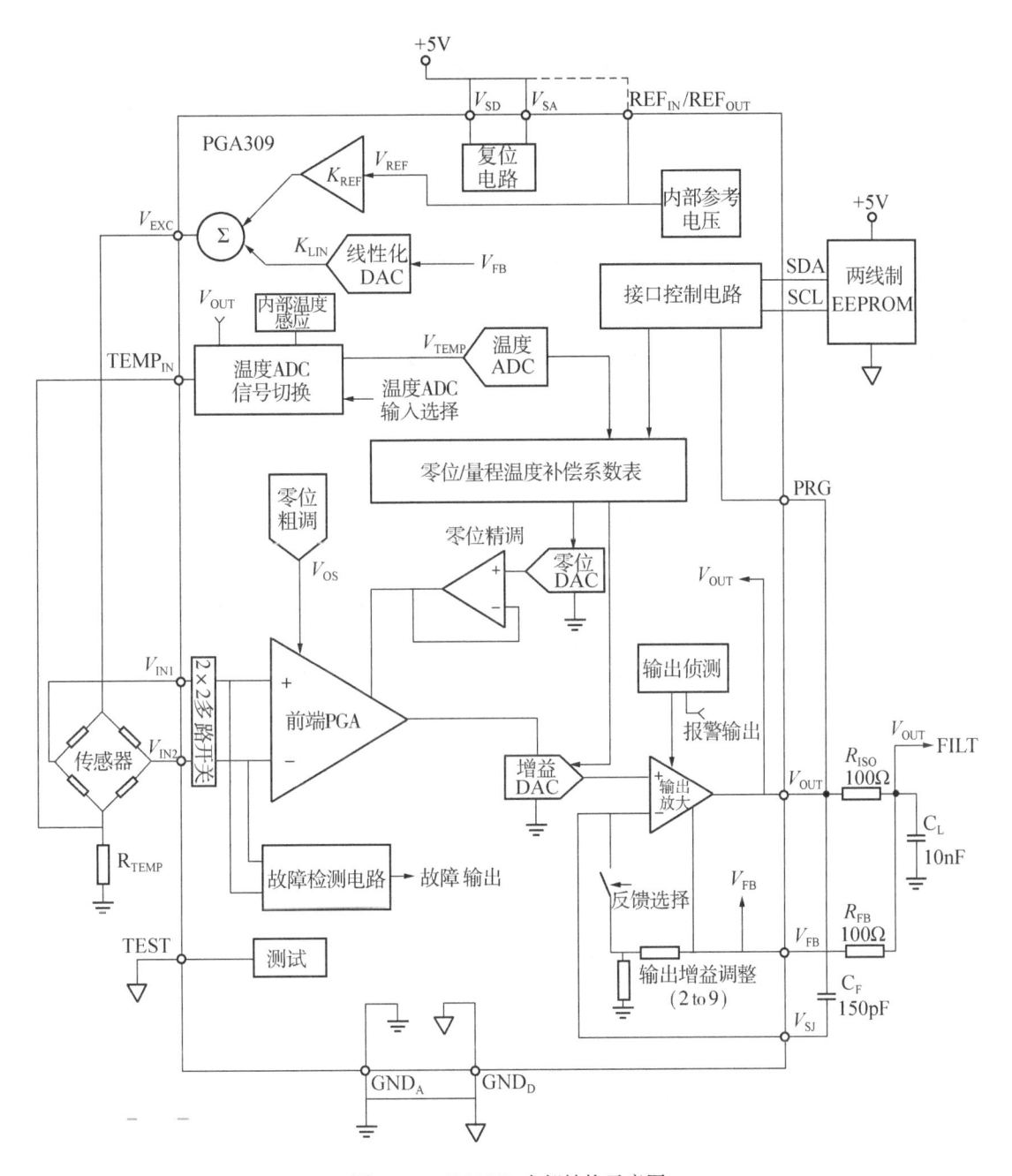

图 5-14 PGA309 内部结构示意图

2) 温度测量模块

利用内部的温度传感器或外接的测温元件,将表征温度的电压信号送给内部的 ADC,实现温度的测量。利用温度值进行查表,将得到预先标定好的线性分段的温度补偿系数值,用于控制零位 DAC 和增益 DAC 的输出。

3) 激励及线性化模块

PGA309 的激励通道,同时也是对传感器进行非线性补偿的过程。

很多桥式传感器在外加压力时,输出是非线性的。PGA309 为传感器电压激励和线性化模块提供一个专用的 7 位 DAC 电路。这个模块测量参考电压并把参考电压的一部分与 PGA309 的输出相加,这样就可以对抛物线形非线性进行补偿。当传感器不需要线性化的时候,可以直接与 V_{SA} 或 V_{EXC} 引脚相连,这样就可以将线性化 DAC 设置成 0。

4) 数字接口模块

PGA309 包含两种类型的数字接口。其中一线制数字接口 PRG 主要用于对内部寄存器的访问,通过与单片机或 PC 机的连接,可以用于设定内部寄存器和工作状态;另一个数字接口是两线制数字接口,主要用于连接外部的 EEPROM,将寄存器、温度补偿用的系数等数据保存在外部的 EEPROM 中,利用两线制接口对这些数据进行读取和编程。同时,这个两线制接口也可用于与单片机或 PC 机连接。

2. PGA309 校准参数确定及校准过程

1) 校准参数确定

针对特定的产品 n(包括传感器 n 和 EEPROM n),然后按照校准过程和步骤调整压力和温度(见图 5-15),获得的数据进行补偿算法处理,解算出线性化及温度补偿系数,在基于 PGA309 的计算机校准软件系统里将补偿系数写入 EEPROM 对应存储单元中(图 5-16 所示为利用 Labview 开发的校准标定系统),该传感器和该 EEPROM 必须配对使用;压力测量时,将压力传感器和对应 EEPROM 接入(见图 5-17),上电后单片机首先从 EEPROM 中读取对应补偿系数写入 PGA309 对应寄存器,PGA309 即可完成温度及非线性校准测量(具体应用请参照 PGA309 使用手册及相关参考资料)。对于医疗环境,测量过程中温度的变化不大,因此主要是进行非线性(即灵敏度)校正。

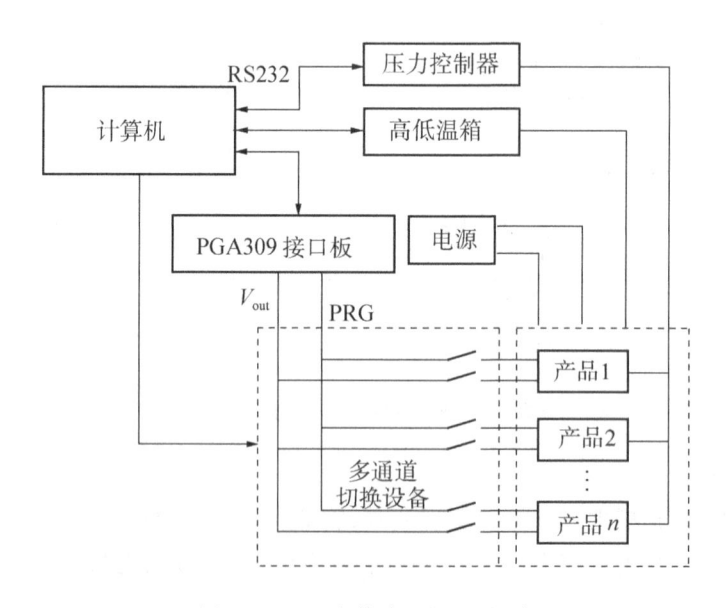

图 5-15 压力传感器校准原理框图

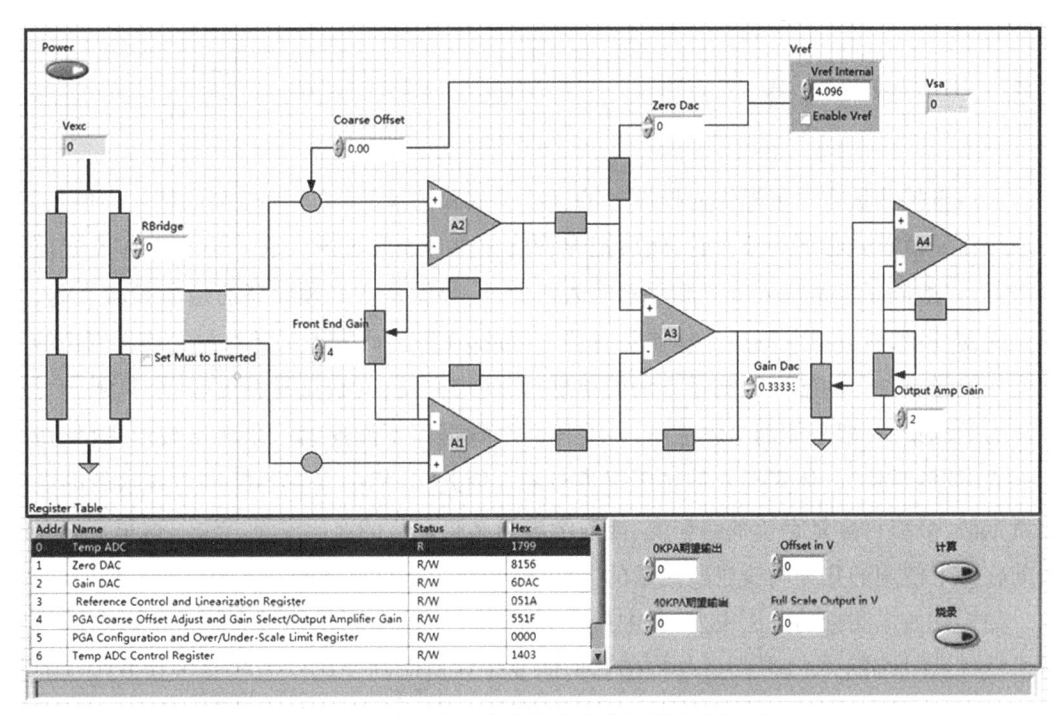

图 5-16　PGA309 各内部寄存器校准参数计算及烧录写入 EEPROM

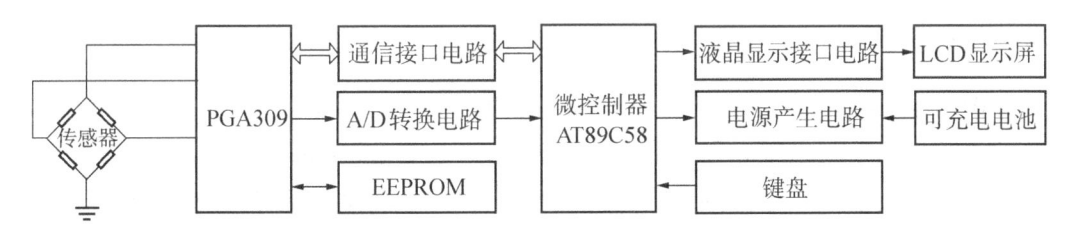

图 5-17　具备校准功能的血压测量原理框图

2）校准过程

PGA309 上电复位以后,首先利用温度 ADC 采样温度值,然后从外部 EEPROM 的列表中查找相应的温度补偿系数,计算并调整零位 DAC 和增益 DAC 的输出,达到温度补偿的效果。增益放大后的输出信号,经反馈送给线性化 DAC,按一定比例与参考电压叠加,形成激励信号送给传感器。给传感器的激励信号 V_{EXC},除了包括内部的参考电压,还综合了一定比例的输出反馈信号,其中反馈值的大小由一个 7 位 DAC 的输出决定。这种利用反馈达到非线性补偿的方案,可以有效地补偿传感器两阶非线性误差。

3. 应变桥式压力传感器信号校准系统

校准测量系统主要由微控制器 AT89C58、信号调节芯片 PGA309、A/D 采集电路、液晶显示电路、电源电路等构成。微控制器通过串口与 PGA309 单线数字接口 PRG(UART 可兼容型)相连,实现对 PGA309 内部寄存器数据进行访问和编程,并结合液晶显示和键盘操作完成整个校准和温度补偿过程;PGA309 利用双线制数字接口 SDA(数据线)和 SCL(时钟线)对外部 EEPROM 数据进行存取访问,外部 EEPROM 存放 PGA309 的配置信息及温度补偿系数查询表;ADC 采集 PGA309 输出信号,并送至 AT89C58 进行数据运算处理。

5.3 血压间接测量

血压直接测量方法可提供血压波形的连续读数和记录,同时具有较高的精度。但是,为了取得血压值首先必须刺破血管,然后把导管放在血管或心脏内。这一手术要在X光监视下进行,一般限于危重病人或开胸手术病人。此外,导管室内必须装备有应急抢救设备,并且是无菌环境,所以血压测量工作非常麻烦。因此,无数的研究人员都致力发展无创伤的间接血压测量方法。间接血压测量方法简单易行,使用方便;其缺点是精度较差,只限于对动脉压力的测量,一般只能测量收缩压、舒张压两个数据而不能连续记录血压波形,对低血压的病人,如危重病人、休克病人的血压很难检测。因此,人们一直在不断努力寻求新的血压测量方法,最终目标是有一种高精度、能连续测量和自动化的血压测量方法。这里首先介绍目前临床上使用的几种间接血压测量的方法,然后介绍间接血压测量的最近研究动向。

间接式血压测量的方法很多,其中最主要的一种方法是利用袖带充气加压阻断动脉后缓慢放气,在袖带下或动脉的远端检出脉搏的变化或血流的变化作为收缩压和舒张压的判据,也可把袖带内压力波动的形式作为判断依据。下面分别简述之。

5.3.1 柯氏音法

1905年俄国军医柯罗特可夫(Korotkoff)创立柯氏音血压测量法(Korotkoff sound determination of blood pressure)(简称柯氏音法),又称听诊法(auscultatory method)。该方法认为动脉或完全受压的动脉并不产生任何声响,只有当动脉不完全受阻时才出现声音,因此可用声音的变化来确定人体的血压。

图5-18为柯氏音间接测量血压原理图。它由血压计袖带和听诊器组成,袖带内部由无弹性纤维覆盖的橡皮囊构成。把它绕在上臂的臂动脉或腿部的大腿动脉上一周,袖带与压力计及充气球相连。工作过程是通过充气球先给袖带充气,当袖带内压力超过动脉收缩压时,动脉血管封闭,血流不通。然后打开针形阀使袖带内的压力以2～3mmHg/s的速度缓慢放气,当收缩压高于袖带内压力时,部分动脉打开,血液喷射形成涡流或湍流,它使血管振动并传到体表即为柯氏音。柯氏音的变化分为五个相,它由放在袖带下、动脉上的听诊器听到,最初听到的"砰"音(称为柯氏音Ⅰ相),代表收缩压;接

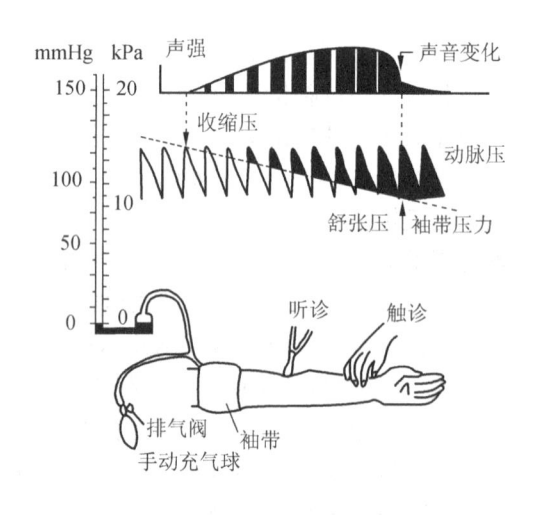

图5-18 柯氏音间接测量血压原理图

着柯氏音声音增高(Ⅱ相),达到最大声强(Ⅲ相),由于湍流在低沉的杂音后可出现"砰"声(Ⅳ相),随后声音变得轻柔无力,最后声音完全消失(Ⅴ相)。无声时的压力,即提示为舒张压。袖带必须能对整个宽度产生平稳的压力,即在袖带充气时必须不膨胀或产生位移,以免产生误差读数。这种方法测量精度较低,其原因有:

(1) 就心脏血压而论,血压的读数随传感器的部位和高度而变。不在心脏水平高度所取得的读数应补加上以心脏为基准的相应读数。

(2) 如用听诊器,则读数将受使用者听力的影响。使用的听诊器应符合一定的标准。

(3) 出现的运动伪迹与引入系统的振动形式有关,如握拳、手臂弯曲和移动及身体的移动等。若病人在休克状态,因其脉搏微弱,柯氏音振动很低,所以血压测量对移动特别敏感。

(4) 无论对正常人还是对情绪紧张的人,触摸手臂(相当于压力效应)都能改变读数。另一方面,换气过度会有减小压力的效应。

(5) 错误的测量方法。如末端的位置不适当,袖带放气速度不适当,水银压力计不垂直,听诊器间隙及袖带放置不适当等。

心脏节律非常无规律(即心脏无节律跳动)的病人,每搏输出量和血压在不同周期内变化,所测出的血压值显然是不正确的。

对疑难病人建议做三到四次测量,然后取平均值。测量舒张压时,若两次测量值显著不同,建议用双舒张压来表示,如120/80/77。有些医生建议病人在家里监护自己的血压,特别是对高血压的病人,病人所记录下的血压值对医生治疗和控制疾病很有用。

有个常见的错误概念,以为正常人的血压是120/80。其实情况并非如此。研究表明,血压正常值随性别和年龄而异。

用触摸病人下游血流脉动来代替柯氏音的方法称为触摸法。虽然触摸法能容易地检出收缩压,但很难识别舒张压,因此只在噪声大的环境或听力不好的情况下采用。

利用动脉血流流通时皮肤发红的现象来替代柯氏音从而检出收缩压,有人把这种方法称为发红法。这是一种古老的方法,识别肤色有一滞后过程,所测出的收缩压都偏低。现在有人采用光敏元件来检测肤色的变化,称为光电法。

5.3.2 超声法

超声法(ultrasonic determination of blood pressure)的原理是利用超声波对血流和血管壁运动的多普勒效应来检测收缩压和舒张压。图5-19为血压的超声测量法原理图。

在上臂袖带下安放一个超声传感器。8MHz的振荡源加到发送晶片,它产生8MHz的超声波;当它遇到运动着的血管壁时,其回波发生频移,回波由接收晶片接收后,经放大和鉴频电路检波得到正比于频偏 Δf 的信号。它与血管壁运动速度和血流速度成比例,频偏值在40~500 Hz 范围内。此值再由声频放大器放大,最后得到一个声频输出。

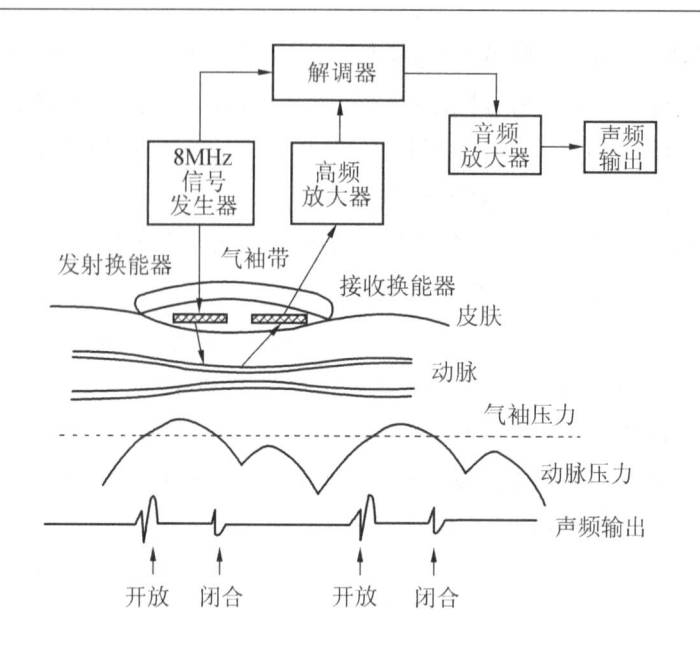

图 5-19 血压的超声测量法原理图

当一个静止的声源发出的声波被一个运动的物体反射时,反射回来的声波频率为

$$f_D = f_T + \frac{2v}{c}f_T, \quad (5-4)$$

式中,f_T 为发射声源的频率;v 为运动物体与声源的相向运动速度;c 为声波在介质中的传播速度;f_D 为反射声波的频率。

这种由运动物体反射的声波频率偏离声源频率的现象称为多普勒效应,频率的偏移量称为多普勒频移,即

$$\Delta f = f_D - f_T = \frac{2v}{c}f_T。 \quad (5-5)$$

频移量 Δf 与运动物体相对声源的运动速度成正比。

当袖带压力增加到超过舒张压而低于收缩压时,动脉内的血压在高于或低于袖带压力间摆动。在血管被阻断期间,血管壁静止不动,所以无频移产生。这时 $f_D = f_T$,$\Delta f = 0$,故无声频输出。在刚巧低于或高于袖带内压力的时刻,由于血流及管壁运动大,所以产生较大的频移信号,因而能检出声频输出。因此,随着每次心搏血管呈现开放和闭合,借助于超声系统就能把这种开放和闭合状态检测出来。

在一个心周期内,随着袖带压力的增加,血管的开放和闭合的时间间隔随之减小,直到开放和闭合二点重合,该点即为收缩压。相反,当袖带压力减低时,开放和闭合之间的时间间隔增加,直到脉搏的闭合信号与下一次脉搏的开放信号相重合,这一点可确定为舒张压。此时血管在整个心周期中都是开放的。超声测压法的优点是适用范围比较广,它既适用于成人也适用于婴儿和低血压的患者,同时可以用于噪声很强的环境中。其缺点是受试者身体的活动可以引起传感器和血管之间超声波途径的变化。另一优点是应用超声法可以完整地再现动脉波。这时以心电图的 R 波作为基准点,当动脉开放时,用袖带压力与心电图 R 波之间的时间关系描绘出动脉波的上升部分;相反,在动脉闭合期间能绘出动脉波的下降部分。

5.3.3 测振法

在俄国军医柯罗特可夫(Korotkoff)创立听诊法之前,法国生理学家马锐(Marey)发现对手臂施压时会引起脉搏波振动幅度发生相应变化,他据此提出依据脉搏振动幅度对血压测量的方法,叫"测振法"(oscillometric measurement technique)或"示波法"(oscillometry)。但其后一直未能予以应用,直到20世纪70年代,随着微电子技术的发展,利用充气袖带和压力传感器的自动测量技术,才形成实用的测量方法和装置,使"示波法"无创血压测量技术得以应用。如今在家庭保健、临床生理监护及动态血压测量中成为主导方法。示波法测血压通过建立收缩压、舒张压、平均压与袖带动脉压力波的关系来判别血压。因为脉动压力波与血压有较为稳定的相关性,所以利用示波原理测量血压,其结果比听诊法准确。

如图5-21所示,在点1处检测到收缩压,此处对应的振荡波幅度由小幅度到增加的幅度有一个跃变,振荡波幅度增加到最大值对应点2的压力为平均压。

5.3.3.1 测振法原理

测振法通过压力脉搏波与压力同时记录来测量血压。

测振法与柯氏音法均是基于血管卸载原理(vascular unloading principle)实现血压测量的。设p_a为动脉压,p_c为袖带压,则当袖带内静压力大于收缩压时,动脉关闭,袖带内因近端脉搏的冲击而出现小幅度的振荡波;当静压力小于等于收缩压时,波幅开始增大;静压力等于平均动脉压时,动脉管壁处于去负荷状态,波幅达到最大。静压力小于平均动脉压时波幅逐渐减小,当静压力小于舒张压以后,动脉管壁在舒张期已充分扩张,管壁刚性增加,波幅又维持较小幅度的水平,有关原理图见图5-20。放气过程中实际连续记录的脉搏波的脉动成分呈现抛物线包络(见图5-21)。示波法的关键在于找到放气过程中连续记录的脉动的包络及与动脉血压的关系。

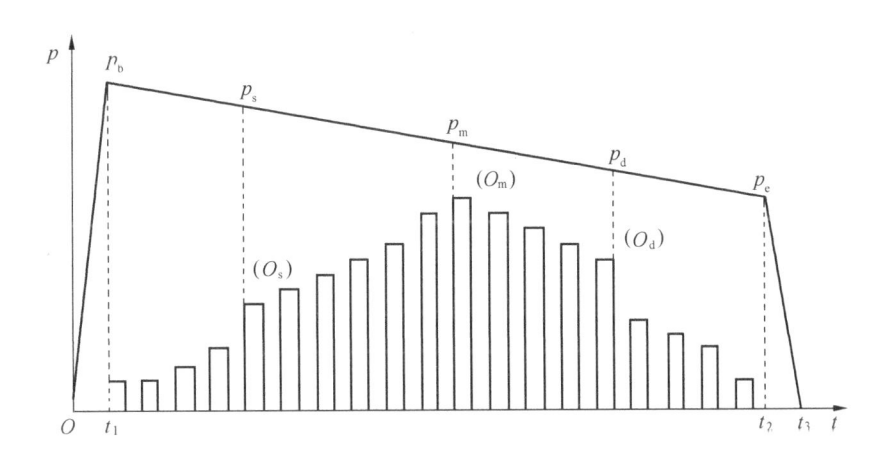

图5-20 基于放气过程的血压测量原理图
p_s—收缩压;p_d—舒张压;p_m—平均压

在图5-20中,一开始气泵快速对袖带充气,一般充气压(p_b)高于收缩压(p_s)30 mmHg后开始缓慢放气,脉搏波从无到有,其包络成钟形变化,当检测不到脉搏波时袖带快速放气。

在系统设计中针对不同的个体,关键是有效地控制$[t_1,t_2]$段袖带的放气或充气速度。

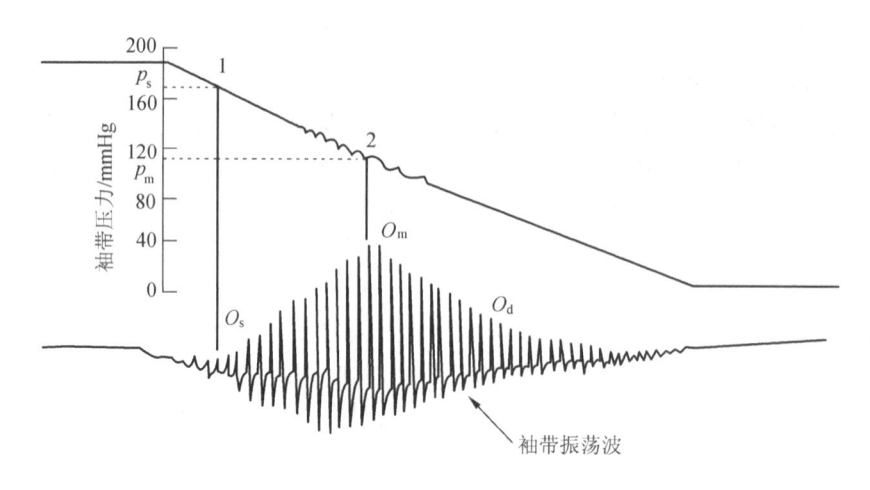

图 5-21 示波法原理图

系统设计框图如图 5-22 所示。主要包括四部分,即气动控制部分(袖带充气泵、放气阀和排空阀)、压力传感器、放大滤波电路(分离出压力信号和脉搏波信号)、多路模数转换、单片微处理器部分(完成控制及血压的判别算法)。具体电路见本章第 5.5 节。

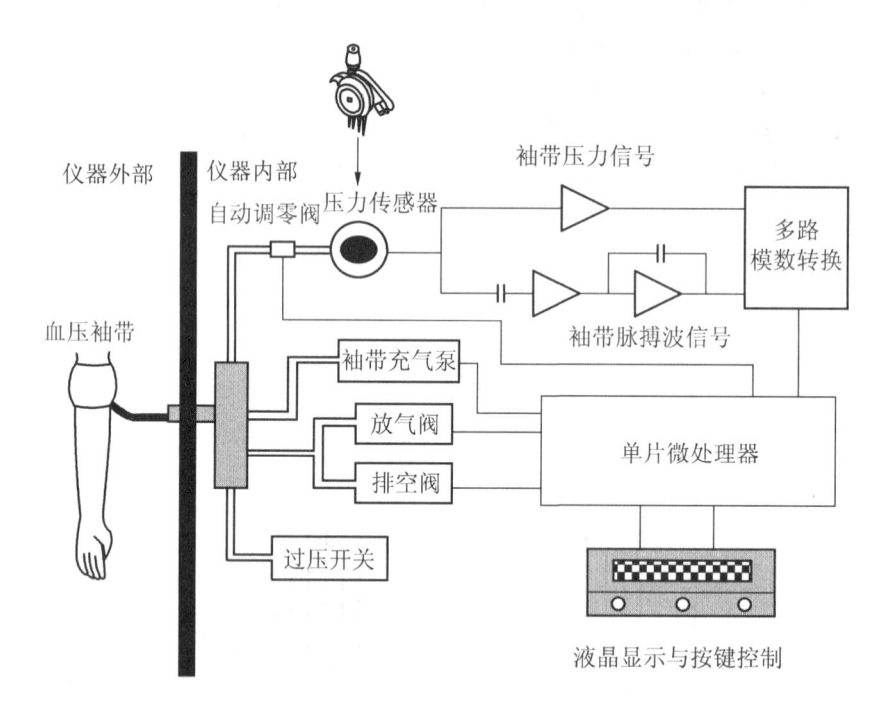

图 5-22 示波法血压测量的系统设计框图

系统设计中,传感器可选用固态硅压敏电阻(silicon piezoresistor)传感器,如摩托罗拉公司的 MPX50,其压力测量范围为 $0 \sim 50\,kPa$,灵敏度为 $1.2\,mV/kPa$,线性度为 $\pm 0.1\%$,输出阻抗为 $475\,\Omega$。

5.3.3.2 测振法血压判定方法

在测振法血压测量中,主要从脉搏波构成的钟形包络中识别特征点获取血压值。目前主要采用两种方法:

方法一 固定比率计算法。测振法在放气过程中连续记录脉动包络的最大幅度与动脉平均压有相对应的关系,即袖带内振动信号幅度达到最大值时对应的袖带内压力为平均压,该准则目前已基本得到公认。固定比率计算法步骤(见图5-21)是:首先寻找脉搏波钟形包络的顶点 O_m,其对应的袖带压 p_m,即为平均压;另外,在包络线上升沿存在一点 O_s 和下降沿存在一点 O_d,分别对应收缩压 p_s 和舒张压 p_d。O_s 和 O_d 的大小可根据如下经验公式求得:

$$\frac{O_s}{O_m} = 0.75, \quad (5-6)$$

$$\frac{O_d}{O_m} = 0.80。 \quad (5-7)$$

临床实际测量中,上述经验公式中的取值变化范围较大,式(5-6)为 0.3~0.75,式(5-7)为 0.45~0.9,具体取值由大量临床样本统计得到。

方法二 突变点准则。根据脉搏波包络 O_s、O_d 点的变化陡度较大而 O_m 变化最小的特点,对脉搏波包络进行微分,从而分别得到对应的收缩压(p_s)、舒张压(p_d)和平均压(p_m)。图 5-23 所示为脉搏波包络的微分图谱及对应收缩压、舒张压、平均压的特征点。其中对应于舒张压的脉搏波包络的微分为正,对应于收缩压的脉搏波包络微分为负,而对应于平均压的脉搏波包络的微分为零。由于背景噪声和个体差异,给特征点的确定带来困难。

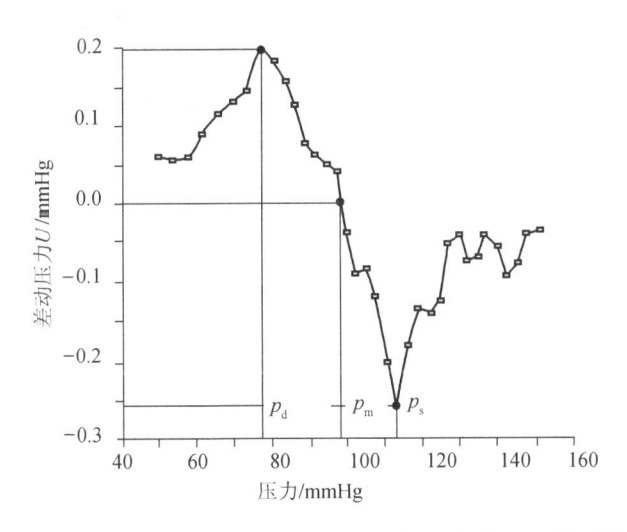

图 5-23 脉搏波包络的微分图谱及对应收缩压、舒张压、平均压的特征点

目前设计中大多采用方法一,即由上述平均压通过经验公式式(5-6)、式(5-7)获取收缩压和舒张压的办法。它已成为目前商业产品的主流方法。但由于公式中的固定比率是统计量,个体差异造成的误差是显著的。

5.4 血压的自动测量

本节以美国 CAS MEDICAL SYSTEMS 公司研制的无创血压模块为例介绍无创血压测量的原理及常见电路。

5.4.1 概述

NIBP(non-invasive blood pressure)血压模块可以用于成人、儿童以及新生儿的无创血压测量。在测量时,微处理器自动给袖带加压,利用测振法得到收缩压(SYS)、舒张压(DIA)、平均压(MAP)和脉率(PR)。

该模块参照 IEC601.2 医用安全标准,增加一个传感器监测过压。硬件采用看门狗电路监测微处理器的故障。其特点是:体积小,容易安装,检测快速精确。

5.4.2 工作原理

该模块采用测振法进行血压的无创测量。其原理在前面的无创血压测量方法中详细讨论过,血压测量是通过监测因血液流经弹性动脉而引起袖带内压力的波动来实现的。在测量中,首先向绕在病人手臂或其它肢端的袖带充气加压使动脉血管阻断;然后袖带以阶梯量逐渐放气,当袖带内压力下降到一定程度时,血液开始在血管内流动。随着压力的下降,血流量加大,同时引起袖带内压力脉搏波动幅度(pressure pulse)的增大直至达到最大值;当压力进一步下降时,波动幅度开始减小。即袖带压力以阶梯量逐渐下降,压力波动幅度会以先上升后下降的规律下降。根据压力波动幅度的包络曲线就可以计算出平均动脉压、收缩压和舒张压。记录某一时间内的脉搏个数可以得到脉率值,如图 5-24 所示。

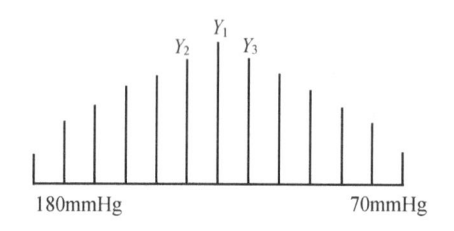

图 5-24 袖带压力从高于收缩压到低于舒张压过程中每个振荡周期的波形图

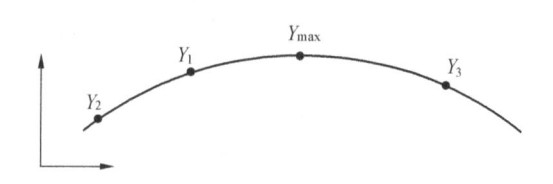

图 5-25 由三点拟合出的抛物曲线

袖带内的压力以先前压力的 10% 为阶梯步长放气减压,在放气过程中对每一个压力阶梯检测袖带内的压力振荡波,并用一个变量在计算机内储存;同时将这一压力值也以一个变量储存起来。当检测到最大振荡波后,如果振荡波开始减小,可以判断袖带内压力已低于平均压;这时继续放气,直至测到的振荡波是最大振荡波的 0.6 倍,这时可以判断袖带内压力已低于舒张压,可以将袖带内气体快速全部放掉。计算机通过分析储存的振荡波的值,找出最大振荡波值及其对应的袖带压力值,并且找到最大振荡波值之前及之后的两个振荡波值及其对应的袖带压力值。当这三个振荡波值找到之后,计算机根据这三个值拟合出一条抛物曲线(见图 5-25),并根据这条拟合曲线计算出峰值振荡波值,然后根据这个抛物方程求得峰值振荡波对应的袖带压力,这个压力值是真正的平均压值。

为了得到真正的收缩压,计算机要识别出计算得到的最大振荡波值的 0.75 倍的振荡波值,为此要分析在最大振荡波值之前的振荡波值,但在所储存的振荡波值中可能并不存在正好等于 0.75 倍最大振荡波值的振荡波,这时就标记出计算得到的 0.75 倍最大振荡波值两侧的振荡波值,并将这两点连成直线,计算机沿这条直线斜率通过内插的方法可以得到 0.75 倍的最大振荡波值点,并得到相应的袖带压力值,这个压力值即为收缩压。

同样可以通过求最大振荡波值之后 0.8 倍的振荡波值来得到舒张压值(具体资料参见美国专利第 5022403,1991 年 6 月 11 日)。

该模块由于采用了抗运动干扰技术,在大多数的使用条件下都可得到精确的测量结果。

5.4.3 硬件电路

硬件电路由 CPU、EPROM、RAM、实时时钟(晶振)、A/D 转换器、放大电路和两个压力传感器看门狗电路、译码器、VCC 检测和气动部分组成,如图 5-26 所示。其中一个压力传感器用于检测过压并激活看门狗电路,如果压力超过某一设定值,则微处理器复位,从而关闭电磁阀和气泵。

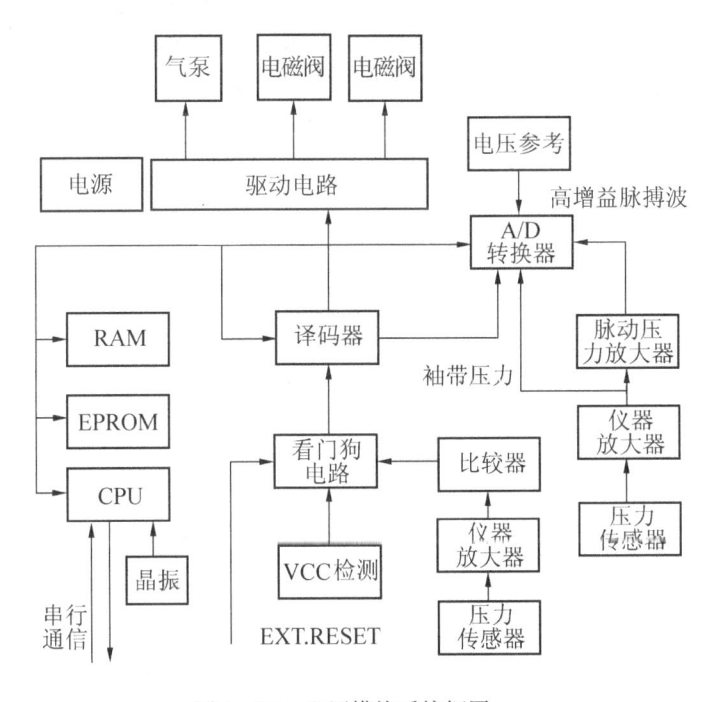

图 5-26 血压模块系统框图

5.4.4 气动部分

气动部分由一个直流电机带动的气泵、两个电磁阀和两个传感器、过滤器、袖带、单向阀、多通接头等机电元件组成,如图 5-27 所示。当电磁阀关闭时,启动气泵给袖带充气。采用两个阀的目的是保证一个阀出现故障时,仍能安全地减压。电磁阀 1 的出气孔装有带小孔的节流阀。微处理器根据袖带内的空气容量和压力选择适当的阀进行快速或者精确放气,单向阀的作用是将系统的漏气减至最小,过滤器能够防止灰尘进入系统而引起元器件的故障。

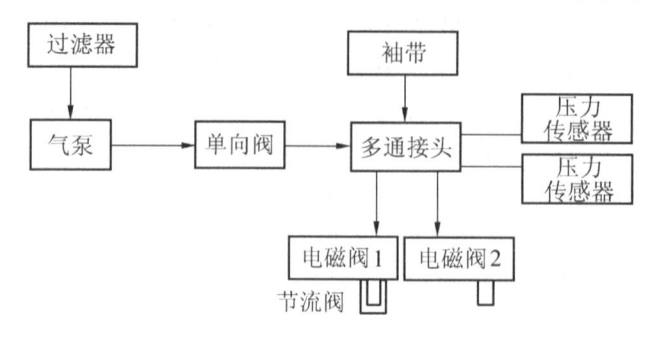

图 5-27 气动部分方框图

5.4.5 系统软件

模块软件固化在 64KB 的 EPROM 中,软件的变化主要是用户的串行通信协议和自检程序。通常模块软件可分为有一定背景的确定状态机构和中断任务处理。初始化以后,等待主命令以便进入测量或校准模式。有效中断诸如气泵的调节、通信以及各种定时器均有优先权。图 5-28 所示系统软件流程图描述了一个典型的检测周期。在检测周期中通过中断来保持模块与主机的通信、A/D 转换和阻止看门狗电路复位。

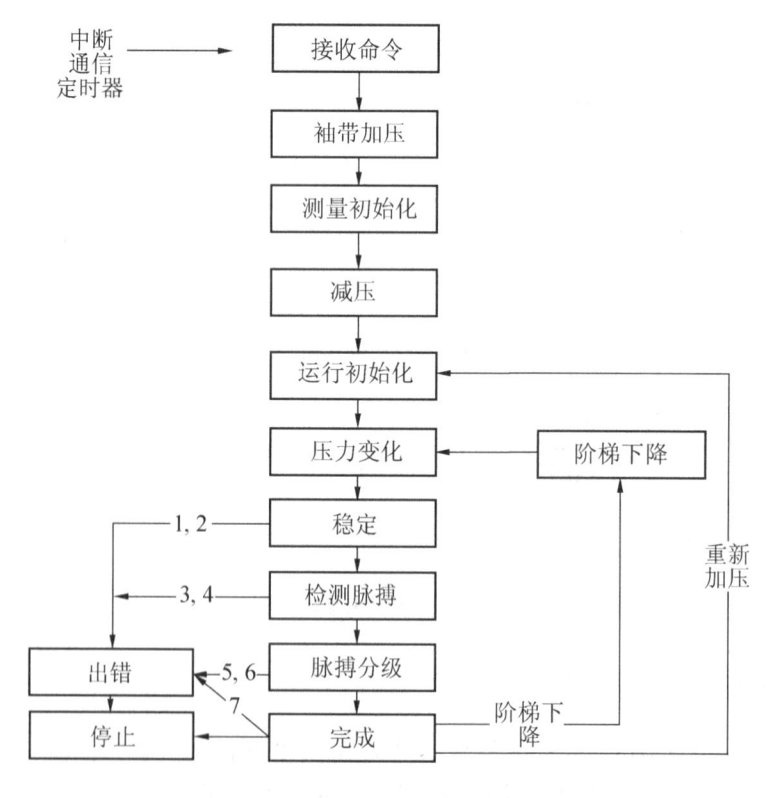

图 5-28 系统软件流程图

1—过多的压力更正;2—在某一阶梯压力上时间过长;3—脉搏过大或运动;
4—无脉搏;5—收缩压超过上限;6—脉搏过小;7—其它错误

5.4.6 电路概述

1. 电源

NIBP 模块需要一个 +7 V 的直流电源输入,再由电压调整电路转换为所需的 +5 V 电源。

2. 过压保护电路

过压保护电路由一个压力传感器、一个差动放大器和一个比较器构成(见图 5-29)。压力传感器根据压力值产生的电压,经差动放大器放大后与一个精密电压参考相比较。比较器的参考输入按照成人或新生儿工作模式有所不同。当袖带压力超过一定压力值时,比较器翻转,微处理器复位。

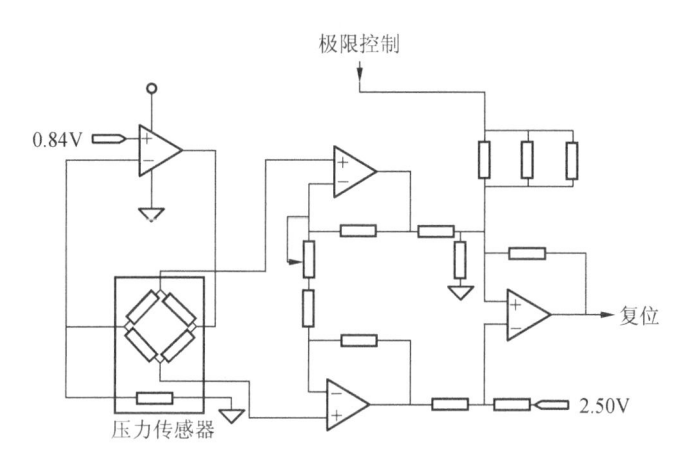

图 5-29 过压保护电路

3. 袖带压力放大器

压力传感器感受袖带内压力,经袖带压力放大器放大。该放大电路与过压保护电路相类似,只是没有比较器(见图 5-30)。差动放大器的输出被分为直流(静态袖带压力)和交流(因动脉容量改变引起的压力波动)分量。

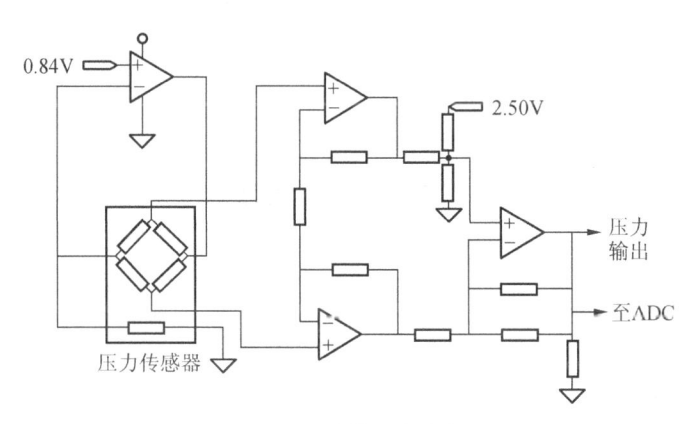

图 5-30 袖带压力放大器

袖带压力信号调整到 8 mV/mmHg 的灵敏度送到 ADC 的一个输入端,作为压力信号保存在 CPU 数据存储区中。

4. 脉动压力放大器

袖带压力放大器输出的交流成分经图 5-31 所示的有源带通滤波器分离出脉搏波信号并进一步放大,然后经 ADC 采样送入 CPU,通过这一步骤后完全与 DC 分量分离并得到进一步放大。系统软件根据测量过程中采集到的波动信号动态调整放大器增益。由于信号的灵敏度较高,因此在脉动波识别算法这一复杂过程中增益控制至关重要。

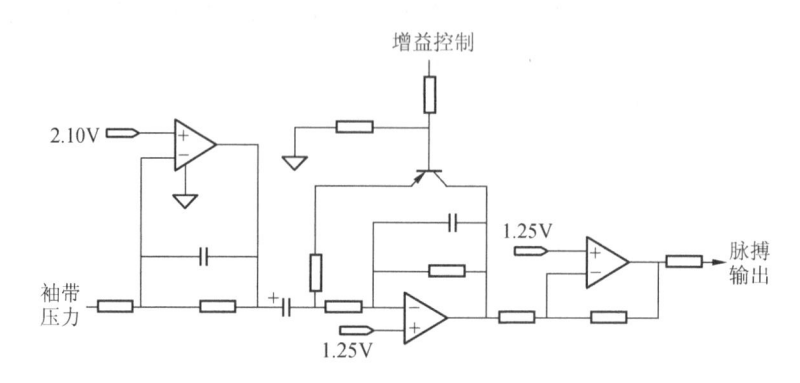

图 5-31 脉动压力放大器

微处理器根据这一信号去精确控制袖带放气过程,并得到测量结果。

5. 看门狗电路

看门狗电路(见图 5-32)的作用是保证患者安全。当模块出现某些情况时,使微处理器复位,气泵停止工作、电磁阀放气。它监测的内容有:+5V 直流电源应工作在 5% 范围内;在某个时间内,CPU 没有发信号给 ST 脚;主机发来控制信号;袖带压力过高。

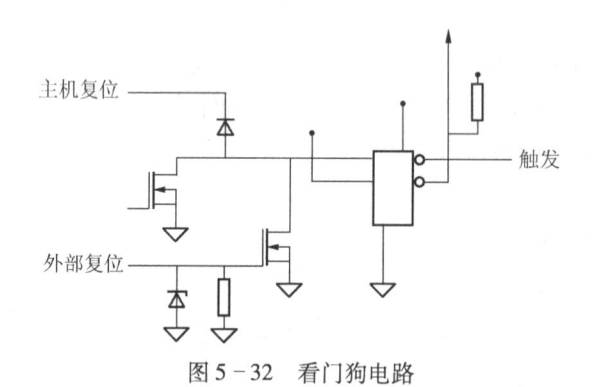

图 5-32 看门狗电路

6. A/D 转换器

A/D 转换器采用 8 路输入 12 位芯片,输入内容为:袖带压力;袖带压力脉动波;气泵的开/关状态。

7. 气动元件的控制

微处理器通过 MOSFET 管来控制气泵和电磁阀,使其按照患者的不同,动态地调整充气速度和放气速度。钳位二极管的作用是抑制瞬间电压尖峰或加快电磁转变速度。

5.4.7 校准

为了确保安全有效地监护,必须对模块进行经常性的维护和保养,至少每年对压力值等性能指标实施校准。

校准时,需要一个 T 形三通接头、500mL 的刚性容器和一台精度满足 AAMI/ANSI 标准的非自动水银血压计,装配方法见图 5-33。

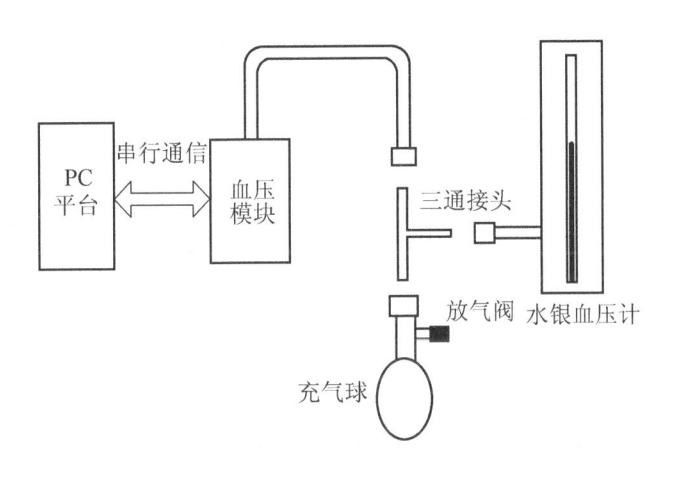

图 5-33 校准装备图

1. 压力传感器校准

给系统打气加压,在下列压力值暂停并调节电位器 R_1 作校准。

单位:mmHg

压力	误差	压力	误差
0	±1	150	±4
50	±2	200	±5
100	±3		

2. 漏气检测

用充气球慢慢给系统加压到 200 mmHg,PC 平台的读数应为 200 mmHg,并将这一压力值保持 15 s。如果不能保持 15 s,先应检查校准安装是否正确,再参考相关的故障处理步骤进行处理。

3. 过压保护试验

保持 15 s 慢慢给系统充气至 (285 ± 10) mmHg,电磁阀应当打开,系统减压,否则必须调节电位器 R_2。

目前在医疗领域,振荡法无创血压测量技术已得到不断发展与广泛应用,基本技术线路也日趋成熟。为了进一步提高无创血压测量的准确性和可靠性,振荡法测量中各种新技术如电路设计及算法研究和抗干扰技术、振荡后信号识别与处理技术的研究还有待不断发展。

5.4.8 未来发展

基于振荡法的自动血压测量方法是目前临床上应用最广泛的一种无创血压测量技术，未来的发展仍是集中在测量准确性、信号监测范围、信号特征分析与优化、可靠性以及系统的优化上。

(1) 准确性的提升是未来发展的关键，已经有相关研究和专利说明，通过更广泛的临床比对以及由此所建立的数据库进行智能多区间调整自动血压测量的计算方法，可以改善血压测量的准确性。比对的方法可以是听诊法，也可以是有创压法。

(2) 信号监测范围是任何仪器测量的核心指标，如可通过对传感器、模拟电路、模数转换等部件的选型与适配，以获得最大的信号监测范围，确保在各类人群和血压状态下的应用。

(3) 信号特征分析与优化，将采用现代的数字信号处理技术与方法，分析相关的信号特征，获得基于压力脉搏信号趋势特征的血压计算方法，以期缩小单次的血压测量时间，改善血压测量的舒适性，同时借助于信号分析技术亦可改善血压测量的干扰信号影响，提升系统测量的抗干扰性及舒适性等。

(4) 在可靠性和系统的优化方面，将对其中的气路以及泵阀等部件进行一体式设计，减少充放气对压力及压力脉搏波测量的影响，以及充放气的智能控制等，获得系统的可靠性及抗干扰性。

5.5 血压连续无创测量

应用前面所述的血压无创测量(NIBP)技术进行血压监护，实际上是定时测量，只能在预先设定的时间进行。因此，在两次 NIBP 定时测量之间的时间段上发生的血压突然变化就会被遗漏，直到下一次 NIBP 定时测量。如果在两次 NIBP 定时测量之间，患者的血压发生了突然变化，血压的连续测量能够检测到它并且启动 NIBP 来确认血压的变化。血压的连续测量可以在 NIBP 监护中获得更有价值的应用。把血压的连续测量技术和 NIBP 定时测量结合起来，可以提供更加可靠的血压监护。

连续无创血压测量，是在每一个心动周期内完成血压的测量，故又称逐拍无创血压测量。许多方法一直在探索中，尚待临床认可。以下介绍三种方法。

1. 动脉张力测量法(arterial tonometry method)

动脉张力测量方法的基本原理是，如图 5-34 所示，当一个具有内在压力 p 的动脉血管被外在物体施力 F 时，部分压扁其动脉管壁使其周边应力 T 发生变化，方向是与外力 F 正交的方向，该方向的力相互抵消。当外力达到某一定值时，内压力 p 等于外力 F，这样通过测量外力 F(已知作用面积 A)便可得到动脉血压。动脉张力法通常选择底部贴近坚硬的骨组织的浅表动脉进行测量。常用的被测动脉有桡动脉、颈动脉和股动脉。使用

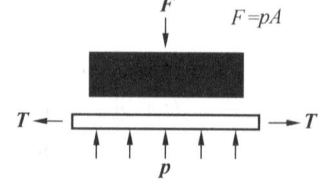

图 5-34 动脉张力测量仪

动脉张力法精确测量血压必须解决好两个关键技术：一是压力传感器必须足够小而且能精确定位在被测动脉被压扁部分的正上方以准确测量动脉压；二是在压力传感器上提供一个大小合适且持续可调的下压力使被测动脉被部分压扁以提供相对足够大的压扁管壁面积。压力太大会将血管彻底压闭，压力太小又不能保证足够大的压扁管壁面积以消除管壁张力的影响。从1976年开始出现应用张力测定法测量血压的商品化产品，其中以日本Colin公司的CBM系列产品最为著名，他们通过采用多个独立压电传感器单元组成的阵列代替单个传感器以及在传感器上加装压力可调的气囊的方法解决以上两个关键技术。该系统还配备了一套由示波法血压计构成的校准系统，每次被测者佩戴传感器装置以及测量过程中传感器出现明显移位以后，系统都会自动执行校准，同时系统也能周期可调地进行周期性校准。测量仪的设计原理如图5-35所示。动脉张力仪由气压盒手动充气橡皮球、压力传感器、液晶显示器等组成。张力传感面置于手腕桡动脉上，压力传感器是一个在硅基片上蚀刻的传

图5-35 一种动脉张力测量仪设计原理图

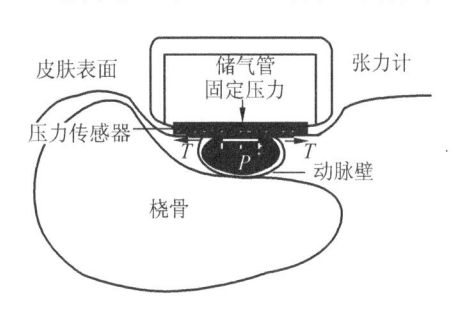

感器阵列（约10μm厚的膜），共计30个压敏电阻单元，每个压敏电阻直径小于被测动脉的直径，频响大于50Hz，迟滞小于1.0%。压力盒中的气压通过压力传感器膜使血管压扁，动脉内血压由处在血管中心位置的传感器单元所测得。使用这种方法，一般来说每次测量时无须再定标。所存在的问题是，在长期测量中，手腕运动等原因会使测量精度受影响。

2. 动脉容积钳制法（arterial volume clamp method）

动脉容积钳制法最早由Jan Penaz于1973年提出，其设计原理如图5-36所示，当施加于血管壁的压力在某一时刻等于血管内的压力时，血管壁的直径不随血压的波动而变化，而处于恒定容积（vascular unloading）的状态。在这种恒定状态下相应的外加压力就等于血管内压力，可以实现血压的无创测量。实现过程需要有一个随动压力跟踪系统，根据血压波动，时刻调节外加压力使血管壁处于恒定容积状态。检测外加压力

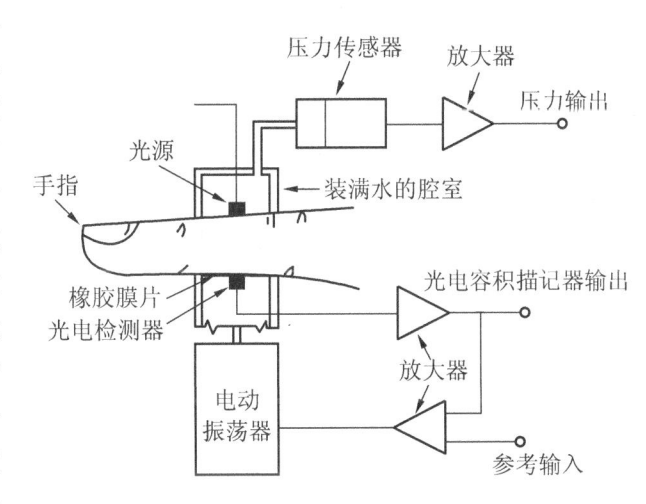

图5-36 动脉容积钳制法设计原理图

信号，就可以得到动态的血压数据。该原理中的关键技术是确定随动系统的参考值，即在何种情况下血管壁是处于恒定容积的状态，使血管壁的透壁压为零。Jan Penaz提出参考值设定在血管容积的1/3。恒定容积法不适于选取上臂作为测量部位，其测量部位在手指端。血管容积的测定是通过光电描记法来实现的，LED作为发光源，光电检测器（photodetector）

检测光线通过组织后透光率的变化来发现血管容积的变化。该法的优点在于可以提供逐拍（beat-to-beat）的血压连续测量。恒定容积法血压测量技术的缺点在于：①指端压不等于通常意义的血压，而且受到血管收缩、微循环障碍等因素的影响大；②该方法通过光电描记法测得的信号幅度是手指内动脉血管壁直径变化的函数，由血管顺应性特性决定，因而无法区分信号幅度变化是来自血管壁直径的变化还是其它因素导致的血管顺应性的改变；③如果维持连续测量施加于手指的压力，会使病人产生不适，而且测得的血压值相对于真实值存在一个直流（DC）偏离。但是，在连续跟踪血压动态变化能力上，该方法不失为一个有效的连续无创血压测量方法。具体测量方法是，在指端戴上一个可充气或充液的指套，调节指套的压力值，使血管容积保持恒定，即获得最大脉搏波，此时动脉处于卸载（unloading）状态。脉搏波的变化由红外光检测，并反馈至气压或液压系统，对指套压力通过电动振荡器不断进行调整，这样指套压力始终等于动脉压。该压力值由压力传感器测得。

3. 脉搏传递时间测量法（pulse transmit time method）

所谓脉搏传递时间 PTT，是指动脉脉搏从心脏收缩开始（ECG 检出 QRS 波）传到某一分支动脉血管之间的时间差。该法基于流体力学中管网内压力的传递速度与各点压力之间存在某种函数关系的原理，将收缩压与脉搏传递时间建立一组相关公式，据此测算出收缩压，并进一步估算出平均压和舒张压。脉搏波速度 PWV（pulse wave velocity）通常由脉搏传播时间 PTT 计算得到。在动脉的开始端（锁骨下动脉）和结束端（股动脉）检测脉搏，可以计算出两个信号之间的时间差，已知主动脉的长度（用胸骨上切迹和腹股沟之间的距离估计），即可计算出主动脉脉搏波速度（PWV）。一般来说，血压升高，脉搏沿动脉的传播速度增加。检测到相关的脉搏波波形后，用参考方法校正后可得到绝对、连续的血压测量值。

1976 年，Brain Gribbin 等提出利用脉搏波传播速度（PWV）来连续测量血压变化。实验结果表明，PWV 可以可靠地跟随血压变化，但不能给出血压的绝对值。对脉搏波的测量可以通过将压力检测探头置于动脉脉动最明显处，下压血管于骨骼上直至动脉表面被压平，探头所记的压力就是真实的动脉内压力。为了能使 PWV 不仅可以反映血压的变化，还可以给出血压的绝对值，有人采用统计分析建立回归方程的方法，通过脉搏波传导时间来计算收缩压和舒张压。英国生产的 BP-50 型全自动血压测量仪就采用了这一原理。具体方法是：利用心电 R 波的峰值为起始点，测量 R 波触发后脉搏波传导到手指末端所需的时间，再利用所建立的收缩压和舒张压的回归方程，将传导时间换算为收缩压和舒张压。

利用脉搏波方法来检测诊断人体血管血流动力学参数是最理想的检测手段。国外专利中提到了利用脉搏波特征和血流动力学特征来快速测量血压的方法，NihonKohden 公司已经开发出利用 PWTT 测量技术的血压监护仪，但是仍需要依赖于振荡法的血压测量值进行定期的修正。

连续性无创血压测量技术是无创血压测量技术的未来发展方向之一，上述方法还没有一种方法在临床得到广泛应用。提高其测量的准确性、抗干扰性以及建立更精确的测量基准是推广应用的关键因素。

习题 5

5-1 试分析压力传感器标定的原理。

5-2 画出带微处理器的自动无创血压测量系统的原理结构框图。

5-3 简述血压直接测量的基本原理,并说明直接测量方法中传感器置于体内和体外两种情况下各自的优缺点。

5-4 简述血压直接测量方法中测量误差的主要来源及消除方法。

5-5 在血压直接测量中,导管送至心脏部分的血管中或心腔内时,其测压端口方向不同,"动压"会导致测压误差。试分析测压端口与血流方向相对、相同、垂直三种情况下,"动压"对测量误差的影响。

5-6 简述超声法无创测量血压的基本原理。

5-7 简述测振法无创测量血压的基本原理。

5-8 文献调研:无创血压测量的最新技术及实现。

6 监护仪与中央监护系统

本章主要介绍监护仪、中央监护系统、动态监护和远程监护等的原理、组成、基本功能和性能以及新技术应用、发展趋势等。

6.1 监护仪

监护仪是放置在床边,直接通过传感器及连接电缆实现对受试者的生命信息进行实时监测的医疗设备,并具备报警、数据存储等功能,根据其功能、性能和预期应用等,可分成多参数监护仪、单参数监护仪和中央监护系统等,同时又根据具体的应用科室再细分成手术室、重症监护室、急诊室以及门诊等专用监护仪。

6.1.1 基本原理

监护仪的基本原理是,利用与人体接触的传感器与信号延长通路,并通过这个信号通路将监测到的人体生命特征信号传送到模拟处理电路,再经过模数转换后送入微处理器,借助于软件及相关的算法获得人体生命体征的参数、相关指标以及波形等,实现对人体生命体征信息的实时监护,包含特征识别、参数计算、自动诊断、数据显示、存储、回顾分析、传输、记录以及报警等功能。常规的生命信息监测原理与方法主要有:

① 基于直接电耦合的电生理信号测量及计算与识别方法;
② 基于力耦合直接的血压信号测量及计算方法;
③ 基于振荡波和袖带压力耦合的间接无创血压测量方法;
④ 基于光谱吸收的间接脉搏血氧信号测量及计算方法;
⑤ 基于直接高频载波耦合的阻抗呼吸信号测量及计算方法;
⑥ 基于直接热传导的体温信号测量及计算方法;
⑦ 基于直接光谱吸收的呼吸末二氧化碳信号测量及计算方法。

6.1.2 基本组成

监护仪的基本组成包括四个基本功能组件,即生命体征测量组件,主机及系统,生命体征测量组件与主机的连接接口,传感器、连接电缆与生命体征测量组件的接口。

6.1.2.1 生命体征测量组件

生命体征测量组件主要包含针对心电、呼吸、体温、血压、脉搏氧饱和度、呼吸末二氧化碳等人体生命体征测量的各种测量组件,其中传感器、连接电缆、模拟电路和数字电路是信号获取的关键部分,模块软件及相关的算法是信号的获取及特征识别的核心,实现对信号的实时监测、特征识别以及参数计算等。

6.1.2.2 主机及系统

主机及系统主要包含主控板、显示器、键盘、记录仪及运行软件、其它的外部扩展设备等。其中,主控板在运行软件的控制下完成信号的获取、显示、存储、分析与处理、报警、记录、外部传输等,甚至进行外部远端(它床监护仪或其它中央信息系统等)相关数据的访问及显示等,构成对监测对象的信号及特征实时显示与高级处理。多参数监护仪的原理结构框图如图 6-1 所示。

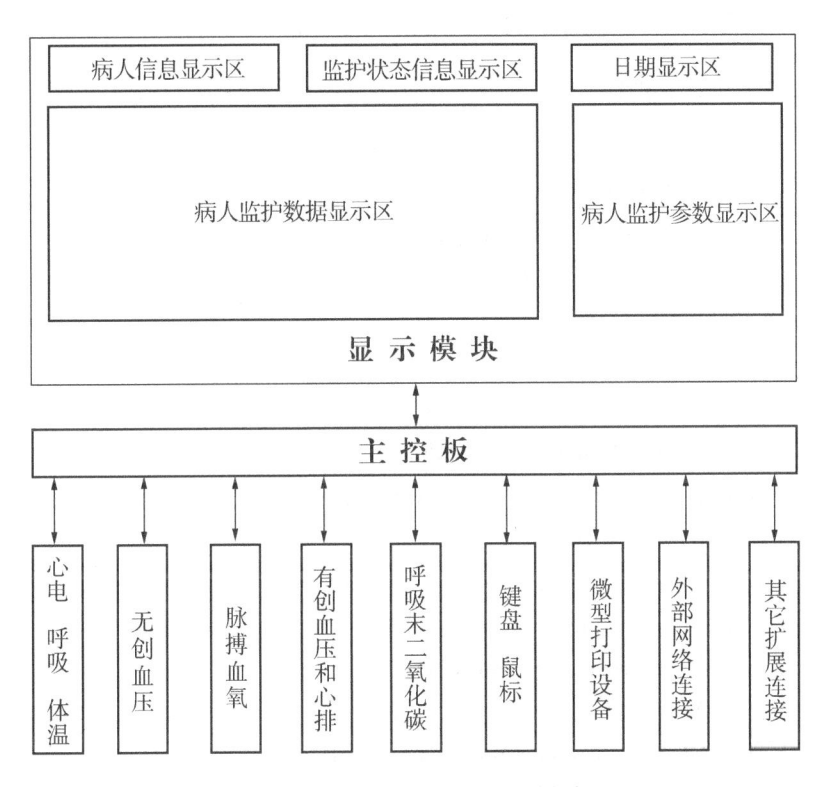

图 6-1 多参数监护仪的原理结构框图

6.1.2.3 生命体征测量组件与主机的连接接口

生命体征测量组件与主机的连接接口是搭建多参数监护仪的关键接口,实现生命体征测量部件信息到主机的通道,有可靠性、实时性和自动识别等多方面的要求。生命体征测量部件有多个,生命体征测量部件与主机有双向通信的要求,因此需要对每个生命体征测量模块设置特征识别,便于主机进行针对性的操作。有以下两种部件特征识别的连接形式:

(1)硬识别。在测量部件与主板的连接口上使用识别码:多个 I/O 的高低电平或串行的 EPROM 芯片的数字码的方式来实现多个测量部件的标识,每个测量部件被标识成唯一的编码,当这个测量部件与主板连接时,接口软件会先识别这个标识,以启动主机软件中相关的功能模块和给出警示信息。

(2)智能识别。在测量部件与主板的连接口上使用软件协议中的识别码,在测量部件与主机的通信协议中有模块特征标识,每个模块是唯一的,接口软件通过对软件协议中的特征标识信息来识别特定的测量部件,软件具有较大的灵活性,并进一步启动主机软件中的相关功能模块和给出警示信息。

6.1.2.4 传感器、连接电缆与生命体征测量组件的连接

传感器是与被监测人体直接或间接接触的关键器件,并通过连接电缆实现与生命体征测量组件的连接,其中的连接形式分成硬连接和智能连接。

(1)硬连接。通过传感器与人体接触与否、接触良好与否、信号质量识别或对传感器与生命体征测量组件连接与否等来识别传感器和连接电缆的状态,并给出相关的警示信息。

(2)智能连接。通过埋植在传感器中的数字芯片,对传感器、连接电缆的状态进行识别,并给出警示信息。

6.1.3 主要监测参数及指标

1. 心电

1)心率(heart rate,HR)

范围:30~300 次/min (beat per minute)

精度:±3 次/min 或读数的 2%

2)ST 段

-3~5 mV

3)心律失常分析

① 停搏(asymmetric disambiguation,ASY)

② 室颤或室速(ventricular fibrillation/ventricular tachycardia,VF/VTA)

③ 二连发室早(couplet,CPT)

④ 三个或四个连发室早(RUN)

⑤ 室早二联律(ventricular bigeminy,BGM)

⑥ 室早三联律(ventricular trigeminy,TGM)

⑦ R on T(ROT)

⑧ 单个室早(ventricular premature beats,VPB)

⑨ 室上性心动过速(ventricular tachycardia,VTAC)

⑩ 心动过缓(bradycardia,BRD)

⑪ 心动过速(tachycardia,TAC)

⑫ 室性节律(ventricular rhythms,VRT)

⑬ 漏搏(missed beat,MIS)

4)Pace 检测

幅度:0~5 mV

宽度:0~10 ms

2. 呼吸(respiration,RESP)

1)呼吸率(respiration rate,RR)

范围:0~150 次/min

精度:±3 次/min

2)窒息识别及报警

10~40s 延迟

3. 体温(temperature,TEMP)

1)体温(T)

范围：0~50℃

精度：±0.1℃

2)体温差(temperature difference,TD)(dT)　是指两个体温测量部位之间的温度差。

4. 无创血压(none invasive blood pressure,NBP)

1)静态压力

范围：0~300 mmHg

精度：±1 mmHg 或读数的 1%

2)测量参数

收缩压：40~260 mmHg

舒张压：10~210 mmHg

平均压：30~240 mmHg

注：血压测量精度应满足平均偏差不超过±5 mmHg，标准偏差不超过 8 mmHg 的要求（根据相关标准，通过临床评估得到的）。

3)脉率(pulse rate,PR)

范围：30~250 次/min

精度：±3 次/min

5. 有创血压(invasive blood pressure,IBP)

1)静态压力 (static pressure)

范围：-30~350 mmHg

精度：±1 mmHg 或读数的 1%

2)测量参数

收缩压、舒张压、平均压、中心静脉压和脉率

3)动脉压 (arterial pressure)

范围：-10~300 mmHg

4)中心静脉压(central venous pressure,CVP)

范围：0~30 mmHg

注意：这里的压力是直接测量的，是血压测量的金标准，误差请参考静态压力。

5)脉率 (pulse rate,PR)

范围：30~250 次/min

精度：±3 次/min

注：由于是通过穿刺不同的位置，可以对人体不同部位的血压进行监测，所以除上述压力名称外，还可以主动脉压、肺动脉压、颅内压、左房压、右房压、脐动脉压、脐静脉压、通用压等不同的压力标名，用于表示不同的测量部位血压，主要差异在于压力的测量范围（如主动脉压为 0~300 mmHg，肺动脉压为 0~20 mmHg 等）和计算方法（如中心静脉压取直接算术平均，主动脉压取脉动周期内的最大值和最小值等分别对应收缩压和舒张压）。

6. 心排量 (cardiac output,CO)

1)心排量(CO)

范围：0.1~20 L/min

精度：读数的 ±5%

2) 血温(temperature of blood, Tb)

范围：26～43℃

精度：±0.3℃

3) 注射液温度(temperature of injection, Ti)

范围：0～30℃

精度：±0.3℃

7. 脉搏氧饱和度 (saturation of pulse oxygen, SpO_2)

1) 脉搏氧饱和度(SpO_2)

范围：0～100%

精度：70%～100%, ±2%

30%～69%, 不定义

2) 脉率(pulse rate, PR)

范围：30～250次/min

精度：±3次/min

3) 灌注指数(perfusion index, PI)

范围：0～20%

精度：不定义

8. 呼吸末二氧化碳 (end tidal of carbon dioxide, $EtCO_2$)

1) 二氧化碳测量范围

0～15% (0～110mmHg)

2) 测量精度

0～39 mmHg ±2 mmHg

40～76 mmHg ±5%（读数）

77～110 mmHg ±10%（读数）

3) 测量参数

呼吸末二氧化碳($EtCO_2$)

吸入二氧化碳($InsCO_2$)

实时二氧化碳(aCO_2)

气道呼吸率(AwRR)

4) 呼吸率(air way respiration rate, AwRR)

范围：0～120次/min

精度：0～70, ±2次/min

71～120, ±5次/min

6.1.4 主要功能

1. 监测功能

生理参数监测，基于上述的监测原理和配置的生理参数测量模块。

整机的状态监测(包含生理参数测量模块、主机、外部设备等相关模块)，确保系统在正常状态下运行,以获得正确的监测数据和输出正确的报警信息。

2. 波形与数据显示功能

实时显示监测到的生理参数信息,包含波形、计算参数值、测量时间,以及可能的计算方法设置等。

3. 短趋势显示功能

对于监测到的生理参数的计算值的当前值以及过去的数小时值,以一个趋势表的形式显示在屏幕上,实现与同步监测的趋势回顾,可以设置成1h、2h或4h的时间段,实现短趋势的实时显示与观察。

4. 信息输入功能

对于患者的信息进行输入(包含姓名、年龄、性别、住院科室、住院号以及病人状态等),同时还可以针对当前患者的监测状态(如发生的各类事件等)进行相关信息的录入。

5. 趋势分析功能

对于存储的计算参数值进行回顾性的趋势分析,并具备长时间、短时间的编辑功能,对计算参数值的时间间隔进行调整,便于精细或粗略地观察监测参数的趋势信息。

6. 生理报警功能

可以多种方式实现设置生理报警阈值,包含集中设置、单独设置等。

生理报警又分为报警和智能报警两种模式。报警模式是当测量参数值超出设定的报警阈值时即刻发出报警;智能报警是当测量参数值超出设定的报警阈值时不是即刻发出报警,而是通过一个判别准则之后再发出或抑制报警。

7. 技术报警功能

通过对构成整机系统的参数板、主控板、电源板等部件的当前工作状态进行监测,并根据所设置的阈值判别是否正常,并给出异常的报警。

8. 波形与数据存储功能

可以对监护参数的波形和计算数据进行动态的实时存储,可以实现24h、48h、72h甚至更长时间的连续存储。

9. 波形与数据打印功能

可以根据配置的微型打印机或网络、USB连接的共用打印机,对选定的监护参数的波形和计算数据进行打印。

10. 波形与数据传输功能

可以通过有线、无线网络以及专用协议或通用协议将监测的所有信息上传到中央监护信息系统或其它应用系统。

11. 中央监护信息系统的控制功能

通过有线、无线网络与中央监护信息系统组成联网的监护系统,中央监护系统可以控制远端的床边监护仪的设置,如对信号的通道、滤波、增益和报警等进行设置。

12. 特殊计算功能

通过已经监测到的信息,或通过网络传输来的信息,或通过键盘输入其它的数据等,借助于特定的计算方法来实现血液动力学计算、肺功能计算、肾功能计算等特殊的计算功能,方便医护人员在实际应用中获得更有价值的二次计算参数,有利于进一步的诊断、用药。具体的计算方法请参考相关的文献和教材。

6.1.5 关键组件与实现

6.1.5.1 生命体征测量组件

生命体征测量组件是组成监护仪的核心部件,主要是由心电、呼吸、体温、无创血压、脉搏血氧、有创血压、心排量、呼吸末二氧化碳等测量部件组成。其中:

① 心电、呼吸和体温组成一个参数模块,构成基本三参数生理信号测量模块。

② 无创血压组成一个参数模块,构成基本无创血压参数测量模块。

③ 脉搏血氧组成一个参数模块,构成基本的脉搏血氧参数测量模块。

④ 有创血压和心排量组成一个参数模块,构成基本二参数生理信号测量模块。

⑤ 呼吸末二氧化碳组成一个参数模块,构成基本的呼吸末二氧化碳测量模块。

⑥ 其它形式的组合。可以对上述参数模块进行新的组合,如心电、呼吸、体温、无创血压和脉搏血氧共同组成一个五参数测量模块,无创血压和脉搏血氧共同组成一个二参数测量模块等。

心电、无创血压、脉搏血氧等参数的测量,前面各章节都有详细介绍,这里不再阐述。以下将对呼吸、体温和有创血压的测量进行详细讨论和分析。

1. 呼吸(RESP)

常规的呼吸监护是采用阻抗法原理,实现方案主要包含硬件部分、软件部分和传感器部分。其中硬件部分完成载波信号发生、加载、检测、检波和低频放大以及数字化等,软件部分完成对硬件的控制、呼吸波形特征识别与参数计算以及波形、计算参数数据的传输等,传感器部分共用了心电电极及连接电缆。

阻抗式呼吸测量原理:

人体呼吸运动时,胸壁肌肉交变张弛,胸廓交替变形,肌体组织的电阻抗也随之交替变化,变化量为 $0.2 \sim 3\Omega$,称为呼吸阻抗(肺阻抗)。呼吸阻抗与肺容量存在一定的关系,肺阻抗随肺容量的增大而增大。阻抗式呼吸测量就是根据肺阻抗的变化而设计的。监护测量中,呼吸阻抗电极与心电电极合用,即用心电电极同时检测心电信号和呼吸阻抗。电极安放方法与前面所述的"心电监护"相同。利用 L 和 R(或 L 和 RF)两个电极,电极之间的阻抗作为待测阻抗 Z_x,接在惠斯通电桥的一个桥臂上,如图 6-2a 所示。电桥的供电电源采用 $10 \sim 100 \text{kHz}$ 的高频电源,这种电源的频率不会引起心脏的刺激作用。

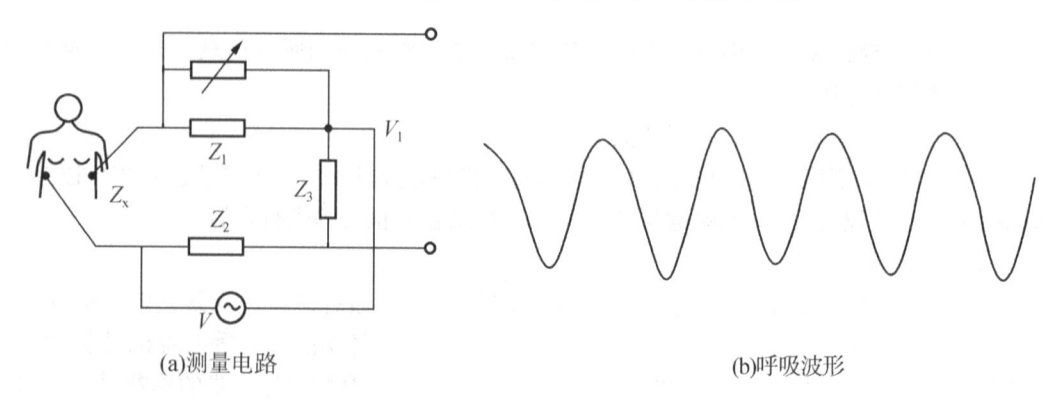

(a)测量电路　　　　　　　　　　　(b)呼吸波形

图 6-2　阻抗式呼吸

1) 呼吸信号

幅度：0.2～3Ω（幅度是指呼吸阻抗的变化幅度）；

频率：0.02～2.5Hz；

典型的呼吸波形如图6-2b所示。

2) 硬件部分

呼吸检测电路一般包含高频载波信号发生电路、加载与耦合电路、高频放大电路、解调与低频滤波电路、低频放大电路、数字化及控制电路等，如图6-3所示。

(1) 高频载波信号发生

由单片机的I/O口输出一个40～66kHz的方波信号，占空比为50%，在这段频率信号下的人体具有近似电阻特性，并通过A_5及外围的电阻、电容所构成的高通滤波，A_1及外围的电阻、电容构成的低通滤波器产生一个没有谐波分量的高频载波信号（近似正弦波）。为确保安全，载波信号的幅度不宜过大，不超过6V，则流过人体检测电流不会超过0.4mA。

(2) 加载与耦合

通过变压器（T_1）、电容等耦合形式实现与人体胸部的耦合，将高频载波信号加载到人体胸部的II导联电极上（RA-LA），同时也将受人体因呼吸所引起的胸部起伏而调制的高频载波信号回传到相应的检测通道中（T_1、R_3、R_4、R_5、R_6），并进行高频信号放大，增益由A_2、A_3及外围电路构成，总增益约等于6。

(3) 解调与低频滤波

利用二极管检波或同步解调方式实现对载有呼吸信号高频载波信号的解调（图中使用了检波和低通滤波完成的解调），以获得低频呼吸信号，由A_4、D_3等器件构成，增益约1.5，仍需后续的低频放大。

(4) 低频放大

解调后的低频呼吸信号中包含较大的有直流分量，通过一个频率为0.3Hz的一阶高通滤波输入到后续的低频放大电路（由C_{13}、R_{21}、R_{22}、R_{23}、A_6等构成，是一个同相比例放大器，其增益约50）中，再由R_{24}、R_{25}、A_7和R_{26}、C_{14}等分别构成反相比例放大器和低通滤波器，输出最后呼吸波形，其中增益约5，因此低频电路总增益为250，以确保针对呼吸波形检测的灵敏度。

(5) 数字化及控制电路

通过AD获得数字化的呼吸信号（AD_呼吸信号）和直流信号（AD_DC），由A_8、R_{27}、C_{15}构成直流电压获取电路用于直流偏置的反馈，并通过软件算法获得可能的信号幅度特征及反馈机制来调控直流偏置等，且通过DA端口输出Ref(DA-DC)，以获得最佳的呼吸波形输出。

3) 软件部分

(1) 基本组成

软件部分由初始化（I/O、定时中断、串口中断、变量）程序、0.01s定时中断0服务程序（数据采集与预处理子程序）、1s定时中断1服务程序（实时数据处理子程序）、串口中断1服务程序（波形数据、计算参数及命令传输子程序），以及主循环程序等组成。图6-4为主程序、定时中断0、定时中断1的流程图。其中，定时中断0优选级最高，频率为100Hz；定时中断1的频率为1Hz。

图6-3 呼吸检测电路

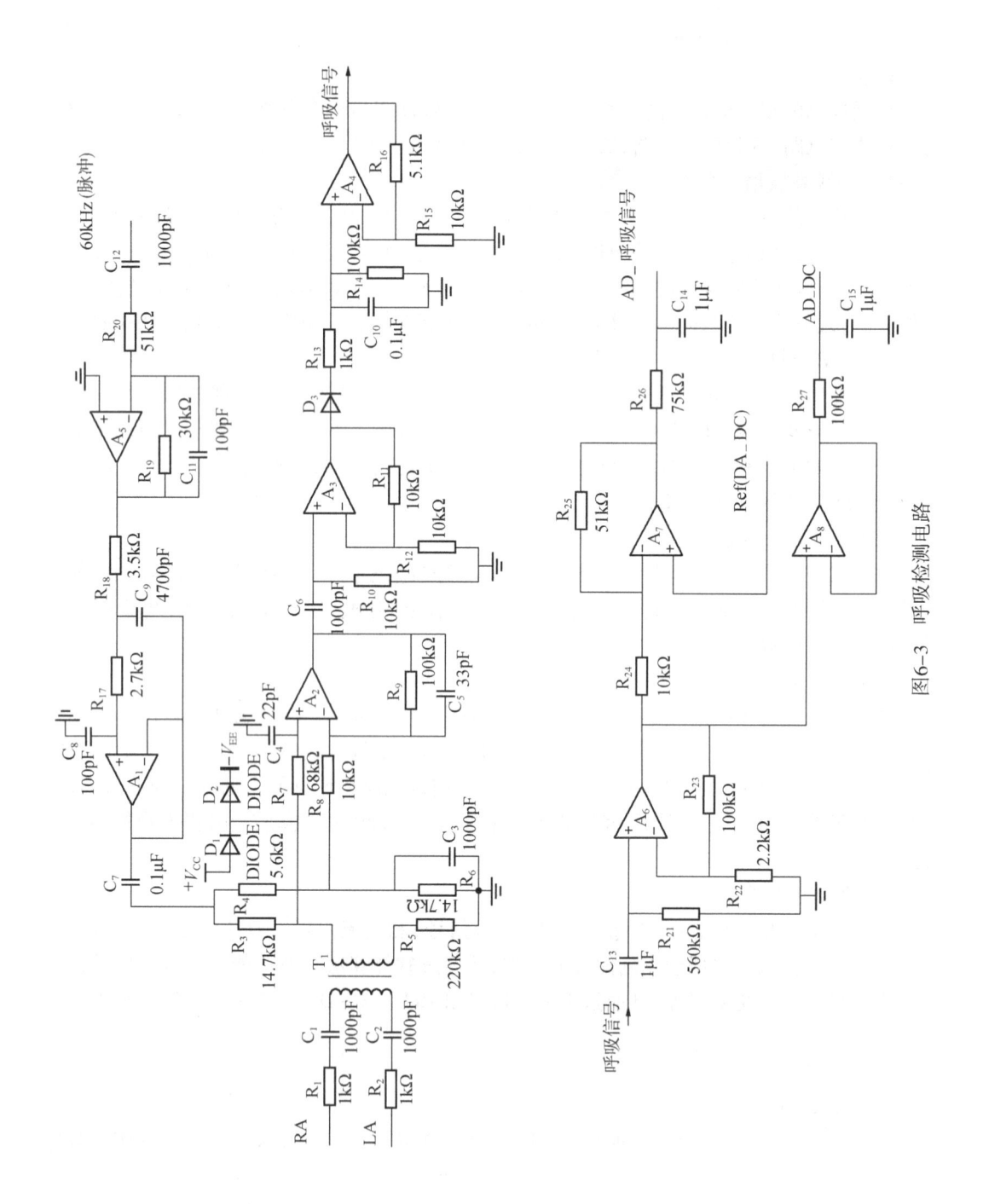

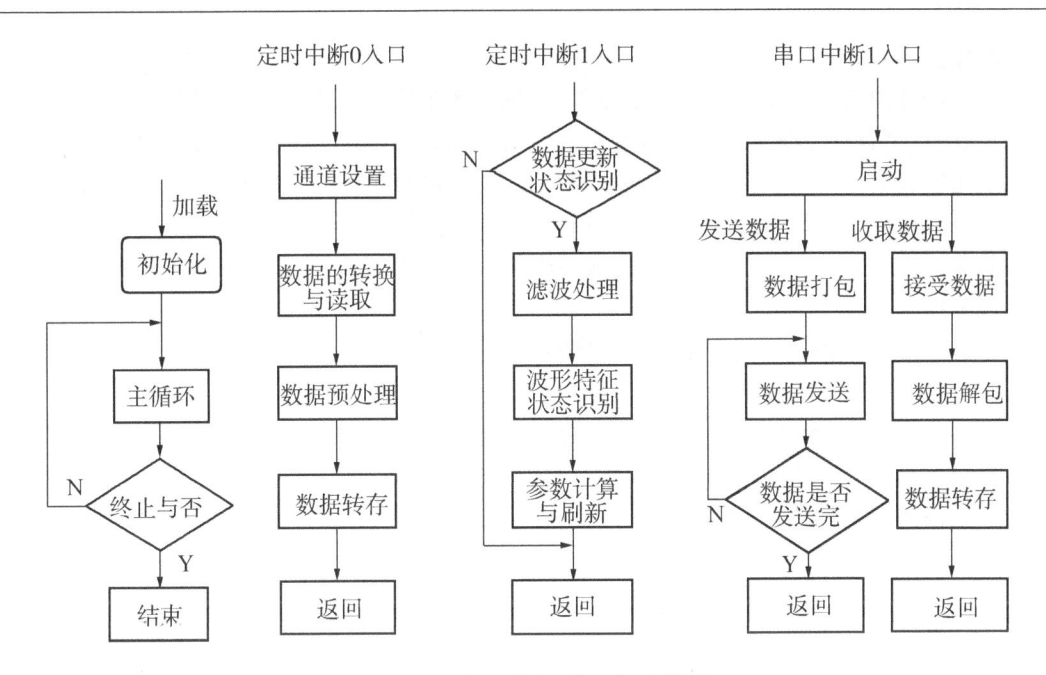

图 6-4 呼吸测量程序运行流程图

(2) 特征检测

① 呼吸波高限幅度阈值的检测

- 连续 5 个值都是增加的,则判别为上升沿,并进行局部极值的搜索,找到极值点 R_{max},所对应的时间为 T_{max}。
- 幅度阈值高限刷新。

若当前值超过设定的高限幅度阈值,则用当前值取代原高限阈值。

② 呼吸波低限幅度阈值检测

- 连续 5 个值都是减少的,则判别为下降沿,并进行局部极值的搜索,找到极值点 R_{min},所对应的时间为 T_{min}。
- 幅度阈值低限刷新。

若当前值超过设定的低限幅度阈值,则用当前值取代原低限阈值。

取相邻的各极值点之间的时间差:

$$T_{max} = T_{max(n+1)} - T_{max(n)}$$
$$T_{min} = T_{min(n+1)} - T_{min(n)}$$

则
$$RR_i = \frac{2}{T_{max} + T_{min}} \times 60 \text{ (b/m)}, \tag{6-1}$$

式中,RR_i 是根据单个呼吸周期所计算出的呼吸率。

特征参数呼吸率 RR 的计算:

$$RR = \frac{\sum_{i=1}^{N} RR_i}{N} \text{ (b/m)}, \tag{6-2}$$

式中,RR 为 N 个呼吸周期的倒数值的平均;N 为参与平均的呼吸次数,通常是取 4、6、8 或 12 等不同的值,依赖对计算灵敏度的要求和设置。

2. 体温(TEMP)

常规的体温监护是采用热敏电阻原理,实现方案主要包含硬件部分、软件部分和传感器部分。其中,硬件部分是完成对热敏电阻的恒流源驱动、校零、热敏电阻信号的直流放大以及数字化等;软件部分是完成对硬件的控制、温度信号处理及温度值的转换以及温度数据的传输等;传感器部分是采用外置的一个带有延长线的热敏电阻,由于热敏电阻与温度的对应关系是非线性的,通常采用查表法来完成电阻值与温度值的转换,搜索方法是用二分法。

温度信号:

范围:0~50℃(对应于体温传感器的电阻值)。

频率:直流。

典型波形:连续的温度值显示趋势。

1)硬件部分

体温检测电路如图6-5所示。

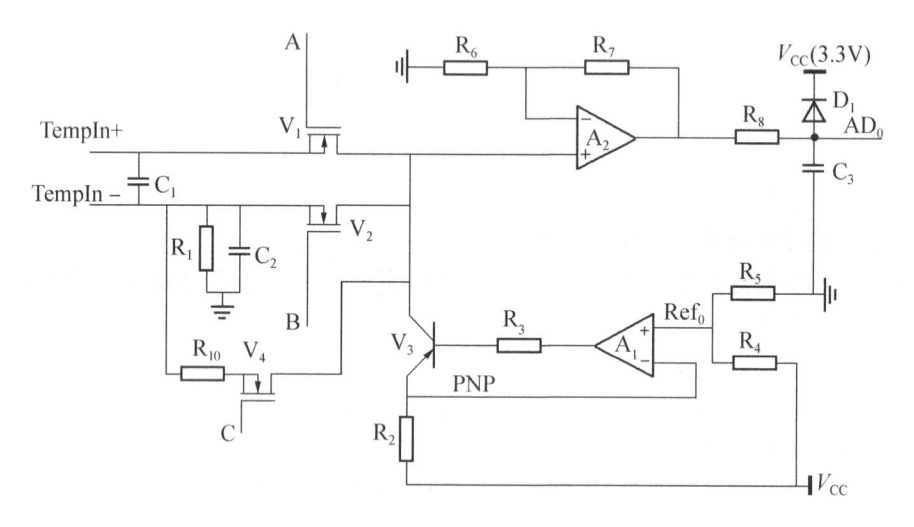

图6-5 体温测量电路

(1)恒流源驱动

产生一个40μA恒流源,并直接加载在外部的热敏电阻探头上,以获得依赖于热敏电阻阻值的电压信号,由运算放大电路 A_1、三极管 V_3、电阻等器件构成一个具备同相输入、电流扩展的恒流源电路 I_d,其中 $I_d = (V_{CC} - \text{Ref}_0)/R_2$。

(2)校零

设置一个零参考电阻 R_1,并将该电阻串接在热敏电阻中,通过模拟开关(MOS管 V_1、V_2、V_3 的控制端 A、B、C,A=0,B=1,C=0)实现零参考电阻 R_1(阻值一般取几百欧)的信号直接输入,从而获得零参考值,ZeroTempAD,同时也消除了运放 A_1 可能产生负向电位对测量的影响。

(3)校准

设置一个校准电阻 R_{10},再串接在输入电路中,并通过模拟开关(MOS管 V_1、V_2、V_3 的控制端 A、B、C,A=0,B=0,C=1)实现校准参考电阻 R_{10}(一般取待测温度范围中间位置处一个电阻值,比如 0 ~ 50℃,则取 25℃所对应的电阻值,并选高精度阻值)的信号直接输入,从而获得校准电阻 R_{10} 所对应的 AD 值(即 CalTempAD – ZeroTempAD),最终获得校准系数 RTcoef,

$$\text{RTcoef} = \frac{R_{10}}{\text{CalTempAD} - \text{ZeroTempAD}} \quad (6-3)$$

(4)温度信号的放大

热敏电阻与零参考电阻组成测量传感电路,通过模拟开关(MOS 管 V_1、V_2、V_3 的控制端 A、B、C,$A=1$、$B=0$、$C=0$)实现温度的信号输入(TempIn +、TempIn –),其中电容 C_1 与外部热敏电阻构成低通滤波,电路增益一般为几十倍,取决于热敏电阻及其测量范围,由运算放大电路 A_2 及电阻 R_6、R_7 决定 $\left(1 + \frac{R_7}{R_6}\right)$,从而获得稳定的温度测量信号,由 AD_0 端口实现数字化:MeasTempAD。因此,

$$\text{iMeasTempAD} = \text{MeasTempAD} - \text{ZeroTempAD}。 \quad (6-4)$$

式中,ZeroTempAD 是切换至校零时所采集到的放大电路输出值;MeasTempAD 是当前采集到的实际测量值;iMeasTempAD 是已经校零后的当前实际测量的输出值。

注:在实际计算时,由于温度信号是极低频信号,可以进行 8 点的算术平均,减少噪声。

(5)传感器脱落识别

当温度传感器脱落时,相当于输入的电阻值是无穷大的,并由恒流源在输入端产生一个接近驱动电源的电压输入,再经同相比例放大,则在输出端产生一个接近电源电压的输出。由于限幅电路 R_8、D_1 和 V_{CC}(3.3V)的作用,当输出 $Vad_0 \geqslant 2.6V$ 时,判断温度传感器脱落,反之温度传感器连接正常。

2)软件部分

软件部分由初始化(I/O、定时中断、串口中断、变量)程序、定时中断 0 服务程序(数据采集)、定时中断 1 服务程序(数据处理)、串口中断 2 服务程序(数据及命令传输)以及主循环程序等组成,参见图 6-4 的流程图。其中,定时中断 1 的优先级最高,频率为 10Hz,定时中断 1 的频率为 1Hz。

(1)热敏电阻值的计算

$$\text{iResistance} = \text{RTcoef} \times \text{iMeasTempAD}, \quad (6-5)$$

即将 AD 值换算成电阻值,用于后续电阻 – 温度的查表转换,其中 RTcoef 是由在当前电路下输入一个标准电阻 R_s,以及采集得到所对应的 sMeasTempAD 的比值,即

$$\text{RTcoef} = R_s/\text{sMeasTempAD}。$$

(2)目标值的搜索

0 ~ 50℃的测量范围,分辨率为 0.1℃,因此一共有 500 个数据组成 0 ~ 50℃的温度 – 电阻数据表,通过二分法查表,每次查询速度是 9 次比对(因为 $512 = 2^9 > 500$),即可完成目标值的确定,详细计算查询流程如图 6-6 所示。

(3)温度值的转换

二分法查询温度值流程如图 6-6 所示。

图中,Min、Max、Mid 分别表示电阻 – 温度列表的下标变量,iR 表示当前的测量电阻值,Rt 表示电阻 – 温度列表中温度值所对应的电阻值。

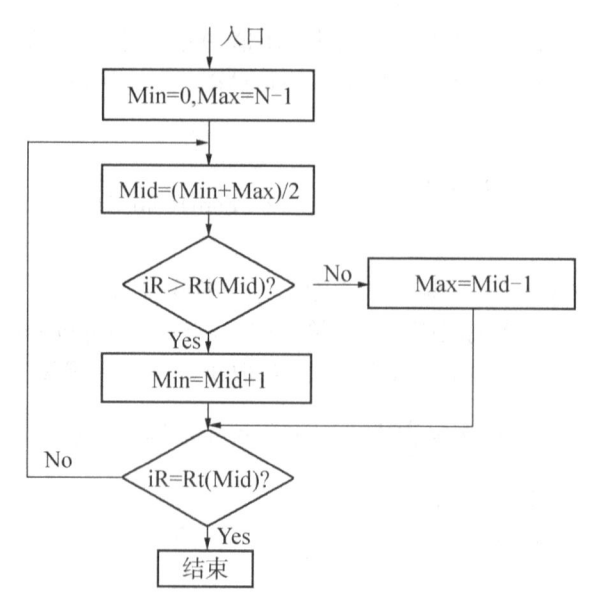

图 6-6 二分法查询温度值流程图

温度值的转换

$$cT = n | Rt(n)。 \qquad (6-6)$$

由 Rt(n)得到下标 n(即图 6-6 中的 Mid 值),根据 n 查表即获得 Rt(n)所对应温度值 cT,也即实现了电阻到对应温度的转换。

3. 有创血压(IBP,以下简称"有创压")

常规的有创压监护是采用直接的压力测量原理,实现方案主要包含硬件部分、软件部分和传感器部分。其中,硬件部分是完成针对压敏电阻构成电桥的恒流源驱动、压敏电阻信号的直流放大以及数字化等;软件部分是完成对硬件的控制、压力信号特征识别及参数的计算,以及压力信号及计算参数数据的传输等;传感器部分是采用了一次性或半可重复性的医用传感器,其灵敏度为 $5\mu V/mmHg/V$,并借助于一个延长电缆线实现与电路板的连接,获得的压力波形如图 6-7 所示,其中波峰处的压力值是收缩压,波谷处的压力值是舒张压,相邻波峰(波谷)间的时间差为周期。

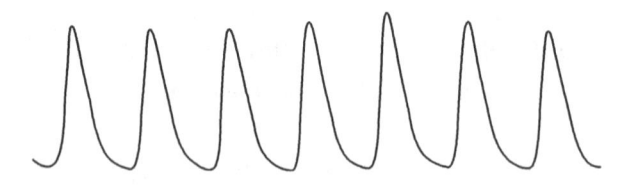

图 6-7 动脉压力波

压力信号范围:$-30 \sim 350$ mmHg;频率:$0 \sim 22$Hz。

典型有创压波形:

(1)动脉压力波(图 6-7)

注:动脉中的压力波形,波峰与波谷压力差为几十毫米汞柱,压力传感器通过液路中的生理盐水及动脉插管实现与人体动脉血液的连通与感应。

（2）静脉压力波（图6-8）

图6-8 静脉压力波

注：中心静脉中的压力波形，峰峰值差一般为几毫米汞柱，压力传感器通过液路的生理盐水及中心静脉插管实现与人体静脉血液的连通与感应。

1）硬件部分

有创血压测量电路如图6-9所示。

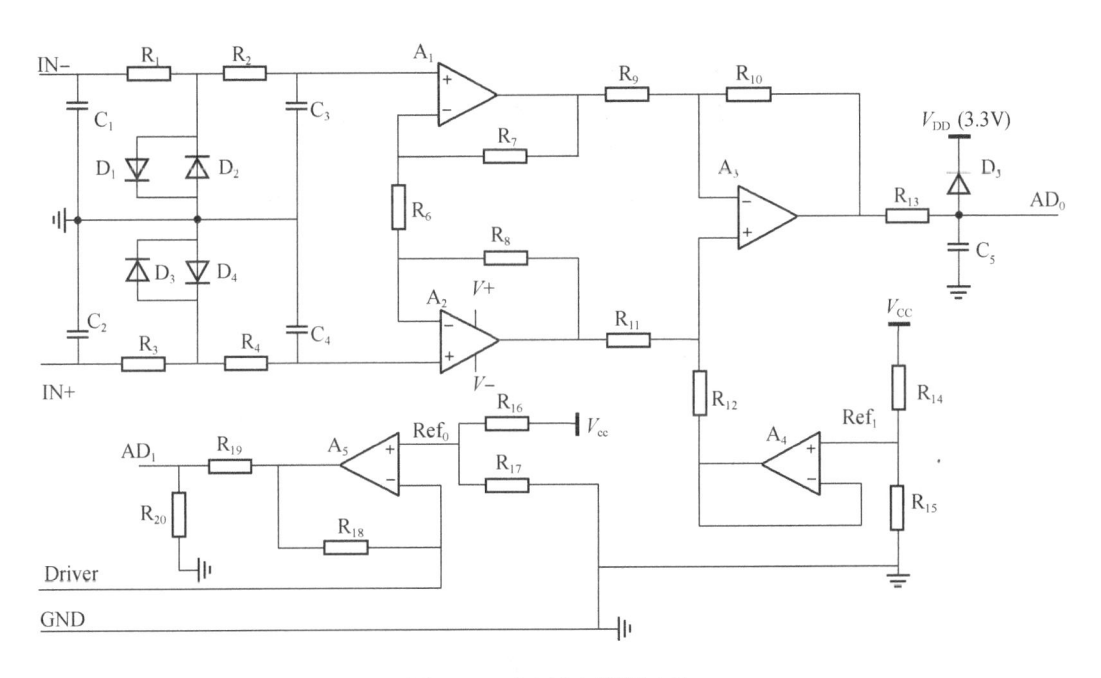

图6-9 有创血压测量电路

(1) 恒流源或恒压源驱动

由于压力传感器是一个压敏电阻电桥的电路，需要一个合适的恒流源来确保传感器的灵敏度，同时也等效于一个电阻，范围是300~4000Ω，因此，由一个运算放大电路 A_5、参考电压 Ref_0、传感器（Driver-GND）及电阻 R_{18} 等构成恒压源驱动电路，其中 $I_d = Ref_0/R_d$，R_d 是传感器负载、R_{18} 的取值范围是240~300Ω，确保 $\left(1 + \dfrac{R_{18}}{R_d}\right) \times Ref_0$ 不超过电源电压。

(2) 传感器脱落识别

AD_1 采样值是作为传感器是否连接上的状态判别依据：若 $R_{19} = R_{20}$，当 AD_1 采样值小于等于 $\dfrac{1}{2}\left(1 + \dfrac{R_{18}}{R_d}\right) \times Ref_0$ 时，判传感器脱落；当 AD_1 采样值大于 $\dfrac{1}{2}\left(1 + \dfrac{R_{18}}{R_d}\right) \times Ref_0$ 时，判传感器连接。由于传感器输入阻抗范围为300~4000Ω，这个阈值就取最大 R_d 值时的值

$\left(=\frac{1}{2}\left(1+\frac{R_{18}}{4000}\right)\times \text{Ref}_0\right)$,以适于所有的传感器应用。

(3) 压力传感器信号的直流放大

通常采用一个三运放电路 A_1、A_2、A_3 构成仪表电路结构,实现对压力信号的放大,增益设置为 60 倍,由 R_6、R_7 和 R_8 确定($1+2\frac{R_7}{R_6}$,其中 $R_7=R_8$),为了保证输出足够的零点压力偏移和输入到 AD 端电压范围,在运放 A_4 的同相端输入一个 Ref_1 的参考电压,对于 AD 转换的参考是 Ref,则 $\text{Ref}_1=\text{Ref}/2$,同时在放大信号输送到模数转换之前,经过一阶 RC 低通滤波,频率设置为 40Hz。

(4) 压力校准

通过上述的传感器,以及压力信号的放大和数字化,能够获得压力数值。但是,由于放大电路阻值存在误差,导致电路增益也存在误差,所获得的压力值需要进行校准才能达到预期的测量精度。校准通常是借助软件方法来实现:通过压力传感器与一个压力校准仪和一个 500mL 的容器连通,在整个气路中充入 200mmHg 的标准压力,将当前测量的压力显示值校准成 200mmHg 值,从而获得压力校准系数 pCoef,这个系数的使用方法请参考温度中的计算方法。

2) 软件部分

软件部分由初始化(I/O、定时中断、串口中断、变量)程序、定时中断 0 服务程序(数据采集)、定时中断 1 服务程序(数据处理)、串口中断 2 服务程序(数据及命令传输)以及主循环程序等组成,参见图 6-4 的流程图。其中,定时中断 0 的优先级最高,频率为 200Hz,定时中断 1 的频率为 1Hz。

(1) 特征波形检测

① 当前压力脉搏波的差分值超过设定的正阈值,获取窗口;
② 搜索局部极大值;
③ 当前搏动的收缩期波形识别;
④ 对于当前缓冲区的数据进行局部极小值的搜索;
⑤ 前一搏动的舒张期波形识别;
⑥ 对于正阈值进行刷新。

(2) 收缩压计算

$$\text{SysPress}=\frac{\sum_{i=1}^{N}\text{SysPress}_i}{N}, \quad (6-7)$$

式中,SysPress_i 为第 i 个脉搏波的波峰处压力值。

(3) 舒张压计算

$$\text{DiaPress}=\frac{\sum_{i=1}^{N}\text{DiaPress}_i}{N}, \quad (6-8)$$

式中,DiaPress_i 为第 i 个脉搏波的波谷处压力值。

(4) 平均压计算

$$\text{MeanPress} = \frac{\sum_{i=1}^{N} \text{MeanPress}_i}{N}, \quad (6-9)$$

式中，MeanPress_i 为第 i 个脉搏波的积分均值，即 $\text{MeanPress}_i = \frac{\sum_{t=0}^{T-1} \text{Press}_t}{T}$，其中 Press_t 为一个周期内脉搏波的第 t 个压力值；T 为心动周期。

(5) 脉率计算

$$\text{PR} = \frac{\sum_{i=1}^{N} \text{PR}_i}{N} \quad (6-10)$$

其中，N 的选择将依赖于对测量响应时间的需要，可以是 4、8 或 16，PR 的单位是次/min。

(6) 静脉压力计算

$$\text{VenousPress} = \frac{\sum_{i=1}^{N} \text{Press}_i}{N}, \quad (6-11)$$

其中，N 的选择将依赖于静脉压测量对响应时间的需要，可以是 4s、8s 或 16s 内的采样数据值，单位是 cmH_2O 或 mmHg。

(7) 软件滤波

在上述的硬件滤波中只保留一个 40Hz 的滤波器，其实有创压的信号在应用中有多个滤波设置，如 2Hz、8Hz、12.5Hz、22Hz 等，以确保各种预期应用。这些滤波是利用软件实现的。

(8) 测量压力标明设置

有创压计算原则上是分成脉动压力计算和平均压力计算，除上述介绍的基本压力标名外，还有主动脉压、肺动脉压、颅内压、左房压、右房压、脐动脉压、脐静脉压、通用压测量等。

4. 脉搏氧饱和度（SpO_2）

脉搏氧饱和度的监护是采用光谱吸收的间接测量原理，依赖于放置在人体末梢（如手指、耳垂等部位）的红光、红外发射光源与接收传感器，利用人体末梢血液脉动对上述光源的不同吸收而算出的比值 r，并一一对应于不同的氧饱和度来实现测量，具体原理分析见第 1 章"无创血氧饱和度检测"。

$$r = \frac{\text{Ir}_{AC}/\text{Ir}_{DC}}{\text{Red}_{AC}/\text{Red}_{DC}}, \quad (6-12)$$

式中，Ir 表示红外光信号；Red 表示红光信号；AC 表示脉动分量；DC 表示直流分量。

实现方案主要包含硬件部分、软件部分和传感器部分。其中，硬件部分是完成针对红光、红外光光源的恒流源驱动，光电流信号的检测与放大以及数字化等；软件部分是完成对硬件的控制、检测信号的自适应调整、脉搏信号特征识别及参数的计算、数据的传输等。由于光谱信号是脉动信号与直流信号的叠加，又采用一个模拟信号处理电路实现两路光源的检测，因此在实现中采用光调制的方式完成两路光信号的处理。调制频率是根据最大检测信号频率来确定的，一般取 100Hz。其中传感器部分是外置的，并借助于一个延长电缆线实现与电路板的连接。所获得脉搏波波形如图6-10所示,其中相邻波峰间的时间差即为周期。

图6-10 脉搏波波形

脉搏波信号范围:0~20%;频率:0~5Hz。

注:这里显示的脉搏波是基于红外光谱的吸收脉动信号,脉搏氧测量中还应包含另一个红光的脉动信号。

1)硬件部分

光电流放大及脉搏波放大电路如图6-11所示。

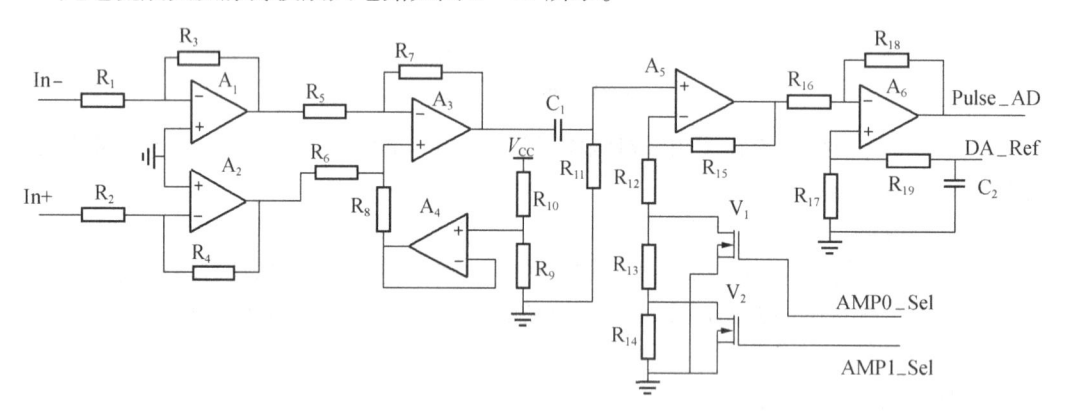

图6-11 光电流放大及脉搏波放大电路

恒流源驱动电路如图6-12所示。

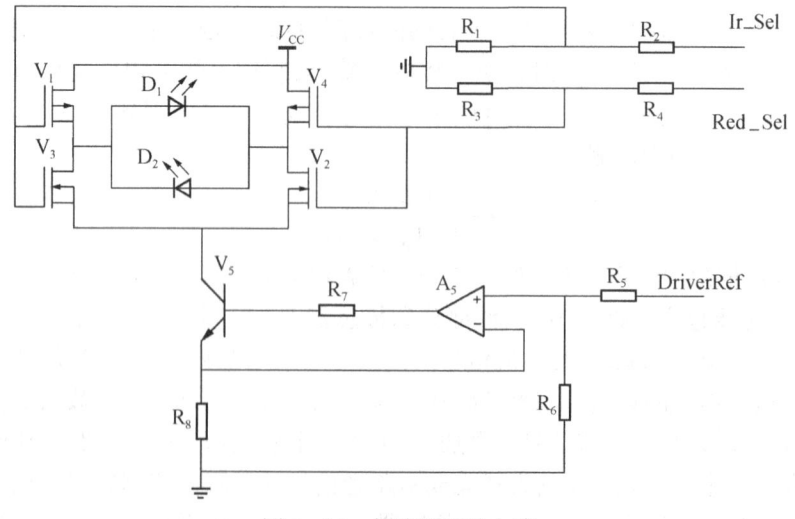

图6-12 恒流源驱动电路

(1) 传感器

脉搏氧测量传感器经过多年的发展,已由通用型单个红光管、红外光管及配对光电探测器演变成专用的红光、红外集成对管和配套的光电探测器,如 UDT、精量电子等公司的产品,红光光源的中心波长是 660 nm,红外光源的中心波长是 940 nm,发光光源的中心波长误差将影响测量的准确性,要求限制在 ±5 nm 以内。

(2) 脉冲式的恒流源驱动电路

由于发光管是一个电流驱动的器件,需要一个合适的恒流源来确保发光的稳定性,同时也需要根据透射光信号强度进行调整,因此,由一个运算放大电路 A_5、电流扩展三极管 V_5 共同构成跟随电路,同时与 R_8 再构造恒流源,其中 $I_d = \{\text{DriverRef} \times [R_6/(R_5 + R_6)]/R_8\}$,$R_8$ 是三极管 V_5 的负载,DriverRef 是来自 DA 的直流输出,并经两个电阻分压的反馈驱动电压。

(3) 脉冲式发光管驱动桥路

由于多数脉搏氧测量的光源是采用红外、红光对管,此对管的驱动需要采用由 4 个 MOS 管构造的桥路来实现,其中 V_1、V_2 构成一路,V_3、V_4 构成另一路,并通过来自微处理器端口的 Ir_Sel 和 Red_Sel 的交替高低电平来实现红外、红光对管的交替发光。

(4) 光电流转换及信号放大

通常采用一个三运放电路 A_1、A_2、A_3 构成具有反相比例放大输入的仪表电路结构,实现对光电流信号的放大,增益设置为 200 倍左右,以确保第一级的电流转换到电压的信号幅度,由 R_1、R_2、R_3 和 R_4 确定,并等于 $-\dfrac{R_3}{R_1}$,(其中 $R_1 = R_2$、$R_3 = R_4$、$R_5 = R_6 = R_7 = R_8$)。为了克服输出零电压偏移而影响到 AD 电压范围,在运放 A_4 的同相端输入一个 Ref_1 的参考电压。再通过一个 RC 高通滤波,输入一个同相比例放大电路 A_5,设置为 2、4、8 可调整增益,由 R_{12}、R_{13}、R_{14}、R_{15} 以及 V_1、V_2 实现调整。最后再输入到一个反相比例放大器 A_6,其中同相端输入一个来自 DA 的采样信号,并经两个电阻串联分压的反馈,用于抵消反相端的直流电位,此级电路增益为 10,由 $-\dfrac{R_{18}}{R_{16}}$ 确定,最终实现脉搏波信号的不失真放大。

2) 软件部分

软件部分由初始化(I/O、定时中断、串口中断、变量)程序、定时中断 0 服务程序(数据采集、波形控制及光源驱动)、定时中断 1 服务程序(数据处理及参数计算)、串口中断服务程序(数据及命令传输)以及主程序等组成。其中定时中断 0 的优先级最高,频率为 100 Hz,定时中断 1 的频率为 1 Hz。

(1) 脉搏波峰值特征检测

当前脉搏波的差分值超过设定的正阈值和负阈值,识别到脉搏波的上升沿和下降沿。

搜索局部极值:

  对当前缓冲区的数据进行局部极大值搜索完成脉搏波的波峰识别;

  对当前缓冲区的数据进行局部极小值搜索完成脉搏波的波谷识别。

对于正、负阈值进行刷新。

计算相邻波峰 – 波峰、波谷 – 波谷间期。

重复前述的搜寻过程。

(2)基本参数计算

$$I_{x_{\text{AC}}} = \frac{\sum_{i=1}^{N} I_{x_{\text{AC}}}(i)}{N}, \quad (6-12)$$

$$I_{x_{\text{DC}}} = \frac{\sum_{i=1}^{N} I_{x_{\text{DC}}}(i)}{N}。 \quad (6-13)$$

式中,x 可以取 ir 和 red,分别对应于红光和红外光的参数;$I_{x_{\text{AC}}}(i) = I_{\text{peak}}(i) - I_{\text{valley}}(i)$,表示第 i 个脉搏波波峰值与波谷值之差;$I_{x_{\text{DC}}}(i) = \frac{\sum_{t=0}^{T-1} I_{x,t}}{T}$,表示第 i 个脉搏波的周期平均值。

注意:其中 N 的选择将依赖于对测量响应时间的需要,可以取值 2、4、8 或 16,这里可以按秒或脉搏个数进行算术、加权或智能加权的平均计算。

3)r 值的计算

$$r = \frac{I_{\text{ir}_{\text{AC}}}/I_{\text{ir}_{\text{DC}}}}{I_{\text{red}_{\text{AC}}}/I_{\text{red}_{\text{DC}}}}。 \quad (6-14)$$

则根据式(6-14)所计算的 r 值,在 $r-\text{SpO}_2$ 列表中查询,获得对应的 SpO_2 值即为显示的 SpO_2 值,查询方法可参阅图 6-6 所示的二分法。

4)脉率计算

$$\text{PR} = \frac{\sum_{i=1}^{N} \text{PR}_i}{N}。$$

注意:其中 N 的选择将依赖于对测量响应时间的需要,可以取值 2、4、8 或 16,PR 的单位是次/min。

5)软件滤波

由于是采用调制来获取脉搏信号,因此需要再使用滤波来恢复脉搏波,同时也需要滤波来消除外部的噪声。这里使用了以 Butterworth 滤波器设计的常用二阶 6Hz 的低通滤波器,也可以采用其它的滤波器。

5. 心电

心电检测电路部分可参考第 4 章相关章节内容,这里仅介绍心率计算和心律失常分析。心率计算是心电监护的最直接监护参数,准确计算是评判心电监护质量的重要指标之一。依据心电中 QRS 波、T 波和 P 波的分析,以及多导心电的分析,得出心律规律,并结合临床中心电图评判准则给出心律及其异常的评判也是心电监护及诊断的重要指标之一。

心电监护的主要指标:

1)心率(HR)

心率的计算是依据 QRS 波的准确检测,首先是心电波形的干扰剔除,其次是 QRS 波的准确定位,再次是统计与心率计算,给出准确的心率值。

第一步是干扰的剔除,一是通过适当的时域信号滤波,如增加一个二阶 40Hz 低通滤波器,缩窄信号范围;二是通过微分消除基线漂移;第二步是 QRS 波的识别,通常是采用阈值方法获取,先搜索局部最大值后取得初始阈值,再根据初始阈值获得 QRS 波并重新刷新阈值,进行下一个 QRS 波的识别;最后的心率计算是采用先进先出的堆栈方式累计与常规统计方法进行计算。实时心率计算基本流程如图 6-13 所示。

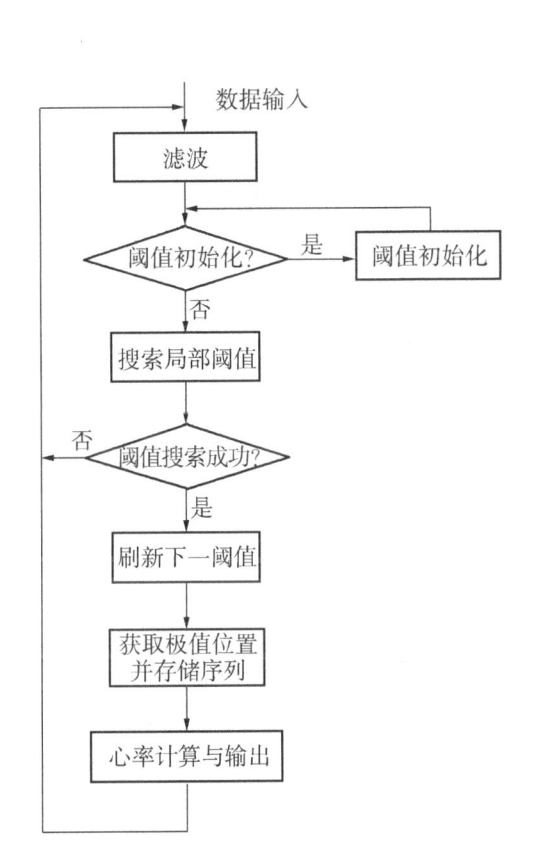

图 6-13 实时心率计算基本流程

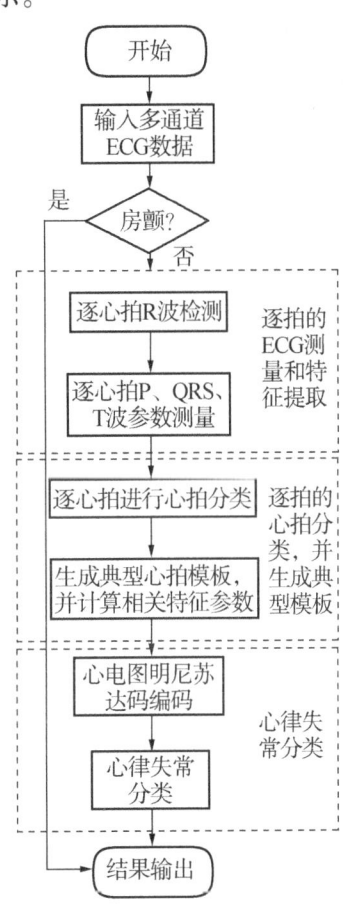

图 6-14 心律失常分析流程

2) 心律失常分析

通常采用模板匹配的方法进行心律失常分析。心律失常分析流程如图 6-14 所示。首先进行房颤分析,确定是否有房颤发生,如果有房颤发生则需要进行房颤报警等输出;如果没有房颤发生则进行 R 波检测。R 波检测完成之后,需要逐心拍进行 P、QRS、T 波起点、终点的定位。测量 RR 间期、QRS 波面积等参数;结合测量到的参数,以及模板匹配算法,逐心拍进行心拍分类;根据模板匹配算法生成典型心拍模板,并计算 QT 间期、PR 间期等参数;根据参数测量结果,按照明尼苏达码(Minnesota Code,MC)的分类原则对心电图做明尼苏达码编码;根据心拍分类结果和心电明尼苏达码编码结果进行心律失常分类。

6.1.5.2 主控板

主控板主要完成主控软件的运行,是整个系统的中央处理器,配合软件实现监测信息的获取、信息显示、报警、数据存储、传输、打印、键盘输入和命令的产生等。通常是由以下关键部分构成:中央处理单元,显示处理单元,通用接口单元,程序存储单元,数据存储单元,模数转换单元,数模转换单元,网络接口单元,PWM、SPI、USB、RS232、JATG 接口单元,供电单元等,如图 6-15 所示。

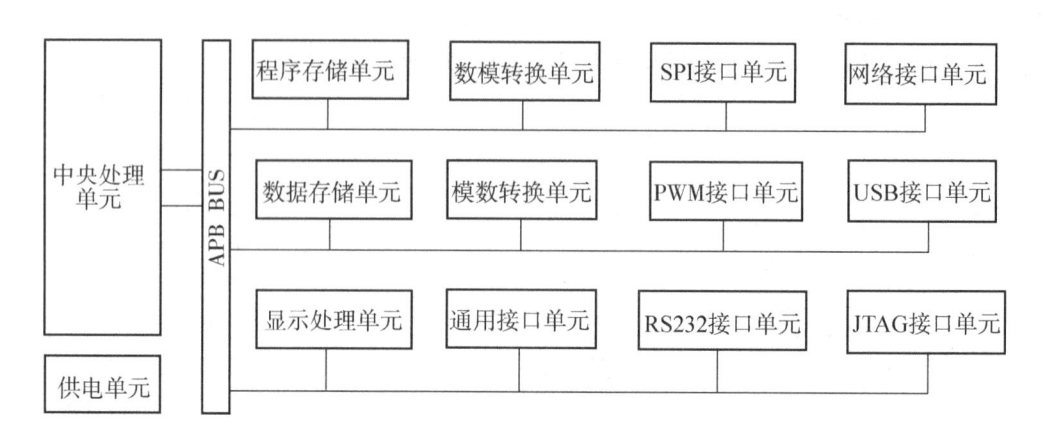

图 6-15 主控板结构框图

随着主控板中的中央处理单元集成度不断提高,上述的这些单元逐步都集成在一个中央处理器之中,成为内部单元。只是在应用中还需要更大的程序存储单元和数据存储单元时,再外扩这些存储单元,在接口不足时,可通过片选接口器件进行外扩,等等,因此,主控板的设计及应用将继续得到优化。图 6-16 所示为主控板系统连接框图。

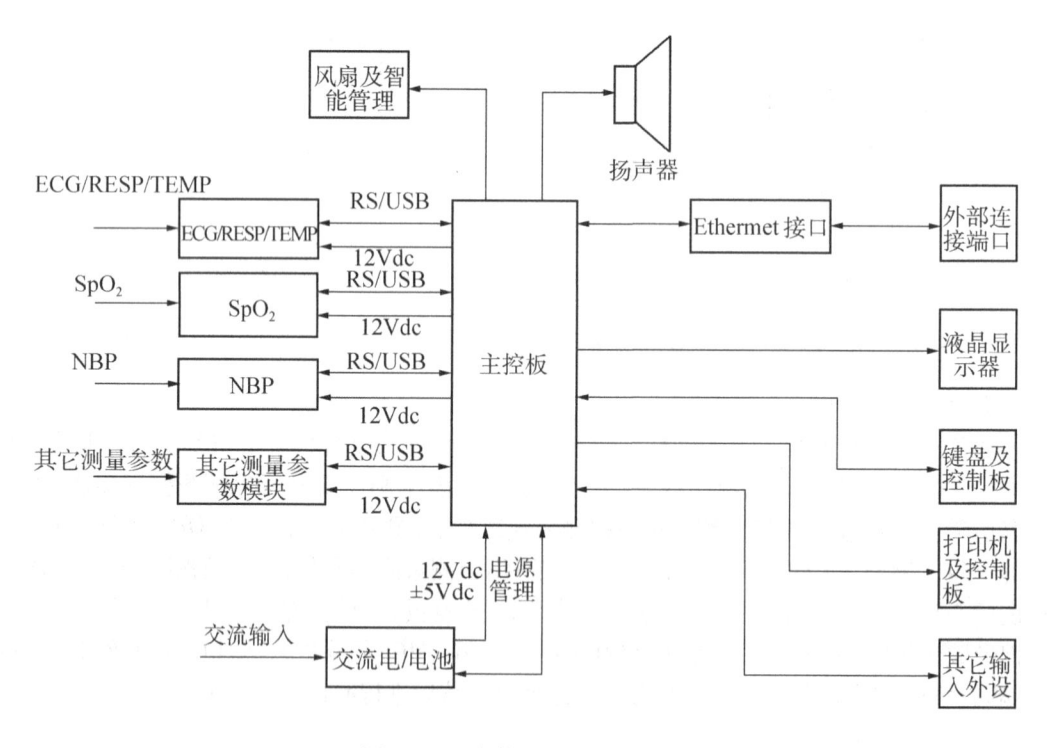

图 6-16 主控板系统连接框图

6.1.5.3 显示器

显示器主要完成波形、参数、报警限、监测状态等信息的显示,目前主要以 TFT 屏为主,其中包含有一般屏和触摸屏。

6.1.5.4 打印机

打印机是外部输出设备之一,分为专用的微型打印机(热敏)和通用型的打印机(热敏、激光或喷墨等)。专用微型打印机是嵌在监护产品的内部,并通过串口或 USB 连接的;而通用型的打印机是通过并口、USB 或网络等端口连接的。

6.1.5.5 其它设备

1)键盘

键盘是信息输入设备,通过按键、鼠标以及通用键盘等方式实现外部信息的输入,便于快速操作设备中功能、性能有关设置,以及相关信息的输入,特别是有关被监护患者信息的输入等。

2)条码仪

条码仪是一类标准信息输入设备,通过条码方式实现快速信息的录入和标示。

6.1.6 系统软件

运行在主控板中的系统软件,在上述硬件、测量模块、外部设备的支持下完成床边监护仪的功能。由于监护应用系统软件的功能及实时性的要求,通常系统软件是建立在一个实时多任务操作系统环境下的,比如 Linux、VxWorks 等,主要由以下主要功能部分构成:系统初始化、多任务引擎、数据接收任务、命令接发任务、图形处理任务、数据传输任务、数据分析任务、数据与图形打印任务、系统状态监控任务、生理报警处理任务、技术报警处理任务、鼠标与界面操作任务、特殊计算任务等,如图 6-17 所示。

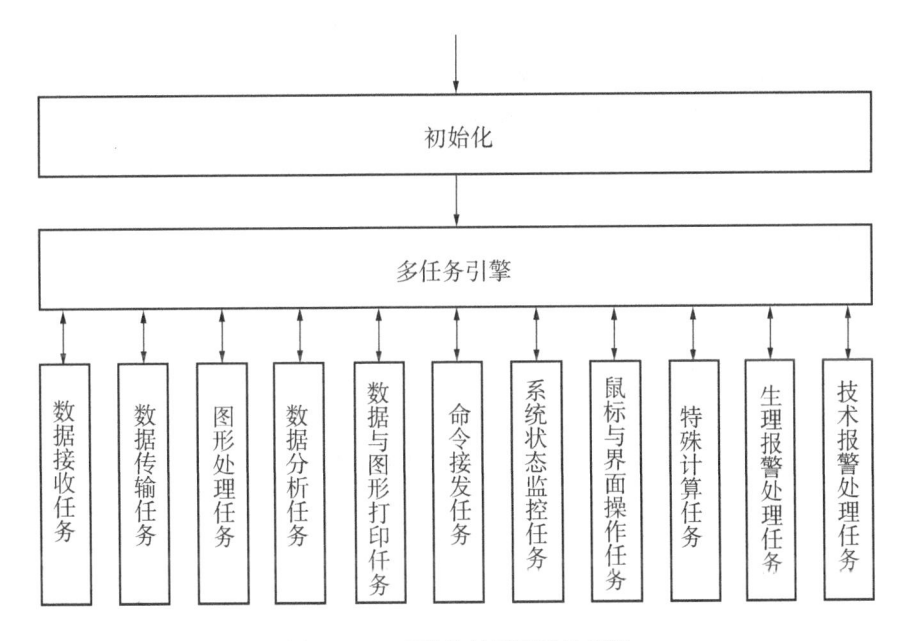

图 6-17 系统软件原理结构框图

其中模块的自动识别,是多参数监护仪中一个重要应用技术,特别是对于模块式多参数监护仪更重要。当将独立的参数模块插到监护仪上,监护仪能自动识别这个独立模块。独立参数模块加电上载的初始化过程一般如下(图 6-18):

(1) 监护仪向参数模块供电,参数模块完成自身的启动初始化后,借助于内部协议向监护仪主控系统发送模块 ID。

(2) 主控系统收到模块 ID,将自动完成参数模块类型的识别,并根据模块类型向参数模块发送必要的初始化设置命令。

(3) 参数模块接收到初始化设置命令,按照命令要求进行设置,并通报上位机,则参数模块进入正常的运行,开始测量和发送数据、计算参数。

(4) 一般情况下,如心电、血氧等参数模块,初始化完成后开始向主控系统持续发送计算的参数和波形数据,主控系统接收到数据后再进行相对应的处理,并显示到屏幕上。

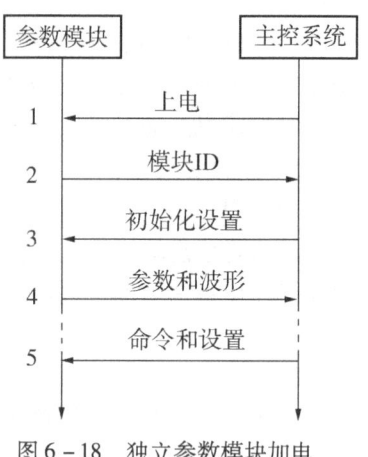

图 6-18 独立参数模块加电上载初始化过程

(5) 在使用过程中,主控系统还将根据需要向参数模块发送命令,对参数模块进行操作或者设置参数。

6.1.7 新技术发展及应用

6.1.7.1 新监护参数技术

1. 麻醉气体监测技术

利用麻醉气体在 $5\sim12\mu m$ 远红外光谱处存在特定的选择性吸收,其中麻醉气体包含地氟醚、异氟醚、七氟醚、安氟醚、氟烷、笑气(N_2O)。由于在测量中呼吸气体中麻醉气体变化不显著,通常是采用呼吸中二氧化碳变化作为特征识别参考(恰巧二氧化碳也在 $3\sim4\mu m$ 远红外光谱处存在显著的吸收)来计算吸入和呼出的各种麻醉气体浓度(一般使用一种麻醉剂与笑气混合,最多也只使用两种麻醉剂与笑气混合)。

1) 测量信息
- 呼吸气体浓度实时值,即麻醉气体浓度波形值
- 吸入和呼出麻醉气体浓度值
- 吸入和呼出二氧化碳浓度值
- 吸入和呼出笑气浓度值
- 吸入和呼出氧气浓度值(可选的配置,氧气的测量原理不同于这里的气体测量)

2) 计算参数
- EtAAi 呼吸末麻醉气体浓度
- InsAAi 吸入麻醉气体浓度

其中,AA 表示各种麻醉气体[Des (Desflurane)、Iso (Isoflurane)、Sev (Sevoflurane)、Enf (Enflurane)、Hal (Halothane)],单位为%。

- $EtCO_2$ 呼吸末二氧化碳浓度
- $InsCO_2$ 吸入二氧化碳浓度
- EtN_2O 呼吸末笑气浓度

- InsN$_2$O 吸入笑气浓度
- AwRR 气道呼吸率(次/min)
- 麻醉气体 地氟醚(Des)
  测量范围：0～18%
  测量精度：0～5%，±0.2%
  　　　　　5%～10%，±0.4%
  　　　　　10%～18%，±1%
  　　　　　>18%，没有定义
- 异氟醚(Iso)、七氟醚(Sev)、安氟醚(Enf)
  测量范围：0～5%
  测量精度：0～5%，±0.2%
  　　　　　>5%，没有定义
- 氟烷(Hal)
  测量范围：0～8%
  测量精度：0～5%，±0.2%
  　　　　　5%～8%，±0.4%
  　　　　　>8%，没有定义
- 笑气(N$_2$O)
  测量范围：0～100%
  测量精度：0～20%，±2%
  　　　　　21%～100%，±3%

注：这里的误差是绝对误差。
- 二氧化碳(CO$_2$)
  测量范围：0～110mmHg(0～15%)
  测量精度：0～40mmHg，±2mmHg
  　　　　　41～69mmHg，±5%(测量值)
  　　　　　70～110mmHg，±10%(测量值)
- 气道呼吸率(AwRR)
  测量范围：0～120次/min
  测量精度：0～70次/min，±3次/min
  　　　　　71～120次/min，不定义

注：针对麻醉气体的监测中，一般都包含呼吸末二氧化碳和笑气浓度的监测[单位为mmHg(仅二氧化碳适用)或%]，以及气道呼吸率的监测(单位为次/min)。上述指标及精度供参考，不同厂家的技术指标略有区别。

2. 麻醉深度监测技术

测量原理：利用双通道或四通道直接测量的脑电信号，结合现代信号处理技术进行综合计算和智能识别，并通过大量的临床实验及统计，针对脑电在不同麻醉状态下的特征所建立的特定综合参数计算方法，给出 0～100 的一个无量纲指数，用来评价被监测对象的麻醉状态及意识,其中以脑电双频指数(bispectral index,Bis)和脑电多变量分析的 Narcotrend 指数(麻醉意识趋势指数)最为典型,在呼吸、麻醉、重症和精神等监护场所有较大的应用。

1)测量信息
- 双通道或四通道脑电波形
- 计算的特征参数

2)计算参数
- 麻醉深度双频指数(Bis)

  0～100　是无量纲值,值越大则表示被测者的意识越清醒。
- 信号质量指数(噪声水平 SQI)

  0～100%
- 总功率(TP)

  40～100dB　是指 0.5～30Hz 频段的能量值。
- 肌电分量　是指 70～120Hz 频段的能量值,单位 dB。

3. 呼吸力学监测技术

测量原理:利用串接在呼吸通路中的流量传感器,通过流量与压差的关系,测量出呼吸通路中的压力和流量,再结合流体力学和医学知识来计算与呼吸相关的参数,如潮气量、呼吸率、气道阻力等,获得呼吸力学相关的计算参数,用来评价被监测对象的呼吸力学状态,以及呼吸、麻醉机的工作状态,在呼吸、麻醉、急救等场所有较大的应用。

1)测量参数信息
- 气路压力:0～100 mmHg
- 流量:0～10 L/min

2)主要计算参数
- 气道呼吸率:0～100 次/min
- 每分钟换气量:2～60 L
- 潮气量:20～1500 mL
- 吸呼比:1.2∶1～1∶1.2
- 平均气道压力:0～120 cmH$_2$O
- 气路顺应性:0～200 mL/cmH$_2$O
- 气道阻力:0～100 cmH$_2$O/L/m

4. 肌松监测技术

测量原理:电刺激人体的周围运动神经(如桡神经)达到一定刺激强度(阈值)时,肌肉就会发生收缩而产生一定的肌力,利用放置在手指的加速度传感器,探测电刺激所产生手指的动态响应差异来判别肌松的程度,以此判别麻醉药物的作用效果,在药物麻醉剂的使用中得到应用。

刺激与测量参数:
- 刺激电流信号

  最佳刺激电流,包含刺激电流大小和刺激持续时间。

- 探测响应幅度

  在最佳刺激电流下,探测响应幅度及其参考值。
- 测量刺激模式

  连续四次刺激模式(train of four, TOF)

  双短强直刺激模式(double burst stimulation, DBS)

  单次颤搐刺激模式(single twitch, ST)

  强直刺激模式(tetanic stimulation, TET)

5. 静脉氧饱和度监测技术

测量原理:利用多个波长的光学系统(红光、红外光源及光电探测器)以及装置在漂浮导管中的光纤,将上述的多个光信号传递到待测静脉部位,并再传回光电探测器,利用标定的参数来计算光谱吸收而获得静脉氧饱和度,同时借助于其它参数的输入而算出与代谢关联的计算参数。

测量参数:

- 静脉氧饱和度(saturation of mixed venous oxygen, SvO_2)

  范围:10%~100%

  精度:40%~100%, ±2%;39%以下没有定义
- 动脉、静脉氧饱和度差($SpO_2 - SvO_2$)

6. 经皮氧、二氧化碳监测技术

测量原理:基于组织内血液的氧和二氧化碳在热作用下能通过体表组织和皮肤进行扩散,并通过体表的探头进行测量。利用加热的探头,诱发局部组织充血,从而引起探头下真皮毛细血管内动脉血液供应增加,利用探头内特制的电极来探测组织氧和二氧化碳浓度。

1)测量参数

- pCO_2

  范围:0~200 mmHg(0~26.7 kPa)

  分辨率:0.1 mmHg(0.1 kPa)
- pO_2

  范围:0~999 mmHg(0~133.2 kPa)

  分辨率:0.1 mmHg(0.1 kPa)

2)测量功能

- 经皮氧监测
- 经皮二氧化碳监测
- 自动校准
- 探头加热及温度监视

6.1.7.2 基本监护技术的发展

1. 新型芯片技术的应用

1)集成电路

随着计算机技术的进步和集成电路工艺的不断革新,集成芯片公司不断推出高性价比

的各类集成电路,如运算放大电路、电源电路、模数转换电路以及其它的电路,使得应用设计更加方便、优化,整体系统设计在 EMC、低功耗、噪声水平等性能上取得更好的应用效果,不断地提升监护仪器的性能和可靠性。

2) 专用集成电路

随着测量技术的发展,各医疗器械公司对测量技术及系统方案的把握越来越强,对高可靠、高性能、一体化制造以及保密性要求也越高。完全可以利用自身的专业经验和集成芯片制造公司的芯片设计及制造经验去设计、制造专用的集成芯片,如四通道心电、一通道呼吸和二通道体温的专用监护芯片,二通道血氧测量的专用监护芯片等,形成独家专用特色的专用监护芯片,可以在系统的微型化、低功耗、低成本、高可靠和保密性等方面得到极大的改善。

2. 新型算法改进及应用

随着微处理器的迅速发展,现代数字信号处理技术的不断创新,微处理器的数据处理能力不断提升。它可以采用更复杂的运算方法及多参数融合的技术,改善对实时监测信号处理中的抗干扰能力,继续保持实时性,大大提升波形识别的能力和参数计算的准确性,并能提供更多的评价参数,同时也能显著改善实时监测的可靠性以及在各种应用环境中的适应性。

6.1.7.3 其它新技术的应用

1. 无线遥测技术

采用数字化无线传输技术,实现远端的测量数据与监护系统的连接,完成远距离生命体征的监护及管理。

2. 便携式监护传感技术

采用新型便携式监护传感技术,实现穿戴式监护前端及数字化,实现各类远端监护信息的便利获取和应用。

6.2 中央监护系统

6.2.1 基本原理

利用装置在床边的监护仪,借助于有线网络或无线网络技术、中央处理器的强大资源和可扩展的外部设备以及监护应用系统软件共同构成的中央监护系统,可以实现对多台床边监护仪全部信息的中央监控,海量监护数据的存储、传输、回放和再分析,同时还能对每台床边监护仪实现独立的控制(报警设置、监护参数设置等)。

6.2.2 基本组成

中央监护系统一般包含以下几个主要部分:床边监护仪,有线网络或无线网络,中央监护站(一般为服务器或台式主机(包含一个或多个显示器))及相关软件,其它信息系统,专用记录仪或打印机等外部扩展设备。中央监护系统的组成架构框图如图 6-19 所示。

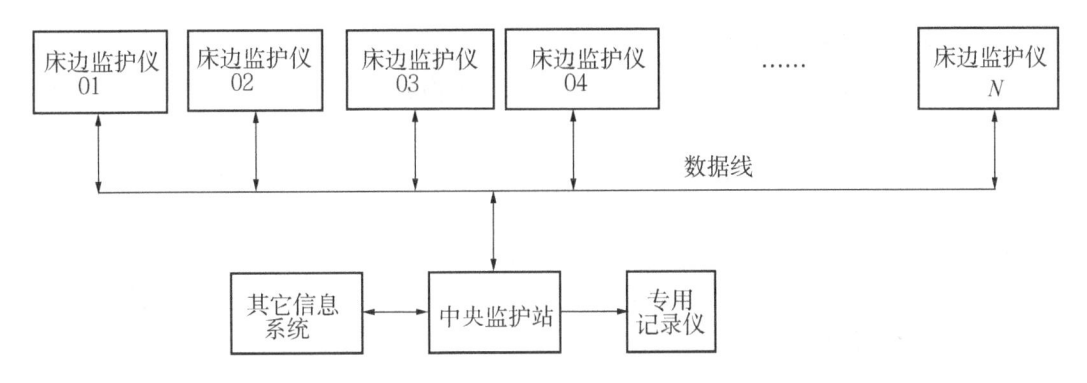

图 6-19　中央监护系统的组成架构框图

中央监护站中的系统软件主要是由如图 6-20 所示的功能模块组成。其中非监护信息显示主要是针对如临床检验(IVD)、X 光、CT、MR 检查图片等信息的调用显示,可以实现多项检查信息的交互,为患者实时监护及状态判别提供更多的参考信息。

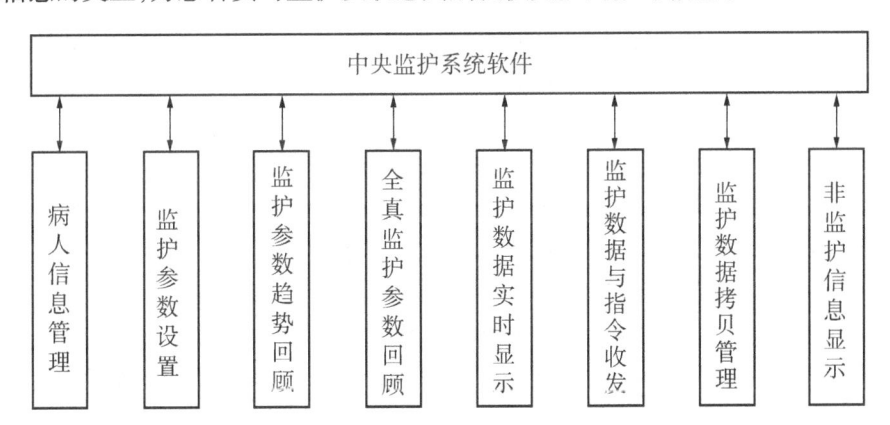

图 6-20　中央监护系统软件的功能模块组成

6.2.3　主要参数

1) 床边监护仪的全部监护参数(详见 6.1.3 及 6.1.7 节)

2) 心电诊断功能

通过对心电特征识别、参数计算、基于心电分类原则的心律失常分析,以及所建立的诊断准则,对心电进行分析和识别,并给出诊断结果。

3) 其它诊断与辅助计算功能
- 心率变异分析
- 血流动力学计算
- 肾功能计算
- 呼吸功能计算
- ICU 计算

6.2.4 关键组成部件

1. 商用服务器或台式主机系统

该系统由装有操作系统的商用服务器或台式主机构成,具有足够大的程序运行和数据存储空间、微处理器,并配置适当的液晶显示器、专用微型打印机或一般商用打印机以及键盘、鼠标等外部输入设备。

2. 专用中央监护软件

采用专用的中央监护软件在商用服务器或台式主机系统中运行,具备对 8、16、32、64 等数十个床边监护仪所监测到的患者信息进行集中监护,并具备报警、数据存储、回放、编辑、打印等功能,同时还能对床边监护仪的相关监护参数进行设置。

3. 有线或无线网络连接器(路由器)

借助于有线网络或无线网络路由器等设备,实现床边监护仪与中央监护系统的数据交换。

4. 信息交换

1) 专用协议

各监护仪制造厂商都开发有相关的中央监护系统,其中监护系统与床边监护仪之间联系是依靠专用协议完成的,因为竞争缘故,不同厂家之间没有兼容性。

2) HL7 协议

HL7(Health Level Seven,健康信息交换第七层协议)组织是一家非营利性质的国际组织,主要从事卫生保健环境临床和管理电子数据交换的标准开发。HL7 组织参考了国际标准组织 ISO(International Standards Organization),采用开放式系统互联 OSI(Open System Interconnection)的通信模式,将 HL7 纳为最高的一层,也就是应用层。

HL7 标准可以应用于多种操作系统和硬件环境,也可以进行多应用系统间的文件和数据交换。它是医疗领域不同应用系统之间电子数据传输的协议,主要目的是要发展各型医疗信息系统(如临床、检验、保险、管理及行政等各项电子资料)间交换的标准,主要应用在医疗保健领域,特别是在住院患者急需的医护设施领域内(如医院)进行及时的电子数据交换。

HL7 标准实现的功能主要包含:
- 信息交换(message interchange)
- 软件组织(software components)
- 文档与记录架构(document and record architecture)
- 医学逻辑(medical logic)

HL7 标准包含 256 个事件、116 个消息类型、139 个段、55 种数据类型、408 个数据字典,涉及 79 种编码系统。

HL7 标准可以在不同的系统中进行接口的编址。这些系统可以发送或接收一些信息,包括就诊者住院/登记、出院或转院(ADT)数据、查询、资源和就诊者的计划安排表、医嘱、诊断结果临床观察、账单、主文件的更新信息、医学记录、安排、就诊者的转诊以及就诊者的护理。

HL7 可以采用点对点方式或 HL7 服务器方式实现。它采用面向对象技术,使用消息驱动,可以避免交叉调用的混乱。

HL7 标准是一种协议标准,用于不同医疗系统之间信息交换,也是目前医疗信息交换中使用最普遍的标准。

6.2.5 新技术发展及应用

1. 智能综合诊断技术与应用

目前针对生理参数的监护仅局限于各参数各自独立的监护与参数计算,如心电只有基于心电的波形、心率以及心律失常分析等,脉搏血氧只有基于脉搏波的血氧饱和度、脉率等。它们都是来自一个被监护者的同步生理信息,在某种意义上存在相互的关联性。应进行积极的探索,研究其中的必然关联性,找出规律,进行综合的应用和智能的诊断,提高整体监护参数的应用价值。

2. 专用监护技术及应用配置

针对不同的主流应用科室,如手术室、急诊监护室、心脏监护室、老年监护室、新生儿监护室、儿科监护室和通用型监护室等,需要采用不同的监护参数技术算法及其应用配置,如手术室需要麻醉深度、呼吸气体监测功能的心电监护系统,心脏监护室需要心电分析与诊断功能强大的心电监护系统,新生儿和儿科监护室需要抗运动能力强大的监护系统,以形成根据应用的专门配置,提高主流应用场合的专业性和易用性。

6.3 动态监护和远程监护

6.3.1 基本原理

1. 动态监护

动态监护又称心电 Holter,是通过让被监测者佩戴一个心电记录盒,记录该病人在 1 天(24h)内正常活动状态下的心电(单导、3 导或 12 导),借助于计算机的自动分析以及人工的辅助判读对这 24 h 的心电数据进行分析,从而得到被监测者的心电状态,并做出诊断。同理,将上述的心电监测改成血压监测,则称为血压 Holter。

2. 远程监护

利用血压、心电、血氧、血糖等监测终端(小型、微型等便携式仪器),通过有线网络、无线网络、手机以及远程监护系统,将监测终端所测量的数据传送到远程监护系统,并进行数据处理、存储和诊断以及治疗等。

6.3.2 基本组成

1. 动态监护

1) 动态心电(ECG - Holter)

由 3、6 或 12 导便携式心电记录盒和基于 PC 机的心电分析系统组成,其中心电记录盒能记录不低于 24h 的心电数据。

2) 动态血压(NBP - Holter)

由便携式无创血压测量盒和基于 PC 机的血压分析系统组成,其中无创血压记录盒能记录不低于 50 次/24h 血压测量的数据记录。

2. 远程监护

远程监护是由具有有线、无线传输功能的微型监护终端(如血压计、血氧仪、心电仪、血糖仪等),借助于有线、无线连接器以及远处的监护中心,利用监护终端的监测数据、监护中心的处理系统以及医护人员的诊断与处理完成的。

6.3.3 主要参数

1. 动态监护

1) 动态心电
- 心电记录通道:单、3、12 导心电记录
- 记录时间:24h

  注:从佩戴记录盒时启动记录,并开始计时。
- 心律失常分析(参见 6.1.3 节)
- ST 段分析:根据 24h 的动态监护中不同状态下 ST 段的改变

2) 动态血压

(1) 测量参数
- 测量次数设置:次数分布(白天/夜晚)
- 测量间隔时间设置:间隔时间(白天/夜晚)

(2) 参数计算
- 收缩压、舒张压、平均压
- 脉率

(3) 参数趋势分析

血压分布图、血压趋势图、脉率分布图。

2. 远程监护

远程监护通常是采用微型监护终端实现对被监护人的生理参数测量,一般是包含以下的监护参数:

① 心电。主要是针对单通道或三通道的心电信号监测,包含波形和心率(甚至是心律失常分析)等。

② 血压。主要是基于振荡法的无创血压测量,包含收缩压、舒张压及脉率等的计算参数,通过人工方式实现的点测。

③ 血氧。主要是基于红光和红外光谱的脉搏氧饱和度及脉率监测。

④ 脉率。主要是基于血氧、无创血压以及压敏等的脉率测量,包含脉搏波和脉率等的计算参数。

⑤ 呼吸。主要是基于胸阻抗、呼吸循环的热敏、压敏等的呼吸测量,包含呼吸波和呼吸率的计算参数。

⑥ 温度。主要是基于热敏或红外传感的电子温度测量,包含体表或腔内温度监测。

⑦ 血糖。主要是基于微创的静脉血与酶的反应来进行血糖的测量。

6.3.4 关键部分与实现

1. 微型监护终端

微型监护终端包含血压计、血氧仪、心电监护仪、血糖仪、体温计等。其原理和方法可参见相关部分的介绍,这里不再赘述。需要强调的是如何实现微型化、低功耗,并通过有线、无线技术实现数据的传输,并以最简单、最方便的可操作方式完成。

2. 数据与指令传输

数据与指令的传输是远程监护中除监护终端外的另一个关键技术,如何采用标准化的方式,通过现有的有线、无线网络平台实现。

3. 监护系统

这是包含有强大网络功能、海量数据库管理功能、自动数据分析功能和人工干预分析功能,并受到医院监管的医疗专用监护系统。

6.3.5 新技术发展及应用

1. 综合诊断与分析方法研究

将针对来自同一个体多个监护技术的计算参数进行分类、关联分析、新型诊断参数计算研究等,预期获得更加准确、定量的评价指标和更专业的应用,提高整体的临床应用价值。

2. 监护终端的技术与应用发展

通过新技术应用提升监护终端的性能和功能,提升监测的可靠性以及易用性。

3. 监护系统的发展

通过信息综合、信息共享、深入的相关研究等手段,提升监护系统的功能和应用水平,特别是多设备之间的信息交换等。

习题 6

6-1 简述监护仪的临床应用的作用和适用范围。

6-2 监护仪主要有哪几种分类方法?如何分类?

6-3 试画出监护仪和监护系统的一般原理框图。

6-4 常用的生命信息监护参数有哪些?请分别简述其测量原理。

6-5 试画出呼吸监测原理框图及电路图,并叙述关键部分的原理。

6-6 试画出有创压原理框图及电路图,并叙述关键部分的原理。

6-7 Holter 系统主要由哪些部分组成?

6-8 试叙述生命信息监护技术的未来发展趋势。

7 心脏治疗仪器与高频电刀

在前面各章中讨论的医学电子仪器主要是用于医学诊断,这些仪器感知各种生理参数信号,完成信号的处理,最后显示和记录,供临床和医学研究使用。还有一类医学电子仪器是用于治疗的。在治疗类设备中,电刺激器是医学电子仪器中非常重要的代表。电刺激应用于临床,最突出的成就是心脏起搏器的成功应用,心脏起搏器为心脏提供合适间隔的电刺激以替代心脏传导障碍造成兴奋的中断。除颤是治疗心律失常最有效的方法之一,特别是在挽救心脏骤停病人生命方面发挥越来越重要的作用。

高频电刀是利用高密度的高频电流对局部生物组织的集中热效应,使组织或组织成分汽化或爆裂,从而达到凝固或切割等医疗手术的目的。因此,高频电刀不仅可取代手术刀进行各种外科手术,而且明显地减少了出血,甚至不出血。不仅如此,它还兼有杀菌作用。这既大大减轻了医护人员的劳动强度,又缩短了手术时间,有利于病人手术后的康复,因此在临床上得到了广泛使用。

本章详细介绍心脏起搏器与除颤器的作用、工作原理,典型电路分析;最后介绍高频电刀和中低频治疗仪基本原理和基本电路设计。

7.1 电刺激治疗类仪器设计原理

频率小于 1 kHz 时的电流对人体细胞组织的作用主要是以刺激效应为主(即以介电特性为主,呈电容效应)。图 7-1 所示为频率小于 1 kHz 时电流大小对人体的不同效应,在这个频段,人体能耐受的电流很小(电流的生理效应可参见第 8.1 节)。

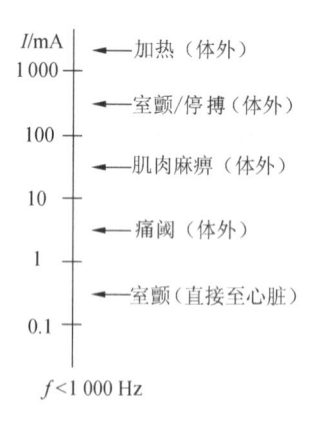

图 7-1 频率小于 1 kHz 时电流大小对人体的不同效应

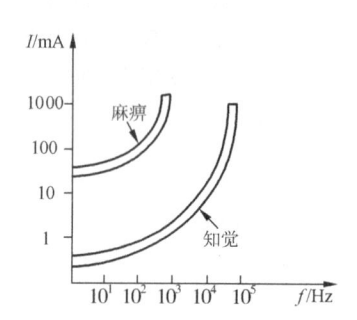

图 7-2 电流对人体的作用

一般来说,生物体内的神经肌肉组织,总是接受一连串的刺激。决定组织兴奋后能否接受下一个刺激而产生兴奋的关键是组织绝对不应期的长短。不同的组织绝对不应期是不一样的。通常简单估计绝对不应期大约为 1 ms,因此,刺激频率一般在 1 kHz 以下。低频电刺激是一种不安全的因素,应予以高度重视。另一方面,低频电刺激用于疾病的治疗时有其特殊的效果,如各类植入式刺激治疗仪。

在图 7-2 中,我们可以在更大频率范围内进一步观察电流对人体的作用。

当刺激频率大于 1 MHz 后,几乎没有任何刺激作用了。这时人体承受电流的能力随频率逐步增大,其产生的效应主要是热效应,如微波热疗仪(治疗癌症)、高频电刀的应用等。

大多数哺乳动物神经肌肉组织产生刺激兴奋的最佳频率都是在 100 Hz 左右(正弦波)。在实际应用中常采用方波作为刺激波形,以便控制。波形频率可细调以产生疏波和密波,从而应用于不同的治疗,其电压一般应在几伏至几十伏之间可调。

7.1.1 刺激方式与效应

7.1.1.1 电刺激的类型

电刺激系统通常由三部分组成:①脉冲发生器,产生使神经去极化的脉冲序列;②导联线,把脉冲传输到刺激位置;③电极,把刺激脉冲安全、有效地传输到可兴奋组织。

按照电刺激部位,刺激类型可划分为如下三类。

(1)表面刺激。电刺激系统三部分都在体外,电极放在皮肤上或要刺激的肌肉的运动点附近,也可放在特定的穴位上。此方法已广泛用于神经和肌肉的医疗康复。在治疗学方面,它已用于阻止瘫痪肌肉的萎缩,应用功能刺激改善瘫痪肌肉的状况,以及增加肌肉体积。目前已有开发的功能表面刺激系统用于纠正偏瘫病人的足下垂,用于手握控制,以及用于下肢瘫痪病人的站立和行走;还有各种低频、中频脉冲治疗仪用于慢性炎症的治疗,并已取得良好的疗效。但由于表面刺激不能可靠地激励皮肤下面的组织,也不能选择刺激深层肌肉,从而大大限制了它的临床应用。

(2)经皮刺激。把电极放置于体内,并靠近要刺激的部位。导联线穿过皮肤连接外部脉冲发生器。经皮电极通常是将小直径的绝缘不锈钢导线穿过皮肤,通过去除导线的绝缘层并将其改进成鱼钩或锚结构以确保其在组织内的稳定性,从而形成电极结构。经皮电极用皮下注射针作为套管引入,针抽出后,电极头部的锚深入周围组织并保留在组织中。靠近穿刺点皮肤表面的接头连接着经皮电极导联线和外部脉冲发生器,它可以用于短期或长期的刺激需要,但不是永久性的。

(3)植入式刺激。植入式刺激是指将刺激器的三部分通过外科手术永久植入人体,植入完成后皮肤完全缝合。植入部分和体外部分的联系是通过非接触方式进行的。

7.1.1.2 电刺激与电兴奋的基本因素

在功能性电刺激中,典型的刺激波形是方波序列,使用这种波形的原因是它的效率和易于产生。刺激序列的三个参数,即频率、幅度、脉宽,全部对肌肉收缩有影响。一般来说,刺激频率应尽可能小,以防止肌肉疲劳并节约刺激能量。决定刺激频率的主要因素是肌肉的融合频率,即可以获得平滑肌响应的频率。这个频率是变化的,可以小到 12 Hz(通常为12～14 Hz),大到 50 Hz。

对于表面电极,调节肌肉力量的常规方法是保持刺激脉冲的频率和脉宽不变,改变刺激脉冲的幅度。当刺激腓神经时,刺激幅度可以小到 25V/200 μs;当刺激大肌肉如臀大肌时,幅度可高达 120V/300 μs 或以上。

实验表明,活的系统在一定条件下引起组织兴奋与电刺激能量有关。若刺激的波形如图 7-3 所示,则引起组织兴奋的能量为

$$W = \int_{t_1}^{t_2} I U_R \mathrm{d}t = I U_R (t_2 - t_1) = I U_R \Delta t \mathrm{。} \quad (7-1)$$

式中,U_R 为通过活组织的电压降;I 为电流。

若 U_R 一定,则刺激能由 $I \Delta t$ 来确定。这就表明,电刺激引起的组织兴奋不仅与 I 有关,而且还与刺激的作用时间有关。

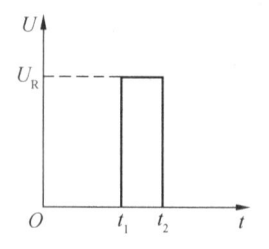

图 7-3 电刺激的波形

1. 强度阈

若电刺激的作用时间一定,则刺激强度必须达到某一最低值,才能引起组织兴奋,此值称为刺激强度的阈值(简称强度阈)。组织兴奋性愈高,则强度阈愈低,反之亦然。但由于各种组织的电阻不同,且受周围介质和所处机能状态影响,故刺激的强度阈将随实际通过组织的电流而变,但兴奋性却不一定改变。可见强度阈作为兴奋性量度只具有相对意义。

2. 时间阈

除刺激强度意义之外,时间因素也是表达兴奋性的另一方面。若刺激强度一定,能引起组织兴奋的最短刺激时间(脉冲宽度),即称为组织兴奋的时间阈值(简称时间阈)。

3. 强度—时间曲线

强度阈与时间阈之间存在一定的关系,这种关系用强度—时间曲线来表示,如图 7-4 所示。

(1)曲线上的每一点代表一个阈刺激。阈刺激即在刺激时间一定时,引起组织兴奋所必需的最低刺激强度;或者刺激强度一定时,引起组织兴奋所必需的刺激电流的最短持续时间。

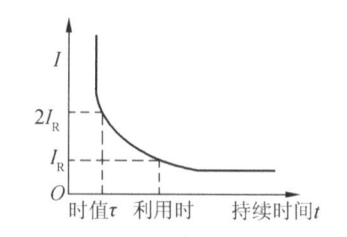

图 7-4 电刺激强度—时间曲线

(2)基强度(rheobase)。刺激期间无论多长,必须有一个最低的基本强度阈值,称为基强度 I_R。以基强度作为刺激强度引起组织兴奋所需要的最短刺激期间称为利用时。

(3)时值(chronaxie)。虽然基强度(强度阈值、时间阈值)及利用时均可作为衡量兴奋性的标志,但是,这仅仅是从相对意义上来考虑的,绝不能认为它们是绝对量。因为从电刺激强度—时间曲线特征可以看到,基强度处于曲线平坦区,准确定义较困难。因此实际上提出用"时值"来表明兴奋性高低,其定义是用基强度 I_R 的 2 倍作为刺激强度,所引起组织兴奋所需要的最短刺激时间(即脉冲宽度)称为时值 τ。

设电刺激强度—时间曲线的等效方程为(近似双曲线关系)

$$I = I_R(1 + \tau/t), \quad (7-2)$$

式中,I_R、τ 为两个常数。当时间 $t \to \infty$ 时,$I = I_R$,I_R 是基强度,根据时值定义 $I = 2I_R$,即时值 τ,τ 与曲线上升部分的斜率有关。实际中不能完全确定时值 τ 是衡量组织兴奋性的绝对数值。真正能代表某一组织在一定生理状态下的兴奋性的,是在该条件下的强度—时间曲线,

它既代表强度阈值,也包括了时间阈值。在实际应用时,为得到有效刺激,通常采用电流为 $I=2I_R$,脉冲宽度略大于时值 τ,此时产生兴奋所需的能量最小。

从电刺激强度—时间曲线可以看到,当刺激强度减弱到低于基强度时,无论刺激时间怎样延长,也不能引起组织兴奋;而当刺激作用时间减小到远离时值以下时,即便大大增加刺激强度,也同样不能引起组织兴奋。因此,兴奋性组织的刺激强度—时间曲线的形状大致相同,但各自的基强度和时值不相同。

7.1.1.3 电刺激引起组织兴奋的原理

在直流电作用下,在阴极附近部分膜外正离子被中和,使膜极化减弱,组织兴奋性升高。阳极则相反,在阳极附近膜极化加强,组织兴奋性下降。

电刺激引起组织兴奋的实验研究证明,在直流电刺激条件下,组织兴奋性或反应的产生和大小与通电强度、极性有关,即通电时兴奋产生在阴极,而断电时兴奋发生在阳极。此结论称为极兴奋法则。

电刺激引起组织兴奋的原理分析,可以用如图7-5所示的模型来说明。图中R和C分别代表膜电阻和膜电容。神经纤维在静息时处于极化状态,即静息电位的极化膜外为正,膜内为负。膜相对于神经纤维外的组织间液和纤维内的轴浆来说,电阻要大得多。膜不仅具有高电阻,还由于其绝缘或分隔电荷的性质而具有电容量。当通电时膜上加上刺激电流,如图7-5a所示有两条通路,其一是电流的大部分经过低电阻的纤维外液从阳极流到阴极,因而只能间接地影响膜电位;其二是有一部分电流通过阳极下面及其附近的膜流入,经过轴浆,再从阴极下面及其附近的膜流出。流入与流出的电流在阳极及阴极的正下方密度最大。跨膜的电流对膜电位有显著的影响,这是因为膜具有电阻的缘故,当电流通过电阻时,电阻两端存在电压降。在阴极处电流通过膜而流出,此时电位差(内正外负)与静息电位符号相反而使膜电位减小,呈去极化状态。在阴极处,若通过膜流出的电流足以使膜电位减小到阈值水平,则兴奋性增强,动作电位在此处开始。在阳极处,电流通过膜流入,此时电位差(内负外正)与静息电位符号相同而使膜电位增加,此时膜仍处于极化状态,则在阳极处兴奋性降低。

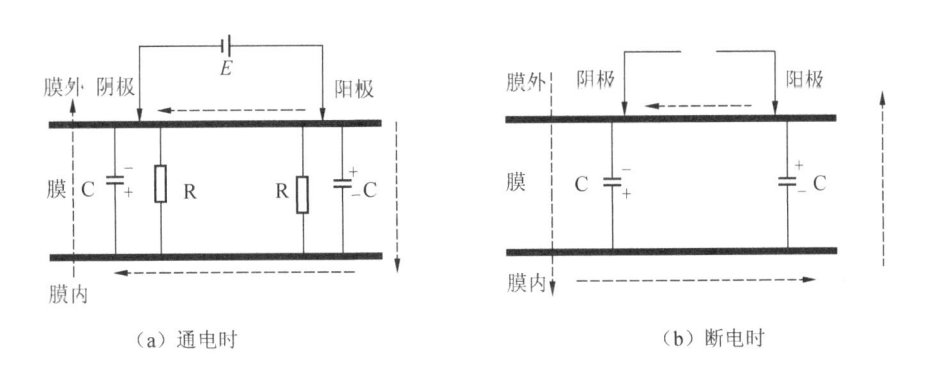

(a) 通电时　　(b) 断电时

图7-5　电刺激作用下的膜电流方向

若刺激电流切断,如图7-5b所示,由于膜电容上已充满电荷,外加电流切断后,电容上储存的电荷就要放电,放电电流使阳极呈去极化状态,因此断电时兴奋发生在阳极。

7.1.1.4 电刺激的其它效应

1. 刺激的电化学效应

金属中导电的是电子,而组织中导电的则是离子。尽管已经测试了生物相容性特性,但仍然没有开发出能存储足够刺激电荷的电极。因此,大多数刺激电极要依赖电极和组织间的感应机制(faradaic mechanisms)。感应机制需要在界面发生氧化-还原反应。感应机制可以分为可逆和不可逆机制。可逆机制发生于电极电位或其附近,包括氧化物的形成与还原,以及氢离子的产生和变化等。膜被电荷驱动远离其平衡电位时,发生不可逆机制,它包括腐蚀并产生氢气或氧气。由于不可逆过程改变电极表面的成分,引起周围组织 pH 值改变而产生有毒物质,因此对电极和组织都会产生损害。电荷注入时,电极电位会被一个与电荷密度(总电荷除以表面面积)相关的量改变。为了保持区域内的电极电位只发生最小的不可逆变化,电荷密度必须保持在某一值以下。允许的最大电荷密度取决于电极使用的金属材料、刺激波形、电极种类、电极在体内的位置等。

2. 电极腐蚀

电极的腐蚀会破坏电极。腐蚀导致金属分解,危害人体组织。但是,腐蚀只发生在刺激的阳极相。因此,使用图 7-6b 所示的单相阴极波形可以避免腐蚀。相反地,单相阳极波形(见图 7-6a)由于会引起腐蚀而必须避免。但是,对于容性电极金属(如钽)则例外,因为它在阳极相产生绝缘的五氧化钽层,在阴极相则被还原。对于大多数应用,阴极刺激比阳极刺激的阈值低。这样,单相阴极波形是优选刺激波形,因为它使注入电流和腐蚀最小。但是,由于电流仅单方向流动,在交界面发生的化学反应不能恢复,故对电极驱动存在不可逆的情况。

3. 组织损伤

①工作在不可逆区域的电极会产生明显的组织损伤,因为不可逆过程会改变周围组织的 pH 值并产生有毒物质。通常采用平衡的双相波形,因为第二相完全恢复注入组织的电荷。假设电流幅度较小,电极电压可以保持在可逆区。②具有不可恢复电荷的波形最可能引起组织损伤。③高频度的神经兴奋会引起组织损伤。此效应的机制还不清楚,但它包括对血液-神经屏障的损伤、缺血或者组织的大的代谢需求,并导致细胞内和细胞外离子浓度的变化。

7.1.1.5 电刺激常见波形

不锈钢或铂电极常采用的波形通常是一阴极脉冲跟随一阳极脉冲。一个方波双相平衡波形的示例见图 7-6c。另一个常使用的双相波形见图 7-6e,它可以很容易地用电容和开关实现。这个波形保证电荷完全平衡,因为电容与被刺激组织串联,注入的电荷通过电容放电来恢复。双相波形中的阴极波形的阈值比单相波形高,原因是阴极脉冲产生的最大去极化被跟随的阳极脉冲减小,可以在阴极和阳极脉冲之间加入迟延,如图 7-6d 所示,但是,时间迟延会阻止充分的电荷恢复,可能对电极和组织有害。另一个方法是减小阳极脉冲的最大幅度,但增加它的宽度,如图 7-6f 所示。然而,这对电极可能也有害,因为电荷未能足够快地恢复。图 7-6 中的波形是根据它们组织损伤、电极腐蚀和兴奋阈值的优劣用符号标出,可供设计参考。

图符	ㅅㅅㅅㅅㅅㅅ 优
	ㅅ 差

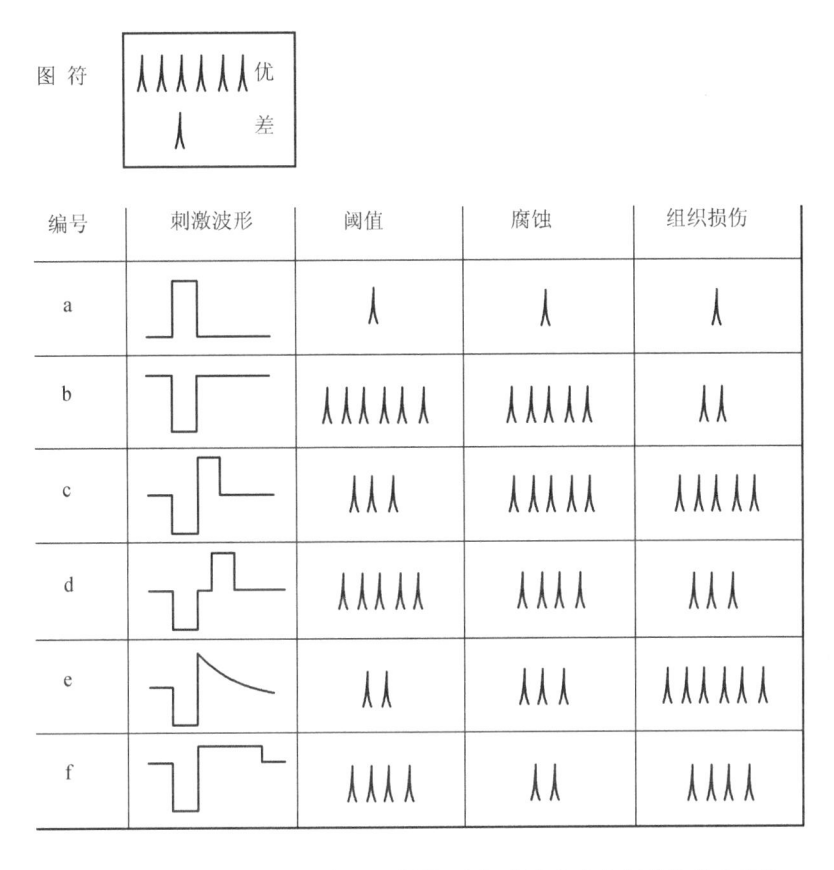

编号	刺激波形	阈值	腐蚀	组织损伤
a	⊓	ㅅ	ㅅ	ㅅ
b	⊔	ㅅㅅㅅㅅㅅ	ㅅㅅㅅㅅ	ㅅㅅ
c	⊓⊔	ㅅㅅㅅ	ㅅㅅㅅㅅ	ㅅㅅㅅㅅ
d	⊔⊓	ㅅㅅㅅㅅㅅ	ㅅㅅㅅㅅ	ㅅㅅㅅ
e	指数衰减	ㅅㅅ	ㅅㅅ	ㅅㅅㅅㅅㅅ
f	⊔⊓	ㅅㅅㅅㅅ	ㅅㅅ	ㅅㅅㅅㅅ

图 7-6 各种刺激波形引起组织损伤、电极腐蚀和兴奋阈值的优劣比较

7.1.2 植入式电刺激器的基本要求

1. 植入式电子仪器的封装设计

电子电路必须在人体的环境下受到保护。植入电路的封装使用不同的材料,包括聚合物、金属、陶瓷。封装方法在某种程度上取决于电路工艺。旧的装置可能仍然使用传统的分立元件,比如晶体管和电阻。根据植入装置的完善程度,较新的设计可能使用专用集成电路(ASIC)和厚膜混合电路来运行。这些电路对植入电路封装的密封和防护提出了很多要求。

环氧封装是植入神经肌肉刺激器设计者的最初选择,它已成功用于使用分立、低阻抗元件的相对简单的电路。环氧封装时,接收线圈放在电路周围并罐装在模子中,模子给出了最终形状。另外,环氧体覆盖硅胶可以改善封装的生物相容性。聚合体不能提供密封的保护,因此不能用于高密度、高阻抗的电路的封装,一旦进入湿气,最终会影响电子元件,表面离子导致短路、漏电、电路灵敏度降低和其它功能失效。

密封封装为植入电子电路提供针对体液渗透的长期防护。提供密封防护的材料有金属、陶瓷和玻璃。金属封装通常使用钛,它是用金属块加工或金属片拉长而成的。电信号经过焊接在封装壁上的连通器进出封装。连通器装配利用陶瓷或玻璃绝缘使一根或多根导线出入封装壁而不与封装壁接触。在装配过程中,电路放在封装内部并与连通器连接,然后,焊接关闭封装。钨惰性气体(TIG)、电子束或激光焊接设备用于最终的封装。如果所有的部件都是完整的,就可以保证封装的完整性。金属封装要求接收线圈放在封装外以避免射频信号或能量的明显损失,因此,在体内需要额外的空间以容纳全部的植入装备。通常,密封封装和接收天线共同嵌入在环氧封装中,环氧封装为金属天线提供绝缘,并使整个植入装备结构稳定。

2. 导联和电极设计

导联线连接脉冲发生器和电极,要穿过连接处,必须足够柔韧;同时,它们在体内工作的时间与植入装置相同,必须足够坚固。导联必须可伸展,以允许与身体运动相关的脉冲发生器和电极之间的距离变化。把导线卷成螺旋状,并插入小直径的硅管中,可以获得弯曲和伸展的能力。这样,加在导线上的弯曲和伸展力通过转化为加在盘绕导线上的扭转力而得到衰减。用多股线取代单股线可以进一步延长寿命。数个独立绝缘的多股导线可以一齐盘绕,形成多导导联线。多数导联结构包含一个接头,位于植入装置和终端电极间的某个位置,在故障情况下,可以更换植入接收器或电极。所用接头是导联线某处的单针接头或位于植入装置本身的多端口接头。导联线使用的材料有不锈钢、MP35N(Co、Cr、Ni 合金)、贵金属及其合金。

电极把电荷传向刺激组织,电极由耐腐蚀材料制成,如贵金属(铂和铱)及其合金。例如,由 10% 铱和 90% 铂组成的铂-铱合金通常用作电极材料,一种肌外电极用 $\phi 4\,mm$ Pt90 Ir10 圆盘放置于涤纶加强的硅背上。而肌内电极使用末端不绝缘的导联线作为电极头部,上面有一个小的伞状锚钩,这样安排使得电极头部与导联线直径相差不大,可以用类似套针管的工具把电极引入肌肉深部。

3. 植入式刺激器的安全设计

神经肌肉植入刺激器设计的目标寿命是使用者的寿命,至少以 10 年计。必须选择能满足工作环境的合适材料;对装置寿命内可能遇到的机械和电子损害的防护必须包含在设计中,同时还必须通过生产过程和检测程序来避免其出现不成熟的故障。而在生产中和生产后进行各种流程和严格测试,才能够最终保证装置的质量和可靠性。

(1)生物相容性。由于植入刺激器要通过外科手术植入到活组织中,设计的一个重要要求是生物相容性,即它们与活组织共存而不干扰组织功能,不产生有损组织的反应或由于组织环境改变而改变其属性。用于制作植入刺激器的材料包括不锈钢、钛和钽,贵金属如铂和铱,以及封装用的环氧材料和基于硅的材料。

(2)电磁干扰(electromagnetic interference,EMI)和静电放电(electrostatic discharge,ESD)的敏感性。电磁场干扰电子装置的操作,这对生命支持系统而言是致命的,它也会给神经肌肉刺激器的使用者带来风险和危险。EMI 的发射可能来自外部源;外部控制单元也是一个电磁辐射源。在干燥的冬季,静电放电电击并非少见。这些电击电压可能高达 15 kV 或更高。如果没有防护设计措施,敏感元件可能很容易被损坏。植入刺激器的电子电路通常用金属外壳防护。然而,电路可能被通过连通器进入的干扰信号损坏。如果使用长导联线,即使在植入后也可能发生 ESD 损害。

(3)生产和测试。植入电路及其封装,在许多情况下不符合监控产品和集成电路的封装标准而失败。为了减小失败的可能,植入电子装置应在受控的洁净室环境中用高品质元件和严格制定的生产流程进行生产,最终产品在植入前应进行严格测试。另外,在生产过程中也应进行许多测试。

4. 植入式刺激器的电源设计

与许多消费电子产品不同,用于植入式刺激器的电池是不能随意更换的。在植入式医疗电子设备密封之前,电池就牢固地固定在其内部。从这以后,在植入式医疗电子设备的测试阶段、储存阶段以及植入人体之后,植入式电池就一直为设备供电。通常,我们可以确定电池的使用寿命。那么,作为植入式医疗电子设备组成部分的植入式电池就限定了植入式医疗电子设备的使用寿命。一般,植入式电池要工作 5~10 年。在此期间,植入式电池要具有极小的输出电压降,无任何不良的副作用。

医生和患者都希望植入式医疗电子设备的体积尽可能小。一个植入式心脏起搏器体积大约 20mL,植入式除颤器体积是心脏起搏器体积的 3~4 倍。不管是哪一种植入式医疗电子设备,几乎一半的体积是被内部电池占用了。因此,体积能量密度(能量体积比)或质量能量密度(能量质量比)对于植入式电池的设计选择都是要重点考虑的参数。

为了避免尖锐的棱角可能损害周围的组织或者穿透皮肤,多数植入式医疗电子设备的形状为圆形或椭圆形,植入式电池的形状一般设计成圆形。电池的形状确定之后才能确定整个植入式医疗电子设备的几何尺寸。

1) 锂碘电池

目前,锂碘电池广泛地成为植入式医疗电子设备的能源选择。锂碘电池是一种固态离子电池,阳极即电池的负极是由锂做的,阴极即电池的正极由碘和聚合物如聚 - 2 - 乙烯基吡啶的复合物,在两极之间是固体电解质碘化锂。碘化锂为纯固态电解质,其可靠性较高。碘化锂的低导电性能够将电流限制在微安级别。因此,锂碘电池有着极长的使用寿命,一般可达 7~10 年。碘化锂隔膜能够自动愈合,这样使得锂碘电池非常安全、可靠,是植入式心脏起搏器供电能源的最佳选择。从 1972 年至今,有超过 50 万个锂碘电池成功地应用于植入式心脏起搏器中。

2) 体内充电电池

广泛用于植入式医疗电子设备中的充电电池有镍镉电池、镍氢电池和锂离子充电电池(二次锂电池)。锂离子充电电池以其高工作电压、高循环寿命和高能量密度等优异性能而备受世人青睐,被认为是目前综合性能最好的电池体系。

二次锂电池是一类以金属锂为负极(阳极),以适合于锂离子迁移的锂盐溶液为电解质,以具有通道结构,锂离子可以方便地嵌入、脱出,但嵌入、脱出过程中结构变化小的材料为正极(阴极)的新型电池体系。目前,用作二次锂电池的正极材料有锂钴氧化物、锂镍氧化物、锂钒氧化物、锂铁氧化物、锂锰氧化物等,不同的正极材料组成的二次锂电池的体积能量密度不同。

锂钴氧化物是现阶段商品化锂离子电池中应用最成功的正极材料。目前,相比其它正极材料,$LiCoO_2$ 在可逆性、放电容量、充电效率和电压稳定性等方面综合性能最佳,但锂钴氧化物价格较高,且对环境有污染。锂镍氧化物的性能与锂钴氧化物类似,但由于其价格低,故有利于大量推广。锂锰氧化物价格低,无毒且污染小,对环境影响小。锂钒氧化物具有高容量,特别是近几年又开发出 V_2O_3 凝胶,它的能量密度远远超过其它材料,在大幅地提高锂离子电池的使用时间的同时,由于其成本低,且对环境无污染,便于大量推广。

不同类型的植入式医疗电子设备对电池的要求差别较大,选择植入式电池时要综合考虑。如植入式除颤器,它能够提供幅值大于起搏器脉冲幅值6个数量级的电脉冲,但这种情况并不频繁出现。因为电池不可能突然产生电脉冲,电能在向心脏释放之前,电池先向内部电容充电20s,能量储存在内部电容中。在充电阶段,需要1～2A电流。锂碘电池不能提供较大的电流,因而,植入式除颤器一般采用锂银钒氧化物电池。有些装置如药物泵,它利用电化学反应器在泵腔中产生高压,从而将药物从储室注入目标。泵入药物的动作是不连续的,可定期动作或由患者触发。

3) 核素电池

核素电池又称同位素电池,它是利用放射性同位素衰变放出载能粒子并将其能量转换为电能的装置。按提供的电压的高低,核素电池可分为高压型和低压型、直接转换式和间接转换式。目前应用最广泛的是温差式核素电池和热机转换核素电池。

核素电池采用的放射性同位素主要有锶-90(Sr-90,半衰期为28年)、钚-238(Pu-238,半衰期89.6年)、钋-210(Po-210,半衰期为138.4天)等长半衰期的同位素。将它制成圆柱形电池。燃料放在电池中心,周围用热电元件包覆,放射性同位素发射高能量的α射线,在热电元件中将热量转化成电流。

在医学上,放射性同位素电池已用于心脏起搏器和人工心脏。它们的能源要求精细可靠,以便能放入患者胸腔内长期使用。目前植入人体内的微型核电池以钽铂合金作外壳,内装150mg钚-238,整个电池只有160g重,体积仅18mm^3。它可以连续使用10年以上。

4) "生物燃料"电池(生物能源)

一种方法是利用人体血液中的氧和葡萄糖通过催化机制使后者氧化,然后将氧化反应中产生的化学能转化为电能。这种电池体积微小,可作为终身电源,但存在易感染,反应物影响血液成分,电特性不均匀等问题,目前仍在试验阶段。

另外,也有用电磁能转换器或者具有压电效应的晶片将正常生理活动的机械能(心包搏动等)转换为电能的;但这种方法获得的能源电压输出低、性能不稳定,因此还不能在临床上使用,只处于实验研究阶段。

5) 外部电源供电

某些植入式医疗电子设备也可以用便携的外部电源供电,既可以通过直接的电气连接也可以通过无线射频连接。无线射频连接方式是将一个由体外电池供电的射频振荡器的输出经射频功率放大器后加至体外一次侧射频感应线圈,该线圈贴在皮肤表面,植入系统的小型二次侧感应线圈则平行置于体表线圈之下,并从中感应出射频电压。该射频电压经整流、滤波、稳压后产生稳定的直流电压,或对体内充电电池充电,或直接供给体内电子电路工作。

为保证植入式医疗电子设备的高可靠性,采用外部电源供电方式时一般都有后备电池。外部装置的维护成本相对增加,另外,由于无线射频引起的干扰和局部组织热效应也是不容忽视的问题。尽管如此,对于某些植入式医疗电子设备来说,采用外部电源供电方式仍是其最佳选择。

某些植入装置体积非常小,无法容纳电池。如人工耳蜗,它是需要手术植入替代内耳毛细胞发挥作用的一项电子装置。它的植入部分包括植入体和植入电极,体外部分包括麦克风、语言处理器、传输电缆、传感线圈,两部分配合使用。电源和数据都是通过发射射频范围内的电磁波进行传递的。

另外一些植入装置如左心室辅助装置LVAD,它是一种应用于心脏外科的机械循环装置,它的主要作用是减轻左心室负荷,降低心肌耗氧量,提高舒张压改善冠状动脉灌注,以及提高心输出量。目前,LVAD 在临床上主要用来帮助心脏手术病人脱离体外循环和作为过渡性心脏移植的桥梁。LVAD 由电源、控制系统和泵组成,控制系统和电源是外置的,而泵既可内置,也可外置。左心室辅助装置有电动的和气动的。一些电动式的 LVAD 装有植入式可充电电池,由外部电源为其充电。气动的 LVAD 通常体积很小,采用外部充电电池产生压缩空气。

采用外部电源供电方式能为植入式医疗电子设备连续提供高电能;利用无线射频连接,不但可以实现能量的传递,同时也可以对植入式医疗电子设备进行控制和查询;另外,植入式医疗电子设备的使用寿命和储存寿命也不再受电池的限制。

充电电池技术上的进步促进了由体内充电电池供电的各种植入式医疗电子设备的发展;高能量密度的锂聚合物电池和薄膜电池有可能成为未来植入式电池的首选;利用体内其它能量转换实现能量供给(如生物燃料电池、人体温差电池、利用生物体自身机械能以及直接从神经上提取电能等)方面的研究也时有报道。总之,能够研究一种更安全、能长期提供能源、无需外界辐射强能量(电磁波或近红外线)的供能方式,将是植入式医疗电子设备供电电源的发展方向。

7.2 心脏起搏器简介

用一定形式的脉冲电流刺激心脏,使有起搏功能障碍或房室传导功能障碍等疾病的心脏按一定频率应激收缩,这种方法称为人工心脏起搏。心脏起搏器(cardio pacemaker)能产生一定强度和宽度的电脉冲,通过导线和电极将电脉冲释放给心脏,刺激心肌。心脏起搏系统的基本结构由心脏起搏器(低频脉冲发生器及其控制电路)、导线、刺激电极、电源等组成。图 7-7 所示为一种心脏起搏器脉冲发生器模块。

7.2.1 人工心脏电起搏器的作用

人工心脏电起搏器能治疗一些严重的心律失常。心律失常是由多种病因引起的心肌电生理特性改变的一种疾病,而某些严重的心律失常如高度或完全性房室传导阻滞、重度病态窦房结综合征等,药物疗效差。但安装使用起搏器后却能

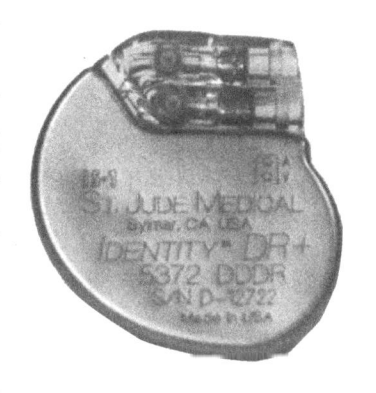

图 7-7 一种心脏起搏器
脉冲发生器模块

收到显著的效果,并可大大降低死亡率,把不少垂危病人从死亡的边缘上抢救过来。患者脱离危险期后,一般都能生活自理,其中大部分还可从事力所能及的工作。正因为如此,自 1976 年开始,全世界每年安装起搏器的患者在 20 万人以上,目前依靠起搏器维持生命的人已超过 500 万人。随着起搏器的推广使用,安装起搏器的患者必将逐年增加。

心脏起搏器不仅在心律失常的治疗和预防中已经起到了积极作用,而且还可用于某些疾病的诊断。例如心房调搏辅助诊断可疑的冠心病,心房超速起搏法诊断窦房结功能不全,预测完全性房室传导阻滞患者是否有发生心脑综合征的危险等。另外,人工心脏起搏技术

在心血管的生理和病理以及药理和临床应用的实验研究工作中,也取得了发展。例如在心律失常方面,将逐步揭示一些我们还不能解释的电生理现象,对心律失常的诊断和治疗会起到更积极的作用。

7.2.2 心脏起搏器临床应用的适应症

1. 长期起搏的适应症

(1)房室传导阻滞。Ⅲ度或Ⅱ度(莫氏Ⅱ度)房室传导阻滞,无论是由于心动过缓还是由于严重心律失常而引起的心脑综合征(阿-斯综合征)或者伴有心力衰竭者。

(2)三束支阻滞伴有心脑综合征者。

(3)病态窦房结综合征(病窦综合征);心动过缓及过速交替出现并以心动过缓为主伴有心脑综合征者。

2. 临时性起搏适应症

临时性起搏是指心脏病变可望恢复,在紧急情况下保护性应用或诊断应用的短时间使用心脏起搏,一般仅使用几小时、几天到几个星期,或用于诊断及保护性的临时性应用等,主要适应症有:

(1)急性前壁或下壁心肌梗死,伴有Ⅲ度或高度房室传导阻滞、经药物治疗无效者。

(2)急性心肌炎或心肌病,伴发心脑综合征者。

(3)药物中毒伴有心脑综合征发作者。

(4)心脏手术后出现Ⅳ度房室传导阻滞者。

(5)电解质紊乱,如高血钾引起高度房室传导阻滞者。

(6)超速驱动起搏应用于诊断上以及用于治疗其它治疗方法已经无效的室性或室上性心动过速者。

(7)在必要时可应用于安置长期心外膜或心肌起搏电极之前,冠状动脉造影、电击复律手术、重大的外科手术及其它手术科室的手术中或手术后作为保护性措施者。

(8)其它紧急抢救的垂危病人。

7.2.3 心脏起搏器的分类及临床应用的起搏器简介

7.2.3.1 心脏起搏器的分类

1. 按照起搏器与病人的关系分类

(1)感应式。起搏器的脉冲发生器在体外,通过载波发射给埋植在体内的接收器(感应线圈)接收,再经解调(检波)为原形起搏脉冲,通过起搏电极刺激心脏。其优点是体内部分不需要电源,无电池使用寿命之忧。但由于接收效果不佳,易受高频磁场干扰且仅构成固定型起搏,故已趋于淘汰。

(2)经皮式(体外携带式)。起搏器在病人体外,起搏脉冲经皮肤和静脉送入心脏。其主体为按需起搏,也可转换为固定型。起搏频率、输出幅度、脉冲宽度、感知灵敏度等均可调节,可克服感应式缺点,但因有导线经过患者皮肤容易感染,并且携带不便,仅适用于临时抢救,不宜永久佩带。

(3)埋藏式。起搏器全部埋植于患者的皮下(胸部或腹部),电极经静脉固定在心内膜或心肌表面。它弥补了体外携带式的不足之处,适合于永久性起搏,目前大多数临床使用的起搏器属此类,但存在着电源使用寿命短等问题。

2. 按照起搏器与患者心脏活动发出的 P 波与 R 波的关系分类

在介绍分类之前,先介绍一下心脏的兴奋性。心脏就像一个泵,在正常情况下它每分钟大约搏动 72 次。心脏壁由肌肉组织构成。肌肉收缩时,血液从心脏射出,进入人体动脉血管。如图 7-8 所示,心脏共有 4 个腔室,左右两边各 2 个,分别是心房和心室。心房与心室之间由单向瓣膜隔开,瓣膜使血流保持正确的流动方向。右心室通过肺动脉将血液泵入肺脏,而左心室则通过主动脉将血液输送到人体其它器官。左心室每分钟泵入主动脉的血量称为心输出量(cardiac output),其单位是 L/min。如果心输出量严重减少,那么人体器官就会缺氧。

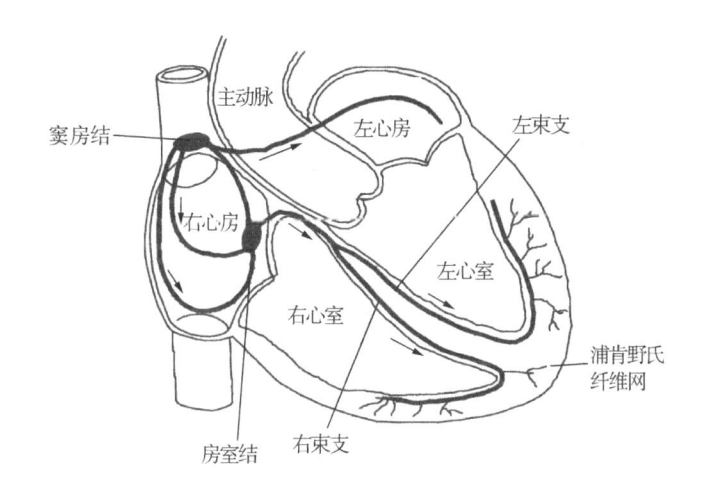

图 7-8　兴奋性在心脏各部分的传导过程

心脏有两种特殊的心肌细胞:大部分(约占 99%)是负责产生泵血作用力的收缩细胞(contractile cell),也称为工作细胞;另一种则是自律细胞(auto-rhythmic cell)。自律细胞的功能是启动并传导动作电位,动作电位诱发工作细胞产生收缩。心脏的自律细胞具有起搏功能,它与神经细胞和骨骼肌细胞不同,后两者在没有受到刺激时始终保持恒定的膜电位。而具有起搏功能的细胞,在各个动作电位之间的间期,其细胞膜能够缓慢去极化,直至达到动作电位触发阈值,然后细胞进入主动去极化过程,引发动作电位。心脏自律细胞产生的动作电位会传遍整个心脏,因此无须任何神经刺激,就可以触发节律性的心脏搏动。心脏的自主搏动会产生微弱的电信号,如果通过特定的设备从体表提取出这些电信号便可得到心电图波形。

图 7-8 反映了兴奋性在心脏各部分的传导过程,心脏正常心搏的电信号起源于右心房顶端的一个很小的组织结构,被称为窦房结(sinoatrial node,SA node)。对于正常心脏,窦房结就是天然起搏器,它控制心脏搏动的频率。在静息状态下,窦房结每分钟发放 60~80 个动作电位。窦房结去极化所产生的去极化波可以同时传递至左右心房和房室结(atrioventricular node,AV node)。左右心房的去极化使它们产生收缩,形成 P 波。另外,传递至房室结的去极化波须经过希氏束及其左右束支与浦肯野氏纤维网(pukinje fiber)传导至心室,引起心室去极化,形成 QRS 波群。去极化波在希氏束及其束支与浦肯野氏纤维网中传递速度较慢,所以,心室的去极化过程要比心房去极化过程延迟 120~200 ms。心电图

波形如图7-9所示。

心肌细胞在去极化之后需要重新极化才能开始下一次去极化过程,在此期间,心肌细胞不响应任何外界刺激,这段时间称为不应期。心脏组织各部分的不应期长短不同,而且会随着刺激脉冲的频率变化而变化。其中,房室结的不应期最为重要,因为它决定了心房脉冲向心室传导的频率。心脏组织的不应期包括有效不应期和相对不应期和超常兴奋期。

(1) 绝对不应期(absolute refractory period):对任何刺激均不起反应。相当于心电图QRS波群开始至T波波峰前的一段时间。

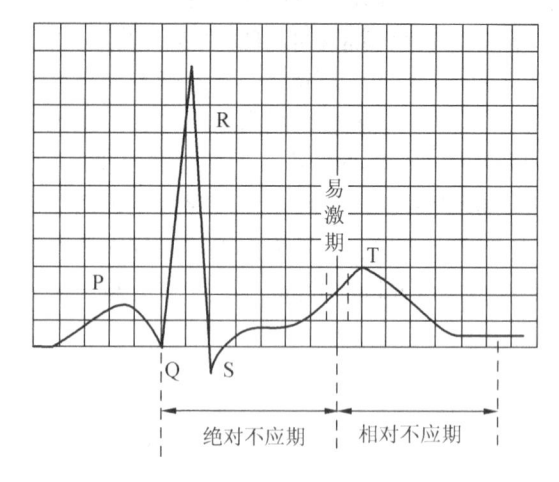

图7-9 心电图波形

(2) 有效不应期(effective refractory period):对强刺激局部反应微弱而不能扩布传导,不产生动作电位,为绝对不应期后一小段时间,与绝对不应期一起称为有效不应期。

(3) 相对不应期(relative refractory period):对较强的刺激引起稍低于正常的兴奋反应,为有效不应期之末到复极完毕(相当于T波终末)前的一段时间。相对不应期产生的兴奋称为期前兴奋。但在相当于心电图T波波峰前后(特别是T波的前半部),有一短暂的兴奋性增强阶段,称为易激期(vulnerable period)或易损期,在此期间被刺激易激发心动过速、扑动或颤动。有效不应期与相对不应期总称为全不应期。

(4) 超常兴奋期:给予较弱刺激即可引起较正常为低的反应。这是由于心肌细胞的膜电位尚未完全恢复,比较接近阈电位,所以强度较小的"阈下刺激",即可使心肌除极达到阈电位而产生激动。

按照起搏器与患者心脏活动发出的P波与R波的关系分类有两种:

(1) 非同步型(固定型)。起搏器发出的起搏脉冲与患者的P波或R波无关。

(2) 同步型起搏器。分P波同步起搏器和R波同步起搏器。

3. 按照起搏电极分类

(1) 单极型。阴极由起搏导管(或导线)经静脉或开胸送至右心室(或右心房);阳极(无关电极)置于腹部皮下(当起搏器为体外携带式时)或置于胸部(当应用埋藏式起搏器时其外壳即是阳极)。阴极与阳极之间的距离较长,电流从阴极向阳极运动的过程中经过的区域较大,而在该区域内除心脏外还存在一些其它受到电刺激后易产生兴奋的组织或器官,如胸肌。当电流流过该区域时,这些组织或器官受到电刺激后也产生电兴奋,形成电信号。这些电信号在体表表现为"刺激伪迹",对正常心电信号造成干扰。

(2) 双极型。起搏器的阴极与阳极均与心脏直接接触(固定在心肌上,或阴极与心内膜接触而阳极在心腔内)。阴极与阳极之间距离较短。阴极与阳极导线分别用屏蔽层包裹起来,同时在最外层还用一个屏蔽层将两条导线包在一起。因此,双极型起搏器对正常心电信号产生的干扰较小。

4. 按照起搏方式分类

(1) 单腔型。单腔型起搏器只有一个电极,一般安装在右心房或者右心室,仅适用于传导功能正常而窦房结功能出现障碍的病人。

(2) 双腔型。双腔型起搏器具有两个电极,分别放在右心房和右心室尖部。由医生设定心房到心室的传导时间。如果在心房收缩后规定的时间内,心室不产生自主收缩,起搏器就会通过心室电极发送刺激脉冲,产生心室收缩。目前双腔型起搏器是临床上应用最广泛的起搏器类型。为了使心肌按照正常的顺序收缩,需要根据各个病人的实际情况来合理设置心房到心室的传导时间。另外,在不同的时期,可能需要不同的时限,这就需要程控起搏器来调节最佳参数。

(3) 三腔型。三腔型起搏器具有三个电极,分别放置在右心房和左右心室。这种起搏器的主要功能是通过心室同步化来提高心脏的血流,适用于泵血功能出现障碍的患者。

7.2.3.2 各类起搏器简介

1. 固定型起搏器

这类起搏器无论心脏自搏心率快慢与否,起搏器只发出固定(或经调节改变)频率、幅度的电脉冲,不受自主心率的支配,一旦心脏自主心率超过电脉冲频率,心脏将自身搏动,而这个电脉冲的刺激对心脏来说则是多余的。如果电脉冲落于易激期(心电波 T 波波峰前附近,如图 7-9 所示),则患者自己发出的心室激动与心脏起搏节律发生竞争心律,有可能诱发心室纤颤或室性心动过速而危及病人安全。这种起搏器仅适用于完全性房室传导阻滞和永久性窦性过缓。但其电路简单,可靠性高,价格便宜,有时被临床应用。

2. R 波同步型起搏器

起搏器发放脉冲受 R 波控制,有一定同步作用。这类起搏器分两类:

(1) R 波抑制型。又称为按需型,它不但能对心脏发放刺激脉冲,而且能接受来自心脏的 R 波的控制。当心脏自搏心率超过起搏器的速率时,起搏器被抑制而停止发放刺激脉冲,避开易激期,克服了固定式起搏器与心脏自搏发生竞争心律的缺点;当心脏自搏心率低于起搏速率时,起搏器输出脉冲刺激心脏起搏。它是按病人需要而工作的,所以称为按需型起搏器。另外,由于这种起搏器不发生无用的刺激,从心脏生理和电能消耗来看都是比较合理的。其适应症广泛,不但高度房室传导阻滞的患者可采用,而且病态窦房综合征,甚至某些具有心律失常病史的完全性房室传导阻滞的患者也可应用。因此,这种起搏器目前在临床中大量应用,占所有类型起搏器的 90% 左右。

(2) R 波触发型。又称为备用型,它能发出有一定节率的起搏脉冲。当心脏自身心搏 R 波出现时,起搏器立即被触发,发出一个脉冲,它将落在心动周期的绝对不应期内(见图 7-9),而对心脏活动是无效的;在下一个起搏脉冲将以 R 波出现前的时刻为起点重新安排,在规定的时间内,如无自身心搏发生,起搏器发放脉冲刺激心脏起搏(所以又称为备用型),以后如自身心搏 R 波出现,起搏器又被触发,重复上述过程。这种起搏器的优点是:只要起搏器工作正常,起搏脉冲总是存在的,因而便于监测。但与 R 波抑制型相比,R 波触发型起搏器有无效脉冲产生,因此功耗较大,故临床应用较少。

3. P 波同步起搏器

P 波同步起搏器受 P 波控制,有一定同步作用。其原理是将心房活动时产生的 P 波,经心房电极送给起搏器进行放大,并迟延约 120 ms,再触发起搏器的脉冲发生器,最后通过电极向心室发放刺激脉冲,心室活动受到心房电击的控制,对有房室传导阻滞的患者,相当于一条人工造成的房室传导通路,使房室传导得以通畅。为此,起搏器必须使用三个电极:心房安置一个电极,用以感知心房活动的心电;心室安装两个电极,用以传递电脉冲。这种起搏器仅适用于房室传导阻滞患者,对窦房结综合征患者不能使用;而且电路复杂,使用不方便。

4. 房室顺序型

房室顺序型起搏器的工作原理是每次刺激先发放一个脉冲,刺激心房起搏,经过延迟适当一段时间后再发放一个脉冲刺激心室起搏,以此保持房室激动的生理顺序。如有自身心脏活动,则 QRS 波将抑制后一脉冲的发放。这种起搏器的缺点是性能尚不够完善,且心房、心室各要装一个电极。

5. 双灶按需型

双灶按需型起搏器的核心部分是两个相关脉冲发生器,它们先后按一定时序发放起搏脉冲,使心房和心室的起搏都在按需方式下进行,其房室激动保持生理顺序。

6. 程序控制型

这种起搏器由两部分构成:体内部分是在一般埋藏式起搏器的基础上增加了数字电路,它还具有记忆、保持等功能;体外部分主要由控制装置和电磁铁组成,控制部分可以按照患者病理生理的需要由医生或患者任意改变起搏参数和起搏器的工作方式(即类型),并发出编码的磁脉冲,通过电磁铁产生的磁场传给体内部分。这是一种新型起搏器,应用范围十分广泛。

为了统一表示起搏器的特征,国际心脏病学会制定了为起搏器命名的五字母编码法。这种编码是一个能反映起搏器特征的五个字母组成的序列,每个符号的意义如表 7-1 所示。

表 7-1 起搏器五字母编码法每个符号的意义

字母序列	1	2	3	4	5
	表示起搏的心脏位置	表示感知的心脏位置	表示反应模式	程序编码功能	治疗心动过速功能
字母意义	V—心室 A—心房 D—双腔	V—心室 A—心房 D—双腔 O—无感知	T—触发或同步输出 I—抑制 D—双重 O—无反应 R—逆转	P—程序 M—多功能程序编码 O—无程序	B—猝发 N—与额定频率竞争 S—频率扫描 E—体外控制起搏器

7.2.4 心脏起搏器的几个参数

1. 起搏频率

起搏频率即起搏器发放脉冲的频率。心脏起搏频率以多少为好,要视具体情况而定。一般认为,能维持心输出量最大时的心率为最适宜的心率。大部分患者 60~90 次/min 较为合适,小儿和少年快些。起搏频率可根据患者情况调节。

2. 起搏脉冲幅度和宽度

起搏脉冲的幅度是指起搏器发放脉冲的电压强度;起搏脉冲宽度是指起搏器发放单个

脉冲的持续时间。脉冲的幅度越大，宽度越宽，对心脏刺激作用就越大；反之，若脉冲的幅度越小，宽度越窄，对心肌的刺激作用就越小。起搏器发放电脉冲刺激心肌使心脏起搏，从能量的观点上看，起搏脉冲所具有的电能转换成心肌舒张、收缩所需要的机械能，因此，窦房阻滞或房室传导阻滞的患者所发出的 P 波无法传送到心室，或者窦房结所应发出的电能根本不能发生，起搏脉冲便是对上述自身心脏活动的代替。据研究，引起心肌的电能是十分微弱的，仅需几微焦耳，一般选取脉冲幅度 5 V、脉冲宽度 0.5～1 ms 为宜。起搏能量还与起搏器使用电极的形状、面积、材料及导管阻抗损耗等有关。如果对这些因素有所改进，则起搏能量将有所减少，从而可降低起搏脉冲幅度和减小起搏脉冲的宽度，因此可减少电源的消耗，延长电池的使用寿命。

3. 感知灵敏度

同步型起搏器为了实现与自身心律的同步，必须接受 R 波或 P 波的控制，使起搏器被抑制或被触发。感知灵敏度是指起搏器被抑制或被触发所需最小的 R 波或 P 波的幅值。

R 波同步型：一般患者 R 波幅值为 5～15 mV，而少数患者可能只有 3～5 mV；另外，由于电极导管系统传递路径的损失，最后到达起搏器输入端的 R 波可能只剩下 2～3 mV。因此，R 波同步型的感知灵敏度应选取 1.5～2.5 mV，以保证对 95% 以上的患者能够适用。

P 波同步型：一般患者 P 波仅有 3～5 mV，经导管传递时衰减一部分，传送到起搏器的 P 波就更小了。因此，P 波同步型的感知灵敏度应选择为 0.8～1 mV。

感知灵敏度要合理选取，如果选低了，将不感知（起搏器不被抑制或触发）或感知不全（不能正常同步工作）；如果选取过高，可能导致误感知（即不该抑制时被抑制，或不该触发时被误触发）以及干扰敏感等，造成同步起搏器工作异常。

4. 反拗期

各种同步型起搏器都具有一段对外界信号不敏感的时间，这个时间相当于心脏心动周期中的不应期（如图 7-7 所示），而在起搏器中称为反拗期。

R 波同步型的反拗期目前多采用 300±50 ms。其作用主要是防止 T 波或起搏脉冲"后电位"（起搏电极与心肌接触后形成巨大的界面电容，可使起搏脉冲波形严重畸变，使脉冲波形的后沿上升时间明显延长，形成的缓慢上升电位称为"后电位"）的触发，这些误触发将造成起搏频率减慢或者起搏心律不齐。

P 波同步型起搏器的反拗期通常选取为 300～500 ms。其作用为防止窦性过速或外界干扰的误触发。

7.3 心脏起搏器的工作原理

心脏起搏器的基本功能包括起搏、感知、输出抑制和触发起搏。起搏是指心脏起搏器周期性释放电流脉冲使电极附近的心脏组织去极化，并且该去极化过程能够在心脏腔室内传导。心脏起搏器应能够按照固定频率释放起搏脉冲，并且能够根据需要修改起搏脉冲频率。感知是指心脏起搏器对于心脏自主电活动的响应。心脏的自主电活动会形成微小电流，这些小电流能够通过电极传导至心脏起搏器并由其内部电路感应。感知可以分为单极感知和双极感知。双极感知是指通过电极导线上的尖端电极和环形电极感知心脏的自主电活动。

单极感知则是指通过电极导线上的尖端电极和信号发生器金属外壳感知自主电活动。对于单极感知来说,由于感应面积较大,检测效果易受到来自肌肉或者体外信号的干扰。输出抑制是指心脏起搏器在感知到心脏自主电活动时能够抑制起搏脉冲的释放。反之,心脏起搏器也可以被设置为在任何情况下都能够释放起搏脉冲而不受自主电活动的影响,这种情况多见于双腔起搏器。双腔起搏器能够被设置为检测心房的自主电活动并在延迟一段时间之后向心室发送刺激脉冲。这种起搏模式称为触发起搏。

7.3.1 固定型心脏起搏器电路分析

对于早期的固定型心脏起搏器来说,其正常工作时的状态可用有限状态机来表示,如图 7-10 所示。固定型心脏起搏器的状态机只包含单个状态 S。"时间到"表示触发状态机状态转换的事件。起搏表示状态转换发生的动作。固定型心脏起搏器相当于一个周期固定的定时器,其定时周期及脉冲特性,包括幅值、波形和持续时间等都由硬件电路决定。当定时器溢出时,状态机产生超时(time out)事件,随后状态机会产生起搏(pace)事件,由起搏器释放刺激脉冲。

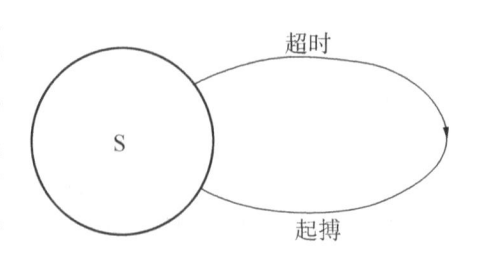

图 7-10 固定型心脏起搏器的状态机

图 7-11 所示的电路为由集成电路和分立元件组成的固定型起搏器电路。电路由三部分组成。

图 7-11 一种固定型起搏器电路

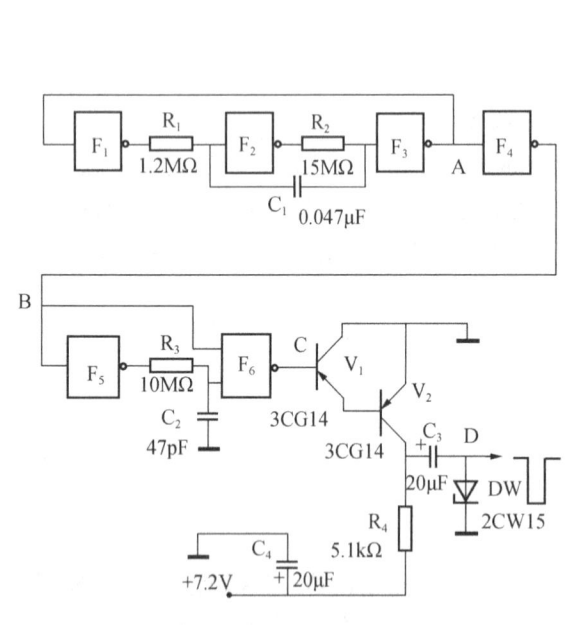

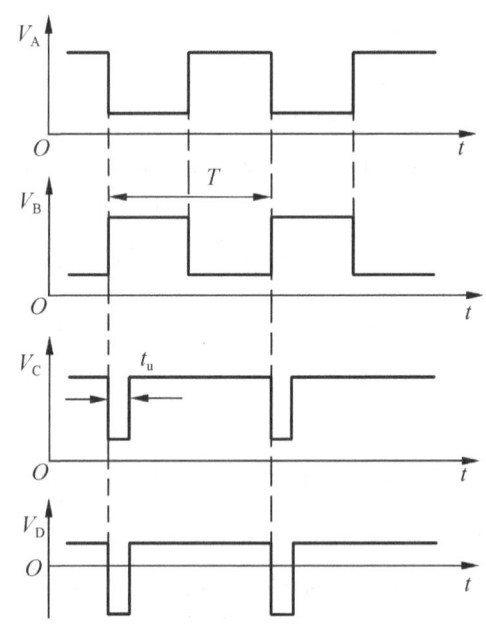

图 7-12 一种固定型起搏器电路各点波形

1. 多谐振荡器

该电路采用的是由 CMOS 集成电路与非门 F_1、F_2、F_3 等组成的带有 RC 电路的环形多谐振荡器。产生的矩形脉冲如图 7-12 中 V_A 所示,其振荡周期 T 与 R_2 和 C_1 的大小有关,可

以调节 R_2 数值使之满足起搏频率的要求。

2. 单稳态电路

采用由与非门 F_5、F_6 等组成积分型单稳态电路,触发信号为多谐振荡器产生的矩形脉冲经与非门 F_4 反相后供给,如图 7-12 中的 V_B。

单稳态电路的作用是决定起搏脉冲的宽度,其输出波形如图 7-12 中 V_C 所示,脉冲宽度 t_u 取决于 R_3 和 C_2 乘积的大小,改变 R_3,可使 t_u 达到起搏脉冲宽度的要求。

3. 输出电路

由 V_1、V_2 组成复合管射极输出器电路,将单稳态的输出进行电流放大,降低整机电路的输出电阻。最后经 C_3 隔直、稳压管 DW 限幅,使输出为具有一定幅度(取决于 DW 的稳定电压)的负脉冲。其波形如图 7-12 中的 V_D 所示。

7.3.2 R 波抑制型心脏起搏器的一般结构原理

早期的固定型心脏起搏器并未考虑患者心脏可能存在的自发电活动。目前,主流的心脏起搏器都在系统中加入了能够检测患者心脏自发电活动的电路,只有当心脏搏动的节律低于某个设定频率之后,起搏器才起作用,如 R 波抑制型心脏起搏器。该起搏器采用一个低功耗生物电放大器和一个阈值检测器检测心脏自发电活动。当心脏自发电活动超过阈值电压时,认为检测到了自发电活动。然而,当去极化波通过起搏电极时,生物电放大器并不会产生明确的"感知"事件信号的尖峰,而是产生一系列不可预测的转换脉冲,类似于按键的抖动。只要心脏电信号幅度处于比较器阈值范围以内,这种脉冲序列就会一直产生。为此,需要在状态机中加入一个"不应期"状态[R],在此状态下,起搏器不响应任何外部信号,包括心脏的有效电信号。图 7-13 所示为增加了不应期状态的新状态机。

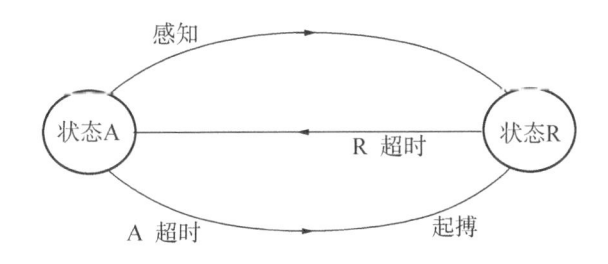

图 7-13 增加了不应期的新状态机

如图 7-13 所示,状态[A]表示起搏器检测心室自发电活动时的"警示"状态;状态[R]表示起搏器不响应任何外部信号的"心室不应期"状态。如果起搏器在状态[A]检测到心室有效电活动之后产生感知事件[sense],随后进入不应期状态[R]。在不应期期间内,起搏器不响应任何外部事件,包括心室的有效电活动。在心室不应期结束后产生[R 超时]事件,重新返回状态[A]。在状态[A]没有检测到心室有效电活动时,达到固定时间间隔之后产生[A 超时]事件,随后产生"起搏"事件[pace],释放起搏脉冲。起搏脉冲释放完毕,起搏器进入状态[R]并在不应期结束后返回状态[A]。

感知放大器容易受到干扰信号的影响,这些干扰信号可能来自体内干扰源(如人体手臂或者胸部产生的肌电信号等)以及外部干扰源(如外部电磁场等)。这些干扰信号可能会误导感知放大器。为了区别心脏自主活动所产生的电信号和干扰信号,保证仅当真正的心室活动发生时才抑制起搏治疗,需要采用硬件或软件方法来处理干扰和噪声。图 7 – 14 所示为增加了检测和处理噪声功能的改进型状态机。

在该状态机中新增了两个状态[N]和[W]。当不应期结束后产生 R 超时事件,随后状态机进入状态[N]。在状态[N]期间,系统仍然不断感知外部事件但并不发送报告。每当感知到外部事件之后,事件发生的时间被保存到时间变量[TS]中,但是状态机仍然停留在状态[N],直到超时定时[N 超时]结束为止。当状态机进入警示状态[A]时,整个不应期就结束了。此时变量[TS]中保存的是噪声窗中检测到的最后一个感知事件的发生时刻。在无噪声情况下,[TS]的值为 0。如果警示状态[A]期间没有检测到事件,那么仪器维持原状态。但若

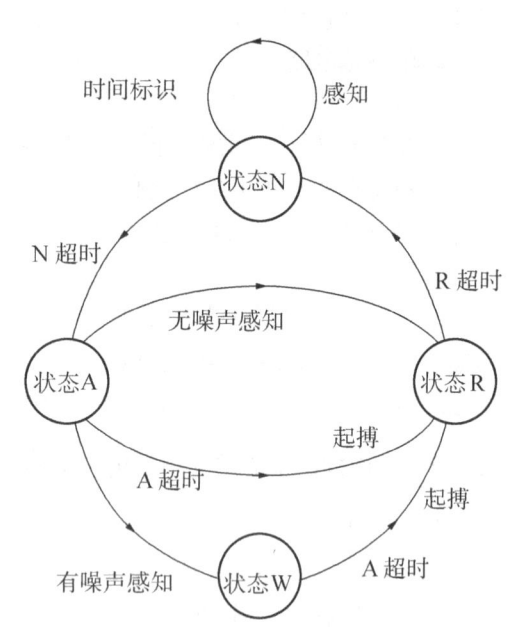

图 7 – 14 增加了检测和处理噪声功能的改进型状态机

检测到事件,则将该事件发生时间与噪声窗内已发生事件的时间(即[TS]中保存的数值)相比较。如果两者的时间差小于 100 ms (1/100 ms = 10 Hz),那么就认为存在噪声,状态机就转入[W]状态,以完成预定的周期。反之,如果两者的时间差大于 100 ms,或者噪声窗期间根本没有发生感知事件,那么仪器对于感知事件的响应就是抑制起搏并重新开始下一个周期。

下面以 R 波抑制型(VVI)心脏起搏器为例说明此类心脏起搏器的电路结构。R 波抑制型心脏起搏器的一般结构框图如图 7 – 15 所示。

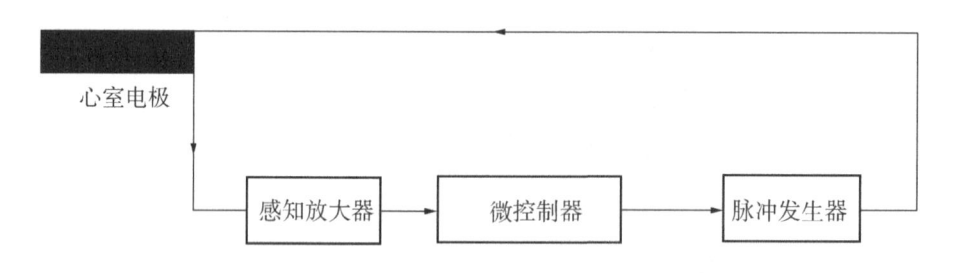

图 7 – 15 R 波抑制型心脏起搏器的一般结构框图

1. 感知放大器

由心脏经起搏导管传送到起搏器输入端的 R 波信号一般仅有 2～3mV,必须进行放大才能实现 R 波抑制的目的。感知放大器的作用是有选择地放大来自心脏的 R 波,以推动下一级微控制器工作,并限制 T 波和其它干扰波的放大,其目的是用以辨认心脏的自身搏动。因为在心脏搏动时产生的 P 波、R 波、T 波中,R 波标志心室的搏动。R 波具有幅度大、升率(斜率)高等特点。感知放大器把 R 波进行选择性放大,从而较容易地辨认心脏自身的搏动。

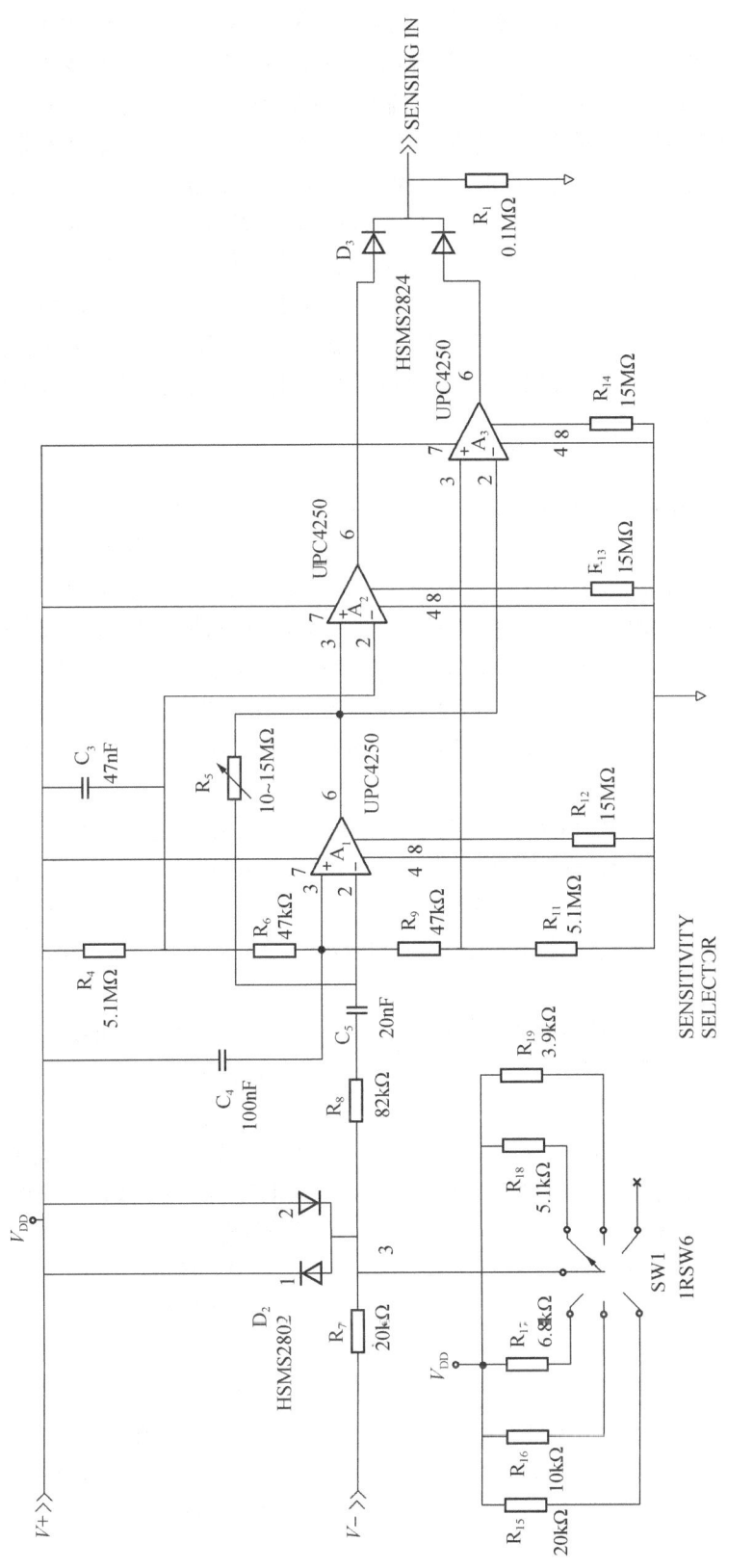

图 7-16 感知放大器电路实例

图 7-16 所示为感知放大器电路实例。电阻 R_7、R_{15}~R_{19} 及多路开关 SW_1 构成分压器,对电极所检测到的心室电信号 $V-$ 进行衰减和电平提升,设置感知放大器的灵敏度。R_8 和 C_5 所构成的 RC 高通滤波器决定放大器的高通截止频率,运算放大器 A_1 的带宽决定放大器的低通截止频率,该带宽是 R_{12} 所设置的运放偏置电压的函数。感知放大器的通带范围为 88~100Hz。当 V_{DD} 为 3V 时,R_4、R_6、R_9 和 R_{11} 组成的分压器将 A_1 同相端电位设置为 1.5V,对经过衰减后的心室电信号 $V-$ 进行放大,输出信号基线为 1.5V。同时,R_4、R_6、R_9 和 R_{11} 组成的分压器将比较器 A_2 和 A_3 的阈值电平分别设置为 1.514V 和 1.486V。在无心室电信号的状态下,比较器 A_2 和 A_3 都输出低电平。信号 $V-$ 经 A_1 放大后,如果超过基线 15mV,那么 A_2 输出高电平;如果低于基线 15mV,那么 A_3 输出高电平。两个比较器的输出通过二极管 D_3 形成"或"运算。如果"或"运算的输出为高电平,那么就可以认为感知放大器检测到了心脏的自发电活动。

2. 微控制器

微控制器的主要功能是检测感知放大器输出信号并通过片上定时器为起搏器提供稳定的不应期。当微控制器检测到感知放大器输出高电平则认为检测到 R 波。随后微控制器在不应期内抑制脉冲发生器发出刺激脉冲并通过定时器来控制不应期的长短。也就是说,当患者自身心脏正常时,起搏器被自身 R 波抑制,不发放脉冲;当患者自身心率低到一定程度,即上述不应期后不出现自身 R 波时,起搏器工作并向心室发出预定频率的起搏脉冲,使心室起搏。为了降低系统功耗,微控制器大部分时间处于"睡眠"状态,仅在检测到感知放大器输出高电平和定时器溢出时被"唤醒"。通常微控制器采用内部 RC 振荡电路提供时钟。

图 7-17 所示为基于 PIC16C76 单片机的心脏起搏器微控制器电路。多路开关 SW_2 和 SW_3 分别用于设置起搏脉冲频率和脉宽。模拟输入端 AN_0 和 AN_1 用于检测电阻分压器的输出,以便将不同的电压转换为对应的参数值。双路开关 SW_4、SW_5 和 SW_6 分别设置起搏脉冲的幅度、起搏模式和不应期时间间隔。INT 端口用于检测感知放大器的输出。

3. 脉冲发生器

脉冲发生器产生合乎心脏生理要求的矩形电脉冲,它是在微控制电路控制作用下工作的。要求电路容易起振,工作稳定,可靠性高,频率、脉宽和幅度可调。图 7-18 和图 7-19 分别为脉冲发生器电路图和信号时序图。

如图 7-19 所示,在静息状态时,微控制器将"高幅激励"置低。V_3 导通,V_4 截止,电容 C_2 被充电至 V_{DD}。同时,"激励"置低,V_2 截止。"主动放电"置高,V_1 截止。这时,电容 C_1 通过 R_1 和心脏组织及连接在 $V+$ 与 $V-$ 上的两个电极缓慢放电。

当需要释放刺激脉冲时,如果"高幅激励"置高,V_3 截止,V_4 导通,电容 C_2 的正极连接至电池负极,此时,V_{DD} 与 C_2 负极之间的电压差为 6V。如果"高幅激励"置低,V_3 导通,V_4 截止,电容 C_2 的正极连接至 V_{DD},此时,V_{DD} 与 C_2 负极之间的电压差为 3V。

如果需要向心脏组织传递刺激脉冲,"激励"置高,V_2 导通。电容 C_2 的负极与电容 C_1 的负极相连。电极 $V+$ 与 $V-$ 上的瞬时电压将为所选择的 3V 或 6V。在传递起搏脉冲期间,电容 C_2 不断放电,电容 C_1 不断充电,该电压值会逐渐衰减。当需要终止向心脏组织传递电流时,微控制器会将所有与刺激信号有关的信号线电平复位为静息状态。

7 心脏治疗仪器与高频电刀

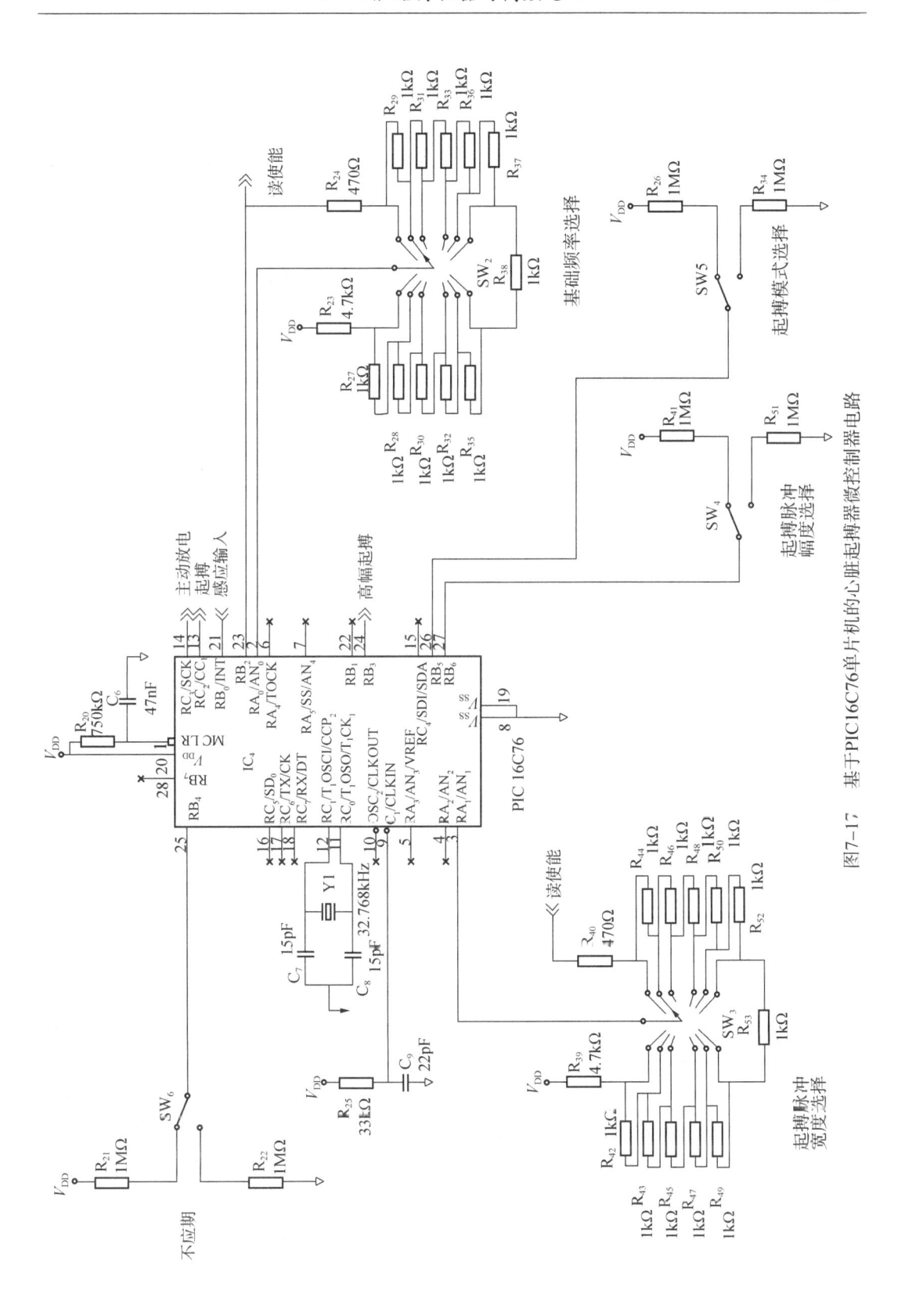

图7-17 基于PIC16C76单片机的心脏起搏器嵌入控制器电路

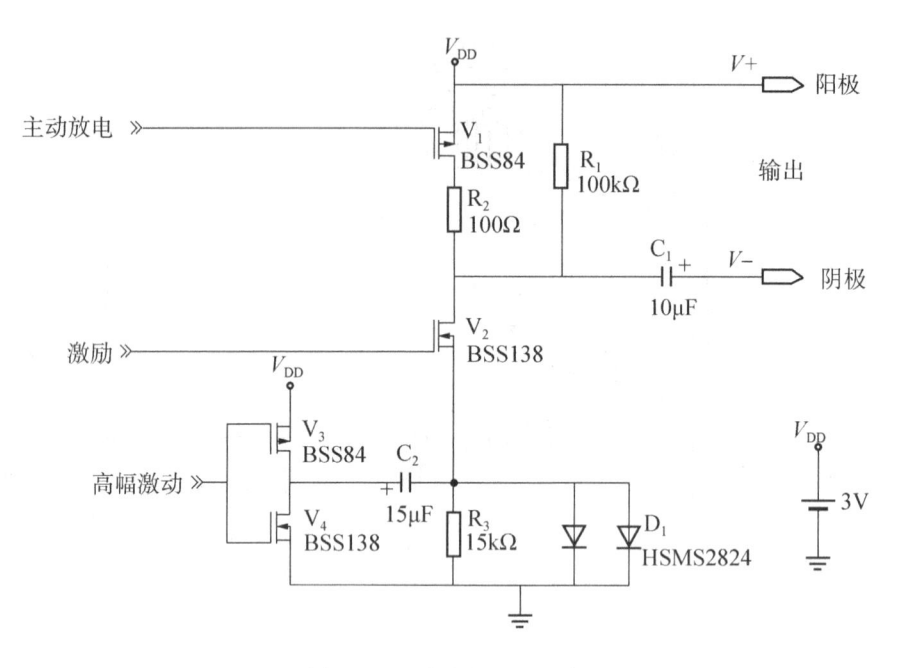

图 7-18 脉冲发生器电路

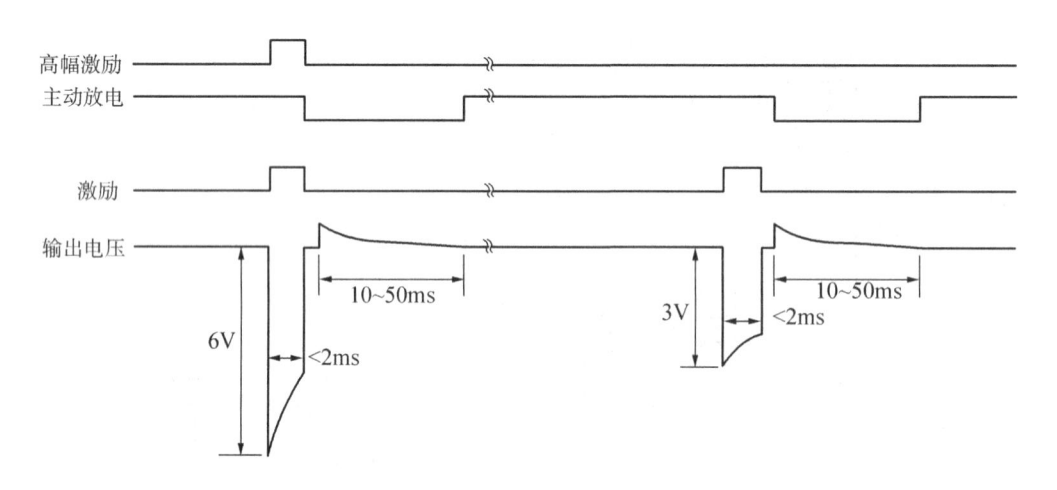

图 7-19 脉冲发生器电路信号时序图

在刺激脉冲发送完毕之后，起搏器进入不应期状态。由于在传递刺激脉冲期间，电容 C_1 被充电，因此，在不应期期间，电容 C_1 必须经过心脏组织释放所储存的电能。在放电期间，电容 C_1 向心脏组织传递的电荷与刺激脉冲传递的电荷大小相等而方向相反，这样就使得流过组织的静电荷为零，实现电荷平衡，消除由于电化学不平衡而引起的电极腐蚀和组织损伤现象。为了实现这种电荷平衡，在不应期期间，"主动放电"置低，V_1 导通，电容 C_1 上的电荷通过电阻 R_1 与 R_2 并联网络向心脏组织快速放电。当不应期结束后，"主动放电"置高，V_1 截止，电容 C_1 上的剩余电荷以缓慢的速度通过电阻 R_1 传递给心脏组织。

7.3.3 DDD 型心脏起搏器的工作原理

上述几种起搏器过去一般都用于刺激患者的心室,这些患者多数是由于房室传导系统阻滞导致心房信号不能传导到心室。显然,在触发心室搏动时,这些起搏器不能利用心房的功能通过血流动力学原理来增强心脏的泵血能力。为了进一步改善起搏器的生理响应性能,状态机还需扩展能够将心室的激活与心房的活动同步的功能。这种类型的起搏器称为双腔起搏器(DDD 起搏器)。图 7-20 为 DDD 型心脏起搏器的状态机示意图。

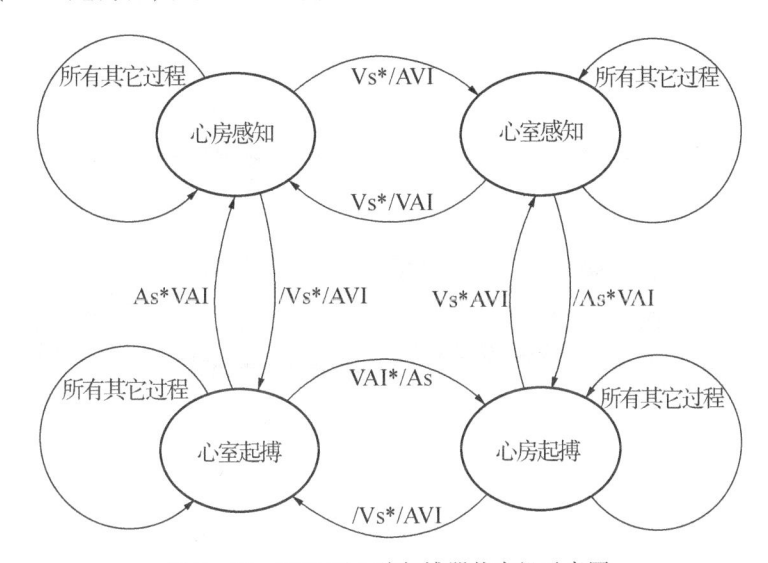

图 7-20 DDD 型心脏起搏器状态机示意图

DDD 型起搏器中的微处理器需要处理六个定时间隔:LRL、VRP、URI、AVI、VAI 和 PVARP。其中,LRL、AVI、VRP 和 PVARP 定时间隔由心室事件启动,AVI 和 PVARP 事件由心房事件启动。

速率下限(low rate limits, LRL)表示在心房或者心室发生连续的起搏或感知事件的最长时间间隔,定义了心率的最小值。

速率上限(upper rate interval, URI)也称为 UR 间期:它表示两个起搏或者感知事件的最小时间间隔。在 DDD 型起搏器中则表示心室起搏或感知事件之间的最小时间间隔。该参数确定起搏器释放刺激脉冲的最高速率。

房室起搏延迟(atrioventricular pacing interval, AVI)也称为 AV 延时(AV Delay):表示心房事件与对应的心室事件之间的时间间隔。在 DDD 型起搏器中用于模拟房室间期。

室房间期(ventriculoatrial interval, VAI):表示心室事件与对应心房事件之间的时间间隔。一般认为 LRL = AVI + VAI。当在设定的室房间期内没有自发心室事件发生的情况下才会产生心房起搏。

心室不应期(ventricular refractory period, VRP):表示起搏器对外部心室事件无响应的间期。

室后心房不应期(postventricular atrial refractory period, PVARP):表示发生心室事件之后产生的心房不应期。在此期间内,任何心房事件都不会被感知。该参数主要用于防止心房通道感知到心室事件并将其错误地解读为心房事件。

下面以图 7-21 所示的时序图来简要说明 DDD 型起搏器的工作原理。

(a) 心房起搏到心室起搏

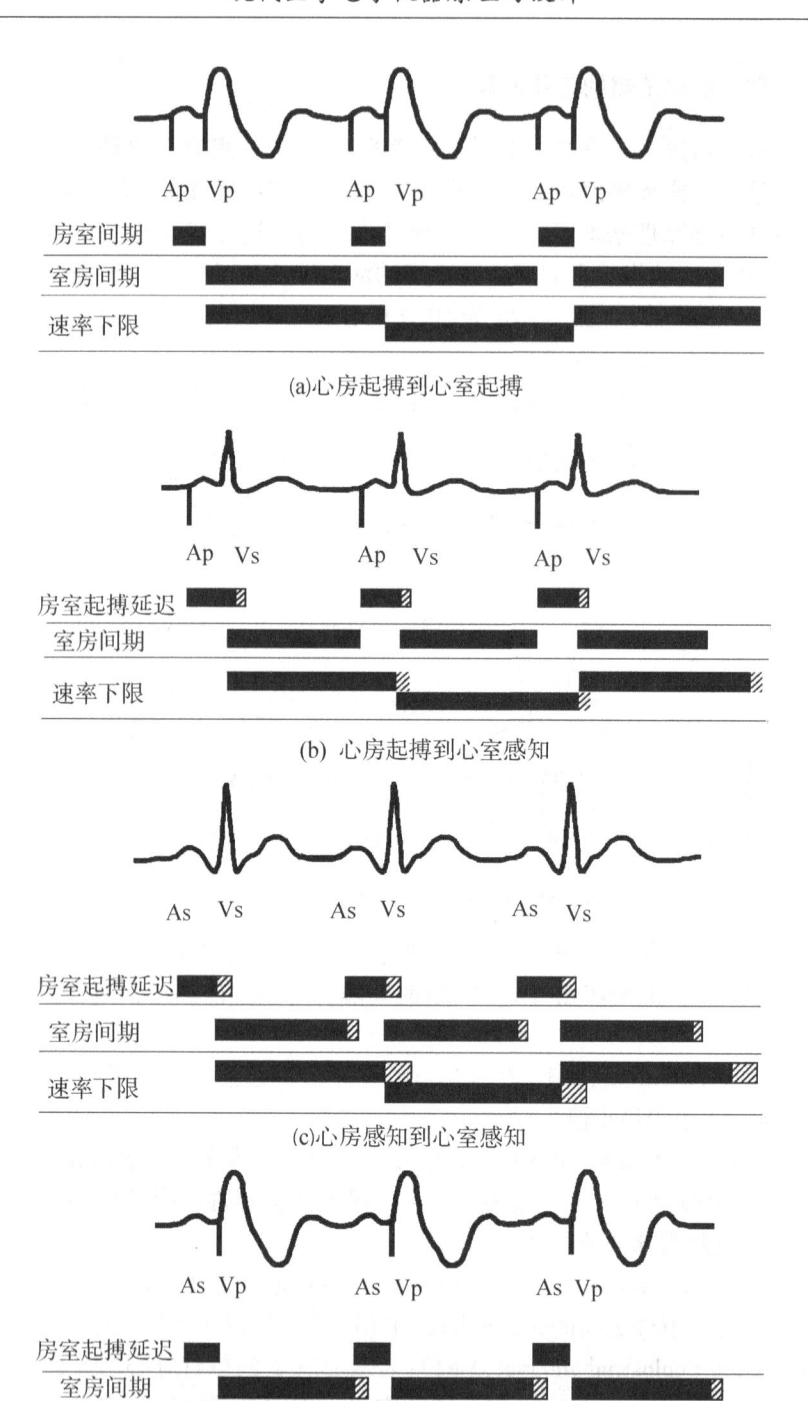

(b) 心房起搏到心室感知

(c) 心房感知到心室感知

(d) 心房感知到心室起搏

图 7-21　DDD 型起搏器工作时序图

Ap—心房起搏；Vp—心室起搏；As—心房感知；Vs—心室感知

DDD 型起搏器在完成心房起搏之后处于 AVI 间期,若在此期间内没有感知到心室自发活动,则释放心室起搏脉冲,如图 7-21a 所示;若在 AVI 间期内感知到心室自发活动,则抑制心室起搏脉冲的释放并将 AVI 和 LRL 定时器复位,如图 7-21b 所示;若在 VAI 间期内,起搏器没有感知到心房事件,则释放心房起搏脉冲,进入下一次起搏周期。

如果 DDD 型起搏器感知到心房事件,则抑制心房起搏脉冲的释放。之后同样进入 AVI 间期,若在此期间内感知到心室自发活动,则抑制心室起搏脉冲并复位 AVI 定时器,如图 7-21c 所示。随后,若在 VAI 间期内检测到了心房的自发活动,则再次抑制心房起搏脉冲的释放并复位 VAI 定时器。若在 AVI 间期内没有感知到心室自发活动,则释放心室起搏脉冲,如图 7-21d 所示。

7.4 心脏起搏器的能源和电极

心脏起搏器使用的能源和电极是人工心脏起搏系统中的一部分,对能源和电极有一定的特殊要求,因此在介绍起搏器时有必要简单地介绍它们。

7.4.1 心脏起搏器的能源

心脏起搏器的能源(电池)对埋藏式起搏器来说很重要,能源的寿命就是起搏器的寿命。能源寿命长,则可减少更换起搏器的次数,这是设计人员和临床医师十分关心的问题。下面简略介绍几种主要能源。植入式心脏起搏器最初采用镍镉充电电池作为电源,通过感应充电进行能量的传递。这种电池的主要问题是寿命短,充电的可靠性依靠患者本人。目前镍镉充电电池供电的植入式心脏起搏器已不再销售。

在 20 世纪 60 年代,锌汞电池广泛地应用于植入式心脏起搏器中。这种电池有很高的电荷体积密度和稳定的电压,3~6 个锌汞电池串联可提供 4~8V 电压。但这种电池不能做到完全密封,易使液体渗入起搏器引起短路和故障。另外,锌汞电池在电池耗尽过程中电压变化很小,因此也很难估计电池的使用情况。目前已经不再使用这种电池作为植入式心脏起搏器的电源。

放射性核素电池也曾经用作植入式心脏起搏器的电源。放射性元素钚具有 87 年的半衰期,用这种元素制成的核素电池在 10 年内输出电压下降只有 1%。放射性核素电池具有相当长的使用寿命,但体积大、毒性、放射性等诸多问题限制了它的应用。(能源设计详见 7.1.2 节"4. 植入式刺激器的电源设计")。因此目前植入式心脏起搏器的供电能源通常选择锂碘电池。

7.4.2 心脏起搏器的电极

7.4.2.1 导线(又称为起搏导管)和电极的作用

导线和电极是起搏系统中的无源部分,是人体心脏与起搏器联系的重要环节,将起搏器发放的起搏脉冲传到心脏,同时又将心脏的 R 波或 P 波电信号传送给起搏器的感知放大器。通过临床应用以及心脏电生理学得出结论,电极的形状、材料、面积等都可以改变起搏阈值(即心脏起搏所需的最低能量)。为此,要求电极形状合理,电极材料良好,电极面积适当减少。这些都可以降低起搏阈值。例如,减少电极的表面积,起搏脉冲的宽度从原来的 2ms 减少到 0.5ms,从而可减少能源的消耗,提高起搏器的使用寿命。图 7-22 所示为心脏起搏器的导线。

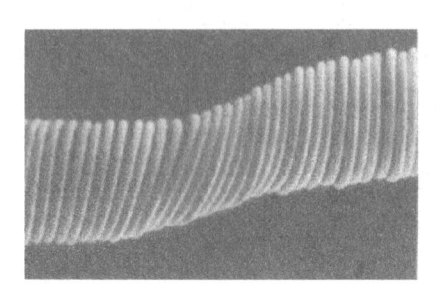

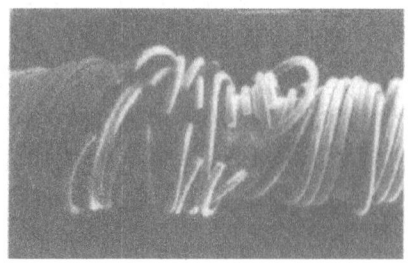

图 7-22 心脏起搏器的导线

7.4.2.2 电极类型

1. 按其安置及用途的不同分类

第一类为心内膜电极。这种电极一般做成心导管形式,经锁骨下静脉或其分支置入心腔内膜,与心内膜接触而刺激心肌,因此也称为心内膜导管电极,简称导管电极。安置时仅需切开导管周围静脉,不必开胸,手术损伤小。因此,在临床上这种电极用得最多,约占 90%。但对静脉畸形和心腔过大的患者,宜采用下面介绍的心肌电极。心内膜电极按照其安装方式可分为主动固定式和被动固定式。主动固定式刺激电极具有螺旋机构,如图 7-23a 所示。被动固定式刺激电极具有尖齿结构,如图 7-23b 所示。

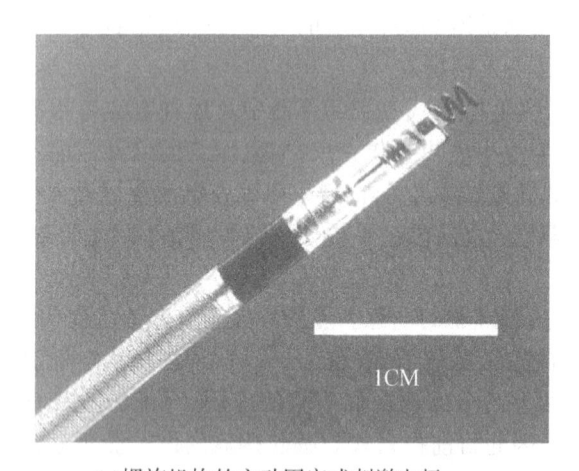

(a)螺旋机构的主动固定式刺激电极 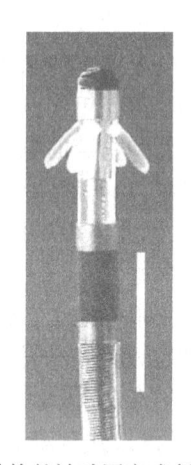　　　　　(b)尖齿结构的被动固定式刺激电极

图 7-23 刺激电极

第二类为心外膜电极。这种电极使用时需要手术开胸,可缝扎于心外膜表面或采用特定的螺旋机构固定。接触心外膜而起搏。其缺点是与心外膜之间极易长出纤维组织,易在短期内导致起搏阈值增高,故目前多为心肌电极所代替。

第三类为心肌电极。使用时手术开胸植入心肌内,使电极头刺入心壁心肌,这样可以减少起搏阈值增高的并发症。但因需开胸,手术较大,故除年轻患者(活动量大)或静脉畸形、心腔过大而心内膜电极不易固定者外,较少使用。

2. 按心内膜使用的电极分类

第一类为单极心内膜电极。使用时仅用位于导线顶端的电极接触心脏。为了使此电极与心脏起搏器输出起搏脉冲有一个输送回路,还必须设置另一个电极,这个电极一般称为无关电极,可把这个无关电极安放在患者任何皮肤下部位。埋藏式起搏器的无关电极就是起搏器的金属外壳。

第二类为双极心内膜电极。使用导线顶端电极和位置靠下的环形电极发送起搏脉冲,如图7-24所示。使用时这两个电极均接触心脏,均固定在心肌上,或阴极与心内膜接触,而阳极在心脏内。

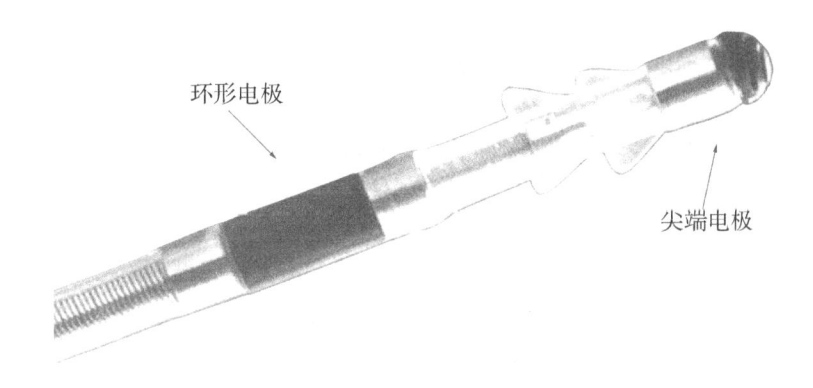

图7-24 起搏电极导线上的尖端电极和环形电极

除了上述电极外,还有为各种特殊需要而制作的电极,如经胸外壁起搏电极、食道心房电极、纵膈心房电极等。

7.2.4.3 电极的结构及形状

电极和导线不仅与体液紧密接触,而且昼夜不停地随心脏一起跳动。如果心脏每分钟兴奋70次,那么一年之内心脏将收缩3680万次,除这种机械运动之外,还受心房不同程度的同步运动,以及呼吸运动,结果使导线产生非常复杂的运动。因此,对电极和导线的物理、化学性能要求很高,要既有一定的强度,又要表面光洁柔软。为了防止导线长期使用时折断和电极腐蚀,从而使心肌穿孔和绝缘破损,导线电极大多用硅橡胶做外套,用爱尔近合金(Elgiloy)或镍合金等优质材料做导体,用爱尔近合金或铂铱合金等优质材料做电极头,这些结构方式经长期使用被认为比较理想。

电极的形状有钩头、盘状、柱状、环状、螺旋状、伞状等不同类型,图7-25所示为三种形状的电极头。

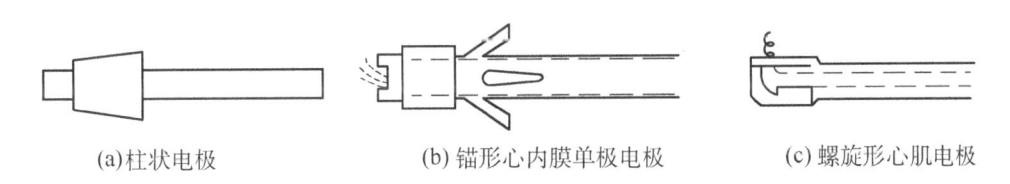

(a) 柱状电极　　(b) 锚形心内膜单极电极　　(c) 螺旋形心肌电极

图7-25 心脏起搏器的几种电极头

需要说明的是,由于埋藏式起搏器的使用寿命可达8～12年,在更换起搏器时,一般都不希望同时更换导管电极,这就要求导线和电极的使用寿命要大大超过起搏器寿命(最好是 2~3 倍)。为此,必须加强导线和电极的研制工作,生产出具有"终生"使用寿命的电极。

7.5 心脏除颤器

心脏除颤器(defibrillator)又名电复律机,它是一种应用电击来抢救和治疗心律失常病人的医疗电子设备,具有疗效高、作用迅速、操作简便以及与药物相比较为安全等优点。

7.5.1 心脏除颤器的作用

用较强的脉冲电流通过心脏来消除心律失常,使之恢复窦性心律的方法,称为电击除颤或电复律术。按传统的说法,心室颤动的治疗叫除颤(defibrillation),而其它心动过速的治疗叫复律(cardioversion)。起搏和除颤都是利用外源性的电流来治疗心律失常的,两者均为近代治疗心律失常的方法。心脏起搏与心脏除颤复律的区别是:后者电击复律时作用于心脏的是一次瞬时高能脉冲,一般持续时间是 4~10 ms,电能在 40~400 J 内。

用于心脏电击除颤的设备称为除颤器,它能完成电击复律,即除颤。当患者发生严重快速心律失常时,如心房扑动、心房纤颤、室上性或室性心动过速等,往往造成不同程度的血液动力障碍。尤其当患者出现心室颤动时,由于心室无整体收缩能力,心脏射血和血液循环中止,如不及时抢救,常造成患者因脑部缺氧时间过长而死亡。如采用除颤器,控制一定能量的电流通过心脏,能消除某些心律失常,可使心律恢复正常,从而使上述心脏疾病患者得到抢救和治疗。

临床上通常用药物和电击除颤两种方法来治疗心律失常。药物治疗是一种较为简便、易为患者接受的方法。但是药物转复存在中毒剂量和有效剂量较难掌握的缺点。如果疗程长,服药期间又需密切观察,则需随时预防药物的副作用。有的药物过量引起的心律失常,其严重程度远较原有的心律失常为甚,如抑制窦房结的正常功能,致使窦性心律失常。相反,电击复律的时间短暂,安全性高,疗效确切,随时都可采用,因此它成为一种有效的转复心律方法,尤其是在某些紧急情况下(如心室颤动)能起到应急抢救的作用。

1. 颤动机制

颤动源于心肌的无序电兴奋,导致正常心脏跳动中协调的机械收缩特性丧失。这些节律不齐普遍认为是心脏内存在兴奋折返通路所致。导致这种不正常生理机制的原因是心脏兴奋的传导区与心肌细胞膜的快速重复去极化,使通过心脏的单个兴奋波或多个兴奋波快速重复传递。如果是多个波,节律变差使得心脏纤维收缩的同步性丧失;没有同步的收缩,受影响的腔室将不会收缩,最致命的情况是心室颤动。这些情形,即节律无序的最普遍原因,是来自动脉粥样硬化的并发症心肌缺血或心肌梗死。另外,相对普遍的原因还包括其它方面,如心功能紊乱、药物毒性反应、血液中的电解质不平衡、体温降低和电击(特别是来自交流电)等。

2. 除颤机制

正确的措施是用强电击来使绝大多数心肌细胞同时去极,压制快速兴奋波的产生。这样细胞可以重新极化,回到各自的相位。

尽管经过了多年的深入研究,但还没有一个除颤机制的理论可以解释所有观察到的现象。然而,普遍认为除颤的电击必须有足够强的电流和足够长的持续时间来影响大多数的心脏细胞。一般地,电击持续时间长比持续时间短所需的电流小。这一关系称为强度—持续时间关系,可以用图 7-26 的曲线来说明。强度和持续时间在电流曲线右上方(或是在能量曲线上方)的电击有足够的强度除颤,而左下角则很弱。从指数衰减的电流曲线可以看出,在持续时间很短时,要获得很高的能量,需

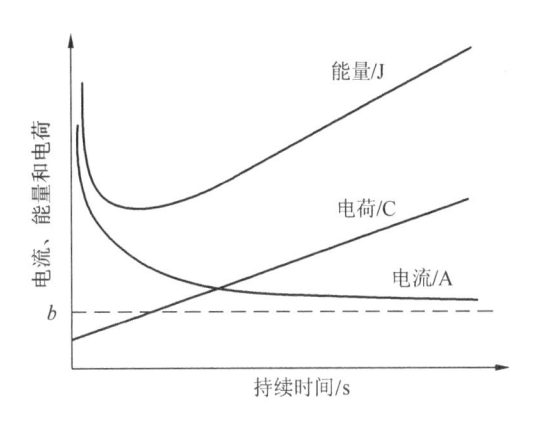

图 7-26 电流、能量和电荷的强度—持续时间曲线

要很大的电流;但在较长的持续时间条件下,由于脉冲的时间加长,电流接近恒流,传递的是累加能量,能量曲线也会变得很高。对于大多数波形,达到除颤的最小能量,要求脉冲的持续时间为 3~8 ms。图 7-26 中也示出了能量—持续时间的电荷曲线,曲线表明除颤的最小电荷量发生在最短的脉冲持续时间。一般不采用很短的持续时间的脉冲,因为大电流会损伤心肌。也要注意过强和长时间的电击可能导致迅速重新颤动,使得恢复心脏功能失败。

在实践中,加在病人胸部皮肤上电极的电击,持续时间定在 3~10 ms,强度为几千伏和几十安。电击传到目标的能量是可以由操作者选择的,对于大多数除颤器,范围是 50~360 J。在一个给定的电脉冲的持续时间内,具体所需要的电击强度依赖于几个因素:病人的自身特点(疾病的突出问题、服用过的药物、患心律不齐的时间等),电极采用的技术,是否正在进行特别的节律失调治疗(有一定规律的节律比没有规律的节律需要的能量更少)。

7.5.2 心脏除颤器的一般设计原理

原始的除颤器是利用工业交流电直接进行除颤的,这种除颤器常会因触电而造成人员伤亡,因此,目前除心脏手术过程中还有用交流电进行体内除颤(室颤)外,一般都用直流电除颤。

7.5.2.1 心脏除颤器的基本原理

一般心脏除颤器多数采用 RLC 阻尼放电的方法,其充放电基本原理如图 7-27 所示。

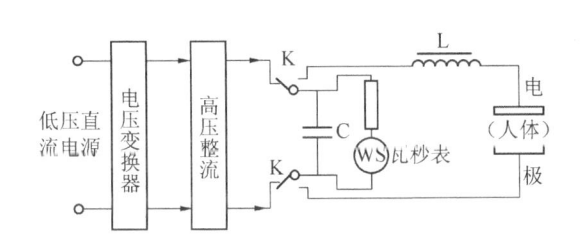

图 7-27 心脏除颤器的充放电基本原理图

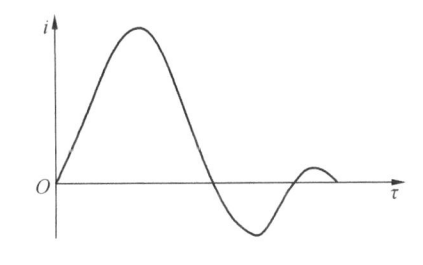

图 7-28 阻尼放电波形

电压变换器是将直流低压变换成脉冲高压,经高压整流后向储能电容 C 充电,使电容 C 获得一定储能。除颤治疗时,控制高压继电器 K 动作,使充电电路被切断,由储能电容 C、电

感 L 及人体(负荷)串联接通,使之构成 RLC(R 为人体电阻、导线本身电阻、人体与电极的接触电阻三者之和)串联谐振衰减振荡电路,即为阻尼振荡放电电路。电阻 R 取值不同,该电路处于不同的阻尼状态,其临界阻尼电阻为 $R_{critical} = 2\sqrt{L/C}$。对于除颤器来说,$R_{critical}$ 一般取 67Ω。这时,电容放电波形及实际传递的能量将取决于人体阻抗。当 R 大于或者等于 $R_{critical}$ 时,电路处于过阻尼状态或临界阻尼状态,电容输出波形为单相波;当 R 小于 $R_{critical}$ 时,电路处于欠阻尼状态,电容输出波形为阻尼正弦波,如图 7-28 所示。

实验和临床都证明,这种 RLC 放电的双向尖峰电流除颤效果较好,并且对人体组织损伤小。

7.5.2.2 除颤波形

美国心脏协会(AHA)发布的《2000 年心肺复苏和心血管急救国际指南》指出:"除颤是依靠成功地选择适当的能量,产生有效的电流通过心脏来获得除颤效果,同时对心脏产生最小的电损伤。如果能量和电流太小,一次电击则不能终止心律失常;而如果能量和电流太大,则可能对心脏产生功能性或形态学方面的损伤。选择合适的电流还可以减少重复电击的次数,从而减少心肌损伤。"除颤的成功与否,关键因素是电流,而选择的能量只是产生电流的手段;另一方面,电流也是造成心肌损伤的主要因素。因此,开发和研制低能量、高成功率和低心肌损伤特性的除颤器一直是除颤技术的研究重点。目前除颤监护仪的除颤波形有单相和双相两类。

1. 单相除颤波形

单相除颤波形包括单相衰减正弦波和单相截断指数波。单相衰减正弦波是最经典的、最常见的单相除颤技术,其除颤脉冲波形如图 7-29 所示。这种技术已沿用近 50 年,是一种在既往的电子科学技术条件下的成熟产品,并在临床急救领域中作出了杰出的贡献。但单相除颤技术也有一些缺点,主要表现在:需要较高的能量和电源,电流峰值较大,心肌功能损伤比较严重;对经胸阻抗的变化没有自动调整功能,对高阻抗病人的除颤效果不理想;对房颤的转复能力较差。

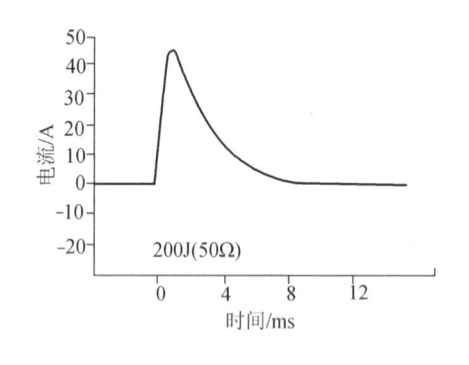

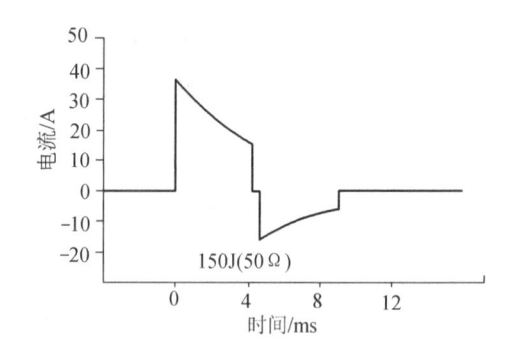

图 7-29 单相衰减正弦波   图 7-30 低能量双相切角指数波

2. 双相除颤波形

双相除颤波形包括低能量双相切角指数波和低能量双相方波。

低能量双相切角指数波如图 7-30 所示。与单相除颤技术比较,低能量双相切角指数波可增加电流的均值,提高了除颤的成功率;由于电流峰值的减少,降低了心肌功能损害的程度。另外,能感应经胸阻抗的变化,通过时间代偿或电压补偿的方式,使高阻抗病人除颤成功率得到改善。其缺点在于阻抗的变化会改变波形。

低能量双相方波除颤技术的除颤脉冲波形如图 7-31 所示。其工作原理是数码电阻桥自动测量人体阻抗,快速调节机内数控电阻值。人体阻抗高,则数控电阻降低;人体阻抗低,则数控电阻提高,总阻抗基本保持不变,所以除颤电流可以保持稳定。因此,双相方波除颤技术的特点是以人体的经胸阻抗为基准,以最低的能量产生最合适的除颤"电流",达到最佳的除颤效果和最小的心肌损伤。

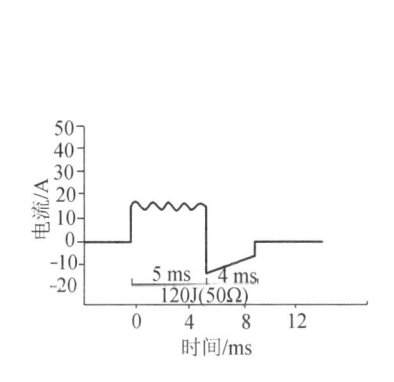

图 7-31 低能量双相方波

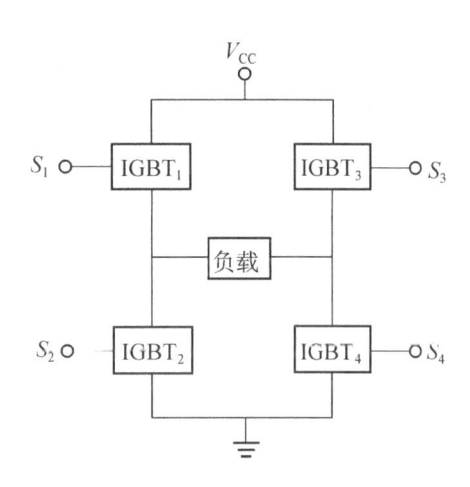

图 7-32 H 桥开关电路示意图

双向除颤波形的产生可用 H 桥开关电路。图 7-32 为 H 桥开关电路示意图。

除颤器常用绝缘栅双极型场效应管(insulated gate bipolar transistor, IGBT)作为开关器件。IGBT 和 MOSFET 特性相似,采用电压控制且高压损耗较小,但是导通阻抗远小于 MOSFET。该电路在工作时通过微处理器输出控制信号 $S_1 \sim S_4$,使得位于对角线上的 IGBT 开关交替导通,从而在负载上形成方向不同的电流脉冲。

如前所述,放电时间一般为 4~10 ms,可以适当选取 L、C 实现。电感 L 应采用开路铁芯线圈,以防止放电时因大电流引起铁芯饱和造成电感值下降,而使输出波形改变。另外,除颤中存在高电压,操作者和病人都有受意外电击的危险,因此必须防止错误操作和采取各种防护电路。

7.5.2.3 电极

体外除颤电极是金属的,表面积在 70~100 cm² 之间。使用时它们必须用一种导电材料和皮肤耦合以便达到电极-皮肤间的低电阻。有两种类型的电极,即手持式和粘贴式。手持式又分体内(见图 7-33a)和体外(见图 7-33b)两种电极。对于粘贴式电极,导电材料已附着于电极上,该电极是一次性的,在电击之前就固定在胸部。手持式电极可以重复使用,但每次需用导电液体或导电固体胶,在电击过程中操作者还可用该电极挤压胸部。电极的放置通常是两个都放在前胸或分别放

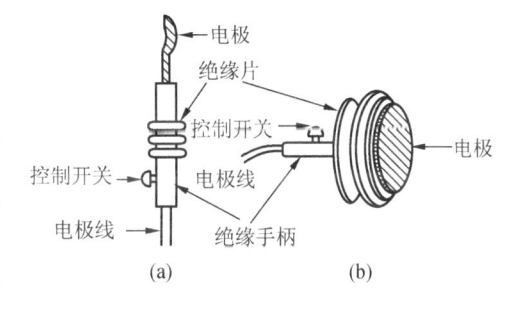

图 7-33 除颤器电极

在前胸和后胸的位置。图 7-33b 所示便是一种用于前胸的手持式除颤电极;而图 7-33a 所示的体内电极是一种用于心脏经手术暴露后直接作用于心脏的勺状除颤电极。

7.5.2.4 同步

在胸部使用的大多数除颤器都有同步的功能,这是一种电子传感和触发电路,旨在确保在 ECG 的 QRS 波期间施加电击。这种功能在治疗心律不齐时比治疗心室颤动时更为需要,因为若不小心在 ECG 的 T 波期间施加电击常常会产生心室颤动。提供同步功能设计后,操作者只需选择除颤器操作的同步模式,除颤器便自动检测 QRS 波并在 QRS 波期间施加电击;而且在 ECG 显示器上电击与 QRS 同步显示(见图 7-34),同步除颤监测中的时间标记 M 表示在此处施加了电击;同步显示可以使操作者确信电击未发生在 T 波期间。

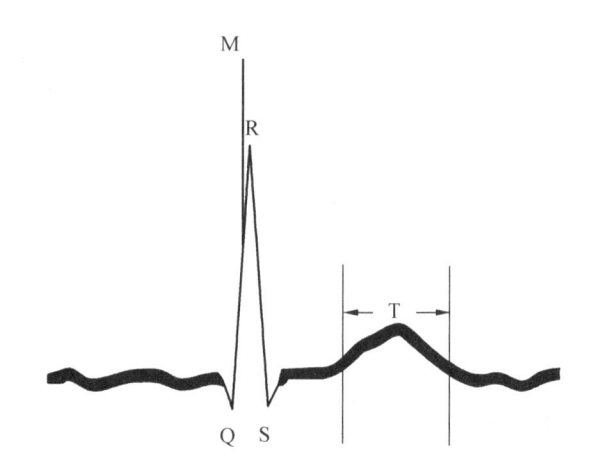

图 7-34 同步除颤监测中电击时间标记(M)

7.5.2.5 自动体外除颤器

自动体外除颤器(automatic external defibrillators, AEDs)通常是在紧急情况下使用,可以自动或半自动识别和快速治疗心律不齐。操作的训练比人工除颤器少,因为操作者不需要知道在哪些 ECG 波形出现时需要电击。操作者将 AED 的粘贴式电极放到病人身上,打开 AED,可以监视 ECG,通过内置信号处理器决定是否与何时给予病人电击。在全自动模式下,AED 可以完全靠自控;而在半自动模式下,操作者必须确认来自 AED 的电击请求再提供电击。AED 对于提高心脏停搏患者的生还机会有潜在的价值,因为它可以使得紧急情况的处理个人化,在医务人员到来之前就可以对病人实施除颤电击。由于降低了训练要求,患者家人可以在患者心室颤动的高危时刻在家里操作 AED。

7.5.2.6 除颤器的安全问题

除颤器因为其高电压输出特性,是一种有潜在危险的设备。对此国家制定了专门针对除颤器的安全标准(GB9706.8—1995)。但即使满足了标准,仍会存在一些危险。

非同步电击的危险在前面已经作了介绍,需要有同步设计来防止在 T 波期间施加电击造成心室颤动。

不正确的操作可能导致操作者或者和放电通路连接的附近其他人员的意外电击。这种情况的发生可能是在施加电击时操作者不小心握住了放电电极,或是周围的人与病人及其金属床接触。

另外一个安全问题是过强和过多的电击对病人造成的损害。尽管在对实验动物和病人进行高强度和重复电击后心脏的损害有过报道,但一般认为只要遵从临床程序和方法,重大的心脏损害是可以避免的。

除颤器不能正确地工作也可视为一个安全问题,因为当除颤器不能进行电击而又没有替代物时就意味着病人复苏机会的丧失。

7.5.3 心脏除颤器的类型

1. 按是否与 R 波同步来分

(1) 非同步型除颤器。这种除颤器在除颤时与患者自身的 R 波不同步,可用在心室颤动和扑动(因为这时没有振幅足够高、斜率足够大的 R 波)。

(2) 同步型除颤器。这种除颤器在除颤时与患者自身的 R 波同步。一般是利用电子控制电路,用 R 波控制电流脉冲的发放,使电击脉冲刚好落在 R 波的下降支,这样使电击脉冲不会落在易激期,从而避免心室纤颤。可用于除心室颤动和扑动以外的所有快速性心律失常,如室上性及室性心动过速、心房颤动和扑动等。

2. 按电极板放置的位置来分

(1) 体内除颤器。这种除颤器是将电极放置在胸内直接接触心肌进行除颤的。早期除颤主要用于开胸心脏手术时直接心肌电击,这种体内除颤器结构简单。现代的体内除颤器是埋藏式的,这与早期体内除颤器不大相同,它除了能够自动除颤以外,还能自动进行监护,判断心律失常,选择疗法进行治疗。这种现代化体内除颤器还处于实验研制阶段,仅有少数应用于临床。

(2) 体外除颤器。这种除颤器是将电极放在胸外,间接接触除颤。目前临床使用的除颤器大都属于这一类型。

7.5.4 心脏除颤器的主要性能指标

(1) 最大储能值。这是指在除颤器电击前,除颤器内的电容器必须先储存电能(用充电方法实现)。衡量电能大小的单位是 J。通过大量动物实验和临床实践证明,电击的安全剂量以不超过 400 J 为宜,即除颤器的最大储能值为 400 J。电容 C 与其上面的电压 U 和储能 W 有如下关系:

$$W = \frac{1}{2}CU^2 \text{。} \tag{7-3}$$

从上式可知,当电容 C 确定后,W 便由 U 确定。

(2) 释放电能量。这是指除颤器实际向病人释放电能的多少。这个性能指标十分重要,因为它直接关系到除颤实际剂量。能量储存多少并不等于就能给病人释放多少,这是因为在释放电能时,电容器的电阻、电极和皮肤接触电阻、电极接插件的接触电阻等,都要消耗电能,所以,对不同的患者(相当于不同的释放负荷),同样的储存电能有可能释放出不同的电能量。因此,释放电能量的大小必须以一定的负荷值为前提。通常,多以负荷 50 Ω 作为等效患者的电阻值。

(3) 释放效率。这是指释放能量和储存电能之比。对于不同的除颤器有不同的释放效率。大多数除颤器的释放效率在 50%～80% 之间。例如,国产 QC - 11 和 XQQ - 1 型释放效率为 67%。

(4) 最大储能时间。这是指电容充电到最大储能值时所需要的时间。储能时间短,就可以缩短抢救和治疗的准备时间,所以希望这个时间越短越好,但因受电源内阻的限制,不可能无限度地缩短这个时间。目前最大储能时间多在 10～15 s 范围内。

(5) 最大释放电压。这是指除颤器以最大储能值向一定负荷释放能量时在负荷上的最高电压值。这同样也是一个安全指标,即在电击时防止患者承受过高的电压。国际电工委员会暂作这样的规定:除颤器以最大储能值向 100 Ω 电阻负荷释放时,在负荷上的最高电压值不应该超过 5 000 V。

7.6 典型心脏除颤器

心脏除颤器的品种较多,本节选取了一种电路设计比较完整的和一种电路设计比较简单的仪器加以分析,以便对心脏除颤器的电路工作原理有较深的了解。最后简单介绍临床上常见的除颤监护仪的结构和原理。

7.6.1 一种电路比较简单的同步心脏除颤器电路分析

这种除颤器为同步式除颤器,下面主要分析它的充放电电路和同步电路两部分。

1. 充放电电路

充放电电路即除颤电路,为本机核心电路,其电路原理图如图 7-35 所示。

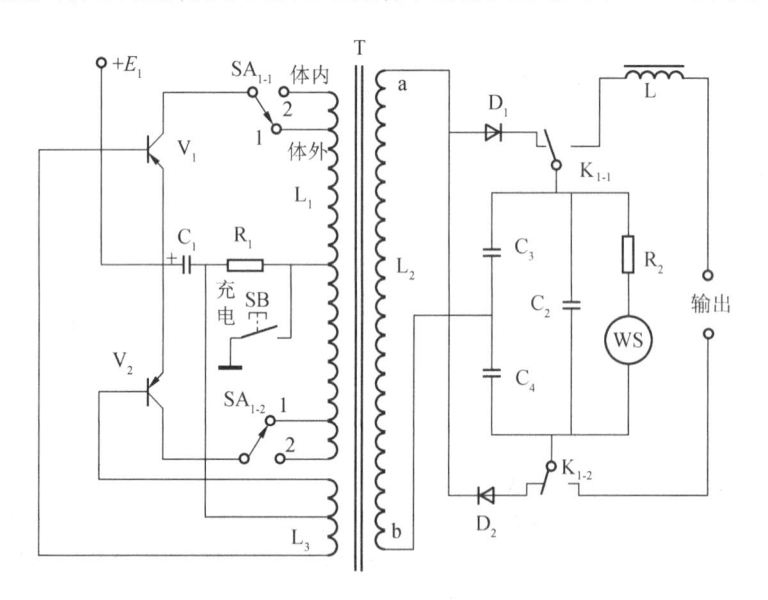

图 7-35 充放电电路原理图

由晶体三极管 V_1 和 V_2 以及变压器 T 等组成高频高压变换器,其作用是把低压直流变换成脉冲高压。其工作过程是:当整机电源通电以后,"充电"按钮开关 SB 处于常开状态,电路与"地"并未接通,因此电路并不工作。当需要对储能电容充电时,按下 SB,电路与"地"接通,高频振荡电路开始工作,产生矩形脉冲,经变压器 T 升压,当 T 的二次侧 L_2 为正半周时,即当 a 端为" + "、b 端为" - "时,二极管 D_1 因正向加压而导通,D_2 因反向加压而截止,故此时对 C_3 充电,其方向为上" + "下" - ";当 T 的二次侧为负半周时,即当 a 端为

"-"、b 端为"+"时,D_2 导通,D_1 截止,此时对 C_4 充电,其方向也是上"+"下"-"。由于 C_3、C_4 很大,充电比较慢,以后正负半周轮流对 C_3、C_4 充电(只是充电时间不是整个半周)。这个电路实质上是倍压整流电路,所以在经过一段时间后(约 10 s)C_3、C_4 上获得高压直流电 U。其电能为 $(1/2)CU^2$(其中 C 为 C_3、C_4 串联后再与 C_2 并联的等效电容,C_2 较小,可以忽略其对充电电能的影响)。

图中 SA_1 为"体内除颤"和"体外除颤"选择开关,它是双刀两位波段开关。当 SA_{1-1}、SA_{1-2} 刀拨向"1"位时,为"体外除颤",这时变压器 T 的一次侧线圈 L_1 减少,二次侧 L_2 和 L_3 的端电压升高。由于 L_3 上电压增加,即正反馈电压增加,振荡加强,加上 L_2 进一步升压,因此,储能电容电压升高,满足"体外除颤"所需电能。当 SA_{1-1}、SA_{1-2} 的刀拨向"2"位时,为"体内除颤",这时对储能电容充电电压将减小。如果从储能指示"WS"观察出储能过强,可以进行充电时间控制,办法是:控制按下"SB"闭合时间,监视"WS"表上升情况,当"WS"指示达到所需值时,松开按钮"SB"停止充电,以此来"微调"储能值。

2. 同步电路

同步电路的作用是除颤放电时与患者自主的 R 波同步。其电路如图 7-36 所示,电路中几个关键点波形示意图如图 7-37 所示。

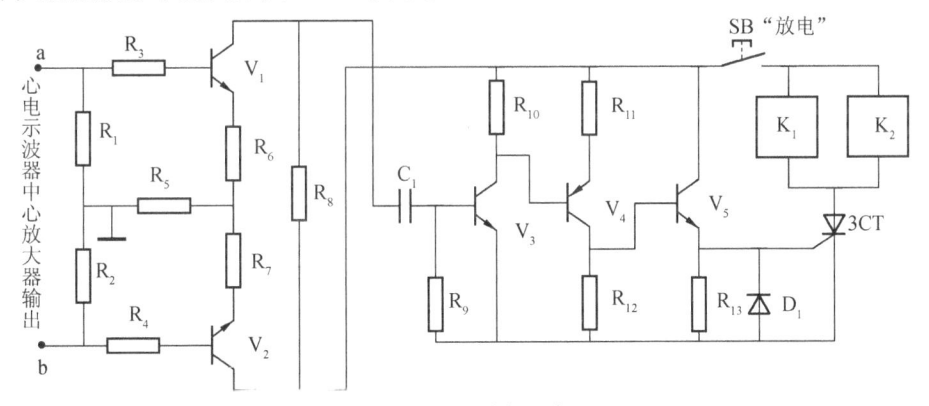

图 7-36 同步电路

a、b 两端接心电示波器中心放大器输出,经心电放大器放大后的心电信号(如图 7-37 中 U_{ab} 所示)再由 V_1、V_2 组成双端输入单端输出的差动放大电路倒相放大(如图 7-37 中 U_c 所示),C_1 和 V_3 导通时的输入电阻(包括 R_9)组成微分电路,将 R 波微分成正负尖脉冲(如图 7-37 中 U_d 所示),由于 V_3 静态偏流为 0,故只能放大正尖脉冲,再经 V_4 整形,V_5 输出正脉冲(如图 7-37 中 U_e 所示),触发可控硅使之导通。

电路工作过程如下:当需要除颤器放电时,按下"放电"按钮 SB,此时如果 R 波没有到来,可控硅不会导通,只有延时到 R 波下降沿时才有幅度较大的正脉冲加入可控硅 3CT 的控制极,使 3CT 导通,于是 K_1、K_2 动作,K_1 动作使储能电容 C 放电。由此可以看出,同步电路的作用是:使电击除颤的时刻是从 R 波下降沿开始的,从而避开心动周期的易激

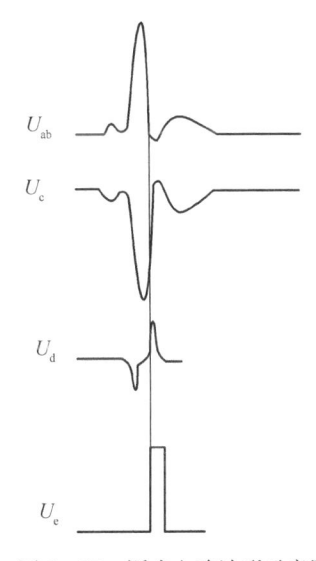

图 7-37 同步电路波形示意图

期,以保证患者的安全。K_2 为增辉继电器,与 K_1 同时动作。K_2 动作以后,使增辉电路工作,在心电示波器上可观察到荧光屏上扫描线增辉度增加,以便作 R 波同步性能的检查。因此,在给患者进行心脏除颤前,必须以患者的心电反复预试 R 波同步性能,这是保证顺利、安全进行心脏除颤复律必不可少的步骤(室颤除外)。

7.6.2 双相波除颤放电电路

双相波除颤是近年来发展并积极推广的除颤能量释放模式,目前大多数除颤仪都采用这类释放模式,如图 7-38a 所示。

首先是由 2 个高压电容 C_1 和 C_2 构成除颤能量存储电容,其中 C_1、C_2 构成正相波和负相波除颤电容,其次是通过 K_1、K_2、K_3 和 K_4 四个高压继电器构成桥路双相能量释放模式,并按预期时间将 2 个除颤极板分别连接到不同的储能电容上,以实现正、反相波的除颤能量释放,完成预期的除颤功能。

(a) 双相波除颤放电电路

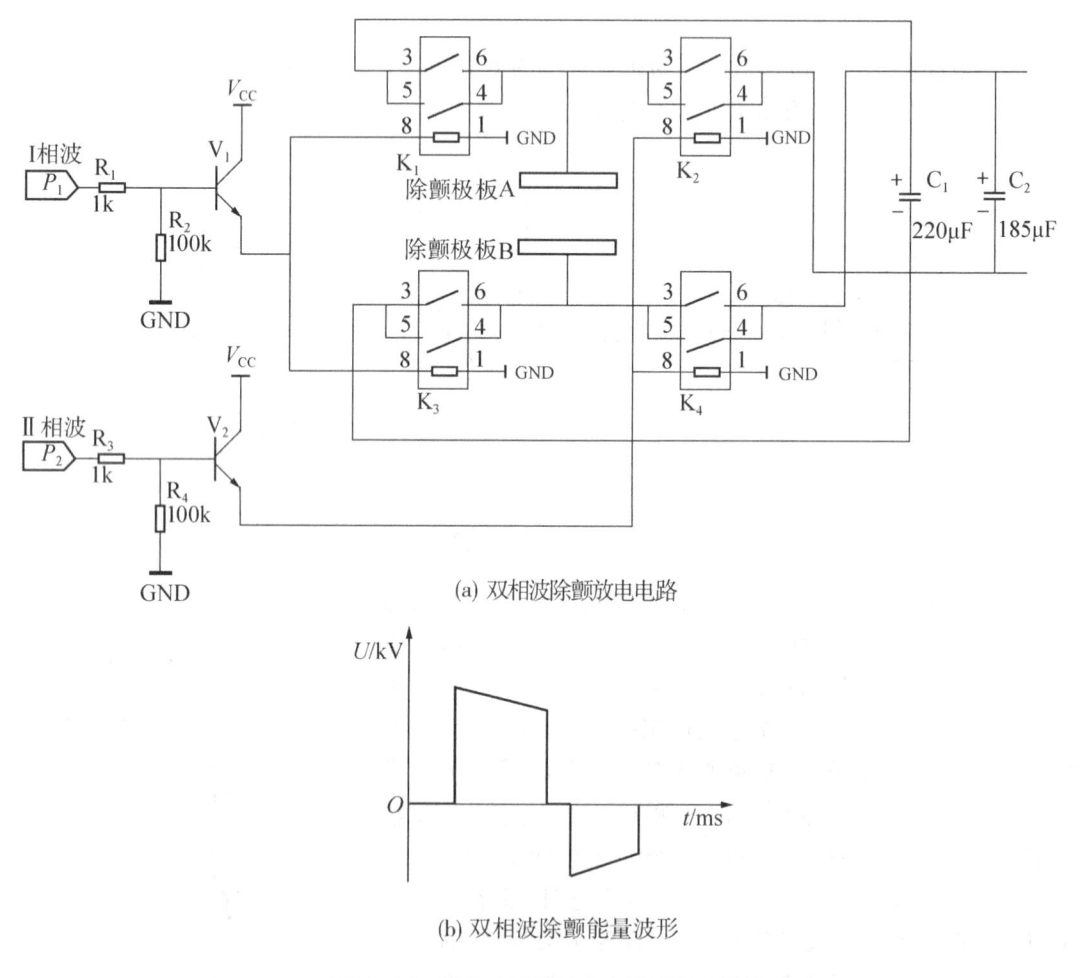

(b) 双相波除颤能量波形

图 7-38 双相波除颤放电电路及输出波形

在 P_1 高电平、P_2 低电平下,V_1 驱动继电器 K_1、K_3 工作,将电容 C_1 的正极通过 K_1 连接到除颤极板正极 A,C_1 的负极通过 K_3 连接到除颤极板负极 B,实现正相波的能量释放。

在 P_1 高电平、P_2 低电平下，V_2 驱动继电器 K_2、K_4 工作，将电容 C_2 的正极通过 K_4 连接到除颤极板负极 B，C_2 的负极通过 K_2 连接到除颤极板正极 A，实现负相波的能量释放。

最后实现如图 7-38b 所示的双相波的除颤波形输出。

7.6.3 除颤监护仪

全自动体外心脏监护除颤仪是集监护与治疗于一体的智能化设备，能持续监测 ECG 信号，精确及时地检测到室速（ventricular tachycardia，VT）/室颤（ventricular fibrillation，VF）的出现，鉴别分析需电击或不需电击心律，对威胁生命的心脏突发状况可立即给予治疗性电击。该机过程全部自动完成，无须人为干预，从而有效赢得抢救时机，显著提高存活率。本节简要介绍全自动体外心脏监护除颤仪的工作原理与结构。

7.6.3.1 概述

除颤监护仪的工作原理如图 7-39 所示。

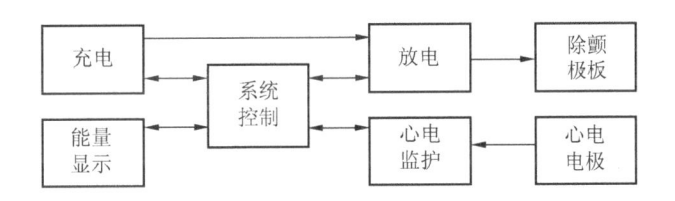

图 7-39 除颤监护仪工作原理框图

系统通过心电电极（或除颤极板）采集病人心电信号，经过放大和 A/D 转换后送到系统控制部分利用专用算法进行分析。如果出现室速或室颤，对储能电容进行充电，然后将储能电容中的能量通过除颤极板向病人释放，纠正心律失常，同时显示能量水平。

7.6.3.2 除颤监护仪的分类

除颤监护仪分为全自动与半自动两类。

1. 全自动除颤监护仪

全自动体外除颤监护仪（automatic external defibrillators，AEDs）通常是在紧急情况下使用，可以自动识别和快速治疗心律不齐。操作的训练比人工除颤器少，因为操作者不需要知道在哪些 ECG 波形出现时需要电击。操作者将 AEDs 的粘贴式电极放到病人身上，打开 AEDs，可以监视 ECG。全自动除颤监护仪自动对患者心律进行分析，并决定是否需要除颤。如果检测出可除颤心律，仪器就自动充电与放电。通过内置微处理器决定是否与何时给予病人电击。全自动除颤监护仪工作过程自动完成，缩短了发生 VT/VF 与开始除颤之间的时间，大大提高了心脏骤停患者的存活率和生存质量。图 7-40 为一种全自动除颤监护仪的原理框图。

全自动除颤监护仪以微处理器为控制单元。包括传感器模块、除颤模块、数据存储模块、数据通信模块和人机交互模块。传感器模块主要包括心电、压力和生物阻抗传感器，用于检测人体的心电、血压和阻抗信号以提取生理或病理信息。微处理器采用特定的算法对这些信息进行分析后，在需要除颤的时候驱动功率输出单元，通过除颤电极向病人释放除颤脉冲。另外，传感器单元采集到的生理数据既可以存储在 EEPROM 或者 FLASH 中，也可以通过蓝牙、USB 或 USART 发送至计算机。同时，生理数据可以以波形的形式显示在 LCD

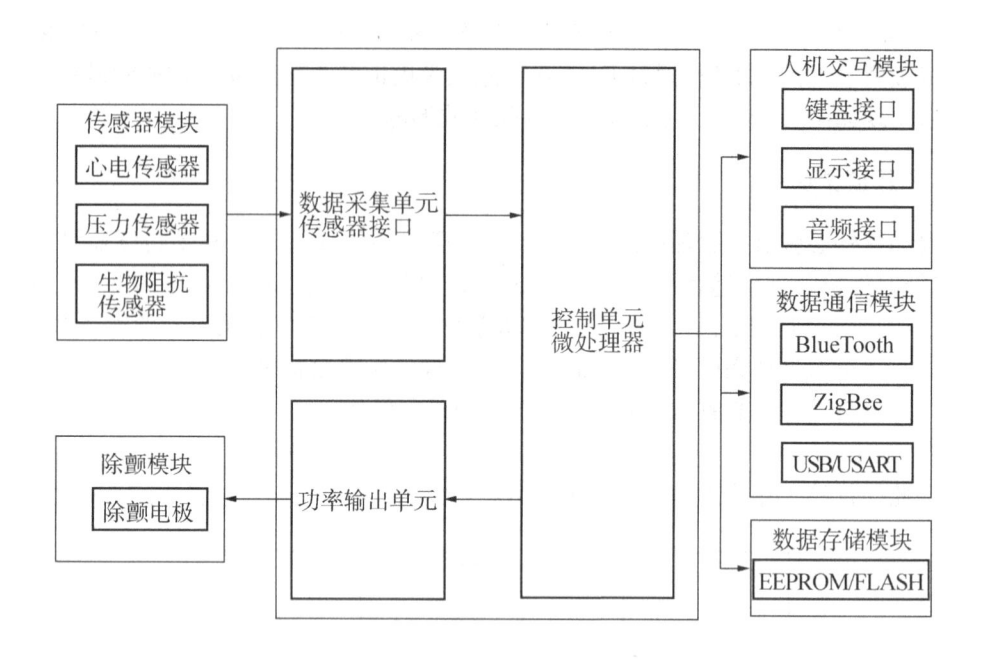

图 7-40 全自动除颤监护仪的原理框图

上。当病人出现危险情况时,监护仪会发出声光形式的报警信号,提醒医护人员注意。此外,医护人员还可以对监护仪的常规参数进行设置。

2. 半自动除颤监护仪

在全自动除颤监护仪中,微处理器通过特殊算法对心电信号进行分析和识别需要大量的时间,这样可能会丧失除颤的最佳时机。而一个富有经验的医生通过心电图识别心律不齐所花费的时间很少,因此,临床上常用半自动除颤监护仪。半自动除颤监护仪在对电容充电的同时采集患者的心电信号,并将其显示在屏幕上由医生对患者心律进行分析,如果医生识别出需除颤心律,则由医生进行手动除颤。

此外,大多数除颤监护仪都有手动除颤模式。在这个模式下,由医生对患者心律进行分析,如果发生室速或室颤,则手动控制充电和除颤操作。

7.7 高频电刀

临床医学俗称的"高频电刀"是一种取代机械手术刀进行组织切割的电外科器械(electrosurgical unit,ESU)。它通过电极尖端产生的高频(通常为 200 kHz ~ 3 MHz)高压电流与机体接触时对组织进行加热,实现对机体组织的分离和凝固,从而达到切割和止血的目的。

高频电刀自 1920 年应用于临床至今,已有近百年的历史。其间经历了火花塞放电—大功率电子管—大功率晶体管—大功率 MOS 管四代的变革。随着计算机技术的普及、应用与发展,目前,高性能的单片机广泛应用于高频电刀的整机控制,实现了在各种功能下功率波形、电压、电流的自动调节,各种安全指标的检测,以及程序化控制和故障的自动检测及指示,因而大大提高了设备本身的安全性和可靠性,简化了医生的操作过程。

同时,随着医疗技术的发展和临床提出的要求,以高频手术器为主的复合型电外科设备也有了相应的发展:高频氩气刀(高频电刀在电刀笔头处通以氩气,以获得特殊的凝血效果,这类仪器称为氩气高频电刀)、高频超声手术系统、高频电切内窥镜治疗系统、高频旋切去脂机等设备,在临床中都取得了显著的效果。而随之派生出来的各种高频手术器专用附件(如双极电切剪、双极电切镜、电切镜汽化滚轮电极等)也为临床手术开拓了更广的使用范围。

7.7.1 电刀切割止血的机制

电外科器械的作用基础是高频电流通过组织而产生的热作用。这种热作用有选择性地由电外科器械的作用电极传导到需破坏的生物组织表面。医生利用这种组织破坏作用来实现切割和凝血。这种热作用受生物组织阻抗、电流密度和作用时间的影响。与作用电极相接触的人体组织相应点上电流密度很高,在局部区域上能产生足够热量,从而控制性地破坏组织。

切割又称为电切,由于电外科器械作用电极的边缘犹如手术刀口,表面积较小,接触组织时,电流以极高的密度流向组织。组织呈电阻性,在电极边缘有限范围内的组织的温度迅速而强烈地上升,微观上细胞内的液体温度迅速超过100℃,水分爆炸性地蒸发从而破坏细胞膜,周围的大量细胞被破坏,宏观上组织被快速地切开。配合各种特殊设计的作用电极(刀头),电刀能用来切割各种类型的组织。相对于传统的手术刀,电刀电切的优势在于:切割进行的同时具有连续的凝固(止血)作用;不需医生施加过多的机械力。

凝固又称为电凝,当电流作用于组织而使组织温度较慢速(相对于电切)而有效地升高至100℃左右时,细胞内外的液体逐步蒸发,从而使组织收缩并凝固。在切割过程中被切断的小血管口,在电流的热作用下血管壁凝固收缩封闭,从而达到止血的效果。电刀快速有效的电凝作用,很大程度上取代了复杂的血管结扎,可以大大节省手术时间,简化手术操作,并可以减少价格相对较高的凝血胶的使用,有效地降低手术成本。利用电凝使细胞凝固、蛋白质变性和组织失活的效果,可对增生的肿瘤组织实行电凝,破坏肿瘤组织,达到治疗的目的。

根据作用机制,凝固可分为烧灼和干燥两种。烧灼是作用电极在不接触组织的情况下以作用周期较短(6%~10%)的电流产生电火花来烧灼组织,由于作用周期短,可以使升温不致太快。干燥是作用电极以较大的接触面积直接接触组织,由于电流密度小,故仅使细胞脱水而非破裂或气化。

高频电流所产生的切割和凝固作用,两者是密不可分的。对高频电流波形的改变可以增加电流的切割作用从而减少凝固作用,相反地也可增加凝固作用而减少切割作用。电刀的工作模式(不同的切割或电凝功能,常见的划分有纯切、混切、强力电凝、喷射电凝等)划分就是通过电流波形的改变人为地划分出电切或者电凝功能模式,在电刀上电切模式设置区域用黄色勾画,蓝色代表着电凝设置区域。

7.7.2 高频电刀的设计原理

高频电刀事实上是一个大功率的信号发生器,如图7-41所示。信号的宏观(低频)形态由函数发生器产生(7.7.4"高频电刀的波形设计"中会专门阐述),经射频调制

(200 kHz～3 MHz)后,再经功率放大器放大输出到电极(电刀)。电极有双极和单极之分。双极电极一般用于局部电凝和功率较小的场合;而单极电极配以返回电极(又称分离电极)可提供手术切割所需要的高功率输出。高频电刀输出的典型波形有三种,如图 7-42 所示,对应了电凝、电切和混合(同时具有切割和凝结的功能)三种不同的功能和应用。

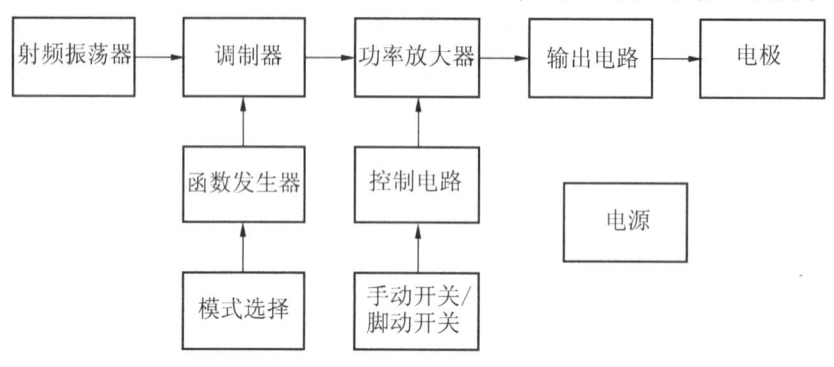

图 7-41 高频电刀系统设计框图

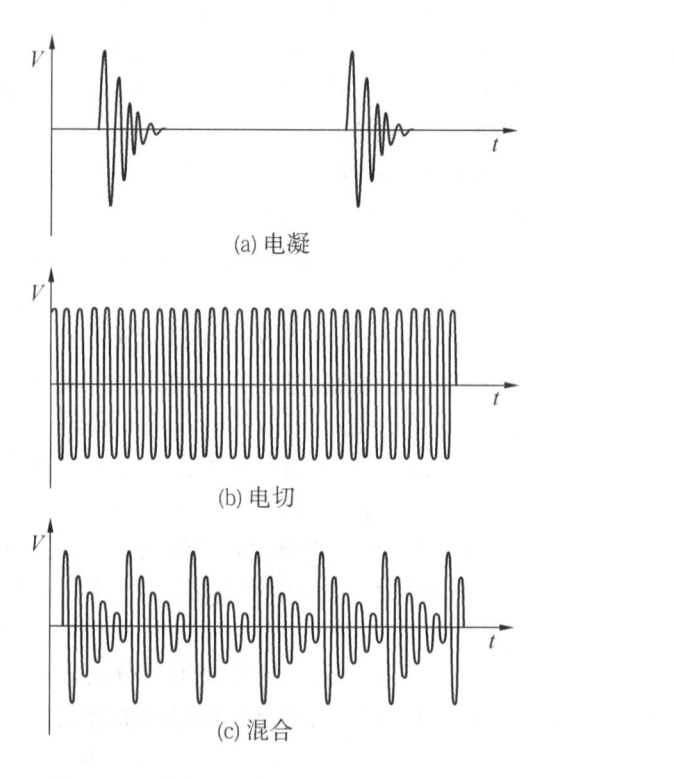

图 7-42 高频电刀输出的三种典型波形

在使用的频率、电压和输出功率等方面,电切普遍高于电凝。有关设计参数范围说明如下:
1. 电凝
射频频率:250 kHz～2.0 MHz;
调制(波簇):120/s 左右;
输出电压(开路):300～2 000 V;

输出功率(500 Ω 负载):80～200 W。
2. 电切
射频频率:500 kHz～2.5 MHz;
调制:直接输出或经调幅处理;
输出电压(开路):9 000 V 左右;
输出功率(500 Ω 负载):100～400 W。

图 7-43 是一款单/双极高频电刀实物图,显示了高频电刀的整机外观结构。图中放在仪器前面的是用于电凝的双极电刀、用于电切的单极电刀(与单极电刀相配的面积较大的分离电极没有示出)。

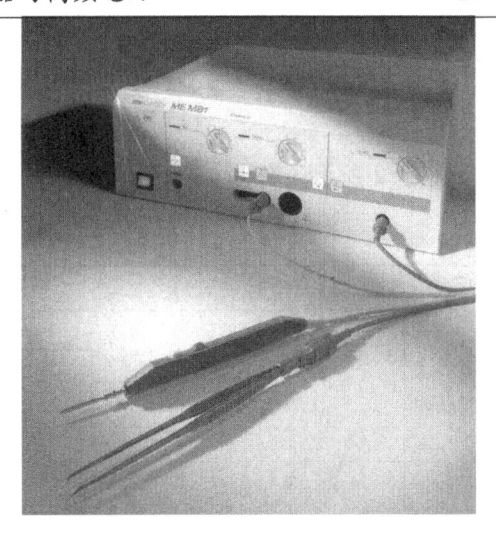

图 7-43　单/双极高频电刀实物图

7.7.3　高频电刀主要的工作模式

高频电刀有两种主要的工作模式:单极和双极。

1. 单极模式

在单极模式中,用一完整的电路来切割和凝固组织,该电路由高频电刀内的高频发生器、病人极板、连接导线和作用电极组成,如图 7-44 所示。在大多数的应用中,电流通过有效导线和电极穿过病人,再由病人极板及其导线返回高频电刀的发生器。

2. 双极模式

双极电凝是通过双极镊子的两个尖端向机体组织提供高频电能,使双极镊子两端之间的血管脱水而凝固,达到止血的目的。它的作用范围只限于镊子两端之间,对机体组织的损伤程度和影响范围比单极模式小得多,适用于对小血管(直径 <4 mm)和输卵管的封闭。因此,双极电凝多用于脑外科、显微外科、五官科、妇产科以及手外科等较为精细的手术中。双极电凝的安全性问题正在逐渐被人们所认识,其使用范围也在逐渐扩大。

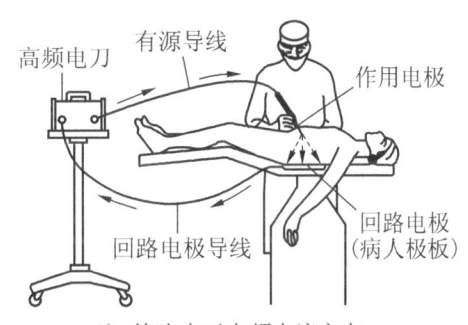

图 7-44　高频电刀单极模式示意图

7.7.4　高频电刀的波形设计

高频电刀输出的波形由一连续的正弦波和一中断的正弦波组成。一般说来,连续波用于切割组织是最优的;而中断的正弦波通常近似于指数钳位的正弦波,对组织凝固是最适宜的。凝固波形的本质是获得黑色凝固或获得高温下组织的炭化;切割时需要利用弧光来获得足够强大的电流密度,以便在非常小的区域内破坏组织的结构而不会对邻近的组织产生伤害。应该注意,白色凝固的产生(它仅由变性骨胶原、弹性硬蛋白和其它天然的组织蛋白质组成而不包括组织切断和部分切除)独立于所使用的波形。

各种不同波形的频率在高频电刀的研究中是很重要的,这是因为:①它指出了信号刺激可兴奋组织的趋势;②它提供了滤波器设计需要的频率信息。通过波形分量的傅里叶变换

可以分析能量的频率分布。时域信号的傅里叶变换为

$$F\{x(t)\} = X(f) = \int_{-\infty}^{+\infty} x(t)\exp(-j2\pi ft)dt。 \quad (7-4)$$

表 7-2 所示为高频电刀设计中常用的几种波形及其傅里叶变换。

表 7-2　高频电刀设计中常用的几种波形及其傅里叶变换

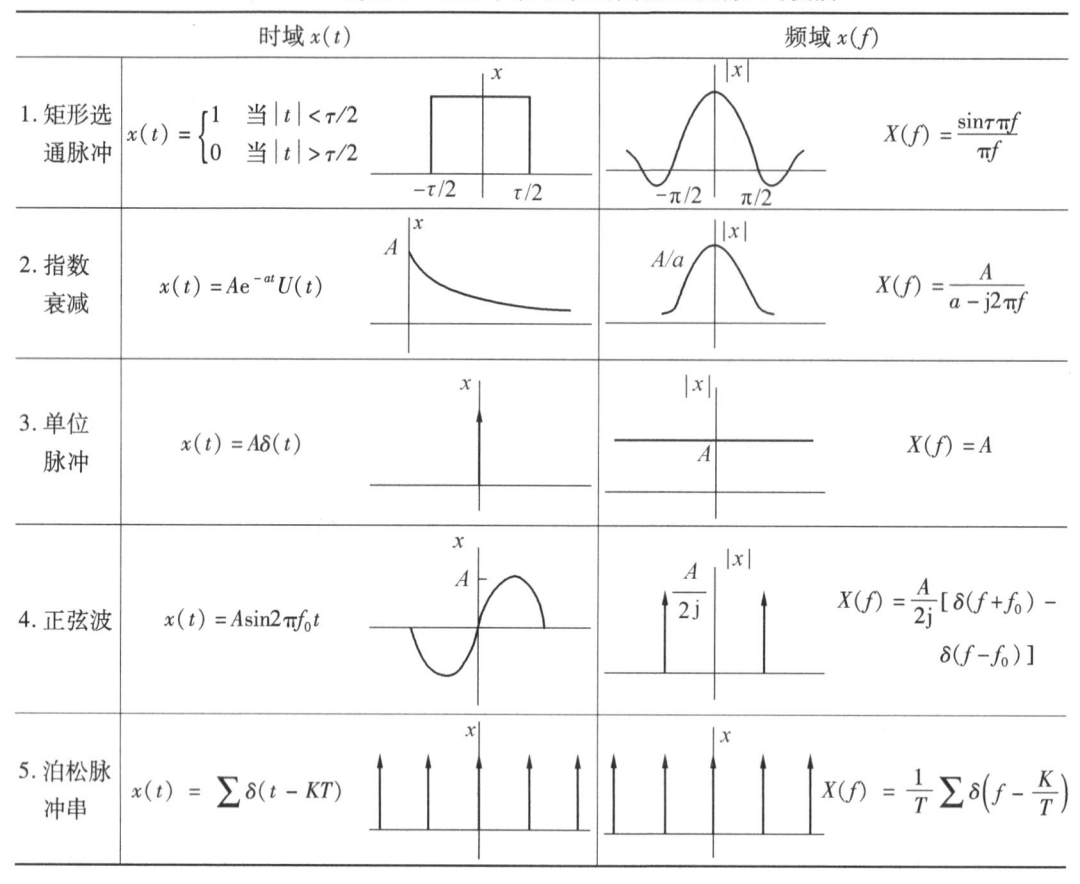

	时域 $x(t)$		频域 $x(f)$	
1. 矩形选通脉冲	$x(t)=\begin{cases}1 & 当\|t\|<\tau/2\\0 & 当\|t\|>\tau/2\end{cases}$			$X(f)=\dfrac{\sin\tau\pi f}{\pi f}$
2. 指数衰减	$x(t)=Ae^{-at}U(t)$			$X(f)=\dfrac{A}{a-j2\pi f}$
3. 单位脉冲	$x(t)=A\delta(t)$			$X(f)=A$
4. 正弦波	$x(t)=A\sin2\pi f_0 t$			$X(f)=\dfrac{A}{2j}[\delta(f+f_0)-\delta(f-f_0)]$
5. 泊松脉冲串	$x(t)=\sum\delta(t-KT)$			$X(f)=\dfrac{1}{T}\sum\delta\left(f-\dfrac{K}{T}\right)$

此外,傅里叶变换运算符还有一些可以应用的数学特性,即时域中的卷积等于频域中的乘积,反之亦成立。卷积运算描述典型装置(如滤波器)的输入和输出之间的相互关系。例如,对于输入信号 $x(t)$,具有脉冲响应 $h(t)$ 系统的输出信号 $y(t)$ 表示为

$$y(t) = x(t)*h(t) = \int_{-\infty}^{+\infty} x(\lambda)h(t-\lambda)d\lambda, \quad (7-5)$$

或

$$Y(f) = X(f)H(f)。 \quad (7-6)$$

因此,纯粹用于电切割的波形(即没有谐波失真的正弦波)的频域功率谱,仅由一频率为基本频率 f_0 的脉冲组成,谐波失真会在基谐波中加进能量。式(7-7)所示的频率为 120 Hz 的波形的调制会由于频域中脉冲的卷积而在基波周围产生边频带,即

$$\delta(f-120)*\delta(f-f_0)。$$

$$x(t) = A\sin(2\pi 120 t)\sin(2\pi f_0 t)。 \quad (7-7)$$

类似地,将指数衰减信号与连续的正弦波信号相乘(表 7-2 中信号 2 与 4),再将乘积

与脉冲链求卷积得到重复的指数衰减正弦波(一种典型电凝波),就可得出重复的波形:
$$x(t) = A\exp(-at)\sin(2\pi f_0 t) * \left|\sum \delta(t-kT)\right|. \tag{7-8}$$

另一个值得注意的信号是单位脉冲链,因为切割(或凝固)中画出的弧光可认为是在空间随机分布的脉冲链,这些脉冲链类似于表7-2中的信号5,其随机变量为 T。由此而引起的手术弧光对功率谱的贡献由频域内广泛分布的能量组成,可测量到能量的谱分量在功率谱上频率小到2kHz以下,大到8MHz以上。因此,当弧光进入可兴奋的组织时,可能产生刺激效应;特别是心脏起搏器易受到弧光的影响,因为弧光的频率经常延伸到生理频率(1kHz)以下。

7.7.5 氩气高频电刀

氩气高频电刀(简称氩气刀)是新一代电刀。氩气刀除了具有普通高频电刀的电切和电凝功能,还可利用高频发生器提供的高频电压喷发氩气,实现更佳的临床凝血效果。由于氩气刀具有止血快、失血少、减少创口氧化和焦痂等良好效果,因而是高频电刀更新换代的产品。

1. 氩气的特点

氩气是一种白色、性能稳定、无毒无味、对人体无害的惰性气体。由于氩气的性质十分不活泼,既不能燃烧,也不能助燃,在工业上氩气常用来作为焊接的保护气,目的是防止焊接件被空气氧化或氮化。

高频电刀使用氩气可以在手术中降低创面温度,减少损伤组织的氧化、炭化(冒烟、焦痂)。另外,氩气在高频高压的作用下,被电离成氩离子,这种氩离子具有极好的导电性,可以改善高频电刀的临床应用效果。

2. 氩气保护下的高频电刀切割

氩气刀的手术电极输出切割电流时,氩气从手术电极的根部喷孔喷出,在电极四周形成氩气隔离层,将氧气与电极隔离开来,从而减少了手术时与氧气的接触以及氧化反应,降低了产热程度。由于氧化反应及产热的减少,手术电极的温度较低,因此在切割时冒烟少,组织烫伤坏死层浅。

另外,由于氩气刀氧化反应低,电能转换成无效热能的量减少,使电极输出的高频电能集中于切割,提高了切割速度和对高阻抗组织(如脂肪、肌腱等)的切割效果,从而形成了氩气覆盖的高频电刀切割。

3. 氩气电弧束喷射凝血

当氩气刀手术电极输出凝血电流时,氩气从电极根部的喷孔喷出,在电极和出血创面之间形成氩气流体,在高频高压的作用下,产生大量的氩离子。这些氩离子,可以将手术电极输出的凝血电流持续传递到出血创面。由于电极和出血创面之间布满氩离子,因此凝血因子以电弧的形式大量传递到出血创面,产生很好的止血效果。

氩气凝血电弧束随氩离子数量成倍增加,所以无论对点状出血或大面积出血,氩气刀都具有很好的止血效果。

4. 氩气增强系统

氩气增强系统是单极高频电刀的附加装置,它可对毛细血管类的大面积出血表面做快速、均匀的凝血。在氩气增强凝血中,高频电刀的电流在氩气流中形成离子通道,氩气流从电极顶端流到组织表面。氩气增强系统通常都具有在线气体过滤器组件,该系统一般装在独立的活动车架上,或在高频电刀发生器的罩壳中。氩气增强系统要求有专用手持手术电极和连接导线,连接导线包括氩气管道和高频电流导线。刀头设有氩气喷口组件,以通过电极顶端的氩气电弧束准确导向手术创面。氩气手术刀如图 7-45 所示。氩气手术刀头装有氩气喷头,它的手柄开关设有氩气流量调整按键,引线附带氩气导管。

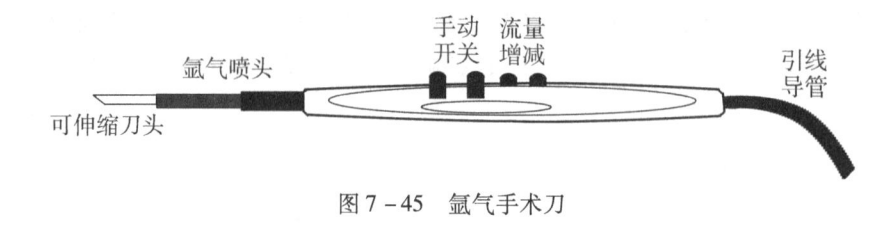

图 7-45 氩气手术刀

7.7.6 高频电刀的安全保障体系设计

高频电刀本身必须具有十分完善而可靠的安全保障体系,这是保证病人和医护人员安全的最基本的条件。因此,高频电刀在设计时必须遵循严格的安全规范,出厂前应逐台逐项甚至多次重复进行严格测试和检查,以确保电刀的各项安全指标始终保持在国际电工学会和我国最新发布的有关高频电刀的标准(即 IEC601-2-2,GB 9706.4 和 GB 9706.1)规定范围内。

高频电刀的安全要求及必要的安全保障体系概括起来主要有以下几项:

(1)输出必须完全悬浮,即高频电刀的高频高压输出部分对机壳(大地)和电源(市电)应严格隔离。各输出端口(电极)对地和电源,不仅绝缘电阻要很大(>100 MΩ),而且在接上应用部分之后,对地分布电容要足够小(<100 pF),还得经受得起约 6 000 V 交流试验电压的考验。高频电刀输出一旦悬浮不良,高、低频漏电流将迅速增大,易于发生灼伤甚至危及生命。为此,高频电刀还应具有防漏、防潮性能。否则,一旦受潮必然影响电刀输出的悬浮程度。

(2)电刀的金属机壳应可靠接地,即电源的地线应真正接大地,且与机器接地点之间的连接电阻应小于 0.2 Ω(包括电源电缆接地线在内),以防机壳和保护接地点悬空而带电,增加电击危险和机内对外界的高频辐射。

(3)电网电源与机壳(接地线)之间必须能承受 1 500 V 电压。机壳对地漏电流应低于 0.1 mA,以保证市电(低频)与机壳隔离良好,防止电击。

(4)不应产生低频电流。低频电流十分有害,过大的低频漏电流将对病人产生严重刺激甚至致命。

(5)高频漏电流必须低于 150 mA。高频漏电流是指电刀两输出电极对地的辐射电流,它对手术毫无作用,但可造成病人的灼伤和环境污染。

(6)高频电刀的主载频率(基波)应在 0.3~5 MHz 之间。不得过低也不得过高(全悬浮式电刀一般在 0.4~0.8 MHz 之间)。过低,会产生低频刺激;过高,则高频辐射严重。

(7)在任何情况下,高频电刀的输出功率均不得超过 400 W。过大的功率会对病人造成损伤。

(8)高频电刀的输出功率应尽可能稳定。在电源电压波动和负载变化时,输出功率仍应在规定范围内。否则,手术时,不是切、凝效果不佳,就是焦粘组织,甚至严重灼伤病人。

(9)高频电刀的输出波形一定要稳定,其基波应是相对纯净的正弦波。否则,易引起输出功率不稳、增大高频漏电流或产生低频工作电流。

(10)电刀的手柄及连接电缆外表对电极的耐压应能承受3 000 V(交流有效值)和2倍高频电刀开路输出电压试验。否则,有可能因漏电而灼伤操作者和(或)病人。

(11)极板面积应足够大,最好是粘贴式的,以保证从病人机体返回机器的电流在人体与极板接触处的密度尽可能低($<0.02\ \text{A/cm}^2$)。

(12)当中性电极(极板)断线或阻抗过大时,仪器应具有声光报警和切断输出的功能。防止断点或大阻抗点产生功耗引起灼伤或着火。

(13)当切、凝同时启动时,应禁止功率输出或者只输出功率较小的模式(如凝)。应防止误操作引起过大的功率加到患者身上。

(14)高频电刀在心脏外科使用中,经常会碰到使用除颤器的情况。CF型电刀应用部分应能承受2 kV 除颤电压冲击。

(15)电刀在任何设定下均可长时间开路启动,并可多次短路而不影响机器的性能和安全。

(16)电源复通或启动复通时,任何设定下的输出不得增大20%以上,以防止过大功率突然加到患者身上。

(17)额定负载下的输出应与设定位置对应,功率偏差应不大于20%。不同负载下的全功率和半功率曲线与规定值偏差也应不大于20%。

(18)输出回路应串入不小于5 000 pF 的高压电容。输出电极(对)直流阻抗应远大于2 MΩ,以防低频输出。

(19)机器内部应进行防潮处理,机壳应能防止液体(翻倒时)侵入机内。应保证仪器的绝缘和隔离性。

7.7.7 高频电外科手术设备发展趋势

高频电流除了用于机体软组织的分离和凝固外,也可用于软组织的焊接吻合。临床实践发现,适当的温度能使伤口界面的蛋白发生交联凝固来连接组织,并且能保持细胞活性。其基本原理是生物体蛋白的可逆热变性。但是,传统的高频电刀通过输出高密度能量来电离惰性气体,是一个开环的功率输出控制系统,难以实现温度精细化控制。

软组织高频焊接吻合技术是一种前沿的外科手术方法,通过焊接算法及阻抗反馈技术智能调节高频电流输出,精确控制组织加热温度,使伤口接合界面发生蛋白析出、松解、纠缠、凝集等一系列生理变化来实现组织的牢固连接。焊接吻合技术无需缝合材料,仅靠组织间蛋白受热变性所产生的协同凝集反应来实现手术止血及组织连接,具有无针刺创伤、密闭伤口、弱炎症反应、操作简易、出血量少等优点,能减少对医生手术技巧的依赖,提高吻合质量。焊接过程温度精确控制在蛋白可逆变性范围内,能保持细胞的生物活性,加速伤口愈合。目前该技术已在临床上成功应用于大血管、组织束及淋巴管的焊接闭合,其闭合直径7 mm 的动脉血管能承受3倍心脏收缩压的冲击。软组织高频焊接吻合技术相对现有的外科缝合方法具有显著优势:不仅可满足开放式手术的需要,而且特别适用于空间狭窄的腔镜手术环境以及野外突发事故现场伤员伤口的快速处理,具有光明的发展前景。

目前国内一些研究机构已开展各类型软组织的焊接算法研究、优化,开展了包括胃肠组织焊接、肝脏无血切割分离、胆囊胆管焊接闭合等大量动物实验,取得了显著的成效。

然而,人体软组织是一个异质性的结构,组织类型、厚度、湿度等因素的差异会导致组织电气性能的不稳定,给焊接算法的自适应性带来挑战,如何更精确控制软组织加热温度,如何促使更多自身蛋白发生交联,提高焊接吻合强度,未来仍需要大量的研究来发展和完善焊接吻合理论,提升焊接设备性能,使其成为外科手术中切割、吻合、止血的能量平台中心,满足临床各项手术应用。

7.8 中低频治疗仪器

低频脉冲电疗法是指用频率在1kHz以下的脉冲电流治疗疾病的方法,主要包括感应电疗法、电兴奋疗法、间动电疗法、电睡眠疗法、肌肉电刺激疗法、超刺激电疗法、经皮电刺激神经疗法、低频高压电流法等。

中频脉冲电疗法是指应用频率为1～100kHz的脉冲电流治疗疾病的方法。临床常用的中频电疗法有干扰电疗法、调制中频电疗法和等幅正弦波中频(音频)电疗法三种。近年来,随着计算机技术的应用,已有电脑中频电疗机、电脑肌力治疗机问世,并应用于临床。

7.8.1 中低频治疗仪基本原理

1. 中低频电疗法的生理作用和治疗作用

人体组织是由水分、无机盐和带电生物胶体组成的复杂电解质导体,当一种频率不断变化的脉冲电流作用于人体时,组织中的离子会发生定向运动,清除细胞膜极化状态,使离子浓度和分布改变,这是脉冲电流治疗作用最基本的电生理基础。除此之外,主要有以下几种生理机制:

(1)兴奋神经肌肉组织。能兴奋神经肌肉组织是这种电流最重要的特征。因为电刺激可以破坏膜极化状态,因而有可能引起神经肌肉的兴奋。而哺乳动物运动神经的绝对不应期多在1ms左右,因此频率在1kHz以下的低频脉冲电每个脉冲都可能引起一次运动反应。

(2)促进局部血液循环。电刺激时,能使刺激部位的细胞组织产生强烈振荡,从而加速血液流动。

(3)镇痛。电疗法是国际上应用频率最高的刺激性镇痛方法,尤其是低频调制的中频电作用最明显,其镇痛作用分为即时止痛及后续止痛。

即时止痛原理:电刺激冲动经过脊髓、网状结构、丘脑传入大脑皮层,这种非痛性冲动阻断或干扰疼痛冲动在上述各环节传导,从而导致疼痛缓解或消失。

后续止痛原理:后续止痛作用主要是促进血液循环,使组织间、神经纤维间水肿减轻;改善了局部缺氧状况和加速了组织器官炎症的吸收和炎性致痛介质的消除,并软化松解瘢痕粘连,从根本上消除或减弱了引起疼痛的诱因。

(4)锻炼骨骼肌。低频调制的中频电流与低频电流的作用相仿,能使骨骼肌收缩,因此常用于锻炼骨骼肌,且比低频电流优越。

(5)软化疤痕。等幅的中频电流(音频电)有软化疤痕和松解粘连的作用,临床上广为应用,但其作用机制尚待研究。

2. 中低频电疗法特点

1）低频电疗法的特点

（1）均为低频小电流，电解作用较直流电弱，有些电流无明显的电解作用。

（2）对感觉神经和运动神经都有强的刺激作用。

（3）以介电特性为主，对人体组织无明显热作用。

2）中频电疗法的特点

（1）无电解作用，由于是交流电，作用时无正负极之分，亦不产生电解作用，所以使用时操作简单。

（2）降低组织阻抗，增加作用深度。

（3）加强药物向组织器官内透入。

（4）单个刺激不能引起兴奋，综合多个刺激的连续作用才能引起兴奋。

7.8.2 中低频治疗仪基本结构

目前国内外市场上代表性的中低频脉冲治疗仪从结构和技术上分，主要有两类：一类是采用分立元件，电子线路控制，经谐振产生各种频率、脉宽的方波的治疗仪；另一类是采用集成微处理器（如单片机）控制，通过外部电路产生各种波形，控制输出波形的频率和脉宽的治疗仪。利用单片机的定时器构造波形发生器，可产生正弦波、三角波、锯齿波、方波等波形，可以自由设置输出的电压或电流（必须在安全范围），无需复杂电路，结构简单，可靠稳定。

中低频治疗仪的结构一般有主机（信号产生及控制装置）、D/A、电压放大器、功率放大器、隔离变压器、电极、导线及其它附属设备。电刺激仪可以输出锯齿波、方波、正弦波及其调制波形等，而且刺激的时间、波形和频率以及电流或电压的幅度可以实时调节，以满足不同的需求。中低频治疗疗效与刺激强度（能量）有关，在电流一定时刺激强度与电压成正比，因此在电路中加入变压器升压，同时实现电气隔离，保证仪器的电气安全性。图7-46为中低频治疗仪原理结构框图。

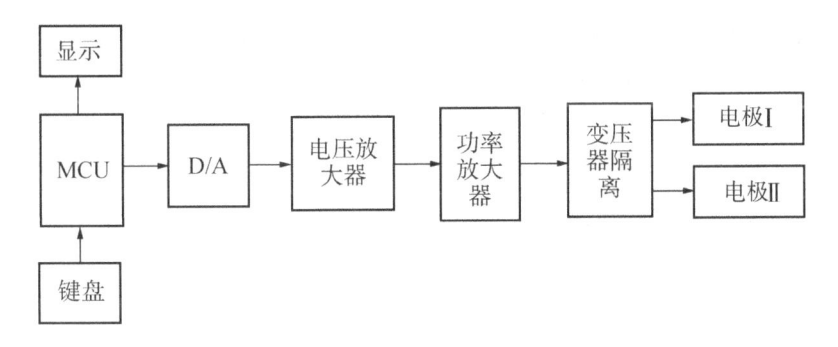

图 7-46 中低频治疗仪原理结构框图

鉴于该电刺激设备的可能的用途和作用，它必须满足以下几点控制要求：

（1）安全性。既要满足电气安全，又要具有生物安全性，确保在使用过程中的绝对安全。

（2）自动精确控制。这是最基本的功能，一切参数按照要求设定好之后，设备必须满足可以在规定时间内无故障连续运行。

(3)操作简单便捷。根据实际的需要,设定的操作必须简单易行,而且可以通过显示器看到每一步操作所引起的一系列变化。

7.8.3 新技术发展及应用

经过多年的技术应用与创新,中低频治疗仪已不仅仅作为单一的刺激单元来使用。

(1)在中低频脉冲电流的基础上,结合外加磁场的作用,组成磁疗仪。该类仪器能够影响电流中电子传递的速度和方向,在机体基本生命活动的层面上,施加低频电磁能量的积极干预作用,抵消病理因素,调节生物平衡。当磁场作用于非穴位处时,通过神经、内分泌、体液等产生更好的治疗效果,如脉冲电磁场类骨质疏松治疗仪。

(2)将普通电极结合加热电极板组成温热型中低频治疗仪,能够达到人体较深部位,缓解对神经根的刺激,促进血液循环,加速新陈代谢及肌肉运动;同时可调节体内酸碱平衡,阻止钙物质的流失,强韧骨骼;此外还有温热、电磁、药物导入等治疗功能,扩充治疗功能。

(3)网络化是现代医疗电子仪器的发展方向之一,所以需要加强网络支持功能,以实现治疗信息共享,给使用者带来更舒适的、更准确的、更实用的诊断和治疗体验。

(4)可结合生物反馈疗法,利用生物医学电子仪器将生物体内的生理机能信号转化为数字或模拟的电信号,然后依据反馈信号调节治疗仪的输出特点和方式,从而改善体内紊乱的机能,达到治疗疾病的目的。

因此,随着新技术的发展,以电刺激技术设计的治疗类设备,工艺相对简单,而且成本低,相应的治疗费用也很低,适合大众安全使用,同时新技术的应用提升了中低频治疗仪的性能和功能,提升整体治疗的功能及应用水平。

习题7

7-1 心脏起搏器的作用是什么?心脏起搏器主要分几大类?
7-2 心脏起搏器的主要参数有哪些?
7-3 根据状态机简述固定型起搏器电路的工作原理。
7-4 画出R波抑制型心脏起搏器的原理框图,并简述R波抑制型心脏起搏器的一般结构和原理。
7-5 简要画出DDD型起搏器的状态机并说明其原理。
7-6 什么叫做心脏除颤器?其作用是什么?
7-7 心脏除颤器主要分哪几类?其主要性能指标有哪些?
7-8 简述心脏除颤器的基本原理。
7-9 简述自动除颤监护仪的工作原理。
7-10 什么是高频电刀?什么是高频氩气刀?高频氩气刀有什么特点?
7-11 画出高频电刀的工作原理框图,并简述各部分功能。

8 医用电子仪器的电气安全及电磁兼容

随着医学电子仪器的数量和复杂性的不断增加,医院中电击事故也频频发生。据有关资料报道,美国每年有1 200人在常规诊断和治疗过程中因触电而死亡。因此,20世纪70年代就已经开始研究医用电子仪器电气安全问题,目前已经形成了一套完整的理论及实施方法。各个国家也都颁布了医疗设备的电气安全标准,如美国的UL544、法国的VDE0750、日本的医用电气设备暂定安全标准以及国际电气标准委员会IEC的"(IEC)医用电气设备安全通则"。我国采用IEC的标准作为我国的医用电气设备安全标准。

近年来,随着高敏感性电子技术在医用电气设备中广泛应用和新通信技术(如个人通信系统、蜂窝电话等)在社会生活各领域的迅速发展,医用电气设备不仅自身会发射电磁能,影响无线电广播通信业务和周围其它设备的工作,而且在它的使用环境内还可能受到诸如通信设备等电磁能发射的干扰,造成对患者的伤害。医疗器械受电磁干扰引发的事故时有发生,医用电气设备的电磁兼容性因它涉及公众的健康和安全而日益受到各国的关注。

本章系统地介绍医用电子仪器安全的概念、电流生理作用、产生电击的原因及电击预防措施、医用电子仪器的接地和电气安全指标的检测,最后介绍医用电子仪器的电磁兼容性相关知识以及相关参数测试、安全标准,以便在医学仪器设计时提高它的安全性能。

8.1 医用电子仪器电气安全概述

8.1.1 医用电子仪器电气安全的概念

安全一词最通俗的解释是"没有危害"或"不发生危险",但是,在工程学上绝对安全的事是没有的,应该说"发生危险的几率尽可能小"。对于医用电子仪器在临床上的应用而言,安全指的是应用过程中确保对患者和医护人员不造成危害,即保证人员的安全。另外,广义而言,医用电子仪器的电气安全还应包括仪器本身的安全。

因此,对于医院中大量应用的医用电子仪器性能的评价,不仅应该涉及其在临床诊疗活动中有效性的评价,还应该对其操作的安全性作出评价。医护人员在具体的操作和诊疗活动中也应该高度重视电气安全问题。

8.1.2 电流的生理效应

人体的体液是由含有多种离子的液体构成的,是一种比较复杂的特殊电解质,因此人体是一个良好的导体。当人体成为电回路的一部分时,就会有电流流过人体,从而引起生理效应。值得注意的是,引起生理效应的直接作用是电流而不是电压,例如,10^7 V和1 μA电流可能对人体无害,而 220 V 电压和 30 A 电流的电源却足以致命。下面简单介绍电流流过人体的生理效应。

电流通过人体时,主要以热效应、刺激效应和化学效应三种方式影响人体组织。

1. 热效应

热效应又称为组织的电阻性发热,当电流流过人体组织时会产生热量,使组织温度升高,严重时就会烧伤组织。低频电和直流电的热效应主要是电阻损耗,高频电除了电阻损耗外还有介质损耗。

2. 刺激效应

电流流入人体时,在细胞膜的两端会产生电势差,当电势差达到一定值后,会使细胞发生兴奋。如为肌肉细胞,则发生与意志无关的力与运动,或使肌肉处于极度紧张状态,产生过度疲劳;如为神经细胞,则产生电刺激的痛觉。随着电流在体内的扩散,电流密度将迅速减小,因此通电后受到刺激的只是距离通电点很近的神经与肌肉细胞。此外,在体内通入的电流和从体外流入的电流对心脏的影响也有很大的不同。

3. 化学效应

人体组织中所有的细胞都浸在淋巴液、血液和其它组织液中。人体通电后,上述组织液中的离子将分别向异性电极移动,在电极处形成新的物质。这些新形成的物质有许多是酸、碱之类的腐蚀性物质,对皮肤有刺激和损伤作用。

直流电的化学效应除了电解作用外还有电泳和电渗现象,这些现象可能改变局部代谢过程,也可能引起渗透压的变化。

8.1.3 人体的导电特性

人体阻抗网络是非常复杂的,是一个非线性时变网络。人体的不同组织对不同频率呈现的阻抗也不一样。表 8-1 所示为人体组织和脏器的电阻率。人体的皮肤阻抗很大,且随频率不同变化较大;其它组织阻抗较小。所以流经人体电流的大小主要取决于皮肤阻抗的大小,而皮肤阻抗(Z_i)又与电流频率、皮肤条件和接触条件等有关,如图 8-1 所示。

表 8-1 人体组织和脏器的电阻率　　　　单位:$\Omega \cdot cm$

组织名称	电流频率		
	高　频	低　频	直　流
肝	230	1 600	8 000
肌肉	255	1 500	9 000
皮肤(干)	435	300 000	4 000 000
皮肤(湿)	435	250 000	380 000
脂肪	2 700	3 250	108 000
肺(萎缩)	485	1 820	5 400
胫骨	12 300	15 400	22 500
脑	630	2 170	10 700

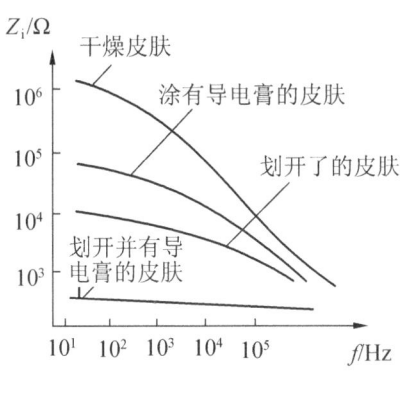

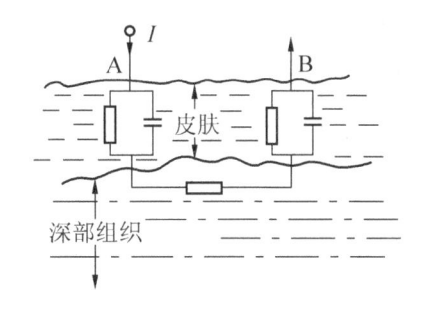

图 8-1 皮肤阻抗曲线

图 8-2 人体等效电路

人体电路的物理模型是由不同电阻和电容组成的复杂网络，其等效电路如图 8-2 所示。电流从 A 穿过皮肤，然后进入深部组织，最后又经皮肤 B 流出。电流在 A、B 之间流通，并不一定是通过 A、B 间最短的路线，而主要沿着其间的血管、淋巴管流通。电流通过人体时，将发生许多物理和化学变化，并引起多种多样的复杂的生理效应，较大的电流将会引起电击而损伤人体。

8.2 电击

8.2.1 电击的种类

所谓电击，是指超过一定数量的电流通过人体而引起的各种电伤害，如心室纤颤、心肌收缩及皮肤烧伤等。电击可分为两类，一类称为宏电击（强电击），另一类称为微电击。

1. 宏电击

当人体接触带电部位时将引起电击，其主要原因是当电源与人体接触时相当于连接一个等效电阻，如果形成一个导电的回路，将有一定数量的电流流经人体。当电流从人体外经过皮肤流进人体内，然后再流出体外，使人体受到的电击称为宏电击。例如，电流从人的左手流入体内，经过人体后再从右手流出体外，造成的电击就是宏电击。

2. 微电击

发生宏电击时的电流一般都比较大，这样大的电流流过人体时必然会有一部分流经心脏，实际流过心脏的电流非常微弱，但正是这种非常微弱的电流有可能引起心脏纤颤尤其是心室纤颤。而心室纤颤是电击致人死亡最主要的因素，因此必须非常注意流过人体心脏的电流大小。进入人体内在心脏内部所加的电流所引起的电击称为微电击。

微电击的允许安全极限电流一般是 10 μA。微电击是一种特别危险的电击，它往往在医务人员毫无感知的情况下发生，所以应特别注意像心脏起搏器电极、心导管电极这一类易使患者遭受电击危险的临床器件。因此，凡是直接用于有可能通过心脏电流的医用电子仪器，其漏电流绝对不能超过 10 μA，否则就会造成危险。这类仪器必须定期检测漏电流。

8.2.2 影响电击的因素

人体电阻是一个电容性阻抗,而这个阻抗随电源的电压、频率的改变而变化,还受其它一些因素的影响。下面介绍影响电击损害程度的因素。

1. 电流的影响

电流对电流生理效应和损害程度的影响是显而易见的,电流越大,影响越大。各种电流对人体的作用情况如表 8-2 所示。

表 8-2 电流对人体的作用

效　　应		直流/mA		交流有效值/mA			
				50 Hz		1 000 Hz	
		男	女	男	女	男	女
最小感知电流(略有麻感)		5.2	5.3	1.0	0.7	12	8
无痛苦感电击(肌肉自由)		9	6	1.8	1.2	17	11
有痛苦感电击(肌肉自由)		62	41	9	6	55	37
有痛苦感不能脱离电源		76	51	16	10.5	75	50
强电击肌肉僵直、呼吸困难		90	60	23	15	94	63
可能引起室颤	电击 0.03 s	1 300	1 300	1 000	1 000	1 100	1 100
	电击 3 s	500	500	100	100	500	500
一定引起室颤		上一项电流值的 2.75 倍					

表中的"最小感知电流"是指当电流从零增加到刚刚开始有刺激感时的电流。对于电脉冲引起的电击,其危险程度主要取决于脉冲能量的大小。实验表明,人体的电击损伤正比于 $(I/A)^2 t$。式中,I 为通过接触面的电流;A 为接触区的表面积;t 为电流作用时间。由此可看出,电流对人体的损伤程度与电流密度的平方和通电时间成正比。

表 8-3 所示为不同强度的低频电流从体外施加于人体所引起的不同生理效应与损害程度。这里假定通电时间为 1 s,电流从人体一条手臂流到另一条手臂,或从一条手臂流到异侧的一条腿。

表 8-3 低频电流通过人体时的生理效应

电　流	生理效应与损害程度	电　流	生理效应与损害程度
0.5～1 mA	感觉阈	≥1 A	持续心肌收缩
2～3 mA	电击感	6 A	暂时呼吸麻痹
5 mA	安全阈值	≥6 A	严重烧伤和机体损伤
10～20 mA	最大脱开电流		
≥20 mA	疼痛和可能的机体损伤		
≥100 mA	心室纤维性颤动		

(1) 感觉阈。感觉阈是人所能感受到的最小电流,该值因人而异,且随测试的方式而变化。一般认为人体的感觉阈在 0.5～1 mA 范围内。

(2) 脱开电流。脱开电流是指人体通电后肌肉能够任意缩回的最大电流。当流经人体的电流大于脱开电流时,被害者肌肉就不能随意缩回,特别是手掌部位触及电路时形成所谓的黏结,受害者就会丧失自卫能力而继续受到电击直至死亡。

(3) 呼吸麻痹、疼痛或疲劳。更大的电流会引起呼吸肌的随意收缩,严重的会引起窒息。肌肉的随意强直性收缩和剧烈的神经兴奋会引起疼痛和疲劳。

(4) 心室纤颤。心脏肌肉组织失去同步称为心室纤颤,它是电击死亡的主要原因。一般人的心室纤颤电流阈值为 75～400 mA。

(5) 持续心肌收缩。当体外刺激电流达到 1～6 A 时,整个心脏肌肉收缩,但电流去掉后心脏仍能够产生正常的节律。

(6) 烧伤和身体的损伤。过大的电流会由于皮肤的电阻性发热而烧伤组织,或强迫肌肉收缩,使肌肉附着从骨上离开。

2. 电压的影响

当人体阻抗一定时,通过人体的电流与电压成正比。然而电流的大小并不与作用于人体的电压成正比,这是因为实际的人体阻抗 Z 与电压 U 之间的关系并非是线性的。一般公认交流电压的安全值对于干燥的手是 30 V,湿手是 20 V,浸在水中的手为 10 V。

3. 频率的影响

生物医学研究表明,电流的生理效应随刺激电流频率而异。在 100 Hz 以上时,刺激作用随频率增加而减弱。150 Hz 的电流对人体只有微弱的刺激。当电流频率高达 1 MHz 时刺激效应完全消失。低于 50 Hz 的低频电流刺激效应也减弱。刺激效应最强的是频率为 50～60 Hz 的低频电流,对人体电击伤害程度最严重。

4. 电流途径的影响

电流通过人体的途径也是造成电击伤害程度的一个重要因素。如果电流途径中有大脑、心脏等重要器官,则危险性最大。

5. 其它因素的影响

电击引起的伤害程度是因人而异的。通常,不论是直流电还是交流电,在相同电流强度下,对妇女的伤害总是比男人更大些;身体健康的人以及经常从事体力劳动而精力旺盛的人,被电击而受到的伤害要比一个有病的人轻得多。

8.2.3 产生电击的因素

产生电击的原因是多方面的,但概括起来不外乎三点,一是人体与电源之间存在着两个接触点;二是两点之间存在电位差;三是电源的电压高至足以产生生理效应。下面介绍常见的电击现象。

1. 接地不良引起的电击

医疗仪器所用的三相和单相配电系统的示意图如图 8-3 所示。通常中线在变电站有良好的接地，因此交流 220 V 的电源电压不仅存在于相线与中线之间，而且也存在于相线与其它任何接地的导体之间，这是大多数触电事故的基础。当电源相线（俗称火线）包覆的绝缘物被破坏或被击穿而使相线碰触设备的机壳时，机壳就会带电。如机壳未与设备地线相连，人体接触该外壳时就会遭到电击。在仪器外壳良好接地时，电流就会安全入地，可以避免大多数宏电击的危险。在实际设备中应尽量减小接地电阻，即使仅有 1 Ω 的电阻，在流过过量的漏电流时产生的电压仍可形成电击。

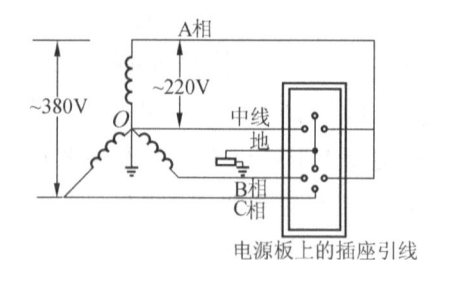

图 8-3 三相和单相配电系统示意图

2. 皮肤电阻的减小

当人体与带电体接触时，皮肤电阻能限制流过身体的电流。因此，任何减小皮肤电阻的诊疗措施，都会增加流过人体的电流，以致使病人更容易受到电击。例如，在进行生物电测量时，往往需要用导电膏减小皮肤电阻；又如，放在口腔和直肠内的电子温度计，装有导电膏的静脉内导管，都没有皮肤电阻的隔离作用，都可能使病人受到宏电击的危害。

3. 泄漏电流

所有电子仪器都存在一定的泄漏电流。泄漏电流主要由电容性的位移电流和电阻性的传导电流组成。电容性泄漏电流的形成是由于两根电源线间或电源线与金属外壳间存在分布电容，电线越长，分布电容就越大。对于 220 V、50 Hz 的交流市电，有 145 pF 的分布电容即能产生大于 10 μA 的漏电流，足可使电过敏病人遭到微电击。电阻性泄漏电流的形成是由于电源线或变压器一次侧与金属外壳间存在的绝缘电阻造成的。这个电阻一般很大，所形成的漏电流比电容性泄漏电流小得多。

图 8-4 所示为一台通电的医用电子仪器与病人接触后泄漏电流流通的两种情况。假定仪器泄漏电流为 100 μA，病人的体电阻为 300 Ω。图 8-4a 表示仪器外壳接地良好，流经心脏的电流只有 0.33 μA，而大部分漏电流（99.67 μA）通过地线入地。图 8-4b 表示当地线断开时，全部泄漏电流（100 μA）流过病人心脏，将造成致命电击。

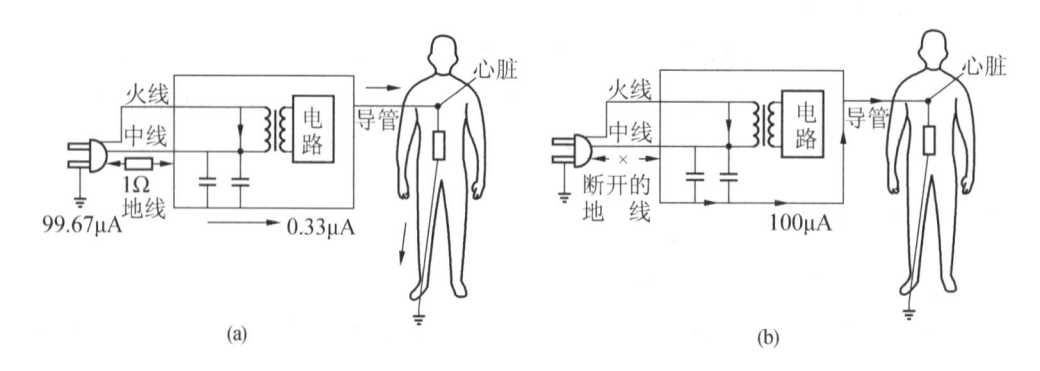

图 8-4 泄漏电流流通的两种情况

4. 心脏有导电通路

如果病人同时使用几台电子设备,特别是同时使用体内和体外探测探头时,更容易造成微电击。例如,病人同时使用体外心脏起搏器和心导管电极,漏电流可能流过心脏造成伤害。图 8-5 所示为同时使用血压计和心电图机造成微电击的实例。将血压计的心导管插入心室,同时心电图机的导联线接在四肢。设心电图机的电线脱落且漏电流较大,则此漏电流将通过人体和血压计地线入地,造成电击事故。其等效电路如图 8-5b 所示。

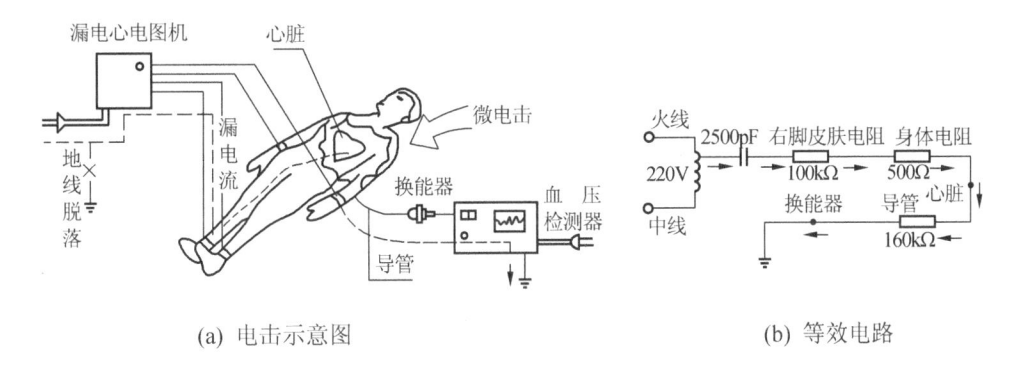

(a) 电击示意图   (b) 等效电路

图 8-5   同时使用血压计和心电图机造成电击实例

在非等电位接地的情况下也容易造成微电击。电动机或大型变压器等强电设备都有接地保护线。由于离配电所较远,较大的地电流可能形成地表的不同电位。如果医用电子仪器接地点选在离强电设施较近的地方且两点接地,就会将这一非等电位通过仪器地线送入机内或病人身上,造成电击,如图 8-6 所示。

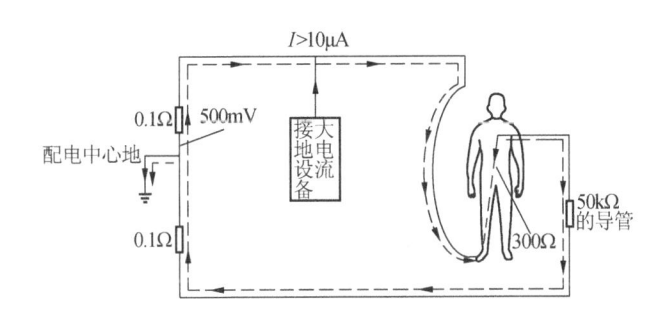

图 8-6   仪器非等电位接地的微电击等效电路

8.2.4 预防电击的措施

防止电击的基本方法主要有两种,一是使病人与所有接地物体和所有电源绝缘;二是将病人所能接触到的导电部分表面都保持在同一电位。两种基本方法在大多数实际环境中都能实现。如果把两种方法结合起来,则实际情况更好。下面介绍常用的保护措施。

1. 基础绝缘

把医用电子仪器的电路部分进行绝缘:通常采用金属和绝缘外壳将整个仪器覆盖起来,使人接触不到。如图 8-7 所示,R_p 为人体的等效电阻;Z_i 为绝缘的阻抗,用 R_i 和 C_i 并联表示。由于绝缘使流过人体的电流减小,在很多场合下可以防止电击事故。

(a) 绝缘和外壳　　　　(b) 等效电路

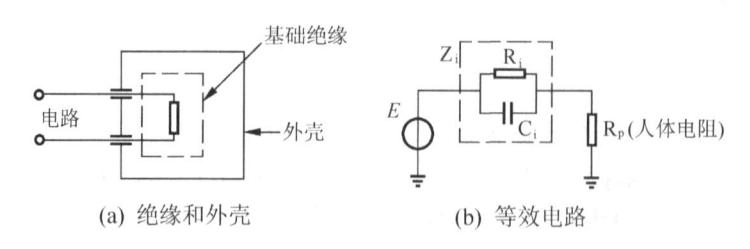

图 8-7　电路的保护

基础绝缘即使是正常的,也存在引起事故的危险。这是因为 Z_i 不够大,因而漏电流增大引起电击事故。医用电子仪器暂定安全标准中,对医用仪器正常工作时不引起微电击的漏电流允许值取为 $10\,\mu A$。如果电源电压采用 $220\,V$,绝缘阻抗必须在 $5\,M\Omega$ 以上;如果分布电容很大,加上基础绝缘老化,造成微电击的可能性就很大。

2. 附加保护

如图 8-8 所示,如果绝缘阻抗 Z_i 值很小,则通过人体电阻 R_p 的电流增大。为了使 R_p 上的电流在允许值以下,就要采取附加保护措施。

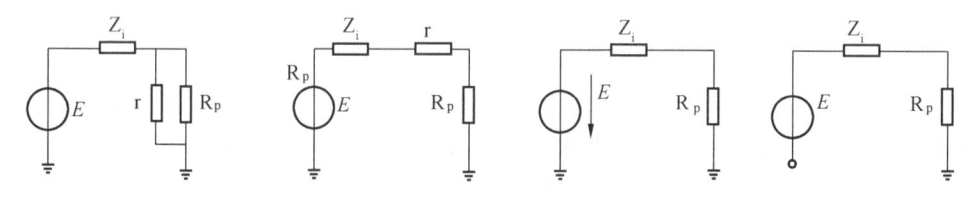

(a) 在R_p上并联一个小电阻r　(b) 在Z_i上串联一个大电阻r　(c) 把电源电压减小　(d) 把电源E的接地线拆掉

图 8-8　附加保护措施

3. 保护接地

如图 8-9 所示,将仪器的金属外壳等容易接触的导体接地。当人再接触到金属外壳时,相当于与人体并联一个接地电阻。设人体电阻 R_p 为 $1\,k\Omega$,接地电阻 R_G 为 $10\,\Omega$,绝缘阻抗 R_i 为 $1\,k\Omega$,C_i 为 $3\,300\,pF$,可以计算出,无保护接地时流过人体的电流为 $1\,mA$,有保护接地时为 $9.9\,\mu A$,而且接地电阻越小,流过人体的电流也就越小。

4. 漏电断路器

在电路上安放漏电断路器。当有大的电流通过人体时,漏电断路器能在短时间内切断电路,保护人体安全。强电击时,如果只在 $0.1\,s$ 内有 $100\,mA$ 的电流流过人体,仍可保证安全。

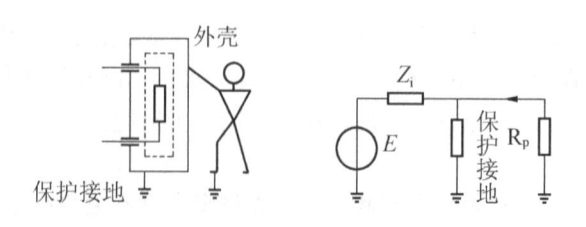

图 8-9　保护接地Ⅰ级仪器的原理　　　　图 8-10　地线的配线法

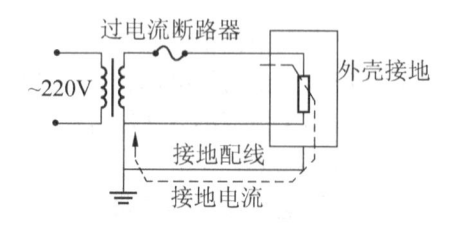

5. 地线的配电方式

图 8-10 表示仪器接地和系统接地的共用方式。从系统接地点引出配线连接到仪器的外壳上，使接地电流流过导线，以降低接触电压。另外，接地电流增大后，流过电流断路器可使电路切断。

6. 等电位化

当有接地电流流过时，假若产生的接触电位和人体的电位相等，电流就不通过人体。如果把仪器周围的所有导电体和仪器外壳用低电阻线连接在一起，人体即使接触到仪器，因为和外壳之间不存在多大的电位差，所以也能够防止电击事故。把为了得到等电位的导线称为等电位化导线或等电位接地线。在测量仪器周围会有很多金属物，如水管、煤气管、金属电线管、建筑物的钢筋和金属窗框等，将这些金属物和仪器外壳连接后再接地就成为等电位化方式。在和等电位接地线连接有困难或禁止连接的情况下，可用充分厚的绝缘物覆盖在金属表面上，防止人体和它接触。通常要求离患者 2.5 m 范围内要取得等电位化。这个范围称为患者环境，如图 8-11 所示。

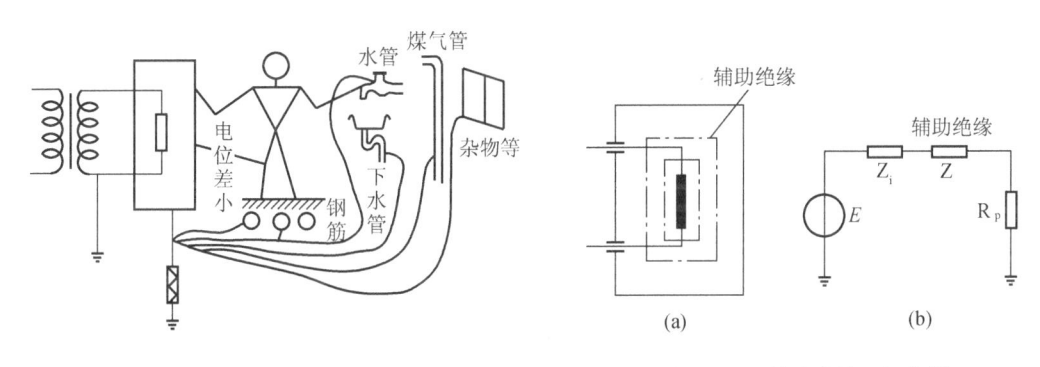

图 8-11　等电位接地　　　　图 8-12　辅助绝缘Ⅱ级仪器

7. 辅助绝缘

在基础绝缘的基础上，再加强一层绝缘，称为辅助绝缘，如图 8-12 所示。

8. 医用安全超低压电源

如果电源电压很低，即使人体接触到电路，也没有损伤的危险，也不怕基础绝缘损坏，这个电压值一般在 25~50 V 之间。有时把电源放在仪器内部，和外部毫无联系，即使人体接触仪器外壳，产生电流的危险也会大大减少。

9. 患者保护

在各种触电事故中可以明显看出，人体接地不良确实是造成触电事故的重要原因之一，因此去掉或改进人体接地也是保证安全的常用措施。

1) 人体小电流接地

在正常情况下，人体通过一定的电阻接地。一旦人体受到电击，电阻则限制通过人体的电流使之成为安全电流。这样使人体电位既保持为零电位，又对病人没有潜在危险。图 8-13 所示为人体小电流接地电路。图中 R 为数十兆欧；四臂桥 $D_1 \sim D_4$ 为晶体二极管。一旦右腿的入地电流过量时，二极管桥路将切断右腿的接地线，免遭电击，确保人身安全。

2) 右腿驱动电路

在心电测量中，为了减少 50 Hz 交流共模干扰，常采用右腿驱动电路，如图 8-14 所示。

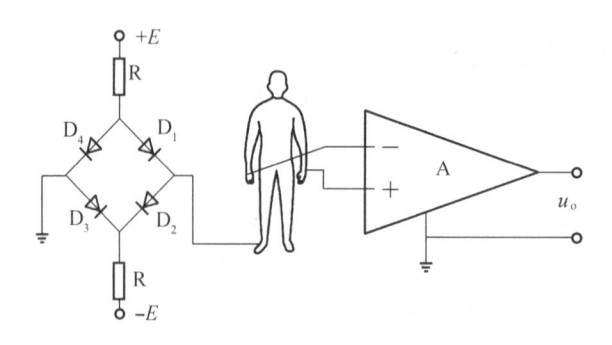

图 8-13 人体小电流接地电路

其原理是取出心电图放大器的共模电压 U_C 经右腿驱动放大器 A_3 反相放大,再经限流电阻 R_7 加到右腿电极上。病人的右腿电极不直接接地,而是通过限流电阻与放大器相接。右腿驱动放大器的饱和电流可设计得很小(μA 数量级)。当病人和地之间由于漏电原因出现异常高压时,右腿放大器立即饱和。这相当于病人与地线脱离,病人和地之间将有数十兆欧的电阻,从而将电击危险降低到极小程度,确保病人安全(详细分析请参见第 3.1 节相关内容)。

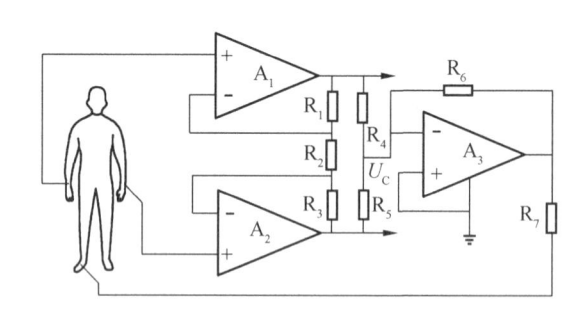

图 8-14 右腿驱动电路

3) 绝缘接触部分

医用电子仪器不同于一般电子仪器,它总有必须接触患者身体的部分。为防止电击事故,依靠基础绝缘把触体部分和电源部分分开。但是,只用这种方法,当绝缘损坏或多台仪器共用时都会不安全。尤其是使用直接测量心脏生理参数的仪器时,更易发生危险。为此将连接心脏的触体部分同仪器的其它部分以及接地点绝缘,并称为绝缘触体部分或称浮动触体部分。其优点是,可依靠绝缘阻抗限制电流,特别是限制从外部经过触体部分流入仪器地线的漏电流。

4) 信号隔离器

在绝缘部分中,触体部分和其它部分之间进行了电路绝缘,但还必须能够传送信号,能实现这个任务的就是信号隔离器。信号隔离器是依靠电磁耦合或光耦合来传送信号的,如图 8-15 所示。除此之外,还可以通过声波、超声波、机械振动等介质来传递信号。

信号隔离技术在第 3.2 节进行了详细的介绍,这里介绍电源隔离技术。供给绝缘触体部分工作的电源也必须与其它电路绝缘。使用绝缘触体部分专用电池或 DC-DC 变换器。

(a) 光信号隔离器　　　(b) 电磁信号隔离器

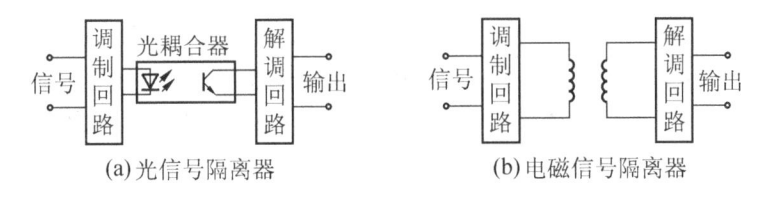

图 8-15　信号隔离器

图 8-16 所示是一种常用的隔离电源电路——DC-DC 变换器。该电路由频率在 10～30 kHz 之间的振荡器、隔离变压器和整流滤波网络组成。它把有接地部分的 +12 V 电源经振荡器和隔离变压器耦合转换为 ±10 V 的浮地直流电源。

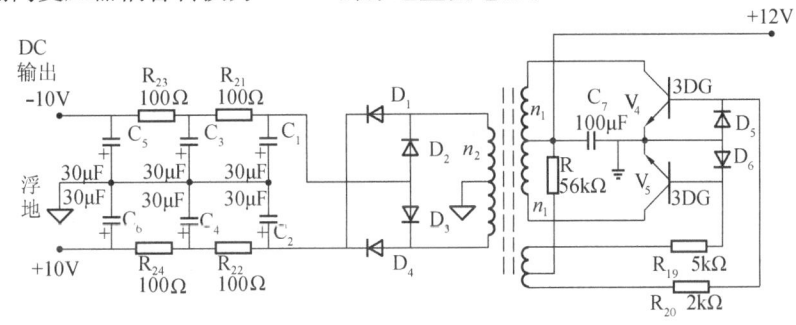

图 8-16　隔离电源

8.3　医用电子仪器的接地

医院接地系统质量的好坏直接影响医用电子仪器的正常使用和病人及医护人员的安全。本节系统地介绍医院接地系统的设计和实施。

8.3.1　医院配电方式

通常由于电源的负载接地方式不同,一般采用三种供电方式。第一种称为分别保护接地方式,第二种是兼用方式,第三种为保护接地方式。

1. 分别保护接地

图 8-17 所示为分别保护接地方式,一条相线和中线之间为单相 220 V 交流电源,相线之间为 380 V 交流电源,使用时中线接地,负载分别另行接地。这种方式不符合有关标准要求,因为使用时仪器地线可能会忘接或接地不良,造成危险。

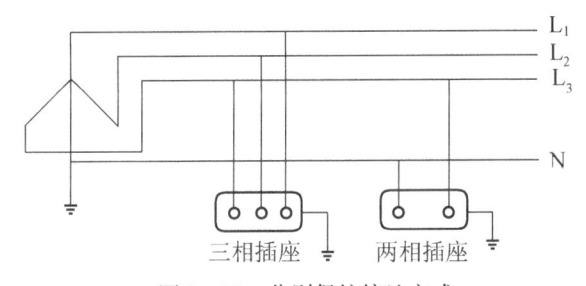

图 8-17　分别保护接地方式

2. 兼用方式

图 8-18 所示为兼用方式,这种方式将中线和负载地线合用,在正常情况下不会有危险,但如果中线断开,仪器接地线就会断开,造成危险。或者三相电用电不平衡时中线可能存在电流,会抬高机壳电压,造成危险。

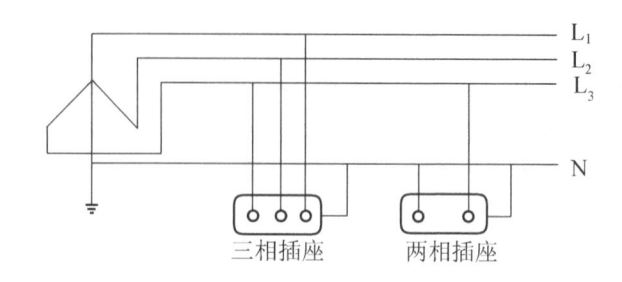

图 8-18 兼用方式

3. 保护接地方式

这种方式又称为三相五线制,如图 8-19 所示,使用时将中线接地,同时再配一条保护接地线,仪器外壳与保护接地线相连。这种方法虽然增加了一条地线,但是安全性大大提高,是医用电子仪器最合理的接地方法。

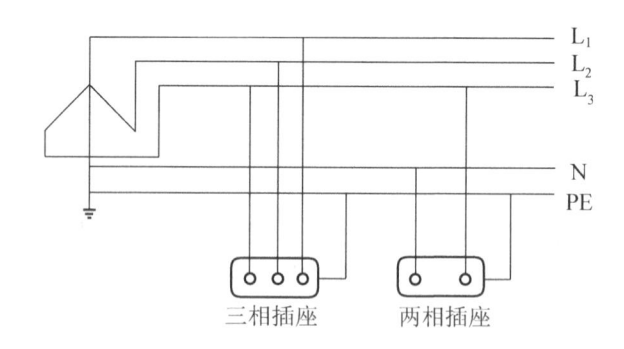

图 8-19 保护接地方式

8.3.2 安全接地

医用电子仪器系统中的接地线分为两类:一类是安全接地,也称为保护接地;一类是工作接地(工作接地详见第 2.1 节相关内容),即对信号电压设立基准电位。保护接地地线必须是大地电位,而工作地线的设计可以是大地电位,也可以不是大地电位。

一般电子仪器为了安全起见,机壳都应接地,在生物学测量中这一点尤为重要。机壳接地的目的是为了在任何情况下使人经常接触的机壳保持零电位。在医用电子仪器中安全接地可以分为三种,即电源接地、保护接地和等电位接地,三者相辅相成,达到绝对安全、避免发生强电击的目的。

1. 电源接地

有关电源接地的连接方式前面已述及,这里需要强调的是接地电阻的问题。按照规定,电源侧接地的标准电阻值为 $10\,\Omega$ 以下。接地电阻值形成的负载仪器外壳电位称为接触电位。为了把接触电位限制在 $12\,V$ 以下,接地电阻应该在 $1.5\,\Omega$ 以下;若限制在 $24\,V$ 以下,接地电阻必须在 3 Ω 以下。实际中得到如此低的电阻是非常不容易的。工程上允许的接地电阻有的可达 100 Ω,这种情况的接触电位达到 100 V,等于没有接地。因此,必须采用辅助手段才能确保安全,即采用各种保护接地电路。

2. 保护接地

保护接地是为了把漏电流和绝缘失效时的事故电流安全地流入大地而附加的接地保护。通常采用的方法是在人体与仪器外壳接触时实现与人体(等效电阻为 R_b)并联一个小电阻或串联一个大电阻 R,达到保护接地的目的,或在基础绝缘的外边再加一层绝缘以增强仪器本身的绝缘。

3. 等电位接地

等电位接地的理论基础是当有接地电流流过时,如果产生的接地电位与人体电位相等,那么电流就不会流过人体。为了实现等电位接地,采用的具体措施就是上面介绍的病人环境的等电位化。

8.3.3 多台仪器接地

共用数台仪器时,接地一般有图 8-20 所示的三种方法:
① 每个仪器单独接地(图 8-20a);
② 共用一个接地电极,用同一个接地线(图 8-20b);
③ 将(a)(b)法并用(图 8-20c)。

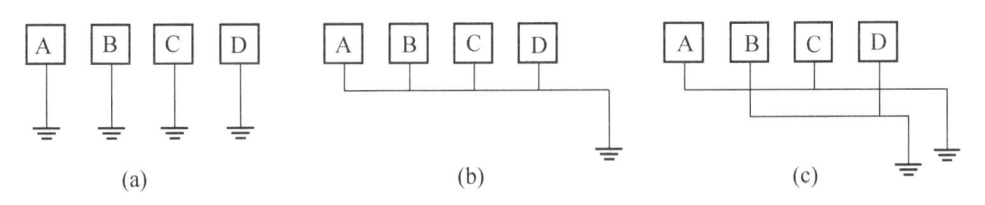

图 8-20 多个仪器的接地方法

采用第①种方法,如果各仪器接地电阻不同及泄漏电流不同,在患者身上也会通过电流,如图 8-21 所示,这个电流有产生电击的危险。采用第②种方式,如果有大电流接地,且接地公共线太长,将会产生如图 8-6 所示的微电击。第③种方法具有上述两种危险,所以医学仪器用的接地设备要求在同一室内,不允许有不同系统的接地配线。室内的接地线采用一点接地,即采用第二种接地方式,公共地线要短而粗。

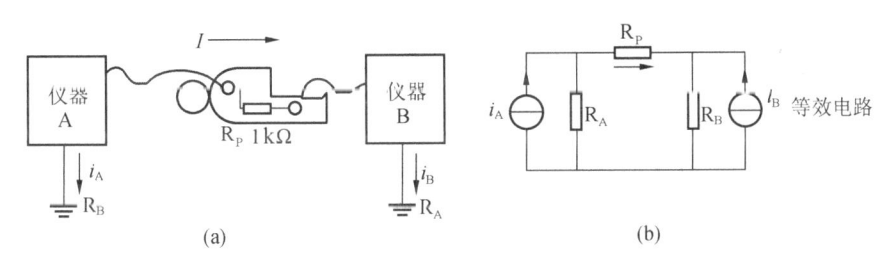

图 8-21 采用分别接地的情况

8.4 医用电子仪器的安全标准

在 20 世纪 70 年代,医用电子仪器开始大量应用于医院的临床诊疗活动,对现代医学的发展起到了非常大的促进作用。但是,由于人们的安全意识不强以及管理制度的缺陷,经常发生电击事故,甚至造成人身伤害,这严重阻碍了医用电子仪器的应用及发展。出于应用及发展的需求,制定医用电子仪器的电气安全标准的呼声越来越高。于是一些国家先后开始致力于这方面的工作,其中比较著名的是两个国际组织在制定和完善医疗仪器电气安全国际标准工作方面做了重要的工作。国际标准化组织 ISO 主要制定不用电的仪器和器具仪表的标准,而国际电工委员会 IEC 则主要负责制定电子仪器的标准。在 IEC 中有多个技术委员会 TC,TC－62 负责制定各类医用电气设备以及相关设备的设计、制造、安装和使用方面的标准。TC－62 又分为四个分委员会 SC,SC62A 负责制定医用电气设备通用安全标准,其主要的成果是 IEC60601—1《医用电气设备第一部分:安全通用要求》,该标准于 1988 年公布,1991 年做了少许修订。这个规定成为 IEC 各成员国制定本国医用电气设备安全标准的指南。而 IEC 的 SC62B 和 SC62C 分别制定放射线仪器标准和核医学仪器标准,SC62D 制定各种医用电子仪器规格标准。

医用电气设备的安全是总体安全(包括设备安全、医疗机构的医用房间内的设施安全)的一个部分。该标准是对在医疗监视下的患者进行诊断、治疗或者监护,与患者有身体的或电气的接触,和(或)向患者传送或从患者取得能量,和(或)检测这些所传送或取得的能量的医用电气设备提出了安全要求。标准要求设备在运输、存储、安装、正常使用和制造厂的维修保养设备时、在正常状态下、单一故障状态下都必须是安全的,不会引起同预期应用目的不相关的安全方面的危险。对于生命维持设备以及中断检查或治疗会对患者造成安全方面危险的设备,其运行可靠性、用来防止人为差错的必要结构和布置,都作为一种安全因素在该标准中做出了限定。

该标准共分 10 篇、59 个章节及 10 个附录。其中附录 A 和附录 F 是标准的提示附录,仅仅给出了一些附加的信息,不能作为试验项目。标准分别对医用电气设备的环境条件做了规定;对电击危险、机械危险、不需要的或过量的辐射等危险提出了要求;对工作数据的准确性和危险输出的防止、不正常的运行、故障状态以及有关电气设备安全的电气和机械结构的细节都做了规定和要求。以下介绍该标准对医用电气设备按电击防护的标准分类。其它内容请参见该标准或其它资料。对于设备的科学分类是采用不同的安全检测指标的前提,这是每一个设计者和设备维修保养人员必须弄清楚的,故这里重点介绍设备分类部分内容。

8.4.1 按防电击类型分(Ⅰ类设备、Ⅱ类设备和Ⅲ类设备)

1. Ⅰ类设备(class Ⅰ equipment)

Ⅰ类设备是指对电击的防护不仅依靠基本绝缘,而且还有附加安全保护措施,把设备和供电装置中固定布线的保护接地导线连接起来,使可触及的金属部件即使在基本绝缘失效时也不会带电的设备。

具有基本绝缘和接地保护线是Ⅰ类设备的基本条件，也就是说，Ⅰ类设备除了对电击防护具有基本绝缘外，还必须把设备中可触及的金属部件和固定布线的保护接地导线连接起来。但在为了实现设备功能必须接触电路导电部件的情况下，Ⅰ类设备可以具有双重绝缘或加强绝缘的部件（这些部件可以不进行保护接地）、有安全特低电压运行的部件（这些部件不需要保护接地）或有保护阻抗来防护的可触及部件。如果只用基本绝缘实现对网电源部分与规定用外接直流电源（用于救护车上）的设备的可触及金属部分之间的隔离，必须提供独立的保护接地导线。

2. Ⅱ类设备（class Ⅱ equipment）

Ⅱ类设备是指对电击的防护不仅依靠基本绝缘，而且还有如双重绝缘或加强绝缘那样的附加安全保护措施，但没有保护接地措施，也不依赖于安装条件的设备。Ⅱ类设备一般采用全部绝缘的外壳，也可以采用有金属的外壳。

采用全部绝缘的外壳的设备，是有一个基本连续的坚固的并把所有导电部件封闭起来的绝缘外壳，但一些小部件（如铭牌、螺钉及铆钉）除外，这些小部件至少用相当于加强绝缘的绝缘和带电部件隔离。

设备的所有带电部件均被外壳严密地防护着，带电部件与外壳之间的爬电距离和电气间隙能达到双重绝缘或者加强绝缘的要求。在基本绝缘失效的时候，辅助绝缘能提供有效的电击防护能力。Ⅱ类设备也可因功能的需要具备有功能接地端子或功能接地导线，以供患者或屏蔽系统接地用，但功能接地端子不得用做保护接地，且要有标记，以区别保护接地端子，在随机文件中也必须加以说明。功能接地导线只能做内部屏蔽的功能接地，且必须是绿/黄色的。Ⅱ类设备安全性高，不受保护接地等设施环境的制约，适合非专业人员使用，尤其是家用的医疗设备建议采用Ⅱ类设备，因为很多地方的电网设施没有良好的保护接地系统。

3. Ⅲ类设备（class Ⅲ equipment）

Ⅲ类设备的防触电保护依靠安全特低电压（safety extra-low voltage, SELV）供电，且设备内可能出现的电压值不会高于安全特低电压值。Ⅲ类设备不能与保护接地系统相连接，除非因为其它原因（非保护自身，如为满足功能需要），多采用的保护接地手段不会导致Ⅲ类设备的安全受到损害。

安全特低电压是用安全特低电压变压器或等效隔离程度的装置与供电网隔离，当变压器或变换器由额定供电电压供电时，导体间的交流电压不超过25V或者直流电压不超过60V。使用电池作为电源的设备也是Ⅲ类设备的一种。在医用电气设备中，为了区分由外部供电的Ⅲ类设备，把由电池供电的Ⅲ类设备通称为内部电源类设备。

8.4.2 按防电击的程度分（B型设备、BF型设备和CF型设备）

由于医用电气设备使用场合不同，对设备的电击防护要求的宽严程度也不同。这是因为电流对人体的伤害程度与通过人体电流的大小、持续时间，通过人体的途径，电流的种类以及人体状态等多种因素有关。例如，各种理疗仪器大多同患者的体表接触，各种手术设备

(电刀、妇科灼伤器)要同患者体内接触,而心脏起搏器、心导管插入装置则要直接与心脏接触。这样就把医用电气设备分成各种类型,按其使用的场合不同,规定不同的对电击防护的程度,在标准中划分为 B 型、BF 型、CF 型。在介绍之前,先介绍"F 型隔离(浮动)应用部分(F-type isolated (floating) applied part)"的含义,F 型应用部分是指同设备其它各部分相隔离的应用部分,绝缘应达到在应用部分和地之间加 1.1 倍最高额定网电压时,患者漏电流在单一故障状态下不超过容许值。

1. 定义

B 型设备:应用部分符合医用电气设备对电击防护能力的要求,即具有双重防护措施的设备,特别要注意允许漏电流、保护接地连接(若有)的可靠性。

BF 型设备:应用部分对电击防护能力和漏电流的允许值均不低于 B 型应用设备,而且应用部分和其它带电电路及大地进行了 F 型浮动隔离。

CF 型设备:应用部分在结构上和 BF 型应用部分是一致的,由于它可以直接接触心脏部位,要求能够提供更高防电击程度等级,允许流过心脏部位的漏电流为 BF 型设备应用部分的 1/10。

2. 应用

B 型、BF 型设备适宜应用于患者体外或体内,不包括直接用于心脏。

B 型设备可以是无应用部分的设备,也可以是有应用部分的设备,一般该应用部分与患者无导电连接。B 型设备不能直接用于心脏。

BF 型设备上有应用部分的设备,一般该应用部分与患者有导电连接。BF 型设备不能直接用于心脏。

CF 型设备主要是直接用于心脏。

例如,普通心电诊断仪可定义为 II 类、BF 型设备。

标准中有些内容是强制性的,有些是非强制性的,具体内容读者可以查阅有关该标准的文献。

8.5 医用电子仪器的安全指标及其测试

在医疗电气设备设计和使用过程中,为定量考察其防电击性能,需要对常见的电气安全性能参数进行限定和测试。医疗电气设备的安全性能参数最重要的是漏电流、接地电阻、电介质强度、电气间隙和爬电距离。本节将主要介绍漏电流、接地电阻和电介质强度的概念和测试方法。

8.5.1 漏电流检测

医疗仪器的安全性测试中最重要的测试就是测量仪器的漏电流。漏电流有对地漏电流(流过保护接地导线的电流)、外壳漏电流(从外壳流向大地的电流)、患者漏电流(从应用部分经患者流入大地的电流,或者来自外部的电压从已浮地的患者经应用部分跨过绝缘层到达保护接地的电流)、患者辅助电流(应用于患者身上同一设备不同应用部分部件之间的电流)等四种。

GB 9706.1 对漏电流的测量方式作了详细的规定,其主要内容有测量供电电路、设备与测量供电电路的连接、测量布置、测量装置(MD)和具体的漏电流测量线路等内容。本节各图中符号的意义如表 8-4 所示。

表 8-4 本节各图中符号的意义

符 号	说 明
①	医用电气设备外壳
②	—
③	短接了的或加上负载的信号输入或信号输出部分
④	患者连接
⑤	未保护接地的可触及金属部件
T_1、T_2	具有足够额定功率值和输出电压可调的单相或多相隔离变压器
V(1、2、3)	指示有效值的电压表。如可能,可用一只电压表及换相开关来代替
S_1、S_2、S_3	模拟一根电源线中断(单一故障)的单极开关
S_5、S_9	改变电网电压极性的换相开关
S_7	模拟单一保护接地导线断开(单一故障)的单极开关
S_8	模拟单一保护接地导线断开至为医用电气设备供电的单独的电源供电装置,或医用电气系统中的其它电气设备(单一故障)的单极开关
S_{10}	将功能接地端子与测量供电系统的接地点连接的开关
S_{12}	将患者与测量供电电路的接地点连接的开关
S_{13}	未保护接地的可触及金属部件的接地开关
S_{14}	连接/断开患者对/被地连接的开关
P_1	连接医用电气设备电源用的插头、插座或接线端子
P_2	连接为医用电气设备供电的单独的电源供电装置或医用电气系统中的其它电气设备的插头、插座或接线端子
MD	测量装置
FE	功能接地端子
PE	保护接地端子
R	试验操作者和电路的保护阻抗,其值低至可接受高于所测漏电流的容许值的电流
……	可选择的连接

1. 概述

(1) 设备接到电压为最高额定网电源电压的 110% 的电源上。

(2) 能适用单相电源试验的三相设备,将其三相电路并联起来作为单相设备来试验。

(3) 对设备的电路排列、元器件布置和所用材料的检查表明无任何安全方面危险可能性时,试验次数可减少。

2. 测量供电电路

为了最大程度的安全,测量供电电路应该使用隔离测试变压器(见图 8-22),使受试设备和电网电源相隔离,并且受试设备的电源保护接地端子接地。隔离变压器的任何容性漏电流都必须考虑在内。作为受试设备接地的一种替换,测试变压器的二次侧和受试设备需要保持浮地,在这种情况下,不需要考虑测试变压器的容性漏电流。

对于使用不同形式的电网电源设备,例如单相或三相设备,被测设备应接至相应的规定电源。对于单相医用电气设备,其电源极性是可以逆向的,测试供电电路应设计为可变相的电路。对于带内部电源的设备,试验时不得和供电电路相连。本节利用测试常见的单相供电电路作为例子进行描述,如图 8-22 所示。

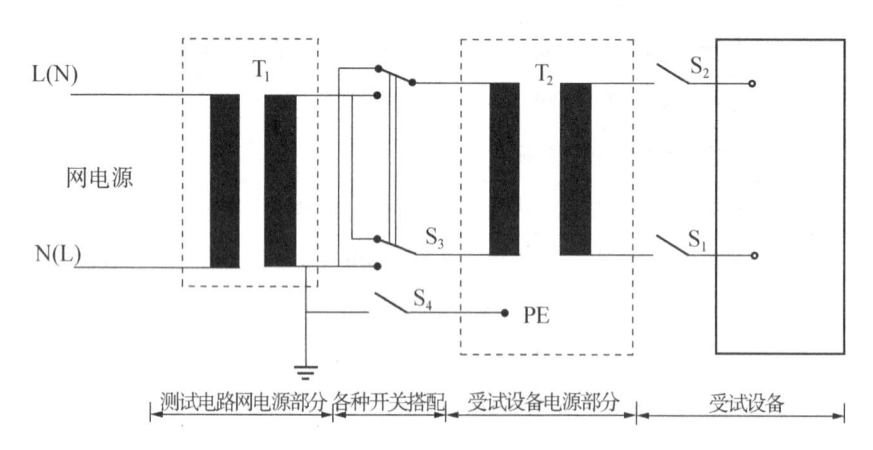

图 8-22 单相设备的测试供电电路

T_1—测试电路电网电源隔离变压器;

T_2—设备网电源部分(可以是电源适配器、电源变压器和开关电源等);

$S_1 \sim S_4$—各种状态开关

3. 测量装置(MD)

对直流、交流及频率小于或等于 1MHz 的复合波形来说,测量装置必须给漏电流或患者辅助电流源加上约 1000Ω 的阻性阻抗,如图 8-23 所示。

4. 对地漏电流测量电路

可将测量装置接在保护接地端和墙壁接地端钮(大地)之间。测量漏电流时,必须考虑电流反向时对漏电流的影响。可以从两方面去考虑,一是电源插头有可能分不清相线和中性线,也不排除电网相线和中性线接反的可能性;二是当电流方向不同,产生漏电流的器件和路径也不完全相同,就造成漏电流值的不同。

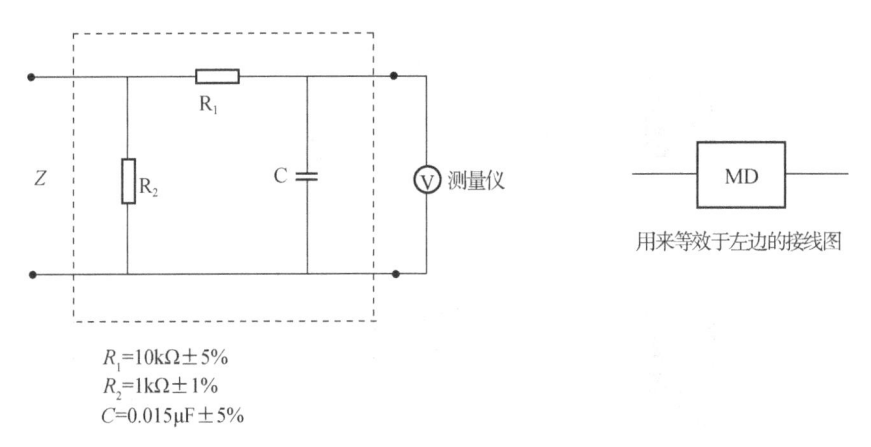

$R_1 = 10\text{k}\Omega \pm 5\%$
$R_2 = 1\text{k}\Omega \pm 1\%$
$C = 0.015\mu\text{F} \pm 5\%$

图 8-23 测量装置图例

开关 S_5 是用来控制电流变向的，开关 S_1 闭合是正常状态，断开是单一故障状态，在对地漏电流来说，S_1 断开是唯一的故障状态。我们在测量时会发现，S_1 断开时漏电流应该会升高，如图 8-24 所示。

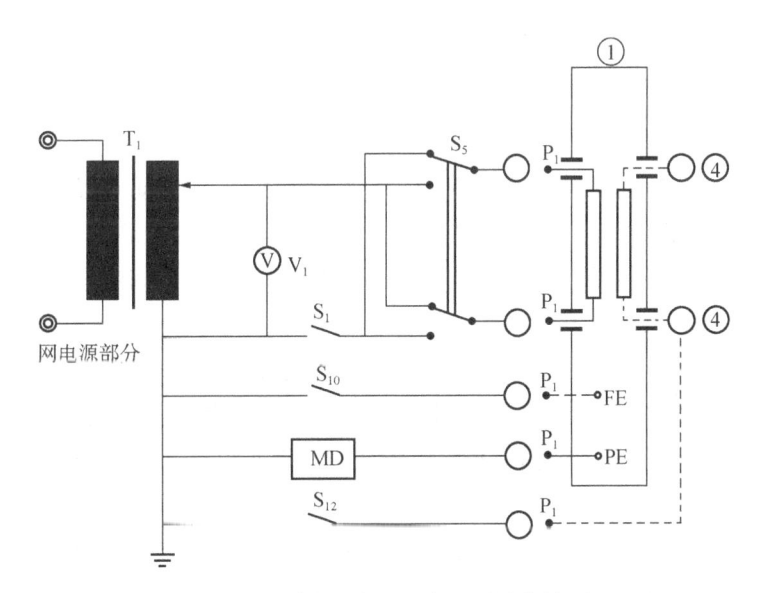

图 8-24 单相设备对地漏电测试接线图

5. 外壳漏电流测量电路

接触电流是从接触部分流经人体到大地或其它部分的电流。人体能接触到的设备部分，就是除应用部分外的所有手指能触摸到的外壳部件。人的手是人体最灵活的部分，一般触摸设备的部位也是人的手掌，成人的手掌面积一般约为 20cm×10cm，为了得到重复性较好的数据，在进行接触电流的试验时，用 20cm×10cm 面积的金属箔模拟人的手掌作为测试电极（测试线路见图 8-25）。

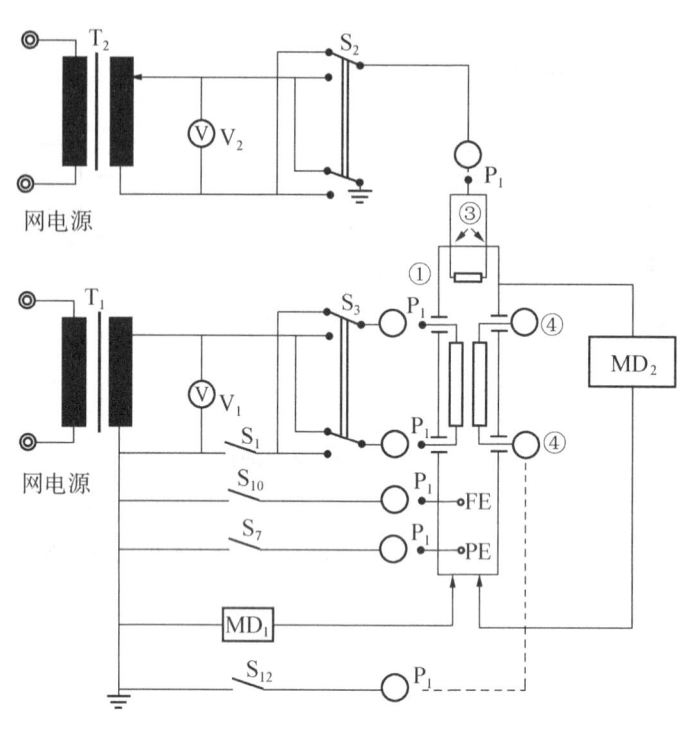

图 8 – 25　接触电流测试线路

当人的两个手掌同时接触到设备的不同外壳的部件时,在不同电势之间也会经人体形成回路,所以也应考虑在两个相互绝缘的外壳部件上进行测量。用 MD_1 在地和未保护接地外壳的每个部分之间测量,用 MD_2 在未保护接地外壳的各部分之间测量。

6. 患者漏电流测量电路

患者漏电流除了因设备自身电源电压产生的漏电流外,外来电压也会导致使用设备的患者漏电流增大。外来的电压主要从三个部位对患者产生影响:一是外来电压经信号输入/输出口对应用部分产生影响;二是外来电压施加于设备外壳时对患者漏电流的影响;三是外来电压直接加在已浮地患者身上形成的影响。这里只介绍从应用部分经患者到大地的漏电流测试电路和外来电压经信号输入/输出口对应用部分产生患者漏电流的测试电路。

1)从应用部分经患者到大地的漏电流测试线路(见图 8 – 26)

按图 8 – 26 所示的方法进行试验,在 S_1、S_5、S_7、S_{10} 开、闭的所有可能组合的情况下进行测量(见表 8 – 5)(如果设备是 I 类设备,则应考虑闭合和断开 S_7 的情况)。对于一些 B 型应用部分的设备,尤其是应用部分是用保护接地来实现单一故障时实现安全,必须考虑在 S_7 断开时的患者漏电流,这时的患者漏电流应等于正常时的对地漏电流。例如血液透析装置,正常时可能仅几微安,断开保护接地时的漏电流可能会达到数百微安,如此大的电流会引起较严重后果,应在检测和设计时注意这些问题。

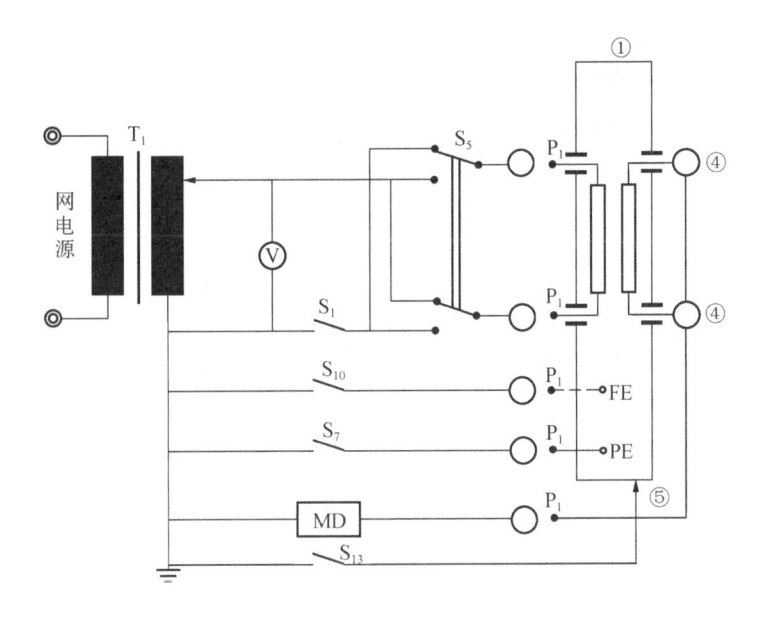

8 医用电子仪器的电气安全及电磁兼容

图 8-26　从应用部分经患者到大地的漏电流测试线路

表 8-5　图 8-26 的测试连接组合

NC $S_1=1, S_7=1$		SFC $S_1=0, S_7=1$		SFC $S_1=1, S_7=0$		FC $S_0=0, S_7=0$	
S_5	S_{10}	S_5	S_{10}	S_5	S_{10}	S_5	S_{10}
1	1	1	1	1	1	1	1
1	0	1	0	1	0	1	0
0	1	0	1	0	1	0	1
0	0	0	0	0	0	0	0

NC = 正常条件
SFC = 单一故障条件
FC = 故障条件
1 = 开关闭合
0 = 开关断开
S_7 在Ⅱ类设备不适用

2）外来电压经信号输入/输出口对应用部分产生患者漏电流的测试线路（见图 8-27）

进行测量时,应闭合 S_1 和 S_7（如果设备为Ⅱ类时,应断开 S_7）。在 S_5、S_9、S_{13} 的开、闭位置进行所有可能组合的情况下进行测量。

7. 患者辅助电流测量电路

对应用部分的连接可参照患者漏电流的要求。同时,测量患者辅助电流时,GB9706.1 也对测量电路规定了有应用部分的Ⅰ、Ⅱ类设备和内部电源设备两种情况。图 8-28 为Ⅰ、Ⅱ类设备的患者辅助电流测量图例。

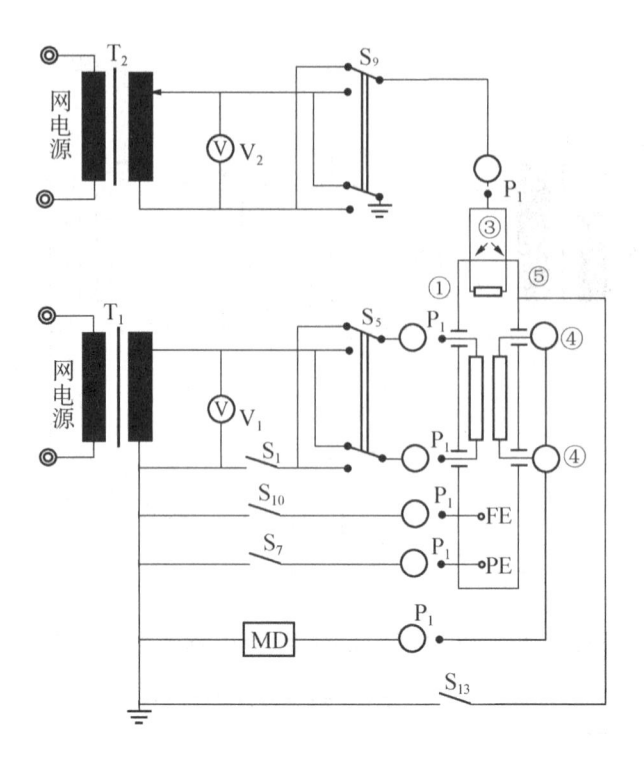

图 8-27　外来电压经信号输入/输出口对应用部分产生患者漏电流的测试线路

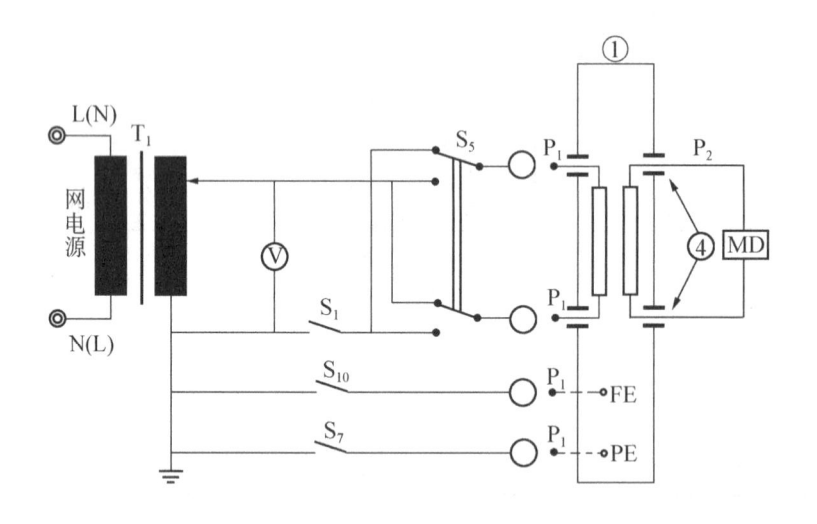

图 8-28　患者辅助电流测试线路

8.5.2　接地电阻检测

一般的医用电子仪器,都是靠仪器的接地端钮通过导线和大地相连,俗称"接地",从而旁路漏电流,以防止患者和操作者遭受电击。在此意义上,接地线、接地端钮是否良好是安全的重要因素。

GB9706.1 规定,不用电源软电线的设备,保护接地端子与保护接地的所有可触及金属部件之间的阻抗不得超过 0.1Ω;带有电源输入插口的设备,在插口中的保护接地点与已保护接地的所有可触及金属部件之间的阻抗不得超过 0.1Ω;带有不可拆卸电源软电线的设备,网电源插头中的保护接地脚和已保护接地的所有可触及金属部件之间的阻抗不得超过 0.2Ω。

欲测量接地线的导通与否,用最小刻度是 1Ω 左右的仪表即可,但若要知道接地线的正确电阻值,则需要最小刻度为 10mΩ 左右的低阻测量仪器,以便能准确地测量 0.1～0.2Ω 这样小的电阻。但是,测量如此小的电阻时,被测点和表笔间的接触电阻也属同一数量级,所以一般应采用如下试验方法。

用 50Hz 或 60Hz、空载电压不超过 6V 的电流源,产生 25A 或 1.5 倍于设备额定电流,两者取较大的一个($\pm 10\%$),在 5～10s 的时间里,在保护接地端子或设备电源输入插口保护接地连接点或网电源插头的保护接地脚和在基本绝缘失效情况下可能带电的每一个可触及金属部分之间流通。测量上述有关部分之间的电压降,根据电流和电压降确定的阻抗,不得超过上述规定的值。

8.5.3 电介质强度检测

医用电气产品在使用过程中,与其连接的电网因雷电、开关过度或感应等情况而带来瞬态过电压,会造成绝缘材料的损伤甚至击穿。电介质强度试验就是为检验医用电气设备固态电气绝缘性能的重要方法,利用高电压的手段来检验电气绝缘结构中是否存在薄弱环节和缺陷。在进行电介质强度试验时,试验部位的选定、绝缘等级判定和试验电压的计算是重点内容。

8.5.3.1 部位和绝缘等级的选用

只有在熟悉产品的结构和各部件的用途后,才能设计出安全而又经济的绝缘配合。在下列部件之间的组合,应该考虑其隔离要求:
- 带电部件
- 分离电路
- 接地系统
- 可触及的外壳
- 信号电路
- 患者回路

使用绝缘图表的方式,能简单而明了地表达各部件之间的绝缘配合关系。在 IEC60601-1 标准中,已经明确要求所有能触摸到的部件,都应达到双重防护,而且也给出了各部位之间的要求。

表 8-6 所示为图 8-29 至图 8-38 的符号含义。

1. 带电部件和保护接地之间的绝缘($A-a_1$,见图 8-29)

当可触及部件已采取基本绝缘和带电部件进行隔离时,如果可触及的部件保护接地,在单一故障情况下,基本绝缘失效,保护接地系统可以产生极大的瞬间电流,把熔断器烧断,从而实现安全保护,因此,基本绝缘 + 保护接地可以实现双重的安全防护。

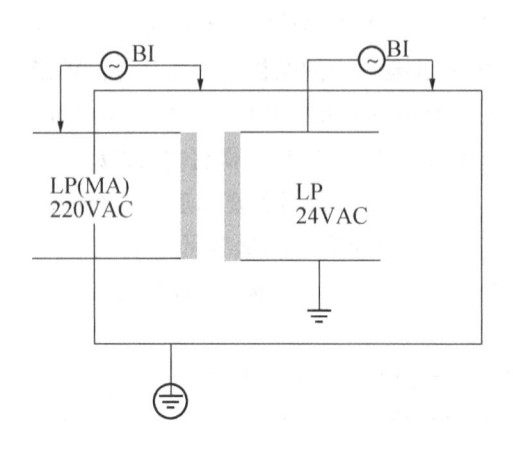

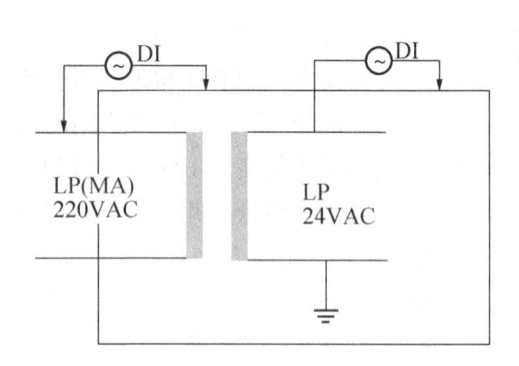

图 8-29　带电部件和保护接地之间的绝缘　　图 8-30　带电部件和未保护接地外壳之间的绝缘

表 8-6　图 8-29 至图 8-38 的符号含义

符　号	含　义	符　号	含　义
LP(MA)	电源一次侧	—∣∣—	内部电池
⊙	试验电压	×	中断
SIP/SOP	信号输入/输出接口	T	变压器铁芯
LP	电源二次侧/中间电路	BI	基础绝缘　basic insulation
AP	应用部分(患者电路)	DI	双重绝缘　double insulation
⏚	保护接地	SI	辅助绝缘　supplementary insulation
⏚	功能接地		

2. 带电部件和未保护接地外壳之间的绝缘($A-a_2$,见图 8-30)

图 8-30 中,由于外壳没有保护接地,按双重防护的原则,即使在单一故障情况下,外壳部件也是不能带电的,所以外壳和带电部件之间的绝缘应达到双重绝缘(DI)的要求。

3. 信号电路和非信号电路的带电部件之间的绝缘($A-e$,见图 8-31)

信号电路是用来向其它设备传输和(或)接收信号,与其它设备进行了电气连接。对于信号电路,如果和其它部件之间的绝缘能力不足,在单一故障状态下,可能引来外来的危险或会给其它设备带来危险。信号电路端口容易被人触及,安全程度等同于外壳,这就要求信号电路和带电部分之间能实现双重防护。实现对带电部件的双重防护,可以采取双重绝缘,也可以采取基本绝缘+保护接地。信号电路保护接地理论上可以成立,但实际上难以实现,因为要在印制电路板上实现 0.1Ω 的低阻抗和承受 25A 的大电流,就需要很大截面积的导体,从而造成印制电路板面积大大增加,无论从技术因素还是从经济因素考虑,这种设计方式都不可取。根据实际的情况,在 IEC60601-1:2005 标准中,已经把信号电路保护接地这种结构方式删除了。

信号电路可以根据功能的需要进行功能接地,前提是必须实现对带电部件达到双重绝缘的要求(见图 8-31)。

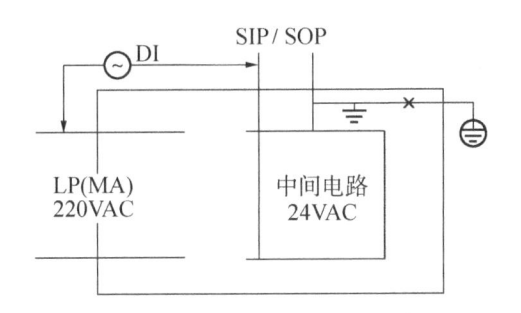

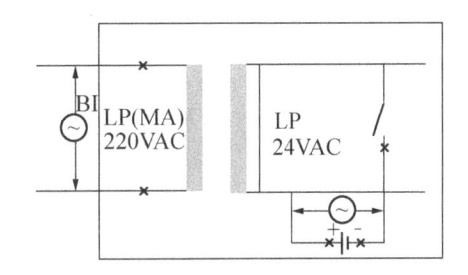

图 8-31 信号电路和非信号电路的带电部件之间的绝缘　　图 8-32 网电源部分相反极性之间的绝缘

4. 网电源部分相反极性之间的绝缘(A-f,见图 8-32)

图 8-32 中,在网电源正常接通的情况下,电流流过变压器绕组,在这个回路中,如果相线与中性线靠得近,有可能出现短接现象。如果短路出现在保险丝之后,由保险丝提供防护,不会出现电气安全方面的危险(因电源中断而导致的功能安全除外);如果短路出现在保险丝之前,因为没有其它防护,就会导致高风险的产生,所以在保险丝之前的相线和中性线应该有一定的绝缘要求。鉴于建筑物电网系统必须安装过流保护装置,这里只要求能承受基本绝缘的介电强度试验即可。

图 8-32 中有一个内部电源,现在很多电池的电容量比较大,短路时产生较大的热能,甚至可能会导致爆炸。除非电池进行了短路试验,证明其不会导致超温和爆炸,否则,应该在电池电路安装过流保护装置,而且正负极间导线爬电距离和介电强度试验应符合 A-f 的要求。对于不需要工具即可更换电池的设备,应该考虑可能更换其它类型电池所带来的风险。

5. 电源软电线入口处和可触及未保护接地部件的绝缘(A-j,见图 8-33)

对于直接进入设备内部的电源软电线,当使用频次较多时,可能导致软电线外表面的绝缘层破裂,最容易产生破裂点位于电源软电线进出设备口处,从而使与其接触的部件带电。在电源软电线入口处附近没有保护接地的部件,应在电源软电线绝缘破裂时还具有一定的绝缘能力。在电源软电线进出口处加一个绝缘管套可以防止危险的产生。

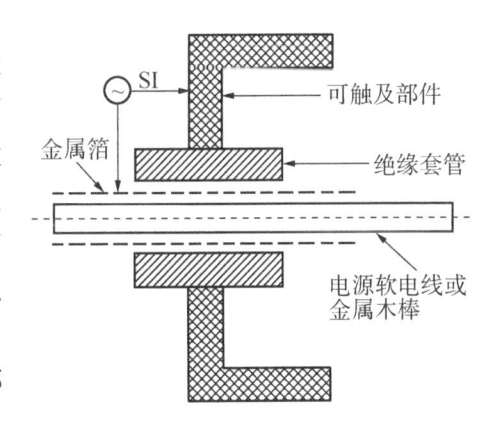

图 8-33 电源软电线入口处和可触及未保护接地部件的绝缘

6. 应用部分(患者电路)和带电部分的绝缘(B-a,见图8-34)

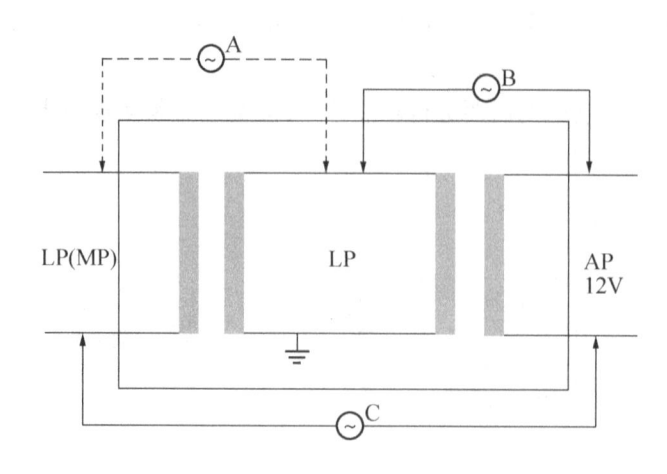

图 8-34 应用部分(患者电路)和带电部分的绝缘

从图 8-34 中可以看出,从电源输入端往右看,电源和中间电路进行了隔离,中间电路和应用部分的电路也进行了隔离,即应用部分和电源电路接有绝缘 A 和绝缘 B 两个绝缘层,A 和 B 可能有不同的绝缘匹配。假设 A 之间是基本绝缘,基准电压为网电压,那么 B 绝缘之间应该要达到辅助绝缘的要求,其基准电压同为网电压,这是一种绝缘结构。如果 A 绝缘之间是双重绝缘,那么 B 同样需要达到双重绝缘,但其基准电压仅是中间电路电压或患者电路电压。如果中间电路或患者电路的电压较高,绝缘方式应根据实际情况考虑。

7. F 型应用部分和外壳之间的绝缘(包括信号输入输出部分在内)(B-d,见图8-35)

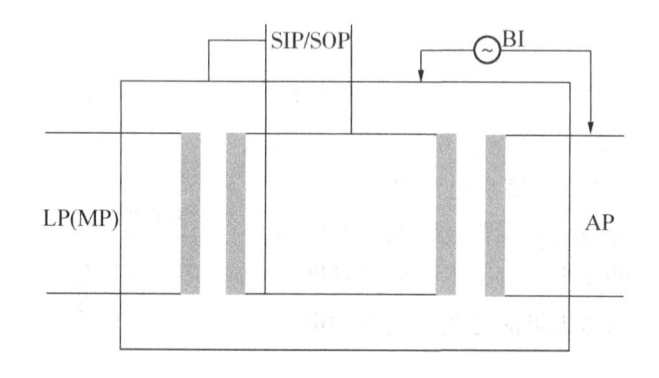

图 8-35 F 型应用部分和外壳之间的绝缘(包括信号输入输出部分在内)

在图 8-35 中,应用部分和外壳之间/信号电路之间需要实现一定的隔离,是考虑到设备(尤其是便携式设备)在使用过程中经常被移动,设备外壳会意外接触到外来电压。设备的信号电路与其它设备进行电气连接,当与医用电气设备相连的设备出现故障时,可能经信号线引来危险电压。这些外来电压的引入可能对患者造成危害,因其引入的电压来源具有不确定性。因为网电源电压是风险较高的一种,其触及的概率也较高,所以基准电压选用网电源电压。引入外来电压可以认为是非常态,所以应用部分和外壳、信号端口之间实现基本绝缘即可。

8. 有电压输出的 F 型应用部分和外壳之间的绝缘（B-e，见图 8-36）

图 8-36 中，当应用部分有电压输出时，应用部分对外壳等部件具有一定的电应力，为了防止操作人员在正常工作时触摸到设备的外壳而导致危险，应使设备的外壳和应用部分之间有一定的绝缘要求。由于应用部分输出的电压是正常状态，按照双重防护的原则，外壳和应用部分之间的绝缘应是双重绝缘，基准电压选择应用部分正常输出时的电压。

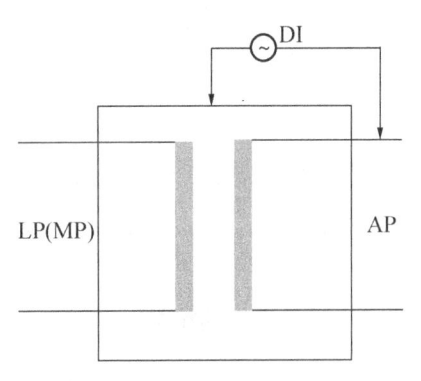

图 8-36 有电压输出的 F 型应用部分和外壳之间的绝缘

8.5.3.2 试验电压值的计算

计算进行绝缘试验所需要的电压值，主要考虑两方面，一是基准电压的选取，二是绝缘类别的判定。

1. 基准电压的选取

绝缘层间的基准电压应选取设备在正常使用时设备施加额定供电电压在绝缘系统所能出现的最大电压。在选取时主要有两种情况：

1）选绝缘最大电压值的一端（见图 8-37）

从图 8-37 中可以看出，AP 端和 LP(MP) 端之间进行了隔离，AP 端和地之间没有任何连接，在这种情况下，选取 U_1 或者 U_2 中较高的电压为基准电压。

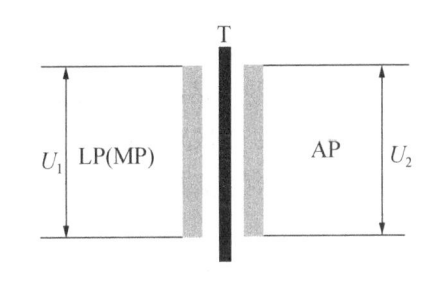

图 8-37 隔离变压器绝缘图

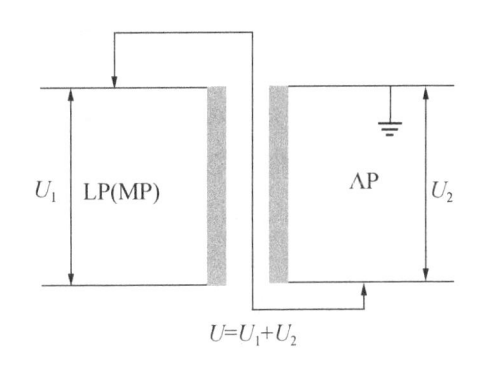

图 8-38 一端接地的隔离变压器绝缘图

2）选取任何两点间最高电压的算术和（见图 8-38）

从图 8-38 中可以看出，AP 端和 LP(MP) 端之间进行了隔离，AP 端是接地的，在这种情况下，基准电压选取 U_1 和 U_2 电压的算术和。

2. 试验电压值的选取

根据基准电压值和绝缘类型的要求不同，试验电压值是可以查表计算的。这些要求在 IEC60601-1:2005 标准中有详细描述（见表 8-7）。

表 8-7 试验电压

被试绝缘	对基准电压 U 相应的试验电压/V					
	$U \leq 50$	$50 < U \leq 150$	$150 < U \leq 250$	$250 < U \leq 1000$	$1000 < U \leq 10000$	$10000 < U$
基本绝缘	500	1000	1500	$2U+1000$	$U+2000$	*
辅助绝缘	500	2000	2500	$2U+2000$	$U+3000$	*
加强绝缘和双重绝缘	500	3000	4000	$2(2U+1500)$	$2(U+2500)$	*

* 如有必要,查产品专用安全标准。

8.5.4 试验电压的施加

进行试验时应注意三方面的问题:①试验电路的连接;②非隔离元件的影响;③通电时应注意的问题。

1. 试验电路的连接

在绝缘的某一端,如果有多个端子,应把所有的外部接线端子连接到一起,以免造成同侧电位不均而在通电瞬间损坏元件。设备的开关或控制设备的继电器等应处于闭合状态或用导线接通,电压阻断元件(如整流二极管)的接线端子应连接在一起,防止出现试验电压没有到达绝缘处的现象。

2. 非隔离元件的影响

电介质强度试验目的是考核绝缘材料性能,如果一些非隔离元件会影响试验结果,可以对这些元件采取一定的措施。例如,被试绝缘间并联了功率消耗和电压的限制器件,在进行试验时,因为高压发生器检测到泄漏电流过高而停止输出。这种情况并不是击穿,可以把这些器件从接地端断开。又例如,为满足电磁兼容(EMC)要求所用到的高频滤波器,其中所用到的元件应该单独满足电压冲击试验,在进行交流电介质强度试验时有必要把它们隔离。

3. 通电时应注意的问题

(1) 接通试验电压时,输出的电压值不能超过额定试验电压值的一半,然后在 10s 内把电压逐渐升高到规定的电压值,保持 1min,之后在 10s 内把电压降到电压值的一半以下。试验时瞬间的高电压突变容易造成试验材料被击穿,试验时应避免这些问题。

(2) 所用的电压波形,应是正常使用时作用于绝缘材料的相同波形。注意同样的绝缘材料遇到高频时绝缘能力会降低。

(3) 国际电工委员会没有对击穿电流限值进行规定。在电介质强度试验时,泄漏电流可能会慢慢地升高,逐渐超过检验仪器的报警值,也可能是泄漏电流迅速而不受控地增大超过报警值。如果是迅速增大,可以判定其为电击穿;如果是缓慢超过,可以把报警值设置到更高的数值,一般不能超过 100mA(见图 8-39 和图 8-40)。

图 8 - 39　可疑电击穿电流曲线

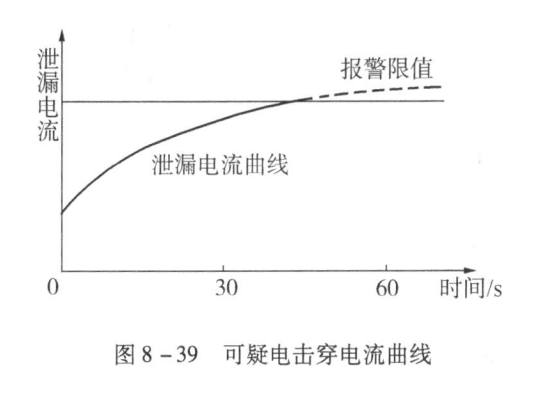

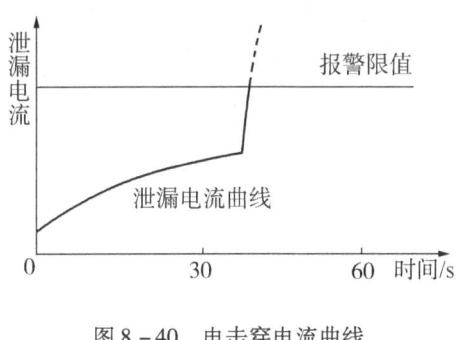

图 8 - 40　电击穿电流曲线

8.6　医用电气设备电磁兼容测试

电磁兼容是伴随着无线电波的利用而出现的。1896年马可尼与波波夫几乎同时实现了利用无线电波的通信。进入20世纪，人们首先将无线电波用于无线电声音广播。在20年代出现了大量的无线电广播电台，不久，人们发现这些电台的信号有时被干扰。为了国际的协调并合理地解决无线电干扰，于1934年6月28—30日在巴黎开会成立了国际无线电干扰特别委员会（CISPR）。也就是说，早在80多年以前，电磁兼容问题已引起人们的注意了。如果以IEEE Transaction的"射频干扰（RFI）"分册改名为电磁兼容（EMC）分册的1964年算起，"电磁兼容"这一名词的正式启用已50多年了。但是数十年来，电磁兼容并未引起人们应有的注意。到了20世纪90年代，由于电气电子技术的发展和应用，随着通信、广播等无线电事业的发展，人们才逐渐意识到需要对各种电磁干扰加以控制，也越来越重视，并开始投入大量的人力对电磁干扰问题进行世界性有组织的研究。

近年来，高敏感性电子技术在电气设备中广泛应用和新通信技术（如个人通信系统、蜂窝电话等）在社会生活各领域迅速发展，电气设备在工作时不仅自身会发射电磁能，影响无线电广播通信业务和周围其它设备的工作，而且在它的使用环境内还可能受到周围设备如通信设备等电磁能发射的干扰，从而导致设备失效。特别是医用电气设备，在治疗工作时因电磁干扰影响导致性能下降，就可能造成对患者的伤害或者导致医生无法对患者病情做出正确诊断。电磁干扰对医疗仪器设备影响巨大，电磁干扰信号可能会影响一些高敏感度的医疗设备和相应的诊断和监护进程，甚至导致设备不能正常运行，从而影响医生诊断，引发误诊，严重的会导致病人失去生命。例如，心脑电图机、监护仪、超声诊断仪和检测人体生物电信号的仪器设备等受到电磁干扰后，在其原有信号上叠加了干扰信号导致图形出现偏差甚至抖动，造成检测结果畸变，使医生无法准确诊断病人真实的病因。电磁干扰还会导致治疗差错，例如，当人工透析机受到电磁干扰时，将无法完全或正常过滤掉人体血液内过剩的新陈代谢物或者多余药物，达不到治疗效果。

8.6.1　电磁干扰的三要素

设备发生电磁兼容性问题，必须存在三个因素（见图8-41）。首先，要有产生电磁干扰的源头，即电磁干扰源；其次，有能够传播这个干扰源的相关路径，即耦合途径（传播路径);最后,还要有对传播过来的干扰敏感的接受者,即敏感设备。所有的电磁干扰都是由上述三个因素的组合产生的,把它们称为电磁干扰三要素。所以,在解决电磁兼容问题时,要从这三个要素入手。

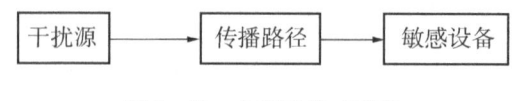

干扰源 → 传播路径 → 敏感设备

图 8-41 电磁干扰三要素

电磁兼容学科研究的主要内容是围绕构成电磁干扰的三要素进行的。干扰源的研究包括其发生的机理、时域和频域的定量描述,以便从源端来抑制干扰的发射,通常采用滤波技术来限制干扰源的频谱宽度和幅值。传播路径有两条:①通过空间辐射;②通过导线传输。辐射发射主要研究在远场条件下干扰以电磁波的形式发射的规律以及在近场条件下的电磁耦合,通常采用屏蔽技术来阻断干扰的辐射。传导发射主要研究干扰沿导线传输的影响。通常传导发射通过公共地线、公共电源线和互连线来实现。

8.6.2 医用电气设备电磁兼容测试

医用电气设备的电磁兼容测试内容包括发射和抗扰度两部分。具体测试项目如图 8-42 所示。

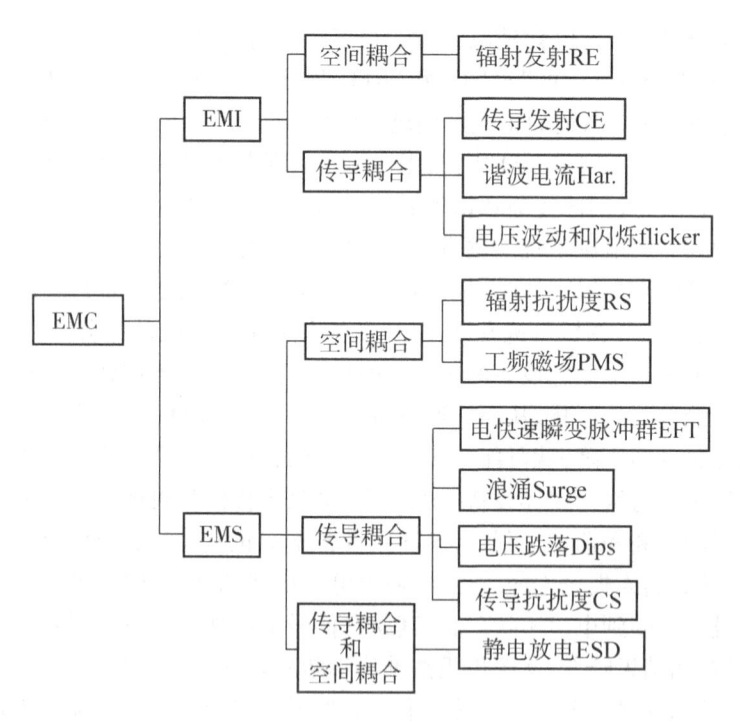

图 8-42 电磁兼容测试项目

8.6.2.1 辐射发射(radiation emission,RE)试验

1. 试验目的

随着通信、广播等无线事业的发展,人们逐渐认识到需要对各种电气设备的电磁辐射进行控制。辐射发射的测试正是出于对无线电业务的保护,测量被测设备(equipment under test，EUT)经空间传播的干扰辐射场强是否满足标准的要求。

2. 试验原理

测量干扰的电场强度一般在开阔场地或半电波暗室测量(见图8-43)。测试天线和被测设备(EUT)之间的距离标准规定为3m、10m或30m。测试天线接收到噪声后由同轴电缆送至接收机进行测量,测量频率一般为30～1000MHz。受试设备放在一个具有规定高度、并可以旋转的360°的转台上,接收天线的高度应该在1～4m(如测量距离为3m或10m)或2～6m(如测试距离为30m)内扫描,以搜索最大的辐射场强。

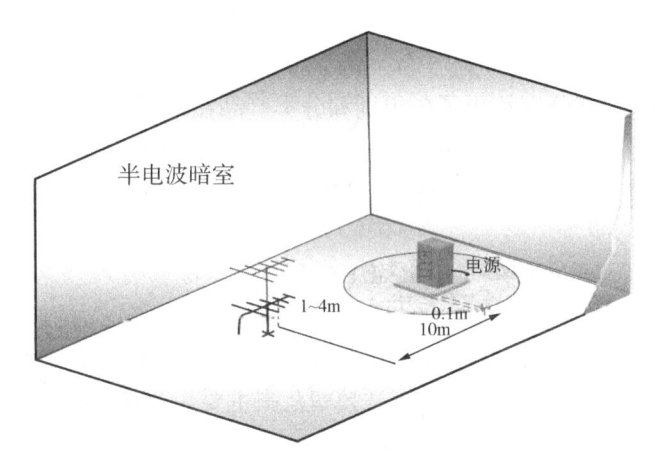

图8-43 辐射发射测试布置

EUT的辐射电磁波到达接收天线有两条路径,如图8-44所示。一条是直达波E_A,另一条是通过地面的反射后到达接收天线的反射波E_B。天线接收到的总场强为直达波和反射波的矢量和。

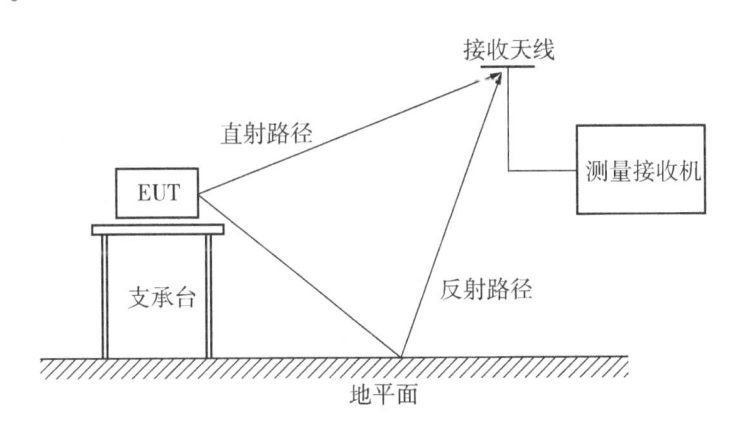

图8-44 辐射电磁波的直达波和反射波

3. 试验标准限值要求

除简单电气器件、照明设备、信息技术设备外,绝大部分医用电气设备应符合GB 4824—2013标准关于限值方面的要求。

1) 设备分组

从设备产生和使用射频能量的方式来分,可分为1组设备和2组设备。

1 组设备为 2 组设备以外的其它设备。

2 组设备包括以电磁辐射、感性和/或容性耦合形式,有意产生并使用 9kHz～400GHz 频段内射频能量的,所有用于材料处理或检验/分析目的的工业、科学和医疗射频设备。

2)设备分类

从设备使用的环境来分,可分为 A 类设备和 B 类设备。

A 类设备为非家用和不直接连接到住宅低压供电网中使用的设备。A 类设备应满足 A 类限值的要求。

B 类设备为家用和直接连接到住宅低压供电网中使用的设备。B 类设备应满足 B 类限值的要求。

GB 4824—2013 标准分别给出了各组别和分类产品在不同测试距离下不同频段的干扰限值(详细情况可查阅 GB 4824—2013)。另外,3m 测试距离干扰限值只适用于小型设备。小型设备是指台式或落地式设备,其整体(包括电缆)在直径 1.2m、接地平板上 1.5m 高的圆柱形测试区域内。

8.6.2.2 传导发射(conducted emission,CE)试验

1. 试验目的

医用电气产品传导干扰测试主要测量受试设备(equipment under test,EUT)在正常工作状态下通过电源线向电网传输的干扰,测试频率范围主要为 150kHz～30MHz。

2. 试验原理

传导发射测试一般在屏蔽室内进行,测量时需要在电源和 EUT 之间插入一个人工电源网络(line impedance stabilization network,LISN 或 artificial mains network,AMN),其原理如图 8-45 所示。

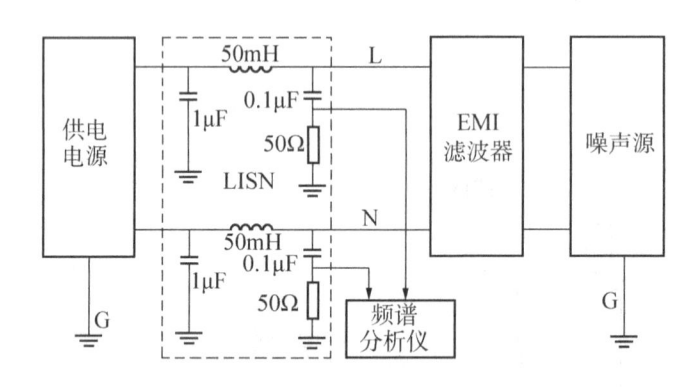

图 8-45 人工电源网络原理图

人工电源网络的作用是隔离电网和 EUT,使测到的干扰电压仅是 EUT 发射的,不会有电网的干扰混入。另一作用是为测量提供一个稳定的阻抗,由于测量仪的输入阻抗是 50Ω,人工电源网络提供一个 50Ω 的阻抗,使整个测试系统阻抗匹配。EUT 发射的干扰通过 0.1μF 的电容进入干扰测量仪。

3. 试验限值

传导发射限值根据设备的分组和分类不同在 GB4824—2013 中有不同的规定,详细要求可查阅 GB 4824—2013。医用电气设备传导干扰测试主要针对电源端口进行。

8.6.2.3 谐波电流(harmonic current)试验

1. 试验目的

电力系统中的谐波是指那些为供电系统额定频率整数倍的正弦电压或正弦电流。它是由非线性电压特性的设备或逆变负荷引起的。电网中的谐波实际上是一种干扰,影响电网质量。谐波电流在电力网络的阻抗上产生谐波电压,以矢量相加,使电网正弦电压产生畸变。谐波对电网的危害包括功率损耗增加、接地保护功能失常、电网过热、中性线过载和电缆着火等。同时,电网中的谐波会导致电子设备性能降级、电子器件误动作、电容器损坏和寿命缩短等后果。通过测试设备的谐波电流,以评价其是否满足标准限值的要求,从而保护公共电网。

2. 试验原理

供电网络中的谐波电流,指的是频率为供电网络基波频率整数倍(倍数大于1)的正弦波电流分量。单相设备的测量电路如图8-46所示。三相设备的测量原理和单相设备类似。

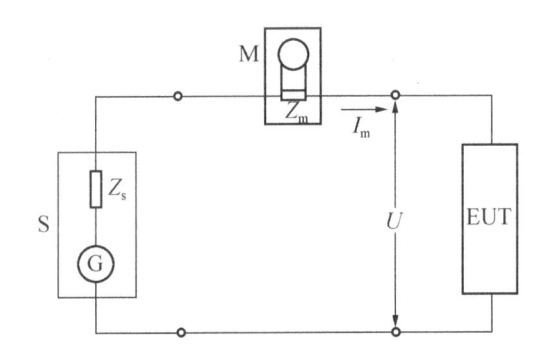

图8-46 单相设备的谐波测量电路

其中,S为EUT的供电电源,要求为纯净源,频率稳定,幅度稳定,不会产生额外的谐波。EUT产生的谐波电流由分流器Z_m取样,送入谐波分析仪进行测量。测量得到的谐波电流值与标准限值进行比较。

3. 试验限值

为了确定设备谐波电流的限值,被测设备分为如下四类:

A类设备 平衡的三相设备、家用电器(不包括列入D类的设备)、工具(不包括便携式工具)、白炽灯调光器、音频设备。未规定为B、C、D类的设备均视为A类设备。

B类设备 便携式工具、不属于专用设备的电弧焊设备。

C类设备 照明设备。

D类设备 功率不大于600W的个人计算机和个人计算机显示器以及电视接收机。

下列设备的限值在GB17625.1中未作规定:
- 额定功率75W及以下的设备,照明设备除外;
- 总额定功率大于1kW的专用设备;

- 额定功率不大于200W的对称控制加热元件；
- 额定功率不大于1kW的白炽灯独立调光器。

因此，对于额定功率小于75W的医疗设备，可以免做该项测试。具体限值要求可查询GB17625.1。

8.6.2.4 电压波动和闪烁(voltage fluctuation and flicker)试验

1. 试验目的

电压波动和闪烁测试主要测量EUT引起的电网电压的变化。电压变化产生的干扰影响不仅取决于电压变化的幅度，还取决于它发生的频率。电压变化通常用两类指标来评价，即电压波动和闪烁。电压波动指标反映了突然的较大的电压变化程度，闪烁指标反映了一段时间内连续的电压变化情况。本项测试适用于每相输入电流等于或小于16A、打算连接到相电压为220～250V、频率为50Hz的公用低压配电系统，且无条件连接的电气和电子设备。

2. 试验原理

本测试主要考核两类指标，即电压波动和闪烁。测量电压波动能反映突然较大的电压变化程度。这种突然较大的电压变化对闪烁的测量影响很小，但十分有害。主要的测量参数有最大相对电压变化特性 d_{max}、相对稳态电压变化特性 d_c 和相对电压变化特性 $d(t)$，如图8-47所示。

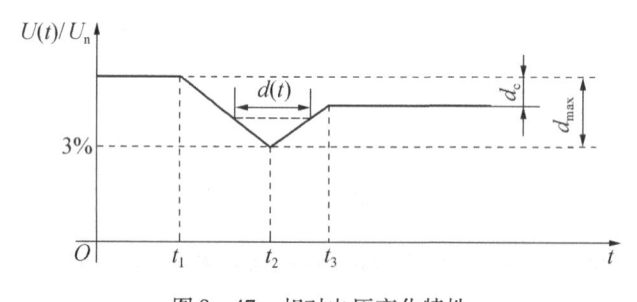

图8-47 相对电压变化特性

测量闪烁能反映一段时间内连续的电压变化情况。电压变化本身并不能恰当地表征闪烁的可感受性。人类的眼和大脑结合在一起，对闪烁的反应和敏感性会随着闪烁频率的变化而变化。正是因为考虑频率变化这一前提，对电压变化本身的处理必须在一个几分钟的时间周期内进行，将频率变化、电压形状变化的特征以及重复变化所累积的刺激等因素都考虑在内。在试验上，通过将电压变化导入到闪烁计，闪烁计将会根据电压波形和它所使用的参考方法对电压变化特征进行加权。闪烁的测量参数有短期闪烁 P_{st} 和长期闪烁 P_{lt}。P_{st} 评定短时间(几分钟)内闪烁的严酷程度，P_{lt} 评定长时间(几个小时)内闪烁的严酷程度。

3. 试验限值

P_{st}(短期闪烁指示值)不大于1.0；

P_{lt}(长期闪烁指示值)不大于0.65；

在电压变化期间 $d(t)$ 值超过3.3%的时间不大于500ms；

相对稳态电压变化 d_c 不超过 3.3%；

最大相对电压变化 d_{max} 不超过：

4%　无附加条件；

6%　设备为：

- 手动开关或每天多于 2 次的自动开关,且在电源中断后有一个延时再启动（延时不少于数十秒）,或手动再启动。

7%　设备为：

- 使用时有人照看,或每天不多于 2 次的自动开关或打算手动的开关,且在电源中断后,有一个延时再启动（延时不少于数十秒）或手动再启动。

对于按照一般试验条件具有几个单独控制电路的设备,只有在电源中断后有延时或手动再启动时,限值 6% 和 7% 适用。对于所有具有电源中断后恢复时能立即动作的自动开关的设备,限值 4% 适用。对于所有手动开关设备,根据开关的频率,限值 6% 和 7% 适用。

P_{st} 和 P_{lt} 要求不适用于由手动开关引起的电压变化。

以上这些限值不适用于应急开关动作或紧急中断的情况。

8.6.2.5　静电放电(electrostatic discharge, ESD)抗扰度试验

1. 试验目的

静电放电是指两个具有不同静电电位的物体,由于直接接触或静电电场感应引起物体之间的静电电荷转移,静电电场的能量达到一定程度后,击穿其间介质而进行放电的现象。在这个过程中,将产生潜在的破坏电压、电流以及电磁场。静电产生强大的尖峰脉冲电流,这种电流包含丰富的高频成分,其上限频率可超过 1GHz。在这个频率上,设备电缆甚至印制板上的走线会变成非常有效的接收天线。通过直接放电产生的电流会引起设备中半导体器件损坏,而造成永久性失效。由放电引起的近场电磁场变化,可能造成设备误动作、死机或操作失常。

静电放电试验是模拟人体自身所带的静电在接触电子电气设备表面或周围金属物品时的放电,评价电子设备遭受直接来自操作者或者对邻近物体的静电放电抗扰能力。静电放电抗扰度试验的国家标准为 GB/T 17626.2(等同于国际标准 IEC61000-4-2)。

2. 试验原理

通过静电发生器输出脉冲电流,来模拟实际放电过程中输出的脉冲电流。静电放电发生器的结构分为充电回路和放电回路,其结构简图如图 8-48 所示。R_d 为放电电阻,阻值为 330Ω, C_s 为储能电容,容值为 150pF,分别表示人体的放电阻抗和储能容抗。

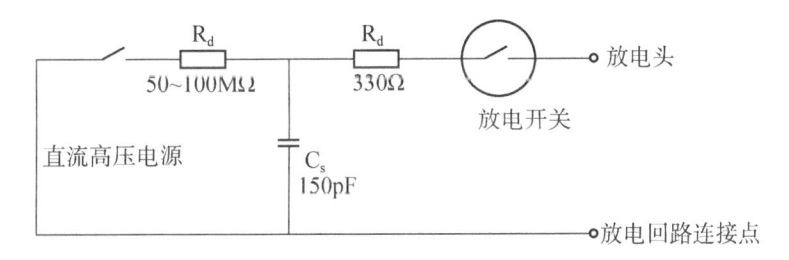

图 8-48　静电放电发生器结构简图

静电放电发生器输出的电流波形如图 8-49 所示,其上升沿很陡,上升时间 t_r 为 0.7～1ns。对该信号进行傅里叶变换,可发现其包含的频谱最高频率可达 $\dfrac{1}{\pi t_r}$,可见该脉冲电流的频谱非常宽,且包含了丰富的高频成分。在这个频率上,设备电缆甚至印制板上的走线会变成非常有效的接收天线。正是由于高频脉冲骚扰的缘故,EUT 受到干扰时其耦合路径比较难以判断,可以是通过线缆传导耦合,也可能是通过空间耦合干扰到 EUT 电路板或芯片。这也是医疗设备经常不通过静电放电试验的缘故,同时比较难以整改。

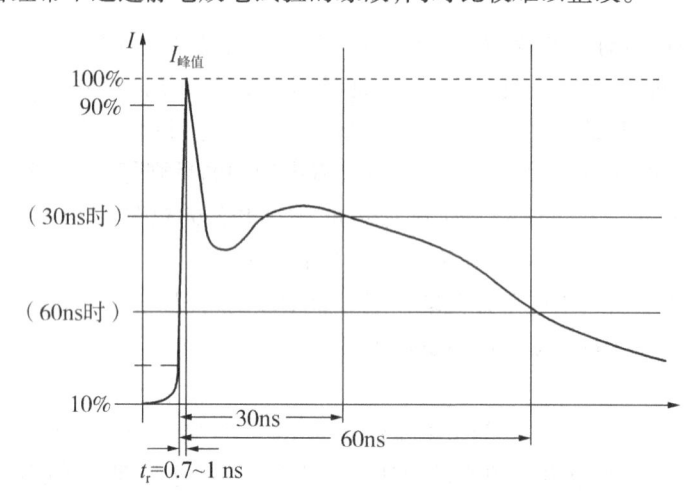

图 8-49 静电放电发生器输出电流的典型波形

3. 试验要求

除非在通用标准、产品标准或产品类标准中有其它规定,静电放电只施加在正常使用时人员可接触到的受试设备上的点和面。对于人员可接触的导电的点和面,应对其进行接触放电;对于人员不能接触到的导电的点和面以及非导电的部位,应对其进行空气放电。基础标准 GB/T 17626.2—2006 要求试验等级见表 8-8。

表 8-8 试验等级

1a 接触放电		1b 空气放电	
等级	试验电压/kV	等级	试验电压/kV
1	2	1	2
2	4	2	4
3	6	3	8
4	8	4	15
×	特殊	×	特殊

注:"×"表示开放等级,该等级必须在专用设备的规范中加以规定。如果规定了高于表格中的电压,则可能需要专用的试验设备。

YY 0505-2012 标准中静电放电试验等级的要求:空气放电为 ±2 kV、±4 kV 和 ±8 kV,接触放电为 ±2 kV、±4 kV 和 ±6 kV。静电放电试验按台式设备和落地式设备试验配置的布局分别如图 8-50 和图 8-51 所示。

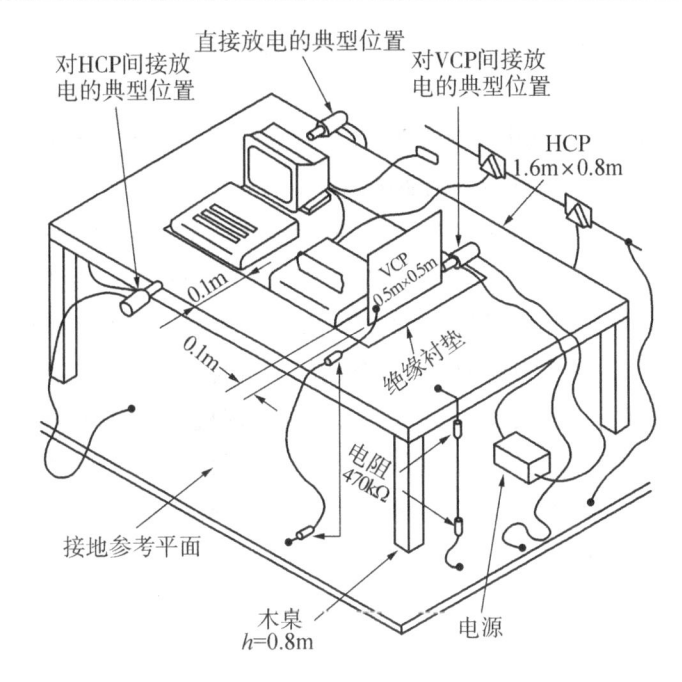

图 8-50 台式设备试验布局

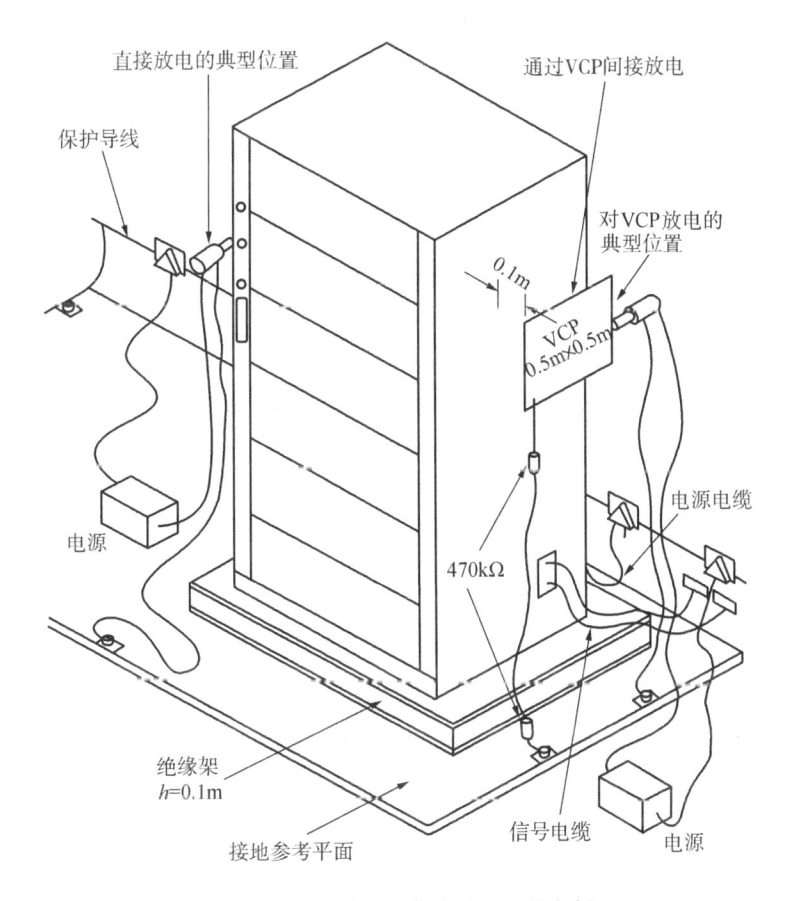

图 8-51 落地设备试验配置的实例

8.6.2.6 射频电磁场辐射(radio-frequency electromagnetic field radiation)抗扰度试验

1. 试验目的

电子电气设备在同一空间中同时工作时,总会在它周围产生一定强度的电磁场。这些电磁场通过一定的途径(辐射、传导)把能量耦合给其它的设备,使其它设备不能正常工作,如维修和保安人员使用的小型无线电收发机、固定的无线电广播、电视台的发射机、车载无线电发射机和各种工作电磁源均会频繁地产生这种辐射。近年来,无线电话及其它无线电发射装置的使用显著增加,其使用频率在 0.8~3GHz 之间,其中有许多设备使用的是非恒定包络调制技术(如 TDMA),对电子电气设备的辐射抗扰度提出了更高的要求。除了有意产生的电磁能以外,还有一些设备产生杂散辐射,如电焊机、晶闸管装置、荧光灯、感性负载的开关操作等等,同样会对电子电气设备产生影响。辐射抗扰度测试的目的是检验产品抗外界辐射骚扰的能力。射频电磁场辐射抗扰度试验的国家标准为 GB/T 17626.3(等同于国际标准 IEC61000-4-3)。

2. 试验原理

按医用电气设备辐射抗扰度测试要求,信号发生器输出频率范围 80MHz~2.5GHz,调制频率 1kHz 或 2Hz,调制幅度 80%,频率步长不超过基频 1% 的信号,该信号经功率放大器放大后由天线发射,并在 3m 测试距离处形成一个离参考地 0.8m 高的 1.5m×1.5m 的均匀场,考察 EUT 的工作性能是否下降。测试系统连接图见图 8-52,典型的试验图例见图 8-53。

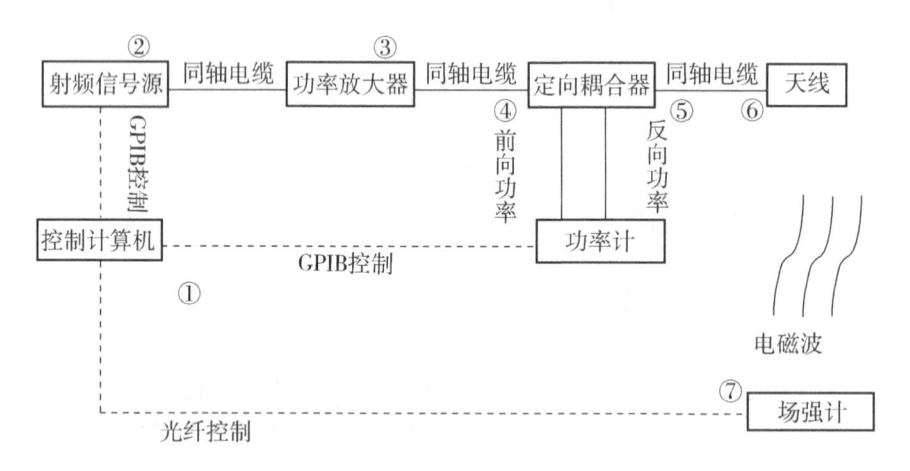

图 8-52 测试系统连接图

整个辐射抗扰度测试系统是一个闭环的回路。由测试软件设定目标场强等级,通过射频信号源输出信号,经过功率放大器放大,再由发射天线输出,最终在远端通过场强计得出实际场强的大小。同时,场强计会根据实测场强的大小,反馈到计算机来进一步调节射频信号源输出信号的大小,使得实测场强和目标场强是一致的。

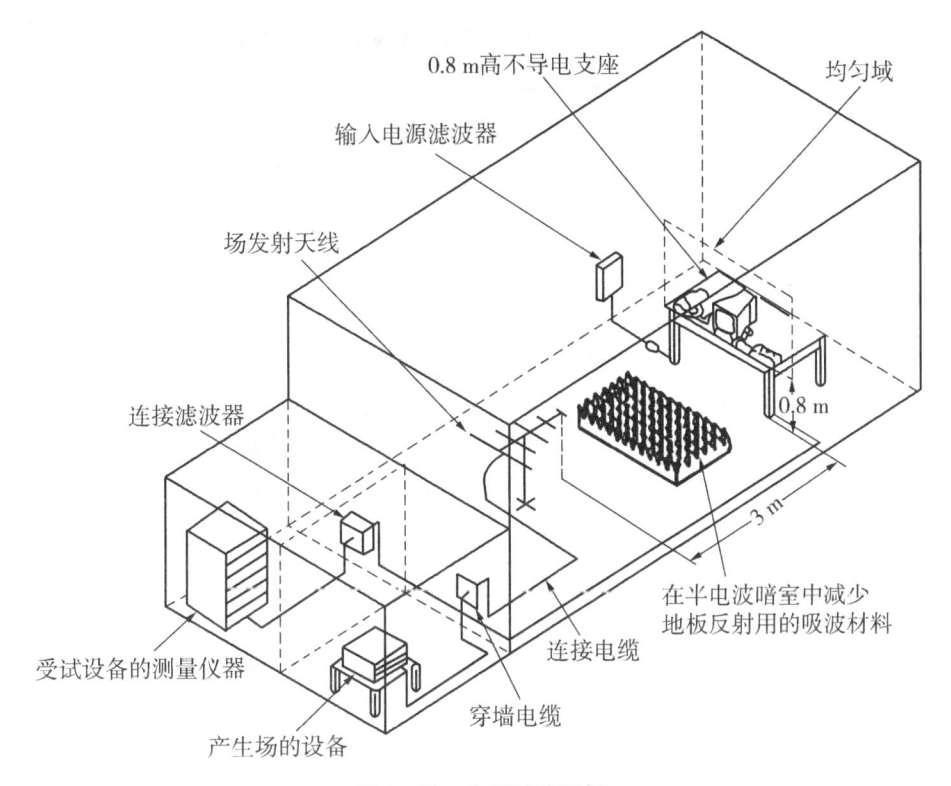

图 8-53 典型试验图例

注：图中为了简明而省略了墙上和顶部的吸波材料。

通常，在测试时可通过监控②射频信号源输出，④前向功率，⑤反向功率和⑦实测场强来实时确定系统是否正常工作。当实测场强在某一频段远低于目标场强时，可以添加 VSWR 监控窗口。VSWR 为电压驻波比，可简单估算为功放反向功率的平方根与功放前向功率的平方根的比值，即

$$\text{VSWR} = \frac{1+T}{1-T} = \frac{1+\sqrt{P_{\text{反向功率}}}}{1-\sqrt{P_{\text{前向功率}}}}。$$

式中，T 为反射系数模值。当 VSWR 值比较大时，应检查整个回路连接是否正常，再逐一排查是哪个元件出现了问题。而当 VSWR 值正常，功放饱和度低于 3.1dB，同时，信号源输出较大，则需要检查功放是否出现了问题。

3. 试验要求

非生命支持设备和系统应在 80MHz～2.5GHz 的整个频率范围内，在 3V/m 抗扰度试验电平上符合 YY 0505 36.202.1 j)的要求。生命支持设备和系统应在 80MHz～2.5GHz 的整个频率范围内，在 10V/m 抗扰度试验电平上符合 YY 0505 36.202.1 j)的要求，详见表 8-9。

表 8-9 医疗设备辐射干扰抗扰度试验等级简表

分 类		试验等级	备 注
非生命支持设备和系统	一般要求	2(3V/m)	80MHz～2.5GHz 的整个频率范围
	仅用于屏蔽场所的设备和系统	2(3V/m)	根据射频屏蔽效能和射频滤波衰减满足 YY 0505 6.8.3.201 c)2)规定的要求,使用降低后的试验等级
	含有射频电磁能接收机的设备和系统	2(3V/m)	占用频带内免于 YY 0505 36.202.1j)基本性能的要求,频带外使用3V/m试验等级[①]
生命支持设备和系统	一般要求	3(10V/m)	80MHz～2.5GHz 的整个频率范围
	仅用于屏蔽场所的设备和系统	3(10V/m)	根据射频屏蔽效能和射频滤波衰减满足 YY 0505 6.8.3.201 c)2)规定的要求,使用降低后的试验等级
	含有射频电磁能接收机的设备和系统	3(10V/m)	占用频带内免于 YY 0505 36.202.1j)基本性能的要求,频带外使用10V/m试验等级[②]

注:①在占用频带内,如使用3V/m的试验等级,设备或系统应保持安全,并且其它功能满足 YY 0505 36.202.1j)基本性能的要求。

②在占用频带内,如使用10V/m的试验等级,设备或系统应保持安全,并且其它功能满足 YY 0505 36.202.1j)基本性能的要求。

8.6.2.7 电快速瞬变脉冲群(electrical fast transient burst,EFT)抗扰度试验

1. 试验目的

电快速瞬变脉冲群抗扰度试验是一种将由许多快速瞬变脉冲组成的脉冲群耦合到电气和电子设备的电源端口、控制端口、信号端口和接地端口的一种试验。切换或断开控制系统中的感性负载(如继电器、接触器、断路器等),常会产生这类瞬变骚扰。这些瞬变骚扰具有脉冲重复频率高、上升沿陡峭、单个脉冲持续时间短暂、脉冲幅度高、脉冲成群出现等特征。这种瞬变骚扰的电压较高,能量却很小,一般不会损坏设备。但是,由于其上升时间很短,频谱分布较宽,对电气设备的可靠工作威胁很大,容易造成设备的误动作或死机。电快速瞬变脉冲群试验就是为了验证电气和电子设备对这类瞬变骚扰的抗扰度。电快速瞬变脉冲群抗扰度试验的国家标准为 GB/T 17626.4(等同于国际标准 IEC61000-4-4)。

2. 试验原理

通过脉冲群发生器产生电快速脉冲群来模拟设备实际使用中可能受到的脉冲瞬变骚扰。电快速瞬变脉冲群由间隔为300ms的连续脉冲串组成,其中,每一个脉冲串持续15ms,由数个无极性的单个脉冲波形组成;单个脉冲的上升沿5ns,持续时间50ns,重复频率5kHz或100kHz,如图8-54所示。

脉冲群信号通过耦合/去耦网络(CDN)或容性耦合钳施加到受试设备的端口。耦合/去耦网络如图8-55所示。耦合部分为一个33nF的电容,将脉冲信号耦合到EUT的受试端口;去耦部分为电感和铁氧体,起隔离噪声的作用,主要用于电源端口测试。容性耦合夹的结构见图8-56,耦合夹的一端与试验发生器连接。耦合夹的上下夹板应尽可能地合拢,以提供电缆和耦合夹之间最大的耦合电容,主要用于大于3m的互连线测试。

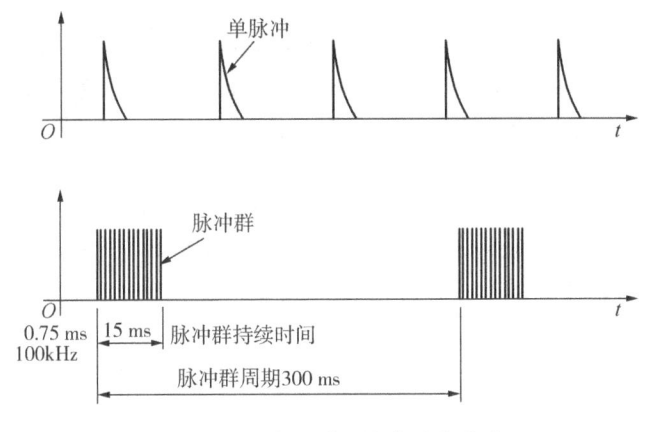

8 医用电子仪器的电气安全及电磁兼容

图 8-54 快速瞬变脉冲群波形图

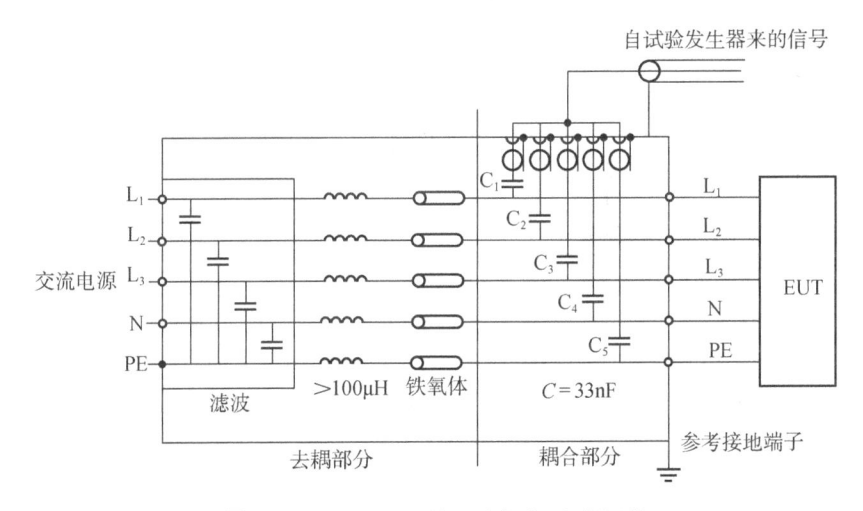

图 8-55 用于电源端口的耦合/去耦网络
L_1,L_2,L_3—相线;N—中线;PE—保护地;C—耦合电容

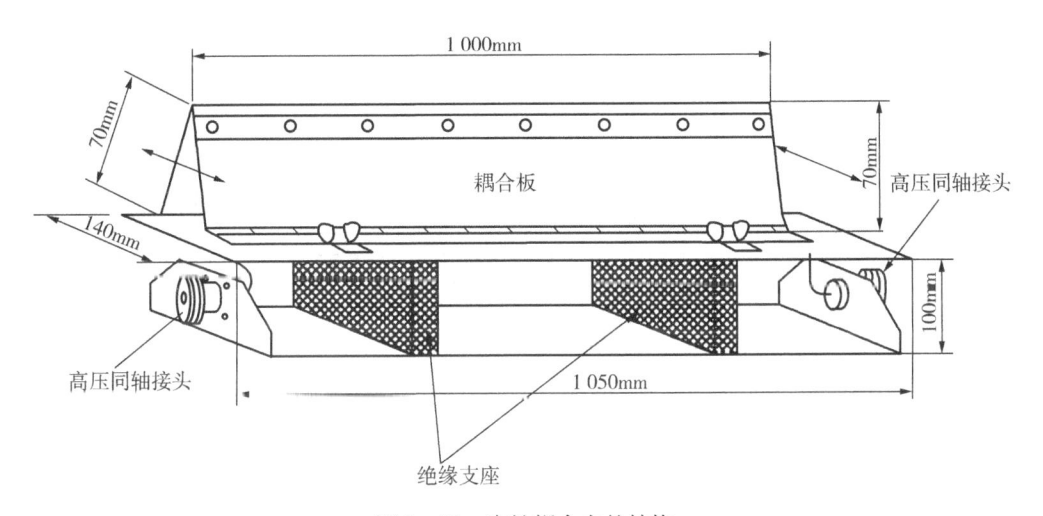

图 8-56 容性耦合夹的结构

3. 试验要求

医用电气设备对交流和直流电源线的抗扰度试验电平为±2kV,信号电缆和互联电缆的抗扰度试验电平为±1kV,当试验频率为5kHz和100kHz时,应符合YY 0505—2012中36.202.1j)的要求。由设备或系统的制造商规定长度小于3m的信号电缆和互联电缆以及所有的患者耦合电缆不进行试验。

把试验电压耦合到受试设备的方法取决于受试设备的端口类型。对于电源线的试验(包括交流和直流),是通过耦合/去耦网络,采用共模的方式,在每个电源端子与最近的保护节点之间直接耦合电快速瞬变骚扰电压,如图8-57所示。

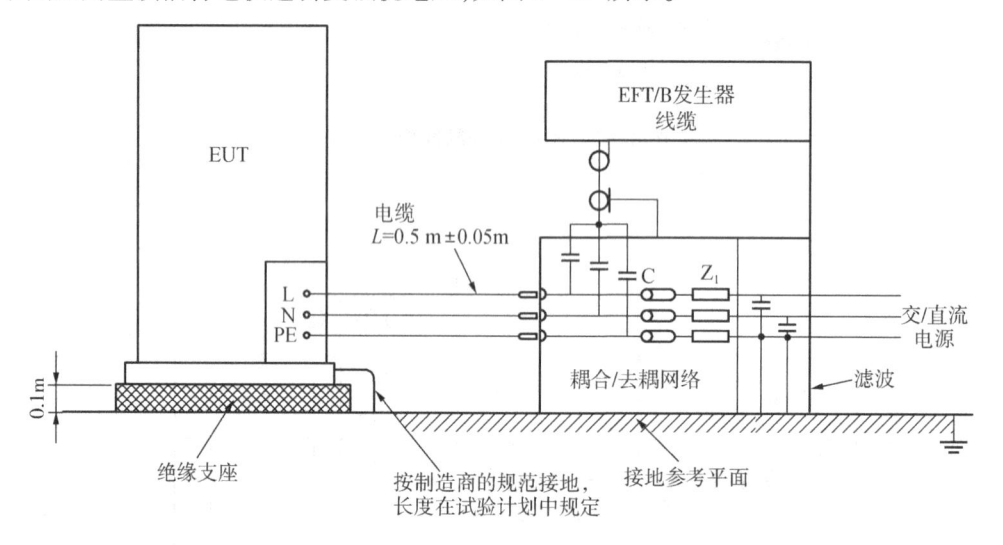

图8-57 试验电压直接耦合到交流/直流电源端口/端子的实例

对于I/O信号/控制端口,采用共模方式,通过容性耦合夹来施加试验电压,如图8-58所示。

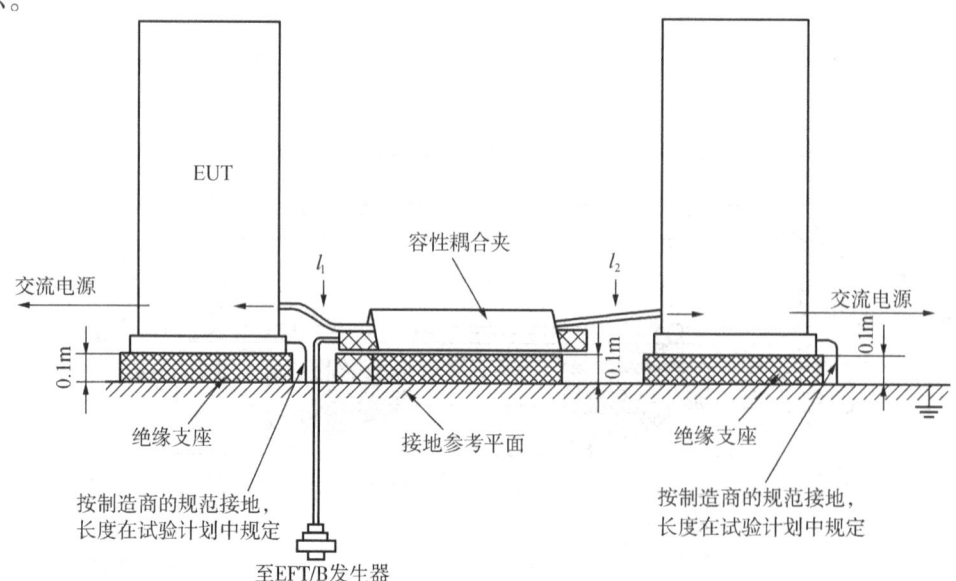

图8-58 利用容性耦合夹进行试验的配置实例

8.6.2.8 浪涌(surge)抗扰度试验

1. 试验目的

雷击或开关动作可以在电网或通信上产生暂态过电压或过电流,通常将这种过电压或过电流称作浪涌。浪涌抗扰度试验是模拟自然界的雷击和输电线路中开关动作产生的许多高能量的脉冲对供电线路和通信线路的影响。浪涌可能引起电子电气设备的数据失真和丢失,甚至造成电子设备损坏。浪涌抗扰度试验是模拟:①雷电击中外部(户外)线路,有大量电流流入外部线路或接地电阻,因而产生的干扰电压;②间接雷击(如云层间或云层内的雷击)在外部线路上感应出的电压和电流;③雷电击中线路附近物体,在其周围产生的强大电磁场,在外部线路上感应出电压;④雷电击中附近地面,地电流通过公共接地系统时所引进的干扰。浪涌试验就是为了验证电气和电子设备对由开关或雷击作用所产生的有一定危害电平的浪涌电压的反应。浪涌试验的国家标准为 GB/T 17626.5(等同于国际标准 IEC61000-4-5)。

2. 试验原理

通过 1.2/50μs 组合波发生器产生的浪涌波形来模拟设备在实际使用中遭受的浪涌电压。图 8-59 为 1.2/50μs 组合波发生器电路原理图。

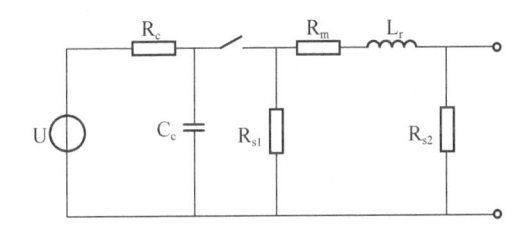

图 8-59 组合波发生器电路原理图
U—高压源;R_c—充电电阻;C_c—储能电容;R_s—脉冲持续时间形成电阻;
R_m—阻抗匹配电阻;L_r—上升时间形成电感

选择合适的 R_{s1}、R_{s2}、R_m、L_r 和 C_c 参数,使组合波发生器产生 1.2/50μs 的电压浪涌波形(开路状态)和 8/20μs 的电流浪涌波形(短路情况)。发生器开路时提供电压波,发生器短路时提供电流波,其波形分别如图 8-60、图 8-61 所示。

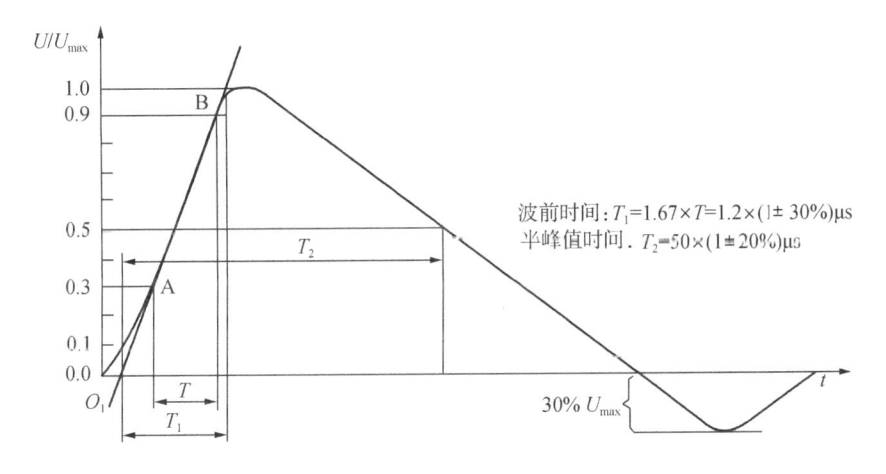

波前时间:$T_1 = 1.67 \times T = 1.2 \times (1 \pm 30\%)$μs
半峰值时间:$T_2 = 50 \times (1 \pm 20\%)$μs

图 8-60 开路电压波形(1.2/50μs)

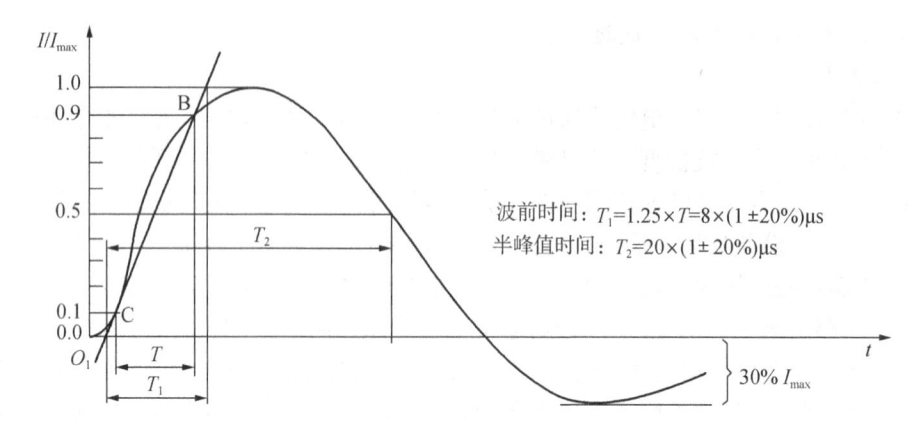

图 8-61　短路电流波形(8/20μs)

波前时间：$T_1=1.25 \times T=8 \times (1 \pm 20\%)$μs
半峰值时间：$T_2=20 \times (1 \pm 20\%)$μs

浪涌波形通过耦合/去耦网络施加在交流或直流电源线端口以及信号端口。医用电气设备只进行电源线浪涌抗扰度测试，图 8-62a,b 和图 8-63a,b 是单相和三相电源线路上的试验简图。从图中可以看出，浪涌经电容耦合网络加到电源端上，做线-线和做线-地试验的耦合/去耦网络是不同的，线-线试验的耦合电容是 18μF；线-地的耦合电路由电容和电阻串联组成，其中电容为 9μF，电阻为 10Ω。为避免对同一电源供电的非受试设备产生不利影响，并为浪涌波提供足够的去耦阻抗，以便将规定的浪涌施加到受试电缆上，需要使用去耦网络。去耦网络提供较高的反向阻抗阻止浪涌电流反向流回交流电源或直流电源，但允许交流电源或直流电源的电流进入 EUT。

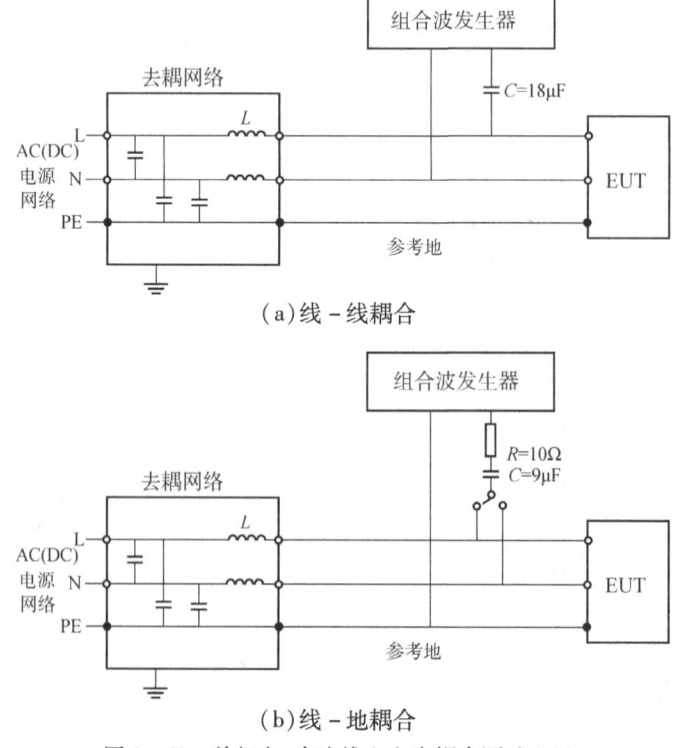

(a) 线-线耦合

(b) 线-地耦合

图 8-62　单相交/直流线上电容耦合测试配置

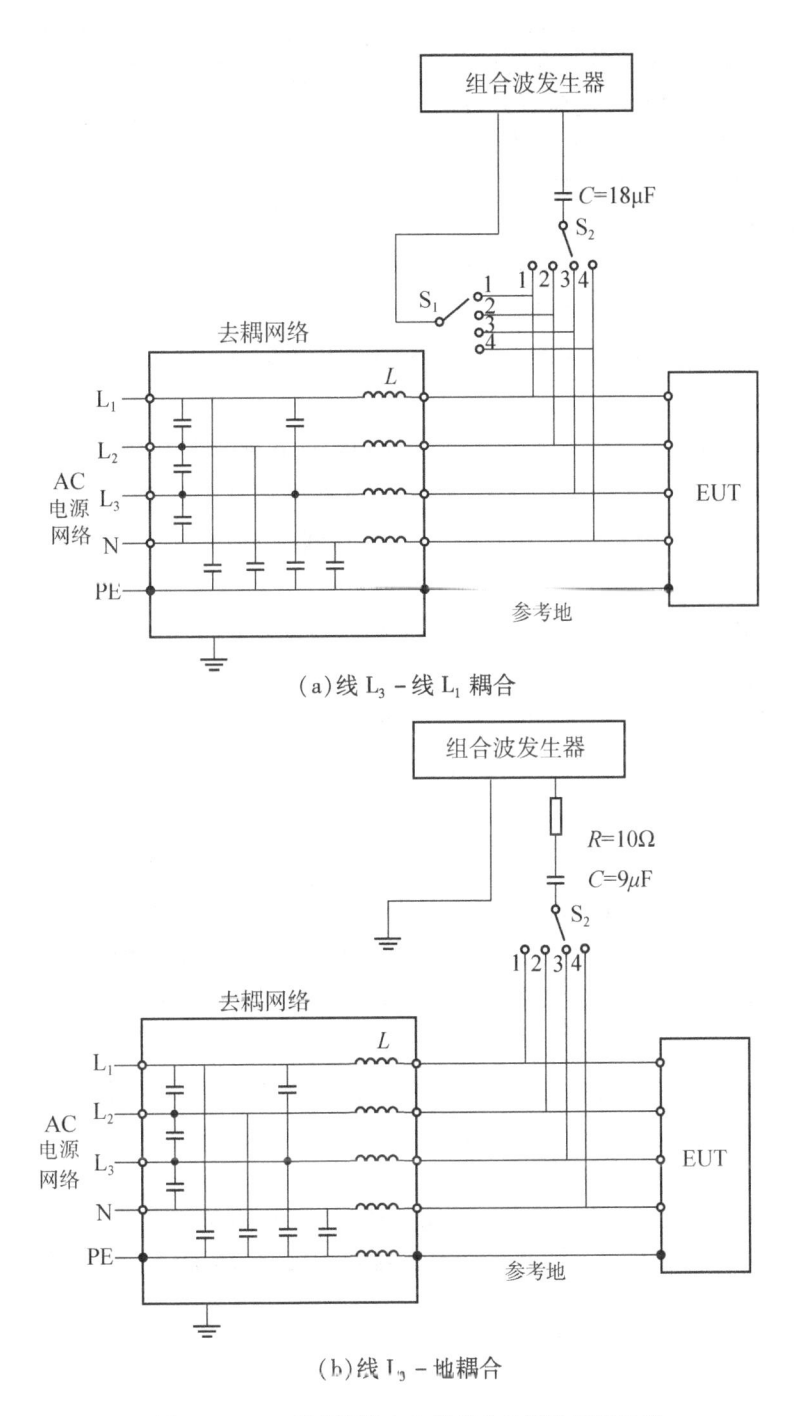

8 医用电子仪器的电气安全及电磁兼容

(a) 线 L_3 - 线 L_1 耦合

(b) 线 L_3 - 地耦合

图 8-63 三相交流线上电容耦合的试验配置示例

3. 试验要求

YY 0505 中规定医用电气设备或系统,应在交流电源线对地抗扰度试验电平为 ±0.5 kV、±1 kV 和 ±2 kV 及交流电源线对线的抗扰度试验电平为 ±0.5 kV 和 ±1 kV 时符合 YY 0505 36.202.1j)的要求(见表 8-10)。设备和系统的所有其它电缆不直接试验。

对本要求符合性的确定,应基于设备或系统每一次浪涌时的响应,并考虑在直接试验电缆和不直接试验电缆之间的任何耦合效应。当仅对电源线和输入至交/直流转换器和电池充电器的交流输入线进行直接试验时,干扰信号从直接试验的电源线和输入线耦合到

表 8-10　YY 0505 对浪涌抗扰度试验电平要求

等级	线-线/kV	线-地/kV
1	0.5	0.5
2	1.0	1.0
3	—	2.0

未直接试验的电缆而导致设备或系统不能满足 YY 0505 36.202.1j)要求,认为该设备或系统不能满足 YY 0505 的抗扰度要求。

8.6.2.9　射频场感应的传导抗扰度(conduction susceptibility of RF field induction)试验

1. 试验目的

本部分是关于医用电气设备对来自 9kHz～80MHz 频率范围内射频发射机电磁骚扰的传导骚扰抗扰度要求。在通常情况下,被干扰设备的尺寸要比频率较低的干扰波(如 80MHz 以下频率)的波长小很多。相比之下,设备引线(包括电源线及其架空线的延伸、通信线和接口电缆线等)的长度则可能达到干扰波的几个波长(或更长)。这样,设备引线就变成被动天线,接受射频场的感应,变为传导干扰侵入设备内部,最终以射频电压和电流形成的近场电磁场影响设备的工作。传导抗扰度测试分为电源端口传导抗扰度测试和信号端口传导抗扰度测试两种,评价电气设备对传导骚扰的抗干扰能力。射频场感应的传导抗扰度试验的国家标准为 GB/T 17626.6(等同于国际标准 IEC61000-4-6)。

2. 试验原理

传导骚扰抗扰度是以共模电压的形式把干扰叠加到受试设备的各种电源端口和信号端口上,并以共模电流的形式注入到受试设备的内部电路中,或直接以共模电流的形式注入被测产品的内部电路中,共模电流在受试设备内部传输的过程中,会转化成差模电压并干扰内部电路正常工作电压。图 8-64 是在被测设备附近由被测设备电缆上的共模电流产生的电磁场的示意图。

试验信号发生器包括在所要求点上以规定的信号电平将骚扰信号施加给每个耦合装置输入端口的全部设备和部件,其配置如图 8-65 所示。以下部件的典型组装可以是分立的,也可以组合为一个或多个测量设备。

(1)射频信号发生器。其能覆盖所规定的频段,用 1kHz 正弦波调制,调制度为 80%。它应有手动控制能力(如频率和调制度),或在射频合成器的情况下,将频率-步长和驻留时间编程。

(2)宽带功率放大器。当射频信号发生器的输出功率不足时,需要加功率放大器。

(3)低通滤波器和/或高通滤波器 F。为避免干扰某些类型的受试设备,例如,(次)谐波可能对射频接收机产生干扰,需要时,应将它们插在宽带功率放大器和衰减器之间。

(4)可变衰减器。为控制骚扰测量信号源的输出电平,应有合适的频率特性,可包含在射频信号发生器中或可选择。

(5)固定衰减器。具有足够额定功率的衰减器(固定 ≥6dB,$Z_0 = 50\Omega$)。提供衰减是为了减少从功率放大器到网络的失配。

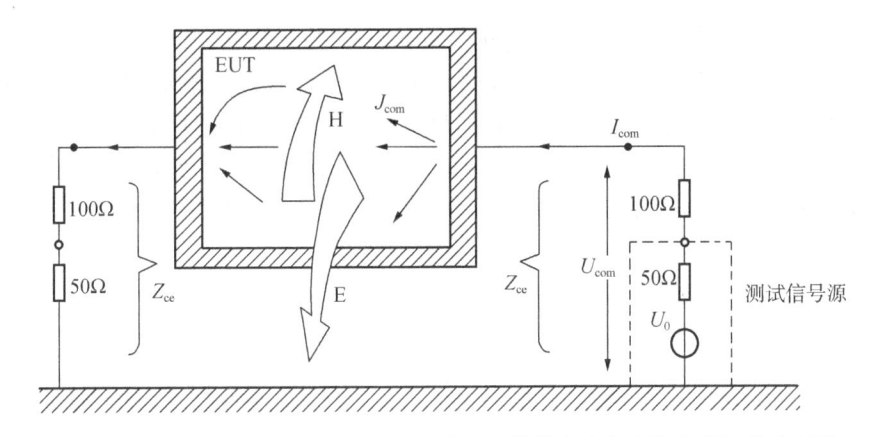

8 医用电子仪器的电气安全及电磁兼容

图 8-64　在被测设备附近由被测设备电缆上的共模电流产生的电磁场的示意图

Z_{ce}—耦合和去耦网络系统的共模阻抗,$Z_{ce}=150\Omega$;U_0—测试信号发生器源电压(e.m.f.);

U_{com}—被测设备与参考平面之间的共模电压;I_{com}—流经被测设备的共模电流;

J_{com}—在被测设备的导电平面或其它导体上的电流密度;E—电场;H—磁场

注:100Ω 电阻包括在耦合和去耦网络中。左边输入端口由一个(无源)50Ω 负载端接,而右边输入端口由测试信号发生器的源阻抗端接。

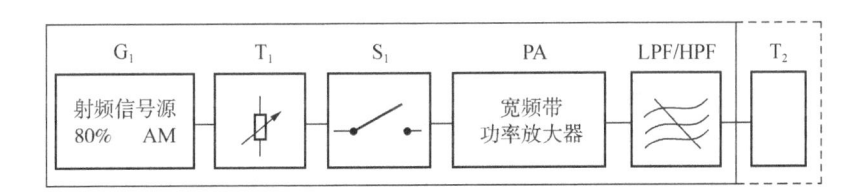

图 8-65　测试信号发生器的配置

G_1 射频信号发生器;PA—宽带功率放大器;LPF/HPF—低通滤波器和/或高通滤波器;

T_1—可变衰减器;T_2—固定衰减器(6dB);S_1—射频开关

(6)射频开关。当测量受试设备的抗扰度时,可以接通和断开骚扰信号的射频开关。可以包含在射频信号发生器中,或者是附加的。

耦合和去耦装置被用于将骚扰信号合适地耦合到连接受试设备的各种电缆上(覆盖全部频率,在受试设备端口上具有规定的共模阻抗),并防止测试信号影响非被测装置、设备和系统。耦合和去耦装置可组成一个盒子(称为耦合/去耦网络(CDN)),或由几部分组成,主要用于电源端口耦合。出于对测试的重现性和对辅助设备的保护的考虑,首选的耦合和去耦装置是耦合/去耦网络(CDN)。然而,如果它们不适用或无法利用,可以使用其它的注入方法,如电流钳、电磁钳注入法。对钳注入装置,耦合和去耦功能是分开的。由钳合式装置提供耦合,而共模阻抗和去耦功能是建立在辅助设备上的。就此而言,辅助设备是耦合和去耦装置的一部分。

3. 试验要求

非生命支持的设备和系统,在 $3V_{rms}$ 抗扰度试验电平上符合 YY 0505 36.202.1 j)的要求;生命支持的设备和系统,在 $3V_{rms}$ 抗扰度试验电平上符合 YY 0505 36.202.1 j)的要求;工科医设备(ISM)频段内,在 $10V_{rms}$ 抗扰度试验电平上符合 YY 0505 36.202.1 j)的要求。

受试设备应放在接地参考平面 0.1m 高的绝缘支架上。所有与被测设备连接的电缆应放置于接地参考平面上方至少 30mm 的高度上。具体试验布置如图 8-66 所示。

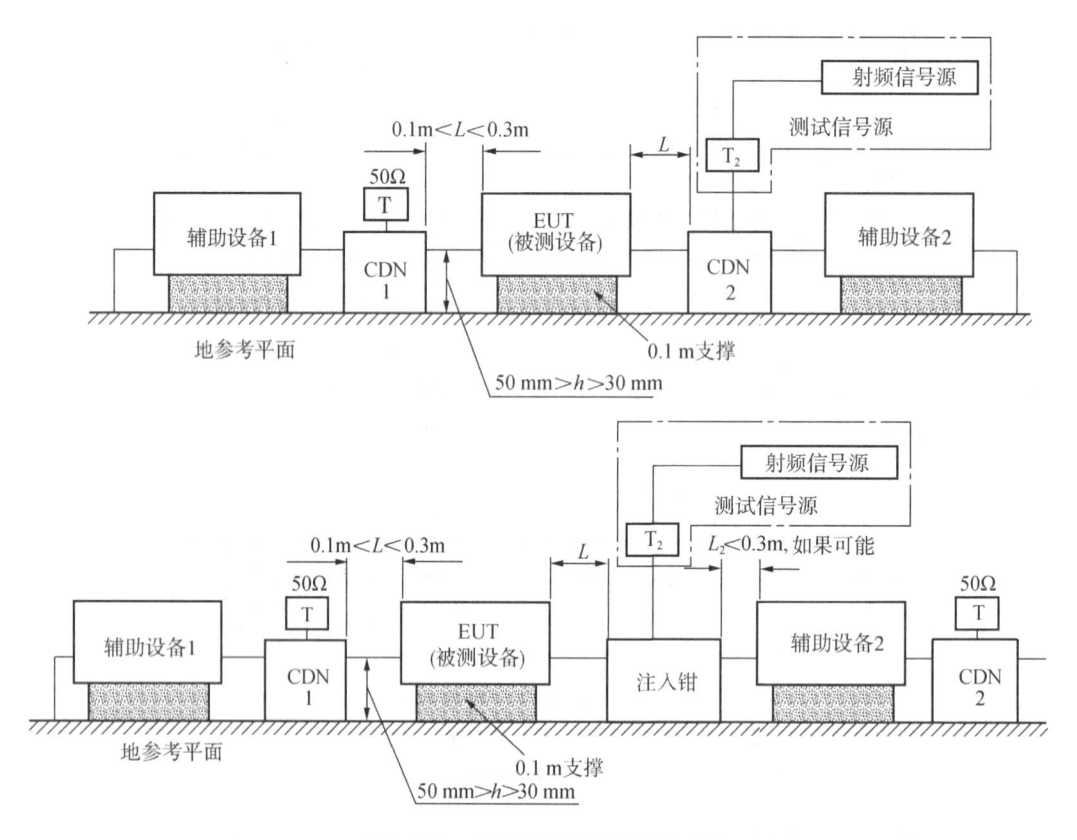

图 8-66 传导骚扰抗扰度试验布置

如果设备被设计为安装在一个面板、支架和机柜上,那么它应该在这种配置下进行测试;当需要用一种方式支撑测试样品时,这种支撑应由非金属、非导电材料构成。设备的接地应与生产商的安装说明一致。

8.6.2.10 电压暂降、短时中断抗扰度(voltage sag, short interruption)试验

1. 试验目的

电压跌落是指供电电压突然下降,跌到 10%～15%,持续时间为 0.5～50 周期,持续期后恢复正常。短时中断供电电压消失一段时间,可以认为是 100% 幅值的电压瞬时跌落。电压跌落、短时中断可能会对电子电气设备造成接触器跳闸、电压调整器误动作、逆变器转换失败等后果。电压暂降、短时中断测试的目的就是评价电气设备与电网连接时承受电网中电压跌落、短时中断的能力。电压暂降、短时中断抗扰度试验的国家标准为 GB/T 17626.11(等同于国际标准 IEC61000-4-11)。

2. 试验原理

电压暂降、短时中断是由电网、电力设施的故障(主要是短路),或负荷突然出现大的变化引起的。在某些情况下会出现两次或更多次连续的暂降或中断。电压变化是由连接到电网的负荷连续变化引起的。这些现象本质上是随机的,在实验室进行模拟,可以用额定电压的偏离值和持续时间来最低限度地表述其特征,目的是考察 EUT 在实际使用中对类似干扰的抗干扰能力。

通常此项实验由变压器和电子开关共同组成发生器,其中变压器用来实现输出电压的调节控制,电子开关用来完成输出电压的切换。

用 EUT 制造商规定的、最短的电源电缆把 EUT 连接到试验发生器上进行试验。如果无电缆长度规定,则应是适合于 EUT 所用的最短电缆。试验原理如图 8-67 所示。

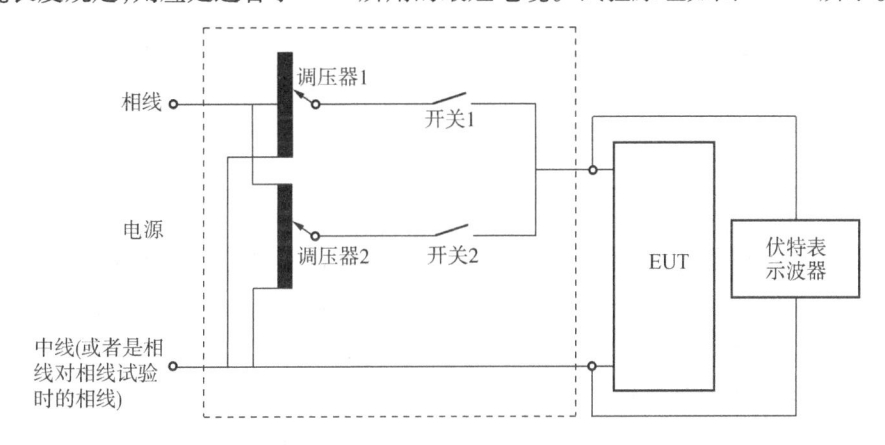

图 8-67 采用调压器和开关进行电压暂降、短时中断和电压变化的试验原理图

3. 试验要求

本试验以设备的额定工作电压作为规定电压试验等级的基础。对于医用电气设备具体试验电平如下:

(1) 额定输入功率为 1kVA 或低于 1kVA 的所有设备和系统以及所有生命支持设备和系统,应在表 8-11 规定的抗扰度试验电平上符合 YY 0505 36.202.1j)的要求。对于额定输入功率大于 1kVA 且额定输入电流小于或等于每相 16A 的非生命支持设备和系统,只要设备或系统保持安全,不发生组件损坏并通过操作者丁顶可恢复到实验前状态,则允许在表 8-11 规定的抗扰度试验电平上偏离 YY 0505 36.202.1j)的要求。额定输入电流超过每相 16A 的非生命支持设备和系统,免予表 8-11 规定的试验。

表 8-11 电压暂降的抗扰度试验电平

电压试验电平 UT /%	电压暂降 UT /%	持续时间/周期
<5	>95	0.5
40	60	5
70	30	25

注:UT 指施加试验电平前的交流网电压。

(2) 只要设备或系统保持安全,不发生组件损坏并通过操作者干预可恢复到试验前状态,则允许设备和系统在表 8-12 规定的抗扰度试验电平上偏离 YY 0505 36.202.1j)的要求。

表 8-12　电压中断的抗扰度试验电平

电压试验电平 UT/%	电压暂降 UT/%	持续时间/s
<5	>95	5

注:UT 指施加试验电平前的交流网电压。

8.6.2.11　工频磁场(power frequency magnetic field)抗扰度试验

1. 试验目的

工频磁场是由导体中的工频电流产生的,或极少量的由附近的其它装置(如变压器的漏磁通)所产生。在有电流流过的地方都伴有磁场,实际工作中磁场的产生有两种方式:一是由正常的工作电流所产生的稳定的、场强相对较小的磁场,另一种是由非正常的工作电流所产生的持续时间短但场强很大的磁场。

工频磁场主要是对那些对工频磁场敏感的设备产生影响,不是所有的设备都受到影响,如,计算机的 CRT 监视器、电子显微镜等设备,在工频磁场的作用下会产生电子束的抖动;电度表等设备,在工频磁场的作用下会产生程序紊乱、内存数据丢失和计度误差;内部由霍尔元件等对磁场敏感的元器件所构成的设备,在工频磁场的作用下会产生误动作(例如电感式开关,在磁场的作用下,可能会出现定位不准确)。工频磁场试验就是检验 EUT 处于与其特定位置和安装条件(如设备靠近骚扰源)相关的工频磁场时,对磁场骚扰的抗扰度能力。工频磁场试验的国家标准为 GB/T 17626.8(等同于国际标准 IEC61000-4-8)。

2. 试验原理

工频试验磁场是由流入感应线圈中的电流产生,然后通过浸入法或临近法将试验磁场施加到受试设备,试验磁场波形为工频正弦波形。

工频磁场是由导体中的工频电流产生的,或极少量的由附近的其它装置(如变压器的漏磁通)所产生,应当区分以下两种不同情况:

(1)正常运行条件下的电流,产生稳定的磁场,幅值较小。

(2)故障条件下的电流,能产生幅值较高,但持续时间较短的磁场,直到保护装置动作为止(熔断器动作时间按几毫秒考虑,继电器保护动作按几秒考虑)。

3. 试验要求

医用电气设备或系统工频磁场试验的试验等级和试验时间根据稳定和短时两种情况来确定。YY 0505 规定,只进行连续场试验,不进行短时试验,除非医疗器械安全专用标准里有特殊的试验规定。选用连续场试验等级 3A/m 作为试验等级,在试验电平上符合 YY 0505 36.202.1j)的要求。

对于台式受试设备,按图 8-68 所示的布置,使其置于标准尺寸(1m×1m)的感应线圈产生的试验磁场中;随后感应线圈应旋转 90°,以使其暴露在不同方向的试验磁场中。

对于立式受试设备,按图 8-69 所示的布置,使其处于规定的适当大小的感应线圈所产生的试验磁场中。

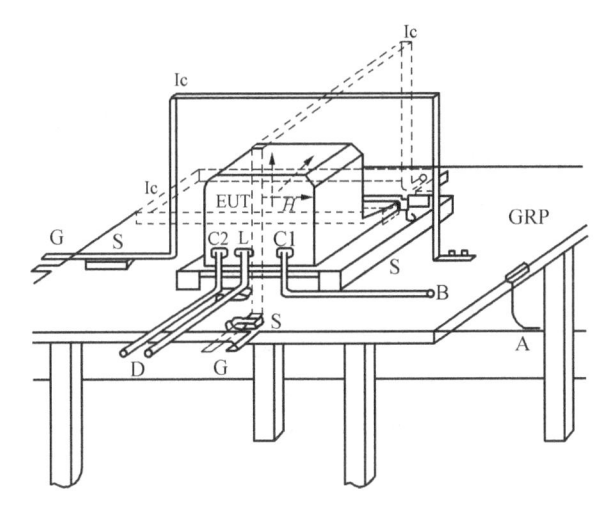

图 8-68 台式设备的试验布置

GRP—接地平面；A—安全接地；S—绝缘支座；EUT—受试设备；Ic—感应线圈；C1—供电回路；
C2—信号回路；L—通信线路；B—至电源；D—至信号源、模拟器；G—至试验发生器

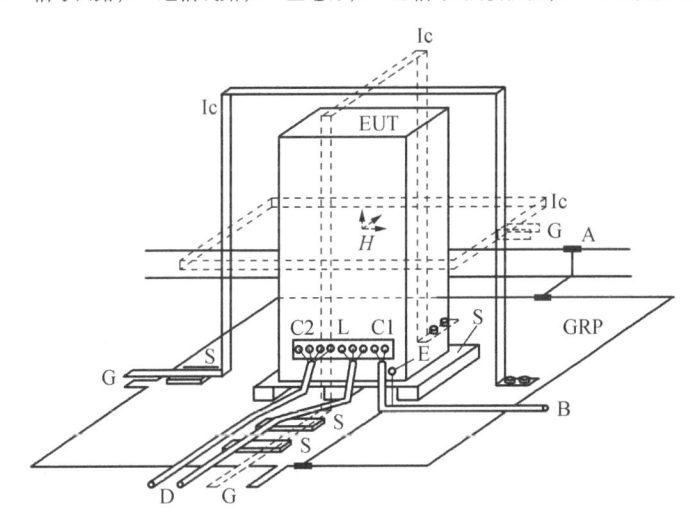

图 8-69 立式设备的试验布置

GRP—接地平面；A—安全接地；S—绝缘支座；EUT—受试设备；Ic—感应线圈；E—接地端子；C_1—供电回路；
C_2—信号回路；L—通信线路；B—至电源；D—至信号源、模拟器；G—至试验发生器

习题 8

8-1 简述发生电击的原因和预防电击的措施。

8-2 什么是微电击？微电击的直接危害是什么？

8-3 简述宏电击和微电击的区别。医院中哪些部门最容易发生宏电击？

8-4 为什么说确保接地系统的完善性对防止宏电击是十分重要的？

8-5 医用电子仪器漏电流有哪几种？如何测量？

8-6 电介质强度测试的目的是什么？

8-7 Ⅰ类和Ⅱ类医用电气设备对电击的防护分别有什么要求？

8-8 简述 B 型设备、BF 型设备和 CF 型设备对电击防护程度及应用情况。

8-9 医疗电子设备的电磁兼容测试包括哪两大部分？每一部分又包括哪些测试项目？

参 考 文 献

[1] 余学飞. 现代医学电子仪器原理与设计[M]. 3版. 广州:华南理工大学出版社,2013.
[2] 莫国民. 医用电子仪器分析与维修[M]. 北京:人民卫生出版社,2011.
[3] 邓亲恺. 现代医学仪器设计原理[M]. 北京:科学出版社,2004.
[4] 王保华. 生物医学测量与仪器[M]. 上海:复旦大学出版社,2009.
[5] David Prutchi, Michael Norris. Design and Development of Medical Electronic Instrumentation[M]. New York:John Wiley & Sons ,Ltd. 2005.
[6] John G. Webster,Medical Instrumentation Application and Design[M]. 4ed. New York:John Wiley & Sons, INC. 2008.
[7] John D. Enderle, Susan M. Blanchard, Joseph D. Bronzino, Introduction to Biomedical Engineering [M]. Elsevier Inc. 2005.
[8] 王庆斌. 电磁干扰与电磁兼容技术[M]. 北京:机械工业出版社,1999.
[9] 陈宇恩. 医用电气设备的安全防护[M]. 广州:羊城晚报出版社,2011.
[10] 漆小平. 医用电子仪器[M]. 北京:科学出版社,2013.
[11] 张学龙. 医疗器械概论[M]. 北京:人民卫生出版社,2011.
[12] 贺忠海. 医学电子仪器设计[M]. 北京:机械工业出版社,2014.
[13] 上海光电医用电子仪器有限公司. ECG -6951D 单道热线阵自动心电图机原理:维修参考资料. 2004.
[14] 王安,闫文宇. 基于AT89C58和PGA309的传感器信号校准系统设计[J]. 现代电子技术,2013,36(7):119 -122.
[15] 李笃明. 基于PGA309的压力变送器批量化生产设计[J]. 自动化与仪表,2015(3):23 -26.
[16] 李承炜,陈军,吴凯,等. 基于ADS1293的穿戴式心电检测装置设计与实现[J]. 电子技术应用,2017,43(9):8 -12.
[17] 蒋小梅,张俊然,赵斌,等. 可穿戴式设备分类及其相关技术进展[J]. 生物医学工程学,2016,33(1):42 -48..
[18] 颜延,邹浩,周林,等. 可穿戴技术的发展[J]. 中国生物医学工程学报,2015,34(6):644 -653.
[19] 沙斐. 机电一体化系统的电磁兼容技术[M]. 北京:中国电力出版社,1999.
[20] YY 0505—2012 医用电气设备第1 -2部分 安全通用要求并列标准:电磁兼容要求和试验